EUL VERLAG

Erfolg und Einflussfaktoren chinesischer Unternehmensübernahmen in Europa

Eine empirische Untersuchung

Dissertation

zur Erlangung des Grades eines Doktors der Wirtschaftswissenschaft

der Rechts- und Wirtschaftswissenschaftlichen Fakultät

der Universität Bayreuth

vorgelegt

von

Johannes Volkheimer

aus

Bad Kissingen

Dekan:	Prof. Dr. Martin Leschke
Erstberichterstatter:	Prof. Dr. Reinhard Meckl
Zweitberichterstatterin:	Prof. Dr. Ricarda B. Bouncken
Tag der mündlichen Prüfung:	24.01.2017

Reihe: Finanzierung, Kapitalmarkt und Banken · Band 95

Herausgegeben von Prof. Dr. Hermann Locarek-Junge, Dresden, Prof. Dr. Klaus Röder, Regensburg, und Prof. Dr. Mark Wahrenburg, Frankfurt

Johannes Volkheimer

Erfolg und Einflussfaktoren chinesischer Unternehmensübernahmen in Europa

Eine empirische Untersuchung

Mit einem Geleitwort von Prof. Dr. Reinhard Meckl, Universität Bayreuth

EUL VERLAG

Bibliografische Information der Deutschen Nationalbibliothek

Die Deutsche Nationalbibliothek verzeichnet diese Publikation in der Deutschen Nationalbibliografie; detaillierte bibliografische Daten sind im Internet über <http://dnb.d-nb.de> abrufbar.

Dissertation, Universität Bayreuth, 2017

ISBN 978-3-8441-0534-6
1. Auflage Dezember 2017

JOSEF EUL VERLAG GmbH
Brandsberg 6
53797 Lohmar
Tel.: 0 22 05 / 90 10 6-80
Fax: 0 22 05 / 90 10 6-88
https://www.eul-verlag.de
info@eul-verlag.de

Bei der Herstellung unserer Bücher möchten wir die Umwelt schonen. Dieses Buch ist daher auf säurefreiem, 100% chlorfrei gebleichtem, alterungsbeständigem Papier nach DIN 6738 gedruckt.

GELEITWORT

In den letzten Jahren ist ein deutlicher Anstieg sowohl in der Zahl als auch im Volumen chinesischer M&A-Transaktionen nicht nur in Deutschland, sondern in ganz Europa zu beobachten. Die Übernahme der Kuka AG durch Midea ist nur ein Beispiel. Aus dieser Entwicklung ergeben sich mehrere forschungstheoretische aber auch anwendungsorientierte Fragestellungen. Eine zentrale Frage beschäftigt sich mit den Erfolgsaussichten von solchen Übernahmen. Sowohl für die deutschen übernommenen Unternehmen als auch für die chinesischen Käufer ist der Erfolg dieser Transaktionen, die teilweise doch einen erheblichen Umfang haben, häufig von großer strategischer als auch finanzieller Bedeutung.

Die vorliegende Arbeit setzt sich das Ziel theoretisch-konzeptionelle als auch empirische Ergebnisse bezüglich der Erfolgsaussichten solcher M&A-Transaktionen abzuleiten. Generell zeigt die Forschung zum Erfolg von M&A, dass gerade Cross-border-M&A hohe Risiken bergen. Aufbauend auf detaillierten Untersuchungen zu ausländischen Direktinvestitionen von chinesischen Unternehmen und auf der Identifikation der Spezifika von Cross-border-M&A entwickelt Johannes Volkheimer ein theoretisches Modell zu den erfolgsrelevanten Einflussfaktoren auf chinesische Transaktionen in Europa, das er dann auch einer empirischen Überprüfung unterzieht.

Die Ergebnisse der vorliegenden Forschungsarbeit zeigen neue, teilweise überraschende Erkenntnisse zum Forschungsfeld. Sie liefern damit wichtige Beiträge zu einer wissenschaftlichen Auseinandersetzung mit diesem auch in Zukunft wichtigen wirtschaftspolitischen aber auch unternehmensstrategischen Thema.

Bayreuth, Oktober 2017 — Prof. Dr. Reinhard Meckl

VORWORT

Im Vorwort einer Dissertation die passenden Worte zu finden ist zwar keine leichte Aufgabe, jedoch eine durchaus angenehme – bedeutet es doch, dass sich das Projekt auf der ersehnten Zielgeraden befindet. Zum Abschluss dieser enorm herausfordernden und entbehrungsreichen, aber auch äußerst bereichernden Zeit macht einem das Vorwort bewusst, dass man zwar den Großteil der Zeit als „Einzelkämpfer" zubringt, die Doktorarbeit indessen von zahlreichen weiteren Menschen begleitet und mit teils erheblichem Einsatz unterstützt wird. Durch die Publikation bietet sich die Gelegenheit, diesen Personen zu danken.

Mein erster Dank gilt meinem Doktorvater, Herrn Prof. Dr. Reinhard Meckl, für die Betreuung der Arbeit und den Vertrauensvorschuss den er mir durch die Annahme als externer Doktorand gewährt hat. Durch die eingeräumten inhaltlichen Freiheiten hatte ich die Möglichkeit die Arbeit wirklich eigenständig zu entwickeln, konnte jedoch stets auf seine jederzeitige Diskussionsbereitschaft und schnelle Rückmeldung zählen. Besonders die wertvollen Ratschläge in der Konzeptionsphase haben entscheidend zum Gelingen beigetragen. Danken möchte ich weiterhin Frau Prof. Dr. Ricarda B. Bouncken für die engagierte Übernahme des Zweitgutachtens sowie bei Herrn Prof. Dr. Torsten M. Kühlmann für die bereitwillige Übernahme des Vorsitzes der Prüfungskommission.

Ein herzlicher Dank gebührt auch dem Team des Lehrstuhls für Internationales Management das mir bei vielen Fragen rund um universitäre Belange eine große Hilfe war. Insbesondere danke ich Dr. Sebastian Weusthoff, der mir gerade in der Anfangszeit wertvolle Anregungen zu wissenschaftlichen Methoden gegeben hat und auch im weiteren Verlauf des Projekts als erfahrener Ratgeber zur Verfügung stand. Bedanken möchte ich mich darüber hinaus bei Dr. habil. Robert Hable (damals: Universität Bayreuth, Mathematisches Institut, Lehrstuhl für Stochastik; jetzt: Technische Hochschule Deggendorf) für die wertvollen Hinweise und Unterstützung rund um den Bereich der Robusten Regression, die eine fundierte statistische Auswertung der erhobenen Daten erst möglich gemacht haben.

Zu großem Dank verpflichtet bin ich meinem Schwiegervater Dr. Klaus Modricker für das sorgsame Korrekturlesen der Arbeit und die hilfreichen, kritischen Anmerkungen trotz fachfremder Materie. Weiterhin gilt mein Dank meiner Schwiegermutter Gisela Modricker-Woltmann für die große Unterstützung bei der Kinderbetreuung, insbesondere während der „Meinerzhagener Schaffensphasen“ im Juni und Dezember 2015. Die so gewonnenen Freiräume konnte ich nutzen um einen erheblichen Teil der Kapitel des Manuskripts zu vollenden. Meinen Eltern Ingrid und Burkhard Volkheimer danke ich für die frühzeitige Unterstützung über die verschiedenen Stufen meiner Ausbildung hinweg, welche mir überhaupt erst die Möglichkeit eröffnet hat diesen Weg zu beschreiten.

Kaum in Worte fassen lässt sich der Dank den ich meiner Frau Dr. Eva Volkheimer aussprechen möchte. Zunächst für die vielen konstruktiven Hinweise und das fortwährende, geduldige Korrekturlesen des Manuskripts in seinen unzähligen Fassungsständen. Vor allen Dingen jedoch für den stetigen Rückhalt während der langen Zeit, in der mich dieses Projekt begleitet hat. Ohne ihre unermüdliche Unterstützung, ihren unerschütterlichen Optimismus, an dem ich mich in den zahlreichen schwierigen Phasen aufrichten und neue Motivation schöpfen konnte und ihren aufopferungsvollen Einsatz – trotz kontinuierlich wachsender Familie – hätte ich diese Dissertation sicherlich niemals zu einem erfolgreichen Abschluss führen können. Dafür danke ich Ihr aus tiefstem Herzen. Ihr ist diese Arbeit gewidmet.

Herzogenaurach, November 2017 Johannes Volkheimer

INHALTSÜBERSICHT

INHALTSVERZEICHNIS

Für eine verbesserte Darstellung sind ausgewählte Abbildungen und der Anhang unter folgendem Link zum Download bereitgestellt:

https://www.eul-verlag.de/pdf-wz/9783844105346_Abbildungen_Anhang.zip

ABBILDUNGSVERZEICHNIS

TABELLENVERZEICHNIS

ABKÜRZUNGSVERZEICHNIS

abzgl.	abzüglich
Adj.	Adjusted
ANOVA	Analysis of Variance
AT	Österreich
Aufl.	Auflage
Bd.	Band
BIP	Bruttoinlandsprodukt
BLUE	Best Linear Unbiased Estimator
BRIC	Brasilien, Russland, Indien, China
CD	Cultural Distance
CH	Schweiz
DAX	Deutscher Aktienindex
Dim.	Dimension
Diss.	Dissertation
DMNC	Developed Multinational Corporation
DMNE	Developed Multinational Enterprise
e.g.	Exempli gratia (zum Beispiel)
ebd.	ebenda
EBT	Earnings Before Taxes
ed.	Edition
Ed.	Editor
Eds.	Editors
EMNC	Emerging Multinational Corporation
EMNE	Emerging Multinational Enterprise

Entw.	Entwicklung
et al.	et alii
EU	Europäische Union
EU-27	Europäische Union mit 27 Mitgliedsstaaten (Ausbreitung Juni 2013)
FDI	Foreign Direct Investment
FI	Finnland
FPE	Fully Privatized Enterprise
FR	Frankreich
FSA	Firm-Specific Advantage
ggü.	gegenüber
GmbH	Gesellschaft mit beschränkter Haftung
GmbH & Co. KG	Gesellschaft mit beschränkter Haftung & Compagnie Kommanditgesellschaft
Habil.-Schr.	Habilitationsschrift
HGB	Handelsgesetzbuch
Hrsg.	Herausgeber
i. d. R.	in der Regel
i.e.	id est (das heißt)
IDV	Individualism vs. Collectivism (Hofstede Kulturdimension)
IFDI	Inward Foreign Direct Investment
IFRS	International Financial Reporting Standards
IN	Indien
IRLS	Iteratively Reweighted Least Squares
IT	Italien
Jg.	Jahrgang
K	Land des Käuferunternehmens

KMU	Kleine und mittlere Unternehmen
KPI	Key Performance Indicator
KU	Käuferunternehmen
LAV	Least Absolute Value
LLL	Linkage, Leverage, Learning
LMS	Least Median of Squares
LOF	Liability of Foreignness
LOI	Letter of Intent
LTO	Long-Term Orientation vs. Short-Term Orientation (Hofstede Kulturdimension)
LTS	Least Trimmed Squares
LU	Luxemburg
M&A	Mergers & Acquisitions
MAD	Median Absolute Deviation
MANOVA	Multivariate Analysis of Variance
MAS	Masculinity vs. Femininity (Hofstede Kulturdimension)
ML	Maximum-Likelihood
MNC	Multinational Corporation
MNE	Multinational Enterprise
MOU	Memorandum of Understanding
NACE	Nomenclature Statistique des Activités Économiques dans la Communauté Européenne
NIÖ	Neue Institutionenökonomik
No.	Number
Nr.	Nummer
o. Bd.	ohne Band
o. J.	ohne Jahr

OFDI	Outward Foreign Direct Investment
OLI	Ownership, Location and Internalization
OLS	Ordinary Least Squares
P-P-Plot	Probability-Probability-Plot
PC	Personal Computer
PCI	Per Capita Income
PDI	Power Distance (Hofstede Kulturdimension)
PMI	Post-Merger Integration
POE	Privately Owned Enterprise
Pos.	Position
PP	Prozentpunkte
pp.	pages
PPE	Partially Privatized Enterprise
Q-Q-Plot	Quantil-Quantil-Plot
RBV	Resource-based View
RDT	Resource Dependence Theory
RESET	Regression Specification Error Test
ROA	Return on Assets
ROE	Return on Equity
S.	Seite(n)
SE	Schweden
SG	Singapur
SOE	State Owned Enterprise
sog.	sogenannt
T	Land des Target-Unternehmens
TU	Target-Unternehmen
UAI	Uncertainty Avoidance (Hofstede Kulturdimension)

UCLA	University of California
UK	United Kingdom
UNCTAD	United Nations Conference on Trade and Development
Univ.	Universität / University
US	United States
VIF	Variance Inflation Factor
Vol.	Volume
vs.	versus
w/o	without
WTO	World Trade Organization
zugl.	zugleich
zw.	zwischen

Symbolverzeichnis

$Adj.R^2$	Adjustiertes (korrigiertes) Bestimmtheitsmaß
α	Konstante der Regression (Alpha)
b_0	Schätzung der Konstanten der Stichprobe
b_i	Schätzung des Regressionskoeffizienten der Stichprobe
β_0	Konstante der Regressionsfunktion der Grundgesamtheit (Beta)
β_i	Regressionskoeffizient der Grundgesamtheit
$\hat{\beta}$	Schätzung des Regressionskoeffizienten der Grundgesamtheit
BW	Tukey's Biweight M-Estimation
c	Anzahl nicht berücksichtigter Beobachtungen
D	Cook's Distance
e	Residuum
H	Huber M-Estimation
i	Nummerierung der Merkmalsträger in der Stichprobe
j	Nummerierung der unabhängigen Variablen in der Stichprobe
k	Tuning-Konstante
n	Anzahl der Beobachtungen in der Stichprobe
ω	Gewichtungsfunktion (Omega)
p	Anzahl der Prädiktoren im Modell
ψ	Ableitungsfunktion der Zielfunktion (Psi)
R^2	Bestimmtheitsmaß
ρ	Zielfunktion (Rho)
σ	Skalenparameter (Sigma)
u	Stochastische Zufallsgröße
x	Unabhängige Variable (Prädiktor)

y	Abhängige Variable
$\hat{y}$	Schätzung der abhängigen Variable y
$\bar{y}$	Mittelwert aller tatsächlichen Werte der abhängigen Variablen y in der Stichprobe
y_i	Tatsächlicher Wert der abhängigen Variablen y

1 EINLEITUNG

1.1 Relevanz und Forschungsbedarf

1.1.1 Chinesische Firmenkäufe in Europa als junges Phänomen

Bereits seit den 1980er Jahren nehmen grenzüberschreitende Firmenkäufe (Cross-border Mergers & Acquisitions, M&A) als ein wesentliches Instrument von Auslandsdirektinvestitionen (FDI) eine bedeutende Stellung innerhalb des M&A-Marktes ein (vgl. Shimizu et al., 2004, S. 308). In der zunehmend global vernetzten Wirtschaft bietet dieses strategische Instrument Firmen eine Möglichkeit zum Ausbau der internationalen Präsenz sowie zum Erwerb fehlender Ressourcen und Fähigkeiten, die sie über organische Wachstumsoptionen nur schwierig realisieren können. Der langfristige Trend einer wachsenden Anzahl grenzüberschreitender M&A-Transaktionen setzte sich auch in den vergangenen Jahren fort (vgl. Bolger, 2014) und unterstreicht damit deren Bedeutung.

Vergleichsweise neu sind jedoch manche Akteure und im Zuge dessen eine Verschiebung der Investitionsrichtung. Während über Jahrzehnte hinweg v. a. Unternehmen aus den Industrienationen Amerikas, Europas und Japan als Käufer auftraten, beteiligen sich nunmehr auch in steigendem Maße Unternehmen aus Schwellenländern, insbesondere China, Indien und Russland. Diese Entwicklung geht einher mit einer globalen Neuordnung der wirtschaftlichen Kräfteverhältnisse, im Zuge derer sich China bereits zur zweitgrößten Volkswirtschaft der Erde und zur führenden Import- und Exportnation entwickelt hat. Während die Geschäftsmodelle einiger Schwellenländer (v. a. Russlands) stark auf Rohstoffvorkommen basieren, zeichnete sich China bislang durch eine intensive, auf Kostenvorteilen beruhende Produktionstätigkeit aus. Diese ist aus zwei wesentlichen Gründen Ausgangspunkt der steigenden Investitionstätigkeit chinesischer Unternehmen im Ausland.

Erstens konnte China durch umfassende und schnell ansteigende Exporttätigkeit sowie rasantes Wirtschaftswachstum Devisenreserven in erheblichem Umfang anhäufen. Dieses Kapital kann für Investitionen und Unternehmenskäufe im Ausland genutzt werden. Begünstigt wird das konzertierte nationale Vorgehen von einer stärkeren Verflechtung von Wirtschaft und Politik, die sich nicht nur im Status vieler Firmen als ehemalige oder aktive Staatsunternehmen widerspiegelt. Die Wünsche der Regierung hinsichtlich Investitionsvorhaben finden in China grundsätzlich eine höhere Berücksichtigung als in westlichen Staaten, wie z. B. die Identifikation von Zielsektoren in den regelmäßigen Fünfjahresplänen zeigt (vgl. Abschnitt 2.2.1.2). Hinzu kommt, dass die Niedrigzinspolitik seit der Finanz- und Wirtschaftskrise zu einer geringeren Attraktivität alternativer Anlageformen führt, was M&A zusätzlich begünstigt.

Zweitens befindet sich Chinas Ökonomie in einem Transformationsprozess. Die Bedürfnisse der sich rasch bildenden Mittelschicht sind zunehmend auf Qualität statt auf reine Produktverfügbarkeit gerichtet. In dem Bestreben die Nachfrage zu befriedigen werden chinesische Unternehmen allerdings durch die bestehenden Wettbewerbsnachteile gegenüber westlichen Firmen (z. B. bei Technologien, Marken, Prozessfähigkeiten) eingeschränkt. Folglich sehen sie sich wachsendem Druck ausgesetzt ihr Leistungsangebot zu differenzieren (vgl. Weusthoff, 2014, S. 1). Da die Wandlung hin zu einer wissensbasierten Wirtschaft jedoch mit proprietären Fähigkeiten verbunden ist, deren Erreichung auf organischem Wege sehr zeitintensiv und ungewiss wäre, stellt M&A eine attraktive Option für lokale Firmen dar. Neben dem Zugriff auf dringend benötigte Ressourcen können so auch rasch neue Absatzmärkte erschlossen werden.

Die chinesischen M&A-Aktivitäten sind dabei weltweit gestreut und schließen neben Übernahmen in anderen Schwellenländern auch vermehrt Zukäufe in entwickelten Wirtschaftsräumen ein. Insbesondere europäische Unternehmen sind mittlerweile in den Fokus Chinas gerückt, was sich in einer steigenden Anzahl von Transaktionen seit Anfang des vergangenen Jahrzehnts widerspiegelt. Seit 2010 hat sich dieser Trend nochmals beschleunigt, wie der Anstieg in Abbildung 1 zeigt.

Allerdings bleibt ebenfalls festzuhalten, dass der Anteil von Schwellenländern und speziell China an den globalen grenzüberschreitenden Transaktionen bislang vergleichsweise gering ist. Gemessen am Transaktionsvolumen waren Erwerber aus China 2013 für lediglich 8,6 % der M&A-Transaktionen verantwortlich, einem Anteil der sich unterhalb des chinesischen am globalen Bruttoinlandsprodukt bewegt (vgl. Szepan, 2014).

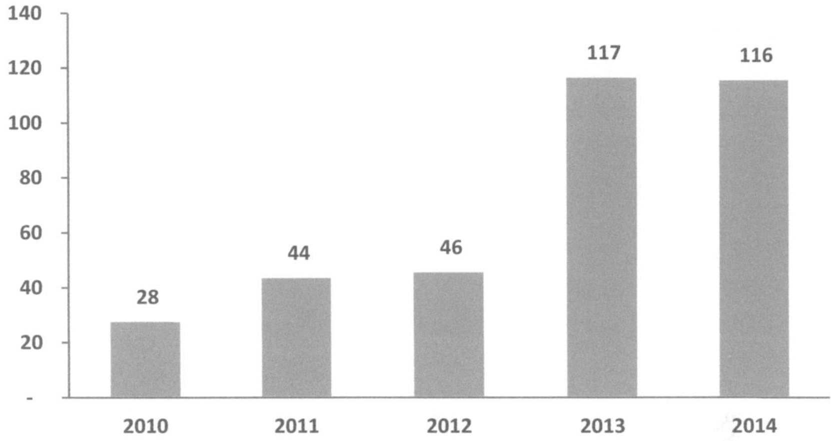

Abbildung 1: Anzahl chinesischer M&A-Transaktionen in Europa
Quelle: Mergermarket (vgl. Ernst & Young, 2015, S. 15).

Auch die Stellung Europas als Zielregion chinesischer Übernahmen gewinnt erst langsam an Bedeutung. Ein wesentlicher Teil der chinesischen M&A-Aktivität konzentriert sich auf den asiatisch-pazifischen Raum. So waren zwischen 2005 und Anfang 2011, einem Zeitraum ähnlich dem in dieser Studie untersuchten, nur zwei europäische Staaten unter den zehn Zielländern mit den höchsten, von China ausgehenden Transaktionsvolumina (Vereinigtes Königreich auf Rang 5 und Deutschland auf Rang 7, vgl. Economist, 2011, S. 5). Angesichts neuerer Zahlen von 2014 bis 2015 kann jedoch ein wachsender Stellenwert Europas konstatiert werden (vgl. Appleby, 2015, S. 8).

Trotz des Trends bei Anzahlen und Volumina und dem damit einhergehenden Bedeutungsanstieg ist das Interesse von Wissenschaft und Praxis für chinesische Akquisitionen vermutlich auch auf die Neuheit und die Wachstumsdynamik des Phänomens zurückzuführen.

Doch bereits weit vorher führten chinesische Firmenkäufe zu einem starken Echo in der Öffentlichkeit. Die lange Zeit vorherrschende negative Wahrnehmung ihrer Aktivitäten könnte ebenfalls fehlenden Erfahrungswerten im Umgang mit der Situation geschuldet sein. Als Anfang des vergangenen Jahrzehnts Chinesen als mögliche Käufer deutscher Firmen in Erscheinung traten, war die Angst unter Journalisten, Mitarbeitern der Zielunternehmen und Politikern groß. Von „Ausverkauf" der deutschen Industrie war dort vielfach die Rede (vgl. Emons, 2013; Haberstock & Zhang, 2014; Henrich, 2013; Schnitzler, 2011). Diese Befürchtungen ließen sich durch den Abschluss erster Übernahmen nicht dämpfen, vielmehr wurden sie durch anfängliche Negativbeispiele (z. B. Fairchild Dornier, Schneider Electronics, Hirschfelder Leinen und Textil; vgl. Schumacher & Schaudwet, 2004, S. 54-55; Kokerei Kaiserstuhl, vgl. Hanemann & Rosen, 2012, S. 55) sogar verstärkt. Erfahrungen mit gescheiterten Transaktionen führen weiterhin zu Sorge um die heimische Industrie. Besonders halten sich die Befürchtungen, die technologiegeprägte europäische und v. a. deutsche Wirtschaft könnte Know-how und Technologievorsprung an die neuen Wettbewerber verlieren und ihre führende Position im globalen Wettstreit einbüßen. Zulauf erhalten die Kritiker auch durch die schlechte Reputation Chinas in Bezug auf den Schutz geistigen Eigentums. Die Befürchtungen kommen in der Aussage von Hubert Becker, dem Vorsitzenden der Geschäftsführung beim chinesischen Target Waldrich Coburg, zum Ausdruck: „Wenn eine amerikanische Firma eine deutsche kauft, kräht kein Hahn danach. Wenn das eine chinesische Firma tut, dann sind sie alle sehr besorgt." (Danhong, 2010).

Seit den ersten M&A-Aktivitäten Chinas lassen sich allerdings deutliche Veränderungen von Fokus und Herangehensweise feststellen. Während anfänglich vorwiegend finanziell beeinträchtigte bzw. insolvente Zielobjekte erworben wurden, standen in den letzten Jahren vermehrt wirtschaftlich gesunde Unternehmen im Mittelpunkt. Parallel dazu zeichnet sich auch eine Entwicklung bei der Größe der erworbenen Firmen ab: von zumeist kleinen, wenig bekannten Firmen hin zu Weltmarktführern wie Putzmeister und Kiekert (beide 2012 akquiriert).

Im Gleichschritt scheint auch ein Wandel in der öffentlichen Beurteilung eingesetzt zu haben. Jedenfalls ist eine zunehmend positive Darstellung der Entwicklung europäischer und v. a. deutscher Zielfirmen in der fachlichen Berichterstattung zu verzeichnen. Darin werden Errungenschaften wie die Herbeiführung des finanziellen Umschwungs, die Erneuerung von Produktionsstätten, das Halten von Fachkräften sowie der Ausbau von Umsätzen betont. Dadurch wird der Eindruck vermittelt, die von chinesischen Investoren übernommenen Firmen entwickelten sich überwiegend positiv. Zum Meinungsumschwung könnte auch beigetragen haben, dass chinesische Erwerber auch zu Zeiten der Finanz- und Wirtschaftskrise aktiv waren und damit zum Erhalt finanziell instabiler Firmen und deren Arbeitsplätzen beitrugen – während sich andere Käufer in Zurückhaltung übten.

Die jüngere Berichterstattung führt folglich zu einer breiten Spanne von Ansichten in Bezug auf die Nutzenbewertung chinesischer Übernahmen für europäische Firmen. Das Spektrum reicht von einer wichtigen Säule zum Erhalt der heimischen Industrie und verbesserten Absatzchancen für deren Produkte auf dem boomenden chinesischen Markt auf der einen, bis zum Abfluss von Kernkompetenzen und Know-how auf der anderen Seite. Wohl kaum ein Käuferland polarisiert derart wie China. Fraglich ist, welche Stimmen Recht behalten und welche Folgen die chinesischen Firmenkäufe auf ihre europäischen Übernahmeobjekte tatsächlich haben.

Die Analyse chinesischer Übernahmen besitzt sowohl in theoretischer und empirischer als auch in praktischer Hinsicht hohe Relevanz. Die obigen Ausführungen und Zahlen verdeutlichen den wachsenden Stellenwert von China als M&A-Akteur. Entsprechend sind viele Berichte und Studien der „Praxisliteratur" zuzuordnen (vgl. z. B. Strack & Schwarzer, 2014; X. Zhou, 2010), welche stark von Presseberichten sowie Veröffentlichungen von Beratungs- und Wirtschaftsprüfungsgesellschaften geprägt wird.

In der wissenschaftlichen Literatur hingegen spiegelt sich der Bedeutungsanstieg bislang nur unzureichend wider. Zwar finden chinabezogene Studien Einzug in die M&A-Forschung, jedoch bleiben Umfang und Vielfalt überschaubar. Oft stehen strategische Aspekte wie die Wahl der Markteintrittsform (vgl. z. B. Klossek, Linke & Nippa, 2012; Rui & Yip, 2008) und ihre Motive (vgl. z. B. Buckley et al., 2008; Wang & Boateng, 2007) im Mittelpunkt. Im Sinne der Weiterentwicklung der Forschung gilt es zu klären, in welchen Teilbereichen konkreter Forschungsbedarf vorliegt. Die Analyse der Literatur zeigt, dass an mehreren Stellen Defizite bestehen. Aufgrund der Heterogenität des Themas werden die bisherigen Beiträge jeweils bei den einzelnen Themenfeldern aufgeführt.

Das erste identifizierte Defizit liegt in der fehlenden Bestimmung des Übernahmeerfolges. Die Betrachtung des Themas „Erfolg" im weiteren Sinne findet meist in der erwähnten Praxisliteratur statt. Wie einleitend festgestellt werden die Auswirkungen von M&A dort oft deskriptiv dargestellt (z. B. bei Waldrich Coburg, vgl. Sohm, Linke & Klossek, 2009, S. 42-51). Wird Erfolg hingegen quantitativ bestimmt, findet sich eine Konzentration auf kapitalmarktbezogene Größen (vgl. Deng, 2012, S. 421).

Ein zweites, damit einhergehendes Defizit ist in der fehlenden Einordnung des chinesischen M&A-Erfolges zu sehen. Europa als Zielregion von M&A-Aktivität ist nicht nur für China attraktiv, sondern steht auch im Fokus anderer Schwellenländer (z. B. Indien und Russland), entwickelter außereuropäischer Staaten (z. B. Vereinigte Staaten, Kanada und Japan) sowie innereuropäischer Akquisiteure (EU-Staaten, sowie Nicht-EU-Staaten wie die Schweiz). Die Erfolgsbetrachtung Chinas kann daher erst abschließend bewertet werden, wenn sie anderen Übernahmen gegenübergestellt wird.

Ein drittes Defizit stellt die unzureichende Berücksichtigung der Auswirkungen auf die übernommenen Unternehmen dar. Zwar wird deren Perspektive in der Praxisliteratur aufgegriffen, in der Forschung rückt sie bislang aber in den Hintergrund (eine Ausnahme bildet z. B. Knoerich, 2010). So gibt die M&A-Literatur keine Antwort auf die Frage, wie sich die chinesischen Käufe auf den Erfolg aus Sicht der Zielunternehmen auswirken. In Anbetracht des starken Interesses von Unternehmen, Medien und Politik, das sich immer wieder in Aussagen und Stellungnahmen manifestiert, ist dies sehr überraschend. Hinzu kommt, dass ohne Anhaltspunkte über die Erfolgsträchtigkeit auch die Erarbeitung von Handlungsempfehlungen für die Praxis erschwert wird.

Viertens ist in der bisherigen Literatur eine Konzentration auf wenige Einzelfälle (vgl. z. B. Deng, 2009; 2010; Klossek, Linke & Nippa, 2012; Knoerich, 2010; Rui & Yip, 2008) anzutreffen. Es gibt bislang nur wenige systematische Analysen, die auf eine mittlere bis größere Stichprobe von Übernahmen zurückgreifen. Diese beschäftigen sich entweder mit anderen Ergebnisgrößen als dem Unternehmenserfolg (z. B. mit dem erfolgreichen Abschluss von angekündigten Übernahmen, vgl. J. Zhang, C. Zhou & H. Ebbers, 2011) oder stellen auf den kapitalmarktbezogenen Erfolg chinesischer Käuferfirmen ab (vgl. Boateng, Qian & Tianle, 2008; Y. Y. Chen & M. N. Young, 2010; Wu & Xie, 2010). Damit referenziert letzteres wiederum auf das erste und dritte Defizit.

Abbildung 2 verdeutlicht den Forschungsbedarf der sich aus den beiden letztgenannten Punkten ergibt.

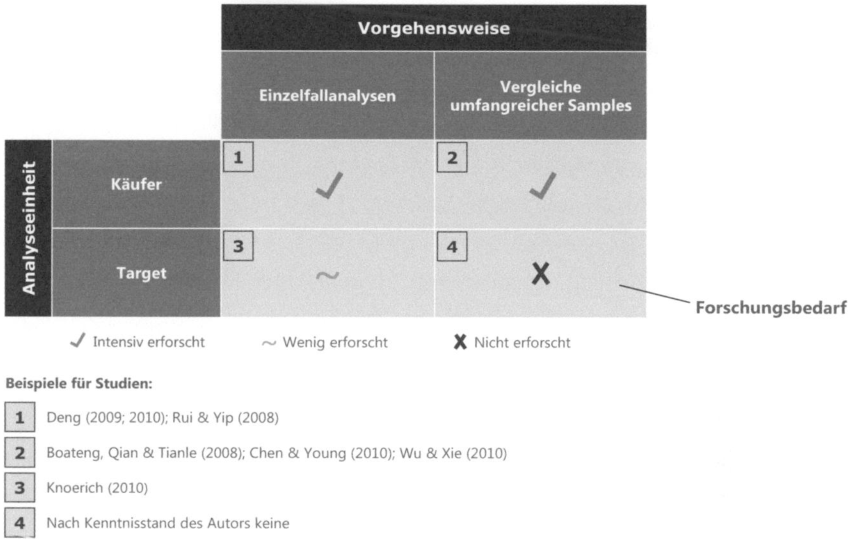

Abbildung 2: Forschungsbedarf: Erfolg von chinesischem Outward M&A
Quelle: Eigene Darstellung.

Weiterer Forschungsbedarf ist in der Überprüfung traditioneller Theorien und ihrer Übertragbarkeit auf Schwellenländer zu sehen. Die Mehrheit der Literatur zu Direktinvestitionen und M&A beruht auf Aktivitäten zwischen entwickelten Staaten oder von diesen in weniger entwickelten Ländern. Obwohl das Aufkommen des Phänomens bereits zur Entwicklung eigener Ansätze für Schwellenländer geführt hat, besteht weiterer Bedarf an wissenschaftlicher Auseinandersetzung. Schließlich lassen die bisherigen Studien zum Thema nicht nur auf eine veränderte Motivlage schließen, sondern zeigen auch Abweichungen von bislang dominierenden Ansichten zu bestimmten Vorgehensweisen (z. B. bei der Integration). Daher bleibt zu klären, inwieweit sich chinesische Akquisitionen in etablierten Ländern mit traditionellen Theorien erklären lassen.

1.1.2 Einfluss von Kultur auf den M&A-Erfolg

Die Frage nach Erfolg oder Misserfolg stellt jedoch nur eine Facette der chinesischen M&A-Aktivität dar. Eine weitere offenbart sich beim Blick auf mögliche Ursachen. Das Bekanntwerden von chinesischem Kaufinteresse stößt in der Öffentlichkeit des jeweiligen Ziellandes regelmäßig auf breite Resonanz. Fraglich ist, warum beispielsweise Akquisitionen von amerikanischen, kanadischen oder schweizerischen Käufern nicht eine ebensolche Wahrnehmung oder gar Befürchtungen verursachen (dies zeigt auch das in Abschnitt 1.1.1 erwähnte Zitat von Hubert Becker). Im Falle Chinas stand v. a. das Vorgehen zu Beginn des Aktivitätszeitraums in der ersten Hälfte der 2000er-Jahre in der Kritik und wurde als eine Art Eigenheit des Landes verinnerlicht.

Die damit unterstellten spezifischen Handlungsmuster werden teilweise auf gemeinsame Wertvorstellungen und Routinen zurückgeführt und mit dem Begriff der nationalen Kultur in Verbindung gebracht. Die Unterschiede zwischen verschiedenen Kulturen und deren Auswirkungen sind bereits seit langem Gegenstand der Management-Forschung (vgl. Hofstede, 1980; House et al., 2004). Aufgrund der tiefen Verwurzelung kultureller Grundzüge wirken sie sich auf verschiedene Aspekte der Unternehmensführung aus (vgl. Kogut & Singh, 1988), wovon auch Firmenübernahmen betroffen sind (vgl. Chakrabarti, Gupta-Mukherjee & Jayaraman, 2009; Morosini, Shane & Singh, 1998).

Dabei beschränkt sich die kulturelle Beeinflussung nicht auf einzelne Phasen des M&A-Prozesses. Bereits bei der strategischen Abwägung, welche Firmen als Kaufobjekt in Frage kommen, können Aspekte der Kultur eine Rolle spielen. Letztendlich unterliegt die gesamte Durchführung von M&A-Prozessen zwischen der Auswahl eines Zielunternehmens und dem Abschluss der Integration kulturellen Einflüssen, z. B. bei der Frage inwieweit Käufer straff organisierte Kaufprozesse präferieren, wie sie verhandeln oder wie Entscheidungen getroffen werden (vgl. Morosini, Shane & Singh, 1998, S. 138).

In Anbetracht der vielschichtigen Wirkungen stellt sich als erstes die Frage nach der Richtung des Einflusses. Sind kulturelle Unterschiede mehr Chance oder Hindernis? Für eine positive Wirkung spricht aus Sicht eines multinationalen Unternehmens die Steigerung der Wettbewerbsfähigkeit durch das Verfügen über komplementäre Routinen und Fähigkeiten (vgl. Morosini, Shane & Singh, 1998, S. 150). Schließlich unterscheiden sich regionale Absatzmärkte erheblich, so dass die Kenntnis von Erwartungen und Werten der Kunden eine Voraussetzung von Erfolg darstellt. Dagegen kann ins Feld geführt werden, dass mit steigenden kulturellen Unterschieden auch potenzielle Risiken für die Interaktion von Personen und Organisationen entstehen können, die in der Folge betriebliche Prozesse negativ beeinflussen.

Die zweite grundlegende Frage des Kultureinflusses ist darin begründet, ob Kultur als Ganzes einen Effekt auf den M&A-Erfolg bewirkt oder ob nur bestimmte Aspekte relevant sind. So unterscheiden Kulturmodelle in ihrem Versuch, Kultur zu erfassen und quantitativ vergleichbar zu machen meist in mehrere Dimensionen, z. B. Hofstede (1980; 1991) in die Kulturdimensionen Machtdistanz, Individualismus/Kollektivismus, Maskulinität/Femininität, Unsicherheitsvermeidung und Langfrist-/Kurzfristorientierung. Diesen wird in der Literatur eine Wirkung auf verschiedene Aspekte des betrieblichen Handelns zugeschrieben.

Die Ausführungen verdeutlichen die Vielschichtigkeit von M&A und die vielfältigen Einflüssen auf den Prozess. In der M&A-Forschung spielt die Ermittlung von Erfolgsdeterminanten eine zentrale Rolle. Der Themenbereich zählt neben der Erfolgs- und der Motivforschung zu den drei wesentlichen Forschungsfeldern (vgl. Haleblian et al., 2009, S. 473).

Trotz der hohen Zahl empirischer Untersuchungen herrscht bisher jedoch keine Einigkeit über die Wirksamkeit von Einflussfaktoren. Im Mittelpunkt des Forschungsschwerpunkts steht die Ermittlung von Faktoren, für die sich transaktionsübergreifend Gemeinsamkeiten ermitteln lassen. Hierin zeigt sich eine enge Verknüpfung mit der M&A-Erfolgsforschung. Denn die widersprüchlichen Resultate zur Wirkung einzelner Einflussgrößen können auch auf unterschiedliche Erfolgsdefinitionen zurückgeführt werden. Angesichts der Vielzahl an Studien weisen allerdings auch die identifizierten Erfolgsfaktoren eine große Bandbreite auf. Alleine die Ansätze ihrer Systematisierung unterscheiden sich erheblich. Bei Gerpott (1993, S. 4-7) finden sich strategisch-strukturelle, integrationsprozessual-mitarbeiterorientierte sowie unternehmenskulturorientierte Erfolgsfaktoren. Hawranek (2004, S. 40-43) unterteilt in phasenübergreifende und phasenbezogene Erfolgsfaktoren. Der Ansatz von Meckl, Fischer und Sodeik (2006, S. 172) nimmt eine Aufspaltung in strukturelle und M&A-Management-Faktoren vor, von denen letztgenannte weiter in akquisitionsprozessbezogene (die wiederum die beiden Kategorien von Hawranek inkludieren) und unterstützende projektmanagementbezogene Aktivitäten differenziert werden. Valentini, Zollo und Meier (2010, S. 5-6) identifizieren sogar sieben Kategorien von Einflussfaktoren, zu denen u. a. strategische und kulturelle Eigenschaften zählen.

Der fehlende Konsens der Fachliteratur erstreckt sich auch auf die Erforschung einzelner Einflussfaktoren wie Landeskultur. Im Zuge des Bedeutungsanstiegs internationaler M&A-Transaktionen hat auch dieses Forschungsgebiet wachsende Aufmerksamkeit erfahren (vgl. Danis & Schmahl, 2012, S. 17-18). Obwohl eine erhebliche Anzahl von Studien durchgeführt wurde ist immer noch unklar wie Kultur den M&A-Prozess beeinflusst. Überblicke zu den zahlreichen Publikationen finden sich bei Teerikangas und Very (2006) sowie Stahl und Voigt (2008).

Für Komplexität sorgen auch die vielfältigen Definitionen und Betrachtungsebenen. Neben der Unternehmenskultur ist insbesondere die Landeskultur relevant. Meist wird diese über das Konzept der kulturellen Distanz zwischen zwei Staaten ausgedrückt. Die empirischen Studien kommen allerdings zu unterschiedlichen Ergebnissen hinsichtlich der Wirkung auf den M&A-Erfolg. Stahl und Voigt (2008) stellen fest, dass die Literatur überwiegend von einer negativen Beeinflussung der Integration aufgrund von Konflikten ausgeht. In einer empirischen Untersuchung wie der von Datta und Puia (1995) bestätigt sich diese negative Wirkung. Allerdings finden sich auch entgegengesetzte Auffassungen, die in der Unterschiedlichkeit eine Ursache für erhöhtes Bewusstsein um mögliche Problemfelder und entsprechend zielgerichteten Umgang sehen (vgl. Goulet & Schneider, 2006). In empirischen Studien wie denen von Morosini, Shane und Singh (1998) und Chakrabarti, Gupta-Mukherjee und Jayaraman (2009) finden sich demnach auch Belege für einen positiven Effekt. Zum Kultureinfluss konnte demnach bereits für Transaktionen zwischen Firmen aus westlichen Industriestaaten, welche die bisherige Forschung bestimmen, keine Einigkeit erzielt werden.

Durch grenzüberschreitende Transaktionen und besonders solche aus Schwellenländern hat sich der Stellenwert des Einflussfaktors Kultur nochmals erhöht (vgl. Danis & Schmahl, 2012, S. 19). Verstärkt wird dies durch den Umstand, dass diese Staaten kulturell oft viel weiter von jenen entfernt sind, die bislang den Forschungsschwerpunkt stellten. Dadurch nimmt die Komplexität des Themengebietes noch weiter zu und kulturelle Einflüsse treten noch stärker in den Vordergrund. Denn die meisten Industriestaaten, mit Ausnahme von Japan, zeichnen sich durch gemeinsame historische Wurzeln und langjährige, intensive Verbindungen aus, die zur Schaffung von gemeinsamen Werten beigetragen haben. Entsprechend stehen die meisten Schwellenländer aus europäischer Sicht auf grundverschiedenen kulturellen Säulen. Die weiter oben geäußerten Fragen hinsichtlich des grundsätzlichen Kultureinflusses lassen sich daher sogar noch erweitern, da unklar ist, ob die Landeskultur Chinas förderlich für den M&A-Prozess ist oder nicht und inwieweit die erheblichen Distanzen den M&A-Erfolg beeinflussen. Nach Kenntnis des Autors wurde die Wirkung von Kultur auf M&A in der Forschung bislang noch nicht auf den chinesischen Kontext angewendet. Daher wird hierin eine Forschungslücke gesehen.

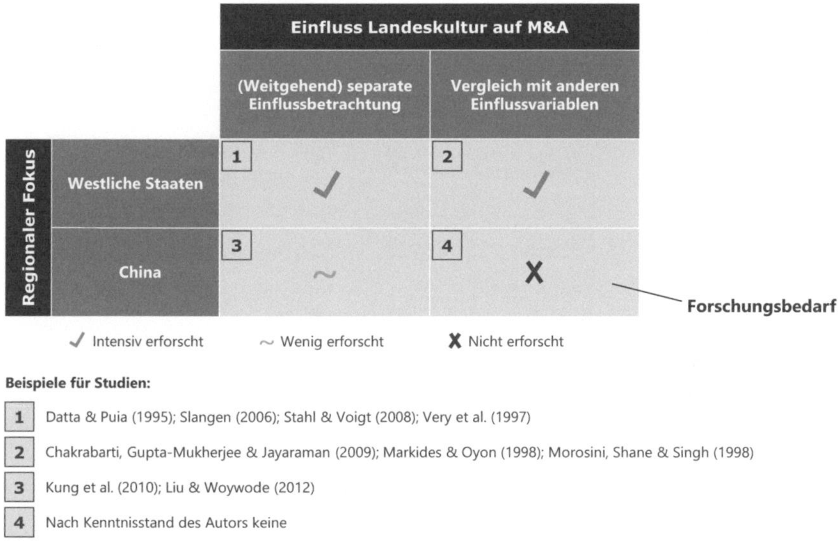

Abbildung 3: Forschungsbedarf: Einfluss von Landeskultur auf M&A
Quelle: Eigene Darstellung.

1.2 Ziele und Forschungsfragen

Der vorherige Abschnitt hat die Relevanz der beiden Themenkomplexe Erfolg chinesischer Übernahmen und Einfluss von Kultur auf den M&A-Erfolg gezeigt. Ebenfalls wurden deren Verbindungspunkte und offene Forschungsfelder identifiziert. Die vorliegende Untersuchung widmet sich der Bearbeitung dieser Lücken und zielt darauf ab, einen Beitrag zu ihrer Schließung zu leisten. Dabei lassen sich Forschungsziele formulieren, die sich den vier in Abbildung 4 dargestellten Kategorien zuordnen lassen.

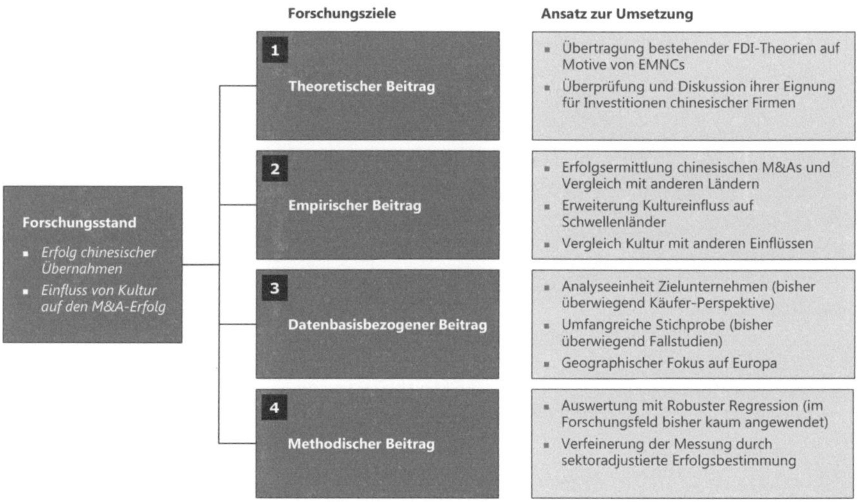

Abbildung 4: Forschungsziele der Arbeit
Quelle: Eigene Darstellung.

Zuerst verfolgt die Studie ein theoretisches Ziel. Aufgrund der Neuheit des Phänomens chinesischer Akquisitionen in etablierten Staaten existiert bislang noch kein Konsens über Ansätze, welche die Motive erklären können. Die Arbeit soll daher die bestehenden Internationalisierungstheorien auf ihre Eignung für chinesische Auslandsinvestitionen überprüfen und diskutieren sowie einen Beitrag zur konzeptionellen Weiterentwicklung des Themas leisten.

Aus empirischer Sicht wird ein Beitrag zur M&A-Erfolgsforschung angestrebt, indem diese um die Erfolgsermittlung bei chinesischen Übernahmen erweitert wird. Dieser soll jedoch nicht isoliert stehen, sondern mittels eines Ländervergleichs auch relativ eingeordnet werden. Ferner steht die Vergrößerung der Forschungsbasis zum Einfluss von Kultur auf den M&A-Erfolg im Mittelpunkt, wobei insbesondere die Ergänzung um Schwellenländer zentral ist. Schließlich soll die Gegenüberstellung mit anderen Erfolgsdeterminanten eine bessere Bewertung des Kultureinflusses ermöglichen.

In Bezug auf die Datenbasis beabsichtigt die Arbeit eine Weiterentwicklung durch die Schwerpunktsetzung auf die Perspektive der Zielunternehmen. Damit wird die Analyseeinheit gegenüber dem Käuferfokus, der sich im Großteil der bisherigen Studien findet, verändert. Zudem wird eine möglichst große Stichprobe mit Fokus auf Europa angestrebt, die statistisch aussagekräftige Rückschlüsse ermöglicht. Damit wird die bislang oft anzutreffende Konzentration der Forschung zu chinesischem M&A auf wenige Einzelfälle (vgl. Abschnitt 1.1.1) ergänzt.

Die Zielsetzung schlägt sich auch in methodischen Zielen nieder, die zuvorderst auf die Erzielung stabiler Ergebnisse ausgerichtet sind. Dafür greift die vorliegende Arbeit auf robuste Regressionen als Auswertungsinstrument zurück. Da diese im Bereich des Internationalen Management bislang wenig angewendet wurden, kann dies zur Ergänzung der methodischen Forschungsbasis beitragen. Überdies kann die vorgenommene Sektoradjustierung die Erfolgsmessung verfeinern, da diese eine Vergleichbarkeit unabhängig von Branchenentwicklungen und Kaufzeitpunkten erlaubt.

Der Schwerpunkt der Arbeit liegt auf der empirischen Analyse. Entsprechend lassen sich insbesondere die empirischen Forschungsziele weiter konkretisieren. Wie in Abschnitt 1.1 und Abbildung 4 ersichtlich, behandelt die vorliegende Arbeit zwei wesentliche Themenbereiche, den Erfolg chinesischer Übernahmen sowie den Einfluss von Kultur auf den M&A-Erfolg im Vergleich zu anderen Faktoren. Diese lassen sich zu einem dritten Bereich verknüpfen, der sich mit der china-spezifischen Wirkung kultureller und alternativer Einflussfaktoren beschäftigt.

Daraus ergeben sich drei übergeordnete Fragenkomplexe, die den Kern des Forschungsvorhabens darstellen und das Grundgerüst für die gesamte empirische Untersuchung bilden:

- Fragenkomplex 1: Chinesischer M&A-Erfolg im Ländervergleich (mit anderen Käuferländern)
- Fragenkomplex 2: Allgemeine (länderübergreifende) Einflussfaktoren auf den M&A-Erfolg
- Fragenkomplex 3: China- (und länder-)spezifische Einflussfaktoren auf den M&A-Erfolg

Zu diesen lassen sich wiederum Forschungsfragen zuordnen, was die Ausgangsbasis für die Ableitung konkreter Hypothesen darstellt. Folgende Forschungsfragen werden in der Arbeit aufgegriffen:

1) Wie ist der M&A-Erfolg chinesischer Übernahmeobjekte im Vergleich zu dem von Targets anderer Käuferstaaten einzuordnen?

2a) Wie ist die Rolle von Landeskultur im Vergleich zu anderen Einflussfaktoren von M&A?

2b) Welche Aspekte von Landeskultur haben besonders starken Einfluss auf den M&A-Erfolg und in welche Richtung wirken sie?

3a) Wie unterscheiden sich die allgemeinen Einflussfaktoren von denen auf Ebene einzelner Käuferländer, insbesondere von denen chinesischer Übernahmeobjekte?

3b) Wie ist der Stellenwert von kulturellen Einflussfaktoren bei chinesischen Übernahmen im Vergleich zu alternativen Variablen einzuordnen und welche Rolle spielen investitionsstrategische Erwägungen für den M&A-Erfolg Chinas?

Die Beantwortung der Forschungsfragen kann im Sinne der obigen Übersicht als empirisches Forschungsziel betrachtet werden. Die Konzentration der Fragen auf diese Kategorie unterstreicht den empirischen Charakter der Arbeit. Die datenbasisbezogenen und methodischen Ziele nehmen in diesem Zusammenhang eine unterstützende Funktion ein und zielen darauf ab, die Qualität der Auswertung zu erhöhen bzw. Schwerpunkte zu setzen, die als besonders relevant erachtet werden. Die Schaffung eines theoretischen Bezugsrahmens wird zwar als Forschungsziel angesehen, sie wird jedoch als Hinleitung zum Thema verstanden und begründet daher keine eigene Forschungsfrage.

1.3 Untersuchungsdesign

Gemäß der ersten Forschungsfrage (Fragenkomplex 1) analysiert das Untersuchungsmodell den Erfolg chinesischer Zielunternehmen in Europa, wofür Staaten der EU-27 verwendet werden. Für die relative Einordnung ist ein Vergleich mit den Targets anderer Käuferländer in derselben Zielregion nötig. Bei deren Auswahl werden verschiedene Kriterien berücksichtigt. Besonders soll dabei Heterogenität in zwei Dimensionen erreicht werden. Zum einen ist nicht nur der Vergleich mit etablierten Industriestaaten interessant, sondern auch mit Käufern aus anderen Schwellenländern. Zum anderen sollen die Vergleichsländer nicht nur einer Region angehören. In Anbetracht der späteren kulturellen Betrachtung soll damit auch ein weites Spektrum kultureller Ausprägungen erreicht werden.

Als M&A-aktive Schwellenländer treten neben China insbesondere Indien und Russland in Erscheinung (vgl. Weusthoff, 2014, S. 3-4). Diese sind zudem Teil der sog. BRIC-Staaten, die als die führenden Schwellenländer angesehen werden. Brasilien findet aufgrund der bislang geringen Anzahl von Transaktionen in Europa keine Berücksichtigung. Interessant ist in diesem Zusammenhang, dass ein Land (Indien) einer asiatischen Kultur angehört, während Russland, trotz der Zugehörigkeit zu „Osteuropa“ und einem großen Landesanteil auf dem asiatischen Kontinent historisch enge Verbindungen zu Europa aufweist (vgl. Saphonova, Grom & Sokolova, 2000, S. 129-131, Stölzl, 2015) und daher als „westlich geprägt“ gelten kann. In Bezug auf Industriestaaten wird eine Mischung aus Ländern unterschiedlicher Kontinente angestrebt. Aufgrund des Schwerpunktes auf Zielländer aus der EU-27 sollen keine Käuferstaaten berücksichtigt werden, die ebenfalls Teil dieses Raumes sind. Aus europäischer Sicht kommt daher besonders die Schweiz in Betracht, denn sie weist enge wirtschaftliche Verflechtungen mit der EU auf und ist dort auch im Bereich M&A aktiv. Überdies steht sie einigen EU-Staaten kulturell nahe.

Als größte Volkswirtschaft und wichtigster M&A-Markt kämen auch die Vereinigten Staaten von Amerika als Akquisiteur in Frage. Ihre Berücksichtigung würde jedoch aufgrund der hohen Zahl von Transaktionen zu einer starken Konzentration des Gesamtdatensatzes auf ein Käuferland führen. Aus diesem Grund wird als nordamerikanische Alternative Kanada einbezogen, das den USA kulturell sehr nahe steht. Komplettiert wird das Sample durch Japan, das durch seine Stellung als führende Industrienation bei gleichzeitiger Verankerung im asiatischen Kulturraum attraktiv ist. Somit ergeben sich folgende Länder, die als Käufer analysiert werden:

Käuferland	Wirtschaftlicher Status	Regional-kulturelle Prägung
China	Schwellenland	östlich-asiatisch
Indien	Schwellenland	östlich-asiatisch
Russland	Schwellenland	westlich-europäisch
Japan	Industrieland	östlich-asiatisch
Kanada	Industrieland	westlich-europäisch
Schweiz	Industrieland	westlich-europäisch

Abbildung 5: Käuferländer der Untersuchung
Quelle: Eigene Darstellung.

Die Auswahl führt zu jeweils drei Schwellen- und Industrieländern sowie zu jeweils drei Staaten, die sich grob in westlich-europäische und östlich-asiatische Kulturen zuteilen lassen. Damit wird ein ausgewogener Datensatz geschaffen.

Der zweite Teil der Untersuchung (Fragenkomplex 2) analysiert den empirischen Zusammenhang von M&A-Erfolg und verschiedenen Einflussfaktoren. Diese bestehen zuvorderst aus der Landeskultur, welche anhand mehrerer einzelner Variablen operationalisiert wird. Um deren Wirkung besser einzuordnen werden zudem transaktionsspezifische und ökonomische Variablen berücksichtigt. Die Untersuchung erfolgt jeweils für das Gesamt-Sample, bestehend aus China und den fünf Vergleichsländern, und soll dadurch allgemeine, länderübergreifende Erfolgsfaktoren ermitteln (der Ausdruck „Einflussfaktoren" wird hierbei synonym verwendet). Anhand derer werden die Forschungsfragen 2a und 2b beantwortet.

Der anschließende Fragenkomplex 3 stellt eine Ergänzung zum Vorgehen von Fragenkomplex 2 dar. Statt über alle Länder hinweg wird der Einfluss einzelner Variablen für jedes Ländersample einzeln untersucht und dadurch Unterschiede zwischen den Staaten und in deren Vergleich mit dem Gesamt-Sample ermittelt. Dafür werden aus den oben dargestellten Variablenkategorien solche Faktoren herangezogen, die aus statistischen Gründen geeignet sind. Die Analyse wird erweitert, indem neben diesen Einflussfaktoren auch die Sektorauswahl und die Kaufzeitpunkte als mögliche Ursachen untersucht werden. Diese kommen in einer Besonderheit der Erfolgsmessung (sog. Sektoradjustierung, siehe die weiteren Ausführungen in diesem Abschnitt) zum Ausdruck. Zusammen werden dadurch die Forschungsfragen 3a und 3b beantwortet.

Die empirische Untersuchung basiert auf einer Stichprobe aus Sekundärdaten der Datenbanken Mergermarket und Zephyr. Als verwertbarer Anteil wurden 355 M&A-Transaktionen mit Zielunternehmen in der EU-27 und Käufer in einem der sechs beteiligten Käuferstaaten herangezogen. Berücksichtigt wurden Mehrheitsbeteiligungen aus den Jahren 2004 bis 2010. Die zeitliche Eingrenzung erklärt sich aus dem ungefähren Beginn des Phänomens chinesischer Übernahmen (privaten chinesischen Firmen ist M&A im Ausland überhaupt erst seit 2003 erlaubt) sowie praktischen Erwägungen. Diese sind im Zeitraum der Datenerhebung (Oktober 2012 bis Juni 2013) sowie der benötigten mehrjährigen Periode im Nachgang von Transaktionen begründet, die sich aus der Erfolgsdefinition ergibt. Denn es wurde auf den Erfolg der Zielunternehmen ein bzw. zwei Jahre nach der Übernahme abgestellt. Hier zeigt sich eine Besonderheit der Studie. Erfolg wird nicht nur anhand von zwei Zeiträumen operationalisiert, sondern auch anhand von zwei Erfolgsgrößen, dem Umsatzanstieg sowie der Veränderung der Gewinnmarge (earnings before taxes, EBT). Die Ergebnisse beziehen sich folglich immer auf vier Erfolgsgrößen. Für die Erhebung der Finanzzahlen wurde die Datenbank Amadeus (2013) verwendet. Für die Adjustierung hinsichtlich der jeweiligen Sektoren kamen Daten von Eurostat zum Einsatz. Des Weiteren griff die Analyse der alternativen Einflussfaktoren auf öffentlich verfügbare Daten von Hofstede (2001) und UNCTAD („United Nations Conference on Trade and Development“, Konferenz der Vereinten Nationen für Handel und Entwicklung) zurück.

Die statistische Auswertung der Daten erfolgte mit robusten Regressionsverfahren. Diese zeichnen sich durch eine geringe Anfälligkeit gegenüber Ausreißern und anderen Eigenschaften der Stichprobe aus. Angesichts zahlreicher Auffälligkeiten in der Datenbeschaffenheit bot diese Methode ein geeignetes Analyseinstrument um die Beobachtungen sinnvoll analysieren zu können und dabei stabile Ergebnisse zu erzielen. Unter den verschiedenen Verfahren wurde vornehmlich die Variante „Huber M-Schätzer“ angewandt, die von Prof. Dr. Peter J. Huber eingeführt wurde (erstmals 1964). Dieser war neben Stationen an der ETH Zürich, der Harvard University und dem Massachusetts Institute of Technology (MIT) von 1992 bis 1999 auch Lehrstuhlinhaber am Mathematischen Institut der Universität Bayreuth. Die Auswertung erfolgte mit dem Statistikprogramm Stata (Version 13).

1.4 Aufbau der Arbeit

Die vorliegende Arbeit gliedert sich in zehn Hauptkapitel, deren Inhalte im Folgenden kurz vorgestellt werden.

In Kapitel 1 wurde in die Relevanz der grundlegenden Themengebiete eingeführt und der bestehende Forschungsbedarf skizziert. Ebenso wurden die übergeordneten Ziele der Arbeit dargelegt sowie die grundlegenden Fragenkomplexe und Forschungsfragen präsentiert. Darüber hinaus wurde das Design der empirischen Untersuchung erläutert.

In Kapitel 2 erfolgt eine umfassende Einordnung chinesischen M&As in den Kontext ausländischer Direktinvestitionen. Hierzu werden zunächst Emerging Multinational Corporations (EMNCs) und besonders chinesische Firmen charakterisiert und anhand ihrer Besonderheiten abgegrenzt. Anschließend werden verschiedene theoretische Ansätze präsentiert und auf ihre Eignung zur Erklärung des Phänomens überprüft.

Kapitel 3 setzt sich mit den Grundlagen von M&A auseinander. Nach einem Überblick zum M&A-Begriff und zu möglichen Formen geht es auf Transaktionsbeteiligte und den Akquisitionsprozess ein. Anschließend wird ein Einblick in verschiedene Integrationsformen gegeben, dem sich eine Analyse von Motiven anschließt. Der Abschnitt endet mit einer Vorstellung der unterschiedlichen Erfolgsmaße, die für M&A zugrunde gelegt werden können.

Kapitel 4 beschäftigt sich mit den Grundlagen des zweiten Themengebiets, der Kultur. Auf eine Erläuterung des Kulturbegriffes folgt ein Abschnitt zu Kulturmodellen, von denen zwei, Hofstede und GLOBE, ausführlich vorgestellt und danach verglichen werden. Das Kapitel schließt mit einer Vorstellung der chinesischen Kultur und ihrer Besonderheiten.

In Kapitel 5 erfolgt die Synthese der beiden vorangegangenen Grundlagenkapitel. Darin wird zunächst das Forschungsmodell der empirischen Analyse präsentiert, bevor, analog zu den Fragenkomplexen und Forschungsfragen, mögliche Einflussgrößen vorgestellt und ihre Anwendbarkeit und Wirkungsrichtung für das Gesamt-Sample erörtert werden. In diesem Rahmen werden jeweils ausführlich Hypothesen abgeleitet, die am Ende des Abschnitts zusammengefasst werden.

Kapitel 6 legt das methodische Fundament der Untersuchung. Neben der Operationalisierung der Variablen behandelt es die Erhebung und Messung der Daten. Darüber hinaus wird die resultierende Stichprobe vorgestellt und anhand verschiedener Merkmale deskriptiv untersucht.

Kapitel 7 widmet sich detailliert den statistischen Auswertungsverfahren. Hierbei werden die Grundzüge der Regressionsanalyse skizziert und im Zuge einer Modellvalidierung die verschiedenen Anforderungen an die Beschaffenheit von Stichprobendaten erläutert. Im Zuge dessen werden jeweils verschiedene Methoden zur Prüfung der Kriterien vorgestellt. Im Zentrum steht die Einführung in Robuste Regressionen, ihrer Besonderheiten und Varianten.

Kapitel 8 stellt als Ergebnisteil einen Kernabschnitt der Arbeit dar. Zunächst geht dieser auf die Ergebnisse der vorprüfenden Modellvalidierung ein – analog zu den in Kapitel 7 vorgestellten Prüfverfahren. Die Resultate bilden die Grundlage für die Auswahl einer geeigneten Regressionsvariante. Anschließend werden die wichtigsten Befunde der drei zentralen Fragenkomplexe dargestellt.

Kapitel 9 beschäftigt sich mit der Analyse dieser Ergebnisse. Neben der Übertragung auf die Hypothesen umfasst dies auch ihre Interpretation und kritische Bewertung. Dabei steht jeweils die Frage nach möglichen Ursachen für das Zustandekommen der Resultate im Mittelpunkt. Hierfür werden jeweils inhaltliche sowie stichprobenbezogene und methodische Ansatzpunkte genannt. Ferner werden mögliche, in dieser Studie noch unberücksichtigte Variablenbeziehungen aufgezeigt.

Kapitel 10 bildet den Abschluss der Arbeit. Zunächst werden die Beiträge zur Forschung und die Implikationen für die Wirtschaftspraxis erläutert. Anschließend werden verschiedene Limitationen thematisiert bevor Ansatzpunkte für die zukünftige wissenschaftliche Auseinandersetzung gegeben werden.

2 Direktinvestitionen Chinas in entwickelten Staaten

2.1 Begriffliche Abgrenzungen

2.1.1 Ausländische Direktinvestitionen als Form der Marktbearbeitung

Im Rahmen der internationalen Aktivität bieten sich verschiedene Formen des Auslandsengagements (vgl. Abbildung 6). Diese lassen sich in reine Handelsbeziehungen, Auslandsbeziehungen ohne Kapitalbeteiligung sowie Verflechtungen mit Kapitalbeteiligung unterteilen. Während die erste Kategorie z. B. den Export umfasst, geht die Zwischenform der Auslandsbeziehungen ohne Kapitalbeteiligung darüber hinaus und schließt beispielsweise internationale Kooperationen ein (vgl. Meckl, 2010, S. 7-14). Als ausländische Direktinvestitionen („foreign direct investments", FDI) wird jene Form bezeichnet, bei der die Marktbearbeitung die Kontrolle der ausländischen Tätigkeit bezweckt. Darunter fallen auch Mergers & Acquisitions, die den Schwerpunkt dieser Arbeit bilden. Im Unterschied zu Finanzanlagen bzw. Portfolioinvestitionen zielen strategische Investitionen darauf ab, „mit dem Einsatz von Kapital eine zielorientierte Internationalisierungsstrategie aufzubauen" (Meckl, 2010, S. 15). Für eine Übersicht zur Abgrenzung sei auf Meckl, 2010, S. 15-16 verwiesen.

Aus der Abbildung wird deutlich, dass die Begriffe „Internationalisierung" und „Direktinvestitionen" nicht gleichzusetzen sind, da Internationalisierung auch durch reinen Außenhandel möglich ist. Da nicht-kapitalbasierte Formen der Marktbearbeitung für die Ziele dieser Untersuchung jedoch nicht von Belang sind, wird im Folgenden unter Internationalisierung, soweit nicht anders genannt, immer eine Internationalisierung durch Kapitalverflechtung und mit strategischem Interesse verstanden. Diese lassen sich, je nach Investitionsrichtung, in solche unterscheiden die vom Ausland in das eigene Land kommen („inward foreign direct investments", IFDI), und solche die in das Ausland fließen („outward foreign direct investments", OFDI). Naturgemäß ist dies als Frage der Perspektive zu sehen: die OFDI Chinas nach Deutschlands sind aus deutscher Perspektive IFDI die aus China stammen. In dieser Arbeit wird der Begriff OFDI aus der Sicht von Schwellenländern bzw. Chinas verwendet.

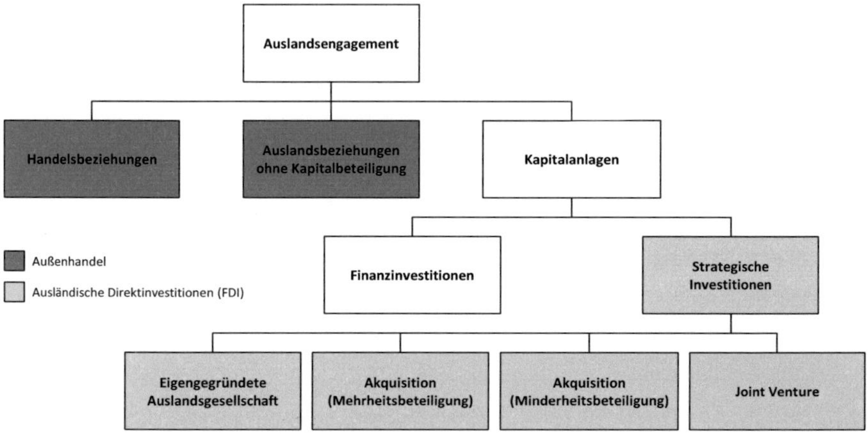

Abbildung 6: Formen des Auslandsengagements
Quelle: Meckl (2010, S. 8).

2.1.2 Emerging Markets und EMNCs

Der Begriff „emerging market" wird vielfach als Überbegriff für Staaten verwendet die sich in einem wirtschaftlichen Entwicklungsprozess befinden und sich anhand mehrerer Kriterien zusammenfassen lassen. Allerdings existiert keine einheitliche Definition des Ausdrucks. Emerging Markets können als "low-income, rapid growth economies that have experienced radical institutional change in terms of increased openness and liberalization" (Stucchi, 2012, S. 278) beschrieben werden. Entsprechend lassen sich zwei Kernkriterien ableiten: zum einen niedriges Einkommen verbunden mit rasantem Wirtschaftswachstum, zum anderen ein begonnener Wandel bei der Entwicklung marktorientierter Strukturen (vgl. Arnold & Quelch, 1998; Hoskisson et al., 2000, S. 249).

Gegenüber den bisweilen als „Erste Welt", „Industrieländer", „etablierte Länder", „entwickelte Staaten" oder „developed countries" bezeichneten, wirtschaftlich führenden Nationen tauchen auf Seiten der Emerging Markets oft auch die Begriffe „Zweite

Welt", „Dritte Welt", „Entwicklungsländer", „Schwellenländer", „Transformationsländer", „transition economies" oder „developing countries" auf. Den Emerging Markets werden dabei oft Staaten zugeordnet die sich bereits in einem Transformationsprozess befinden (z. B. China) aber auch solche mit gänzlich unterentwickelten Strukturen. Eine Form der Abgrenzung ist die Negativdefinition: nach ihr werden alle Staaten außer Westeuropa, den USA, Kanada und Japan erfasst. Nach dieser Zuordnung gehört der Großteil der Weltbevölkerung den Emerging Markets an. Eine ähnliche Abgrenzung nehmen Hoskisson et al. (2000, S. 249) vor, die die „developing countries in Asia, Latin America, Africa, and the Middle East and transition economies in the former Soviet Union and China" hinzuzählen. Aufgrund der Vielfalt der Quellen gibt es keine einheitliche Zurechnung von Ländern zu diesem Überbegriff. Zusätzlich zur Abhängigkeit von der Quelle unterliegt die Länderzuordnung aufgrund des fortlaufenden Entwicklungsprozesses einer stetigen Veränderung. In dieser Arbeit werden die Begriffe „emerging market", „emerging economies", „Schwellenländer" und „Entwicklungsländer" synonym verwendet.

Innerhalb dieser Gruppierung nehmen insbesondere die sog. BRIC-Staaten eine bedeutende Rolle ein. Dieser Begriff wurde erstmals 2001 in einer Studie der Investmentbank Goldman Sachs genannt. Den vier größten Schwellenländern Brasilien, Russland, Indien und China (nach den Anfangsbuchstaben zusammen „BRIC" genannt) wird darin hohes Wachstum und immenser Bedeutungszuwachs für die Weltwirtschaft zugeschrieben (vgl. O'Neill, 2001, S. 1). Wirtschaftlich wird BRIC von China dominiert, dessen Bruttoinlandsprodukt 2013 das der drei anderen zusammen um nahezu 50 % überstieg (vgl. World Economic Outlook Database, April 2014). Es stellt somit den mit Abstand wichtigsten Emerging Market und gleichzeitig die zweitgrößte Volkswirtschaft der Erde dar.

Das institutionelle Umfeld Chinas ist, wie das vieler Emerging Markets, schwach ausgeprägt (vgl. Tian, Hafsi & Wu, 2009). Der Kapitalmarkt gilt, trotz positiver Entwicklungen, im Vergleich zu westlichen Ländern als ineffizient (vgl. Ferguson et al., 2002; Zhen, 2013, S. 43), der Arbeitsmarkt deckt nicht alle Bedürfnisse internationaler Firmen, v. a. erfahrene Führungskräfte fehlen (vgl. Qiang, 2003, S. 777).

Sowohl in Wirtschaft als auch Wissenschaft hat die Bedeutung von Firmen aus den Emerging Markets in den letzten Jahren stark zugenommen. Die Begriffe, mit denen jene Firmen bezeichnet werden die sich in irgendeiner Weise international betätigen, sind dabei ebenso vielfältig wie ihre Heimatmärkte. Die häufigsten sind „emerging (market) multinational companies“ bzw. „emerging (market) multinational corporations“ (jeweils EM-MNCs oder EMNCs) und „emerging (market) multinational enterprises“ (EM-MNEs oder EMNEs). Sie grenzen sich von multinationalen Unternehmen aus etablierten Staaten, den „multinational companies“ bzw. „multinational corporations“ (jeweils MNCs) oder „multinational enterprises“ (MNEs) bzw. „developed (market) multinational companies“ bzw. „developed (market) multinational corporations“ (jeweils DMNCs) oder „developed (market) multinational enterprises“ (DMNEs), v. a. durch ihre Herkunft ab. Dies ist allerdings nicht der einzige Unterschied.

Der Begriff der Multinationalität kann entsprechend der vielfältigen Formen ausländischer Marktbearbeitung unterschiedlich ausgelegt werden. Da in dieser Arbeit grenzüberschreitende M&A-Transaktionen untersucht werden, ist die Orientierung an Definitionen plausibel, die sich auf Kapitalanlagen unter Ausschluss reiner Finanzinvestitionen konzentrieren. Eine solche findet sich bei Luo und Tung (2007), die Multinationalität an der Durchführung von OFDI bemessen. Analog versteht diese Arbeit unter EMNCs Firmen aus den Emerging Markets, die strategische Auslandsinvestitionen tätigen, also Formen der Internationalisierung die über reinen Außenhandel und Finanzinvestitionen hinausgehen.

2.2 Charakterisierung von EMNCs und chinesischen Firmen

2.2.1 Besonderheiten von EMNCs gegenüber klassischen MNCs

2.2.1.1 Latecomer-Status und Folgen auf die Ressourcenausstattung

Große multinationale Unternehmen aus Emerging Markets (EMNCs) unterscheiden sich von solchen aus entwickelten Staaten (DMNCs) vornehmlich durch ihre Ressourcenausstattungen und Internationalisierungsstrategien (vgl. Cuervo-Cazurra, 2007, S. 259). DMNCs nahmen eine Vorreiterrolle („early mover“, Buckley & Casson, 1976) bei der regionalen Diversifizierung von Geschäftsaktivitäten ein und stützten diese auf das Verfügen über die hierfür erforderlichen Ressourcen. Hingegen sind

EMNCs Nachzügler („latecomer", Mathews, 2006, S. 17) beim Eintritt in wettbewerbsfähige globale Märkte und verfügen zumeist über geringere bzw. fehlende Fähigkeiten und Ressourcen wie globale Marken, führende Technologien, Erfahrung im internationalen Wettbewerb und Management-Kompetenz. Hinzu kommen Standortnachteile wie Defizite in der Infrastruktur, schwache Kunden und unterentwickelte Institutionen in ihren Heimatmärkten (vgl. Cuervo-Cazurra, 2007, S. 259; Du & Boateng, 2012, S. 33). In der Folge unterliegt der Zugang zu Kapital, geschützten Technologien und erfahrenem Personal fast immer Einschränkungen (vgl. Anderson, Ahmad & Chan, 2014, S. 56). Teilweise werden auch Produktfokus und Wettbewerbsstrategie als Unterscheidungskriterien angeführt. Während DMNCs sich oft auf hochwertige Segmente und eine Differenzierung ausrichten, konzentrieren sich EMNCs zumeist auf kostengünstige Erzeugnisse (vgl. Petrou, 2007, S. 378).

EMNCs nutzen demnach FDI um fehlende Ressourcen zu erwerben und Vorteile aufzubauen (vgl. Cuervo-Cazurra, 2007, S. 272; Li, 2007, S. 299), wohingegen MNCs internationalisieren, gerade weil sie bereits über entsprechende Wettbewerbsvorteile verfügen (vgl. Anderson, Ahmad & Chan, 2014, S. 39). Diese Sichtweise ist tief verwurzelt in der Forschung zu Emerging Markets (vgl. Deng, 2007; 2009; Gubbi et al., 2010; Makino, Lau & Yeh, 2002, S. 404).

Es gibt allerdings auch Ausnahmen zu der herrschenden Ansicht, EMNCs verfügten über keine Wettbewerbsvorteile die ihre Internationalisierung begründen würden. Junge Sektoren (z. B. Solar- und Windenergiebranchen) mit geringerem technologischem Abstand in den Fähigkeiten von DMNCs und EMNCs stellen eine Chance für letztere dar. So zählt das indische Unternehmen Suzlon zu den weltweit führenden Anbietern für den Bau von Windkraftanlagen und steht im Wettbewerb mit westlichen Herstellern (vgl. Vietor & Seminerio, 2008). Eine andere Option stellt die Bearbeitung von Marktnischen dar (vgl. Zeng & Williamson, 2007). Exemplarisch sei auf Haier verwiesen, einen chinesischen Elektronikhersteller, der zu den größten Anbietern für Weinkühlschränke zählt (vgl. N. Zhou, 2010, S. 121). In beiden Fällen können also durchaus bestehende Vorteile durch eine Internationalisierung ausgenutzt werden. Einfacher lässt sich diese Strategie bei einem Engagement in anderen Entwicklungsländern anwenden, denn in diesen sind EMNCs aus Staaten die sich bereits in einer fortgeschrittenen Phase eines Transformationsprozesses befinden (z. B. BRIC) vielfach auch technologisch im Vorteil (z. B. gegenüber Staaten wie Vietnam).

Insgesamt spiegelt sich im Latecomer-Status besonders das Verfügen über Ressourcen und Fähigkeiten wider.

2.2.1.2 Staatseinfluss auf Wirtschaftsstruktur und -politik

Eine Besonderheit von EMNCs gegenüber MNCs aus entwickelten Staaten liegt in dem höheren Anteil ehemaliger Staatsunternehmen. Während die überwiegende Mehrzahl der Firmen aus Europa oder Nordamerika seit jeher in Privatbesitz war, befanden sich viele bekannte Firmen aus Schwellenländern zunächst in staatlicher Hand, z. B. die CITIC Gruppe aus China, die Oil And Natural Gas Corporation aus Indien oder die Companhia Vale do Rio Doce aus Brasilien (UNCTAD, 2009, S. 231). Zudem sind zahlreiche Akteure dort auch heute noch in Staatseigentum.

Dies trifft auch auf China zu, wo es zahlreiche Staatsunternehmen gibt, bei denen der politische Einfluss naturgemäß höher ist als bei privaten Organisationen. Entsprechend werden chinesische Firmen bisweilen in private („fully privatized enterprises", FPEs), teilstaatliche („partially privatized enterprises", PPEs) und Staatsfirmen („state-owned enterprises", SOEs) unterteilt (vgl. N. Zhou, 2010, S. 2). Berücksichtigt man außerdem, dass das Management der SOEs überwiegend mit regierungstreuen Beamten besetzt ist, wird die Interessenlage noch offenkundiger (vgl. N. Zhou, 2010, S. 113). Entsprechend bedarf der Aspekt des Staatseinflusses auf die Internationalisierung von Unternehmen aus den Emerging Markets und insbesondere China einer gesonderten Betrachtung.

Im Gegensatz zu etablierten Nationen werden in den meisten Schwellen- und Entwicklungsländern Auslandsdirektinvestitionen durch den Staat gefördert (vgl. UNCTAD, 2006, S. 197). Die Vermutung liegt nahe, dass dieser sowohl die Motive als auch die Ressourcen beeinflusst (vgl. N. Zhou, 2010, S. 105) und schlussendlich auch Auswirkungen auf Internationalisierungsmuster hat.

Denn die politischen Anstrengungen und der Anspruch der Regierung globale Wettbewerbsfähigkeit zu erlangen sind beispielsweise in China besonders ausgeprägt (vgl. Deng, 2009, S. 75; Hitt et al., 2004, S. 176). Folglich werden technologiebezogene OFDI zur Erhöhung der Innovationskraft explizit gefördert. Die Zielsetzung wird begünstigt durch Chinas enorme Währungsreserven von über 3 Billionen US-Dollar, die die Basis für seine Auslandsaktivität darstellen (vgl. Chancellor, 2012). Auch zahlreiche chinesische Firmen verfügen über hohe finanzielle Mittel und befinden sich auf der Suche nach Anlageformen (vgl. Knoerich, 2010).

Insgesamt zeichnet sich die Förderung der chinesischen Regierung durch besonderen Umfang und langfristige Ausrichtung aus. Bereits seit 2001 werden Auslandsinvestitionen begünstigt und als Teil der Gesamtstrategie des Landes seit dem Beitritt zur Welthandelsorganisation WTO angesehen. Die Auswirkungen dieser Vorgaben sind erheblich und finden sich zum einen in der äußeren Erwartungshaltung an Unternehmen als Motiv für deren Internationalisierung. Zum anderen stellt die politische Zielsetzung eine beträchtliche Einflussgröße auf die Ressourcen der Firmen dar. Denn eine erwartungskonforme Umsetzung kann die Wahrscheinlichkeit auf den Bezug benötigter Mittel erhöhen. Unter diese fallen z. B. Steuervergünstigungen, Investmentversicherungen und günstige Akquisitionskredite (vgl. Deng, 2007, S. 73). Höhere Verfügbarkeit externer Ressourcen steigert wiederum die Aussicht auf einen ausländischen Markteintritt (vgl. N. Zhou, 2010, S. 123).

Hinzu kommt, dass es für eine Einflussnahme im chinesischen Kontext nicht auf reine Eigentümerschaft ankommt. Wei (2010, S. 90) sieht diese nicht an Kapitalbeteiligungen gebunden: „Chinese acquiring firms differ in ownership, but they all were supported by the state in their acquisition efforts". Entsprechend werden sowohl teilstaatliche Unternehmen wie Lenovo als auch private wie Haier bei der Umsetzung ihrer M&A-Strategie finanziell unterstützt (vgl. Child & Rodrigues, 2005, S. 400-401). Auch andere Autoren halten den staatlichen Einfluss in China für ausgesprochen stark (vgl. Deng, 2009, S. 76). Diese Besonderheit macht eine Analyse der Eignung verschiedener Internationalisierungstheorien komplex. Während private und teilstaatliche Firmen vermehrt auf interne Wettbewerbsvorteile zählen, ist bei Staatsunternehmen die Rolle externer Ressourcen stärker (vgl. N. Zhou, 2010, S. 105-106).

Zusätzlich zur chinesischen Wirtschaftsstruktur und -politik ist die Berücksichtigung weiterer Eigenheiten Chinas wichtig. Diese beziehen sich nicht nur auf die beschriebenen institutionellen sondern auch auf kulturelle Facetten und grenzen China auch im Vergleich zu anderen Schwellenländern ab (vgl. Child & Rodrigues, 2005, S. 385). Dieser Aspekt wird in Kapitel 4 vertieft. Insgesamt wird in dem Spezifikum des Staatseinflusses die besondere Rolle von Institutionen als Einflussfaktor von Unternehmensentscheidungen deutlich.

2.2.2 Strategische Ressourcen und Märkte als Internationalisierungsmotive

Als wesentliche Unterschiede zwischen EMNCs und DMNCs werden ihre Motive angeführt. Während sie bei letzteren in der Ausnutzung bestehender Wettbewerbsvorteile im internationalen Kontext gesehen werden (vgl. Dunning, 2001), verwenden EMNCs Auslandsinvestitionen oft als Mittel für den Erwerb strategischer Ressourcen (vgl. Luo & Tung, 2007, S. 489; Makino, Lau & Yeh, 2002, S. 405).

Besonders die Erschließung wissensbasierter Ressourcen wie Marken oder Technologien wird als Motiv angeführt (vgl. V. Z. Chen, 2012, S. 2). Mit diesen soll über Lern- und positive Ausstrahlungseffekte letztendlich eine Verbesserung der Fähigkeitenausstattung des Investors auf dem Heimatmarkt erzielt werden (vgl. V. Z. Chen, 2012, S. 6). Für diese OFDI identifizieren Barbopoulos et al. (2014) zwei Hauptmotive: „(natural) resource-seeking" (z. B. Kostenreduktion durch Gewinnung von Ressourcen, welche auf dem Heimatmarkt nicht zugänglich oder teurer sind; vgl. N. Zhou, 2010, S. 12) und „market-seeking" (z. B. Bedienung eines Marktes durch lokale Vertriebsnetzwerke und Produktionsstandorte; vgl. N. Zhou, 2010, S. 108). Auf Investitionen in entwickelte Märkte lässt sich diese Sichtweise jedoch nur eingeschränkt übertragen, da statt Kosten dort vielmehr strategische Ressourcen im Vordergrund stehen (vgl. H. Chen & T. J. Chen, 1998, S. 447; Makino, Lau & Yeh, 2002, S. 405). Speziell das Motiv „(natural) resource-seeking" spielt eher bei Investitionen in andere Entwicklungsländer eine Rolle, die beispielsweise über ein günstigeres Lohnniveau verfügen.

Die Motive chinesischer MNCs für OFDI weisen innerhalb der Schwellenländer wettbewerbliche Besonderheiten auf. Durch Größe, Wachstum und Attraktivität des chinesischen Marktes drängen internationale Wettbewerber in den Wirtschaftsraum China. Dies führt zu einer Verstärkung des Wettbewerbs heimischer Firmen mit ausländischen Akteuren, der den in anderen BRIC-Staaten deutlich übersteigt (vgl. Child & Rodrigues, 2005, S. 388-389; Rabbiosi, Elia & Bertoni, 2012, S. 5). In dieser Situation stellt sich ein alleiniges Vertrauen auf Kostenvorteile als nicht ausreichend heraus, denn ausländische Unternehmen können diesen Wettbewerbsnachteil oft durch lokale Produktion ausgleichen (vgl. Luo & Tung, 2007). Hinzu kommt eine stetige Erosion von Kostenvorteilen, welche durch einen Anstieg des chinesischen Lohniveaus, der Energiekosten und anderer Grundstoffe herbeigeführt wird und eine reine Low-Cost-Strategie zunehmend erschwert (vgl. Wang et al., 2012, S. 428-429).

Bezogen auf die Beweggründe für FDI (vgl. Übersicht bei Dunning, 1988, S. 53) nehmen Kostenreduktionen nach dem „efficiency seeking"-Motiv bei chinesischen Unternehmen demnach eine untergeordnete Rolle ein. Vielmehr stehen „natural resource-seeking", „strategic asset-seeking" und „market-seeking" im Vordergrund (vgl. Buckley et al., 2008, S. 736-741). Natürliche Ressourcen werden hauptsächlich von großen Staatsbetrieben erschlossen – stark beeinflusst durch nationale Interessen (vgl. Luo & Tung, 2007). Die wichtigsten Ziele der großen Mehrzahl chinesischer Unternehmen – darunter auch kleine und mittlere Unternehmen (KMU) sowie private – liegt somit in der Suche nach strategischen Vermögenswerten („strategic asset-seeking") und neuen Märkten („market-seeking"). Der Weg zum Erwerb strategischer Ressourcen wie Marken und Technologien wird in der Literatur auch als „asset seeking" (Ivarsson & Jonsson, 2003), „asset sourcing" (Shan & Song, 1997) oder „asset augmenting" (Mathews, 2006) bezeichnet.

Besondere Bedeutung erlangt das „strategic asset-seeking"-Motiv vor dem Hintergrund des voranschreitenden wirtschaftlichen und gesellschaftlichen Wandels in China und der raschen Bildung einer Mittelschicht. Diese fragt zunehmend hochwertige Produkte nach und lässt eine Differenzierung durch Innovation verstärkt in den Vordergrund rücken (vgl. Child & Rodrigues, 2005; Gadiesh, Leung & Vestring, 2007). Die Verbindung dieser Faktoren stellt chinesische MNCs vor die Herausforderung, die Lücke zu den global führenden Organisationen (bezogen auf Fähigkeiten und strategische Ressourcen) zu schließen. Damit kann sowohl die Wettbewerbsfähigkeit auf dem Heimatmarkt erhalten als auch jene im Ausland erlangt werden (vgl. Child & Rodrigues, 2005; Deng, 2009; Luo & Tung, 2007). Zwar lässt sich diese Herleitung auch auf andere Emerging Markets übertragen, nirgendwo sonst erreicht sie jedoch die Tragweite wie im chinesischen Kontext.

2.2.3 FDI und M&A als Mittel der Aufholstrategie

Den ausländischen Direktinvestitionen von EMNCs in Form von M&A wird zugeschrieben durch Erwerb komplementärer Vermögenswerte die Schaffung stabiler

Wettbewerbsvorteile zu bezwecken. Das Vorgehen der EMNCs wird jedoch als riskanter angesehen als das westlicher MNCs in der Frühphase ihrer Internationalisierung. Dies äußere sich nicht nur in teilweise raschen Kaufentscheidungen sondern auch in höherer Flexibilität nach dem Kauf. So verzichteten Firmen aus Emerging Markets oft darauf die eigenen, bewährten Vorgehensweisen aufzuzwingen (z. B. bei der M&A-Integration), um so die erworbene Expertise bestmöglich zu integrieren (vgl. Kalajdzisalihovic & Dikova, 2012, S. 9). Dies kann z. B. zu einem Integrationsstil führen, der dem Zielunternehmen höhere Autonomie lässt.

Chinesische Firmen als Investoren in entwickelten Regionen erlangten z. B. bei der Akquisition der PC-Sparte von IBM durch Lenovo im Jahr 2005 große Aufmerksamkeit. Diese war umso erstaunlicher, da das Käuferunternehmen bis dahin relativ wenig bekannt war. Durch den Zukauf stieg es jedoch zu einem der weltweit größten Computer-Hersteller auf. Ähnlich mutiges Vorgehen chinesischer Investoren zeigte sich während der Finanzkrise ab 2007. Während zuvor rohstoffreiche Regionen im Blickfeld der Investitionsstrategie chinesischer MNCs in der EU-27 standen, änderte sich der Fokus rasch. Bedingt durch das Abfallen der Marktwerte ergaben sich günstige Opportunitäten, was chinesische Firmen für zahlreiche Akquisitionen nutzten (vgl. Clegg & Voss, 2012, S. 17).

Zahlreiche Autoren sehen bei China eine besonders hohe Affinität zur Investitionsform M&A in etablierten Ländern, auch im Vergleich zu anderen Schwellenländern (vgl. Child & Rodrigues, 2005; Deng, 2007; 2009; Di Minin et al., 2012; Knoerich, 2010; Makino, Lau & Yeh, 2002). Ursache hierfür könnte die Unzufriedenheit mit dem Fähigkeitenerwerb in anderen Marktbearbeitungsformen sein. Durch Joint Venture und strategische Allianzen mit DMNCs hatten sich chinesische Firmen in der Vergangenheit Verbesserungen und Wissenstransfer erhofft, welche größtenteils nicht eingetreten sind (vgl. Deng, 2009, S. 78). M&A wird deshalb als geeignete Form von OFDI angesehen, die diese Einschränkung überwinden soll (vgl. Ahuja & Katila, 2001; Bertrand, 2009; Phene, Tallman & Almeida, 2012).

Innerhalb der etablierten Staaten konzentrieren sich chinesische Firmen nach Buckley et al. (2007, S. 503) tendenziell auf Länder mit umfassender technologischer Kompetenz. Insofern deckt sich dies mit der Zielsetzung strategische Ressourcen zu erwerben. Ebenso ist eine Fokussierung auf große Wirtschaftsräume festzustellen, wie auch das später analysierte Sample dieser Untersuchung verdeutlicht (siehe Kapitel 6). Dies kann als Hinweis auf ein marktsuchendes Motiv gewertet werden.

2.3 Erklärungsansätze für Direktinvestitionen chinesischer Firmen

2.3.1 Grundzüge der Internationalisierungstheorie

Erklärungsansätze für Direktinvestitionen existieren bereits seit dem Beginn des 20. Jahrhunderts. Die ersten Ansätze beschäftigten sich jedoch überwiegend mit Einzelaspekten und nahmen daher sehr verschiedene Untersuchungsperspektiven ein. Integrierte Versuche kamen erst in der zweiten Hälfte des Jahrhunderts auf. Diese versuchen nicht nur die Existenz von MNCs zu erklären, sondern auch die von ihnen durchgeführten Direktinvestitionen. Im Wesentlichen behandeln sie folgende Fragestellungen (vgl. Arslan, 2011, S. 21):

- Welche Motive haben Firmen für eine Internationalisierung?
- Was versetzt sie in die Lage diese umzusetzen?
- Warum greifen sie hierfür auf unterschiedliche Marktbearbeitungsformen zurück?

Bei der Beantwortung bediente sich die Wissenschaft in den vergangenen Jahrzehnten fast ausschließlich empirischer Untersuchungen in entwickelten Staaten. Der Umstand, dass EMNCs Direktinvestitionen durchführen bzw. diese sogar in entwickelten Ländern tätigen, wurde bislang vergleichsweise wenig thematisiert.

Internationale Tätigkeit wird in der Forschung auch mit Nachteilen in Verbindung gebracht. Das Konzept der „liability of foreignness“ (LOF) geht auf Hymer (1976) zurück und umfasst die Nachteile internationaler Tätigkeit. Er unterteilt diese hierbei in drei Faktoren: das Währungsrisiko einer internationalen Geschäftstätigkeit, die Diskriminierung durch ausländische Behörden und fehlende Vertrautheit mit den lokalen geschäftlichen Gepflogenheiten (vgl. Petersen & Pedersen, 2002, S. 342). Die hieraus resultierenden Nachteile bezeichnete Zaheer (1995, S. 342) als „costs to doing business abroad". Der Ausdruck „liability of foreignness" wurde erst später geprägt. Als deren Hauptursache wird das Zusammenwirken sozialer und kultureller Aspekte identifiziert, was Hindernisse für ausländische Unternehmen schafft.

Die Kompensation der mit einer Internationalisierung verbundenen Kosten wird insbesondere für EMNCs als schwierig angesehen, da diese nicht über die notwendige globale Erfahrung und Führungsfähigkeiten verfügen (vgl. Luo & Tung, 2007, S. 489), was zu erhöhten Lernkosten führt (vgl. N. Zhou, 2010, S. 112). Gleichzeitig kann internationale Erfahrung dazu beitragen, die „liability of foreignness" abzubauen (vgl. Delios & Beamish, 2001, S. 1029-1030). Der Nachteil bezieht sich somit v. a. auf die erste internationale Expansionsphase von Unternehmen (vgl. Kling et al., 2014, S. 119).

In der Forschung herrscht bislang kein Konsens darüber, ob die Untersuchung von EMNCs eigene Theorien erfordert (Beiträge die hierfür plädieren sind z. B. Mathews, 2006; Luo & Tung, 2007; Li, 2007; Chittoor, 2009; Guillen & Garcia-Canal, 2009; Madhok & Keyhani, 2012) oder ob sich ihr Verhalten mit bestehenden Ansätzen (Vertreter sind z. B. Dunning, 1993; Anand & Delios, 2002; Du & Boateng, 2012) erklären lässt (vgl. Kalajdzisalihovic & Dikova, 2012, S. 4; N. Zhou, 2010, S. 36). Es bleibt jedoch festzuhalten, dass die dominierenden traditionellen Internationalisierungstheorien auch im Bereich von EMNCs Anwendung finden (vgl. Kalajdzisalihovic & Dikova, 2012, S. 6). Für eine Zuordnung von Markteintrittsstrategien in und aus Emerging Markets zu verschiedenen Haupttheorien sei auf die Metastudie von Wright et al. (2005) verwiesen.

Die traditionelle Internationalisierungsforschung setzt als Grundlage für Auslandstätigkeit die Ausnutzung bestehender Vorzüge („asset exploitation"; Dunning, 1988, S. 56) voraus (vgl. Du & Boateng, 2012, S. 45). Firmen profitieren beim Eintritt in ausländische Märkte, wenn sie firmenspezifische Ressourcen und wissensbasierte Fähigkeiten internalisieren (vgl. Buckley & Casson, 1976; Hymer, 1976). Diese Perspektive wurde später um das Motiv der „asset exploration" erweitert (vgl. Dunning, 1993). Gemeinsam ist den klassischen Ansätzen, dass sie im Kontext von etablierten Regionen entwickelt wurden (vgl. Rabiosi, Elia & Bertone, 2012, S. 195).

Nach Ansicht einer vergleichsweise jungen Strömung ist dies nicht ausreichend um auch die Auslandstätigkeit von EMNCs zu erklären. Sie begründen dies mit der Notwendigkeit, zusätzlich zu Lerneffekten und dem Erwerb von Ressourcen auch spezifische Nachteilskategorien ausgleichen zu müssen (vgl. Luo & Tung, 2007; Mathews, 2006).

Besonders Akquisitionen in entwickelten Staaten werden als Mittel identifiziert um diese sog. „liability of emergingness" (Luo & Tung, 2007; Madhok & Keyhani, 2012) zu kompensieren. Nach Auffassung von Madhok & Keyhani (2012) ermöglichen Übernahmen EMNCs nicht nur bloßes Lernen, sondern letztendlich eine Transformation ihrer Gesamtfähigkeiten.

Die Verfechter eigener Theorien sehen in der Rolle von EMNCs als Nachzügler den Hauptgrund für die Erfordernis eigener Theorien (vgl. Mathews, 2006; Luo & Tung, 2007). Die Abkehr vom Knüpfen einer Internationalisierung an Vorbedingungen wie Wettbewerbsvorteile stellt nach Ansicht der Anhänger der Strömung eine Infragestellung der Grundsätze traditioneller Erklärungsansätze dar (vgl. Madhok & Keyhani, 2012, S. 37). Entsprechend sehen sie einen Bedarf, bestehende Sichtweisen um die Spezifika von Schwellenländern zu erweitern (vgl. Du & Boateng, 2012, S. 46). Lösungen bieten neuere Ansätze wie das Linkage, Leverage, Learning (LLL)-Modell, die Springboard-Perspektive oder der Institutional Escapism. Sie führen Erfolg von MNCs nicht nur auf die Nutzung firmenspezifischer Vorteile zurück, sondern auch auf den effizienten und wirksamen Erwerb und die Integration von speziellem Wissen (vgl. Madhok, 1997, S. 46). Mit diesen Mitteln soll die Zunahme von Direktinvestitionen aus Schwellenländern erklärt werden.

Allerdings berücksichtigen diese Studien nicht, dass die betreffenden EMNCs über vorherige Erfahrung und entsprechende Ressourcen verfügen müssen (vgl. Narula & Nguyen, 2011, S. 10), um neue Fähigkeiten überhaupt absorbieren zu können und organisationales Lernen zu ermöglichen. Diese könnten daher eine Mediatoren-Rolle einnehmen (vgl. V. Z. Chen, 2012, S. 11). Hinzu kommt, dass alleine durch Investitionen in Industrieländern noch keine positiven Ausstrahlungseffekte („spillover effects") auf die technologischen Fähigkeiten im Heimatland der EMNCs gewährleistet sind (vgl. V. Z. Chen, 2012, S. 2). Ferner muss eingeschränkt werden, dass zahlreiche Autoren in einem auf Erschließung von Ressourcen ausgerichteten Motiv keinen Widerspruch zu bestehenden Internationalisierungstheorien sehen (vgl. Makino & Inkpen, 2003; Makino, Lau & Yeh, 2002; Mathews & Zander, 2007; Narula & Nguyen, 2011). Schließlich stellt Ressourcen- und Fähigkeitenerwerb auch die Basis zahlreicher Akquisitionen zwischen Firmen aus etablierten Märkten dar. Trotz der Einwände werden einige EMNC-spezifische Ansätze und ihre Eignung im konkreten Fall nachfolgend analysiert.

2.3.2 Auswahl von Erklärungsansätzen für die Untersuchung

Grundsätzlich bieten sich zahlreiche Theorien des Internationalen Managements als theoretischer Bezugsrahmen an um chinesische Direktinvestitionen aus theoretischer Sicht zu beleuchten. Naturgemäß wirft jeder Erklärungsansatz unterschiedliche Fragen auf. Wright et al. (2005) plädieren deshalb dafür, sich nicht nur auf einen einzigen theoretischen Bezugspunkt zu stützen, sondern mehrere Ansätze zu kombinieren. Die Arbeiten von Gubbi et al. (2010) und Wang et al. (2012) können hierfür als Beispiele angesehen werden. Aufbauend auf dieser Forderung stützt sich der theoretische Teil dieser Arbeit ebenfalls auf Blickwinkel verschiedener Theorien.

Als besonders aussichtsreich wurden die folgenden Ansätze bzw. Gruppen von Ansätzen identifiziert:

- Ressourcentheoretische Ansätze
- Neo-institutionalistische Ansätze
- Lerntheoretische Ansätze

Ihre Eignung für FDI von EMNCs wird zum einen durch empirische Studien gestützt. Zum anderen vermittelt die Beobachtung chinesischer Investitionstätigkeit deutliche Hinweise, die für eine Eignung zur Erklärung des Phänomens sprechen. Die Beweggründe und Argumente werden in separaten Kapiteln vorgestellt und jeweils detailliert auf chinesische Direktinvestitionen und insbesondere Outward M&A bezogen.

Weitere Theorien des Forschungsfeldes wurden auf ihre Eignung hin analysiert, jedoch für den theoretischen Bezugsrahmen dieser Untersuchung als wenig aussichtsreich eingestuft. Entweder wiesen die Theorien selbst erhebliche Limitationen auf oder ihre Anwendung auf chinesische Internationalisierung ließ sich argumentativ nicht schlüssig begründen, so dass sich in dem empirisch beobachtbaren Verhalten Widersprüche zu den Grundzügen der Theorien fanden. Ebenso wurden Theorien nicht als Teil des Bezugsrahmens der Untersuchung eingestuft, wenn deren Besonderheiten auch durch andere Ansätze abgedeckt wurden. So kann es sein, dass sich einzelne Facetten einer Theorie zwar auf den konkreten Fall übertragen ließen, der jeweilige Aspekt jedoch besser durch eine andere Theorie erklärt werden konnte. Die Charakterisierung der Ansätze und die wesentlichen Gründe für die Nichtberücksichtigung erfolgen im nachfolgenden Abschnitt.

Dabei werden zunächst solche Theorien bearbeitet, die als traditionell im Sinne von längerer Zeit bestehend und in der Literatur akzeptiert bezeichnet werden können (siehe Abschnitt 2.3.3.1). Überdies werden diese oft in Verbindung mit Internationalisierung verwendet. Den zweiten Teil bilden neuere und EMNC-spezifische Ansätze deren nähere Untersuchung die Themenstellung bereits nahe legt (siehe Kapitel 2.3.3.2). Im Anschluss daran werden jene hier als besonders vielversprechend identifizierten Ansätze beschrieben und die Gründe für ihre Eignung dargelegt (siehe Kapitel 2.3.4).

2.3.3 Charakterisierung und Erklärungslimitationen möglicher Theorien

2.3.3.1 Oft verwendete traditionelle Ansätze

2.3.3.1.1 Theorie des monopolistischen Vorteils

Eine grundlegende Bedeutung innerhalb der traditionellen Internationalisierungsansätze kommt der Theorie des monopolistischen Vorteils (vgl. Hymer, 1976) zu. Monopolistische Vorteile gegenüber lokalen Anbietern stellen nach ihr die Voraussetzung von Internationalisierung dar. Diese Vorteile gegenüber lokalen Wettbewerbern lassen sich im Ausland nahezu ohne zusätzliche Kosten gegenüber der Inlandsnutzung verwerten (vgl. Caves, 1971). Aufgrund ihres Nachteils, gleichartige Fähigkeiten erst entwickeln zu müssen, können lokale Anbieter nicht im Wettbewerb mit der ausländischen Unternehmung bestehen.

Als Kritikpunkt wird insbesondere die begrenzte Sichtweise angeführt. Der Ansatz richtet den Schwerpunkt auf das Unternehmen selbst und weniger auf seine Umwelt. Ferner geht Hymer davon aus, dass Wettbewerbsvorteile nur im Heimatland entwickelt werden. Der Aspekt einer Wertschaffung durch Erwerb neuer Ressourcen und

Fähigkeiten auf dem Wege der Internationalisierung wird von Hymer vernachlässigt (vgl. Anderson, Ahmad & Chan, 2014, S. 42). Die zentrale Annahme, dass Wettbewerbsvorteile bereits vor dem Expansionsschritt vorliegen müssen und nicht erst durch selbigen geschaffen werden, lässt die Theorie für diese Untersuchung als wenig aussichtsreich erscheinen. Denn gerade der Erwerb von Fähigkeiten und Ressourcen gilt als eines der Hauptmotive für Chinas Internationalisierung.

2.3.3.1.2 Theorie des oligopolistischen Parallelverhaltens

Die Theorie des oligopolistischen Parallelverhaltens (vgl. Knickerbocker, 1973) basiert auf einer starken Wettbewerbsorientierung von Firmen. Internationalisierung entsteht demnach durch die Nachahmung des Verhaltens expandierender Wettbewerber, um so keinen Nachteil aus deren unternehmerischen Entscheidungen entstehen zu lassen. Entsprechend führt FDI eines führenden Unternehmens zu FDI von anderen im Zuge einer defensiv ausgerichteten Aktion Marktanteile zu verteidigen. Die Wettbewerber sind gezwungen einem Expansionsschritt zu folgen oder sich weiterhin auf bestehende Märkte zu konzentrieren – jedoch mit dem Risiko, Nachteile durch ungenutzte Größendegression oder Erfahrungskurven zu erleiden (vgl. Knickerbocker, 1973, S. 26).

Eine Orientierung an den Entscheidungen von Wettbewerbern kann auch heutigen MNCs nicht abgesprochen werden (vgl. Ferreira & Serra, 2008, S. 21), so dass hierin durchaus ein Bezug zum Verhalten von Firmen aus Emerging Markets abgeleitet werden könnte. Der zweite Kernaspekt, die Annahme der Marktstruktur, stellt jedoch eine wesentliche Einschränkung für die Anwendbarkeit des Ansatzes dar. Denn durch die Konzentration auf Oligopol-Strukturen ist er für kleine Unternehmen mit begrenzten Ressourcen nicht geeignet (vgl. Casson, 1987; Dunning 2000). Da FDI und insbes. grenzüberschreitende Firmenübernahmen aus den Schwellenländern jedoch nicht nur von (Staats-) Konzernen sondern auch KMUs durchgeführt werden ist der Erklärungsansatz nur eingeschränkt als theoretischer Bezugsrahmen geeignet. Da andere Theorien (siehe Neo-Institutionalismus) den Imitationseffekt ebenfalls berücksichtigen liefert die Theorie des oligopolistischen Parallelverhaltens keinen zusätzlichen Erklärungsbeitrag.

2.3.3.1.3 *Internalisierungs- und Transaktionskostentheorie*

Die Internalisierungstheorie (vgl. Buckley & Casson, 1976) beschäftigt sich mit relativen Kosten und Nutzen die beim Leistungsaustausch zwischen Marktteilnehmern entstehen. Unternehmen versuchen Geschäftsprozesse zu internalisieren um Risiken und Transaktionskosten zu reduzieren (vgl. Anderson, Ahmad & Chan, 2014, S. 50). Sind die Transaktionskosten beim Transfer eines Gutes hoch oder ist der Schutz von Wissen im Austausch mit externen Vertragspartner nicht gegeben, stellt eine interne Koordination die effizientere Alternative dar. Ausländische Direktinvestitionen entstehen somit durch das Ersetzen externer Markttransaktionen durch kostengünstigere interne Prozesse über Ländergrenzen hinweg (vgl. Anderson, Ahmad & Chan, 2014, S. 51).

Als Kritikpunkt wird der begrenzte Praxisbezug angeführt. Denn Internationalisierungsentscheidungen werden nicht ausschließlich auf der Grundlage von Transaktionskosten getroffen, sondern berücksichtigen Faktoren wie globale Integration oder Marktposition (vgl. Dunning, 2000, S. 181). Der Ausbau von Unternehmensfähigkeiten durch internationale Aktivität wird von der Theorie vernachlässigt (vgl. Anderson, Ahmad & Chan, 2014, S. 52), was ihre Eignung für empirische Studien beeinträchtigt. Einige Autoren sprechen dem Ansatz die Eignung für EMNCs generell ab (vgl. Gubbi et al., 2010, S. 398). Sie begründen dies mit der ursprünglichen Ausrichtung der Theorie auf das Motiv der Asset Exploitation. Diese sei nicht mit der Ausgangslage von EMNCs bei OFDI in etablierten Märkten vereinbar. Selbst die Erweiterung der Theorie um das Motiv der Asset Exploration (z. B. Dunning, 1993) wird von manchen Kritikern (z. B. Mathews, 2006; Luo & Tung, 2007) nicht als ausreichend zur Erklärung der Internationalisierungsmuster von EMNCs angesehen (vgl. Du & Boateng, 2012, S. 32). Nicht zuletzt wird eine Standortwahl nach Kostengesichtspunkten den Zielen von EMNCs nicht gerecht (vgl. Kusluvan, 1998, S. 173). Ebenso spricht die Vernachlässigung des externen Kontexts bei der Strategieauswahl nicht für ihre Eignung im konkreten Fall (vgl. K. E. Meyer et al., 2009, S. 61). Entsprechendes lässt sich für die Internationalisierung chinesischer Firmen feststellen. Denn deren Motive basieren weniger auf Kostenersparnis als vielmehr auf strategischen Erwägungen wie der Erschließung von Fähigkeiten. Die Fokussierung auf interne Ressourcen vernachlässigt zudem die externe Beeinflussung, die besonders SOEs betrifft. Speziell deren Vorgehen lässt sich daher kaum mit der Internalisierungstheorie erklären.

2.3.3.1.4 Prozessmodell der Uppsala-Schule

Für die Internationalisierung wird Lernen auch deshalb als entscheidender Faktor angesehen (vgl. Barkema & Vermeulen, 1998; Johanson & Vahlne, 1977; Luo & Peng, 1999), weil MNCs oft Nachteile durch Liability of Foreignness bewältigen und diese durch Lerneffekte ausgleichen müssen. Für das Gelingen von Internationalisierung wird daher oft umfassende internationale Erfahrung vorausgesetzt (vgl. Barkema & Drogendijk, 2007, S. 1134). Dieser Gedanke stellt auch die Basis des Uppsala-Internationalisierungsmodells dar (vgl. Johanson & Vahlne, 1977; Johanson & Wiedersheim-Paul, 1975), welches von einem schrittweisen Ausbau der internationalen Marktbearbeitung ausgeht. Diese hängt entscheidend von Lernprozessen ab, die auf unterschiedlichen Stufen des Auslandsengagements durchlaufen werden (vgl. Meckl, 2010, S. 43). Unterschiede in Sprache, Entwicklungsniveau, staatlichem System oder Kultur bringen höhere Anforderungen an Auslandsaktivität im Vergleich zu rein nationalem Geschäft mit sich. MNCs reichern ihr Wissen an und schließen damit sukzessive Wissenslücken, was notwendig ist, um in Auslandsmärkten zu bestehen (vgl. Johanson & Vahlne, 1977). Nach der zugrundeliegenden Sichtweise erschwert ein Wissensmangel das weitere Fortschreiten hin zu komplexeren Formen der Internationalisierung (vgl. Barkema & Vermeulen, 1998; Johanson & Vahlne, 1977; Luo & Peng, 1999). Das Vorgehen erlaubt Firmen somit sukzessive von organisationalem Lernen zu profitieren. Lerneffekte schließen hierin vornehmlich die gesammelte Auslandserfahrung und diejenige in den verschiedenen Formen der Marktbearbeitung (z. B. bei M&A) sowie die damit einhergehende Wissensgenerierung ein (vgl. Barkema & Vermeulen, 1998). Nach dieser Ansicht orientieren sich die Entscheidungen von Unternehmen also an ihrer vorherigen Erfahrung, da sich Organisationen bei Internationalisierung und Diversifikation auf die Felder beschränkten, auf denen sie erfahren sind (vgl. March, 2013, S. 619).

Eine Beschränkung auf Bearbeitungsformen, in denen bereits Erfahrungen gesammelt wurden, lässt sich für chinesische OFDI jedoch nicht durchgängig beobachten. Obwohl durchaus Internationalisierungsformen ohne Kapitalverflechtung oder OFDI in andere Schwellenländer gewählt werden bevor etablierte Märkte adressiert werden, überspringen viele chinesische Akteure die vom Modell propagierten Prozessstufen und führen bereits in einem frühen Internationalisierungsstadium OFDI bzw. M&A in Industriestaaten durch (vgl. Child & Rodrigues, 2005, S. 403). Insofern gibt das traditionelle Uppsala-Modell zwar eine gewisse Orientierung, weil in den meisten Fällen ein Anstieg der Komplexität von Marktbearbeitungsformen festzustellen ist, wie es auch das Uppsala-Modell propagiert. Es erscheint jedoch nicht geeignet um chinesische Auslandsinvestitionen plausibel und stringent zu erklären. Vielmehr lassen einige chinesische Firmen einzelne Stufen aus und verwirklichen Übernahmen, trotz oder gerade wegen fehlender Akquisitionserfahrung, indem sie sich bewusst auf diejenigen Märkte fokussieren, auf denen die fehlenden Fähigkeiten verfügbar sind.

2.3.3.1.5 Eklektisches Paradigma

Das Eklektische Paradigma entstand aus den Überlegungen der Internalisierungstheorie und setzt an deren Schwachpunkten an. Insbesondere geht sie der Frage nach, wann welche Marktbearbeitungsform vorzuziehen ist und wo diese getätigt werden soll. Dazu bedient sich der Begründer des Ansatzes, John Dunning, bestehender Theorien und Konzepte und integriert diese. Der Begriff der Wettbewerbsvorteile („Ownership Advantages“) wurde bereits von Penrose (1959) geprägt, während Standortvorteile („Location Advantages“) auf Vernon (1966; 1974) zurückgeführt werden. Zudem existieren neben der Internalisierungstheorie nach Buckley und Casson (1976) auch Bezugspunkte zu Hymers (1976) Theorie des monopolistischen Vorteils (vgl. Anderson, Ahmad & Chan, 2014, S. 52). Andere Autoren sehen auch eine Integration anderer Ansätze wie Außenhandelstheorie (vgl. Gedo, 2011, S. 79), Transaktionskostentheorie nach Coase (1937) und Williamson (1975) (vgl. Knoop, 2006, S. 19) sowie der internationalen Standorttheorie (vgl. Fisch, 2006, S. 19). Die von Dunning (1977) gewählten Begriffe „eklektisch“ und „Paradigma“ sollen dieser Verbindung verschiedener Theorien Rechnung tragen. In der Verknüpfung von Erklärungsansätzen und der Schaffung eines Rahmenkonzepts ist auch die wichtigste Leistung Dunnings zu sehen (vgl. Knoop, 2006, S. 10). Da die ursprüngliche Fassung des Modells – als Antwort auf wiederholte Kritik – zu späteren Zeitpunkten immer wieder modifiziert und erweitert wurde (vgl. Dunning, 1980; 1988; 1993; 1995; 2000; 2001; 2004) ist es schwierig von „dem“ Modell zu sprechen.

Im Kern des Ansatzes stehen drei Vorteilskategorien:

- Eigentums- bzw. Wettbewerbsvorteile, sog. „Ownership Advantages“ („O“)
- Standortvorteile, sog. „Location Advantages“ („L“) und
- Internalisierungsvorteile, sog. „Internalization Advantages“ („I“)

Diese Vorteile bilden die Grundlage zur Erklärung von ausländischen Direktinvestitionen und Internationalisierungsformen, sowohl hinsichtlich „extent“, „form“ als auch „pattern“ (Dunning, 1980, S. 11; Dunning, 1988, S. 2). Nach diesen Kategorien wird die Theorie auch als „OLI“-Modell bezeichnet.

Ownership Advantages stellen hierbei unternehmensspezifische Vorteile dar, über die ein Unternehmen verfügen muss, um im Gastland im Wettbewerb mit den einheimischen Firmen zu bestehen. Die Sichtweise ähnelt stark der Ansicht Hymers zu monopolistischen Vorteilen sowie den Nachteilen, denen internationalisierende Unternehmen gegenüber lokalen Wettbewerbern ausgesetzt sind (vgl. Knoop, 2006, S. 20). Allerdings wird der Vorteilsbegriff weiter interpretiert im Sinne bloßer Wettbewerbsvorteile anstatt spezifisch auf Monopole oder Oligopole bezogen wie bei Hymer. Die Vorteile umfassen sowohl Marktgröße als auch -potential des Heimatlandes (vgl. Anderson, Ahmad & Chan, 2014, S. 53).

Die Location Advantages stellen die standortbezogenen Faktoren dar und bestimmen die Wahl desjenigen Ortes unter mehreren alternativen Regionen oder Ländern, an dem die Leistung erstellt wird (vgl. Dunning, 2000, S. 164). Sie hängen von Verfügbarkeit und Kosten der Ressourcen ab, welche im Gastland aufgewendet werden sollen, sowie von Markteintrittsbarrieren und Risiken. Bietet ein Gastland bspw. bei geringem Investitionsrisiko gleichzeitig günstigere Produktionsbedingungen als das Heimatland, bevorzugt ein Unternehmen die ausländische Produktion und Direktinvestitionen auf diesem Weg (vgl. Anderson, Ahmad & Chan 2014, S. 53; Knoop, 2006, S. 21).

Internalization Advantages repräsentieren die Fähigkeit von MNCs Vorteile zu internalisieren und sie über Ländergrenzen hinweg zu nutzen. Sie beeinflussen die Entscheidung, ob Wettbewerbsvorteile über Markttransaktionen mit externen Vertragspartnern oder eine Eingliederung in die interne Wertschöpfung genutzt werden. Sie beziehen somit transaktionskostenspezifische Überlegungen ein und basieren auf einer Abwägung der relativen Effizienz der Optionen zueinander. Wird von hohen vertraglichen Risiken im Gastland ausgegangen ist eine Internalisierung von Vorteilen gegenüber der Lizensierung an ein Fremdunternehmen vorteilhaft (vgl. Anderson, Ahmad & Chan, 2014, S. 53). Die vom OLI-Modell abgedeckten Markteintrittsformen reichen von Beschaffung und Absatz von Produkten und Dienstleistungen über bilaterale Abkommen ohne Kapitalbeteiligung und ausländische Produktion bis hin zu Firmenübernahmen im Ausland. Je höher der Netto-Nutzen einer Internalisierung eingeschätzt wird, desto wahrscheinlicher ist es, dass sich ein Unternehmen über eigene Produktionskapazitäten im Ausland engagiert statt lediglich mittels Lizensierung die Rechte an der Nutzung der Wettbewerbsvorteile zu vergeben (vgl. Dunning, 2000, S. 164).

Die drei Kategorien beantworten somit verschiedene Fragen im Zusammenhang mit FDI (vgl. Anderson, Ahmad & Chan, 2014, S. 54; Dunning, 1979, S. 275):

1. „Ownership Advantages“: wer kann ausländisches Engagement durchführen?
2. „Location Advantages“: wo soll ausländisches Engagement stattfinden?
3. „Internalization Advantages“: warum wird FDI gewählt statt einer anderen Markteintrittsform?

Zusammenfassend lässt sich feststellen, dass Eigentumsvorteile eine obligatorische Voraussetzung für Internationalisierung sind. Liegt lediglich dieser Vorteil vor, erwartet das Modell eine Entscheidung für einen vertraglichen Ressourcentransfer (z.B. mittels Lizensierung). Kommen zusätzlich Internalisierungsvorteile hinzu wird der Export gewählt. Erst bei Vorliegen zusätzlicher Standortvorteile entstehen Direktinvestitionen (vgl. Kutschker & Schmid, 2011, S. 463). Dieser Zusammenhang von Marktbearbeitungsform und Vorteilskategorien wird in Tabelle 1 veranschaulicht.

Eine Schwäche des Ansatzes leitet sich aus seiner Mehrdimensionalität und der damit einhergehenden, erschwerten Anwendbarkeit auf konkrete Vorhaben ab (vgl. Castro, 2000, S. 21). Zudem führt dies zu nicht immer eindeutigen Aussagen der drei Vorteilskategorien. So sind Überschneidungen zwischen Wettbewerbs- und Internationalisierungsvorteilen möglich, die eine unternehmerische Entscheidung unter Berücksichtigung aller Variablen erschweren (vgl. Gedo, 2011, S. 80). Erhebliche Kritik wird auch an der Unterteilung in die drei Vorteilskategorien geübt. Diese wird als wenig trennscharf und gar als künstliche Unterscheidung („artificial distinction“) von eigentlich zusammenhängenden Begriffen kritisiert (vgl. Williams, 1997, S. 83). Folgt man der Ansicht Williams erweckt dies den Anschein einer Trennung, die eher auf modellpolitischen als auf systematischen Erwägungen basiert. Weiterhin wird eine Ausrichtung der Theorie auf die Belange von Industrieunternehmen kritisiert, welche Einschränkungen für Dienstleistungsunternehmen mit sich bringt (vgl. Kutschker & Schmid, 2011, S. 465). Auch wurde vielfach Kritik an der statischen Natur des Modells vorgebracht. Dieses ist darüber hinaus, wie der Autor selbst einräumt, in der Welt des traditionellen, hierarchischen Kapitalismus verwurzelt (vgl. Dunning, 1995). Wie bei vielen Kritikpunkten hat Dunning auch auf diesen Vorwurf mit einer Anpassung des Modells reagiert und die Kategorie der Eigentumsvorteile um die Fähigkeiten und Kenntnisse der Partnerfirmen erweitert (vgl. V. M. Sharma & M. K. Erramilli, 2004, S. 5). Trotz sukzessiver Erweiterungen durch den Autor und einer breiten empirischen Anwendung des Konzeptes verbleiben jedoch zahlreiche Einschränkungen. Dazu zählt z. B., dass der Erfolg im Gastland weniger stark im Vordergrund steht und vielmehr die Verteidigung der Position im Heimatland angestrebt wird (vgl. Knoop, 2006, S. 23). Für eine umfassende Erläuterung der Kritikpunkte sei bspw. auf Nöcker verwiesen (2001, S. 22-26).

Tabelle 1: Internationale Marktbearbeitungsformen in Abhängigkeit von Vorteilskategorien
Quelle: Fisch (2006, S. 20); Kutschker & Schmid (2011, S. 464).

<table>
<tr><td colspan="2" rowspan="2"></td><td colspan="3">(Vorliegen der) Vorteilskategorie</td></tr>
<tr><td>Eigentum (O)</td><td>Internalisierung (I)</td><td>Standort (L)</td></tr>
<tr><td rowspan="3">Form der Marktbearbeitung</td><td>Ausländische Direktinvestition</td><td>ja</td><td>ja</td><td>ja</td></tr>
<tr><td>Export</td><td>ja</td><td>ja</td><td>nein</td></tr>
<tr><td>Vertraglicher Ressourcentransfer</td><td>ja</td><td>nein</td><td>nein</td></tr>
</table>

Die Eignung des Paradigmas für diese Arbeit ist wesentlich in der Integration bestehender Erklärungsansätze begründet. Hierzu trägt insbesondere die Berücksichtigung der Unternehmensumwelt bei. In diesem Zusammenhang lassen sich die grundlegenden Überlegungen von Knoop (2006) zur Rolle des Heimatmarktes bei der Internationalisierung von Banken auch auf chinesische Firmen übertragen. Ähnlich wie im genannten Bankenkontext kann auch bei deren Direktinvestitionen unterstellt werden, dass primär der Erfolg auf dem chinesischen Heimatmarkt als Motiv angesehen wird (vgl. Child & Rodrigues, 2005; Rabbiosi, Elia & Bertoni, 2012 sowie Abschnitt 2.3.2). Der Besitz von Wettbewerbsvorteilen als ein zentrales Element bei Dunning kann im Kontext chinesischer OFDI ebenfalls nicht als gegeben angesehen werden. Schließlich erscheint es unplausibel, EMNCs die auch als Latecomer angesehen werden (vgl. Mathews, 2006), eine Fülle von Vorteilen beizumessen, die ihrem Charakter nach zudem einzigartig und nachhaltig sind, wie es Dunning fordert (2000, S. 164). Dies trifft besonders angesichts der Auffassung des Autors zu, Eigentumsvorteile als Information, Technologie und Management-Fähigkeiten zu interpretieren (vgl. Anderson, Ahmad & Chan, 2014, S. 54; Dunning, 2000, S. 168) und eben nicht als staatliche Förderung wie sie für China argumentiert werden kann. Auch ein möglicher Standortvorteil bedingt durch vergleichbare Kulturen in Heimat- und Gastland (vgl. Dunning, 1979, S. 276) kann bei Direktinvestitionen zwischen China und Europa ausgeschlossen werden. Dafür sind die Landeskulturen unbestritten zu unterschiedlich (vgl. Abschnitt 4). Jedoch könnte durch kulturelle Ähnlichkeit ein solcher Vorteil erst entstehen (vgl. Abschnitt 5). Ebenfalls können staatliche Eingriffe als Grundlage von Vorteilen vermutet werden, was jedoch durch institutionalistische Ansätze noch besser abbildbar ist. Dunning hat das OLI-Modell zwar zunehmend auch um den Einfluss von Institutionen ergänzt (vgl. Dunning & Lundan, 2008; Narula & Dunning, 2000), jedoch bezieht er sich auf die Förderungen und Hindernisse im Gastland (vgl. Arslan, 2011, S. 29). Die entsprechende Perspektive im Heimatland, wie sie im Falle Chinas einflussreich zu sein scheint (vgl. Abschnitt 2.4.6), ist bislang kaum erfasst. Dies ist einer der Gründe weshalb das Eklektische Paradigma zwar einige Aspekte erklären kann, jedoch alleine nicht den Erfordernissen eines Bezugsrahmens für dieses Forschungsvorhaben genügt.

2.3.3.2 EMNC-spezifische, neuere Ansätze

2.3.3.2.1 LLL-Modell

Unter den neueren, speziell für EMNCs konzipierten Ansätzen, ist besonders das Linkage-Leverage, Learning (LLL)-Modell (vgl. Mathews, 2006) bekannt. Es betrachtet Internationalisierung als effektiven Weg zur Erschließung fehlender strategischer Ressourcen (vgl. ebd., S. 22), die für Latecomer aus Schwellenländern entscheidende Bedeutung beim Aufholen („catch up", Mathews, 2002, S. 479) des Rückstandes zu globalen Firmen einnehmen. Der Ansatz geht davon aus, dass Ressourcenausstattungen über Vertragsbeziehungen zwischen Firmen gesichert werden. Die Vielzahl der Verbindungen („linkages") zu etablierten Anbietern ist für EMNCs vorteilhaft, wenn sie komplementäre Betätigungsfelder finden. Durch die Kooperation verschaffen sich EMNCs Zugang zu Netzwerken führender Unternehmen und den damit verbundenen strategischen Ressourcen. Beispiel sind Outsourcing-Partnerschaften oder Lizensierung, welche die Wettbewerbsposition sichern und die Ausgangsbasis für spätere Entwicklungsschritte darstellen (vgl. ebd., S. 476-477). Die zweite Stufe befasst sich mit Möglichkeiten, diese Verbindungen zur Ressourcenentwicklung zu nutzen („leverage"). Entscheidend dafür sind Imitierbarkeit, Übertragbarkeit und Ersetzbarkeit von Ressourcen. Während diese Eigenschaften aus Sicht etablierter MNCs zu vermeiden sind, um hohe Markteintrittsbarrieren zu schaffen, sind EMNCs an leicht zugänglichen Ressourcen interessiert. Die Sichtweise der Latecomer ist damit konträr zum RBV-Ansatz, welcher aus der Perspektive der Ressourceninhaber aus entwickelten Staaten argumentiert (vgl. Mathews, 2006, S. 19). Linkage und Leverage alleine reichen jedoch nicht aus: hinzu kommt die Erfordernis von Lerneffekten („learning"), welche durch wiederholte Anwendung der beiden vorangegangenen Stufen erzielt werden können (vgl. Mathews, 2002, S. 478). Schließlich kommt es nicht nur auf die Nutzung eigener und erworbener Ressourcen an, sondern auch auf die Generierung neuer Fähigkeiten.

Mathews selbst (2006, S. 21) sieht zwischen dem LLL- und dem bewährten OLI-Modell einige Unterschiede, betrachtet ersteres jedoch als Erweiterung von letzterem für Latecomer (ebd., S. 18-19). Zudem stellt er einen Bezug zu den (jüngeren) Beiträgen der Uppsala-Schule (vgl. Johanson & Mattsson, 1988; 1993) her. Wie derjenige nach dem Uppsala-Modell verläuft auch der Internationalisierungsprozess des

LLL inkrementell. Ausgehend von vergleichsweise einfachen Formen der Internationalisierung führt er zu immer komplexeren Strukturen (z. B. Lerneffekten bei LLL bzw. Marktbearbeitungsformen wie M&A bei Uppsala). Die Parallelen zu bestehenden Theorien mindern jedoch die Erfordernis einer separaten Berücksichtigung des Modells.

Einige Autoren (vgl. Si, 2013, S. 51) sind der Ansicht, dass der Lernaspekt des LLL-Modells in Bezug auf China überbetont sei. Es wurde vornehmlich anhand koreanischer und taiwanesischer Unternehmen entwickelt, die als Partner US-amerikanischer MNCs aktiv waren. Lerneffekte bei technologischer Kompetenz seien daher unabdingbar. Hingegen könnten chinesische MNCs verstärkt vom Absatzpotential des heimischen Marktes profitieren. Für dessen Bedienung sei es zwar hilfreich über moderne Technologien zu verfügen (vgl. ebd., S. 55), sie müssten jedoch nicht zwingend über eigene Lerneffekte bereitgestellt werden. Entsprechend sieht Si (2013) das Modell nicht als geeignete Erklärungsbasis für prominente chinesische Akquisitionen (vgl. S. 45, am Beispiel des Erwerbs von Putzmeister durch Sany).

2.3.3.2.2 Springboard-Perspektive

Die Springboard-Perspektive von Luo und Tung (2007) geht davon aus, dass Firmen aus Emerging Markets eine Internationalisierung als systematisches Instrument einsetzen, um Zugang zu kritischen Ressourcen zu erlangen. Damit wird der „catch-up"-Prozess in Gang gesetzt, der für den Wettbewerb mit international führenden Anbietern benötigt wird. Neben dieser Sprungbrett-Funktion bietet Auslandstätigkeit eine Möglichkeit institutionellen und marktbezogenen Einschränkungen auf dem Heimatmarkt zu entgehen.

Ein Motiv vieler EMNCs ist es, in entwickelten Ländern strategische Ressourcen zu erwerben. Dennoch bestehen Zweifel am Zusatzbeitrag den der Ansatz im konkreten Fall bietet. Bereits die traditionelle Resource Dependence-Theorie (RDT) ist auf Ressourcenerwerb ausgerichtet und bezieht sich dabei ebenfalls auf externe Quellen. Ressourcenmangel stellt im RDT (vgl. N. Zhou, 2010, S. 12) wie in der Springboard-Perspektive (vgl. Luo & Tung, 2007, S. 482) den wesentlichen Treiber von Internationalisierung dar. Insofern ist diese Facette der Theorie zwar plausibel und grundsätzlich geeignet zur Erklärung chinesischer Direktinvestitionen, allerdings besteht keine Notwendigkeit, sie aufgrund spezifischer Besonderheiten einzubeziehen. Weitaus kritischer ist der Aspekt zu sehen, dass ein Markteintritt aufgrund institutioneller Hemmnisse erfolgt. Obwohl solche im Falle Chinas vorliegen, vernachlässigt diese Sichtweise die institutionelle Förderung, die chinesische Firmen im Gegenzug oftmals erfahren, z. B. in Form von Akquisitionsfinanzierung (vgl. Rui & Yip, 2008, S. 217; N. Zhou, 2010, S. 124) oder anderen staatlichen Vergünstigungen. Auch ist angesichts des vergleichsweise niedrigen Niveaus von OFDI, das in Industrieländer fließt, kaum von einem als „aggressiv" (Luo & Tung, 2007, S. 482) zu bezeichnenden Käuferverhalten auszugehen. Die Springboard-Perspektive wird daher für die vorliegende Untersuchung nicht als passender Erklärungsansatz eingeordnet.

2.3.3.2.3 Institutional Escapism-Perspektive

Parallelen hierzu lassen sich in der Institutional Escapism-Perspektive (vgl. Witt & Lewin, 2007) finden, die von einer Flucht vor institutionellen Strukturen des Heimatlandes ausgeht. Unternehmen reagieren damit auf die Diskrepanz zwischen den institutionellen Bedingungen im Heimatland und ihrem Bedarf. Investitionen in Industriestaaten könnten demzufolge als Flucht vor Korruption, einer ineffektiven Regierung oder mangelndem Schutz von Eigentumsrechten angesehen werden (vgl. Yamakawa, Peng & Deeds, 2008, S. 71).

Die Bedeutung des Ansatzes für die Auslandsinvestitionen chinesischer Firmen wird jedoch als gering eingeschätzt. Erstens könnten Firmen hohen sozio-politischen Kosten auch durch eine Verlegung des Hauptsitzes in andere, steuergünstige Länder mit stärkeren Institutionen (bzw. im Falle Chinas sogar in begünstigten Regionen innerhalb der Volksrepublik wie Sonderwirtschaftszonen) begegnen. Zweitens muss die Flucht nicht zwingend die Form von Direktinvestitionen annehmen. Eine Alternative wäre eine Börsennotierung im Ausland (vgl. V. Z. Chen, 2012, S. 18). Drittens erscheint die transaktionskostenorientierte Sichtweise des Ansatzes wenig geeignet, die Motivlage chinesischer Internationalisierung widerzuspiegeln, da strategische Erwägungen nicht ausreichend berücksichtigt werden. Viertens vernachlässigt der Ansatz, ebenso wie die Springboard-Perspektive, die positiven Aspekte des Heimatlandes in Form von staatlicher Förderung. Insgesamt erscheint der Ansatz daher nicht sehr vielversprechend für den vorliegenden Kontext.

2.3.4 Verknüpfung von Theorien als Bezugsrahmen der Arbeit

2.3.4.1 Ressourcentheoretische Ansätze

2.3.4.1.1 Resource-based View

Ressourcenorientierte Erklärungsansätze wurden in der jüngeren Vergangenheit vielfach zur Erklärung von Wettbewerbsvorteilen herangezogen. Hierbei hat der Resource-based View (RBV) große Akzeptanz in der Strategie- und Internationalisierungsforschung erfahren. Er lehnt sich an die Sichtweise von Penrose (1959) an, die eine Organisation als Ansammlung von Ressourcen interpretiert. Der Ressourcenbegriff orientiert sich dabei an Hymers (1976) Theorie des monopolistischen Vorteils. Die Beiträge von Wernerfelt (1984) und Barney (1986; 1991) führten schließlich zur Begründung der RBV-Theorie (vgl. Grün, 2010, S. 37). Der Ansatz geht davon aus, dass Verfügbarkeit und erfolgreiche Anwendung von einzigartigen Ressourcen und deren Übertragung in andere Regionen ein Unternehmen in die Lage versetzt im internationalen Wettbewerb zu bestehen (vgl. V. M. Sharma & M. K. Erramilli, 2004). Da sich Firmen in ihrer Ressourcenausstattung unterscheiden und jedes Unternehmen über einzigartige firmenspezifische Vorteile verfügt, strebt der Ansatz danach, durch Abweichung in diesen Ressourcen Erklärungen für Erfolgsunterschiede zu finden (vgl. Grün, 2010, S. 37).

Wie sich bereits aus der Bezeichnung ergibt, kommt dem Ressourcenbegriff zentrale Bedeutung zu. Neben tangiblen Ressourcen umfasst er auch intangible (vgl. Barney, 1991, S. 101; V. M. Sharma & M. K. Erramilli, 2004, S. 7; Wernerfelt, 1984, S. 172). Unter letztere fallen z. B. proprietäre Technologien, Wissen, Marken und Organisationskultur (vgl. Anderson, Ahmad & Chan, 2014, S. 62). In der Literatur existieren vielerlei Kategorien von Ressourcen. Beispielsweise werden sie bisweilen in kapitalbezogene (z. B. Zugang zu Finanzierung, Grundstücke) und nicht-kapitalbezogene (z. B. Technologie, Management-Kompetenz) unterteilt (vgl. Arslan, 2011, S. 36). Entscheidend sind jedoch stets diejenigen, die das Potential einer wertmaximierenden Nutzung aufweisen (vgl. V. M. Sharma & M. K. Erramilli, 2004, S. 7). Als Kriterien hierfür werden Werthaltigkeit, Beständigkeit, Einzigartigkeit und Schwierigkeit der Imitation bzw. Substituierung aufgeführt (vgl. Barney, 1986; 1991; Wernerfelt, 1984).

In einer Erweiterung des ursprünglichen Ansatzes wird vielfach auch von „Capability-based View“ gesprochen. Ob diese Strömung einen eigenen Ansatz darstellt ist in der Literatur umstritten (vgl. Peng, 2001, S. 823). Einiges spricht jedoch für eine starke Verwandtschaft der Konzepte (vgl. Barney, 2002, S. 157), so dass Fähigkeiten unter den RBV subsumiert werden können. Es lassen sich jedoch Unterschiede in Bezug auf die Begriffe „resource“ und „capability“ feststellen, die Auswirkung auf die Anwendung des Ansatzes haben. Fähigkeiten stellen zwar einen intangiblen Vorteil dar, sie unterscheiden sich aber von intangiblen Ressourcen. Sie setzen implizites Wissen („tacit knowledge“) und Kenntnisse voraus, wohingegen Ressourcen explizites Wissen umfassen. Zudem sind intangible Ressourcen (z. B. Marken) unabhängig von Mitarbeitern und den Firmen die sie halten. Fähigkeiten hingegen weisen eine enge Verknüpfung mit den Mitarbeitern und Firmen auf, die zu ihrer Anwendung in der Lage sind. Die Ergänzung des RBV-Ansatzes um Fähigkeiten führte auch dazu, dass den Anforderungen an die Ressourcenausstattung eine dynamische Komponente zugeschrieben wurde. Demnach sollten Firmen über die Fähigkeit verfügen, ihre Ressourcen immer wieder anzupassen um Marktgelegenheiten wahrnehmen und rasch auf ihre Umwelt reagieren zu können (vgl. Camisón & Villar, 2009, S. 127).

Die Gesamtheit von strategischen Vorteilen, Ressourcen und Fähigkeiten wird in der Literatur mit verschiedenen Begriffen bezeichnet, unter ihnen „organizational resources“ (Barney, 1991, S. 101), „dynamic capabilities“ (Teece & Pisano, 1994, S. 537) und „core competencies“ (Prahalad & Hamel, 1990, S. 79).

Nach der ursprünglichen Auslegung des RBV können grenzüberschreitende Firmenübernahmen durch das Vorliegen von „firm-specific advantages“ (FSA) zum Zeitpunkt der Investitionen erklärt werden (vgl. Barkema & Vermeulen, 1998, S. 9-10). Firmen die über viele und werthaltige solcher firmenspezifischen Ressourcen verfügen, wird oft eine Tendenz zur Diversifikation zugesprochen. Typischerweise erfolgt eine „exploitation“ (Ausnutzung) von auf dem Heimatmarkt geschaffenen Vorteilen durch deren Transfer ins Ausland. Jedoch umfasst der RBV auch die Möglichkeit Wettbewerbsvorteile erst im Ausland zu erzeugen oder extern zu erwerben (vgl.

Arslan, 2011, S. 36). Insofern umfasst der Ansatz sowohl die Anwendung bestehender als auch die Suche nach Ressourcen zur Erzeugung neuer Vorteile (vgl. Peng, 2001). Nach Ansicht einiger Autoren ist jedoch für OFDI, die auf Fähigkeitserschließung ausgerichtet sind, auch immer ein gewisses Maß an eigenen Fähigkeiten notwendig, die sich auf fremden Märkten nutzen lassen und die Basis darstellen, neue Fähigkeiten überhaupt aufnehmen zu können (vgl. V. Z. Chen, 2012, S. 23; Makino & Inkpen, 2003; Narula & Nguyen, 2011).

Unternehmensakquisitionen lassen sich aus Sicht des RBV als Erwerb optimaler Kombinationen aus Ressourcen, Fähigkeiten und Wettbewerbsvorteilen interpretieren (vgl. Arslan, 2011, S. 35). Madhok & Tallman (1998) erachten die volle Internalisierung externer Ressourcen jedoch als teuren und mit Unsicherheit behafteten Prozess, der sogar Ressourcen zerstören könne. Auch Barney (1991) schreibt Akquisitionen hohe Kosten zu, so dass Joint Ventures und Kooperationen demgegenüber im Vorteil sind.

Durch die Weiterentwicklung um Kooperationen und Zukäufe wird die ursprünglich rein firmenfokussierte Sichtweise des RBV um die Perspektive der Umgebung ergänzt. Entscheidend ist zudem, dass hierdurch ein stärkerer Bezug zwischen RBV und lerntheoretischen Erklärungsansätzen (vgl. Abschnitt 2.4.7) hergestellt wird. Lernen auf individueller und organisationaler Ebene beeinflusst dabei die Erzeugung dynamischer Fähigkeiten (vgl. Zollo & Winter, 2002, S. 339). Insofern existieren Schnittstellen zwischen dem RBV und anderen vielversprechenden Erklärungsansätzen. Von der stark risiko- und kostenorientierten Transaktionskostentheorie grenzt sich der RBV durch seinen Fokus auf Wertmaximierung mittels Zusammenfügen und Nutzen wertvoller Ressourcen ab (vgl. Das & Teng, 2000, S. 36).

Trotz der geschilderten Tendenzen, auch Aspekte der Unternehmensumwelt zu berücksichtigen, sieht sich der RBV Kritik ausgesetzt, deren Einfluss nicht genügend einzubeziehen. Hinzu kommt die Problematik, den Ressourcenbegriff in der Praxis hinreichend abzugrenzen, was die Operationalisierung erschwert.

Bei der Anwendung des RBV auf chinesische Firmen empfiehlt es sich, OFDI in Industrie- bzw. anderen Entwicklungsländern zu unterscheiden. Eine Übertragung bestehender Vorteile lässt sich vorwiegend für Investitionen in anderen Schwellenländern bestätigen, z. B. südostasiatische Staaten (vgl. Luo & Tung, 2007, S. 487). In diesen Fällen kommen auch technologische Wettbewerbsvorteile als Auslöser von Investitionen in Betracht. Anders stellt sich dies beim Engagement in etablierten Märkten dar. Hier kann überwiegend nicht (vgl. Abschnitt 2.2.1) von echten firmenspezifischen Ressourcenvorteilen gesprochen werden. Aus diesem Grund herrscht vielfach die Ansicht vor, EMNCs seien rein auf die Erschließung („exploration") von (technologischen oder intangiblen) Ressourcen konzentriert, wohingegen MNCs aus etablierten Märkten die Ausnutzung („exploitation") bestehender Vorteile anstrebten (vgl. S. Sharma, 2015, S. 9). Es existieren jedoch Gegenbeispiele die zeigen, dass diese Sichtweise bisweilen zu stereotyp ist und nicht immer uneingeschränkt übernommen werden kann. So verfügen einige indische Firmen wie Infosys, Tata Consultancy Services oder Wipro über qualitativ hochwertige technische Fähigkeiten die denen von Wettbewerbern aus Industrieländern ebenbürtig sind (vgl. Stucchi, 2012, S. 280). Trotz dieser Fälle stellen sie nicht die Mehrheit dar.

Stattdessen werden als Wettbewerbsvorteile chinesischer Unternehmen vielfach netzwerkbasierte (vgl. Julian, Ahmed & Xu, 2014, S. 115; Shapiro, Gedajlovic & Erdener, 2003, S. 110) sowie heimatlandbezogene (vgl. Rugman & Li, 2007, S. 338) Faktoren genannt. Diese kompensieren nicht nur mangelnde firmenspezifische Ressourcen sondern auch das schwache institutionelle Umfeld. Zu den Mechanismen zählen die Konzentration von Eigentümerschaft (z. B. auf Familien oder den Staat) sowie intensive Verbindungen zu anderen Firmen und öffentlichen Stellen. Gerade im chinesischen Kontext kann auch die reiche Kapitalausstattung des Landes und dessen Förderbereitschaft als heimatlandbezogene Ressource angesehen werden. Dies verdeutlicht, dass für die Anwendung des RBV im Kontext von EMNCs und insbesondere chinesischen Firmen der Einbezug institutioneller Theorien sinnvoll ist (vgl. Deng, 2012, S. 420).

Hinsichtlich verschiedener Formen von OFDI muss eingewendet werden, dass chinesische Firmen bereits lange Zeit versucht haben durch vermeintlich kostengünstige Optionen wie Zusammenarbeit mit westlichen MNCs ihre Ressourcen zu verbessern. Letztlich führte dies jedoch nicht zu dem gewünschten Ergebnis (vgl. Abschnitt 2.3.2). Aufgrund des immensen Wettbewerbsdrucks auf dem Heimatmarkt benötigen chinesische Unternehmen allerdings dringend strategische Kompetenzen. Vor diesem Hintergrund gewinnt M&A auch dann an Attraktivität wenn die Kosten die der Alternativen übersteigen. Denn das übergeordnete Ziel Chinas liegt in der Wettbewerbsfähigkeit auf Basis von technologischer Kompetenz (vgl. Abschnitt 2.2.2), die jene aufgrund von Kostenvorteilen ablösen soll (vgl. Deng, 2009, S. 81).

2.3.4.1.2 Resource Dependence Theory

Die Resource Dependence Theorie (RDT) befasst sich mit der Bedeutung von Ressourcen für das Fortbestehen von Firmen. Ihre Hauptaussage ist, dass diese in der Lage sein müssen, benötigte Ressourcen zu erwerben, zu steuern und zu erhalten (vgl. Pfeffer & Salancik, 1978). Dies gründet auf der Annahme, dass die Ressourcenausstattung stark von unternehmensexternen Faktoren abhängt. In der Minimierung von Ressourcen-Einschränkungen liegt nach dem RDT demnach das wesentliche Unternehmensziel.

Die Theorie eignet sich v. a. für die Erklärung von Motiven hinter M&A-Transaktionen. Vertikale Akquisitionen eignen sich um die Abhängigkeit von Zulieferern oder Rohstoffen zu mindern, sofern die Ressourcen des Zielobjektes entsprechend genutzt werden. Horizontale M&A erhöhen die Marktmacht durch Übernahme eines Wettbewerbers indem sie die Abhängigkeit von Marktvorteilen reduzieren (vgl. Reddy, 2014, S. 15).

Insbesondere auf dem Feld der Internationalisierung lässt sich der RDT mit dem „resource-seeking"-Motiv in Verbindung bringen, wodurch v. a. die Abhängigkeit von Rohmaterialien und Arbeitskraft reduziert wird (vgl. N. Zhou, 2010, S. 12).

Ähnlich wie beim RBV, ist die Operationalisierung von Ressourcen als Nachteil zu nennen. Sie stellt nicht nur ein Hemmnis für die praktische Anwendung sondern auch eine theoretische Schwäche dar (vgl. Gretzinger, 2008, S. 14).

Unter Ressourcen werden allgemein solche Werte verstanden, die das Fortbestehen des Unternehmens begünstigen, nicht nur solche die einen Wettbewerbsvorteil konstituieren. Im Gegensatz zum RBV, welcher ursprünglich auf die interne Schaffung und Spezifizierung von Ressourcen ausgerichtet ist, fokussiert der RDT auf den externen Ressourcenerwerb (vgl. Häussler, 2003, S. 9; Nemati et al., 2010, S. 112). Nach dem RDT ist keine Firma in sich geschlossen und hängt immer von anderen Organisationen ab. Das Steuern dieser Wechselwirkungen mit dem externen Umfeld ist wesentlicher Gegenstand des RDT (vgl. Pfeffer & Salancik, 1978). Während der RBV die Nutzung wesentlicher Ressourcen als Grundlage für (regionale oder produktbezogene) Diversifizierung sieht, betrachtet der RDT deren Mangel als Treiber (vgl. N. Zhou, 2010, S. 12). Es bleibt jedoch festzuhalten, dass die theoretischen Perspektiven oft weiterentwickelt werden, was beim RBV teilweise mit einer stärkeren Integration von Umfeldeinflüssen einhergeht.

Mit der Betonung des Umwelteinflusses weist der RDT Ähnlichkeit mit dem Neo-Institutionalismus auf. Während dieser jedoch von einer eher passiven Beeinträchtigung von Unternehmen ausgeht, betrachtet der RDT die Beziehung als stärker aktiv beeinflussbar indem Firmen eine Verschiebung der Machtverhältnisse zu ihren Gunsten anstreben (vgl. Oliver, 1991, S. 147). Konzeptionell weist der RDT somit sowohl Gemeinsamkeiten mit dem RBV als auch mit dem Neo-Institutionalismus auf. Während er mit ersterem die Bedeutung von Ressourcen teilt, verbindet ihn mit letzterem die Betonung der Unternehmensumwelt (vgl. N. Zhou, 2010, S. 9).

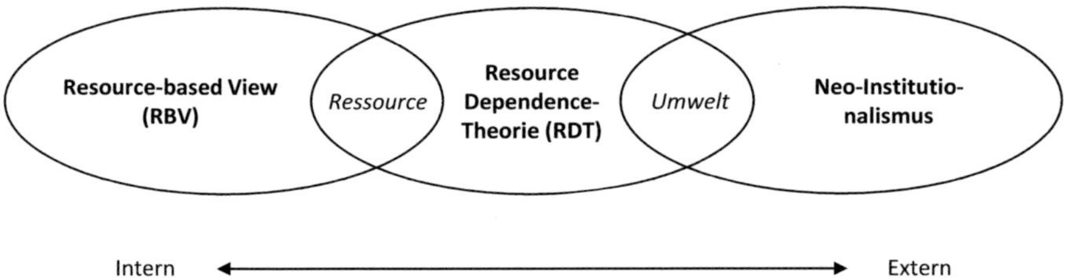

Abbildung 7: Zusammenhang von RDT, RBV und Neo-Institutionalismus
Quelle: N. Zhou (2010, S. 45).

Insbesondere bei grenzüberschreitenden M&A-Transaktionen wurde die Rolle von Ressourcen als Treiber bislang nicht umfassend einbezogen (vgl. Cheung & Suny, 2009; Kang & Jiang, 2012). So stehen bei den M&A-Strategien von EMNCs vorwiegend ressourcenreiche Staaten im Mittelpunkt (vgl. Haleblian et al., 2009).

Natürliche Ressourcen werden in diesem Zusammenhang als eine der Hauptanreize angesehen (vgl. Gaur, Kumar & Singh, 2014). Beispielsweise nutzt China OFDI als

Mittel um Einsatzstoffe zu sichern, die im Inland nicht in ausreichendem Maße verfügbar sind (vgl. Kang & Jiang, 2012). Diese umfassen nicht nur Rohstoffe wie Erdöl, Mineralien (z. B. seltene Erden) oder Holz sondern auch Rechte für die Fischerei und die Nutzung von Agrarflächen (z. B. in Afrika) (vgl. Morck, Yeung & Zhao, 2008). Dieser Beweggrund findet sich jedoch auch bei anderen Emerging Markets wie große Rohstoff-Akquisitionen in entwickelten Staaten zeigen: z. B. die der Rinker Group (Australien) durch Cemex (Mexiko) oder die der Corus Group (Großbritannien) durch Tata Steel (Indien) (vgl. Deng & Yang, 2015, S. 161).

Die zweite Zielrichtung des Ressourcenbegriffs stellen intangible Ressourcen und Wissen dar (vgl. Child & Rodriguez, 2005, S. 403; Luo & Tung, 2007, S. 490). Diese strategischen Faktoren finden EMNCs vorwiegend in etablierten Ländern. Zu ihnen zählen z. B. Hochtechnologie, Marken, Vertriebsnetzwerke, Marketing-Expertise, Management-Erfahrung oder F&E-Fähigkeiten (vgl. V. Z. Chen, 2012, S. 2; Rabbiosi, Elia & Bertoni, 2012, S. 199; Wang & Boateng, 2007, S. 21). Prominent ist das bereits angeführte Beispiel von Lenovos Erwerb der PC-Sparte von IBM. M&A wird für ein solches Ziel vielfach als am besten geeignete Form von OFDI angesehen (vgl. Deng & Yang, 2015, S. 162). Dies nicht nur aufgrund der höheren Kontrolle über die jeweils kritische Ressource, sondern auch in Bezug auf die verbesserte Verhandlungsmacht relativ zu lokalen Anbietern und der dadurch verminderten Abhängigkeit (vgl. Gaffney, Kedia & Clampit, 2013, S. 1097-1098).

2.3.4.2 Neo-institutionalistische Ansätze

2.3.4.2.1 Institutionen in der Internationalisierungsforschung

Die bislang vorgestellten Erklärungsansätze nehmen überwiegend eine unternehmensbezogene Perspektive ein (mit Ausnahme des Resource Dependence-Ansatzes und teilweise des Eklektischen Paradigmas). Sie gehen davon aus, dass die Strategien von MNCs auf intrinsischen und rationalen Entscheidungen beruhen. Entsprechend stellen sie v. a. die Organisation selbst und die Nutzung ihrer Stärken in den Mittelpunkt. Im Gegenzug gibt es auch Stimmen, die den Einfluss des externen Unternehmensumfeldes auf Investitionsentscheidungen betonen (vgl. Gulati, 1998; Peng, 2003). Firmenstrategien unterliegen demnach einer Beeinflussung durch

Interaktionen der Akteure mit ihrer Umwelt (vgl. DiMaggio & Powell, 1991, S. 64; Scott, 2008, S. 160). Entsprechend liegen relevante Einflussgrößen oftmals außerhalb der Unternehmenssphäre, beispielsweise bei Gesetzgebung und Regulierung. Die Erkenntnis um diese Wirkungsweise führte zu einer stärkeren Berücksichtigung der organisationalen Umwelt in der Literatur, welcher sog. Institutionen zugeschrieben wird (vgl. North, 1990; Scott, 1995).

Der nach diesen Institutionen benannte Neo-Institutionalismus stellt kein geschlossenes Theoriegebilde dar, sondern fungiert als Überbegriff nebeneinander existierender, nicht trennscharf abgrenzbarer Ansätze aus verschiedenen Fachdisziplinen (vgl. Dost, 2014, S. 43). Es lassen sich aber zwei Hauptströmungen ableiten: eine (organisationstheoretisch-) soziologische (vgl. DiMaggio & Powell, 1983; J. W. Meyer & B. Rowan, 1977; Scott, 1995), sowie eine volkswirtschaftliche (vgl. North, 1981; 1990; 2005), welcher zumeist auch die bestehenden politologischen Ansätze zugeordnet werden. Die soziologische Variante sieht als eines der wesentlichen Unternehmensziele die Erlangung von Legitimität und Stabilität in ungewissen Situationen. Nach ihr basieren individuelle Handlungen auf sozialen Normen, Werten und Kultur. Demgegenüber beschäftigt sich die volkswirtschaftliche Variante mit Governance-Strukturen und formalen Regelwerken, wodurch Einfluss auf Entscheidungsträger in Organisationen ausgeübt wird (vgl. Bruton, Ahlstrom & Li, 2010, S. 429). Trotz einiger Unterschiede werden die Strömungen bisweilen als komplementär angesehen (vgl. Scott, 1995). Es existieren sogar Tendenzen, Elemente beider Richtungen im Rahmen eines „Institution-based View“ zu kombinieren (vgl. Peng, 2002, S. 261). Nach Peng (2003, S. 276) sollte dieser unabhängig von der Disziplin die jeweils besten Aspekte nutzen. Unstrittig ist die breite Anwendung beider Pfade auf dem Feld der internationalen Managementlehre und vor allem bei der Erforschung von EMNCs (vgl. Wright et al., 2005). Aufgrund ihrer Relevanz für die Analyse des Internationalisierungsverhaltens von EMNCs wird nachfolgend der Erklärungsgehalt beider Richtungen analysiert. Der Schwerpunkt liegt hierbei auf den vielversprechenden Ansätzen des soziologischen Neo-Institutionalismus.

Zwar existiert keine einheitliche Definition zu Institutionen, es lassen sich aber wesentliche Beiträge erkennen. Nach Scott (1995, S. 33) sind Institutionen als „regulative, normative, and cognitive structures and activities that provide stability and meaning to social behaviour“ zu verstehen. Demgegenüber sieht North (1990, S. 3) in ihnen „the rules of the game in a society or, more formally, are the humanly devised constraints that shape human interactions". Die Zusammensetzung der institutionellen Umwelt (z. B. Staat, Gesellschaft) definiert er folgendermaßen: „they are made up of formal constraints (e.g. rules, laws, constitutions), informal constraints (e.g. norms of behavior, conventions, and self-imposed codes of conduct), and their enforcement characteristics. Together they define the incentive structure of societies and specifically economies." (North, 1990, S. 3-4; North, 1994, S. 360). Beide Formen – formelle und informelle Institutionen – wirken fundamental auf das Handeln von Unternehmen. Bedeutsam für diese Arbeit sind sie insbesondere deshalb, weil North (1990) ihnen besondere Relevanz bei internationalen Investitionsentscheidungen zuschreibt.

Der die Strömungen verbindende „Institution-based View" nach Peng stützt sich in erster Linie auf die Definition nach North. Andere Studien auf dem Feld der Internationalisierungsforschung verwenden dagegen die von Scott (vgl. Arslan, 2011, S. 41). Scott (1995) selbst führt die Beeinflussung seiner Arbeit durch den Beitrag von North (1990) an. Hieran wird ersichtlich, dass die Übergänge zwischen beiden Disziplinen bereits vor der Begründung eines kombinierten Ansatzes durch Peng (2002) durchlässig waren. In der Forschung wurden beide sogar überlappend verwendet (vgl. Arslan, 2011, S. 42).

Inwieweit kann von den verschiedenen Strömungen eine Verbindung zu Direktinvestitionen chinesischer Firmen bzw. solchen aus Schwellenländern hergestellt werden? Ansatzpunkte lassen sich in der Wirtschaftsstruktur vieler Schwellenländer finden. Gerade die Dominanz einzelner Sektoren durch Staatsunternehmen macht eine Übertragbarkeit auf den Kontext der vorliegenden Untersuchung plausibel. Schließlich sind staatliche Unternehmen weniger als private auf effizientes Handeln angewiesen. Darum ist es wahrscheinlicher, dort eine politische Einflussnahme zu vermuten um gewünschte gesamtwirtschaftliche Ziele wie z. B. den Erwerb strategischer Ressourcen zu erlangen (vgl. Hecking, 2013). Derartige Motive können leicht über ausschließlich effizienzorientierte Interessen hinausgehen.

2.3.4.2.2 Neue Institutionenökonomik

Die volkswirtschaftliche Strömung wird auch als Neue Institutionenökonomik (im Folgenden NIÖ) bezeichnet. Aufbauend auf grundlegenden Arbeiten von Coase (1937) wurde die NIÖ hauptsächlich von Williamson (1975; 1985) und North (1990; 1991) entwickelt, die sich jedoch auf verschiedene Fragestellungen fokussierten. Williamson forschte v. a. zur Durchsetzung von Verfügungsrechten („Property Rights") in verschiedenen Gesellschaften (vgl. Williamson, 1975, 2000). Zudem wird er als einer der Begründer der Transaktionskostentheorie angesehen. North wiederum untersuchte wie Verfügungsrechte die Entwicklung von Gesellschaften beeinflussen. Der Ansatz stellt den Staat in den Mittelpunkt. Zwar ist dieser in der Lage private Rechte zu schützen, gleichzeitig besteht aber die Gefahr einer Beeinträchtigung durch ihn (vgl. North, 1981). Der Staat wird damit zum wichtigsten Bestandteil des institutionellen Umfeldes. Neben der Theorie der Verfügungsrechte und der Transaktionskostentheorie zählt auch die Agenturtheorie zu den wesentlichen Ansätzen innerhalb der NIÖ (vgl. Schulze, 1997).

Diese Arbeit konzentriert sich auf die Arbeiten von North, die sich mit der Wirkung von Institutionen auf Landesebene auf die Firmenstrategie sowie dem Schutz von Eigentumsrechten durch Institutionen befassen (vgl. North 1981; 1990; 2005). Im Gegensatz zu Williamson, der sich stärker auf die Einhaltung formaler Regeln stützt, spielen informelle Regeln (z. B. Normen, Verhalten) bei North (1991, S. 97) eine größere Rolle. Zu diesen zählt er informelle Elemente wie „sanctions, taboos, customs, traditions and codes of conduct". Diese Ausrichtung verleiht der NIÖ nach North eine besondere Relevanz für den Kontext der internationalen Forschung, da das informelle Umfeld zahlreiche Herausforderungen für MNC birgt. Entsprechend beschäftigt sich die Internationalisierungsliteratur dieser Prägung v. a. mit den Fragen, welche Institutionen auf Landesebene relevant sind, wie und warum sie Markteintrittsentscheidungen beeinflussen und worauf Einflussnahme zurückgeführt werden kann.

Der Schwerpunkt liegt hier zumeist auf zwei Aspekten. Der erste ist der Einfluss von Institutionen im Zielland auf die Durchführung ausländischer Direktinvestitionen. Hierbei stehen sowohl Einschränkungen ausländischer Aktivität als auch deren Förderung, sowie die generelle Stabilität der Institutionen im Zielland im Blickfeld. Staaten mit soliden Institutionen und geringen Restriktionen ziehen Investitionen an und erleichtern somit den Markteintritt ausländischer Akteure (vgl. Globerman & Shapiro, 2003, S. 37; K. E. Meyer & M. W. Peng, 2005, S. 610). Den zweiten Schwerpunkt bildet die Wirkung der institutionellen Distanz zwischen Heimat- und Zielland auf Art und Umfang von Direktinvestitionen. Gemeinhin wird höhere Investitionstätigkeit auf Ähnlichkeiten im institutionellen Umfeld zweier Staaten zurückgeführt (vgl. S. Estrin, D. Baghdasaryan & K. E. Meyer, 2009). Während sowohl Institutionen des Gastlandes als auch Unterschiede zwischen Gast- und Zielland bei der Erforschung internationaler Direktinvestitionen eine breite Beachtung erfahren haben, wurden die Institutionen des Heimatlandes und ihre Einflussnahme auf strategische Firmenentscheidungen bislang wenig erforscht (vgl. V. Z. Chen, 2012, S. 4). Ihnen wird jedoch ein Einfluss auf das Akquisitionsverhalten in entwickelten Märkten zugeschrieben (vgl. Rabbiosi, Elia & Bertoni, 2012, S. 198). Wegen der vielfältigen Wirkungsbeziehungen schlägt Kalotay (2008) gar eine Erweiterung des OLI-Paradigmas um eine H-Komponente für „home-country characteristics“ vor, worin sich ein weiterer Bezug zu anderen Theorien offenbart.

Daneben sind für ihren Kontext Studien interessant, welche die Rolle formeller und informeller Institutionen in verschiedenen Entwicklungsphasen von Schwellenländern analysieren (vgl. Mathews 2006: K. E. Meyer, 2001; Peng, 2003). Sie kommen zu dem Schluss, dass Firmen in frühen Stadien wirtschaftlicher Transformationsprozesse Joint Ventures bevorzugen um dadurch Risiken zu teilen. Bei etablierten institutionellen Strukturen im Gastland wird hingegen eine Präferenz für Akquisitionen festgestellt (vgl. Arslan, 2011, S. 46). Verglichen mit formellen verändern sich informelle Strukturen aufgrund ihrer tiefen Verankerung im Wertgefüge einer Gesellschaft dagegen sehr viel langsamer (vgl. K. E. Meyer 2004, S. 271). Durch sehr unterschiedliche Kultur und Wertegefüge ist dieser Aspekt für China sehr relevant.

Aufgrund der herausragenden Bedeutung der Institution Staat für die Internationalisierung chinesischer Firmen ist dieser Aspekt für die vorliegende Untersuchung besonders relevant. Der Staat tritt in China beispielsweise durch seine explizite Ausrufung von Investitionszielen, die finanzielle Förderung von Auslandsaktivität oder durch die hohe Zahl an Staatsunternehmen als Akteur in Erscheinung.

2.3.4.2.3 Soziologischer Neo-Institutionalismus

In der soziologischen Forschungsrichtung des Neo-Institutionalismus, auch als Institutionentheorie bezeichnet, steht die Einflussnahme interner und externer Institutionen auf den Strategieprozess im Vordergrund (vgl. Arslan, 2011, S. 46; DiMaggio & Powell, 1991, S. 64; Scott, 2008, S. 160), was in der Frage nach den Gründen für die Ähnlichkeit von Organisationen und ihrer Handlungsweisen mündet (vgl. DiMaggio & Powell, 1983, S. 147). Der Ansatz geht im Kern davon aus, dass Unternehmen nicht unabhängig von ihrer Umwelt agieren, sondern in Teilen von dieser gesteuert werden. Demzufolge wird unternehmerisches Handeln erheblich durch Erwartungen und Normen der Gesellschaft sowie verschiedener Anspruchsgruppen geprägt. Es wird angenommen, dass Firmen nicht zwangsläufig nach Effizienz sondern zumindest teilweise nach Effektivität streben (vgl. Dost, 2014, S. 43). Hierin zeigt sich der Kontrast zu rein ökonomisch ausgerichteten Ansätzen wie der Transaktionskostentheorie oder dem Resource-based View. Vielmehr werden Unternehmen aus neo-institutionalistischer Sicht nicht als rein wertmaximierende sondern als nach sozialer Akzeptanz strebende Akteure verstanden (vgl. Arslan, 2011, S. 47). Hierbei spielt die Kongruenz mit der Erwartungshaltung des Unternehmensumfeldes eine entscheidende Rolle. Im Extremfall kann die Konformität mit dieser den Erfolg solcher Unternehmen sichern, die zwar nicht effizient operieren, jedoch über wichtige Ressourcen verfügen und so von außen eine Legitimierung ihrer Existenz erfahren. Als Beispiel kann die deutsche Steinkohleindustrie angeführt werden, die trotz fehlender Profitabilität aus politisch-strategischen Erwägungen des Umfelds – in diesem Fall des Staates – gestützt wurde (vgl. Dost, 2014, S. 43).

Im Rahmen der soziologischen Variante des Ansatzes werden insbesondere zwei Werken prägende Eigenschaften zugeschrieben: J. W. Meyer und B. Rowans „Institutional organizations: formal structure as myth and ceremony" (1977) und DiMaggio und Powells „The iron cage revisited: institutional isomorphism and collective rationality in organizational fields" (1983). Beide befinden sich unter den am häufigsten zitierten Beiträgen in den gesamten Sozialwissenschaften und trugen wesentlich zur wachsenden Bedeutung des Neo-Institutionalismus bei. Der Stellenwert den sie auch im Bereich der Management-Forschung einnehmen kann aus den hohen Zitationsanzahlen und dem Impact Factor der jeweiligen Zeitschriften abgeleitet werden (für eine Übersicht zu Zitationsanzahlen und Auswahl der Fachzeitschriften sei auf Dost, 2014, S. 45-46 verwiesen).

Die Hauptaussage von J. W. Meyer und B. Rowan (1977, S. 346) ist, dass Firmen auch solche Strukturen und Handlungsweisen anwenden, für die sich kein ökonomischer Vorteil nachweisen lässt. Aus diesem Phänomen leiten sie den Begriff der „Rationalitätsmythen“ ab. Der kollektive Glaube der Umwelt an die Wirksamkeit bestimmter Praktiken führt zur Honorierung erwartungskonformen Verhaltens über die Verleihung von Legitimität. Die Autoren unterstellen damit nicht, dass Unternehmen fern jeglicher wirtschaftlichen Effizienz handeln. Vielmehr betonen sie die Notwendigkeit, zusätzlich auch die Konformität mit Rationalitätsmythen anzustreben (vgl. Dost, 2014, S. 47). Im Gegensatz zu rein ökonomisch-technischen Erklärungsansätzen ist deshalb nicht die Anwendung der effizientesten Lösung entscheidend, sondern derjenigen, die von der Umwelt als legitim angesehen wird (vgl. P. Walgenbach & R. Meyer, 2008, S. 23). Wegen ihres Stellenwertes interpretieren J. W. Meyer und B. Rowan (1977, S. 352) Legitimität als Ressource, die Unternehmen zum Erfolg verhilft. Durch sie erhöhen sich ihre Chancen, physische, finanzielle, technische und soziale Ressourcen zu erlangen (vgl. Ferreira & Serra, 2008, S. 15). Durch das Herstellen eines Zusammenhangs zwischen Legitimität und Ressourcen lässt sich auch der Bogen zu den zuvor vorgestellten Erklärungsansätzen spannen, welche stark auf Vorteile bzw. Ressourcen eines Unternehmens ausgerichtet sind.

Durch Ressourcenbezug und Verbindung zur Umwelt lassen sich die Auswirkungen von J. W. Meyer und B. Rowan auf den Kontext chinesischer Firmenübernahmen verdeutlichen. Denn Firmen die Auslandsinvestitionen tätigen, können in China mit starker staatlicher Unterstützung rechnen (vgl. Child & Rodriguez, 2005, S. 399). Wird der Erwartungshaltung der Umwelt entsprochen, kann z. B. mit einer höheren Wahrscheinlichkeit für die Vergabe notwendiger Akquisitionsfinanzierung gerechnet werden (vgl. He & Lyles, 2008, S. 487; J. Lu, X. Liu & H. Wang, 2011, S. 229). Die öffentlichkeitswirksame Forderung der chinesischen Regierung nach Auslandsinvestitionen in bestimmten Kernfeldern könnte diesen zumindest zum Teil die Rolle eines Rationalitätsmythos eingebracht haben. Chinesische Firmen könnten deshalb Akquisitionen in Europa erwägen, weil diese durch Marken-, Technologie- und Kompetenzerwerb in der Wahrnehmung der Umwelt die Leistungsfähigkeit der chinesischen Volkswirtschaft verbessern. Die Verfolgung einer derartigen Strategie dient somit dem Staat und wäre als in hohem Maße gesellschaftlich sinnvoll anzusehen. Entsprechend würden Banken – die im Falle Chinas zudem größtenteils in staatlicher Hand sind – diese Intention mit der Bereitstellung von erforderlichem Kapital honorieren.

Ein zweiter Bezugspunkt kann im zunehmenden Trend unter chinesischen Firmen gesehen werden, die eigene Unternehmung mit erworbenen europäischen Marken und Kompetenzen aufzuwerten (vgl. Cooke, 2006, S. 110; Pietrobelli, Rabellotti & Sanfilippo, 2010, S. 8; Stucchi, 2012, S. 280). Hierbei kann die Anwendung eines Vorgehens ausgemacht werden, welches von der Umgebung, hier besonders von Kunden, als legitim betrachtet wird.

Auch der Bezug von Legitimität durch die Umwelt im Zielland der Direktinvestitionen ist grundsätzlich denkbar. Hierbei sei auf die Post-Akquisitionsstrategie der überwiegenden Mehrheit der chinesischen Akquisiteure verwiesen, in welcher eine vollständige Integration der Zielobjekte in die Käuferorganisation unterbleibt (vgl. Cogman & Tan, 2010; Y. Liu & M. Woywode, 2012; 2013; Nie & Lu, 2009; Strack & Schwarzer, 2014, S. 6). Als Ursache für weitgehende Unabhängigkeit kommen zwar geringe Erfahrungswerte in diesem Prozessschritt und der Wunsch nach Sicherstellung eines reibungslosen Fortbestehens unter Wahrung der Innovationsfähigkeit in Betracht. Jedoch ist auch denkbar, dass die Erlangung von Legitimität durch die Institutionen des europäischen Umfeldes erreicht werden soll, indem man diejenige Post-Akquisitionsvariante wählt, die gemeinhin von diesen bevorzugt wird. Die Erhaltung von Arbeitsplätzen und Entscheidungsbefugnissen in Europa kann sicherlich als dahingehend konformes Verhalten interpretiert werden.

Der zweite wesentliche Beitrag der Forschungsrichtung stammt von DiMaggio und Powell (1983). Nach deren Ansicht werden Firmen von Umweltkräften dazu bewegt, ähnliche Praktiken, Strukturen und Strategien anzuwenden (S. 148). Sie führen dies auf drei Mechanismen, sog. Isomorphismen, zurück, die eine Angleichung von Handlungsmustern bewirken und auf das Erreichen von Legitimität abzielen. Es bleibt jedoch festzuhalten, dass die Kategorien nicht überschneidungsfrei sind, was Anlass zur Kritik gibt und Interpretationsspielraum lässt (vgl. Dost, 2014, S. 54).

Der Isomorphismus durch Zwang („coercive isomorphism") geht davon aus, dass die Adaption von Handlungsweisen durch formalen oder informalen Druck der Umwelt erzeugt wird. Darunter fallen beispielsweise gesetzliche Anforderungen von Seiten des Staates oder dessen politische Einflussnahme. Auch die Gesellschaft trägt Erwartungen an das einzelne Unternehmen heran, wie den Wunsch nach Beachtung von Umweltschutz. Überdies entsteht gleichgerichtetes Handeln durch ökonomischen Druck anderer Organisationen wie Wettbewerber oder Kunden. Als Beispiel kann das Folgen von Schlüsselkunden ins Ausland angeführt werden, was besonders in der Automobilwirtschaft gängige Praxis ist (vgl. Kinkel, Jung Erceg & Lay, 2002, S. 5).

Der zweite Angleichungsmechanismus nach DiMaggio und Powell ist der Isomorphismus durch normativen Druck („normative pressure“). Er wird v. a. mit der Professionalisierung von Berufen und Ausbildungen in Verbindung gebracht. In letzterer werden bestimmte Vorgehensweisen als herrschende Ansichten einer Disziplin propagiert und entsprechend verbreitet, weil ihnen eine Überlegenheit gegenüber alternativen Strukturen oder Vorgehensweisen zugeschrieben wird. Eine intensivere Vernetzung von Personen z. B. in Berufsverbänden trägt wiederum dazu bei, dass sich diese Konzepte stärker verbreiten und letztendlich zu einer wachsenden Ähnlichkeit von Problemlösungsansätzen führen. Als Beispiel wird in der Literatur der zeitweise Trend genannt, in einer Reduktion der Mitarbeiterzahl einen Indikator für effizientere Unternehmensstrukturen und -erfolg zu sehen. Diese führte zu Rationalisierungsmaßnahmen und Outsourcing in großem Umfang (vgl. McKinley, Sanchez & Schick, 1995, S. 35).

Als dritter Mechanismus fungiert der Isomorphismus durch mimetische Prozesse („mimetic processes“), welchem in der Literatur bislang die größte Beachtung zukommt. Dieser ist insbesondere in Situationen mit hoher Unsicherheit relevant. In diesen neigen Unternehmen dazu Vorgehensweisen anderer Firmen zu imitieren, die als erfolgreich angesehen werden, selbst wenn dies lediglich auf die Ungewissheit über die am besten geeignete Strategie zurückzuführen ist. Im Extremfall ist dadurch sogar die Nachahmung irrationaler Verhaltensweisen möglich. Dost (2014) analysiert in seiner Dissertation, ob in Produktionsverlagerungen deutscher Unternehmen nach China eine solche Praktik zu sehen ist. Dabei ist es möglich, dass diese nur scheinbar erfolgreich sind oder lediglich von außen als legitim angesehen werden. Die damit verbundenen Nachteile können durchaus die Vorteile der Verlagerung übersteigen. Insofern steht dieser Mechanismus den Rationalitätsmythen nach J. W. Meyer und B. Rowan (1977) sehr nahe. Als Beispiel sehen die Autoren auch die starke Verbreitung japanischer Managementmethoden bei der Optimierung von Produktionsprozessen. Durch die enorme Präsenz und Verbreitung werden die Konzepte bzw. ihre Sinnhaftigkeit im Einzelfall oft nicht ausreichend hinterfragt.

Bei der Anwendung von DiMaggio und Powell auf die Internationalisierung von Firmen kann davon ausgegangen werden, dass MNCs bei ihren Entscheidungen grundsätzlich auch von Isomorphismen beeinflusst werden um dadurch Legitimität zu erhalten (vgl. Ferreira & Serra, 2008, S. 15). Welche Wirkung haben die drei Mechanismen jedoch auf den spezifischen Kontext chinesischer Direktinvestitionen in etablierten Staaten?

Isomorphismus durch Zwang lässt sich in einigen Aspekten erkennen, selbst wenn dieser nicht immer unmittelbar in Erscheinung tritt. Durch die explizite Benennung strategischer Ressourcen durch staatliche Aufrufe kann ein politischer Wunsch der Regierung nach Internationalisierung leicht abgeleitet werden. Durch die Aufschlüsselung nach Sektoren und Zielländern im 2004 erstmals veröffentlichten „Catalogue for the Guidance of Foreign Investment Industries“ (vgl. Mofcom, 2004) (auch „Outbound Catalogue Guidance“ genannt, vgl. Julian, Ahmed & Xu, 2014, S. 113), in welchem die Zielrichtung sogar präzise vorgegeben und erwünschte Zielländer explizit benannt oder implizit ableitbar sind. Der Katalog wurde 2007 noch einmal erweitert und präzisiert (vgl. Nicolas, 2008, S. 21-25). Hier ist auch die „General Machinebuilding Industry“ (allgemeiner Maschinenbau) explizit aufgeführt. Selbst wenn dadurch kein rechtlicher Zwang begründet werden kann, lässt sich doch argumentieren, dass sich Firmen, die nach diesen Wünschen handeln, leicht Legitimation von außen verschaffen können, die ihnen Wettbewerbsvorteile verspricht. Im Falle von Staatsunternehmen liegt gar eine unmittelbare Kontrolle vor, weswegen auch die Anwendung von Zwang im engeren Sinne denkbar ist. Der Mechanismus mag zwar nicht dieselbe Tragweite entfalten wie in umgekehrter Investitionsrichtung – vom Ausland nach China. Denn dort kommen als Eintrittsbarriere für ausländische Marktteilnehmer mit Produktionsstandort in China „Local Content“-Regelungen zum Tragen, wenn auch teilweise nicht offiziell bzw. nur implizit durch Strafzölle für importierte Bestandteile (vgl. Dost, 2014, S. 55-56, 332). Zudem waren 100-prozentige Übernahmen chinesischer Zielunternehmen durch ausländische Bieter lange Zeit gesetzlich untersagt, was als Zwang zur Kooperation mit chinesischen Joint Venture-

Partnern verstanden werden kann. In der Investitionsrichtung aus China heraus kann ein analoger rechtlicher Zwang nicht festgestellt werden. Vielmehr ist der Zwang dort weniger von Vorschriften als vielmehr von Erwartungen geprägt. Gleichzeitig lässt auch der gestiegene Wettbewerbsdruck auf dem chinesischen Heimatmarkt viele Unternehmen Investitionen in einer neuen Region erwägen, was als wirtschaftlicher Druck bzw. Zwang angesehen werden kann.

Eine wesentliche Rolle des zweiten Isomorphismus, von normativem Druck, erscheint im vorliegenden Kontext eher unwahrscheinlich, da das Phänomen der OFDI weniger mit Ausbildungen oder Professionalisierung von Berufen verbunden ist. Allenfalls kann der WTO-Beitritt Chinas im Jahr 2001 als Bezugspunkt fungieren. Denn die Mitgliedschaft setzt die Aufrechterhaltung grundlegender Rahmenbedingungen des internationalen Handels voraus, was zur Annäherung der Gesetzgebung und Schaffung gemeinsamer Standards beitrug (vgl. Yang, 2009). Insgesamt deutet hingegen einiges auf ein Imitationsverhalten im Sinne bewährter, im Markt beobachtbarer Vorgehensweisen hin.

Diese lassen sich am besten dem mimetischen Isomorphismus, der dritten Variante nach DiMaggio und Powell, zuordnen, welcher für die chinesische Internationalisierung den aussichtsreichsten der drei Mechanismen darstellt. Die besondere Eignung der Anpassungsvorrichtung für Situationen mit hoher Unsicherheit spiegelt die Ausgangssituation vieler in Fragen eines Auslandsengagements in etablierte Länder unerfahrenen chinesischen Firmen wider. Es ist daher wahrscheinlich, dass sich EMNCs beim Markteintritt an den Vorgehensweisen von Wettbewerbern oder als innovativ geltenden Organisationen orientieren. Anzuführen ist hier insbesondere, dass der Erwerb von Marken oder Technologien als eine Form von Statussymbol angesehen wird (vgl. Gubbi et al., 2011, S. 400; Hope, Thomas & Vyas, 2011, S. 129), was sich mit dem starken Statusbewusstsein der chinesischen Gesellschaft deckt (vgl. Zinzius, 2007). Besonders innerhalb eines Sektors kann dies Anlass zur Nachahmung geben, wie das Beispiel der Maschinenbauindustrie verdeutlicht. Dafür ist es allerdings nötig, auf die spätere empirische Analyse dieser Arbeit vorzugreifen. Da die Ergebnisse Anlass zur Vermutung eines mimetischen Prozesses geben, sei bereits an dieser Stelle darauf verwiesen. Unter den 53 betrachteten Akquisitionen chinesischer Unternehmen in Europa sind alleine 18 (34 %) dem sehr eng definierten Sektor Maschinenbau zuzuordnen. Bei keinem anderen Käuferland findet sich eine ähnliche Häufung. Daher ist die Vermutung einer Imitation der Strategien erfolgreicher Wettbewerber durchaus denkbar. Auffallend ist ferner die Ähnlichkeit der strategischen Herangehensweisen bei der Internationalisierung: zunächst werden oft geschäftliche Unternehmensverbindung mit Firmen in etablierten Staaten eingegangen bevor diese als Übernahmeobjekt in Frage kommen. Dies deutet auf eine Imitation einer Strategie hin, die durch jahrelange Interaktion mit den späteren Partnern Unsicherheiten abbaut. Auch wenn das chinesische Vorgehen kaum alleine auf Imitation zurückzuführen ist sondern auch auf strategischen Beweggründen fußt, so bietet der Isomorphismus doch Anhaltspunkte für das Verständnis des M&A-Verhaltens.

Die obigen Darstellungen haben gezeigt, dass die Theorie geeignet ist, die Nachahmung von Verhaltensweisen ähnlicher bzw. erfolgreicher Firmen bei der Expansion in neue Märkte zu begründen (vgl. Haveman, 1993, S. 593). Besonders die Berücksichtigung von Situationen mit hoher Unsicherheit über die institutionellen Gepflogenheiten im Zielland macht die Theorie besonders geeignet für die Erforschung von international oft wenig erfahrenen EMNCs. Die einschlägige Literatur umfasst vielfältige Anwendungsgebiete. Der neo-institutionalistischen Theorie wird ein hoher Erklärungsgehalt bei der Beantwortung vieler Aspekte der Marktbearbeitung beigemessen, wie der Übernahme organisationaler Praktiken oder dem Transfer von Wissen (vgl. Arslan, 2011, S. 48). Auch die Kosten von Auslandsgeschäften lassen sich aus Sicht des soziologischen Neo-Institutionalismus analysieren. Dabei steht wiederum Legitimität im Zentrum, auch jene im Zielland von Investitionen. Indem MNCs gemäß den institutionellen Erwartungen dieses Landes handeln, kann Legitimität erlangt werden, was wiederum zu Fortbestehen und wirtschaftlichem Erfolg beiträgt. Entsprechend können die jeweiligen Umwelt-Erwartungshaltungen oft bereits die Auswahl der Standorte ausländischen Engagements beeinflussen (vgl. Kostova & Zaheer, 1999, S. 67).

Angewendet auf den Kontext chinesischen Auslands-M&As in Europa bewirkt eine mit europäischen Vorstellungen konforme Verhaltensweise des Investors, dessen stärkere Akzeptanz in der gastgebenden Region. Angesichts der meist auf Gewinnung von Fähigkeiten und Wissen angelegten, langfristigen Partnerschaften chinesischer Käuferunternehmen, die zudem auf einen wirksamen Wissenstransfer angewiesen sind, erscheint dies als eine unabdingbare Voraussetzung für die erfolgreiche Umsetzung einer Internationalisierung. Insofern sind die Überlegungen zu Praktiken und Strukturen chinesischer Investoren nach der Übernahme konsistent mit der obigen Argumentation zur Post-Akquisitionsstrategie (vgl. obige Erläuterungen zum Beitrag von J. W. Meyer und B. Rowan).

Die Vorstellung beider Strömungen, volkswirtschaftlicher und soziologischer, verdeutlicht, dass keine überschneidungsfreie Abgrenzung zwischen ihnen getroffen werden kann. Vielmehr finden sie sogar teilweise innerhalb eines kombinierten Ansatzes Anwendung (vgl. Peng, 2002; 2003). Trotz unterschiedlicher Herangehensweisen und Analyseschwerpunkte sind jedoch beide geeignet, unterschiedliche Facetten des Phänomens chinesischer Firmenkäufe in Europa zu erklären. Aus diesem Grund fließen auch beide Strömungen in die vorliegende Untersuchung ein. Im Mittelpunkt der Betrachtung stehen die Einflüsse von Institutionen im Heimatland China. Sowohl der Heimatland-Fokus im Allgemeinen als auch die Fokussierung auf China im Speziellen stellen bislang wenig erforschte Gebiete in der Fachdisziplin dar.

2.3.4.3 Lerntheoretische Ansätze

2.3.4.3.1 Organisationales Lernen und Bezug zur Ressourcentheorie

Die Theorie des organisationalen Lernens („organizational learning") ist eng verbunden mit dem Resource-based View (vgl. Arslan, 2011, S. 32; Peng, 2001, S. 812; S. Sharma, 2015, S. 4). Fähigkeiten stellen dabei eine Ressource dar, welche von Organisationen durch Lernen entwickelt werden kann. Fähigkeiten werden geschaffen, indem Erfahrungen angehäuft, Wissen artikuliert und kodifiziert und damit aus der Vergangenheit Rückschlüsse für künftiges Handeln gezogen werden (vgl. Zollo & Winter, 2002, S. 348). Firmenstrategien werden so durch den Kontakt mit verschiedenen Wissensquellen beeinflusst (vgl. Cohen & Levinthal, 1990, S. 133). Entsprechend wird organisationales Lernen definiert als "the development of insights, knowledge, and associations between past actions, the effectiveness of those actions, and future actions" (Fiol & Lyles, 1985, S. 811).

Die Lerntheorie betont die Rolle von Erfahrungswerten. Die Auseinandersetzung mit verschiedenen Herausforderungen, Ereignissen und Ideen mit denen Unternehmen befasst sind, erweitert deren Wissensbasis, technologische Fähigkeiten und Innovationsfähigkeit. Firmen mit nur wenigen Wettbewerbern und Kunden sind nach dieser

Auffassung sogar langfristig gefährdet, da ihnen die Chance entgeht durch die Vielfalt von Herausforderungen Lerneffekte zu generieren. Es existiert die Auffassung, dass Unternehmen besonders dann lernen wenn sie mit Problemen konfrontiert sind (vgl. Arslan, 2011, S. 37). Entsprechend profitieren vorwiegend diversifizierte Organisationen mit mehreren regionalen Schwerpunkten und Produktsparten (vgl. Barkema & Vermeulen, 1998, S. 14; Shimizu, 2004, S. 320).

Einschränkend auf die Anwendbarkeit des lerntheoretischen Ansatzes wirkt sich die implizite Natur von Lerneffekten aus. Die Isolierung und Messung von Lernverhalten und seiner Erfolgswirkung stellt somit eine wesentliche Herausforderung dar (vgl. Peng, 2001, S. 813).

Lernen wird als zentrales Motiv für die Wahl zwischen Marktbearbeitungsformen wie Joint Venture, Akquisitionen oder „Greenfield"-Investitionen angesehen (vgl. Forsgren, 2002, S. 263). Die Fähigkeit von Partnern zu lernen wird dabei oft als implizite („tacit") Ressource verstanden (vgl. Peng, 2001, S. 812). Dieser werthaltige Charakter wird in empirischen Studien vielfach bestätigt. So stellt die Aussicht auf Lernmöglichkeiten ein Hauptziel für das Eingehen strategischer Allianzen dar (vgl. Hitt et al., 2000, S. 450; Shenkar & Li, 1999, S. 134) und trägt wesentlich zu deren Erfolg bei (vgl. Makino & Delios, 1996). Dussauge, Garrette und Mitchell (2000, S. 100) stellen dabei fest, dass in Allianzen zwischen Wettbewerbern der Wissenstransfer besonders dann gelingt, wenn die Partner unterschiedliche Fähigkeiten einbringen. Hierbei sind sowohl Wissen, Verfahren oder Methoden als auch interkulturelle Eigenschaften vorstellbar. Auch auf dem Feld der Akquisitionen zeigt eine Untersuchung von Vermeulen und Barkema (2001, S. 469), dass Zukäufe trotz hoher Anfangskosten die Wissensbasis eines Unternehmens erweitern und dazu beitragen natürliche Trägheit zu durchbrechen. Langfristig können daher größere Erfolge erzielt werden als bei „Greenfield"-Investitionen.

2.3.4.3.2 Institutionelles Wissen und Bezug zum Neo-Institutionalismus

Institutionelles Wissen leistet einen Beitrag zur Schließung von Wissenslücken, was als notwendig erachtet wird, um als Neuling in fremden Märkten zu bestehen (vgl. Petersen, Pedersen & Lyles, 2008). Insofern unterliegt auch diese Form des Wissens einem Lernprozess, der den Akteuren hilft Nachteile wie Liability of Foreignness zu überwinden (vgl. Zaheer, 1995, S. 342).

Solche Beiträge innerhalb der Lerntheorie wenden sich demnach von der reinen Fokussierung auf firmeneigene Fähigkeiten ab und betonen vielmehr die Relevanz externer Faktoren. Damit nehmen sie eine andere Perspektive ein als z. B. die auf interne Prozesse fokussierte Uppsala-Schule. Vielmehr stellen sie eine Verbindung zu den oben vorgestellten neo-institutionellen Ansätzen her.

In diese Ausrichtung fügen sich weitere aktuelle Untersuchungen ein. Meschi und Metáis (2013) gehen davon aus, dass die Erfahrung durch vergangene M&A-Transaktionen Firmen bei zukünftigen Übernahmen begünstigt. Basierend auf dieser, M&A-bezogenen Facette des Lernens, definieren Francis et al. (2014, S. 203) drei Arten des Lernens: „frequency-based learning“ durch M&A anderer Akteure im selben Zielland, „trait-based learning“ durch Akquisitionserfahrungen von Firmen aus demselben Sektor oder Heimatland sowie „outcome-based learning“ durch die Nachahmung erfolgsversprechender bzw. Vermeidung gescheiterter Vorgehensweisen. All diesen Formen ist eine starke Orientierung an Vergleichsfirmen gemein, wodurch sich Parallelen zum soziologischen Neo-Institutionalismus (vgl. J. W. Meyer & B. Rowan, 1977; Di Maggio & Powell, 1983) zeigen.

Weitere Aspekte lassen sich in Bezug auf Besonderheiten von Schwellenländern ergänzen. In deren Kontext wird organisationales Lernen auch mit dem institutionellen Umfeld im Heimatland in Verbindung gebracht (vgl. Rabbiosi, Elia & Bertoni, 2012, S. 197). Die Entwicklung von Wissen und Akkumulation von Erfahrungen hängt demnach von sozialen Verbindungen und solchen innerhalb der Wirtschaft, der Gesellschaft und zum Staat ab. Entsprechend vertreten einige Autoren die Ansicht, dass FDI aus EMNCs nicht ohne die Spezifika des Heimatmarktes zu verstehen seien (vgl. Cuervo-Cazurra, 2007, S. 259; Rugman & Li, 2007). Diese beeinflussten durch Faktoren wie Verfügbarkeit qualifizierter Arbeitskräfte, wissenschaftlicher Institutionen und Ausbildungsstätten die Fähigkeit von Firmen zu organisationalem Lernen (vgl. Cuervo-Cazurra, 2007, S. 271).

Während sich traditionelle Studien zumeist mit dem Wissenstransfer vom Hauptsitz hin zu ausländischen Tochtergesellschaften beschäftigten, gerät zunehmend das Lernen in umgekehrter Richtung in den Fokus (vgl. Ambos, Ambos & Schlegelmilch,

2006, S. 296). Besonders relevant ist dies für die Internationalisierung chinesischer Firmen in entwickelten Staaten, bei der die Suche nach Fähigkeiten eine entscheidende Rolle einnimmt.

Bezogen auf die steigenden Akquisitionsaktivitäten chinesischer Firmen in Europa erscheint das Motiv des Lernens deutlich plausibler als eine Orientierung an den erwarteten Verhaltensmustern des traditionellen Uppsala-Modells (siehe Abschnitt 2.3.3.1.4). Schließlich spielt die explorative Suche nach Fähigkeiten im chinesischen Internationalisierungskontext eine dominante Rolle um fehlende Eigenschaften schnell zu erwerben die auch von Institutionen an die Unternehmen herangetragen werden (vgl. Rui & Yip, 2008, S. 225). Die Integration institutionenorientierter Gedanken ist von Relevanz für die Analyse des Forschungsthemas. Die Kombination der jeweiligen Ideen erscheint geeignet, spezifisch chinesische Facetten wie die starke Rolle der Institutionen im Heimatland, zu reflektieren.

2.3.4.4 Bewertung der Ansätze für die Zielsetzung dieser Arbeit

Die Vielfalt der Erklärungsansätze auf dem Gebiet der Internationalisierung legt bereits den Schluss nahe, dass die Beschränkung auf einen einzigen Bezugspunkt kaum sinnvoll ist. Hinzu kommt, dass viele der Ansätze deutliche Limitationen aufweisen und ihre Grundlagen kontrovers diskutiert werden. Somit bestehen bereits Zweifel an der Existenz der „einen" geeigneten Theorie, bevor das konkrete Phänomen überhaupt analysiert wird. Bei chinesischen Direktinvestitionen in etablierten Staaten handelt es sich überdies um einen vergleichsweise jungen Sachverhalt, so dass in der Literatur eine Vielzahl von Theorien ins Spiel gebracht wird über die kein Konsens besteht. Hierdurch wird klar, dass ein einziger Erklärungsansatz nicht genügt, um das Thema ausreichend zu beleuchten. Die obigen Erläuterungen zeigen jedoch das Potential, das in einer Kombination verschiedener Strömungen liegt. Hervorzuheben sind insbesondere die ressourcentheoretischen Ansätze und der Neo-Institutionalismus.

Ressourcenorientierte Erklärungsansätze stellten in den letzten beiden Jahrzehnten nicht nur eine der wichtigsten Theoriengruppen innerhalb der Strategie- und Internationalisierungsforschung dar. Ressourcen bilden ein wesentliches Element von Wettbewerbsfähigkeit und sind oftmals die Basis einer Internationalisierung. Die Erschließung von bislang fehlenden Ressourcen wird daher auch als zentrales Motiv bei Direktinvestitionen aus Emerging Markets identifiziert, insbesondere bei Akquisition aus „fähigkeitsarmen" Staaten wie China in „fähigkeitsreiche" Regionen wie Europa.

Neo-institutionalistischen Erklärungsversuchen wird deshalb eine besondere Rolle zugesprochen, weil sie das Unternehmensumfeld betonen und die äußere Erwartungshaltung gegenüber Firmen in den Mittelpunkt stellen. Sie bringen damit einen oft vernachlässigten Aspekt in die Entscheidungsfindung ein. Gerade für die Untersuchung von Schwellenländern, die über eine spezifische Wirtschaftsstruktur mit meist hoher Anzahl von Staatsunternehmen verfügen, erscheint dieser Ansatz sehr geeignet. Vor dem Hintergrund der herausgehobenen Rolle des Staates und der Bedeutung gesellschaftlicher Normen erweist sich der Neo-Institutionalismus zudem für den chinesischen Kontext als besonders geeignet.

Lernen bildet die Basis für die Generierung weiterer Fähigkeiten. Insofern weisen lerntheoretische Ansätze einen engen Bezug zur Ressourcentheorie auf. Die Zielsetzung chinesischer Akquisitionen, in etablierten Märkten neue Fähigkeiten zu erschließen, ist nicht allein auf deren bloßen Erwerb ausgerichtet, sondern umfasst auch die Erzielung von Lerneffekten durch den Kontakt mit verschiedenen Wissensquellen. Der Aspekt des institutionellen Wissens steht wiederum in enger Verbindung zum Umgang mit Institutionen und dem Neo-Institutionalismus. Die beschriebenen Strömungen der lerntheoretischen Ansätze bilden somit eine ideale Ergänzung zu Ressourcentheorie und Neo-Institutionalismus.

3 MERGERS & ACQUISITIONS (M&A)

3.1 Begriff und Merkmale

Mergers and Acquisitions (M&A) nehmen in den Wirtschaftswissenschaften eine hervorgehobene Stellung ein. Besonders in der Praxis werden sie mitunter als „Königsdisziplin“ (Jansen, 2008, S. 1) bezeichnet, was als Hinweis auf die Komplexität und Vielschichtigkeit des Felds verstanden werden kann (vgl. M. L. Meyer, 2011, S. 6). Der Begriff stammt ursprünglich aus dem angloamerikanischen Raum, wo er bereits gegen Ende des 19. Jahrhunderts verwendet wurde. Im deutschen Sprachraum fand der Ausdruck seit Beginn der 1980er-Jahre eine breitere Anwendung (vgl. Wirtz, 2003, S. 10) und wurde wissenschaftlich thematisiert (vgl. Jansen, 2008, S. 43). Umso erstaunlicher ist es, dass bislang weder in Wissenschaft noch Praxis eine einheitliche Definition von M&A existiert (vgl. Lucks & Meckl, 2002, S. 23; Vogel, 2002, S. 3), was besonders für den deutschen Gebrauch gilt (vgl. G. Picot, 2000, S. 15).

Das Begriffspaar „Mergers and Acquisitions“ wird oft synonym verwendet (vgl. Müller-Stewens, 2010, S. 4), auch wenn diese sich – dem überwiegenden Verständnis nach – unterscheiden.

Ein „Merger“ (Fusion) stellt einen Zusammenschluss bzw. eine Verschmelzung zu einem gemeinsamen, neuen Unternehmen dar. Legt man diese Definition zugrunde sind Beispiele für echte „Fusionen“ sehr selten. Insbesondere hinter sog. „Mergers of Equals“, also Zusammenschlüssen vermeintlich gleichberechtigter Partner, verbergen sich meist versteckte Übernahmen (vgl. Furtner, 2011, S. 30). „Acquisitions“ (Übernahmen) hingegen bezeichnen einen Erwerb bzw. eine Anschaffung eines Unternehmens(teils). Eine Zusammenführung der Aktivitäten kann, wie bei einer Fusion, in der Integrationsphase erfolgen. Diese kann, muss aber keine vollständige Verschmelzung umfassen, wie bei einer Fusion der Fall. Ebenfalls ist von einer Ausübung eines beherrschenden Einflusses durch den Käufer auszugehen.

Besonders im deutschen Sprachgebrauch werden Begriffe wie „Unternehmenstransaktionen“, „Unternehmenskäufe und -verkäufe“, „Akquisitionen“, „Fusionen“, „Übernahmen“, „Zusammenschlüsse“, „Strategische Allianzen“ oder „Kooperationen“ (Horzella, 2010, S. 24) sowie „Unternehmensübertragung“ (G. Picot, 2000, S. 15) und „Unternehmensübernahmen“ (Gerpott, 1993, S. 18) verwendet ohne auf eine klare Abgrenzung einzugehen. Sie werden vielmehr als eine Art Sammelbegriff für verschiedene Formen von Unternehmenszusammenschlüssen gebraucht (vgl. Riedel, 2010, S. 95; Vogel, 2002, S. 3).

Für eine exaktere Abgrenzung können zahlreiche in der Literatur verwendete enge und weiter gefasste Definitionen herangezogen werden. Übersichten finden sich z. B. bei Theuerkorn (2013, S. 64), Horzella (2010, S. 24-26) und Weusthoff (2014, S. 41-42).

Trotz Unterschieden in den einzelnen Definitionen lassen sich gemeinsame Elemente ableiten. Alle Begriffe beziehen sich auf die Interaktion von zwei oder mehr Unternehmen, die auf eine Zusammenführung bzw. Trennung ihrer Ressourcen aufgrund einer strategischen Zielsetzung ausgerichtet ist. Daraus können folgende Grundmerkmale ermittelt werden (vgl. Horzella, 2010, S. 26):

- Übernahme, Verschmelzung oder Veräußerung von Unternehmen(steilen)
- Strategische Motivation
- Wechsel der Eigentumsverhältnisse an der beteiligten Unternehmenseinheit und
- Übergang von Leitungs- und Kontrollrechten

Das Kriterium des Eigenkapitalübergangs erlaubt es, Mergers and Acquisitions von Unternehmenskooperationen, speziell strategischen Allianzen, abzugrenzen. Diese stellen eine langfristige Zusammenarbeit operativer oder strategischer Art zur Erreichung gemeinsamer Ziele dar (vgl. Vogel, 2002, S. 14-15). Dabei werden von den Parteien spezifische Ressourcen eingebracht und eine kontinuierliche Abstimmung sichergestellt (vgl. Holtbrügge & Welge, 2010, S. 115).

Da Joint Ventures sowohl Merkmale von Unternehmenskooperationen als auch Unternehmensverknüpfung aufweisen ist ihre Abgrenzung nicht eindeutig. Sie werden jedoch von einigen Autoren ebenfalls nicht zu Akquisitionen gezählt (vgl. Vogel, 2002, S. 5; Wirtz, 2003, S. 13-15). Dies ist aufgrund des in der Regel fehlenden Eingriffs in die Leitungs- und Kontrollrechte des Partners (vgl. Theuerkorn, 2013, S. 65) plausibel.

Analog zu den Formen von Auslandsengagement (vgl. Abbildung 6 in Abschnitt 2.1.1) lassen sich durch die dargestellten Merkmale auch renditeorientierte Finanzinvestitionen abgrenzen. Zwar erfolgt bei diesen ein Eigenkapitalerwerb, der Käufer verfolgt dadurch jedoch keine echten strategischen Interessen und nimmt keinen Einfluss auf die Steuerung der operativen Geschäftstätigkeit (vgl. Theuerkorn, 2013, S. 65).

Entsprechend wird M&A in dieser Arbeit als Überbegriff für strategisch motivierte Unternehmensübernahmen verstanden, die mit einer Übertragung von Leistungs- und Kontrollbefugnissen verbunden sind. Dies kann in den meisten Fällen bei einem Erwerb von mindestens 50 % des Eigenkapitals angenommen werden. Als Synonyme für M&A werden insbesondere die Ausdrücke Übernahme, Unternehmenstransaktion und Akquisition verwendet.

3.2 Formen von M&A

3.2.1 Übersicht zu Typologisierungsmerkmalen

Mergers & Acquisitions werden in der Literatur anhand verschiedener Typologisierungsmerkmale unterschieden (vgl. Jansen, 2008, S. 99; Riedel, 2010, S. 98; Wirtz, 2003, S. 17-18). Einen Überblick zu den besonders häufig genannten Formen gibt die nachfolgende Abbildung.

<table>
<tr><th>Typologisierungsmerkmal</th><th colspan="12">Ausprägungen</th></tr>
<tr><td>Juristische Ausgestaltung</td><td colspan="6">Merger
(Aufnahme / Neugründung)</td><td colspan="6">Acquisition
(Share Deal / Asset Deal)</td></tr>
<tr><td>Strategische Ausrichtung</td><td colspan="3">horizontal</td><td colspan="3">vertikal</td><td colspan="3">konglomerat</td><td colspan="3">konzentrisch</td></tr>
<tr><td>Geografische Reichweite</td><td colspan="6">national</td><td colspan="6">international</td></tr>
<tr><td>Integrationsgrad</td><td colspan="4">vollständige Integration</td><td colspan="4">partielle Integration</td><td colspan="4">keine Integration</td></tr>
<tr><td>Bindungsintensität</td><td colspan="4">Minderheitsbeteiligung</td><td colspan="4">paritätische Beteiligung</td><td colspan="4">Mehrheitsbeteiligung</td></tr>
<tr><td>Haltung des Managements</td><td colspan="6">freundlich</td><td colspan="6">feindlich</td></tr>
<tr><td>Käufertyp</td><td colspan="4">Stratege</td><td colspan="4">Finanzinvestor</td><td colspan="4">Management</td></tr>
<tr><td>Eigentümerschaft des Käufers</td><td colspan="4">staatlich</td><td colspan="4">teilstaatlich / teilprivat</td><td colspan="4">privat</td></tr>
<tr><td>Form der Finanzierung</td><td colspan="4">Eigenkapital</td><td colspan="4">Mezzanine</td><td colspan="4">Fremdkapital</td></tr>
<tr><td>Form der Bezahlung</td><td colspan="6">Barabfindung</td><td colspan="6">Aktientausch</td></tr>
</table>

Abbildung 8: Überblick und Typologisierung von M&A-Formen
Quelle: in Anlehnung an Wirtz (2003, S. 17-18); Jansen (2008, S. 99); Riedel (2010, S. 98).

3.2.2 Juristische Ausgestaltung

Bei der Selbständigkeit nach der Transaktion wird zwischen Merger und Acquisition differenziert.

Bei einer Fusion schließen sich zwei oder mehrere rechtlich und wirtschaftlich selbständige Unternehmen zusammen, was für mindestens eines der Unternehmen mit dem Verlust der rechtlichen Selbständigkeit verbunden ist (vgl. Coenenberg & Jakoby, 2000, S. 177). Mit dem Untergang der rechtlichen Einheit wird entsprechend auch die Abtretung der wirtschaftlichen Unabhängigkeit unterstellt (vgl. Lucks & Meckl, 2002, S. 23).

Fusionen sind nach der rechtlichen Vermögensübertragung in zwei Arten zu unterscheiden: in Verschmelzung durch Aufnahme einer in die andere Gesellschaft und in Verschmelzung durch Neugründung einer Gesellschaft (vgl. Riedel, 2010, S. 98; Vogel, 2002, S. 6-7). Bei der ersten werden die Vermögensgegenstände eines Unternehmens auf das andere übertragen, so dass ersteres in letzterem „aufgeht" und seine rechtliche und wirtschaftliche Selbständigkeit verliert. Bei der zweiten Variante wird das Vermögen beider Gesellschaften auf eine neue Einheit übertragen und die beiden übertragenden Gesellschaften erlöschen (vgl. Vogel, 2002, S. 7).

Als Übernahme wird der Erwerb eines Unternehmens(teils) durch ein anderes Unternehmen verstanden. Die akquirierte Einheit wird, unabhängig vom Grad der Verflechtungen mit dem Akquisiteur, in einen neuen Unternehmensverbund einbezogen. In der Regel beinhaltet dieser Schritt die Aufgabe (oder eines Teils) der wirtschaftlichen Selbständigkeit der übernommenen Einheit. Im Gegensatz zur Fusion kann die rechtliche Selbständigkeit hingegen durchaus weiter bestehen (vgl. Lucks & Meckl, 2002, S. 24; Vogel, 2002, S. 9).

Auch bei der Übernahme lassen sich zwei Arten der Übertragung unterscheiden. Der Kauf kann durch Transfer von Gesellschaftsanteilen (sog. Share Deal) oder sämtlicher bzw. Teilen der Vermögenswerte und Verbindlichkeiten (sog. Asset Deal) erfolgen (vgl. Vogel, 2002, S. 10-11). Bei einem Share Deal kann der Käufer grundsätzlich Anteile verschiedener Höhe übernehmen, welche sich in der Regel auf den Grad auswirken, indem Leitungs- und Kontrollbefugnisse übergehen (vgl. Lucks & Meckl, 2002, S. 26). Beim Asset Deal werden hingegen Wirtschaftsgüter einzeln übertragen, was den Käufer theoretisch in die Lage versetzt, aus deren Gesamtheit zu wählen. Unterschiede zwischen beiden Formen ergeben sich auch aus steuerlicher Sicht (vgl. Vogel, 2002, S. 10-11).

Festzuhalten ist somit, dass die Einbuße wirtschaftlicher Selbständigkeit das verbindende Element zwischen Fusionen und Übernahmen bildet. Differenzieren lassen sie sich hingegen anhand der Änderung der rechtlichen Selbständigkeit (vgl. Jansen, 2008, S. 92).

3.2.3 Strategische Ausrichtung

Das Kriterium der strategischen Ausrichtung betrachtet die Ähnlichkeit von Produktangebot und Marktbearbeitung der beteiligten Unternehmen und ihre Position in Wertschöpfungsketten. Sie wird auch als wirtschaftliche Verbundenheit (vgl. Müller-Stewens, 1988, S. 234), leistungswirtschaftlicher Zusammenhang (vgl. Wirtz, 2003, S. 18) oder Diversifikationsrichtung (vgl. Eschen, 2002, S. 26) bezeichnet. Es lassen sich horizontale, vertikale und konglomerate Transaktionen unterscheiden (vgl. Wirtz, 2003, S. 18).

Bei horizontalen Zusammenschlüssen operieren die Parteien in sehr ähnlichen Feldern der-selben Branche und Wertschöpfungsstufe und stehen in direktem Wettbewerb. Hingegen liegen vertikale Transaktionen vor, wenn die Akteure derselben Branche angehören, jedoch auf verschiedenen, vor- oder nachgelagerten Wertschöpfungsstufen agieren. Durch den Zusammenschluss wird meist eine Erhöhung der Leistungstiefe bezweckt: „up-stream" (Rückwärtsintegration) mit Zulieferern bzw. „down-stream" (Vorwärtsintegration) mit Abnehmern. Erfolgt M&A über die bestehende Produkt- oder Marktabdeckung hinweg ohne Überschneidung zwischen den Parteien, wird von konglomeraten Verbindungen gesprochen (vgl. Lucks & Meckl, 2002, S. 25). Die Unternehmen sind dann sowohl in Bezug auf Märkte als auch Produkte „unverwandt".

Teilweise wird eine weitere Form unterschieden, die auf Ansoff zurückgeht (vgl. Lubatkin, 1983, S. 218). Konzentrische Transaktionen zeichnen sich durch eine leistungswirtschaftliche Nähe in Teilen des Angebots aus. Von markt-konzentrisch wird gesprochen, wenn gleiche bzw. ähnliche Märkte mit neuen Technologien bzw. Produkten beliefert werden. Produkt-konzentrisch bezieht sich auf deren Bedienung durch bestehende Technologien bzw. Produkte (vgl. Pausenberger, 1989, S. 622).

3.2.4 Geografische Reichweite

Geografisch werden M&A in der Literatur zwischen solchen unterschieden, die sich innerhalb von Landesgrenzen bewegen (nationale Transaktionen) und solchen, bei denen diese über-schritten werden (internationale Transaktionen). Die Differenzierung gewinnt besonders vor dem Hintergrund des Bedeutungsanstiegs grenzüberschreitender (sog. „Cross-border M&A") an Relevanz (vgl. Shimizu et al., 2004, S. 307). Dabei wird in der Regel auf den Hauptsitz der beteiligten Parteien abgestellt. Oft sind allerdings auch bei Firmen aus demselben Land ausländische Standorte in die Transaktionen inkludiert.

Internationale Übernahmen zeichnen sich gegenüber rein nationalen durch zusätzliche Herausforderungen aus. Diese sind vornehmlich in gesellschafts-, steuer- und arbeitsrechtlichen Gestaltungsmöglichkeiten und Hemmnissen zu finden. Übernahmen durch ausländische Investoren in bestimmten Sektoren können zudem, zum Schutz der öffentlichen Ordnung oder Sicherheit, einer intensiveren kartellrechtlichen Prüfung unterzogen werden (vgl. Beiten Burkhardt, 2009, S. 61-62), erfordern gesonderte staatliche Genehmigungen bzw. sind gar untersagt (z. B. Rüstung; vgl. Donges et al., 2008, S. 5). In Deutschland lässt das Außenwirtschaftsgesetz gar ein Verbot von Transaktionen aufgrund von Sicherheitsbedenken unabhängig vom Sektor oder der Unternehmensgröße zu (vgl. Kröner, Schütze & Körkemeier, 2012). Zu den rechtlichen Aspekten gesellen sich informatorische, die sich in nationalen Publikationsvorschriften und ihren Auswirkungen auf die Informationsbeschaffung sowie in abweichendem Aktionärsrecht niederschlagen (vgl. Theuerkorn, 2013, S. 71).

Eine wesentliche Rolle spielen auch kulturelle Gesichtspunkte, wenn zusätzlich zu unter-schiedlichen Unternehmenskulturen noch Unterschiede in den nationalen Kulturen der beteiligten Länder hinzukommen. Dieser Aspekt wird in späteren Kapiteln noch weiter ausgeführt (vgl. auch Abschnitte 4 und 5).

All diese Faktoren tragen dazu bei, dass bei internationalen Transaktionen gemeinhin von einer höheren Komplexität ausgegangen wird als bei nationalen (vgl. Wetzler, 2010, S. 1316).

3.2.5 Integrationsgrad

Ferner können M&A anhand des gewählten Integrationsgrads differenziert werden. Dessen Ausprägung korrespondiert in der Regel mit der Aufgabe wirtschaftlicher Eigenständigkeit auf Seiten des Zielunternehmens (vgl. Furtner, 2011, S. 29). Die Integration kann zwischen zwei Extremen erfolgen. Sie kann als vollständig angesehen werden, wenn alle administrativen und operativen Bereiche der beteiligten Firmen verschmolzen werden und insbesondere identische Organisations- und Funktionsbereiche zusammengelegt werden (vgl. Pauser, 2007, S. 20). Sie führt folglich zur vollumfänglichen Verflechtung von Käufer und Zielunternehmen und somit zu deren faktischer Verschmelzung (ähnlich einer Fusion). Dies hat meist auch den Untergang der Rechtspersönlichkeit des Targets zur Folge (vgl. Furtner, 2011, S. 29). Auf der anderen Seite kann dem Zielobjekt auch hohe Autonomie belassen werden indem beide Organisationen ohne nennenswerte Querbezüge koexistieren. In diesem Fall überdauern oft Firmenname und Marken der übernommenen Einheit. Die Eigenständigkeit kann sogar bis hin zur weiteren Selbstbestimmung über die operative Geschäftstätigkeit führen (vgl. Furtner, 2011, S. 29). Die Integration beschränkt sich dann nur auf rechtlich erforderliche Mindesteingriffe, während das Zielobjekt ansonsten „an der langen Leine" geführt wird (vgl. Haspeslagh & Jemison, 1992, S. 177). Diese Form weist Ähnlichkeit mit dem Portfolioansatz auf (vgl. Pauser, 2007, S. 20). Als Mittelweg tritt die partielle Integration auf, bei der sich der Integrationsgrad zwischen beiden Formen bewegt und z. B. nur für eine Verbindung bestimmter Teilbereiche gilt.

Der Integrationsgrad steht in engem Bezug zur strategischen Ausrichtung der Übernahme. Bei horizontalen und vertikalen Zusammenschlüssen wird meist eine umfangreiche Integration verfolgt um durch Rationalisierungsmaßnahmen Kostensynergien zu heben. Hingegen erlaubt das Diversifizierungsziel, welches vielen konglomeraten Transaktionen zugrunde liegt (vgl. Becker, 2005, S. 66) auch voneinander unabhängige Geschäftseinheiten.

Die hier vorgenommene Einteilung liefert eine grobe Richtgröße des möglichen Spektrums. Eine detailliertere Klassifizierung in Abhängigkeit wesentlicher Bestimmungskriterien erfolgt im separaten Abschnitt 3.6.

3.2.6 Weitere Klassifizierungskriterien

Die Bindungsintensität als Unterscheidungsmerkmal gibt Aufschluss darüber, wie intensiv die wirtschaftliche Integration und somit der Einfluss des Käufers auf das Zielunternehmen ist. Sie bemisst sich an der Übertragung von Leitungs- und Kontrollbefugnissen (vgl. Lucks & Meckl, 2002, S. 26). Zwar sind diese nicht zwingend proportional mit dem Beteiligungsgrad sondern können teilweise auch vertraglich geregelt werden, im Allgemeinen wird jedoch angenommen, dass steigende Kapitalbeteiligung mit höherem wirtschaftlichem Einfluss einhergeht. Grundsätzlich lassen sich der Minderheits-, der paritätische und der Mehrheitserwerb sowie die vollständige Übernahme differenzieren (vgl. Lucks & Meckl, 2002, S. 26). Damit wird deutlich, dass das Merkmal der Bindungsintensität in enger Beziehung zur Form des Share Deals innerhalb der juristischen Ausgestaltung steht.

Eine Klassifikation kann auch anhand der Haltung des Managements des Targets vorgenommen werden. Von einer freundlichen Übernahme (sog. friendly takeover) wird gesprochen, wenn der Käufer sich mit dem Management über die Transaktion bzw. ein Angebot für das Zielobjekt abgestimmt hat bzw. sogar dessen explizite Unterstützung hat (vgl. Gerpott, 1993, S. 50-51). Entsprechend unterbreitet das Management des Bieters bei einer feindlichen Übernahme (sog. hostile takeover) den Eigentümern des Targets direkt ein Angebot, ohne vorherige Absprache mit und Zustimmung von dessen Führung (vgl. Jansen, 2008, S. 117; Wirtz, 2003, S. 21). Feindliche Übernahmen sind zwar grundsätzlich auch bei nicht-börsennotierten Unternehmen möglich (vgl. Wirtz, 2003, S. 21), Relevanz haben sie hingegen fast ausschließlich bei börsennotierten Zielgesellschaften (vgl. Eisele, 2006, S. 117). Prominent sind in diesem Zusammenhang die Übernahme von Mannesmann durch Vodafone im Jahr 2000 oder die von Hochtief durch Grupo ACS im Jahr 2010. Auswirkungen feindlicher Übernahmen ergeben sich besonders im Hinblick auf die Planung des Akquisitionsprozesses und die Integration, da die Informationslage ohne die Kooperation des Zielunternehmens deutlich schwieriger ist (vgl. Gerpott, 1993, S. 51).

Die Käufertypen lassen sich im Wesentlichen zwei Lagern zuordnen. Finanzinvestoren sind dadurch gekennzeichnet, dass ihre Unternehmensauswahl von der auf ihr Kapital erzielbaren Rendite bestimmt wird. Ihr Geschäftsmodell basiert auf dem Kauf, Halten und Werterhöhen, sowie Verkauf von Unternehmensanteilen. Zwar verfolgen auch strategische Investoren Renditemotive, dieses tritt in der Regel jedoch hinter das strategische Interesse zurück, das sich aus der Eignung des akquirierten Unternehmens für die Umsetzung der Strategie des Erwerbers ergibt (vgl. Hölters, 2010, S. 4-5). Je nach Quelle kann das Management als weitere Gruppe angesehen werden, das meist in Gestalt des bestehenden Managements (sog. Management Buyout) als Käufer auftritt. Diese Gruppe strebt neben Renditemotiven oft auch nach unternehmerischer Selbständigkeit (vgl. Balz, 2014, S. 12).

Eine Besonderheit, die in Bezug auf Investoren aus Schwellenländern und insbesondere China steigende Bedeutung erfährt, ist die Differenzierung anhand der Eigentümerschaft des Käufers. Hierbei lassen sich grundsätzlich staatliche („state-owned enterprises", SOEs) und private („privately-owned enterprises", POEs) Unternehmen unterscheiden (vgl. N. Zhou, 2010, S. 36). Es treten jedoch auch Zwischenformen auf, weshalb zwischen vollständig privaten („fully privatized enterprises", FPEs) und teilstaatlichen / teilprivaten („partially privatized enterprises", PPEs) differenziert wird. Von Relevanz für den M&A-Prozess kann dies anhand der Erwartung an staatliche Einflussnahme sein. In der Regel ist bei Staatsunternehmen von einer höheren Abhängigkeit von Regierungsvorgaben auszugehen (vgl. Abschnitt 2.2.1.2). Allerdings ist diese nicht ausschließlich an die Beteiligungsquote gebunden (vgl. zur Einflussnahme des chinesischen Staates Abschnitt 2.1.2.2).

Für die Finanzierung kann Eigen-, Fremd- oder sog. Mezzanine-Kapital herangezogen werden. Letzteres stellt eine Mischform zwischen den beiden erstgenannten dar. Auch Finanzierungen anhand mehrerer dieser Instrumente sind möglich (vgl. Eschen, 2002, S. 28), was in der Praxis eine häufige Form darstellt (vgl. Hünerwadel & Tranchet, 2010, S. 363; Niggemann & Simmert, 2009, S. 163; Rödl & Partner, 2014, S. 15).

Als Form des Entgelts kommt neben der Barzahlung des Kaufpreises auch ein Aktientausch in Betracht. Diese Form der Typologisierung kommt primär bei börsennotierten Parteien in Betracht.

3.3 Transaktionsbeteiligte

3.3.1 Anspruchsgruppen

Die Durchführung von M&A-Projekten umfasst zahlreiche Aufgaben bei denen verschiedene Interessen in Einklang gebracht und eine Vielzahl von Beteiligten koordiniert werden müssen. Für die spätere Erörterung von Tätigkeiten und Problemen bei einzelnen Teilprozessen ist eine Vorstellung der Transaktionsbeteiligten ratsam (vgl. Lucks & Meckl, 2002, S. 29). Grundsätzlich ist eine Unterscheidung der Hauptakteure nach Käufer- und Zielunternehmen sinnvoll (analog zu Lucks & Meckl, 2002, S. 29-35 oder Wirtz, 2003, S. 98). Wird letzteres von einem anderen Unternehmen veräußert können auch die Beteiligten des Verkäufers in die Betrachtung einbezogen werden.

Unternehmenstransaktionen stellen meist einen erheblichen Eingriff in die beteiligten Organisationen dar. In der Regel betreffen sie – besonders auf Seiten der übernommenen Einheit – alle Unternehmensfunktionen. Entsprechend lassen sich viele Anspruchsgruppen (sog. „Stakeholder“) bestimmen, die direkt oder indirekt beeinträchtigt sind. Grundsätzlich lassen sie sich in interne und externe M&A-Akteure unterteilen (vgl. Theuerkorn, 2013, S. 95). Interne sind als Gesellschafter, Mitarbeiter oder Management dem Unternehmenssystem zuzuordnen (vgl. Sauter-Sachs, 1992, S. 193). Grundsätzlich ist es möglich, hier eine Erweiterung zu der von Sauter-Sachs vorgeschlagenen Systematik vorzunehmen (vgl. Abbildung 9) und innerhalb der Sphäre in Käufer- und Verkäufer- bzw. Zielunternehmenssicht zu unterscheiden (analog zu Wirtz, 2003, S. 98).

Die externen Akteure sind dem Wirtschafts- bzw. Gesellschaftssystem zuzurechnen. Im Wirtschaftssystem spielen Lieferanten, Kunden und Wettbewerber, sowie spezialisierte M&A-Dienstleister eine wichtige Rolle. Gesellschaftlich treten insbesondere der Staat und die Medien, sowie die durch sie beeinflusste öffentliche Meinung als Akteure auf. Grundsätzlich wird davon ausgegangen, dass interne Beteiligte stärker von M&A beeinträchtigt werden als externe (vgl. Waas, 2005, S. 15). Bei internationalen Trans-aktionen ist eine weitere Unterteilung der Gesellschaftssphäre in die des erwerbenden und die des akquirierten Unternehmens denkbar. Denn die staatlichen Interessen in Schwellenländern (z. B. Erwerb strategischer Ressourcen) unterscheiden sich mitunter fundamental von denen in einem etablierten Land (z. B. Erhalt von Arbeitsplätzen).

Angesichts der in Abschnitt 2 identifizierten Theorien und Erklärungen chinesischer FDI, die sich u. a. mit dem Einfluss des externen Firmenumfelds befassen, erweist sich die Darstellung und Erläuterung der Parteien, v. a. der externen, als wichtige Grundlage.

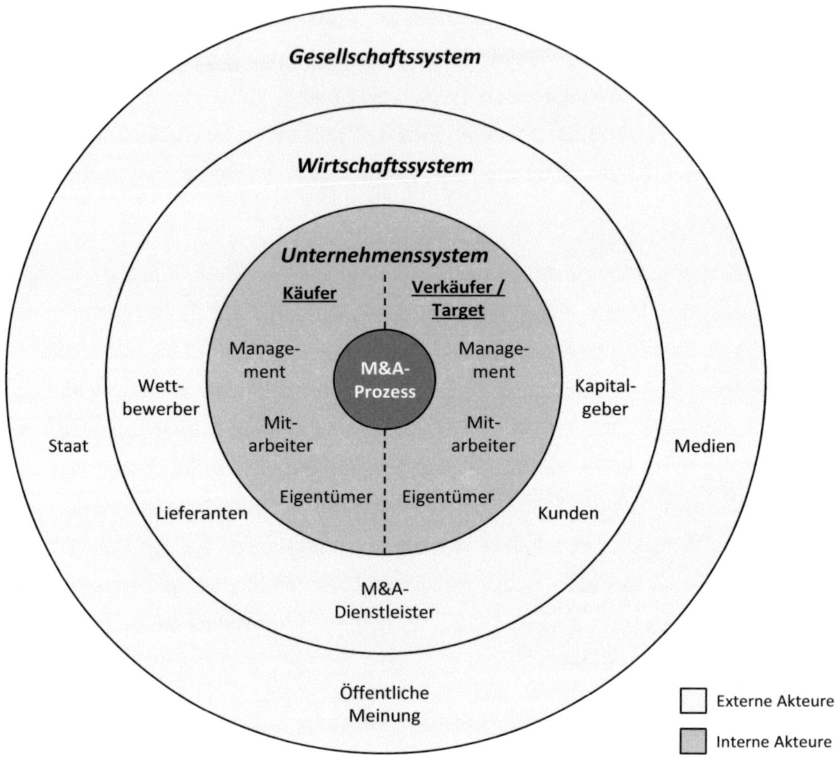

Abbildung 9: Anspruchsgruppen und Beteiligte am M&A-Prozess
Quelle: in Anlehnung an Sauter-Sachs (1992, S. 193); Theuerkorn (2014, S. 96).

3.3.2 Interne Beteiligte

Die Gesellschafter der beteiligten Unternehmen zählen zu den wichtigsten Akteuren, sind sie doch durch die Folgen der Unternehmenstransaktion finanziell direkt beeinflusst (vgl. Hinne, 2008, S. 21). Die Anteilseigner des Käufers streben eine Minimierung des Kaufpreises an, um dadurch den Unternehmenswert des Käuferunternehmens zu maximieren (vgl. Lucks & Meckl, 2002, S. 29). Die Gesellschafter des Verkäufers verfolgen in der Regel das Ziel, durch Kaufpreismaximierung ihre Rendite zu steigern (vgl. ebd., S. 34). Häufig treten die beiden Eigentümerseiten jedoch nicht selbst bei Verhandlungen in Erscheinung, sondern werden durch das jeweilige Management vertreten.

Das Management hat, wie die Eigentümer, hohes Interesse an einer erfolgreichen Umsetzung von M&A-Transaktionen. Prestigeträchtige Vorhaben können allerdings persönliche Motive wie Machtdenken und Streben nach Anerkennung verstärken (vgl. Lucks & Meckl, 2002, S. 30; Wirtz, 2003, S. 98). Sind die Interessen beider Gruppen nicht deckungsgleich kann dies zu Prinzipal-Agent-Situationen führen, in denen rationale ökonomische Erwägungen von verhaltensorientierten Reaktionen der Individuen überlagert werden. In der Folge kann dies zu verminderter Berücksichtigung von Wertaspekten auf Entscheidungen führen (vgl. Trautwein, 1990, S. 284). Besonders die Haltung des Managements des Zielunternehmens kann eine Schlüsselrolle bei der späteren Umsetzung der Integration spielen (vgl. Lucks & Meckl, 2002, S. 34).

Vor allem auf Seiten des Zielunternehmens stellen die Mitarbeiter eine zentrale Anspruchs-gruppe dar, denn diese sind unmittelbar von M&A beeinträchtigt. Im Gegensatz zu der über-wiegenden Shareholder-Value-Fokussierung der Anteilseigner sind sie vornehmlich am Erhalt von Arbeitsplätzen, der Arbeitsbedingungen sowie an gerechter Entlohnung interessiert (vgl. Lucks & Meckl, 2002, S. 33). Diese Ziele stehen jedoch mitunter nicht in Einklang mit den Motiven von M&A, die häufig einen Personalabbau vorsehen. Die Folge können Ängste und Unsicherheit sein, die zu Widerstand gegen die Transaktion sowie erhöhter Fluktuation führen können, welche wiederum die mit der Übernahme verbundenen Ziele gefährden (vgl. Weinmann, 2004, S. 212). Die Interessen der Mitarbeiter werden unter Umständen durch Arbeitnehmervertretungsorgane wie den Betriebsrat vertreten. Entsprechend wird dieser hier den Mitarbeitern zugerechnet. Durch den höheren Organisationsgrad steigert er unter Umständen die Chance, die Mitarbeiterinteressen tat-sächlich durchsetzen zu können.

Es bleibt festzuhalten, dass die dargelegten Problempotentiale abhängig von der konkreten Unternehmenssituation sind. Gerade bei Käufen von Firmen in finanzieller Schieflage oder aus der Insolvenz können sich Vorbehalte gegenüber einem Unternehmensverkauf in das Gegenteil umkehren. Denn eine Übernahme bietet dann meist die einzige Chance das Zielunternehmen und dessen Arbeitsplätze zu erhalten (vgl. Meckl, 2004a, S. 24).

3.3.3 Externe Beteiligte

Die Kunden der an M&A beteiligten Firmen stellen eine Anspruchsgruppe des Wirtschafts-systems dar. Eine Firmenübernahme erhöht besonders für die Kunden des Zielobjektes die Ungewissheit über die künftige Beziehung zum Unternehmen, dessen Leistungserbringung und Preisgestaltung (vgl. Homburg, 2000, S. 174). Durch eine Transaktion werden zahlreiche Aspekte der bisherigen Kundenbeziehung in Frage gestellt. Beispielsweise ist es nicht sicher, ob die gewohnten Leistungen auch nach der Übernahme zum Leistungsumfang des Unternehmens zählen (vgl. Theuerkorn, 2013, S. 98). Stellt der Unternehmenszusammenschluss eine deutliche Verbesserung der Marktmacht dar (v. a. bei horizontalen Akquisitionen), kommt für die Kunden zudem eine Preisunsicherheit hinzu. Die Transaktionsparteien könnten versuchen, die veränderte Konstellation zu ihren Gunsten auszunutzen und die Preispolitik variieren.

Für Lieferanten kann sich ein Unternehmenszusammenschluss ebenfalls auf die Preise auswirken. Durch Bündelung von Einkaufsaktivitäten, die oft Teil der angestrebten Synergien sind, kann eine Preisreduzierung bei Zulieferern angestrebt werden (vgl. Hinne, 2008, S. 20). Für diese kann ein Umsatzrückgang mit Erosion der Gewinnmarge oder im Extremfall der Verlust des Kunden die Folge sein (vgl. Lucks & Meckl, 2002, S. 38). Auf der anderen Seite bietet sich für ihn die Chance, nach einer Übernahme auch die zweite Transaktionspartei zu beliefern und so den Umsatz zu steigern.

Auf Wettbewerber wirkt sich eine Akquisition insbesondere dann aus, wenn sie horizontal erfolgt und sich die Größen- und Machtverhältnisse auf dem jeweiligen Markt verändern. Kann eine neu geschaffene Unternehmenseinheit die oben dargestellten Preisreduktionen bei Inputfaktoren erzielen ist eine Auswirkung auf die Verkaufspreise wahrscheinlich. Entsprechend stehen die Wettbewerber vor der Herausforderung, die entstandenen Nachteile durch eigene Maßnahmen auszugleichen und evtl. ebenfalls auf M&A zurückzugreifen (vgl. Lucks & Meckl, 2002, S. 37) bis sich ein neues Gleichgewicht bildet.

Eine weitere, sehr umfangreiche Gruppe externer Akteure sind M&A-Dienstleister. Das thematisch breite, gleichzeitig jedoch mit vielerlei Detailaspekten befasste Feld M&A stellt eine komplexe Aufgabe mit hohen Anforderungen an Spezialisierung und

Fachwissen dar. Daher hat sich eine Dienstleistungsindustrie von Vermittlern, Beratern und Prüfern etabliert, die die internen Akteure bei der Durchführung der Transaktion unterstützt. Zu ihnen zählen Investmentbanken / Corporate Finance-Berater, Wirtschaftsprüfer, Steuerberater, Rechtsanwälte und Strategieberater (vgl. Wirtz, 2003, S. 99). Hinzu kommen finanzierende Banken, Finanzinvestoren oder Versicherungen.

Auf Ebene des Gesellschaftssystems ist der Staat der wichtigste Akteur. Er hat zum einen die Prosperität der Unternehmen und der Volkswirtschaft zum Ziel, zum anderen die soziale Verantwortung aus Sicht der Gesellschaft. Letztere drückt sich z. B. im Interesse am Erhalt von Arbeitsplätzen oder Know-how an heimischen Standorten aus. Nicht nur nationale, auch regionale oder lokale Bedürfnisse spielen hierbei eine Rolle. Damit verbunden ist u. a. die Sorge vor höherer Arbeitslosigkeit bei gleichzeitig niedrigeren Steuereinnahmen. Neben der Regierung nimmt der Staat durch andere Institutionen am M&A-Geschehen teil und gibt die Rahmenbedingungen von M&A vor (vgl. Hinne, 2008, S. 20). Eine hervorgehobene Stellung nimmt die Fusionskontrolle ein, die in Gestalt von Kartellämtern Transaktionen untersagen oder mit Auflagen belegen kann. Durch die Zeitspanne für die Prüfung kann die Umsetzung von M&A-Prozessen verzögert und somit die Realisierung von Vorteilen verschoben und die Phase der Unsicherheit verlängert werden (vgl. Lucks & Meckl, 2002, S. 39). Die staatlichen Interessen und das Vorgehen zu dessen Durchsetzung können allerdings zwischen verschiedenen Staaten erheblich abweichen. Wie in Abschnitt 2 geschildert, nimmt der Staat bei einigen Schwellenländern eine aktivere Rolle bei Internationalisierungsstrategien ein als dies in vielen westlichen Staaten der Fall ist.

3.4 M&A-Prozess

3.4.1 Ablauf von M&A-Transaktionen

M&A-Transaktionen sind aufgrund ihres dynamischen Charakters mit meist hohem Zeitdruck, einer Vielzahl involvierter Parteien und verschiedenartigen, teils sehr spezifischen Herausforderungen durch hohe Komplexität geprägt (vgl. Riedel, 2010, S. 34). Aus diesem Grund wird eine strukturierte Vorgehensweise wegen des effizienten Projektmanagements als kritische Erfolgsdeterminante angesehen (vgl. Meckl, 2004b, S. 455). Um die vielfältigen Aufgaben besser steuern zu können empfiehlt es sich, den Gesamtprozess in einzelne M&A-Aktivitäten aufzuschlüsseln. In der Literatur wird für deren Strukturierung auf ihren chronologischen Ablauf zurückgegriffen und eine Aggregation in mehrere Phasen gewählt.

Es existiert keine Norm darüber, in wie viele Phasen der M&A-Prozess zu unterteilen ist, je nach Autor werden zwei bis zehn Stufen unterschieden (vgl. Riedel, 2010, S. 160-164). Am häufigsten ist jedoch eine Einteilung in drei Projektphasen anzutreffen (vgl. für eine Übersicht Hinne, 2008, S. 51). Im Wesentlichen lassen sie sich in eine vorbereitende Phase der strategischen Konzeption und Analyse, die Durchführung der Transaktion selbst und die nachgelagerte Integration klassifizieren. Dabei wird ein linear-chronologischer Ablauf angenommen (vgl. Riedel, 2010, S. 158-159). Zwar ist die Abgrenzung der Stufen nicht immer trennscharf, so dass zeitliche Überschneidungen auftreten können, die Auswirkungen auf den Gesamtkontext sind jedoch zu vernachlässigen. Grundsätzlich existiert die Überlegung, die Phasenenden an den Eintritt bestimmter Ereignisse zu knüpfen (vgl. Lucks & Meckl, 2002, S. 54-55). Eine Variante eines Phasenmodells ist die von Lucks und Meckl (2002, S. 54) eingeführte Einteilung in Vorfeld-, Transaktions- und Integrationsphase in Abbildung 10.

Die Phasenmodelle beziehen sich jeweils auf die Sicht eines Käufers. Ebenfalls spiegeln sie eher ein vom Käufer induziertes Vorgehen wider als einen von Verkäuferseite angestoßenen Auktionsprozess. In einem solchen würden sich v. a. in der Vorfeldphase Abweichungen zum nachfolgend dargestellten Ablauf ergeben. Die Erläuterungen der einzelnen, innerhalb der Phasen anfallenden Aktivitäten erfolgt im nächsten Abschnitt. Ausführliche Erläuterungen hierzu finden sich u. a. bei Lucks und Meckl, 2002, S. 75-93.

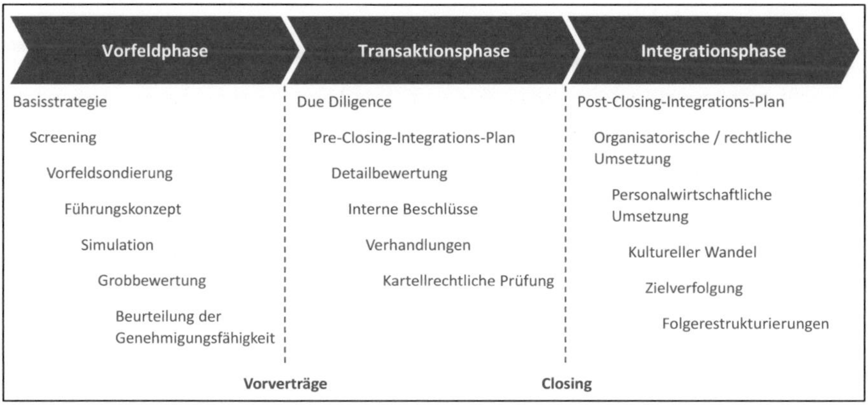

Abbildung 10: Phasen und Einzelaktivitäten bei M&A-Transaktionen
Quelle: Lucks & Meckl (2002, S. 54).

3.4.2 Projektphasen und Aktivitäten

3.4.2.1 Vorfeldphase

Die Vorfeldphase ist zunächst von der Entwicklung einer Basisstrategie des Käufers geprägt. Idealerweise umfasst sie die Analyse der Unternehmens- und Umweltsituation sowie die Ab-leitung von Unternehmenszielen und Strategie (vgl. Hawranek, 2004, S. 22). In diesem Zusammenhang steht die Frage im Mittelpunkt, ob M&A als Mittel geeignet ist um die Wachstumsstrategie zu unterstützen. Ein Beweggrund für externes Wachstum durch M&A wäre ein höherer Beitrag zum Unternehmenswert gegenüber der internen Wachstumsoption (vgl. Lucks & Meckl, 2002, S. 78). Hinzu kommen die strategischen Ziele auf Ebene von Geschäftsfeldern, welche sich in Portfoliooptimierung, regionaler Verbesserung und Schließen technologischer Lücken klassifizieren lassen (vgl. ebd., S. 78-79). Durch Akquisitionen können diese Ziele meist schneller erreicht werden als über organische Optionen. Die Basisstrategie chinesischer MNCs kann hier v. a. dem Motiv des technologischen Lückenschlusses zugeordnet werden (vgl. Abschnitt 2.2.1.1).

Die zweite Aufgabe ist die Auswahl und Beurteilung von Übernahmekandidaten, das sog. Screening. Hierbei werden zunächst Anforderungskriterien an potenzielle Akquisitionsziele festgelegt (vgl. Jansen, 2008, S. 265). Hieraus ergibt sich eine Grobauswahl grundsätzlich geeigneter Kandidaten (sog. Long List). Diese werden auf Basis finanzieller, strategischer, kultureller oder weiterer Erwägungen einer genaueren Prüfung unterzogen. Aus strategischer Sicht stehen z. B. die geografische oder branchenbezogene Umsatzverteilung sowie die abgedeckten Marktsegmente im Blickfeld. Aus der Analyse ergibt sich eine verkürzte Liste mit einer Rangfolge der Kandidaten entsprechend ihrer Attraktivität (sog. Short List), die für eine Kontaktaufnahme in Betracht kommen (vgl. Lucks & Meckl, 2002, S. 79-86; Wirtz, 2003, S. 172-182).

In der anschließenden Vorfeldsondierung werden erste Kontakte zu den identifizierten Firmen geknüpft. Dabei ist es ratsam, zunächst nur einen kleinen Kreis relevanter Personen einzubeziehen (vgl. Lucks & Meckl, 2002, S. 88). Der Austausch verfolgt das Ziel, das grundsätzliche Interesse der Kandidaten zu ermitteln, gegebenenfalls weitere Informationen zu erhalten und ein besseres Verständnis für die Potentiale einer Partnerschaft zu entwickeln. Gespräche mit dem Top-Management bzw. den Gesellschaftern weisen den Vorteil der direkten Entscheidungskompetenz im Vergleich zu Vertretern des mittleren Managements auf (vgl. ebd., S. 87). Abhängig vom Verlauf des ersten Kontakts werden Kandidaten von der Short List gestrichen oder die Anbahnung wird in weiteren Schritten vertieft.

Mit der Entwicklung eines Führungskonzepts schließt sich eine Aktivität an, in welcher die geplanten organisatorischen Strukturen und die Aufteilung der Entscheidungskompetenzen abgestimmt werden. Auch gehen bereits Produkt- und Standorterwägungen (vgl. Hawranek, 2004, S. 23) sowie Planungen zur späteren Integration und der dort vorgesehenen Integrationsformen ein (vgl. Haspeslagh & Jemison, 1992, S. 165-183; Lucks & Meckl, 2002, S. 108). Es wird somit erkennbar, dass sich diese Stufe auf die zu Beginn entwickelte Basisstrategie bezieht, deren Erkenntnisse sich im Führungskonzept wiederfinden sollten (vgl. Lucks & Meckl, 2002, S. 88).

In einem weiteren Schritt erfolgt die Simulation der Integration und der möglichen neuen Einheit, deren Stand-alone-Wert mit dem der integrierten Variante verglichen wird. Besondere Bedeutung kommt der Abschätzung der geplanten Synergien zu, die im Ergebnis zu positiven Cash-Flows durch die Integration führen sollten. Ist dies der Fall werden auf Basis der Erfordernisse der Integration erste Maßnahmen für diese definiert (vgl. Lucks & Meckl, 2002, S. 89-90).

Die Resultate der Simulation bilden die Voraussetzung für eine Grobbewertung des Zielobjekts. Neben Kosten und Synergien, die sich durch einen möglichen Zusammenschluss er-geben, sind insbesondere die Zahlungsströme entscheidend, mit denen nach bewährten Unternehmensbewertungsmodellen Werte bzw. Wertbandbreiten abgeleitet werden können. Deren Aussagekraft ist aufgrund des gegenwärtigen Informationsstandes allerdings noch nicht abschließend und muss später weiter spezifiziert werden (vgl. Fischer, 2008, S. 39-40).

Bereits in der Vorbereitung einer späteren Verhandlung sollte die Genehmigungsfähigkeit einer Transaktion beurteilt werden. Hierbei stehen insbesondere die im Führungskonzept angestrebte Produkt- und Standortplanung und deren kartellrechtliche Auswirkungen im Vordergrund. Im Hinblick auf mögliche marktbeherrschende Stellungen einer kombinierten Einheit empfiehlt es sich, derartige Überlegungen bereits in der Vorfeldphase anzustellen (vgl. Hawranek, 2004, S. 24-25).

Den Abschluss der Vorfeldphase bilden vorvertragliche Vereinbarungen, die z. B. in einem Letter of Intent (LoI) oder Memorandum of Understanding (MoU) münden. Dabei handelt es sich um Absichtserklärungen der Verhandlungspartner mit dem Ziel einen Kaufvertrag herbeizuführen. Obwohl keine Norm über die Bestandteile existiert, beinhalten sie jedoch üblicherweise wesentliche Eckpunkte und die Struktur einer möglichen Transaktion. Die Vorverträge weisen zwar keine rechtliche Bindung auf, dennoch kommt ihnen eine wichtige Rolle als Grundlage für den weiteren Informationsaustausch der Parteien zu (vgl. Semler, 2010, S. 719). Aus prozesstaktischer Sicht haben sie den Vorteil, dass beide Seiten ihre Einigung in wesentlichen Grundfragen in einem Dokument mit formellem Charakter festhalten, was den ersten Schritt einer Übereinkunft darstellt und die Ernsthaftigkeit der Absichten verdeutlicht.

3.4.2.2 Transaktionsphase

Aufbauend auf der Einigung über wesentliche Parameter beginnt die konkrete Transaktions-phase. In ihrem Zentrum steht die Erlangung von Informationen, die es dem Käufer erlauben, eine bessere Einschätzung des möglichen Zielunternehmens vorzunehmen.

Die umfassendste Aktivität des Informationsaustauschs ist die Due Diligence. Der Begriff zielt auf die sorgfältige Prüfung und Analyse des Targets durch den Interessenten ab. Hiervon sind nahezu alle Teilbereiche betroffen, so dass die Prüffelder u. a. Finanzen, Strategie, Steuern, Rechtliches, Personalwesen, Produkte, Technologien und Umweltthemen umfassen (vgl. Lucks & Meckl, 2002, S. 26). Abhängig von Branchen- oder Unternehmensspezifika können weitere Aspekte hinzukommen, z. B. vertiefte IT-Prüfung im Bankenwesen aufgrund der besonderen Rolle für die Abwicklung von Finanzgeschäften und die Berechnung von Risiken (vgl. Pomp, 2015, S. 41). Häufig werden hierfür externe Spezialisten eingeschaltet (vgl. Wirtz, 2003, S. 99). Organisiert wird die Due Diligence meist über einen sog. Datenraum, in dem Informationen zusammengestellt und einsehbar sind (vgl. Lucks & Meckl, 2002, S. 164). Heutzutage ist überwiegend die onlinebasierte Version verbreitet (sog. virtueller Datenraum). Ziel der Prüfung ist die Reduzierung der Informationsasymmetrie zum Target. Insbesondere wird das Ziel verfolgt, solche Tatbestände zu identifizieren, die einen Abbruch des Prozesses rechtfertigen würden (vgl. Wirtz, 2003, S. 186). Daneben strebt der Interessent nach Informationen, die es ihm erlauben, seine in der Vorfeldphase getroffenen Annahmen und Erwägungen zu konkretisieren und bei Bedarf anzupassen. Schließlich spielen die Erwartungen an Wertsteigerungspotentiale eine entscheidende Rolle bei der Bemessung des Kaufpreises.

Aus den Erkenntnissen der Due Diligence und der in der Vorfeldphase durchgeführten Simulation kann im nächsten Schritt ein Pre-Closing-Integration-Plan erstellt werden. Er identifiziert Schlüsselbereiche mit hoher Relevanz für die Wertsteigerung und formuliert Maßnahmen, die unmittelbar nach dem Closing umgesetzt werden sollen. Darin wird die Grundlage für die spätere Integration gelegt (vgl. Gerpott & Schreiber, 1994, S. 110-115). Entscheidend sind v. a. die personalwirtschaftlichen Auswirkungen, die sich auch auf den Käufer erstrecken können, sowie die Vorgaben zur Verwirklichung von Synergien (vgl. Lucks & Meckl, 2002, S. 113-114).

Deren Potential spielt auch bei der Detailbewertung eine tragende Rolle. Sie ermöglichen es dem Interessenten, den sog. subjektiven Unternehmenswert zu errechnen, der dessen Kauf-preisobergrenze in den späteren Verhandlungen darstellt. Der Wert ist, wie der Begriff suggeriert, unternehmensspezifisch, da das Zielunternehmen für unterschiedliche Käufer verschiedene „Werte“ haben kann (vgl. Matschke & Brösel, 2013, S. 6). Die Bestandteile des Unternehmenswertes reflektieren diese Sichtweise.

Neben dem Stand-alone-Wert, dem Restrukturierungswert (der sich auf ein effizienteres Management der Firma und die Reallokation existierender Aktiva und Passiva bezieht) und den Kosten und Risiken der Transaktion beinhaltet dieser auch den Synergiewert, welcher je nach Käufer unterschiedlich hoch ist (vgl. Coenenberg & Sautter, 1988, S. 693-699; R. Klein, 2003, S. 130). Die Subjektivität des Wertes gründet sich außerdem auf die Abhängigkeit von Finanzierungsquellen und steuerlichen Merkmalen des Käufers.

Anhand der verfügbaren Informationen aus Due Diligence, Pre-Closing-Integration-Plan und Detailbewertung verfügt der potenzielle Käufer über eine ausreichende Grundlage um interne Beschlüsse zum weiteren Prozessfortgang herbeizuführen. Die notwendigen Gremien und entscheidungsrelevanten Instanzen bestimmen sich nach der Rechtsform und unternehmensinternen Genehmigungsvorgaben (vgl. Lucks & Meckl, 2002, S. 117-118).

Die Verhandlungen mit dem Zielunternehmen bzw. dessen Eigentümern zielen schließlich auf eine Einigung sowie die Ausarbeitung und Unterzeichnung eines Kaufvertrages ab. Neben dem Kaufpreis müssen sich die Parteien u. a. auf Zahlungskonditionen, die Transaktionsstruktur und weitere Übernahmemodalitäten einigen (vgl. Hölters, 2002, S. 65-67). Insbesondere rechtliche Aspekte wie Gewährleistungen, Freistellungen und die Absicherung des Kaufpreises (z. B. Garantien und Treuhandkonto) nehmen eine wichtige Rolle ein (vgl. Crone & Werner, 2014, S. 565). Kommen die Verhandlungsparteien überein erfolgt das sog. Signing des Kaufvertrages (vgl. Jansen, 2008, S. 315-316).

Häufig werden im Kaufvertrag Regelungen getroffen, die den Vollzug der Transaktion an den Eintritt weiterer Bedingungen knüpfen, z. B. eine kartellrechtliche Prüfung, sofern diese not-wendig ist. Die Kriterien für die Prüfung der Aufsichtsbehörden richten sich nach der Größe der Transaktionspartner und Annahmen zu ihrer möglichen marktbeherrschenden Stellung. Daraus resultieren unterschiedliche Prüfungsdauern. Gegebenenfalls besteht die Erfordernis, mit den Behörden zu kommunizieren und Unterlagen bereitzustellen bis eine Genehmigung erteilt wird. Liegt diese vor, bildet der Übergang des Eigentums am Zielunternehmen (sog. Closing) den Abschluss dieser Phase. Damit wird der Kaufvertrag vollzogen (vgl. G. Picot, 2000, S. 25).

3.4.2.3 Integrationsphase

Nach dem Erwerb des Zielobjekts steht die Zusammenführung der beiden Organisationen im Mittelpunkt. Die Phase ist von der Herausforderung geprägt, die zuvor formulierten Wertsteigerungspotentiale auch tatsächlich zu realisieren. Dabei berührt die Integration nahezu alle Unternehmensbereiche und hat Auswirkung auf Strategie, Organisation, Personal, operative Prozesse und Kultur (vgl. Jansen, 2008, S. 319). Daher verursacht dieser Prozessabschnitt oft erhebliche Probleme und ist mit hohem Risiko behaftet (vgl. Haspeslagh & Jemison, 1992, S. 24). Entsprechend wird ihm entscheidende Bedeutung für den Erfolg des gesamten Vorhabens und die Erreichung der M&A-Ziele beigemessen (vgl. Fischer, 2008, S. 44).

Zu Beginn der Phase steht der Post-Closing-Integration-Plan. Aufbauend auf dem Führungs-konzept und dem Pre-Closing-Integration-Plan bricht er deren Maßnahmen, unter Berücksichtigung der in den Verträgen vereinbarten Strukturen, bis auf die unteren Organisations-einheiten herunter. Ferner erfolgt eine Aktualisierung der Planung auf Grundlage der nun (theoretisch) vollständig vorliegenden Informationen. Im Wesentlichen legt der erneuerte Plan eine Vielzahl von interdependenten Maßnahmen zur Umsetzung der Synergien fest.

Die eigentliche Umsetzung der identifizierten Maßnahmen erfolgt im nächsten Schritt. Im Interesse des Käufers liegt es nun, die Potentiale der Transaktion möglichst zügig zu realisieren und mögliche Hemmnisse abzubauen (vgl. Lucks & Meckl, 2002, S. 141-145). Hierbei befasst sich die organisatorische Umsetzung mit der Vereinheitlichung der Aufbau- und Ablauforganisation. Bei der Änderung der Aufbauorganisation sind insbesondere die Koordination von Entscheidungskompetenzen und die Verzahnung zwischen den Parteien mittels Schnittstellen von Belang (vgl. Hawranek, 2004, S. 30). Ablaufbezogen stehen die betrieblichen Geschäftsprozesse, z. B. das Berichtswesen im Mittelpunkt (vgl. Lehner & Schmidt, 2000). Die rechtliche Umsetzung erfolgt weitgehend parallel hierzu. In ihr werden gesetzliche Erfordernisse wie die Eintragung ins Handelsregister realisiert. Weiterhin umfasst sie die Prüfung der Einhaltung von Vertragsbedingungen (vgl. Lucks & Meckl, 2002, S. 129).

Einen Bedeutungsanstieg verzeichnet auch die informationstechnische Umsetzung, die neben Hardware und Datenbanken auch ERP (Enterprise Resource Planning)-Systeme umfasst (vgl. Grohmann, 2007, S. 156). Ein Kernthema der Integration bildet schließlich die personalwirtschaftliche Umsetzung. Ein Investor kann bei der Personalauswahl für Schlüsselpositionen selbst beeinflussen, ob er eigene Mitarbeiter entsendet um möglichst schnell Kontrolle über das Zielunternehmen zu erlangen oder auf dessen Fachkräfte vertraut. Ein sensibles Thema sind Personalfreisetzungen, die auf der einen Seite ein möglicher Faktor für Kosteneinsparungen sind, auf der anderen jedoch auch zu Unsicherheit und Widerständen in der Belegschaft führen können.

Neben den genannten Umsetzungsparametern kommen auch weiche Faktoren hinzu, die oft der kulturellen Integration zugeordnet werden. Dabei versucht der Erwerber das Aufeinandertreffen beider Unternehmenskulturen möglichst konfliktfrei zu gestalten. Dafür muss zuerst festgelegt werden, welche Form der kulturellen Anpassung angestrebt wird. Varianten sind die Koexistenz verschiedener Kulturen, die Übernahme einer Kultur oder die Mischung aus beiden. Für die späteren Grundsätze und die Philosophie des Unternehmens kann die Wahl einer Form prägend sein (vgl. Werner, 1999, S. 334).

Um die Fortschritte besser zu steuern sollte die Integrationsphase durch ein Controllingsystem überwacht werden. Die Zielverfolgung kann dabei durch Soll-Ist-Vergleich stattfinden, worunter neben finanziellen auch strategische und organisatorische Ziele fallen.

Im Falle von Abweichungen von den geplanten Werten können Folgerestrukturierungen erforderlich sein, die über die zuvor geschilderte organisatorische Umsetzung hinausgehen. Hierbei kann es zu Umstrukturierungen kommen, die die Erreichung übergeordneter Ziele bezwecken.

Der geschilderte Ablauf der Integration lässt sich als generische Abfolge von Aktivitäten verstehen. Im Einzelfall kann es zu erheblichen Abweichungen kommen, die sich insbesondere auf die Wahl der Integrationsform zurückführen lassen, welche im nachfolgenden Abschnitt thematisiert wird.

3.5 Integrationsformen

3.5.1 Zentrale Bestimmungsaspekte

Strategische Interdependenz bezieht sich auf das Verhältnis des Erwerbers zur Zielgesellschaft nach der Übernahme und ist entscheidend für die Realisierung von Wertschöpfung. Die gegenseitige Abhängigkeit wird davon beeinflusst, wie diese erreicht werden soll. Aus einer ressourcenbezogenen Perspektive identifizieren Haspeslagh und Jemison (1992, S. 167) drei Typen von Wertschöpfung erzeugendem Fähigkeitentransfer:

- Ressourcen-Verbund
- Transfer funktioneller Fähigkeiten
- Transfer allgemeiner Management-Fähigkeiten

Ressourcen-Verbund stellt auf die gemeinsame Nutzung von Ressourcen ab, die sich durch die Bündelung operativer Funktionen bietet. Dabei steht der Abbau von Doppelstrukturen im Vordergrund, wodurch die starke Kostenorientierung dieser Variante verdeutlicht wird. Hingegen rückt der Transfer funktioneller Fähigkeiten das Wissen und die Kenntnisse der Belegschaft ins Zentrum. Da diese personenbezogen sind kann eine Übertragung nur erfolgen, wenn Informationen firmenübergreifend verfügbar sind und eine Verzahnung der jeweiligen Fachabteilungen besteht. Der Transfer allgemeiner Management-Fähigkeiten kommt durch Erfahrung sowie bessere strategische oder operative Steuerungsinstrumente zum Ausdruck, die gleichermaßen zur Optimierung von Entscheidungsprozessen wie zu effizienteren Abläufen beitragen können (vgl. Haspeslagh & Jemison, 1992, S. 168).

Der Versuch, die genannten Fähigkeiten auf das erwerbende Unternehmen zu übertragen führt paradoxerweise jedoch oft zu deren Beseitigung, denn die Aufrechterhaltung von Fähigkeiten kann an die Eigenständigkeit des Zielunternehmens gekoppelt sein. Dies wird insbesondere anhand von Mitarbeiterfluktuation oder dem Ausscheiden von Schlüsselpersonen deutlich. Zwar sind Synergien selten ohne organisatorische Änderungen erzielbar, in einigen Situationen besteht allerdings die Erfordernis, die Unternehmen vor zu hoher Interaktion zu schützen. Dies ist dann der Fall, wenn die strategischen Fertigkeiten an eine bestimmte Organisation oder Unternehmenskultur geknüpft sind, ohne die sie nicht fortbestehen können. Ebenfalls denkbar ist, dass der Erwerber aufgrund von Unerfahrenheit nicht in der Lage ist, die Aktivitäten zusammenzulegen und zu führen (vgl. Haspeslagh & Jemison, 1992, S. 170-172).

3.5.2 Traditionelle Integrationsansätze

Die vermutlich bekannteste Typologie zur Integration von Akquisitionen stammt von Haspeslagh und Jemison (1991, S. 145 bzw. 1992, S. 174). Sie ordnet verschiedene Integrationsstile anhand der Dimensionen „strategische Interdependenz“ und „organisatorische Autonomie“ zu. Daraus ergeben sich die in Abbildung 11 dargestellten Ansätze.

Die Notwendigkeit der Differenzierung resultiert aus den unterschiedlichen Gegebenheiten in Akquisitionen und der unterschiedlichen Rolle, die strategischer Interdependenz und Autonomie zur Erreichung der M&A-Ziele zukommt. Die Ansätze sind als Muster zu interpretieren, die die Analyse konkreter Transaktionen erleichtern soll. Eine frühzeitige Zuordnung konkreter Übernahmen ermöglicht eine bessere Anpassung einzelner Aktivitäten in der späteren Integrationsphase (vgl. Haspeslagh & Jemison, 1992, S. 173-174).

Erhaltungs-Akquisitionen erfordern hohe Autonomie bei niedriger Interdependenz zwischen den Transaktionsparteien. Zentrale Aufgabe des Managements ist es, die Quellen von Wettbewerbsvorteilen des Targets zu wahren, da radikale Veränderungen von Führung und Prozessen die Motivation der erworbenen Mitarbeiter und schließlich den Firmenerfolg negativ beeinflussen könnten. Entsprechend wird der erworbenen Einheit, soweit möglich, organisatorischer Freiraum eingeräumt. Wesentlicher Treiber der Wertschöpfung bei dieser Akquisitionsform ist „die Förderung der Zielgesellschaft“ (Haspeslagh & Jemison, 1992, S. 177) durch motivierende Impulse. Ebenso werden Lerneffekte des Erwerbers von den Erfahrungen des Targets als entscheidende Grundlage von Wertgenerierung angesehen. Stellen Lernprozesse ein bedeutendes Akquisitionsmotiv dar ist die Erhaltung eine sinnvolle Integrationsmethode (vgl. ebd., S. 177).

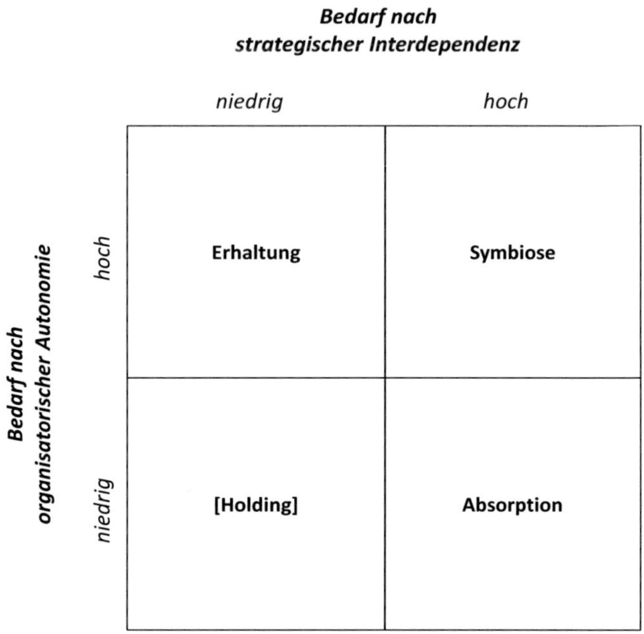

Abbildung 11: Integrationsansätze nach Haspeslagh & Jemison
Quelle: in Anlehnung an Haspeslagh & Jemison (1992, S. 174).

Entgegengesetzt hierzu stehen Absorptionsakquisitionen, welche einen hohen Grad strategischer Interdependenz erfordern um Erfolg sicherzustellen. Die Integration erfolgt bei dieser Form vollständig indem alle Aktivitäten der beiden Firmen zusammengeführt und letztendlich die Grenzen zwischen den Organisationen aufgelöst werden. Der Aufgabenumfang in der Absorption geht mit höherer Komplexität und längerem Zeithorizont einher. Die intensivere Verbindung kann kulturelle Unterschiede verstärken (vgl. Haspeslagh & Jemison, 1992, S. 176), denn sie beinhaltet die volle Eingliederung der Kultur des Zielunternehmens in jene des Käufers. Hinsichtlich der M&A-Ziele wird der Integrationsstil meist mit der Reduzierung von Overhead und operativen Kosten verbunden (vgl. Kale & Singh, 2012, S. 548).

Symbiotische Akquisitionen repräsentieren aus Management-Perspektive die komplexeste Aufgabe. Die strategische Interdependenz ist hoch, da ein umfangreicher Fähigkeiten-Transfer angestrebt wird. Gleichzeitig ist hoher Autonomiegrad erforderlich, weil die akquirierten Fähigkeiten in dem organisatorischen Umfeld des Targets erhalten werden müssen. Beide Unternehmen agieren zunächst getrennt voneinander, der Austausch steigert sich jedoch um den Transfer von Kompetenzen zu fördern. Da gleichzeitig Autonomie und Kultur beider Firmen bestehen bleiben, kann dies zu Unstimmigkeiten in der Interaktion führen. Zwar bestehen die Organisationsgrenzen fort, sie werden allerdings durchlässig gestaltet um den Fluss funktioneller und allgemeiner Management-Fähigkeiten zu ermöglichen (vgl. Haspeslagh & Jemison, 1992, S. 178). Die Integrationsform steht damit im kontinuierlichen Spannungsfeld zwischen Erhalt von Autonomie und Förderung von Interaktion um Synergien zu realisieren.

Die vierte Form der Holding-Akquisition umfasst solche Übernahmen, die weder Integration noch Werterhöhung durch strategische Mittel anstreben. Diese ergibt sich durch Maßnahmen wie den Transfer von Kapital oder die Zurverfügungstellung allgemeiner Management-Fähigkeiten. Die Form eignet sich daher nicht für die Analyse strategisch motivierter Zusammenschlüsse (vgl. Haspeslagh & Jemison, 1992, S. 175).

Für eine Übersicht zu weiteren Typologisierungsvarianten bezüglich des Integrationsgrades von M&A siehe z. B. Angwin (2012, S. 53-62).

3.5.3 Integrationsansätze asiatischer Käufer

In Ergänzung zu den klassischen Integrationsformen haben sich durch das Aufkommen von Übernahmen aus Schwellenländern weitere Muster entwickelt. Fraglich ist somit, wie sich EMNCs in der Gestaltung der Integrationsphase von Käufern aus Industriestaaten unterscheiden. Ausgelöst wurden entsprechende Überlegungen durch Beobachtungen abweichender Vorgehensweisen durch zahlreiche Akquisiteure aus Schwellenländern. Auch wenn die Absorption (vgl. Abbildung 11) in der Literatur als häufigste Form genannt wird (vgl. Haspeslagh & Jemison, 1991, S. 189), lassen sich insbesondere bei chinesischen Zukäufen viele Fälle feststellen, in denen eine solche unterbleibt. Ein Merkmal ist der Verbleib des bestehenden Managements im Zielunternehmen (vgl. Cogman & Tan, 2010, S. 11; Y. Liu & M. Woywode, 2012, S. 214-215; Nie & Lu, 2009; Strack & Schwarzer, 2014, S. 2 u. 6).

Basierend darauf wurden neue Systematiken wie die von Kale und Singh (2012) entwickelt. Sie ähnelt der von Haspeslagh & Jemison (1991) und führt das sog. „Partnering“ als Kategorie ein. Die beiden anderen – Erhaltung und Absorption – finden sich bereits bei Haspeslagh und Jemison, wozu die starke Ähnlichkeit zwischen den Achsen „Bedarf nach organisatorischer Autonomie“ (Haspeslagh & Jemison) und „Strukturelle Integration“ (Kale & Singh) beiträgt. Anzumerken bleibt auch die prinzipielle Verwandtschaft der Konzepte „Symbiose“ (Haspeslagh & Jemison) und „Partnering“ (Kale & Singh). Es bleibt daher fraglich, ob es sich hierbei um eine völlig eigenständige Typologisierung handelt.

Nach Kale und Singh (2012, S. 546) interpretieren zahlreiche Käufer aus Schwellenländern die Zusammenarbeit mit Targets wie die mit strategischen Partnern und gewähren ihnen hohe Handlungsfreiheit. Als Ursachen werden neben den Nachteilen absorptiver Integrationsformen wie einer immensen Bindung von Management-Ressourcen (S. 549-550) auch spezifische Vorteile des Partnering-Ansatzes angeführt. Zu diesen zählen neben der größeren Erfahrung von Management und Mitarbeitern des Targets im jeweiligen Marktumfeld auch positive Signalling-Effekte, die Förderung von Eigenverantwortung sowie schnellere Entscheidungsprozesse (S. 552-553). Kennzeichnend ist eine intensive Zusammenarbeit zwischen Käufer und Zielunternehmen, die sich, im Gegensatz zu einer vollständigen Integration, nur auf selektive Felder erstreckt. Dabei erfolgt eine grundsätzliche Abstimmung über Ziele und Aktivitäten, das Target handelt darüber hinaus jedoch autonom (S. 555). Der Partnering-Ansatz wird auch deshalb als geeignete Alternative gewertet weil viele EMNCs über wenig Erfahrung in Übernahme und Integration anderer Organisationen verfügen.

Neben geringer Integration wird auch die Koordination in zahlreichen Firmentransaktionen durch EMNCs als niedrig eingestuft (vgl. Kumar, 2009, S. 3), insbesondere bei chinesischen Akquisitionen (vgl. Strack & Schwarzer, 2014, S. 6). Dies gibt Anlass für eine Zuordnung als Erhaltungs-Transaktionen im Sinne der obigen Systematiken. Die in der westlichen M&A-Praxis vergleichsweise seltene Form (vgl. Haspeslagh & Jemison, 1991, S. 189) führte zur Bildung eines weiteren Integrationsbegriffs, dem „light-touch“-Ansatz (vgl. Cogman & Tan, 2010, S. 10), welcher asiatischen Firmen zugeordnet wird. Damit wird eine geografische Unterscheidung getroffen – im Gegensatz zu Kale und Singh (2012), die nach wirtschaftlichem Entwicklungsstand von

Volkswirtschaften separieren. Allerdings ist hier mit Überschneidungen zu rechnen. Nach Analyse von Cogman & Tan anhand eines Samples von 120 M&A-Deals verzichten rund 10 % der asiatischen Käufer auf jegliche funktionelle Integration, während rund ein Drittel eine eingeschränkte Variante wählt.

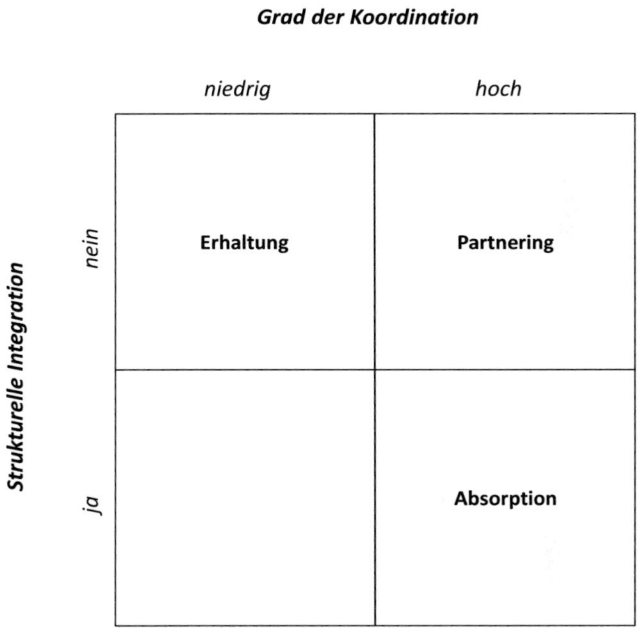

Abbildung 12: Integrationsansätze nach Kale & Singh
Quelle: in Anlehnung an Kale & Singh (2012, S. 549).

Die fehlende Übereinstimmung mit traditionellen, westlich geprägten Integrationsvorstellungen wird auf eine verlagerte Prioritätensetzung zurückgeführt. Statt des Eingehens kurzfristiger Risiken wird die Erweiterung des Geschäftsportfolios in geografischer, produkt- bzw. fähigkeitsbezogener Hinsicht gesehen. Hinzu kommt ein anderes Verständnis von Wertschaffung, welches weniger auf Kostenreduktion als auf Stabilität und Wachstum vertraut (vgl. Cogman & Tan, 2010, S. 9). Entsprechend sind die Transaktionsmotive (vgl. für weitere Ausführungen Abschnitt 3.6.2) anders gelagert. Aus Sicht der Autoren liegen diese für die überwiegende Mehrheit asiatischer Übernahmen (bezogen auf die globale Aktivität, nicht nur auf Europa als Zielregion) in der Expansion in neue Märkte, dem Erwerb organisatorischer Fähigkeiten sowie dem Zugang zu knappen Ressourcen. Rein finanzielle Interessen stehen dagegen hinten an. Den Zielen der traditionellen Integrationsforschung, die von Wertmaximierung durch rasche Integration ausgeht, steht das Risiko des Scheiterns gegenüber. Die Unerfahrenheit der Erwerber sowie Fälle gescheiterter Integrationsversuche asiatischer, speziell chinesischer Firmen, verstärken dieses noch und führen zu besonderer Zurückhaltung.

Weiter verdeutlichen lässt sich dies anhand der Ausführungen weiterer Autoren, die die Idee des „light touch" aufgreifen und besonders mit dem chinesisch-deutschen Kontext in Verbindung bringen. Nach Y. Liu und M. Woywode (2012, S. 214) sind vier Merkmale kennzeichnend:

1. Festhalten am einheimischen Management
2. Erhaltung der Marke des Zielunternehmens
3. Beratende Stellung des Käufers und hohe Autonomie des Targets bei der Entscheidungsfindung
4. Vertreter des Käufers im Aufsichtsgremium der erworbenen Einheit

Praxisbeispiele belegen hingegen, dass der letztgenannte Aspekt auch anderweitig umgesetzt werden kann. Gemeinsam haben sie geringere interne Kontrollstrukturen, die Cogman und Tan (2010, S. 11) sogar als minimalistisch erachten. Für sie finden sich verschiedene Durchführungsformen:

- Entsendung eines Managers des Käufers als Kontrollinstanz vor Ort unter Beibehaltung der bisherigen Führung des Zielunternehmens (z. B. bei Waldrich Coburg; vgl. Waldermann, 2007)
- Entsendung von Vertretern des Käufers in das Aufsichtsgremium des Zielunternehmens (z. B. bei Putzmeister; vgl. Gaetzner, 2015)
- Einbezug des Managements des Zielunternehmens in die Führungsstruktur des Käuferunternehmens (z. B. bei Putzmeister; vgl. Buchenau, 2012)

Statt dem Ansatz strategischer Käufer (vgl. Abschnitt 3.2.6) ähnelt die Vorgehensweise in dieser Hinsicht mehr der von Finanzinvestoren (vgl. Cogman & Tan, 2010, S. 10).

Daneben lassen sich starke Abweichungen im Management-Ansatz asiatischer Käufer feststellen. Den Schwerpunkt der Maßnahmen bilden oft wenige Kern-Synergien mit denen sich erhebliche Resultate erzielen lassen. Die Steuerung erfolgt häufig anhand weniger KPIs (vgl. Cogman & Tan, 2010, S. 11). Entsprechend sind die Berichterstattungspflichten meist geringer als bei westlichen Firmen.

Die Spezifika verdeutlichen, dass es sich um eine Variante mit geringem Grad der Integration im Sinne der Typologisierung in Abbildung 12 handelt. Weniger eindeutig ist, ob sich die Koordination zwischen den Transaktionsparteien eher als hoch und damit als „Partnering" interpretieren lässt, wie es Y. Liu und M. Woywode (2012, S. 215) andeuten. Andere Autoren führen dagegen Hinweise an, die eine „Erhaltung" nahelegen (vgl. Strack & Schwarzer, 2014, S. 6).

Obwohl der Integrationsphase große Bedeutung für die Realisierung der M&A-Wertziele beigemessen wird, können für den „light touch"-Ansatz, als Gegenentwurf zur Absorption, einige Vorteile angeführt werden. Er wird als geeignet angesehen den Widerstand der Mitarbeiter gegen den Eingriff von außen abzumildern und damit negative Folgen eines Gruppendenkens „wir gegen sie" zu reduzieren (vgl. Y. Liu & M. Woywode, 2012, S. 214-215). Dies ist gerade für chinesische Investoren hilfreich, da ihnen vielfach größere Widerstände vorauseilen als anderen Käufern (vgl. Abschnitt 1.1.1).

Bislang lässt sich noch nicht einordnen, ob die Vorgehensweise spezifisch chinesisch ist oder vielmehr anderen Faktoren wie der von Cogman & Tan doch beschriebenen Unerfahrenheit mit Firmenübernahmen geschuldet ist. Allerdings konnte auch in den Jahren nach Veröffentlichung der Studie bislang keine wesentliche Änderung festgestellt werden. Es spricht daher einiges dafür, dass es sich bei dieser Form nicht um eine nur vorübergehende Methodik handelt.

3.6 Motive von M&A

3.6.1 Allgemeine Motive

3.6.1.1 Einführung und Typologisierung

Zu den M&A-Motiven werden üblicherweise alle Faktoren gerechnet, die „[...] das Handeln der Entscheidungsträger auf das Akquisitionsziel ausrichten“ (Bamberger, 1994, S. 59). Folgt man dieser allgemein formulierten Sichtweise, ergeben sich zwangsläufig Überschneidungen zu den Erklärungsansätzen und Hauptmotiven von ausländischen Direktinvestitionen (vgl. Abschnitt 2), zu denen auch M&A zählt.

Mit der Identifikation von Motiven für M&A beschäftigt sich eine Vielzahl von Untersuchungen (vgl. Trautwein, 1990, S. 284), es existiert jedoch kein einheitlicher Ansatz zur Klassifizierung (vgl. Tröger, 2003, S. 161). Innerhalb der verschiedenen alternativen Vorschläge kann prinzipiell eine Unterscheidung in Motive aus Käufer- und Verkäufersicht vorgenommen werden (vgl. z. B. Wirtz, 2003, S. 57), wobei diejenigen des Käufers höhere wissenschaftliche Aufmerksamkeit erfahren (vgl. Fischer, 2008, S. 21). Diese Systematisierung wird in den beiden nachfolgenden Kapiteln aufgegriffen.

Zunächst werden allerdings branchen- und länderunabhängige, in der Literatur als allgemeingültig angesehene Motive dargelegt (vgl. Tröger, 2003, S. 161) und ihre theoretischen Hypothesen vorgestellt. Dabei schließt sich die Vorgehensweise an die häufig anzutreffende an, die Termini „Motive“, „Ziele“ und „Ursachen“ synonym zu verwenden (vgl. Pauser, 2007, S. 41). Ebenso sei angemerkt, dass M&A-Transaktionen meist nicht auf ein bestimmtes Motiv zu beschränken sind, sondern in der Regel aus mehreren Beweggründen heraus durchgeführt werden (vgl. Balz, 2014, S. 25-26; Scherer & Ross, 1990, S. 159).

Nach der Typologisierung von Trautwein (1990) lassen sich M&A-Motive in rationale und irrationale unterscheiden. Da Transaktionen sowohl für die Eigentümer als auch das Management rationale Gesichtspunkte erfüllen können, lassen sie sich weiter in wertmaximierende im Sinne des Shareholder Value und nicht wertmaximierende, persönliche Ziele des Managements klassifizieren. Die in der ersten Gruppe zugrunde gelegte Wertsteigerung kann durch strategische oder finanzielle Charakteristika erzielt werden (vgl. Pauser, 2007, S. 41-42). Die irrationalen Motive werden dagegen auf prozessuale und makroökonomische Phänomene zurückgeführt (vgl. ebd., S. 42). Alternativ können sie als extrinsische, d. h. auf äußeren Gegebenheiten beruhende Motive bezeichnet werden. Analog spiegeln rationale Ziele intrinsische Aspekte, d. h. auf den Entscheidungsträgern gründende, wider (vgl. Weusthoff, 2014, S. 52).

In Abbildung 13 sind die sieben Theorien nach Trautwein (1990, S. 284) abgebildet. Darin enthalten ist eine Einschätzung zu ihrer Relevanz für diese Arbeit.

Typologisierungskriterien		Theorien	Relevanz für diese Arbeit
Rationale Motive	Rational aus Sicht der Eigentümer (Shareholder Value-orientiert)	Synergie-Theorie	●
		Monopol- bzw. Marktmacht-Theorie	◔
		Raider-Theorie	○
		Bewertungs-Theorie	◔
	Rational aus Sicht des Managements (Verhaltenswissenschaftlich)	Empire-Building-Theorie	◕
Irrationale Motive	M&A als Prozessergebnis	Prozess-Theorie	◔
	M&A als makroökonomisches Phänomen	Disturbance-Theorie	○

Abbildung 13: Typologisierung von M&A-Motiven nach Trautwein
Quelle: in Anlehnung an Trautwein (1990, S. 7).

Während die ersten fünf Theorien auf der Annahme eines rationalen Entscheidungsprozesses basieren, bildet M&A in den letzten beiden nicht das Resultat eines rationalen Vorgehens (vgl. Bauer, 2012, S. 26).

3.6.1.2 Rationale Motive

Unter den Shareholder Value-orientierten Ansätzen geht die Synergie-Theorie („efficiency theory"; zur besseren Abgrenzung von der Hypothese des ineffizienten Einsatzes von Ressourcen durch das Management des Zielunternehmens, der „Effizienz-Hypothese", wird hier der Ausdruck „Synergie-Theorie" gebraucht, vgl. ebenso z. B. bei Kronenwett, 2010, S. 17) geht davon aus, dass die Erzielung von Synergien zur Erhöhung der Effizienz das Hauptmotiv von M&A ist. Der Ausdruck „Effizienz“ bezieht sich hierbei auf die Generierung eines höheren Wertes des Gemeinschaftsunternehmen (vgl. Dodd & Ruback, 1977, S. 354). Sie bildet das bei weitem am häufigsten verwendete Motiv von M&A (vgl. Hinsen, 2012, S. 18). Wertbeiträge können sowohl durch Kostensenkung als auch Umsatzsteigerung erzielt werden (vgl. Gerpott, 1993, S. 82). Analog können sich Synergien ebenfalls auf beide Richtungen beziehen. Daneben wird in drei Wege unterschieden, mittels derer Synergien erreicht werden können: operative, finanzielle und managementbezogene (vgl. Bauer, 2012, S. 26; Kronenwett, 2010, S. 17; Trautwein, 1990, S. 284).

Durch operative Synergien lassen sich über den gesamten Prozess der Wertschöpfung hinweg effizienzsteigernde Hebel lokalisieren. Hierunter fallen die häufig angeführten Faktoren Economies of Scale (Volumeneffekte, vgl. Williamson, 1975, S. 18) und Economies of Scope (Verbundeffekte, vgl. Teece, 1980, S. 224-226).

Finanzielle Synergien entstehen z. B. durch sog. „Co-Insurance" im Sinne günstigerer Fremdkapitalkonditionen durch Reduktion des systematischen Risikos, das sich infolge einer besseren Diversifikation ergibt (vgl. Shrives & Pashley, 1984, S. 47). Auch steuerliche Vorteile (vgl. Hayn, 1989, S. 148) und die Vorzüge interner Kapitalmärkte (vgl. Hubbard & Palia, 1999, S. 1149-1150) können entsprechende Synergien begründen.

Managementbezogene Synergien haben ihre Grundlage im Markt für Unternehmenskontrolle („market for corporate control“) und seiner Theorien (vgl. Manne, 1965, S. 118-119). Dabei steht die Übertragung eigener, überlegener Prozesse und Managementfähigkeiten auf andere Unternehmen im Zentrum. Als Anwendungsfälle kommen vornehmlich wenig erfolgreiche Firmen in Frage, z. B. im Rahmen von Restrukturierungen. Wertsteigerung wird dann meist über den Austausch von Führungskräften generiert (vgl. Martin & McConnell, 1991, S. 686).

Die Darstellung zeigt, dass Unternehmenszusammenschlüsse in der Synergie-Theorie als Integration von Ressourcenbündeln betrachtet werden (vgl. Wernerfeld, 1984, S. 172). Die Sichtweise orientiert sich folglich stark an den in Abschnitt 2.3.4.2 erläuterten ressourcen-orientierten Ansätzen.

Nach der Monopol- bzw. Marktmacht-Theorie („monopoly theory") bezwecken M&A-Transaktionen die Erzielung von Marktmacht. Durch Akquisition von Wettbewerbern kann der Wettbewerbsdruck verringert und das Abschöpfen von Monopolrenten erreicht werden (vgl. Pauser, 2007, S. 27). Dies beschränkt sich nicht ausschließlich auf horizontale, sondern kann auch in konglomeraten Zusammenschlüssen wirken, indem z. B. der Wettbewerb in mehreren Märkten reguliert wird (vgl. Trautwein, 1990, S. 286). Diese auch als Kollusions-Theorie bezeichnete Form geht somit davon aus, dass der Unternehmenserfolg von der koordinierten Absprache (sog. Kollusion) positiv beeinflusst wird. Durch die monopolistische bzw. in abgeschwächter Form oligopolistische Marktmacht kann der Erwerber Monopol- bzw. Oligopolrenten erzielen, die aus makroökonomischer Sicht jedoch eine Verschiebung von Lieferanten oder Kunden und keine Neuschöpfung darstellen (vgl. Kronenwett, 2010, S. 20).

Die (Corporate) Raider-Theorie beschäftigt sich mit dem Eintritt eines Akteurs in eine Zielgesellschaft mit dem Ziel des Zugriffs auf deren Vermögenswerte. Der damit einhergehende Vermögensverlust anderer Beteiligter (vgl. Trautwein, 1990, S. 289) führt zu der deutlich negativen Wahrnehmung des Vorgehens. Es wird häufig mit einer feindlichen Übernahme eines unterbewerteten Unternehmens in Verbindung gebracht. Auch kann bereits vor deren Vollzug durch sog. Greenmailing eine Abschöpfung von Gewinnen erfolgen, indem der „Raider" der Firma seine bereits erworbenen Anteile mit einem Aufschlag zum Rückkauf anbietet (vgl. Holderness & Sheehan, 1985, S. 556-557). Hierdurch wird erkennbar, dass die Beweggründe des Investors nicht von strategischer Natur sind, sondern vollständig finanziell motiviert und auf schnellen Vermögenstransfer zu Lasten des Unternehmens ausgerichtet sind. Darüber hinaus ist die Hypothese nicht frei von konzeptionellen Widersprüchen (vgl. Trautwein, 1990, S. 289-290) und lässt sich empirisch nicht eindeutig belegen (vgl. z. B. die Studie von Holderness & Sheehan, 1985).

Im Zentrum der Bewertungs-Theorie („valuation theory") steht die Annahme, dass aufgrund von Informationsasymmetrien bestimmte Personengruppen besser über potenzielle Zielunternehmen informiert sind. Der Informationsvorsprung versetzt sie in die Lage, die Erfolgspotentiale einer Unternehmensverknüpfung besser einzuschätzen und unterbewertete Zielobjekte zu identifizieren. Diese Art von Erwerb wird häufig mit Restrukturierungen in Verbindung gebracht, bei denen auf eine vollständige Integration verzichtet, stattdessen nur einige Unternehmensbereiche genutzt und die verbleibenden wieder verkauft werden (vgl. Trautwein, 1990, S. 286). Im Gegensatz zu den anderen Ansätzen berücksichtigt sie somit den Faktor Unsicherheit in strategischen Entscheidungsprozessen (vgl. Kronenwett, 2010, S. 20).

Im Gegensatz zu den vorangegangenen Theorien basiert die verhaltenswissenschaftlich orientierte Empire-Building-Theorie nicht auf der Maxime des Shareholder Value, stattdessen steht das Management im Mittelpunkt (vgl. Pauser, 2007, S. 27). Trautwein (1990, S. 284) fasst in der Hypothese Aspekte mehrerer Theorien zusammen. Sie integriert die Erkenntnisse der Management-Theorie (vgl. ebd., S. 287), wodurch die Relevanz der Prinzipal-Agent-Problematik verdeutlicht wird. Diese zeigt sich auch in der Einbeziehung der Overpayment-Hypothese von Black (1989), welche postuliert, dass Manager aufgrund ihrer abweichenden Interessen zu überhöhten Kaufangeboten neigen (vgl. Trautwein, 1990, S. 288).

In diesem Zusammenhang wird auch die Free-Cashflow-Theorie mit der Empire-Building-Theorie in Verbindung gebracht. Nach ihr tätigen Manager, die über hohe Barmittelreserven verfügen, mit höherer Wahrscheinlichkeit Übernahmen, welche wiederum mit höherer Wahrscheinlichkeit zu einer Wertvernichtung führen (vgl. Jensen, 1986, S. 328). Die Alternative der Ausschüttung freier Mittel wäre für das Management hingegen mit einem Machtverlust verbunden (vgl. ebd., S. 323-324).

Dies verdeutlicht, dass gemäß der Empire-Building-Theorie der Ausbau des Machtbereichs als ein wesentlicher Treiber von M&A betrachtet wird (vgl. Trautwein, 1990, S. 287). Darunter fällt die Hypothese, dass weniger der Wert eines Unternehmens entscheidungsbestimmend ist, sondern die Unternehmensgröße (vgl. Brush, Bromiley & Hendrickx, 2000, S. 455). Denn eine Erhöhung von Umsätzen vergrößert gleichermaßen die Machtbasis des Entscheiders. Auch hier ergibt sich ein Anknüpfungspunkt zur Free-Cashflow-Theorie, denn neben zu hohen Kaufpreisen (siehe oben) führt das dort beschriebene Verhalten zur Ausweitung des Machtbereichs auf neu erworbene Unternehmensaktivitäten (vgl. Jansen, 2008, S. 139). Da auch Medien und die öffentliche Meinung als externe Beteiligte am M&A-Geschehen die Unternehmensgröße als Faktor für Wahrnehmung und Prestige von Akquisitionen berücksichtigen (vgl. Riedel, 2010, S. 106), ist es nicht verwunderlich, dass sie einen Einfluss auf Zusammenschlüsse ausüben (vgl. Vogel, 2002, S. 41; Wirtz, 2003, S. 70).

3.6.1.3 Irrationale Motive

Obwohl die Grundlagen der Prozess-Theorie („process theory") auf rationalen Entscheidungen beruhen führt sie oft zu irrationalen Akquisitionsentscheidungen (vgl. Pauser, 2007, S. 27). Dies ist in Hemmnissen wie einer zu starken Vereinfachungen von Sachverhalten, unreflektierter Anwendung bewährter Routinen oder taktischen Manövern zwischen Einheiten desselben Unternehmens begründet (vgl. Trautwein, 1990, S. 288-289). Dadurch bedingt erhalten die Informationsbeschaffung und Abwägung von Investitionsalternativen häufig nicht die notwendige Aufmerksamkeit um eine rationale Entscheidung herbeizuführen (vgl. Roll, 1986, S. 197-201). Ein weiterer Aspekt der Arbeit von Roll wird auch als Hybris-Theorie bezeichnet. Er beschäftigt sich nicht mit der Vernachlässigung, sondern der expliziten Selbstüberschätzung des Managements hinsichtlich der Bewertung möglicher Zielobjekte. Die damit verbundenen überhöhten Kaufpreise haben ihre Ursache in einer zu optimistischen Einschätzung der Potentiale einer Übernahme (vgl. ebd., S. 212-213). Solches Vorgehen wurzelt zwar auf Irrationalität, ist jedoch nicht bewusst gegen die Interessen der Eigentümer gerichtet wie in der Prinzipal-Agent-Theorie (vgl. Kronenwett, 2010, S. 22; Roll, 1986, S. 214).

Die trotz des irrationalen Ergebnisses rationale Intention der Hybris-Theorie kann eine Ursache sein, dass diese in der Literatur teilweise den verhaltenswissenschaftlichen Ansätzen zugeordnet wird (vgl. z. B. bei Weusthoff, 2014. S. 54-55).

Die makroökonomische Disturbance-Theorie steht in engem Bezug zur Konzentration von M&A-Aufkommen im Sinne von M&A-Wellen (vgl. Kronenwett, 2010, S. 22). Sie versucht Übernahmen durch das Auftreten ökonomischer Schocks zu erklären, die in der Folge die individuellen Erwartungen verändern und Unsicherheit auslösen. Dadurch beeinflusst bilden sich unterschiedliche Auffassungen, die Eigentümer und potenzielle Erwerber dazu veranlassen eine Neubewertung von Vermögenswerten vorzunehmen, die wiederum eine Welle von Akquisitionen auslöst (vgl. Gort, 1969, S. 624-627). Das Anwendungsfeld der Theorie ist jedoch auf M&A-Wellen beschränkt. Ansatzpunkte für die Analyse einzelner Transaktionen ergeben sich nicht (vgl. Eisenbarth, 2013, S. 51-57; Trautwein, 1990, S. 290).

Weitere Motive, die über die von Trautwein beschriebenen hinausgehen, sind die Diversifikations-Hypothese, die Effizienz-Hypothese (hierin wird, abweichend von der

„efficiency theory“ von Trautwein, welche in dieser Arbeit als „Synergie-Theorie“ bezeichnet wird, auf die ineffiziente Nutzung von Ressourcen durch das bestehende Management abgezielt), die Informations-Hypothese, die Leverage-Hypothese, die Steuer-Hypothese und die Unabhängigkeits-Hypothese, auf die hier nicht näher eingegangen werden soll da sie für diese Arbeit eingeschränkte Relevanz besitzen (vgl. für eine Erläuterung z. B. Pauser, 2007, S. 42-56).

In Bezug auf China lässt sich festhalten, dass einige der vorgestellten Motive von Bedeutung für diese Arbeit sind. Wie die Relevanz der Motive für diese Arbeit in Abbildung 13 zeigt, erscheint die Systematik nach Trautwein (1990) jedoch nicht geeignet, alle wesentlichen Aspekte des Themas abzubilden. Daher werden die chinesischen Motive im Folgenden einer weiteren Analyse unterzogen.

3.6.2 Motive aus Sicht von Käufern aus China

3.6.2.1 Einordnung in die Internationalisierungsmotive nach Dunning

Grundsätzlich belegen empirische Ergebnisse seitens der M&A-Motive einen Rückgang der Kostenorientierung (vgl. Hölters, 2010, S. 27; Weusthoff, 2014, S. 60). Vielmehr wird mit einem Bedeutungsanstieg strategischer Ziele der Synergienutzung und des Kompetenzzugangs gerechnet (vgl. Hinsen, 2012, S. 25). Die Kaufmotivation gilt umso mehr für Investoren aus Schwellenländern, insbesondere aus China, die im Rahmen ihres Aufhol-Prozesses vor der Herausforderung stehen, schnell Lösungen zu entwickeln um zu den etablierten Staaten aufzuschließen. Da sie bereits über sehr wettbewerbsfähige Kostenstrukturen verfügen, stellen sie nicht die Hauptrichtung ihrer M&A-Aktivitäten dar (vgl. Cogman, Jaslowitzer & Rapp, 2015, S. 9; Deng, 2004, S. 14-15). Ihre Beweggründe lassen sich anhand der in Abschnitt 2 thematisierten Internationalisierungsmotive nach Dunning (2006) zuordnen (vgl. Abbildung 14).

Zwar gilt auch für die Motive von EMNCs eine individuelle Ermittlung als vielversprechendste Methode (vgl. Weusthoff, 2014, S. 52), in empirischen Studien zeichnen sich jedoch Gemeinsamkeiten ab. Zahlreiche Autoren stimmen überein, dass M&A aus Schwellenländern vornehmlich durch die Zielsetzungen „market-seeking“ sowie „(strategic) asset seeking“ motiviert sind (vgl. Pradhan, 2010, S. 11). Besonders letzteres Motiv wird als zentral angesehen um den Nachteil des Latecomer-Status zu überwinden (vgl. Luo & Tung, 2007, S. 481). Forsans und Balasubramanyam (2010) präzisieren dies und benennen den Zugang zu Technologien und Know-how als Hauptmotiv für indische und chinesische Käufer. Auch Buckley et al. (2007), Athreye und Kapur (2009) und de Beule (2010) stellen die dominierende Rolle strategischer Asset-Suche als Akquisitionsmotiv von MNCs aus diesen beiden Staaten heraus. Zu diesen firmenspezifischen Motiven (vgl. Pradhan, 2010, S. 19) kommen im Falle Chinas auch gewichtige institutionelle: chinesische Firmen werden explizit dazu aufgerufen, strategische Asset-Suche zu betreiben (vgl. Du & Boateng, 2012, S. 32). Viele der hiermit ins Auge gefassten Ressourcen sind immaterieller Natur und beziehen sich auf Wissen und Fähigkeiten. Diese Aspekte des asset-seeking Motivs finden sich im Konzept des intellektuellen Kapitals, wie in Abbildung 14 verdeutlicht.

FDI Motives of MNCs	Principal economic determinants
Market-seeking	• Market size and per capita income • Market growth • Access to regional and global market • Country specific consumer preferences • Psychic/Institutional distance
(Natural) resource-seeking	• Land and building costs: rents and rates • Cost and quality of raw materials, components, parts • Low cost unskilled labour • Availability, quality & cost of skilled labour
Efficiency-seeking	• Productivity adjusted cost of resources • Other input costs, e.g. communication costs • Membership of a regional integration agreement with effect on cost-effective division of labour • Quality of market enabling institutions/enforcement mechanisms
(Strategic) asset-seeking	• Quality of technological, managerial, relational and other created assets • Physical infrastructure • Contents of macro-innovatory, entrepreneurial & competitive enhancing educational institutions • Mindsets, institutions and policies towards economic growth/development

Hauptansatzpunkt für das Konzept des Intellektuellen Kapitals

Wesentliches FDI-Motiv chinesischer MNCs in Europa — Schwerpunkt chinesischer M&A-Aktivität in Europa

Abbildung 14: Einordnung Chinas in grundsätzliche FDI-Motive nach Dunning
Quelle: in Anlehnung an Dunning (2006, S. 206).

3.6.2.2 Intellektuelles Kapital als Treiber von M&A

Die Ablösung einer kostenorientierten Produktionssicht im Wirtschaftssystem durch eine verstärkte Wissensorientierung geht einher mit einer wachsenden Bedeutung immaterieller Vermögenswerte (vgl. Bontis, 2004, S. 22-23). Deren Einfluss auf den Wert von Unternehmen gründet auf der Feststellung einer teils erheblichen Diskrepanz zwischen den Markt- und Buchwerten von Firmen. Der nicht in den Geschäftsberichten „sichtbare“ Wert von Organisationen findet seither in der Forschung wachsende Beachtung (vgl. Lev & Radhakrishnan, 2003, S. 4). Die Differenz kann dem sog. intellektuellen Kapital zugeschrieben werden (vgl. Edvinsson & Malone, 1997, S. 4-5), welches als wesentliches strategisches Asset zur Erlangung von Wettbewerbsvorteilen angesehen wird (vgl. M. C. Chen, S. Y. Cheng & Y. Hwang, 2005, S. 159). Diese Auffassung unterstreicht die Definition von Bontis (2004, S. 14): „[t]he intellectual capital of a nation includes the hidden values of individuals, enterprises, institutions, communities and regions that are the current and potential sources for wealth creation." Die Fähigkeit des intellektuellen Kapitals, eine Ressource zu begründen, spiegelt sich auch in der Erweiterung des Resource-based View um Wissensfaktoren wider (vgl. Abschnitt 2.3.4.1.1).

Trotz der gestiegenen Forschungsrelevanz des intellektuellen Kapitals existiert keine einheitliche Abgrenzung des Terminus. Vielmehr werden in der Literatur Begriffe gebraucht und teilweise synonym verwendet, die sich inhaltlich unterscheiden. Darunter fallen z. B. „immaterielle Vermögenswerte" und „immaterielles Kapital". Auf die Vielfalt der Definitionen weisen u. a. Sánchez und Canibano (2001, S. 20) hin. Für eine Diskussion zur Begriffs- und Abgrenzungsthematik sei auf Weusthoff (2014, S. 61-63) verwiesen. Die vorliegende Arbeit verwendet den weiter definierten Ausdruck „intellektuelles Kapital" da dieser neben den jahresabschlussbasierten Aspekten auch solche enthält, die nicht durch Finanzzahlen abgebildet sind (z. B. das Humankapital).

Intellektuelles Kapital wird in der Literatur zumeist in drei Felder unterteilt (vgl. Sánchez & Canibano, 2001, S. 20-21; Newman, 2002, S. 24): Humankapital, strukturelles Kapital und relationales Kapital. Die Dreiteilung stellt die in der Literatur herrschende Auffassung dar, auch wenn die Bezeichnungen teils abweichen.

Das Humankapital umfasst die Fähigkeiten der Mitarbeiter und Führungskräfte und bezieht sich auf deren personenbezogenes Wissen (vgl. Sánchez & Canibano, 2001, S. 20). In Form ihrer Ausbildung, Erfahrung und Fertigkeiten (vgl. Bontis, 2004, S. 20) bildet Humankapital den Ursprung und die Grundlage derjenigen Wettbewerbsvorteile, die sich auf intellektuelles Kapital zurückführen lassen (vgl. Bontis, Crossan & Hulland, 2002, S. 445). Entsprechend wird ihm oft der größte Anteil am intellektuellen Kapital zugeschrieben (vgl. Newman, 2002, S. 24).

Innerhalb des Humankapitals wird oft den Fähigkeiten des Managements die größte Bedeutung zugeschrieben, da dieses für die strategischen Entscheidungen verantwortlich ist (vgl. Weusthoff, Grieser & Meckl, 2014, S. 1086). Lässt sich durch Managementfähigkeiten ein effizienterer Einsatz von Ressourcen erzielen, begründen sie einen Wettbewerbsvorteil (vgl. Holcomb, Holmes & Connelly, 2009, S. 459). Ein gefragter Faktor sind auch die Eigenschaften, die jeder einzelne Mitarbeiter in das Unternehmen einbringt, wie deren Fachwissen (vgl. A. Picot, 2008, S. 18). Dieser Eigenschaft kommt insbesondere bei der Schaffung von technologischem Fortschritt entscheidende Bedeutung zu (vgl. Rust, 1999, S. 82). Allerdings sind beide Vorteile an die Personen und nicht an das Unternehmen geknüpft und damit schwer zwischen Personen zu transferieren.

Für chinesische MNCs stellen Managementkenntnisse aufgrund der Spezifika des heimischen Führungskräftemarktes eine besonders relevante Ressource dar. Vielen chinesischen Managern wird aufgrund vorheriger Tätigkeit im regierungsnahen Umfeld ein Mangel an unternehmerischer Denkweise und marktorientiertem Handeln nachgesagt, was die Schaffung von Ressourcen und Fähigkeiten erschwert. Im Extremfall kann dies sogar die effiziente Nutzung von bereits vorhandenen Ressourcen und Fähigkeiten verhindern (vgl. Yiu, Bruton & Lu 2005, S. 190; Zahra et al., 2000, S. 510 u. 514). Es muss jedoch eingeschränkt werden, dass diese Sichtweise v. a. für Staatsunternehmen gilt. Es ist davon auszugehen, dass private Firmen hiervon nicht betroffen sind.

Strukturelles Kapital unterscheidet sich vom Humankapital dahingehend, dass es nicht an bestimmte Personen geknüpft ist, sondern auch dann im Unternehmen verbleibt, wenn Mitarbeiter dieses verlassen, also transferiert werden kann (vgl. Sydler, Haefliger & Pruksa, 2014, S. 65). Es bildet somit das Wissen und die Fähigkeiten der Organisation ab und stellt Strukturen bereit, die die Mitarbeiter in ihrer intellektuellen Tätigkeit unterstützen. Damit lassen sich individuelle Fähigkeiten in organisationale überführen, welche andernfalls „in den Köpfen der Mitarbeiter“ verbleiben würden (vgl. Solitander, 2006, S. 199). Erst die Strukturen machen sie für das gesamte Unternehmen verfügbar (vgl. Bontis, 1998, S. 66).

In Erscheinung tritt strukturelles Kapital z. B. in Form von firmenspezifischen Unternehmensstrukturen, Prozessen und Informationsflüssen (vgl. Edvinsson & Malone, 1997, S. 14). Darunter fallen auch Patente, Modelle, Vorlagen und Computersysteme, ebenso die spezifische Kultur oder Atmosphäre, die die Belegschaft erst zum Beschreiten neuer Wege ermutigt (vgl. Solitander, 2006, S. 199). Eine besondere Rolle nehmen rechtlich geschützte Technologien und Marken ein (vgl. Edvinsson & Malone, 1997, S. 35-36; Sánchez & Canibano, 2001, S. 5 u. 13). Nach Jacobsen, Hofman-Bang und Nordby Jr. (2005, S. 573) stellen sie aufgrund von Marktfähigkeit und Handelbarkeit die wichtigste Facette strukturellen Kapitals dar. Sie zeichnen sich daher durch Transferierbarkeit aus.

Während Humankapital auf die Ebene des Individuums und strukturelles Kapital auf die der Organisation abstellt, befasst sich relationales Kapital mit den Beziehungen zur Umwelt. Es umfasst damit Kunden, Lieferanten, Wettbewerber und andere Partner (vgl. Jacobsen, Hofman-Bang & Nordby Jr., 2005, S. 574; Sánchez & Canibano, 2001, S. 13;). Die Beziehungen zu diesen Gruppen bestimmen wesentlich die Wahrnehmung des Unternehmens innerhalb seiner Umwelt (vgl. Solitander, 2006, S. 199). Diese wiederum trägt entscheidend zur Bildung von Kundenbindung und Markenentwicklung bei (vgl. Sydler, Haefliger & Pruksa, 2014, S. 246).

Innerhalb des relationalen Kapitals nehmen Distributionsnetzwerke eine hervorgehobene Stellung ein. Langjährige erfolgreiche Beziehungen zu Kunden und anderen Stakeholdern bilden nach Srivastava, Shervani und Fahey (1998, S. 5) einen marktorientierten Vermögenswert. Über die Nähe zu den Abnehmern wird die Anpassung der Produkte an die Kundenbedürfnisse ermöglicht, welche auf die Kundenzufriedenheit ausstrahlt, sich auf die Profitabilität und letztlich auch wertsteigernd auf den Unternehmenswert auswirkt (vgl. Srivastava, Shervani & Fahey, 1998, S. 8). Aufgrund der Bedeutung des Kundenzugangs wird diese Form des intellektuellen Kapitals deshalb auch als „customer capital“ (Newman, 2002, S. 24) bezeichnet.

An dieser Stelle sei angemerkt, dass in einigen Aspekten Abgrenzungserfordernisse zum strukturellen Kapital bestehen (vgl. für Erläuterungen z. B. Weusthoff, 2014, S. 66).

3.6.3 Motive aus Sicht von Verkäufern aus Europa

3.6.3.1 Klassifikation von Verkäufermotiven

Die Motiv-Analyse in der wissenschaftlichen Literatur ist stark auf die Käufersicht fokussiert. Dies ist überraschend, da die Erfüllung der Verkäuferziele Voraussetzung für deren Zustimmung zum Abschluss einer M&A-Transaktion ist. Zudem können ihre Beweggründe als Indiz für die Qualität des zu veräußernden Unternehmens gewertet werden (vgl. Ott, 1990, S. 33). Nicht zuletzt bildet die Kenntnis der Verkäufermotivation auch für den Käufer eine wichtige Grundlage für die Verhandlungen und die Integrationsphase (vgl. Zwahlen, 1994, S. 92).

Grundsätzlich sind viele der in Abschnitt 3.6.1 erläuterten allgemeinen M&A-Motive auch für die Verkäuferseite relevant, z. B. die Synergie-Erzielung. Hinzu kommen individuelle Motive der beiden wesentlichen Anspruchsgruppen auf Verkäuferseite, den Eigentümern und dem Zielunternehmen selbst (vgl. Wirtz, 2003, S. 72). Sie bilden auch das Kriterium für eine Klassifikation der Verkäufermotive. Aus Eigentümer-Perspektive stehen Gründe privater Natur im Vordergrund, die sich nicht zwangsläufig auf die wirtschaftliche Situation des Unternehmens zurückführen lassen. Diese wiederum werden in den unternehmensspezifischen Motiven zusammengefasst. Eine Übersicht bietet Abbildung 15. Die darauffolgende Erläuterung der Motive lehnt sich an Wirtz (2003, S. 73-76) an.

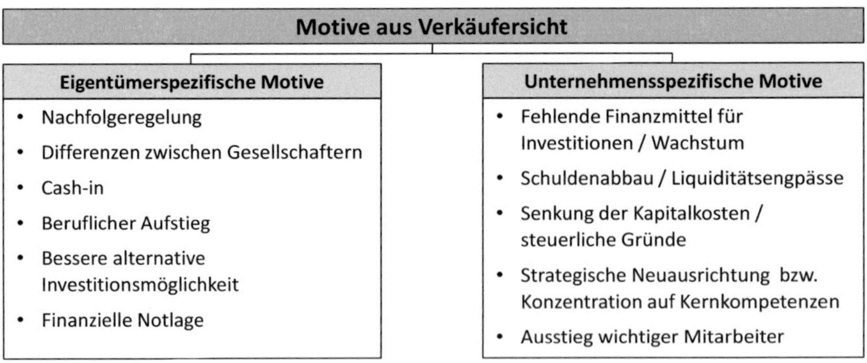

Abbildung 15: Klassifizierung von M&A-Motiven aus Verkäufersicht
Quelle: Wirtz (2003, S. 73).

3.6.3.2 Eigentümerspezifische Verkaufsmotive

Die nachfolgenden Beweggründe der Verkäufer beziehen sich v. a. auf die Situation kleiner und mittlerer Unternehmen. Es wird deshalb davon ausgegangen, dass sie besonders geeignet sind, die grundsätzlichen Erwägungen wiederzugeben, die bei Veräußerungen europäischer Firmen an chinesische Käufer eine Rolle spielen. Denn deren Fokus lag in den vergangenen Jahren weit überwiegend auf Firmen dieser Größenordnung, die darüber hinaus oft in Familienbesitz waren (vgl. Fehr, 2013; Hofmann, 2015, S. 22).

Ein zentrales Motiv stellt die Regelung der Nachfolge dar, insbesondere wenn Unternehmensführung und Eigentum bei wenigen Personen vereint sind. Beabsichtigt der Manager einen Rückzug ohne über eine familieninterne Nachfolgeoption zu verfügen, kommt oft nur ein Verkauf in Frage, um das Fortbestehen des Unternehmens sicherzustellen.

Differenzen innerhalb des Gesellschafterkreises, z. B. bei Erbschaften, können eine Ursache für eine Desinvestition sein. Da in diesen Fällen statt externer Käufer meist bestehende Mitgesellschafter zum Zuge kommen, spielt diese Variante für die Betrachtung chinesischer Akquisiteure keine wesentliche Rolle.

Höhere Relevanz nimmt das Motiv des sog. „Cash-in" ein, das der finanziellen Sicherheit der Eigentümer dient. Dies ist v. a. für Finanzinvestoren bedeutend, die sich nach einer Halteperiode und bei Erreichen wirtschaftlicher Ziele von ihrer Beteiligung trennen. Z. B. führte der Rückzug der Deutschen Beteiligungs-AG (DBAG) bei der Preh GmbH zum Einstieg eines chinesischen Investors.

Beruflicher Aufstieg kann verkäuferseitig einen Transaktionsprozess forcieren. Insbesondere wenn Gesellschafter kleiner Unternehmen an einen größeren Erwerber veräußern kann dies mit einem Vorrücken des Managements in die Leitungsstrukturen des Käufers einhergehen. Die Vergrößerung des Einflussbereichs kann so eine karrierebezogene Motivation des Verkäufers darstellen. Da bei chinesischen Übernahmen das europäische Management teilweise in die globale Organisationsstruktur eingebunden wird (vgl. Kröner, Schütze & Körkemeier, 2012, in Bezug auf die Berufung von Putzmeister-Vorstand Scheuch in den Sany-Vorstand) kann dies als Motiv nicht ausgeschlossen werden. Da eine solche Konstellation bislang nicht die Regel ist, kann die Relevanz dieses Motivs jedoch als gering eingestuft werden.

Neben besseren Alternativinvestitionen, die sich einem Eigentümer bieten und für die er freie Mittel aus der Veräußerung einer bestehenden Beteiligung benötigt, bilden finanzielle Notlagen ein wichtiges Motiv. In diesen Fällen können die Gesellschafter den Turnaround oft nicht ohne externe Kapitalgeber stemmen, wodurch eine Veräußerung notwendig wird.

3.6.3.3 Unternehmensspezifische Verkaufsmotive

Unter den zahlreichen unternehmensspezifischen Motiven sind insbesondere Finanzierungsaspekte bedeutsam. Neben technologischen Entwicklungen kann auch die Erschließung neuer regionaler Märkte finanzielle Mittel nötig machen, die bei fehlenden eigenen Ressourcen durch einen finanzstarken externen Geldgeber bereitgestellt werden können (vgl. Fuchs, 2007, S. 113 am Beispiel der Übernahme von F. Zimmermann durch Dalian Machine Tool Group). Eine entsprechend gelagerte Motivation europäischer Zielunternehmen spielt eine wichtige Rolle bei Verkäufen an chinesische Firmen (vgl. z. B. Sohm, Linke & Klossek, 2009, S. 48, am Beispiel von Waldrich Coburg; Kröner, Schütze & Körkemeier, 2012, am Beispiel von Putzmeister; Spiegel Online, 2010, am Beispiel von Schiess).

Finanzielle Ursachen sind auch im Zuge eines Schuldenabbaus bzw. Liquiditätsengpasses zentral, wenn durch die finanzielle Schieflage des Zielobjekts ein Verkauf notwendig wird um die Überlebensfähigkeit zu sichern. Vor dem Hintergrund zahlreicher Käufe von finanziell beeinträchtigten Firmen durch chinesische Investoren (z. B. Waldrich Coburg, Grosse Jac Webereimaschinen; vgl. Otto, 2013, S. 21, zu Umfrageergebnissen zur finanziellen Ausgangslage unter beteiligten Firmen), gerade im Zuge der Finanzkrise ab 2007, stellt dies sicherlich eines der Hauptmotive für chinesisches M&A in Europa dar.

Durch die Bindung an ein größeres Käuferunternehmen besteht für ein Target ferner die Chance die Kapitalkosten zu senken. Insbesondere bei börsennotierten Gesellschaften stellt dies eine Möglichkeit dar, über den Kapitalmarktzugang günstigere Finanzierungskonditionen zu sichern. Eine Relevanz für die Finanzierung chinesischer Übernahmeobjekte ist grundsätzlich denkbar, der Nachweis im Einzelfall ist jedoch aufgrund fehlender Informationen meist schwierig.

Für größere Unternehmen bzw. Konzerne sind Teilverkäufe auch im Zuge strategischer Neuausrichtungen relevant. Eine Umstrukturierung von Geschäftsfeldern führt zur Identifikation von Verkaufskandidaten. Konzeptionell ähnlich gelagert sind Motive die durch Konzentration auf Kernkompetenzen induziert werden. Tätigkeiten die nicht hierunter fallen kommen für eine Veräußerung in Frage. Grundsätzlich stehen derartige Aktivitäten auch im Fokus chinesischer Firmen, da sie eine Gelegenheit für Kompetenz- bzw. Technologieerwerb bietet. Beispiele sind der Verkauf der PC-Sparte durch IBM an Lenovo (vgl. Ge & Ding, 2008, S. 667-668), der Thomson-Fernsehgerätesparte an TCL Group (vgl. Deng, 2009, S. 80), der ehemaligen AEG-Werkzeugsparte in Winnenden an Techtronic Industries (vgl. Waldermann, 2007) und von Dürkopp-Adler an SGSB Group (vgl. Sohm, Linke & Klossek, 2009, S. 17).

Abschließend wird auch der Ausstieg wichtiger Mitarbeiter zu den Verkaufsgründen gezählt. Sofern deren Abgang das Unternehmen in eine kritische Situation versetzt, kann eine Veräußerung als Ausweg dienen. Davon betroffen sind in erster Linie Dienstleistungs- und Hochtechnologie-Firmen. In Bezug auf China wird von einer geringen Bedeutung dieses Motivs ausgegangen, da anhand zahlreicher Praxisbeispiele der hohe Wert deutlich wurde, den chinesische Käufer dem bestehenden Management und den Mitarbeitern zuordnen.

3.7 Erfolg von M&A

3.7.1 Kriterien zur Ermittlung

Die Definition von M&A-Erfolg kann als besonders schwierig angesehen werden. Es existieren zahlreiche Studien, die zu Erfolg oder Misserfolg von Unternehmenstransaktionen Stellung nehmen (vgl. z. B. Papadakis & Thanos, 2010; Shimizu et al., 2004). Allerdings existiert kein einheitliches Verständnis von „Erfolg" im Rahmen von M&A. Daher ist es sinnvoll, vor einer Anwendung auf die konkrete Untersuchung (vgl. Abschnitt 6.2.2) Kriterien zu betrachten, an denen eine Orientierung erfolgen kann.

Allgemein wird Erfolg als Erreichen eines Unternehmenszieles (vgl. Bamberger, 1994, S. 8) beschrieben bzw. als Grad der Zielerreichung, der mit einer Handlungsoption innerhalb eines zeitlichen Rahmens erzielt wird (vgl. Vogel, 2002, S. 273). Andere Autoren präzisieren dies und sehen ihn als Steigerung des Marktwertes von erwerbendem und/oder erworbenem Unternehmen (vgl. Haspeslagh & Jemison, 1992, S. 32). Daher ist es unerlässlich, die Kriterien für die Bestimmung von M&A-Erfolg darzulegen und die Verwendung in dieser Arbeit zu konkretisieren.

Zur Problematik der Definition des M&A-Erfolges tragen beide Begriffsbestandteile bei. Zum einen ist Erfolg sehr vielschichtig, kann unterschiedlich ausgelegt werden und hängt von der eingenommenen Perspektive ab. Zum anderen sind die mit M&A verbundenen Ziele oft divergierend, basieren auf unterschiedlichen Erwartungen und lassen sich aufgrund der Komplexität des Transaktionsprozesses und seiner Verflechtungen mit anderen, operativen Entscheidungen nicht immer klar abgrenzen. Zwar lassen sich einige Zielsetzungen, wie die Steigerung des Börsenwertes, objektiv überprüfen, für viele Zielsetzungen gilt dies jedoch nicht. Hinzu kommt der zeitliche Bezugsrahmen, innerhalb dessen der Erfolg bemessen wird. Da er sich teilweise erst lange nach der Transaktion einstellt bzw. seine Ursachen sichtbar werden (z. B. die späte Beurteilung der Übernahme von Siemens VDO durch Continental als Erfolg, nach jahrelanger Einschätzung als Misserfolg, vgl. Eisert, 2014) kommen vielfältige Methoden der Erfolgsbestimmung in Betracht.

Anhand wesentlicher Erfolgskriterien kann ein genaueres Verständnis von M&A-Erfolg abgeleitet und eine präzisere Messung ermöglicht werden (vgl. Abbildung 16).

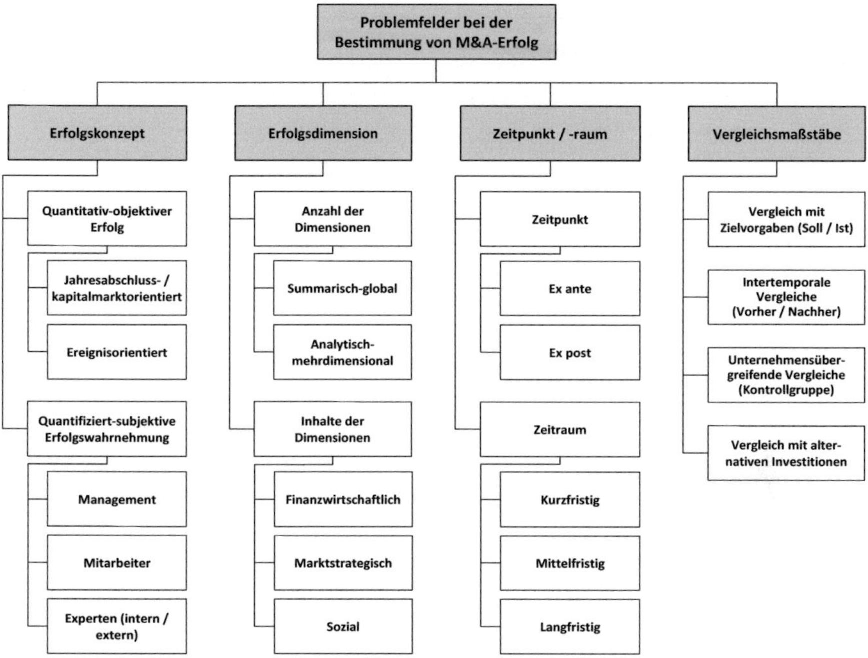

Abbildung 16: Problemfelder bei der Bestimmung von M&A-Erfolg
Quelle: Gerpott (1993, S. 190); Vogel (2002, S. 274).

Die Bestimmung von M&A-Erfolg basiert auf der Ermittlung einer Wertveränderung der Beteiligten durch die Transaktion. Bezogen werden kann dies auf den Käufer, das Zielunternehmen oder die fusionierte Einheit (vgl. Vogel, 2002, S. 275), die Analyseebene ist jedoch meist das gesamte Unternehmen (vgl. Gerpott, 1993, S. 191). Worin sich ein Wertbeitrag zeigt, hängt stark vom zugrundeliegenden Erfolgskonzept ab. Gemäß traditioneller betriebswirtschaftlicher Lehrmeinung trägt M&A zur Steigerung der ökonomischen Leistungsfähigkeit bei. Nach dieser quantitativ-objektiven Sichtweise wird unterstellt, dass sich der Erfolg in finanziellen Kennzahlen widerspiegelt. Das einstufige Erfolgsverständnis ist anhand von Jahresabschluss- bzw. Kapitalmarktdaten ablesbar oder kann anhand interner Daten bestimmt werden. Während die Genauigkeit dieser Informationen überwiegend gegeben ist, wird der Aspekt, ob die Auswirkungen von M&A durch sie isoliert erfasst werden können, kritisch betrachtet (vgl. Lucks & Meckl, 2002, S. 16-17).

Hiervon ist ein zweites Konzept zu unterscheiden, welches davon ausgeht, dass sich Veränderungen zunächst auf Mitarbeiter- oder Sachebene einstellen bevor sie in quantitativ-objektiven Beiträgen münden. Solche Zwischenebenen des mehrstufigen Erfolgsverständnisses sind z. B. der Fähigkeitentransfer oder die Qualität der Integration. Da sich objektiv messbarer Erfolg nach diesem Konzept erst als Folge der Beeinflussung anderer Betrachtungsebenen wie der der Mitarbeiter einstellt (vgl. Vogel, 2002, S. 275), kann er nicht ausschließlich durch Zahlen überprüft werden. Dafür ist eine Kombination quantitativer mit qualitativen Kriterien nötig. Als Quelle für diese subjektiven, quantifizierten Erfolgswahrnehmungen werden Aussagen von involvierten Personen herangezogen (vgl. Gerpott, 1993, S. 192).

Die Erfolgsdimension beinhaltet die beiden zusammenhängenden Aspekte Anzahl und Inhalt. Bei der Anzahl wird in summarisch globale und analytisch-mehrdimensionale Dimensionen unterschieden. Erstgenannte bilden alle Effekte einer M&A-Transaktion gesamthaft in einer einzigen Größe (z. B. Börsenkurs) ab, letztere beziehen mehrere Kriterien (z. B. Marktwert des Eigenkapitals, Rentabilitätsgrößen) ein, erfassen also verschiedene Bestandteile anhand derer Erfolg bestimmbar ist. Die Eignung hängt von der Perspektive ab. Soll der Gesamterfolg einer Übernahme für Eigentümer oder beteiligte Unternehmen ermittelt werden, sind summarisch-globale Kennzahlen durchaus geeignet. Es besteht jedoch auch die Option, sich dem Konzept durch mehrere Größen anzunähern, um sich auf mehrere Varianten stützen zu können (vgl. Gerpott, 1993, S. 229).

In der inhaltlichen Dimension werden deutliche Interdependenzen zum oben dargestellten Erfolgskonzept deutlich. Es lassen sich drei Facetten differenzieren. Die finanzwirtschaftliche Sichtweise bezieht sich oft auf monetäre, quantitative Größen wie Marktwerte, Umsätze oder Profitabilität. Daneben existieren marktstrategische Kriterien als Indikatoren für die Wettbewerbsfähigkeit, wie der Marktanteil in einem Geschäftsbereich, sowie soziale Gesichtspunkte, welche individuelle, arbeitsbezogene Verhaltensweisen betreffen, wie die Rate der Mitarbeiterfluktuation (vgl. Gerpott, 1993, S. 229-231, Vogel, 2002, S. 275).

Da sich der Erfolg von Übernahmen zeitlich sehr unterschiedlich einstellen kann, kommt der Wahl von Messzeitpunkt und Betrachtungszeitraum besondere Relevanz zu. Mit Bezug auf den Zeitpunkt können Untersuchungen sowohl eine ex ante- als auch eine ex post-Position einnehmen. Dabei beruht die ex ante-Sichtweise sehr stark auf kapitalmarktorientierten Grundlagen wie einer effizienten Verfügbarkeit von Informationen und geht davon aus, dass sich der langfristig erwartete Erfolg einer Akquisition frühzeitig bestimmen lässt.

Demgegenüber beschäftigt sich die ex post-Perspektive mit bereits realisiertem Erfolg. Dieser kann bei M&A-Transaktion über den Zeitraum zwischen offizieller Bekanntgabe (Announcement Date) oder Abschluss (Closing Date) der Übernahme und dem jeweiligen Erhebungszeitpunkt ermittelt werden. Hinsichtlich der betrachteten Zeiträume, innerhalb derer der Erfolg bemessen wird kann in kurze, mittlere und lange Fristen unterschieden werden (vgl. Gerpott, 1993, S. 231-234). Da kein optimaler Zeitraum existiert, gibt es zahlreiche Interpretationen (vgl. King et al., 2004, S. 192; Morosini, Shane & Singh, 1998, S. 143; Porrini, 2004, S. 551; Stahl & Voigt, 2003, S. 20; Valentini, Zollo & Meier, 2010, S. 14; Zollo & Meier, 2008, S. 55). Mit steigender Länge des Untersuchungszeitraums wächst jedoch das Risiko, dass der Erfolg durch Ereignisse beeinflusst wird, die nicht mit der Transaktion in Verbindung stehen. Dem gegenüber steht die Notwendigkeit einen ausreichenden Zeithorizont zu berücksichtigen, da die Anpassung der Transaktionsparteien aneinander sowie erfolgsfördernde Phänomene wie Fähigkeitentransfer i. d. R. über einen längeren Prozess erfolgen (vgl. Gerpott, 1993, S. 232-233).

Erfolgsmaßstäbe dienen dazu, die Aussagekraft der Messergebnisse zu erhöhen und ihre Interpretation zu ermöglichen. Diese ist erst dann gegeben, wenn geeignete Vergleichsgrößen oder -objekte ermittelt werden können, die eine Einordnung der Resultate zulassen. Hierfür stehen verschiedene Maßstäbe zur Auswahl. Der Vergleich kann anhand Gegenüberstellung der erreichten Ist-Werte mit den gesetzten Soll-Vorgaben des Managements erfolgen. Dieses Kriterium eignet sich besonders bei einer subjektiven Erfolgsermittlung durch Befragung beteiligter Personen. Weiterhin können intertemporale Vergleiche durchgeführt werden, bei denen Erfolgskriterien zu bestimmten Zeitpunkten oder ihre Veränderung innerhalb einer bestimmten Periode untersucht werden. Diese basieren auf der Annahme, dass die Wertveränderung auf das Unternehmensereignis M&A zurückzuführen ist. Sie sind daher vielfältig anwendbar und kommen in mehreren Verfahren zur Bestimmung des M&A-Erfolges zum Einsatz (vgl. Gerpott, 1993, S. 236-237, Vogel, 2002, S. 276).

Bei unternehmensübergreifenden Vergleichen wird die betrachtete Erfolgsgröße einer Kontrollgruppe gegenüber gestellt. Dabei kann es sich um Unternehmen handeln, die keine Akquisition durchgeführt haben oder – bei kapitalmarktbasierten Daten – in einem Börsenindex wie dem DAX vertreten sind. Bei jahresabschlussbasierten Daten kommen Unternehmen aus derselben Branche in Betracht. Dadurch wird der Erfolg in Relation zu Vergleichsobjekten gesetzt und erlaubt so eine bessere Einordnung. Außerdem kann auf den Vergleich mit alternativen Investitionsprojekten zurückgegriffen werden. Dies beruht auf dem Verständnis eines Unternehmenskaufs als Investition, zu der es andere Optionen wie organisches Wachstum gibt. Aufgrund unterschiedlicher Risikostrukturen der akquirierenden Unternehmen und damit verbundenen Kosten ist es jedoch in der Praxis schwierig solche Alternativen ohne interne Firmeninformationen zu berücksichtigen (vgl. Gerpott, 1993, S. 237-240).

Zusammenfassend lässt sich festhalten, dass M&A-Erfolg aufgrund der Vielfalt der Beurteilungskriterien stark von der zugrunde gelegten Auswahl abhängt. Eine objektive Standardlösung, die für alle denkbaren Interessen geeignet ist existiert nicht. Wird M&A-Erfolg als Ausmaß definiert in dem Ziele erreicht werden, so ist es unabdingbar, dass von den beteiligten Parteien vorher Zielvorstellungen definiert werden (vgl. Gerpott, 1993, S. 235). Sind diese nicht in Zahlen ausgedrückt, sondern „weicher“ Natur, und zudem nicht nach außen kommuniziert, fällt die Einordnung einer Übernahme schwer (vgl. Grün, 2010, S. 66). Aus diesem Grund kommt es vielfach zu unterschiedlichen Einschätzungen von M&A-Erfolgen (vgl. Lucks & Meckl, 2002, S. 17). Wegen ihrer Bedeutung gehen die Kriterien auch in die Auswahl der Methodik für die vorliegende Untersuchung ein, welche in Abschnitt 6.2.2 erläutert wird.

Zusätzlich zu den bislang behandelten Aspekten des Erfolgsverständnisses nach Gerpott (1993) kommen die Interessenlagen verschiedener Anspruchsgruppen, die in unterschiedlicher Weise von Akquisitionen betroffen sind. Sie umfassen die an einer M&A-Transaktion beteiligten Parteien (siehe Abschnitt 3.1), jedoch auch weitere Stakeholder wie Kunden oder den Staat. Dies führt zu einer Vielzahl von Sichtweisen, die leicht in gegenläufigen Positionen münden können (vgl. Grün, 2010, S. 67).

- Eigentümerperspektive: typischerweise auf finanziellem Erfolg nach dem Shareholder Value-Konzept begründet (vgl. Hitt et al., 1998). Möglich sind jedoch auch andere Motive wie z. B. der Erhalt des Unternehmens als „Lebenswerk“ (bei den Eigentümern des Zielunternehmens).

- Managementperspektive: Verbesserung der Wettbewerbsfähigkeit des kombinierten Unternehmensverbundes und dessen strategischem Erfolgspotential. Auf Seiten des Zielunternehmens auch Fortbestand unter möglichst hoher Eigenständigkeit und damit Erhalt der eigenen Position und ihrer Kompetenzen.
- Mitarbeiterperspektive: Sicherung von Arbeitsplätzen und bisherigem Entlohnungsniveau, Bewahrung der Unternehmenskultur (vgl. Cartwright & Cooper, 1995).
- Kundenperspektive: Sicherstellung der Liefersicherheit, Erhaltung der Produktqualität, Teilhabe an Kostensenkungspotentialen durch die Transaktion (vgl. Scharff, 2005).
- Staatsperspektive: Erhaltung des Zielunternehmens bzw. von Standorten und Arbeitsplätzen, Entscheidungskompetenz und Kernfähigkeiten wie Forschung & Entwicklung (Staat des Zielunternehmens). Erwerb strategischer Fähigkeiten durch den Akquisiteur (als Spezialfall bei Schwellenländern, aus Sicht des Käuferstaates, siehe Abschnitt 2).

Die Vielzahl der Perspektiven führt zu verschiedenen Optionen bei der Wahl des Untersuchungsobjekts. Weit verbreitet ist die Analyse des Erfolges des erwerbenden Unternehmens (vgl. Aybar & Ficici, 2009; Capron, 1999; Chakrabarti, Gupta-Mukherjee & Jayaraman, 2009; Gubbi et al., 2010). Alternativen sind die Auswirkungen auf die die kombinierte Einheit aus beiden Firmen (vgl. Meeks, 1977; Morosini, Shane & Singh, 1998), auf das Zielunternehmen (vgl. Bellak, Pfaffermayr & Wild, 2006; DeLong, 2001; Martinez-Jerez, 2002) bzw. auf dessen Eigentümer (vgl. Hitt et al., 1998; Markides & Oyon, 1998).

3.7.2 Methoden zur Messung

Die Anwendung von Methoden zur Messung von M&A-Erfolg hängt auch vom jeweiligen Forschungsfeld ab. Während finanzwirtschaftliche und ökonomische Studien oft auf objektiven Kriterien basieren, wird auf dem Gebiet des strategischen Managements und der Unternehmensorganisation zumeist auf subjektive Einschätzungen beteiligter Personen zurückgegriffen (vgl. Papadakis & Thanos, 2010, S. 859). Nach Auffassung der Fachliteratur lassen sich mindestens drei Methoden identifizieren, denen sich der überwiegende Teil der Forschung zuordnen lässt (vgl. Papadakis & Thanos, 2010; Zollo & Meier, 2008). Einige Autoren (vgl. Meckl, Sodeik & Fischer, 2006; Vogel, 2002) führen zudem noch eine vierte Methode an. Die Varianten werden nachfolgend dargestellt. Neben einer Erläuterung wird jeweils Bezug auf die vorgestellten Ermittlungskriterien genommen, sowie die Vor- und Nachteile aufgezeigt.

Jahresabschlussdaten bedienen sich externer Rechnungslegungsdaten der an M&A beteiligten Unternehmen. Dabei steht die Entwicklung absoluter Größen wie Umsatz oder Gewinn (z. B. Earnings before taxes, EBT) oder die von Verhältniszahlen wie Eigen- oder Gesamtkapitalrentabilität (z. B. Return on assets, ROA) im Mittelpunkt. Grundsätzlich soll damit der Einfluss von M&A auf den finanziellen Erfolg der Unternehmen abgeleitet werden. Die Methode basiert auf der Annahme, dass sich Vorteile aus Übernahmen letztendlich in Jahresabschlusszahlen widerspiegeln (vgl. Hitt et al., 1998, S. 95).

Mit Blick auf die zuvor vorgestellten Beurteilungskriterien von M&A-Erfolg (vgl. Abschnitt 3.7.2) lassen sich jahresabschlussbasierte Größen zum einen mittels intertemporaler Vergleiche messen (vgl. Glaum, Lindemann & Friedrich, 2006, S. 299). Bei den daraus resultierenden Vorher-Nachher-Vergleichen kann der Untersuchungszeitraum auch mehr als 5 Jahre betragen. Zum anderen können unternehmensübergreifende Vergleiche durchgeführt werden, in denen betreffende Unternehmen vergleichbaren Firmen bzw. Sektordurchschnittswerten gegenüber gestellt werden (vgl. Grün, 2010, S. 77-78). Jahresabschlussdaten lassen sich den ex-post-Zeitpunkten zuordnen und messen v. a. mittel- und langfristigen Erfolg. Da die entsprechenden Daten jährlich bzw. in der Praxis maximal quartalsweise öffentlich verfügbar sind, ist eine kurzfristige, z. B. tagesgenaue Messung hingegen nicht möglich. Hinsichtlich Erfolgsdimension und -konzept verfolgen Jahresabschlusszahlen überwiegend summarisch globale Kriterien, die finanzwirtschaftlich orientiert sind und auf externen Daten beruhen.

Die Vorteile der Untersuchungsmethode liegen zum einen in ihrer Verfügbarkeit aus öffentlichen Quellen, die sich aus Publizitätspflichten der Unternehmen zu ihrer Ertrags-, Vermögens- und Finanzlage ergeben. Trotz rechtlicher Unterschiede existieren Vorschriften für die meisten Länder und führen zu einer breiten Datenbasis, die auch Untersuchungen von nicht-börsennotierten Firmen ermöglicht. Zudem messen jahresabschlussbasierte Größen direkte und tatsächliche Effekte, im Gegensatz zu kapitalmarktbasierten, welche auf Erwartungen der Investoren basieren (vgl. Papadakis & Thanos, 2010, S. 861). Schließlich unterliegt ihre Entstehung rechtlichen Grundsätzen, wodurch sich eine verlässliche und auch über Ländergrenzen hinweg ähnliche, objektive Grundlage des operativen Unternehmenserfolges ergibt. Zwar werden verschiedene Rechnungslegungsstandards und Bewertungsfreiräume als Kritikpunkt angeführt (vgl. Grün, 2010, S. 78), je nach verwendeter Größe und Geschäftsfeld des Unternehmens führen diese jedoch nicht zwingend zu relevanten Unterschieden (eine Ausnahme ist z. B. der Umsatz in Segmenten wie dem Anlagenbau; hier können aufgrund der „Percentage of completion“-Methode bei der Umsatzermittlung in IFRS hohe Unterschiede zu der nach HGB auftreten). Weiterhin wird die Vergangenheitsorientierung als Nachteil der Methode gesehen (vgl. Glaum, Lindemann & Friedrich 2006, S. 288; Papadakis & Thanos, 2010, S. 861). Dieser vermeintliche Nachteil kann allerdings in Untersuchungen, die explizit die Entwicklung in der Zeit nach der Übernahme zum Ziel haben, als wenig problematisch angesehen werden. Als inhaltlich bedeutsamer wird der Nachteil empfunden, der sich aus der Rückführung von Erfolgsauswirkungen ausschließlich auf das Ereignis des Unternehmenskaufs ergibt. Einflüsse, die keinen Bezug zu M&A aufweisen, jedoch im Untersuchungszeitraum auf das Unternehmen wirken, können somit nicht isoliert und von dem Effekt der Übernahme getrennt werden (vgl. Grün, 2010, S. 78; Lucks & Meckl, 2002, S. 17; Papadakis & Thanos, 2010, S. 861). Aufgrund des meist mittel- bis langfristen Betrachtungszeitraums können sich dadurch fehlerhafte Schlussfolgerungen bezüglich der Erfolgsursachen ergeben.

Eine zweite, vielfach verwendete Methode sind Kapitalmarktdaten, welche auf der Erwartungshaltung der Kapitalmarktteilnehmer zur künftigen Entwicklung der beteiligten Unternehmen in der Folge der Akquisition beruhen. Dazu wird die Entwicklung des Aktienkurses herangezogen, der den Barwert der zukünftig zu erwartenden Zahlungsströme an die Gesellschafter abbilden soll (vgl. Grün, 2010, S. 79). Nach Bekanntwerden der Übernahme ergibt sich aus den Anpassungsreaktionen des Marktes ein neuer Börsenkurs, womit der Einfluss eines Ereignisses innerhalb eines Zeitraums auf die Erfolgsgröße bestimmt werden kann (vgl. M. L. Meyer, 2011, S. 78). Es wird dabei unterstellt, dass sich aus der Veränderung zum Kurs vor der öffentlichen Verfügbarkeit des Ereignisses, in Relation zu einem geeigneten Vergleichsindex, der M&A-Erfolg ablesen lässt (vgl. Fama et al., 1969, S. 12). Dies basiert auf der Annahme, dass das übergeordnete Unternehmensziel in der Maximierung des Shareholder Values (Unternehmenswert für die Anteilseigner) besteht (vgl. McGee, Thomas & Wilson 2005, S. 677). Demzufolge wird in der Beobachtung des Aktienkurses die optimale Messmethode für die Erfolgsdetermination gesehen (vgl. Papadakis & Thanos, 2010, S. 863).

Aktienkurse unterscheiden sich insbesondere in ihrer ex ante-Beurteilung des Erfolges von Jahresabschlussgrößen. Sie erlauben die Messung von Ankündigungseffekten auf die Aktienkurse bei Bekanntgabe von Transaktionen, womit sehr kurzfristige Zeiträume erfassbar sind. In den anderen Beurteilungskriterien weisen sie jedoch hohe Ähnlichkeit zu erstgenannter Gruppe auf, da sie ebenfalls auf externe Daten, globale und monetäre Größen zurückgreifen. Darüber hinaus stellt auch die abnormale Rendite, welche die erwartete Rendite bei fiktiver Fortführung des Unternehmens ohne M&A widerspiegelt (vgl. Grün, 2010, S. 79), einen unternehmensübergreifenden Vergleich dar. Dazu findet der Vergleich der Börsenkurse auch bei dieser Maßzahl intertemporal statt.

Als Vorteil wird oft die Zukunftsorientierung des zugrundeliegenden Prinzips genannt, verbunden mit der fehlenden bzw. geringen Manipulierbarkeit von Aktienkursen (vgl. Gerpott, 1993, S. 202). Zudem sind Börseninformationen öffentlich verfügbar und dadurch einfach zugänglich. Bei einer auf den Shareholder Value ausgerichteten Unternehmenszielsetzung stellen sie die direkteste Messgröße dar (vgl. Papadakis & Thanos, 2010, S. 861). Das Messinstrument ist zudem sehr flexibel, was die Beurteilungszeiträume von sehr kurzen bis sehr langen Fristen angeht.

Bei der Wahl langer Fristen stellt sich jedoch dieselbe Problematik konfundierender Ereignisse ein, die auch die Verlässlichkeit der Jahresabschlussdaten beeinträchtigt, da auch andere Ereignisse und Entscheidungen die Erfolgsgröße beeinflussen. Hinzu kommt die subjektive Wahl eines Startzeitpunktes vor dem eigentlichen M&A-Ereignis. Es entsteht der Handlungsfreiraum, diesen erst auf den Zeitpunkt der offiziellen Bekanntgabe zu legen oder bereits auf denjenigen an dem im Markt erste Gerüchte aufkamen. Zudem ist die Annahme der Fortführung der Firma ohne Übernahme hypothetischer Natur und die Ersatzgröße hierfür, die oft der Vergleich mit einem Marktindex darstellt, von subjektiver Auswahl geprägt (vgl. Grün, 2010, S. 79-80). Schließlich gibt auch der Kapitalmarkt selbst und seine Annahmen Anlass zur Kritik. Vor allem Informationsineffizienzen der Kapitalmärkte werden als Ursache für Verzerrungen angesehen (vgl. Haspeslagh & Jemison, 1991, S. 298-300). Entgegen der häufigen Annahme wird dessen Effizienz in der Realität oft bestritten (vgl. Datta & Puia, 1995, S. 353; Hutzschenreuter, Kleindienst & Schmitt, 2012, S. 400). Ein besonderes Hindernis stellt die Erfordernis von Aktienkursen dar, aufgrund derer eine Vielzahl privater Unternehmen nicht einbezogen werden kann. Trotz der genannten Nachteile stellen kapitalmarktbasierte Erfolgsmessungen den größten Anteil unter den empirischen Untersuchungen (vgl. Zollo & Meier, 2008, S. 56).

Die dritte große Strömung bilden die subjektiven Erfolgseinschätzungen im Rahmen von Expertenbefragungen. Erfolg wird hierbei durch subjektive Einschätzung von Angehörigen des Käufer- oder Zielunternehmen vorgenommen (vgl. Papadakis & Thanos, 2010, S. 864). Die Methode unterscheidet sich von den bisherigen in der Art der Erhebung, welche meist in Form von Fragebögen durchgeführt wird.

Die Variante gliedert sich in die quantifiziert-subjektive Erfolgswahrnehmung eines Erfolgskonzeptes ein. Bezogen auf Erfolgsdimension und Erfolgszeitraum bietet die Methode eine große Vielfalt an Einsatzmöglichkeiten, während der Erfolgszeitpunkt als ex post einzuordnen ist. Der Erfolgsmaßstab beruht zumeist auf einem Soll-Ist-Abgleich zwischen Transaktionsergebnis und vorherigen Erwartungen des Managements.

Expertenbefragungen weisen gegenüber den zuvor genannten objektiven Methoden den Vorteil auf, genauer an die Erfordernisse des zu untersuchenden Konstruktes anpassbar zu sein (vgl. Meckl, Sodeik & Fischer, 2006, S. 166). Darüber hinaus können mit Hilfe dieser Methode sowohl finanzielle als auch nicht-finanzielle Kriterien erfasst werden (vgl. Papadakis & Thanos, 2010, S. 864). Häufig sind sie daher die einzige Möglichkeit, auch nicht-finanzielle Kriterien einzubeziehen (vgl. Stahlke, 2006, S. 143).

Demgegenüber stellt die subjektive Beurteilung des M&A-Erfolges den Hauptkritikpunkt der Methode dar. Dieser unterliegt somit möglicher Verzerrung durch die Selbsteinschätzung der befragten Personen (vgl. Schoenberg, 2006, S. 362-363). Insbesondere wird der Entscheidung eines einzigen Befragten ein Risiko für die Überschätzung des Erfolges zugeschrieben (vgl. Venkatraman & Ramanujam, 1987, S. 117-118). Dieser Einwand zur Verlässlichkeit der Methode kann durch Einbeziehung mehrerer Experten pro Unternehmen abgemildert werden.

Schließlich besteht die Möglichkeit, sich bei der Messung von M&A-Erfolg an Desinvestitionsraten zu orientieren. Dabei wird unterstellt, dass die Wiederveräußerung des Kaufobjektes als Zeichen für den Misserfolg der Transaktion zu werten ist. Transaktionen sind demnach dann erfolgreich, wenn ein Weiterverkauf des Zielobjektes innerhalb eines bestimmten Zeitraums unterbleibt. Entsprechend lässt sich dieser Ansatz nur anwenden, wenn von einer langfristig ausgerichteten M&A-Strategie zum Zeitpunkt der Übernahme ausgegangen wird (vgl. Porter, 1987, S. 43-47).

Bei dem Erfolgsmaß handelt es sich um eine bivariate Größe, die in zwei Ausprägungen auftritt: Erfolg und Misserfolg. Entsprechend verwundert es nicht, dass nur einige der in Abschnitt 3.7.1 bestimmten Erfolgskriterien zur Anwendung kommen. Der Erfolg wird ex post, meist langfristig und mittels einer summarisch globalen Größe betrachtet. Vergleichsgrößen fehlen hingegen i. d. R. ebenso wie ein eindeutiges Erfolgskonzept.

Obwohl der Ansatz dieser Methode in vielen Fällen zu einer sinnvollen Schlussfolgerung und Zuordnung von Erfolg bzw. Misserfolg führen kann, weist die Abdeckung der Beurteilungskriterien bereits auf seine Schwächen hin. Diese sind wesentlich in der zugrundeliegenden Annahme der Nicht-Veräußerungsabsicht begründet. Strategien, bei denen ein Weiterverkauf fester Bestandteil der Kaufmotivation ist, werden dadurch nicht berücksichtigt. Am Beispiel von Private Equity- oder Venture Capital-Gesellschaften kann jedoch verdeutlicht werden, dass dies nicht immer zutreffen muss (vgl. Stahlke, 2006, S. 145). Selbst die Weitergabe eines Investitionsobjektes mit Gewinn würde daher von der Methode der Wiederveräußerungsrate als Misserfolg eingestuft, wenn diese innerhalb einer bestimmten Zeitspanne erfolgt. Deren Festlegung unterliegt zudem einer subjektiven Komponente. Auch bei anderen Unternehmensformen kann aus einem bloßen Weiterverkauf kein allgemeiner Rückschluss auf den Erfolg gezogen werden (vgl. Bamberger, 1994, S. 118-119). Vielmehr können die Ursachen für einen Verkauf vielfältiger Natur sein und z. B. Steuervorteile, Umweltveränderungen (vgl. Stahlke, 2006, S. 145) oder kartellrechtliche Gründe umfassen. Das Verfahren wird daher in der Praxis selten angewendet und wird in Meta-Analysen zu angewandten Methoden meist sogar gänzlich ausgeklammert (vgl. Papadakis & Thanos, 2010).

4 Kultur in der Management-Lehre

4.1 Grundlagen zum Verständnis von Kultur

4.1.1 Das Kulturkonstrukt: Begriff und Abgrenzung

Der Begriff „Kultur" stammt etymologisch vom lateinischen Wort „colere" (bebauen, pflegen, wohnen). Kultur lässt sich aus unterschiedlichen Blickwinkeln betrachten, was v. a. auf die Verwendung in verschiedenen Wissenschaftsdisziplinen zurückzuführen ist. Dies trug dazu bei, dass kein einheitliches Verständnis des Begriffs existiert (vgl. Engelen & Tholen, 2014, S. 17; Kutschker & Schmid, 2011, S. 674).

In der Betriebswirtschafts- und Managementlehre haben sich jedoch einige Definitionen etabliert, die unterschiedliche Facetten betonen und kontextabhängig angewandt werden. Zentrale Bedeutung im interkulturellen Management nehmen die Arbeiten von Hofstede ein, der Kultur als „the collective programming of the mind which distinguishes the members of one group or society from those of another" (Hofstede, 1984, S. 82) definiert. Kutschker und Schmid (2011, S. 674) verstehen unter ihr „die Gesamtheit der Grundannahmen, Werte, Normen, Einstellungen und Überzeugungen einer sozialen Einheit, die sich in einer Vielzahl von Verhaltensweisen und Artefakten ausdrückt und sich als Antwort auf die vielfältigen Anforderungen, die an diese soziale Einheit gestellt werden, im Laufe der Zeit herausgebildet hat."

Dem Kulturbegriff lassen sich grundlegende Eigenschaften beimessen (für eine ausführliche Übersicht vgl. Engelen & Tholen, 2014, S. 18-19 sowie Kutschker & Schmid, 2011, S. 674-676), die seine Abgrenzung erleichtern. Neben der tiefgreifenden Verankerung, der Überlieferung durch soziale Gruppen und dem Erlernen im Zuge eines Sozialisationsprozesses ist die Feststellung wesentlich, dass Kultur die kollektiven Eigenschaften und das hiervon beeinflusste Verhalten einer Gruppe beschreibt und kein individuelles Phänomen ist.

Die Kultur eines Kollektivs ergibt sich aus den Durchschnitten individueller Einstellungen und führt dazu, dass bestimmte Aspekte in einer Kultur stärker ausgeprägt sind als in anderen. Zwar lassen sich die Ergebnisse nicht auf alle Individuen einer

Gruppe übertragen, da eine Homogenität innerhalb der sozialen Einheiten nicht zwingend gegeben sein muss, es lassen sich jedoch Tendenzen ableiten (vgl. Engelen & Tholen, 2014, S. 19-20). Diese Annahmen und Vorgehensweisen bilden auch die Grundlage für die Ermittlung von Kultur auf höherer Aggregationsebene wie z. B. einer Nation.

In der Literatur hat sich die Sichtweise durchgesetzt, Kultur in zwei Ebenen zu unterteilen, welche sichtbare und nicht sichtbare Elemente umfassen (vgl. Kralisch, 2005, S. 8). Bekanntheit hat in diesem Zusammenhang das „Eisberg-Modell" von Schein (1984) erlangt. Lediglich die Ebene der „Artefakte und Produkte" ist in Form von Gebäuden, Dokumenten, Sprachen, Bräuchen, Vorschriften und anderen Ausdrucksformen beobachtbar und durch die menschlichen Sinne erfassbar. Sie repräsentieren jedoch nur einen Ausschnitt von Kultur. Den größeren Teil stellt die nicht wahrnehmbare Ebene dar, zu der die „Grundannahmen" sowie „Normen und Werte" zählen, auf die sich eine Kultur stützt. Letztere sind Verhaltensmaßstäbe, die darüber entscheiden, was als richtig oder falsch angesehen wird. Grundannahmen sind so tiefgreifend, dass sie bei Individuen einer Gruppe zu ähnlichem Verhalten in ähnlichen Situationen führen. Dadurch wirkt sich diese auf die Handlungsweisen der Gruppenmitglieder aus und strahlt auch auf die sichtbare Ebene aus (vgl. Engelen & Tholen, 2014, S. 20-21). Der Eisberg ist insoweit als Metapher zu sehen. Sein sichtbarer Teil spiegelt die wahrnehmbaren Facetten von Kultur wider. Unter der Wasseroberfläche wird er von einem Fundament getragen, das die nicht beobachtbaren Kulturbestandteile repräsentiert. Die beiden Ebenen werden auch als sog. „Perceptas" (sichtbare Oberflächenstrukturen) und „Conceptas" (unsichtbare Tiefenstrukturen) bezeichnet (vgl. Kutschker & Schmid, 2011, S. 675; Meckl, 2010, S. 331). In der Kulturforschung gibt es auch Versuche, Kultur anhand von mehr als zwei Ebenen zu umschreiben. Eine Übersicht findet sich bei Johanning (2012, S. 19).

4.1.2 Kultureinheiten

Kultur kann auf verschiedene soziale Gruppen bzw. Kultureinheiten angewendet werden. Entsprechend unterscheidet sich der Kulturbegriff nach der Zusammensetzung des Kollektivs, für die die Gemeinsamkeiten ermittelt werden. Den Schwerpunkt dieser Arbeit bilden die kulturellen Aspekte von Staaten, die sog. nationale Kultur bzw. Landeskultur. Weiter gefasst wird nur die globale Kultur, die v. a. durch moderne Kommunikationsmedien an Bedeutung gewinnt und durch Netzwerke beeinflusst wird, die über Landesgrenzen hinweg gehen. Unterhalb der nationalen steht die organisationale bzw. Unternehmenskultur („organizational culture“ bzw. „corporate culture“). Eine zentrale Annahme in der Literatur besteht darin, dass diese von nationalen Kulturen beeinflusst wird (für eine Übersicht empirischer Ergebnisse und Diskussion des Einfluss von nationaler auf Unternehmenskultur vgl. Engelen & Tholen, 2014, S. 127-139). Auch innerhalb von Organisationen lassen sich Gruppen differenzieren, oft anhand des funktionalen Hintergrundes, so dass weitere Subkulturen identifiziert werden können, die wiederum dem Einfluss von nationaler und Unternehmenskultur unterliegen (vgl. Homburg & Jensen, 2007, am Beispiel von Unterschieden zwischen Angehörigen von Marketing und Produktion). Die kleinste erfassbare Einheit bildet das Individuum, welches neben den gemeinsamen kulturellen Ausprägungen mit anderen Gruppenangehörigen auf höheren Ebenen durch seine Persönlichkeit geprägt wird (vgl. Engelen & Tholen, 2014, S. 24-25).

4.2 Kulturmodelle als Instrument zur Erfassung nationaler Kultur

4.2.1 Übersicht und Einordnung von Kulturmodellen

Zur Erfassung von Kulturen und ihrer Unterschiede werden in der Literatur überwiegend dimensionsanalytische Ansätze verwendet. Sie identifizieren übergeordnete Kulturdimensionen und ordnen jede nationale Kultur im Verhältnis zu den dort jeweils extremen Ausprägungen ein. Die Dimensionen symbolisieren Problemstellungen, die alle Individuen und sozialen Gruppen weltweit betreffen, für deren Bewältigung sie jedoch verschiedene Lösungsansätze finden (vgl. Engelen & Tholen, 2014, S. 31). Durch dieses Vorgehen ergeben sich Schemata anhand derer Kulturvergleiche durchgeführt werden können. Die Literatur kennt zahlreiche dieser Kulturmodelle. Obwohl sie unterschiedliche Facetten des Kulturbegriffs in den Mittelpunkt stellen beziehen sich die meisten auf die nicht beobachtbare Ebene des Eisberg-Modells (vgl. Meckl, 2010, S. 331).

Grundlegend für die Entwicklung von Kultur-Theorien war die Arbeit von Kluckhohn und Strodtbeck (1961), die Grundannahmen aus anthropologischer Perspektive analysierte. Die in der Betriebswirtschafts- und Managementlehre am häufigsten angewendeten Modelle gehen auf die Arbeiten von Hofstede bzw. Hall zurück. Das Kulturmodell von Trompenaars, einem Schüler Hofstedes, baut auf diesen beiden auf (vgl. Meckl, 2010, S. 333). Ein neueres Modell ist das sog. GLOBE-Projekt, welches auf einer umfangreichen empirischen Erhebung basiert.

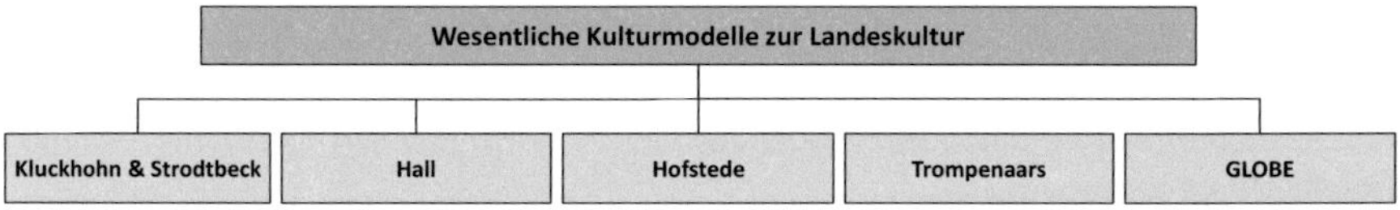

Abbildung 17: Übersicht wesentlicher Studien zur Landeskultur
Quelle: Kutschker & Schmid (2011, S. 703).

Aus den in Abbildung 17 dargestellten Kulturmodellen werden nachfolgend die Studien von Hofstede und des GLOBE-Projekts ausführlicher erläutert. Das System von Hofstede ist das bei weitem prominenteste und von großer Relevanz in der Forschung, wohingegen GLOBE durch seine theoretische Fundierung und ebenfalls breit angelegte empirische Erhebung als aussichtsreiche Alternative betrachtet werden kann. Für die Darstellung der anderen Modelle sei auf Meckl (2010, S. 333-335 für Hall), Engelen und Tholen (2014, S. 25-30 für Hall und 56-71 für Trompenaars) sowie Kutschker und Schmid (2011, S. 703-710 für Kluckhohn & Strodtbeck, 710-718 für Hall und 734-744 für Trompenaars) verwiesen.

Festgehalten werden soll an dieser Stelle, dass die Idee von Kulturmodellen nicht frei von Kritik ist. Zwar versuchen sie das vielschichtige Konstrukt greifbar zu machen und Kulturvergleiche zu ermöglichen (vgl. Engelen & Tholen, 2014. S. 90), dabei treffen sie jedoch Vereinfachungen, indem Kultur und Nation überwiegend gleichgesetzt und Kulturen bestimmten Schemata zugeordnet werden (vgl. Kutschker & Schmid, 2011, S. 776). Dabei kann es zu pauschalen Ansichten und Bildung von Stereotypen kommen (vgl. Meckl, 2014, S. 303).

Auch das „Hineinzwängen" kultureller Aspekte in „mechanische" Dimensionen, wie sie Kulturmodelle vornehmen, wird von einigen Autoren (v. a. solchen, die eine mikroanalytische Beschreibung von Kultur vornehmen, z. B. in der Kulturanthropologie) als dem Thema nicht angemessene Methode erachtet. Hier setzt auch der Aufruf zu einer vertieften Auseinandersetzung mit den Facetten einzelner Kulturen an (vgl. Kutschker & Schmid, 2011, S. 733-734, anhand der Kritik zu Hofstede).

4.2.2 Kulturmodell von Hofstede

4.2.2.1 Erhebung und Grundaussagen

Das Schema von Hofstede stellt die wohl bekannteste und meistzitierte Studie der Kulturforschung in der Managementlehre dar (vgl. de Mooji & Hofstede, 2010, S. 85; Kutschker & Schmid, 2011, S. 718).

Für seine Studie führte Hofstede eine Befragung von insgesamt 116.000 Mitarbeitern des US-amerikanischen Computerherstellers IBM durch. Die Datengenerierung erfolgte anhand eines Fragebogens, der in 20 Sprachen übersetzt wurde. Aus den 72 beteiligten Ländern wurden für die meisten Analysen Daten aus 40 Ländern verwendet. Der Zeitraum der Datenerhebung wird von Hofstede, bedingt durch Hinzurechnen oder Ausklammern von Vor- und Nacharbeiten, unterschiedlich angegeben, kann jedoch auf die Jahre 1966 bis 1973 eingegrenzt werden (vgl. Kutschker & Schmid, 2011, S. 718-719). 1991 wurde die Studie um die Ergebnisse einer weiteren, der Chinese Value Survey, ergänzt (vgl. Engelen & Tholen, 2014, S. 31). Diese wurde anhand eines Fragebogens in englischer und chinesischer Sprache durchgeführt und in acht weitere übersetzt. Die Erhebung erfolgte anhand der Antworten von jeweils 100 Studenten aus 23 Ländern. Population, Zeitraum, Fragenumfang und Länder weichen somit von der ursprünglichen Studie ab (vgl. Kutschker & Schmid, 2011, S. 727-728). Seit Fortführung von Hofstedes Forschung durch Michael Minkov ab 2010 wurde das Länder-Sample in weiteren Untersuchungen auf 93 Staaten erweitert (vgl. Hofstede, Hofstede & Minkov, 2010).

Hofstedes Ziel war es, arbeitsbezogene Wertvorstellungen zu erfassen um durch sie Unterschiede und Gemeinsamkeiten zwischen Ländern darzustellen. Hierfür erarbeitete er Dimensionen, die sich in umfangreichen statistischen Analysen als geeignet erwiesen, rund die Hälfte der empirisch ermittelten Varianz zu erklären. Die Beschreibungen verschiedener Kulturen in Bezug auf die Dimensionen sind somit als Tendenzen zu verstehen. Nach Hofstedes Auffassung spiegeln sie allgemeine Eigenschaften wider, die alle Lebensbereiche beeinflussen. Neben Familie, Ausbildung, Gesellschaft und Staat umfasst dies auch das Verhalten in Unternehmen (vgl. Kutschker & Schmid, 2011, S. 719).

Hofstede identifizierte ursprünglich vier Kulturdimensionen: Machtdistanz („power distance“, PDI), Individualismus/Kollektivismus („individualism vs. collectivism“, IDV), Maskulinität/Femininität („masculinity vs. femininity“, MAS) und Unsicherheitsvermeidung („uncertainty avoidance“, UAI). Basierend auf den Ergebnissen der Chinese Value Survey wurde später eine weitere hinzugefügt, die die östliche Denkweise erfassen sollte: die Langfrist-/Kurzfristorientierung („long term orientation vs. short term orientation“, LTO). Anfang 2014 wurden Länderdaten für eine weitere Dimension hinzugefügt: Nachgiebigkeit vs. Beherrschung („indulgence vs. restraint“, IND). Da sie aufgrund der Veröffentlichung nach der Datenerhebung dieser Arbeit, in den Analysen nicht zur Anwendung kommt, wird in den nachfolgenden Ausführungen auf sie verzichtet.

4.2.2.2 Kulturdimensionen

Die Machtdistanz beschreibt, inwieweit untergebene Mitglieder einer Gesellschaft die ungleiche Verteilung von Macht akzeptieren. Machtdistanz ist für alle sozialen Gruppen wesentlich. Bei präziser Auslegung des Fragebogens ermittelt die Dimension weniger die tatsächliche Machtdistanz, als vielmehr die grundsätzliche Bereitschaft, Machtunterschiede zu tolerieren (vgl. Kutschker & Schmid, 2011, S. 720). Indikatoren einer hohen Machtdistanz sind umfassende Respektsbekundungen und rigorose Befolgung der Anweisungen von höhergestellten Personen (vgl. Meckl, 2010, S. 335).

In Unternehmen äußert sich eine hohe Einstufung in mangelnder Infragestellung von Ungleichheiten und Hinnehmen von Unterschieden in Gehalt und Entscheidungskompetenz, sowie Entgegenbringen von Respekt gegenüber höherrangigen Personen (vgl. Engelen & Tholen, 2014, S. 32). Ebenso finden sich oft hierarchische Strukturen mit zahlreichen Stufen, deren Reihenfolge einzuhalten ist. Der Führungsstil zeichnet sich durch starke Zentralisierung wichtiger Entscheidungen und Delegation unbeliebter Aufgaben aus und ist autoritär geprägt. Mitarbeiter verfügen über wenig Mitspracherecht und werden eng geführt. Die Außenwirkung dieser Rollenverteilung wird durch Statussymbole erzielt (vgl. Engelen & Tholen, 2014, S. 32-33; Kutschker & Schmid, 2011, S. 721-722).

Unter Unsicherheitsvermeidung wird der Grad verstanden, in dem sich Personen durch unbekannte Situationen bedroht fühlen (vgl. Hofstede, 1980, S. 418; Hofstede, 1984, S. 83). Sie befasst sich somit mit der Haltung zu Ambiguität. Da die mangelnde Planbarkeit künftiger Entwicklungen zwangsläufig zu zweideutigen Situationen führt, ist es entscheidend, wie Kulturen auf sie reagieren. Eine Interpretation von Unsicherheit als Risiko geht meist mit dem Versuch einher, möglichst viele unsichere Situationen durch straffe Regelungen, Strukturen und Prozesse vermeiden zu wollen um Zweideutigkeiten zu reduzieren. Kulturen die sie mehr als Chance betrachten, versuchen ihre Ausgangsposition zu verbessern und nehmen dabei auch Ambiguität hin, was geringere technokratische Koordination zur Folge hat (vgl. Meckl, 2010, S. 337). Auch sind diese Kulturen eher bereit, Risiken einzugehen und grundsätzlich offen für Veränderungen (vgl. Engelen & Tholen, 2014, S. 40).

Im Management spielt Unsicherheitsvermeidung v. a. bei Entscheidungsprozessen eine große Rolle. Kulturen mit hoher Vermeidungstendenz streben nach Eindeutigkeit und einvernehmlichen Lösungen (vgl. Kutschker & Schmid, 2011, S. 722). Interne Prozesse sowie Geschäftsbeziehungen sind formal. Da die Sicherheit des Arbeitsplatzes hoch eingeschätzt wird sind Stellenwechsel seltener (vgl. Engelen & Tholen, 2014, S. 40). In ihrem Bemühen, die Zukunft zu kontrollieren, werden Prozesse formalisiert und versucht, sie mittels intensiver Koordination zu steuern. Auf Innovationsfähigkeit und Kreativität sowie die Neugründung von Unternehmen kann das negative Auswirkungen haben (vgl. Engelen & Tholen, 2014, S. 40; Kutschker & Schmid, 2011, S. 722; Shane, 1993, S. 59).

Die Dimension Individualismus/Kollektivismus bezieht sich auf die Intensität der Beziehungen zwischen dem Individuum und sozialen Gruppen. Individualistischen Kulturen wird eine Tendenz unterstellt, die eigenen Interessen bzw. die der unmittelbaren Familie zu verfolgen (vgl. Hofstede, 1980, S. 419). Die Bindungen zwischen Personen außerhalb dieses eng gefassten Kreises werden als locker eingestuft. Kollektivistische Kulturen hingegen betten das Individuum von Beginn an stark in die Gruppe ein, welche ihn schützt und dafür Loyalität erwartet (vgl. Kutschker & Schmid, 2011, S. 723). Das Wohl der Gemeinschaft steht über dem des Einzelnen, wodurch persönliche Meinungen teils nicht offen geäußert werden um die Harmonie zu wahren (vgl. Engelen & Tholen, 2014, S. 34).

In Unternehmen ist die Motivation in Anbetracht weniger persönlicher Erfolgsanreize oft intrinsisch. Anreize existieren vornehmlich auf Gruppenebene, in welcher auch Entscheidungen getroffen werden. Bei der Besetzung neuer Stellen werden nahestehende Personen präferiert, während Entlassungen vermieden und stattdessen sinnvolle Einsatzgebiete für jedes Gruppenmitglied ermittelt werden. Hingegen steht in individualistisch geprägten Kulturen die Selbstverwirklichung des Individuums im Mittelpunkt. Die Freiheit, über die Durchführung der Aufgabe selbst bestimmen zu können, sowie in ihr eine Herausforderung zu finden, wird geschätzt. Die Grundlage für Beförderungen liegt ebenso in der individuellen Leistung wie die Leistungsanreize. Durch die stärkere Trennung von Arbeit und Privatsphäre wird letztere stärker respektiert als in kollektivistischen Ländern (vgl. ebd., S. 35). Dadurch bedingt werden die Inhalte einer Aufgabe höher eingestuft als die Beziehung zu Kollegen. Entsprechend führt die geringere Loyalität gegenüber der Gruppe zu häufigeren Stellenwechseln. Denn das Verhältnis zum Unternehmen wird als Vertrag im gegenseitigen Interesse verstanden, der bei sinkendem Nutzen gekündigt werden kann (vgl. Kutschker & Schmid, 2011, S. 724).

Die Dimension Maskulinität/Femininität erfasst, wie sehr Kulturen an der traditionellen Rollenverteilung festhalten. Als maskulin wird eine starke Leistungs- und Erfolgsorientierung wahrgenommen (vgl. Engelen & Tholen, 2014, S. 37), die sich in einer entschlossenen Verfolgung eigener Ziele äußert (vgl. Meckl, 2010, S. 336). Hofstede (1980, S. 420) bringt dieses Extrem v. a. mit materiellen Werten wie Geld, Macht und Erfolg in Verbindung, während in femininen Gesellschaften immaterielle Motive wie Lebensqualität und die Sorge um andere dominieren. In maskulinen Kulturen spielt Durchsetzungsfähigkeit eine größere Rolle und ist positiv unterlegt. Stärke wird bewundert und von Männern erwartet, von Frauen hingegen höhere Kompromissbereitschaft und Kooperation (vgl. Engelen & Tholen, 2014, S. 37).

Im Unternehmenskontext hat Maskulinität/Femininität große Relevanz für die Anerkennung in Form von Entgelt und Beförderung, welche wichtige Anreize für die Leistungserbringung darstellen. Arbeit nimmt generell einen hohen Stellenwert gegenüber der Freizeit ein (vgl. ebd., S. 37). Deshalb ist die Aussicht auf attraktive Bezahlung ebenso bedeutend wie die auf reizvolle Tätigkeiten, Anerkennung der eigenen Leistung und Aufstiegsmöglichkeiten (vgl. Kutschker & Schmid, 2011, S. 726). Die Führungskultur ist häufig von hierarchiebezogener Durchsetzung statt sachlicher Analyse geprägt, die Mitbestimmung oft geringer entwickelt als in femininen Gesellschaften. Diesen wird ein Streben nach einem guten Arbeitsklima sowie freundliches Verhältnis zu Vorgesetzten und Kollegen nachgesagt. Insgesamt sind die Unterschiede von Frauen und Männern im Berufsleben deutlich geringer, da beide nicht vorab bestimmten Aufgabentypen zugeordnet werden. Auch suchen beide Geschlechter den Ausgleich zwischen Beruf und Privatleben. Das Konkurrenzdenken innerhalb der Belegschaft wird als geringer eingestuft als in maskulinen Kulturen. Statt in der Durchsetzung eigener Interessen werden Anreize mehr in der Atmosphäre und im privaten Bereich gesehen (vgl. Engelen & Tholen, 2014, S. 37-38).

Die Dimension Langfrist-/Kurzfristorientierung befasst sich mit dem zeitlichen Aspekt von Kultur. Nach Auffassung von Hofstede ist sie besonders zur Interpretation asiatischer Kulturen relevant (vgl. Engelen & Tholen, 2014, S. 42). Sie bezeichnet das Ausmaß „indem eine Gesellschaft eine pragmatisch-zukunftsorientierte Grundhaltung gegenüber einer dogmatisch-gegenwartsbezogenen Perspektive aufweist“ (vgl. Rothlauf, 2009, S. 40). In der Zuordnungsfähigkeit der Extremwerte zu einem gegenwartsorientierten (bzw. sogar vergangenheitsorientierten) und einem zukunftsorientierten Pol liegt auch die Grundlage für die Bezeichnung der Dimension (vgl. Kutschker & Schmid, 2011, S. 728). Langfristige Gesellschaften räumen Eigenschaften wie Sparsamkeit und Ausdauer große Bedeutung zu, während kurzfristige die Pflege von Tradition und sozialen Verpflichtungen betonen. Einkommen wird in ihnen oft nicht gespart sondern konsumiert (vgl. Engelen & Tholen, 2014, S. 42).

Im Unternehmenskontext liegt eine langfristige Orientierung dann vor, wenn strategische Erwägungen einen so hohen Stellenwert einnehmen, dass auch kurzfristige Nachteile in Kauf genommen werden. Insgesamt wird strategischen Aspekten der Vorzug vor operativen oder taktischen Handlungsweisen gegeben (vgl. Meckl, 2010, S. 337). Neben der Unternehmensplanung wird auch die Personalpolitik beeinflusst. Sie orientiert sich nicht an dem Ziel kurzfristiger Einsparungen, sondern reicht weit in die Zukunft (vgl. Kutschker & Schmid, 2011, S. 729). Die Rolle von Beziehungen ist in langfristigen Kulturen entscheidend. Sowohl nach innen im Umgang mit Mitarbeitern als auch nach außen im Aufbau und der Pflege des Kontaktnetzwerkes wird deutlich, dass die Konstellationen auf eine dauerhafte Verbindung ausgerichtet sind, die sich auf die Marktposition der Firma auswirken. In kurzfristigen Gesellschaften hingegen liegt der Fokus auf schnell erreichbaren Resultaten wie dem Gewinn des laufenden Geschäftsjahres (vgl. Engelen & Tholen, 2014, S. 42).

4.2.2.3 Kritische Würdigung

In der Öffnung des internationalen Managements für Aspekte der Kultur liegt das wesentliche Verdienst der Arbeiten von Hofstede. Sie trugen damit maßgeblich zur interkulturellen Forschung des 20. Jahrhunderts bei (vgl. Engelen & Tholen, 2014, S. 43). Die Bedeutung schlägt sich in der umfangreichen Anwendung in zahlreichen Wissenschaftsdisziplinen nieder, welche von keinem anderen Kulturmodell erreicht wird. Trotz ihres Alters ist der Umfang der Erhebung einzigartig. Weitere Errungenschaften liegen in der Möglichkeit Ländervergleiche durchzuführen und Länder anhand verschiedener Merkmale einzuordnen. Die Studie stellt außerdem die Basis für weitere Schemata dar (vgl. Kutschker & Schmid, 2011, S. 733-734; Meckl, 2014, S. 301).

Ungeachtet dieser Vorteile werden einige Aspekte in der Literatur kritisch gesehen. Der folgende Abschnitt, in dem diese diskutiert werden, basiert vornehmlich auf den in Kutschker und Schmid (2011, S. 731-733) dargelegten Ausführungen.

Ein Kritikpunkt ist der Erhebungspopulation geschuldet. Hofstede beabsichtigte zwar die Ermittlung von Landeskultur, durch die ursprüngliche Erhebung in nur einem Unternehmen ist jedoch deren Überlagerung durch die Kultur des Unternehmens möglich. Dies gilt umso mehr da sich IBM durch eine starke Organisationskultur auszeichnet. Zudem wird die Übertragbarkeit von IBM-Mitarbeitern auf die Landesbevölkerung durch deren Zugehörigkeit zu bestimmten Schichten oder Bildungsniveaus eingeschränkt. Hofstede wiederum betrachtet dieses Vorgehen sogar als Vorteil, da sich durch dasselbe Wertesystem der Befragten, seiner Meinung nach, Unterschiede allein auf die nationale Kultur zurückführen lassen (vgl. Engelen & Tholen, 2014, S. 46).

Auch die Prägung des Designs der ursprünglichen Studie durch die westliche Kultur wird kritisch angemerkt. Durch die ethnozentrische Beeinflussung der Forscher seien die Fragen bereits stark durch das westliche Relevanzverständnis geprägt. Dadurch seien Inhalte abgefragt worden die für einige Kulturen nicht von Belang, im Gegenzug Themen ausgeklammert worden, die nur für diese relevant seien (vgl. ebd., S. 47).

Vielfach wird der Einwand geäußert, die erhobenen Daten seien aufgrund des Erhebungszeitraums veraltet und Einstellungen hätten sich in der Zwischenzeit geändert. In der Tat erscheint es zweifelhaft, ob diese nach mehr als 40 Jahren noch mit den erhobenen Werten übereinstimmen (vgl. ebd., S. 47). Dem kann jedoch entgegnet werden, dass Kultur ein „langfristiges, nur schwer veränderbares Konstrukt“ (Kutschker & Schmid, 2014, S. 734) darstellt. Insofern ist es durchaus plausibel von einer annähernden Stabilität der Werte auszugehen.

Ansatzpunkt für kontroverse Diskussionen bieten auch die Kulturebenen selbst. Ziel der Studie ist die Ebene der Werte (bei Vergegenwärtigung anhand der Eisberg-Metapher), die Fragen zielen allerdings auf die des Verhaltens ab. Werte werden erst implizit, durch statistische Analysen und Interpretationen des Autors, erschlossen. Die Grundannahmen werden ebenfalls nicht angesprochen, weshalb der unbewusste Teil der Kultur nicht ausreichend abgedeckt wird. Die Wahl der Dimensionen steht ebenfalls in der Kritik. Ihnen wird fehlende Trennschärfe attestiert, die zu teilweise beträchtlichen Korrelationen zwischen Dimensionen führt.

Die Arbeiten von Hofstede genießen v. a. in den Wirtschaftswissenschaften hohes Ansehen da sie sich auf managementrelevante Situationen beziehen. Es wird jedoch kritisiert, dass die angenommenen Folgen kultureller Besonderheiten für das Management jedoch nicht durch die tatsächlichen Fragen der ursprünglichen Erhebung abgedeckt sind, so dass an einigen Stellen empirische Belege fehlen.

Ein zentraler Kritikpunkt an der Arbeit Hofstedes liegt in der Gleichsetzung von Nation und Kultur. Der vielfach genannte Einwand ist, dass Landesgrenzen politisch gezogen, Kultur hingegen langfristig gewachsen und nicht notwendigerweise identisch mit diesen sein muss. Zudem trifft Hofstede die Annahme, dass innerhalb eines Staates nur eine Kultur vorherrscht. Vielfach existieren jedoch Subkulturen, z. B. durch unterschiedliche Volksgruppen oder ethnische Minderheiten. Dies gilt insbesondere für China (vgl. Huo & Randall, 1991, S. 160). Im Gegenzug sei allerdings das Aufgreifen dieses Kritikpunktes durch Minkov und Hofstede (2011) selbst genannt, die in umfangreichen Länderanalysen eine hohe Übereinstimmung vieler Kulturen mit Landesgrenzen finden (vgl. Engelen & Tholen, 2014, S. 46). Weiterhin ist festzuhalten, dass es sich hierbei um einen Vorwurf handelt, der die meisten Kulturmodelle betrifft (u. a. Hall, Schwartz, Trompenaars & Hampden-Turner, GLOBE).

4.2.3 Kulturmodell der GLOBE-Studie

4.2.3.1 Erhebung und Grundaussagen

Eine weitere Studie von zentraler Bedeutung für die Kulturforschung stellt das GLOBE-Projekt („Global Leadership and Organizational Behavior Effectiveness Research Program") dar (vgl. House et al., 2004). Es wurde 1991 von Robert J. House initiiert um Führungsverhalten und organisatorische Praktiken weltweit zu analysieren (vgl. Staeheli, 2003, S. 130). Das Modell greift dabei verschiedene Aspekte von Hofstede auf, weshalb in der nachfolgenden Vorstellung immer wieder Bezüge zu dessen Arbeit hergestellt werden.

Die Erhebung erfolgte durch Befragung von 17.370 Angehörigen des mittleren Managements von 951 Unternehmen aus drei Branchen (Lebensmittelindustrie, Telekommunikationssektor und Finanzwesen). Diese waren jeweils lokal tätig, so dass ihre Mitarbeiter ebenfalls überwiegend der lokalen Kultur entstammten. Die Daten wurden in den Jahren 1994 bis 1997 erhoben und 62 Kulturen aus 59 Ländern einbezogen. Die Differenz ergibt sich daraus, dass bei drei Staaten eine Unterteilung in Subkulturen vorgenommen wurde, darunter Deutschland, das in west- und ostdeutsche Kultur geteilt wurde (vgl. Kutschker & Schmid, 2011, S. 746). Bezogen auf die Inhalte des Fragebogens ergeben sich Unterschiede zu Hofstedes Vorgehen. Denn im Fokus stand nicht die Abfrage eigener (bei Hofstede, westlicher) Werte, sondern die vorherrschenden Werte und Handlungsweisen des jeweiligen nationalen Umfelds (vgl. Engelen & Tholen, 2014, S. 72). Zur Erreichung einer vielfältigen Perspektive waren an der Entwicklung und Durchführung des Projekts mehr als 170 Forscher aus verschiedenen Kulturkreisen beteiligt.

Ziel der GLOBE-Studie war die Entwicklung einer empirisch fundierten Theorie für das Verständnis kultureller Aspekte. Im Zentrum stand die Frage, ob es systematische Unterschiede zwischen Kulturen und gegebenenfalls überall akzeptiertes Führungsverhalten gibt (vgl. Kutschker & Schmid, 2011, S. 747). Zur besseren Anwendbarkeit der Ergebnisse und Verwendung zur Prognose von kulturell bedingten Handlungsweisen wurden die Länder zu zehn Kulturkreisen (z. B. germanisches Europa, konfuzianisches Asien) zusammengefasst.

Die Dimensionen der Studie wurden in neun Kultur- und sechs Führungsdimensionen gegliedert. Neben landeskulturellen Aspekten wurden auch organisationale und gesellschaftskulturelle Besonderheiten ermittelt. Dieses Kapitel betrachtet nur die nationalen Kulturdimensionen und klammert die anderen Aspekte aus. Dabei wurden die tatsächlichen Erfahrungen (Ist) wie auch die Wünsche hinsichtlich des Ideals (Soll) ermittelt und insofern zwischen Praktiken und Werten unterschieden. Damit wird der Versuch unternommen, sich enger an die beiden in der Eisberg-Metapher identifizierten Ebenen des Kulturbegriffes anzulehnen (vgl. Engelen & Tholen, 2014, S. 74). Bei Bedarf wird darauf im Einzelnen Bezug genommen.

Die Auswahl der Kulturdimensionen orientiert sich stark an bestehenden Kulturmodellen. Die Dimensionen Machtdistanz, Unsicherheitsvermeidung und Individualismus/Kollektivismus lehnen sich an Hofstede an, Zukunftsorientierung an Kluckhohn und Strodtbeck (1961) bzw. Hofstede (1980), Humanorientierung an McClelland (1985) und Putnam (1993) sowie Leistungsorientierung an McClelland (1985) (vgl. Staeheli, 2003, S. 130). Auch in Geschlechtergleichheit und Bestimmtheit finden sich Elemente von Hofstede. Dies bedeutet jedoch nicht, dass die Dimensionen zwingend mit denen der genannten Autoren übereinstimmen. Dies ist in Unterschieden in der Begriffsabgrenzung, Fragenbogeninhalten und Messung begründet (vgl. Engelen & Tholen, 2014, S. 72).

4.2.3.2 Kulturdimensionen

Machtdistanz ist ähnlich wie bei Hofstede definiert als Ausmaß, in dem Personen erwarten, dass Macht innerhalb einer Gesellschaft ungleich verteilt ist. Diese wirkt sich auf die Haltung gegenüber Macht, Autorität, Gehorsam und Vergabe von Privilegien aus.

Die Relevanz im Unternehmenskontext bezieht sich auf Themen wie Führungsstil, Mitsprache und Hierarchien und weist große Ähnlichkeit zu den bei Hofstede getätigten Aussagen auf, weshalb an dieser Stelle darauf verwiesen wird (vgl. 4.2.2.2).

Die Bezeichnung Unsicherheitsvermeidung ist ebenfalls bereits aus dem Schema von Hofstede bekannt. Die Definition der GLOBE-Studie lehnt sich an diese an und versteht unter ihr die Präferenz für Ordnung, Strukturen, Standardisierung und Gesetze um unsichere Situationen zu vermeiden. Die empirischen Resultate weisen im Ist-Zustand hingegen große Unterschiede zu Hofstede auf (vgl. Engelen & Tholen, 2014, S. 74), der einen anderen Fokus legt (z. B. auf Stress-Empfinden und Regel-Orientierung). Auch treten innerhalb von Regionen teils erhebliche Differenzen zwischen den Ebenen der Praktiken und der Werte auf (vgl. Kutschker & Schmid, 2011, S. 748-749).

Ergänzend zu den Aussagen bei Hofstede (auf die an dieser Stelle verwiesen wird) ist für den Unternehmenskontext in Kulturen mit niedriger Unsicherheitsvermeidung das Vorherrschen mündlicher Absprachen bei geringerer schriftlicher Dokumentation festzustellen (vgl. Ereth & Rieger, 2014, S. 41). Die Nichteinhaltung von Regeln wird weniger sanktioniert als in unsicherheitsvermeidenden Gesellschaften. Letztere sind zudem besonders mit fehlender Produktinnovation konfrontiert (vgl. Engelen & Tholen, 2014, S. 75).

Individualismus/Kollektivismus wird in der GLOBE-Studie ebenfalls in Anlehnung an Hofstede untersucht, allerdings in zwei Unterarten aufgespalten, da die Extremwerte als unabhängig voneinander angesehen werden (vgl. Hanges & Dickson, 2004, S. 131). Der institutionelle Kollektivismus beschreibt, in welchem Maß gesellschaftliche Institutionen die Allokation von Ressourcen und gemeinschaftsorientiertes Verhalten fördern und belohnen (vgl. Engelen & Tholen, 2014, S. 75; Kutschker & Schmid, 2011, S. 750).

Bedeutend ist die Feststellung, dass sich in Kulturen mit starker institutionell-kollektivistischer Ausprägung die Maximierung gesellschaftlicher Interessen auch auf das Wirtschaftssystem erstreckt. Dies wird nicht nur durch loyalitätsbezogene Gründe gestützt sondern auch durch die Wichtigkeit, Akzeptanz von anderen Gesellschaftsmitgliedern zu erfahren (vgl. Kutschker & Schmid, 2011, S. 751).

Mit leicht anderer Betonung erfasst die zweite Form des Gruppenbasierten Kollektivismus, inwieweit Individuen Stolz, Loyalität und Zugehörigkeitsgefühl zu einer Gruppe zeigen. Der Fokus liegt somit statt auf der Gesellschaft als Ganzes auf der unmittelbaren Gruppe (vgl. Engelen & Tholen, 2014, S. 75-76). Die Korrelation dieser Dimension zu Hofstedes Individualismus/Kollektivismus ist empirisch stärker ausgeprägt als beim institutionellen Kollektivismus (vgl. Kutschker & Schmid, 2011, S. 753). Auch wenn sich die Dimension besonders auf den familiären Kontext bezieht, sind auch Auswirkungen auf Unternehmen auszumachen.

Meist weisen Mitarbeiter in Gesellschaften mit starker Ausprägung lange Betriebszugehörigkeit auf, die die starke Verbindung zur sozialen Gruppe „Unternehmen“ verdeutlichen. Dieses übernimmt im Gegenzug Verantwortung, sich um das Wohl der Mitglieder zu kümmern (vgl. Engelen & Tholen, 2014, S. 76). Insgesamt lassen sich aufgrund der Ähnlichkeiten zu Hofstedes Dimension auch vergleichbare Implikationen für das Verhalten in Unternehmen ableiten, weshalb die dort getätigten Aussagen auch Relevanz für die GLOBE-Dimension aufweisen.

Die Dimension Geschlechtergleichheit greift Elemente aus Hofstedes Maskulinität/Femininität auf. Im Zentrum steht die Frage, wie eine Gesellschaft die Gleichberechtigung zwischen den Geschlechtern fördert und inwieweit Männern und Frauen verschiedene Rollen zugeteilt werden. Die Ausgestaltung weicht jedoch von Hofstedes Ansatz ab. Während dieser Männern und Frauen bereits konkrete Eigenschaften für „männliches“ bzw. „weibliches“ Verhalten zuordnet (z. B. Zielstrebigkeit, Wettbewerb bzw. Solidarität und Ausgleich) und die Dominanz „männlicher“ Attribute mit deren Bevorzugung verbindet, lässt die Einordnung bei GLOBE noch keinen Hinweis auf Privilegien in Form von Rechten und Chancen zu (vgl. Engelen & Tholen, 2014, S. 77; Kutschker & Schmid, 2011, S. 753).

Im Wirtschaftsleben ist die Unterscheidung besonders in zwei Punkten relevant. Zum einen bei Führungspositionen, was in der Frage mündet, ob diese eher Männern vorbehalten sind oder von beiden Geschlechtern gleichermaßen bekleidet werden (vgl. Emrich, Denmark & Den Hartog, 2004, S. 362). Zum anderen der Bildung, die sich in Fragen nach dem geschlechterabhängigen Grad der Ermutigung zu höheren

Bildungsabschlüssen sowie der Forcierung geschlechterspezifischer Berufsbilder (z. B. technische Berufe für Männer) manifestiert (vgl. Engelen & Tholen, 2014, S. 77-78; Kutschker & Schmid, 2011, S. 754).

Auch die sechste Dimension (Bestimmtheit) lehnt sich an Hofstede an und bezieht sich auf Teile von Maskulinität/Femininität. Hier kommen die im Abschnitt zu Geschlechtergleichheit erwähnten Attribute für „männliches“ Verhalten zum Zuge. Die Ausprägung, in der diese in einer Gesellschaft gelebt werden, ist die Grundlage dieser Dimension. Es wird somit untersucht, inwieweit Personen Härte, Aggressivität und Bestimmtheit (die unter letztgenanntem Ausdruck subsumiert werden) ausüben, um Fortschritte zu erzielen.

Gesellschaften mit hohem Maß an Bestimmtheit sind betrieblich von starkem Konkurrenzdenken geprägt, was im Extremfall mit dem Begriff „Ellbogen-Mentalität“ umschrieben werden kann. Während dort die Karriere im Vordergrund steht, wird solch aggressives Verhalten bei entgegengesetzten Kulturen als bedrohlich empfunden. Stattdessen wird der Ausgleich zwischen Beruf und Privatleben angestrebt (vgl. Engelen & Tholen, 2014, S. 80).

Wie der Begriff bereits nahelegt, weist die Dimension Zukunftsorientierung eine Verwandtschaft zu Hofstedes Langfrist-/Kurzfristorientierung auf. Analog thematisiert die Dimension die Bedeutung, die Zukunft, Gegenwart und Vergangenheit beigemessen wird. Hohe Zukunftsorientierung ist häufig an den Planungen erkennbar, die anhand langfristiger Ziele erarbeitet werden.

Unternehmen in entsprechenden Kulturen stellen ihre Organisationsstruktur tendenziell so auf, dass sie flexibel auf Umweltänderungen reagieren können. Das entscheidende Merkmal aus Management-Sicht ist allerdings der langfristige Horizont, den solche Kulturen bei der Durchführung von Investitionen zugrunde legen. Hingegen sind Firmen, die in einem kurzfristigen Umfeld operieren, stärker auf die Realisierung kurzfristiger Renditen ausgerichtet. Dies deckt sich häufig mit der Motivation professioneller Finanzinvestoren, die sich eher an Organisationen dieser Richtung beteiligen (vgl. Engelen & Tholen, 2014, S. 82).

Die Leistungsorientierung ist die erste Dimension der GLOBE-Studie die keine Anknüpfungspunkte zu Hofstede erkennen lässt. Sie misst, wie Gesellschaften Innovationen und Leistungserbringung ihrer Individuen honorieren und Anreize hierfür setzen. Sie lässt sich stark mit bildungsbezogenen Aspekten in Zusammenhang bringen. In leistungsorientierten Nationen wird die Verbesserung, z. B. durch Weiterbildung oder Feedback, geschätzt, wohingegen im anderen Extrem die Gruppenharmonie den Ergebnissen vorgezogen wird.

In Unternehmen äußert sich Leistungsorientierung durch Anreize zur Optimierung und ihrer finanziellen Entlohnung. Kulturen mit geringer Einstufung setzen hingegen auf Sympathie als Motivation. Feedback und direkte Kritik werden unterlassen um die Harmonie aufrechtzuerhalten. Höherer Stellenwert als der Leistung wird Erfahrung und Seniorität beigemessen (vgl. ebd., S. 83-84).

Humanorientierung beschäftigt sich mit dem Grad, in dem Kulturen mitfühlendes, altruistisches Verhalten belohnen und fördern. Sie berücksichtigt somit Werte, die denen in der Dimension Bestimmtheit entgegenstehen. Hohe Humanorientierung äußert sich u. a. in großer Bedeutung von Familie und Freundeskreis.

Entsprechend ist die Work-Life-Balance im Unternehmenskontext wichtig. Ebenso ist das Arbeitsverhältnis geprägt von einer freundlichen Atmosphäre ohne übermäßigen Neid und Wettbewerbsdenken. Auch das Verhältnis zu Führungskräften ist davon beeinflusst da angenommen wird, dass deren Entscheidungen grundsätzlich zum Wohl der Belegschaft getroffen werden. Im Gegensatz dazu ist in Gesellschaften mit niedriger Humanorientierung zwar ebenfalls eine gute Gruppenatmosphäre erwünscht, neben ihr steht jedoch ein oft stärkeres Streben nach Maximierung der eigenen Belange (vgl. Engelen & Tholen, 2014, S. 86).

4.2.3.3 Kritische Würdigung

Die GLOBE-Studie leistet einen erheblichen Beitrag zur Weiterentwicklung des interkulturellen Managements (vgl. Hofstede, 2006, S. 882). Hierbei ist v. a. die Erhebung in knapp 1.000 Firmen verschiedener Branchen und die große Zahl der Beteiligten hervorzuheben. Sie trägt damit dazu bei, die Zentrierung auf ein einziges Unternehmen, wie sie die Hofstede-Studie vornimmt, aufzuheben. Bevor die Ergebnisse des GLOBE-Projekts mit anderen Kulturmodellen (insbesondere Hofstede) verglichen werden, soll allerdings zunächst eine Betrachtung der modellimmanenten Parameter erfolgen. Auch hier lassen sich einige Kritikpunkte anbringen, deren Darstellung sich an Engelen und Tholen (2014, S. 89) sowie Kutschker und Schmid (2011, S. 761-762) anlehnt.

Wie bei Hofstede sei die Gleichsetzung von Nation und Kultur genannt, auch wenn die Studie für drei Staaten eine Zweiteilung in Subkulturen innerhalb von Landesgrenzen vornimmt. Angesichts mitunter zahlreicher ethnischer Gruppen innerhalb einer Nation (vgl. dazu die Ausführungen unter 4.2.2.3) stellt dies einen vielfach genannten Aspekt dar, der z. B. im Falle Chinas Relevanz aufweist.

Zwar fußt die GLOBE-Studie auf einer umfangreichen Datenpopulation, die Befragten gehören jedoch alle der gesellschaftlich begrenzten Schicht des mittleren Managements an. Die Annahme, dass diese tendenziell über ein höheres Bildungsniveau als der Durchschnitt der jeweiligen Gesellschaften verfügt, erscheint plausibel. Rückschlüsse auf Werte und Praktiken einer Kultur als Ganzes können dadurch verzerrt sein, insbesondere in Bezug auf die Dimension der Leistungsorientierung.

Obwohl im GLOBE-Projekt vorab versucht wurde, einer ethnozentrischen Sichtweise, die besonders Hofstede zum Vorwurf gemacht wurde, durch die Einbeziehung von Wissenschaftlern aus zahlreichen Staaten zu begegnen, weisen diese durch ihre überwiegende Ausbildung an US-amerikanischen Universitäten doch eine gewisse universelle Prägung auf. Der Einwand kann daher nicht völlig ausgeräumt werden.

Der womöglich wichtigste Kritikpunkt ist die Einteilung in Ist- und Soll-Werte. Durch das häufige Auseinanderfallen von Wunsch und Wirklichkeit ist die Identifikation kultureller Tendenzen auf Landesebene schwierig. Denn viele Gesellschaften sind offenbar mit den tatsächlichen Handlungsweisen in verschiedenen Dimensionen unzufrieden, wodurch die Ergebnisse fragwürdig wirken (vgl. Hofstede, 2006, S. 886).

Nach Auffassung von Hofstede (2006, S. 885) sind die von GLOBE ermittelten Dimensionen nicht voneinander unabhängig und weisen in der Mehrzahl sogar positive Korrelationen mit dem nationalen Wohlstand auf. Er vertritt daher die Ansicht, ökonomische, nicht kulturelle Faktoren seien die Determinanten der Resultate.

4.2.4 Vergleichende Analyse von Hofstede und GLOBE-Studie

4.2.4.1 Gegenüberstellung der Modelle

Die Kulturmodelle von Hofstede und GLOBE stellen die empirisch umfangreichsten Studien auf dem Gebiet des interkulturellen Managements dar. Seit der Veröffentlichung von GLOBE gibt es eine intensive, teils von den Autoren selbst geführte, wissenschaftliche Debatte über die Vorzüge beider Varianten (vgl. Graen, 2006; Hofstede, 2006; Javidan et al., 2006). Daraus kann abgeleitet werden, dass kein Schema durchgehend überlegen ist, sondern beide Vor- und Nachteile aufweisen. Eine Gegenüberstellung und Abwägung der Argumente findet sich im nachfolgenden Abschnitt. Weitere ausführliche Vergleiche finden sich bei Müller und Gelbrich (2015, S. 178-182) sowie Engelen und Tholen (2014, S. 90-92).

Konzeptionell unterscheiden sich die Studien bereits beim Kulturbegriff. Hofstede untersucht Werte, also den unsichtbaren Teil von Kultur. Die wahrnehmbaren Handlungen ergeben sich als deren Folge. GLOBE analysiert neben den Werten auch das Verhalten explizit und sieht dieses nicht lediglich als Konsequenz der Wertvorstellungen an.

Die Unterscheidung in Soll- und Ist-Zustände bei den ermittelten Dimensionen wird GLOBE positiv angerechnet (vgl. Kutschker & Schmid, 2011, S. 763), da sich dies nahe am Kulturbegriff und den Ebenen von Perceptas und Conceptas bewegt. Es zeigt sich jedoch, dass die Ergebnisse überwiegend negativ korreliert sind, es also eine Diskrepanz zwischen Wunsch und Wirklichkeit gibt. Hofstede (2006, S. 885) nimmt dies zum Anlass, Zweifel an der Übereinstimmung von Messintention und Antworten zu äußern und die Aussagekraft der Messwerte in Frage zu stellen. Javidan et al. (2006, S. 899-900) hingegen verteidigen die Unterteilung in die Kulturebenen. Ihre Berücksichtigung verdeutlicht die höhere theoretische Fundierung von GLOBE. Auch andere Autoren (z. B. Müller & Gelbrich, 2015, S. 180) teilen diesbezüglich die Einschätzung von Javidan et al. (2006, S. 910-911).

Nach Hofstedes Auffassung ließen sich die Messergebnisse von GLOBE auch in lediglich fünf Dimensionen wiedergeben (Hofstede, 2006, S. 895), was von Javidan et al. (2006, S. 904-907) aufgrund statistischer und interpretativer Unzulänglichkeiten des Einwands bestritten wird. Dennoch wird das Modell von Hofstede in der Forschung für seine „Sparsamkeit“ hinsichtlich Dimensionenanzahl und damit Übersichtlichkeit gelobt (vgl. Müller & Gelbrich, 2015, S. 180).

Einen weiteren Unterschied stellt das Führungsverhalten dar, auf das GLOBE fokussiert während bei Hofstede auch andere kulturelle Aspekte untersucht werden (vgl. Meckl, 2014, S. 301-302). Die Studie ist so in der Lage, Hinweise auf empfehlenswerte Führungsstile für bestimmte Länder oder Regionen zu geben, was besonders in der Unternehmenspraxis Relevanz hat (vgl. Kutschker & Schmid, 2011, S. 764; Meckl, 2014, S. 303). In Bezug auf die vorliegende Arbeit ist dieser Vorzug jedoch weniger wichtig.

Die Darstellung der GLOBE-Studie (vgl. Abschnitt 4.2.3) zeigte bereits zahlreiche Querverweise und Bezüge zur Studie von Hofstede. Auch in den Ergebnissen wird deutlich, dass ein hohes Maß an Übereinstimmung zwischen den beiden Modellen existiert (vgl. Leung et al., 2005, S. 366). Legt man diese Aussage zugrunde, sind Zweifel angebracht, ob die Wahl des Modells die empirischen Ergebnisse überhaupt maßgeblich beeinflusst.

Methodisch stehen sich bei der Population die Kriterien von Firmenauswahl und Funktion der Befragten gegenüber. Hofstede bezieht sich auf nur ein Unternehmen, GLOBE auf fast 1.000. Dagegen beschränkt sich GLOBE nur auf die Berufsgruppe der Manager, Hofstede hingegen bezieht Angehörige vieler Funktionen ein. Beide weisen somit Vorteile in Bezug auf verschiedene Merkmale auf.

Hinsichtlich der Aussagekraft der Antworten der Erhebung wendet Hofstede (2006, S. 886) ein, dass die befragten Personen aufgrund fehlender internationaler Erfahrung kaum in der Lage seien, ihre eigene mit anderen Kulturen vergleichen zu können. Im Gegenzug kann der GLOBE-Studie zugutegehalten werden, dass sie durch eine kulturspezifischere Anpassung der Fragen weniger ethnozentrisch ist als Hofstede (vgl. Staeheli, 2003, S. 142-143, zu Hofstede; Kutschker & Schmid, 2011, S. 763, zu GLOBE).

Auch praktische Erwägungen sind bei der Auswahl eines Kulturmodells von Belang. Hofstedes Studie weist unter den bewährten Kulturmodellen die größte Länderstichprobe auf (vgl. Gunkel, 2011, S. 388), weshalb sie besonders gut geeignet ist, großzahlige Vergleiche zwischen Ländern durchzuführen.

Notwendig für kulturvergleichende Untersuchungen ist die Messung kultureller Distanz. Bislang konnte sich jedoch kein Verfahren etablieren, das diese analog zu dem von Kogut und Singh (1988) für Hofstede entwickelten Index misst (vgl. Eidems, 2010, S. 132). In Ermangelung eines eigenen Ansatzes findet der Index von Kogut und Singh auch für GLOBE Anwendung (z. B. in Brewer & Sherriff, 2007).

Das Kulturmodell von Hofstede gilt seit langer Zeit als der „Standard“ (Ringov & Zollo, 2007, S. 478) im Bereich interkultureller Management-Studien. Obwohl mit der GLOBE-Studie eine aktuellere und ebenfalls empirisch aufwendig erhobene Analyse vorliegt, greifen die mit Abstand meisten Publikationen in angesehenen wissenschaftlichen Zeitschriften auch nach der GLOBE-Veröffentlichung weiter auf Hofstede zurück. Auffallend ist besonders die vergleichsweise geringe Anzahl von Veröffentlichungen die auf den GLOBE-Ergebnissen basiert (vgl. Engelen & Brettel, 2011, S. 518-519; Venaik & Brewer, 2010, S. 1297-1299).

4.2.4.2 Auswahl eines Kulturmodells für diese Arbeit

In Abwägung der dargestellten Vorzüge und Kritiken wurde für diese Arbeit das Modell von Hofstede ausgewählt.

Ein wesentliches Argument hierfür war die weitaus stärkere Verbreitung in aktuellen empirischen Studien. Insofern wurde den empirischen Belegen höheres Gewicht eingeräumt als der theoretischen Herleitung der Modelle. Die größere Empirie-Orientierung bei der Auswahl der kulturellen Grundlage unterstreicht somit auch die anwendungsbezogene Ausrichtung dieser Arbeit.

Verstärkt wird die Auffassung durch eine Schwäche des GLOBE-Modells im Zuge seiner empirischen Anwendung. Bislang hat sich keine herrschende Ansicht durchgesetzt, welche der beiden Kulturebenen, Werte oder Praktiken, die Grundlage empirischer Forschung bilden soll. Insofern wählen viele Forscher – scheinbar zufällig – eine der beiden Formen aus (vgl. Venaik & Brewer, 2010, S. 1299). Hingegen kann bei Hofstede auf ein bewährtes Modell zurückgegriffen werden. Hinzu kommt das Argument, dass die für diese Untersuchung grundlegende kulturelle Distanz nach einem Index ermittelt werden kann, der speziell für Hofstede entworfen wurde.

Mit Bezug auf die von den Studien abgedeckten Länder ergeben sich ebenfalls Vorteile durch die Verwendung von Hofstede. Zum einen wird die GLOBE-Studie gerade bei dem hier besonders relevanten Land China für ihre geringe Zahl von 300 Befragten kritisiert (vgl. Graen, 2006, S. 97), was die Aussagekraft in Abrede stellen kann. Zum anderen umfasst die Studie von Hofstede mehr Länder als GLOBE. Neben einigen osteuropäischen Staaten fehlen z. B. auch Belgien und die Tschechische Republik (vgl. Gupta & Hanges, 2004, S. 191), welche zusammen für einen nicht geringen Teil der Transaktionen im späteren Datensatz verantwortlich sind (vgl. Tabelle 16 in Abschnitt 6.4.1). Insofern spielen auch anwendungsorientierte Gesichtspunkte eine Rolle, da so ein größerer Datensatz und aussagekräftigere Statistik generiert werden kann.

4.3 Die Kultur Chinas

4.3.1 Kulturelle Einordnung Chinas in die Kulturdimensionen von Hofstede

Die Untersuchung von Hofstede stützte sich in Bezug auf chinesische Werte ursprünglich nur auf Taiwan, da die Erhebung in der Volksrepublik China aufgrund der politischen Lage in den 1960er und 1970er Jahren nicht möglich war (vgl. Y. Chen & H. Werle, 2014, S. 111). Nachfolgestudien wurden jedoch auch auf Festland-China ausgeweitet (vgl. Johanning, 2012, S. 90). Zudem ist festzuhalten, dass Hofstede Länderwerte immer wieder nachträglich verändert hat, wovon auch China betroffen ist. Die nachfolgend dargestellten Werte beziehen sich auf den Zeitpunkt der Datenerhebung für diese Studie (2013) und können sich von früher bzw. später abrufbaren unterscheiden (z. B. weichen die Werte in Holtbrügge & Puck, 2008, S. 38, von den hier dargestellten ebenso ab wie die Ausprägung in Langfrist-/Kurzfristorientierung, die 2015 auf Hofstedes Website abrufbar war). Tabelle 2 zeigt die Werte ausgewählter Länder, die in dieser Studie enthalten sind, nach den Kulturdimensionen Hofstedes. In den nachfolgenden Erläuterungen wird jeweils nur auf China eingegangen.

Mit einem Wert von 80 weist China eine sehr hohe Machtdistanz auf. Damit zählt es zu jenen Ländern, in denen Individuen Ungleichheit besonders tolerieren. Die Denkweise ist stark an Hierarchien geknüpft sowie Macht eng mit Autorität verbunden. Letztere wird grundsätzlich weniger in Frage gestellt (vgl. Hofstede, 2012). Hierzu trägt auch die kommunistische Prägung bei, indem sie, trotz der Entwicklung marktwirtschaftlicher Strukturen, die Verhaltensweisen immer noch stark beeinflusst (vgl. Waring, 2007, S. 155). Dies drückt sich in einem autokratischen Führungsstil aus, bei dem Vorgesetzte erwarten, dass ihren Anweisungen Folge geleistet wird. Die entsprechenden Zuständigkeits- und Hierarchiestrukturen stützen sich auf eine Machtverteilung, welche Holtbrügge & Puck (2008, S. 38) als überwiegend zentralisiert beschreiben. Die Rolle des Staates kann als einflussreich angesehen werden (vgl. Abschnitt 2.2.1.2).

China (30) zeichnet sich durch geringe Unsicherheitsvermeidung aus. Die Einhaltung von Gesetzen und Regeln wird oft flexibel nach den aktuellen Gegebenheiten ausgelegt, Pragmatismus als normal angesehen. Chinesen sind mit Ambiguität vertraut, was bereits an der chinesischen Sprache ersichtlich wird, die voller zweideutiger Begriffe ist (vgl. Hofstede, 2012). Strikt formale Prozesse zählen daher nicht zu den typischen Elementen des chinesischen Führungsstils (vgl. Hanisch, 2003, S. 41). Hofstede und Bond (1988, S. 20) ordnen ihn vielmehr folgender Herangehensweise zu: „What is true or what is right is less important than what works.“. Auf Vorkehrungen gegen unsichere Situationen wird daher oft verzichtet. Als unsicherheitsakzeptierende Gesellschaft wird China sogar höhere Bereitschaft zugeschrieben, abweichende Meinungen hinzunehmen. Ebenso zeichnen sich Chinesen nicht durch ein hohes Bedürfnis aus, ihre Umgebung zu kontrollieren (vgl. Holtbrügge & Puck, 2008, S. 40).

Die Anpassungsfähigkeit strahlt auch auf den wirtschaftlichen Kontext aus, in dem Chinesen als unternehmerisch angesehen werden. Die Zahl kleiner und mittelgroßer bzw. in Familienbesitz befindlicher Unternehmen ist entsprechend hoch (vgl. Hofstede, 2012). Chinesischer Geschäftssinn und Flexibilität schlagen sich auch in dem großen Erfolg von Auslandschinesen (Overseas Chinese) in vielen Regionen der Erde, v. a. Südostasien, nieder (vgl. World Business, 2007; Yeung & Olds, 2000, S. 1).

Tabelle 2: Einordnung der untersuchten Länder in Hofstedes Kulturdimensionen
Quelle: in Anlehnung an Hofstede (1993; 2001; 2012).

Land	Machtdistanz (PDI)	Unsicherheits-vermeidung (UAI)	Individualismus / Kollektivismus (IDV)	Maskulinität / Femininität (MAS)	Langfrist- / Kurzfrist-orientierung (LTO)
Käuferländer:					
China	**80**	**30**	**20**	**66**	**118**
Indien	77	40	48	56	61
Russland	93	95	39	36	10
Japan	54	92	46	95	80
Kanada	39	48	80	52	23
Schweiz	34	58	68	70	40
Zielländer:					
Belgien	65	94	75	54	38
Bulgarien	70	85	30	40	-
Dänemark	18	23	74	16	46
Deutschland	35	65	67	66	31
Finnland	33	59	63	26	41
Frankreich	68	86	71	43	39
Griechenland	60	112	35	57	-
Irland	28	35	70	68	43
Italien	50	75	76	70	34
Litauen	42	65	60	19	30
Niederlande	38	53	80	14	44
Österreich	11	70	55	79	31
Polen	68	93	60	64	32
Portugal	63	104	27	31	30
Rumänien	90	90	30	42	-
Schweden	31	29	71	5	33
Slowakei	104	51	52	110	38
Slowenien	71	88	27	19	-
Spanien	57	86	51	42	19
Tschechische Republik	57	74	58	57	13
Ungarn	46	82	80	88	50
Vereinigtes Königreich	35	35	89	66	25
Mittelwert	**54**	**68**	**57**	**52**	**40**
Median	**56**	**72**	**60**	**55**	**36**

Basierend auf einer Ausprägung von 20 in Individualismus/Kollektivismus kann China als äußerst kollektivistische Kultur eingeordnet werden. Dies spiegelt sich in der Bevorzugung von Angehörigen derselben Gruppen wider, z. B. in der Personalpolitik von Unternehmen. Persönliche Beziehungen nehmen eine dominante Stellung gegenüber Arbeitsinhalten bzw. dem Arbeitgeber ein (vgl. Hofstede, 2012). China ist auch relativ zu anderen asiatischen Staaten weniger individualistisch, wozu das kommunistische Gesellschaftssystem zusätzlich beiträgt.

Besonders anhand der Dimension Individualismus/Kollektivismus lassen sich viele Ausdrucksformen festmachen, die die Diskrepanz zwischen westlicher und chinesischer Kultur verdeutlichen. Das Phänomen der Gesichtswahrung bzw. die Vermeidung von Gesichtsverlust spielen darin eine zentrale Rolle und spiegeln die soziale

Verpflichtung gegenüber der Gruppe wider. Ein weiteres Kernelement ist in der Beziehungsorientierung des Geschäftsverhaltens zu finden (vgl. Holtbrügge & Puck, 2008, S. 39). Diese treten in ihrer Bedeutung teilweise an die Stelle von Verträgen in der westlichen Welt. Entsprechend werden meist langjährige Beziehungen zu Lieferanten und Kunden unterhalten. Die Wichtigkeit von Beziehungen ist stark vom Konfuzianismus beeinflusst und wird in China mit dem Ausdruck „Guanxi" bezeichnet, worunter ein Netzwerk persönlicher und gesellschaftlicher Beziehungen verstanden wird (vgl. Gelbrich, Müller & Schunk, 2004, S. 633). Im Kontrast zu westlichem Wettbewerbsverhalten kommt Kooperationen eine hervorgehobene Stellung zu.

In der Dimension Maskulinität/Femininität weist China mit 66 einen hohen Wert auf und ist den erfolgsorientierten, maskulinen Gesellschaften zuzurechnen. Dies wird in der Bereitschaft vieler Chinesen deutlich, Freizeit zugunsten von Arbeit zu opfern. Nicht selten werden Familien zurückgelassen, um andernorts eine bessere Bezahlung zu erzielen (vgl. Hofstede, 2012). Ein Beispiel hierfür ist die massenhafte Migration von ursprünglich auf die Agrarwirtschaft fokussierter Landbevölkerung in die wirtschaftlichen Zentren im Osten des Landes (vgl. Hefele & Bade, 2011, S. 7; Opitz, 2010, S. 21).

Mit einer Ausprägung von 118 in Langfrist-/Kurzfristorientierung ist China das Land mit dem höchsten Wert überhaupt. Ausdauer und Durchhaltevermögen gelten nicht als außergewöhnlich, Sparsamkeit wird als erstrebenswert betrachtet. Die Einstufung Chinas ist stark vom Konfuzianismus beeinflusst (vgl. Wang, 2008, S. 45). Investitionen werden tendenziell in langfristige Anlageformen wie Immobilien getätigt. Traditionen sind zwar wichtig, können jedoch angepasst werden, um neuen Umweltbedingungen gerecht zu werden (vgl. Hofstede, 2012). Der Aufbau von langfristigen, stabilen Beziehungen wird als Schlüssel zum Erfolg verstanden. Dabei ist ein Mindestmaß an Vertrauen wichtig um Entscheidungen treffen zu können. Das hat oft längere Umsetzungsprozesse als bei kurzfristig geprägten Gesellschaften zur Folge.

Aus den Erläuterungen wird deutlich, dass die chinesische Kultur sehr weit von den Staaten der EU-27 entfernt ist. Dies äußert sich auch in den kulturellen Distanzen zu den im Sample am häufigsten vertretenen Zielländern (es wurden diejenigen Zielländer ausgewählt, auf die mindestens 10 Transaktionen im Sample entfallen und die somit den höchsten Einfluss auf das Gesamt-Sample haben), welche diejenigen anderer Käuferstaaten erheblich übersteigen (vgl. Tabelle 3). Es wurde Hofstedes Kulturmodell mit fünf Dimensionen zugrunde gelegt.

Tabelle 3: Kulturelle Distanzen (über alle fünf Dimensionen) für ausgewählte Länderkombinationen

Quelle: in Anlehnung an Hofstede (2012); Kogut & Singh (1988).

	Käuferländer					
Zielländer	China	Indien	Russland	Japan	Kanada	Schweiz
Belgien	117,86	65,74	56,47	66,42	55,19	50,66
Deutschland	114,14	61,24	79,93	69,09	27,09	12,17
Frankreich	112,48	58,13	51,19	72,40	51,99	51,76
Italien	114,60	60,52	73,14	62,82	36,21	25,40
Österreich	123,79	82,06	99,47	71,21	51,83	31,69
Schweden	126,29	78,43	103,51	124,23	53,06	71,64
Spanien	122,49	66,97	40,47	81,24	52,20	53,17
Tschechische Republik	122,54	62,94	50,48	80,06	40,11	42,23
Vereinigtes Königreich	124,34	69,76	102,90	96,57	21,59	34,81

4.3.2 Philosophische Einflüsse auf die chinesische Kultur

Über seine lange Geschichte hinweg wurde die chinesische Gesellschaft durch zahlreiche Denkrichtungen beeinflusst, die wesentlichen Anteil an der Entwicklung der chinesischen „Kultur" haben. Die wichtigsten philosophischen Strömungen sollen hier kurz erläutert werden, da sie zum besseren Verständnis der Kultur Chinas beitragen. Hierzu zählen der Konfuzianismus, der Taoismus und der Buddhismus. Letzterer vereint in seiner chinesischen Prägung viele Elemente der beiden erstgenannten, weshalb sich die nachfolgenden Erläuterungen auf diese konzentrieren (für eine anschauliche Darstellung aller drei Philosophien vgl. z. B. Johanning, 2012, S. 92-100).

Die Lehre des Konfuzius (Konfuzianismus) verfolgt das Ziel, den Frieden und die soziale Ordnung der Gesellschaft zu erhalten. Ein hierarchisches System von Rollen und ein striktes Regelwerk mit Verhaltensweisen dienen hierbei als Leitlinie. Konfuzius definiert fünf fundamentale menschliche Beziehungen, von denen vier vertikal (Vater zu Sohn, Herrscher zu Untertan, Ehemann zu Ehefrau und älterer zu jüngerem Bruder) und eine horizontal (Freunde untereinander) sind (vgl. Y. Chen & H. Werle, 2014, S. 113). Jede Beziehung ist mit unterschiedlichen Pflichten der Beteiligten verbunden (vgl. Wang, 2008, S. 45). In der Auflistung wird eine auf Ungleichheit zwischen Individuen basierende Gesellschaftsordnung erkennbar, welche sich auch in Kulturmodellen widerspiegelt (vgl. Abschnitt 4.3.1).

Eine weitere Säule der Philosophie bilden die Tugenden, die jedes menschliche Handeln leiten sollen (vgl. Ebertshäuser, 2001, S. 109; Huang, 2008, S. 12-14 u. 32-34):

- Mitmenschlichkeit (chinesisch: ren): Mitmenschen sollen geachtet, respektiert und so behandelt werden, wie man selbst gerne behandelt werden würde.
- Gerechtigkeit bzw. Rechtschaffenheit (chinesisch: yi): Regeln und Gesetze sollen als Verhaltensmaßstab zugrunde gelegt, egoistische Motive zurückgestellt werden.
- Sittlichkeit (chinesisch: li): gegenüber Mitmenschen und der Umwelt soll Rücksicht genommen und ihnen nicht der eigene Willen aufgezwungen werden.
- Weisheit bzw. Wissen (chinesisch: zhi): Aufruf zu ständiger Anstrengung und Lernen, sowie kritischer Auseinandersetzung mit dem eigenen Handeln.
- Zuverlässigkeit bzw. Vertrauen (chinesisch: xin): Versprechen v. a. gegenüber höheren Hierarchieebenen sollen eingehalten werden.

Aus der Auflistung wird deutlich, dass insbesondere die Toleranz anderer Ansichten und Individuen, der Gehorsam gegenüber Hierarchien und die ständigen Lernbestrebungen zentrale Komponenten des konfuzianischen Wertesystems darstellen. Gleichermaßen stellt es die langfristige Orientierung von Handlungen, Disziplin und das Zurückweisen individualistischer Tendenzen in den Mittelpunkt (vgl. Wang, 2008, S. 45).

Zwar wurde der Konfuzianismus in China im Zuge der Kulturrevolution kritisiert und sogar verboten, seit den 1980er Jahren wird er jedoch wieder als wesentliche Lehre akzeptiert (vgl. ebd., S. 45). Trotz verschiedener Ansichten zu seinem Einfluss wird ihm bis heute ein Einfluss auf das private und gesellschaftliche Leben in China attestiert (vgl. Aguinis & Roth, 2005, S. 151; Seufert, 2009, S. 127). Der Einfluss auf die chinesische Kultur ist sogar so tiefgreifend, dass der Ausdruck Konfuzianismus von westlichen Forschern teilweise für den gesamten chinesischen Kulturraum verwendet wird (vgl. Rothlauf, 2009, S. 35).

Der Taoismus (auch Daoismus genannt) stellt eine Mischung aus Religion und Philosophie dar, die im Gegensatz zum Konfuzianismus auf mehrere Quellen zurückgeht (vgl. Wang, 2008, S. 48). Die naturverbundene Denkrichtung hat das Ziel, den Menschen auf einen guten Weg des Lebens zu führen. Durch die Betonung der Natur, aber auch die Abstraktheit des Konzepts an sich mit seiner mystischen, übersinnlichen Prägung, wird deutlich, dass der Schwerpunkt der Lehre über die menschliche Ebene hinausgeht. Stattdessen wird ausgedrückt, sie mit weiteren Elementen des Kosmos in Einklang zu bringen (vgl. Johanning, 2012, S. 95-96). Zur Erzielung von Harmonie mit Gesellschaft und Umwelt existieren zwei wesentliche Prinzipien (vgl. ebd., S. 96):

- Nicht-Handeln (chinesisch: wu-wei): Menschen werden angehalten, der Umwelt freien Lauf zu lassen und stetiges Eingreifen zu unterlassen. Diese Haltung ist nicht mit Passivität zu verwechseln, sondern stellt eine bewusste Verhaltensweise, eine Art „geschehen lassen“, dar, um die bestehende Ordnung zu wahren.
- Natürlichkeit (chinesisch: ziran): Menschen werden aufgefordert, den Gesetzmäßigkeiten der Natur zu folgen. Durch die Respektierung der Natur wird der Einklang zwischen ihr und den Menschen gewahrt.

Die Grundsätze stellen insbesondere das taoistische Streben nach Harmonie und ganzheitlicher Betrachtung heraus, Aspekte die für die vorliegende Arbeit von Belang sind.

Die beiden Prinzipien beeinflussen zahlreiche Symbole, wie die Yin-Yang-Dialektik. Die Dualität aus Yang (Männlichkeit, Aktivität, Feuer) und Yin (Weiblichkeit, Passivität, Wasser) steht für die Beleuchtung von Phänomenen aus mehreren Blickwinkeln, in der durch gegenseitige Ergänzung und Interaktion eine Synthese herbeigeführt wird (vgl. Huang, 2008, S. 28). Dadurch wird Ausgewogenheit und eine natürliche Ordnung erreicht. Hingegen würden übermäßige Regelungen eine Einmischung in selbige verkörpern und sollten vermieden werden (vgl. Johanning, 2012, S. 96). Ein wesentlicher Beitrag der Yin-Yang-Philosophie ist die Verdeutlichung von Zweideutigkeit, die bis auf Verhaltensweisen ausstrahlt. Die Denkweise ist stärker auf ein „sowohl als auch“ als ein „entweder oder“ ausgerichtet. Sie lässt daher die Koexistenz von scheinbar paradoxen Wertorientierungen, auch in Geschäftspraktiken, zu

(z. B. gleichzeitig starke Beziehungsorientierung wie Guanxi einerseits und Professionalität andererseits. Weitere Beispiele vgl. Faure & Fang, 2008, S. 196-205).

Im Gegensatz zum Konfuzianismus war der Taoismus in China nie Staatsphilosophie. Vielmehr wurde er wegen seines freien, teils anarchistischen Gedankenguts unterdrückt. Er beeinflusste jedoch stark die in China vorherrschende Form des Buddhismus. In einigen Bereichen wie der traditionellen chinesischen Medizin ist sein ganzheitlicher Ansatz ebenfalls grundlegend (vgl. Wang, 2008, S. 48). In der Politik hingegen wird der Taoismus heutzutage zwar anerkannt, jedoch nicht aktiv gefördert (vgl. Emmerich, Staiger & Weigelin-Schwiedrzik, 2000, S. 265-266). Dennoch argumentieren Faure und Fang (2008, S. 194), dass auch die Denkweise der modernen chinesischen Gesellschaft stark im klassischen Yin-Yang-Denken verankert sei. Insofern sehen sie starke Bezüge zu Wirtschaft und Gesellschaft.

Obwohl die Darstellung philosophischer Strömungen nicht abschließend ist, offenbart sie grundlegende Wirkungen auf die chinesische Kultur. Der Konfuzianismus hebt die Unterordnung gegenüber Hierarchien hervor, fordert tugendhaftes Verhalten und lehrt Toleranz gegenüber anderen Menschen. Der Taoismus stellt die Ganzheitlichkeit und die Beachtung der Umwelt in den Mittelpunkt. Auch wenn der Großteil der chinesischen Bevölkerung nicht aktiv einer der Lehren folgt, bestimmen sie doch maßgeblich die chinesische Kultur (vgl. Johanning, 2012, S. 99). Das umfasst auch wirtschaftliche Verhaltensweisen wie die Art der Verhandlungsführung (vgl. Nisbett, 2003).

Infolge der wirtschaftlichen Entwicklungen der letzten Jahre ist jedoch ein Wandel erkennbar. Die stark kollektivistische Denkweise ist bei jüngeren Chinesen tendenziell weniger ausgeprägt, so dass die Verfolgung individueller Motive an Bedeutung gewinnt (vgl. Johanning, 2012, S. 100). Insbesondere der sich zunehmend bildenden Mittelschicht wird ein diszipliniertes Streben nach persönlichem Aufstieg, verbunden mit Statussymbolen und Luxus attestiert. Beeinflusst wird sie nicht nur durch westliches Konsumverhalten, sondern auch durch Auslandsaufenthalte und die Tätigkeit in internationalen Unternehmen (vgl. Hefele & Dittrich, 2011, S. 70). Gleichsam wird der Stellenwert von Guanxi als abnehmend wahrgenommen (vgl. Y. Chen & H. Werle, 2014, S. 116).

Ob diese Tendenzen letztendlich eine fundamentale Änderung der Kultur herbeiführen werden oder lediglich neue Aspekte einbringen, bleibt abzuwarten. Betrachtet man Kultur aber als langfristiges, schwer veränderbares Konstrukt (vgl. Kutschker & Schmid, 2011, S. 734) ist von einem Fortbestand des chinesischen Wertesystems auszugehen.

5 Ermittlung von Forschungsmodell, Variablen und Hypothesen

5.1 Einleitende Bemerkungen

Um die in den vorangegangenen Grundlagenkapiteln formulierten Erkenntnisse auf einen konkreten Datensatz zu übertragen sowie den M&A-Erfolg Chinas und mögliche Ursachen bestimmen zu können, bedarf es zunächst geeigneter Variablen. Anhand derer ist es erforderlich, Hypothesen hinsichtlich vermuteter Wirkung und Wirkungsrichtung aufzustellen. Hypothesen stellen Aussagen dar, „die einen Zusammenhang zwischen mindestens zwei Variablen postulieren“ (Schnell, Hill & Esser, 2011, S. 49). Unter den verschiedenen Arten sind besonders klassifikatorische („wenn - dann“) und komparative („je - desto“) Aussagen gebräuchlich. Die Entwicklung von Hypothesen erfolgt in den Sozialwissenschaften oft durch Erörterung unter Rückgriff auf Theorien, vorherige empirische Untersuchungen (vgl. Toporowski, o. J.) und gegebenenfalls auf Erkenntnisse die sich in der Wirtschaftspraxis beobachten lassen. Gerade der letzte Aspekt erscheint bei jungen Phänomenen wie chinesischem OFDI ein vielversprechender Weg um aktuelle Tendenzen aufzugreifen, die sich noch nicht in der wissenschaftlichen Literatur niedergeschlagen haben.

Der Einbezug von Erfolgsvariablen in ein Forschungsvorhaben bedarf einiger grundsätzlicher Erläuterungen. Angesichts der Vielzahl der in der Literatur diskutierten, potenziellen Einflüsse (für eine Übersicht siehe z. B. Connell, 2010, S. 5) wird vorab darauf hingewiesen, dass es „die“ Erfolgsfaktoren nicht gibt. Vielmehr werden sowohl die Variablen selbst als auch ihre jeweilige Wirkungsrichtung von verschiedenen Autoren anders, teilweise sogar gegensätzlich beurteilt. Daher kann anhand der Ausprägung eines Einflussfaktors keine generelle Erfolgswirkung vorhergesagt werden. Vielmehr basiert ein Urteil immer auf der Untersuchung im konkreten Einzelfall und unter dessen Bedingungen (vgl. Horzella, 2010, S. 107-108). In diesem Sinne geht es darum, „auf einige Faktoren hinzuweisen, die in den Projekten regelmäßig als relevante Faktoren für die Beherrschung des Risikos bzw. der Erhöhung der Erfolgsträchtigkeit auftauchen und deswegen grundsätzlichen Charakter haben.“

(Lucks & Meckl, 2002, S. 12). Diesem Ziel folgend soll diese Arbeit mögliche Einflussfaktoren aufzeigen und ihre Wirksamkeit im Rahmen des zugrundeliegenden Untersuchungsgegenstandes diskutieren. Die Einbeziehung aller Einflussmechanismen wird nicht bezweckt.

5.2 Forschungsmodell und Variablengruppen

Aufgabe dieses Kapitels ist die Ermittlung eines Forschungsmodells, mit dessen Hilfe sich die grundlegenden Forschungsfragen beantworten lassen und welches die Struktur für die nachfolgende Ableitung von Hypothesen vorgibt (vgl. Garbotz, 2011, S. 92). Es orientiert sich an den wesentlichen Fragen der Untersuchung, welche in drei Fragenkomplexen münden. Diese werden wiederum in drei Teilmodellen dargestellt, die zusammen das Forschungsmodell ergeben.

Die drei Fragenkomplexe, denen die Hypothesen zugeordnet werden, sind folgende:

1. Chinesischer M&A-Erfolg im Ländervergleich (d. h. im Vergleich zu anderen Käuferländern)
2. Allgemeine Einflussfaktoren auf den M&A-Erfolg (d. h. Effekte im gemeinsam aus China und den Vergleichsländern ermittelten Gesamtsample)
3. China-spezifische Einflussfaktoren auf den M&A-Erfolg (d. h. Effekte in den Ländersamples Chinas und der einzelnen Vergleichsländer)

Der erste Fragenkomplex widmet sich der Erfolgsbeurteilung aus Sicht der sechs beteiligten Käuferländer (China sowie fünf Vergleichsstaaten) und ihrer Übernahmeobjekte. Es wird dabei rein auf das finanzielle Ergebnis abgestellt, das die Käuferländer erzielen. Die in den Abbildungen zu den Teilmodellen aufgeführten „Themenblöcke“ beziehen sich auf die drei Kernelemente dieser Arbeit – M&A-Erfolg, dessen Einflussfaktoren und das Untersuchungsobjekt China – und drücken aus, welche davon in den jeweiligen Teilmodellen erforscht werden. Abbildung 18 lässt beispielsweise Aussagen zum M&A-Erfolg Chinas, nicht aber zu dessen Einflussfaktoren zu.

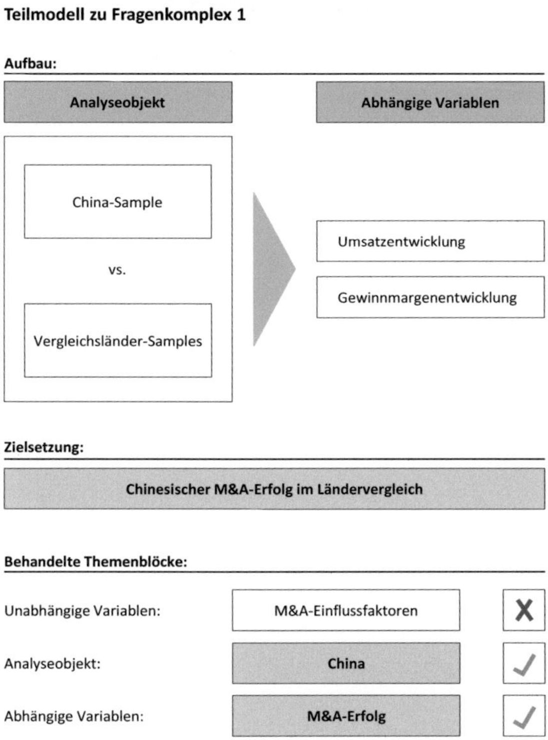

Abbildung 18: Aufbau, Ziel und Themenblöcke von Teilmodell 1 (Fragenkomplex 1)
Quelle: Eigene Darstellung.

Die Ursachenforschung beginnt mit dem zweiten Fragenkomplex, der Antworten auf die Frage finden soll, welchen Einfluss mögliche Variablengruppen und einzelne Variablen auf den M&A-Erfolg haben. Dazu werden unterschiedliche Einflussgrößen inhaltlich-analytisch und anhand vorheriger empirischer Studienergebnisse überprüft. Den so ermittelten Wirkungsbeziehungen wird ein grundsätzlicher Charakter beigemessen, da sie für alle sechs betrachteten Käuferländer gemeinsam und deren Zielunternehmen ermittelt wurden und diese Stichprobe sich auf eine breite Datenbasis stützt. Hierbei handelt es sich um einen notwendigen Schritt, um die Analyse des Fragenkomplexes 3 zu ermöglichen, d. h. die „allgemeinen“ mit den chinaspezifischen Faktoren zu vergleichen.

Insgesamt werden die potenziellen Einflussfaktoren der vorliegenden Arbeit in folgende drei Gruppen unterteilt und in dieser Reihenfolge untersucht:

a) Transaktionsspezifische Einflussfaktoren

b) Ökonomische Einflussfaktoren

c) Landeskulturelle Einflussfaktoren

Neben der Hauptgruppe vermuteter Erfolgsursachen – den landeskulturellen Einflüssen – werden auch andere Kategorien untersucht. Die Auswahl mehrerer Variablenkategorien erfolgte zum einen um die im Mittelpunkt stehenden kulturellen Variablen besser vergleichen zu können. Zum anderen ist diese Vorgehensweise üblich in empirischen Untersuchungen. Besonders transaktionsspezifische Einflüsse werden in vielen Studien als Kontroll- oder Einflussvariablen einbezogen. Ökonomische Variablen wurden besonders aufgrund des chinesischen Kontextes überprüft. Schließlich wird in vielen Publikationen zu chinesischen Firmenübernahmen der Eindruck erweckt als spielten solche Faktoren eine bedeutende Rolle (vgl. Schenck & Wang, 2011, S. 3-4; Smolka et al., 2011; Sohm, Linke & Klossek, 2009, S. 52 u. 137; siehe auch Abschnitt 5.4.2.3). In dieser Arbeit beinhalten sie landesbezogene Eigenschaften, für die eine Wirkung auf den Akquisitionserfolg denkbar ist. Damit integriert die Studie die Möglichkeit, Erfolgsfaktoren nicht nur in kulturellen, sondern auch in wirtschaftlichen Unterschieden zwischen Käufer- und Zielland zu finden. Ein weiterer Aspekt der Festlegung auf diese drei Variablengruppen war von der Zielsetzung einer umfangreichen Datenbasis geprägt, welche sich besonders durch eine sekundärdatenbasierte Erhebung sicherstellen ließ. Neben der dargestellten inhaltlichen Sinnhaftigkeit war eine solche für die gewählten Kategorien gut durchführbar.

Als transaktionsspezifische Variablen (siehe 5.4.1) wurden solche bezeichnet, die mit den Spezifika der beteiligten Unternehmen der einzelnen Transaktion – statt der Facetten ihrer Herkunftsstaaten – in Verbindung stehen (z. B. die Branchen-Verwandtschaft zwischen den Transaktionsparteien).

Eine weitere Variablenkategorie, welcher grundsätzlicher Einfluss auf OFDI und auch M&A zugeschrieben werden kann, sind ökonomische Größen (vgl. Amighini, Rabellotti & Sanfilippo, 2011; Buckley et al., 2007; Chakrabarti, Gupta-Mukherjee & Jayaraman, 2009; Yang, 2009). Verdeutlicht man deren mögliche Wirkungsbeziehungen am Beispiel chinesischer Übernahmen gibt es Argumente, die für einen Einfluss in der konkreten Stichprobe sprechen (siehe 5.4.2). Die Kategorie wird daher als sinnvolle Ergänzung zu kulturellen Bestimmungsfaktoren angesehen.

Landeskulturelle Einflussfaktoren werden insbesondere in Form von Unterschieden in den nationalen Kulturen von Herkunfts- und Zielland erfasst (Konzept der kulturellen Distanz, vgl. 5.4.3.1). Diese bezieht sich üblicherweise auf die gemeinsame Distanz über alle Kulturdimensionen hinweg. Allerdings können die enthaltenen, verschiedenen Kultur-Facetten auch in unterschiedlicher Richtung wirken und sich möglicherweise gegenseitig aufheben. Zudem müssen nicht alle Aspekte von Landeskultur gleich bedeutsam sein. Kulturelle Distanz kann daher zusätzlich auf eine zweite Art analysiert werden: den Distanzen in den einzelnen Dimensionen (u. a. auch in Chakrabarti, Gupta-Mukherjee & Jayaraman, 2009, S. 47). Die Hypothesen werden daher um die Distanzen derjenigen Dimensionen spezifiziert, bei denen ein Einfluss vermutet wird (vier der insgesamt fünf Dimensionen, siehe 5.4.3.2 bis 5.4.3.5).

Daneben können auch die spezifischen, kulturellen Besonderheiten der jeweiligen Käufernationen einen Einfluss auf den M&A-Erfolg ausüben, denn die kulturelle Prägung des Käufers kann den M&A-Prozess grundsätzlich beeinflussen. Es ergibt sich somit eine dritte Variante die Landeskultur untersucht. Im Gegensatz zur kulturellen Distanz (über alle oder in einzelnen Dimensionen) stellen diese nur die Ausprägungen eines Landes dar und sind unabhängig vom zweiten beteiligten Staat (hier: dem des Targets). Eine Erörterung möglicher Wirkungsrichtungen erfordert demnach eine intensive Auseinandersetzung mit den Ausprägungen des jeweiligen Käuferstaates in einer Kulturdimension (nachfolgend auch als „Käuferdimension" bezeichnet). Auf diesem Weg finden ausgewählte Aspekte der Käuferkulturen Eingang in die empirische Untersuchung (siehe 5.4.3.6 und 5.4.3.7).

Tabelle 4: Kulturelle Variablengruppen der Untersuchung
Quelle: Eigene Darstellung.

Kulturelle Variablengruppe	Einbezogene Dimensionen (Hofstede)	Einbezogene Länder
Kulturelle Distanz (gesamt)	alle fünf Dimensionen zusammen	jeweils zwei (Käuferland vs. Target-Land)
Kulturelle Distanzen (in einzelnen Dimensionen)	jeweils eine Dimension separat	jeweils zwei (Käuferland vs. Target-Land)
Kulturelle Dimensionen des Käuferlandes	jeweils eine Dimension separat	jeweils eines (Käuferland)

Wie in Abbildung 19 dargestellt, fokussiert das Teilmodell dieses Fragenkomplexes auf die Erforschung von Einflussfaktoren. China ist zwar Teil des Gesamt-Samples, chinesische Besonderheiten spielen dort aufgrund der Vielzahl von Transaktionen anderer Länder jedoch keine dominante Rolle.

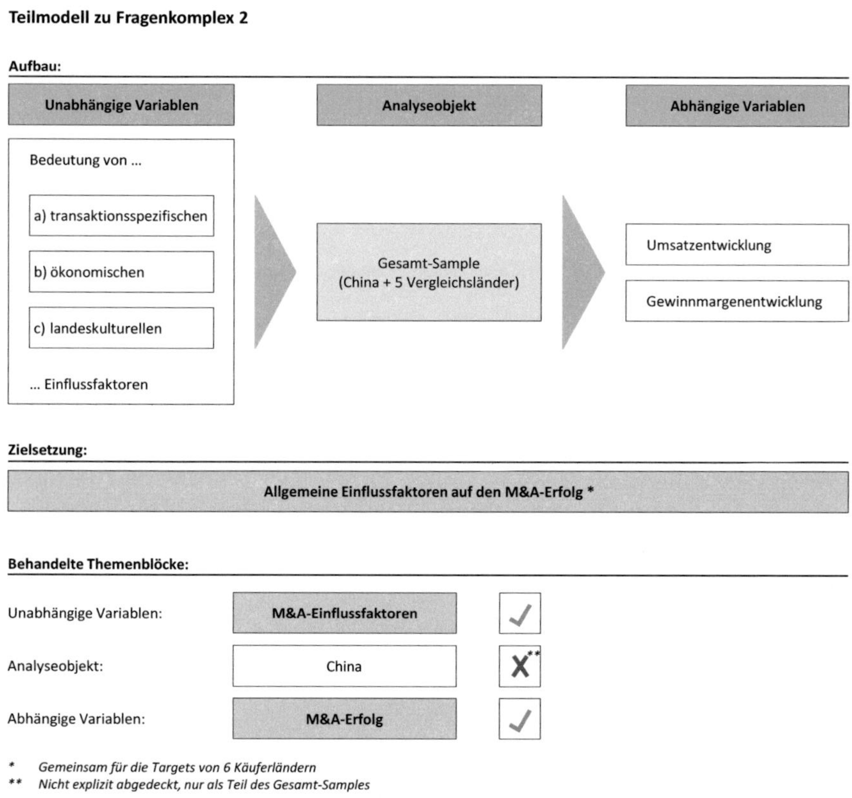

Abbildung 19: Aufbau, Ziel und Themenblöcke von Teilmodell 2 (Fragenkomplex 2)
Quelle: Eigene Darstellung.

Innerhalb der drei Kategorien werden jeweils verschiedene Variablen erörtert. Die Darstellung konzentriert sich hierbei auf jene, die auch später im Rahmen der empirischen Untersuchung analysiert werden. So werden nicht alle kulturellen Distanzen auf Ebene einzelner Dimensionen und nicht alle Käuferdimensionen erörtert, sondern nur diejenigen, bei denen ein Effekt vermutet wird (vier bzw. zwei der je fünf möglichen).

Die verwendeten Prädiktoren wurden bereits in früheren Studien untersucht, jedoch unter verschiedenen Konstellationen und unter Verwendung vielfältiger Erfolgskonzepte. In Abschnitt 5.4 wird ausführlich dargelegt, aus welchen Gründen erfolgsbeeinflussende Wirkungen für den M&A-Prozess und dessen Erfolg im Einzelnen abgeleitet werden können. Bei denjenigen Variablen, die bislang vergleichsweise selten in Bezug zu M&A-Erfolg gesetzt wurden (v. a. ökonomische) geschieht dies besonders durch praxisorientierte und ökonometrische Überlegungen unter Bezugnahme auf den konkreten chinesischen Kontext. Dies gilt ebenfalls für Teile der landeskulturellen Faktoren, speziell diejenigen, die sich mit der Kultur eines Käuferlandes befassen. Bei den bereits stärker erforschten Variablen wird bei der Ableitung von Hypothesen den empirischen Quellen höheres Gewicht beigemessen.

Die Hinführung zu Hypothesen folgt dabei, sofern möglich, einem einheitlichen, wiederkehrenden Muster. Für jede Variable werden nach einer Vorstellung der Grundlagen und möglichen Bedeutung des Einflussfaktors Argumente für eine positive wie negative Wirkung angeführt. Anschließend werden Varianten der Operationalisierung dargestellt (mit Ausnahme der kulturellen Faktoren, die jeweils nach der Systematik von Hofstede bzw. dem Index von Kogut und Singh operationalisiert werden), bevor die Verwendung in bestehenden empirischen Arbeiten und die dort erzielten Ergebnisse präsentiert werden. Den Abschluss bildet jeweils eine Übertragung dieser Erkenntnisse auf die konkrete Untersuchung, die nach einer Abwägung von Argumenten in einer Hypothese mündet.

Bei den kulturellen Distanzen in einzelnen Dimensionen bleibt festzuhalten, dass sich einige der Argumente mit denen der kulturellen Distanz über alle fünf Dimensionen – im Folgenden „kulturelle Distanz (gesamt)" genannt – überschneiden bzw. sich die dort geäußerten Vermutungen auch auf Distanzen in einzelnen Dimensionen übertragen lassen. Bei diesen wird daher auf eine Wiederholung verzichtet und nur die jeweiligen Besonderheiten von Distanzen in Einzel-Dimensionen aufgeführt.

Der dritte Fragenkomplex von Hypothesen befasst sich mit unterschiedlichen Bedeutungen der Variablen zwischen den einzelnen Stichproben der Käuferländer. Dabei steht die Frage im Mittelpunkt, welche Variablen bzw. Variablengruppen bei bestimmten Ländern einen höheren Stellenwert einnehmen und damit eine mögliche

Ursache der in Fragenkomplex 1 ermittelten M&A-Resultate sind. In Abwandlung zum vorherigen Fragenkomplex steht in diesem Teilmodell daher statt dem Gesamt-Sample das Analyseobjekt China im Mittelpunkt (siehe Abbildung 20).

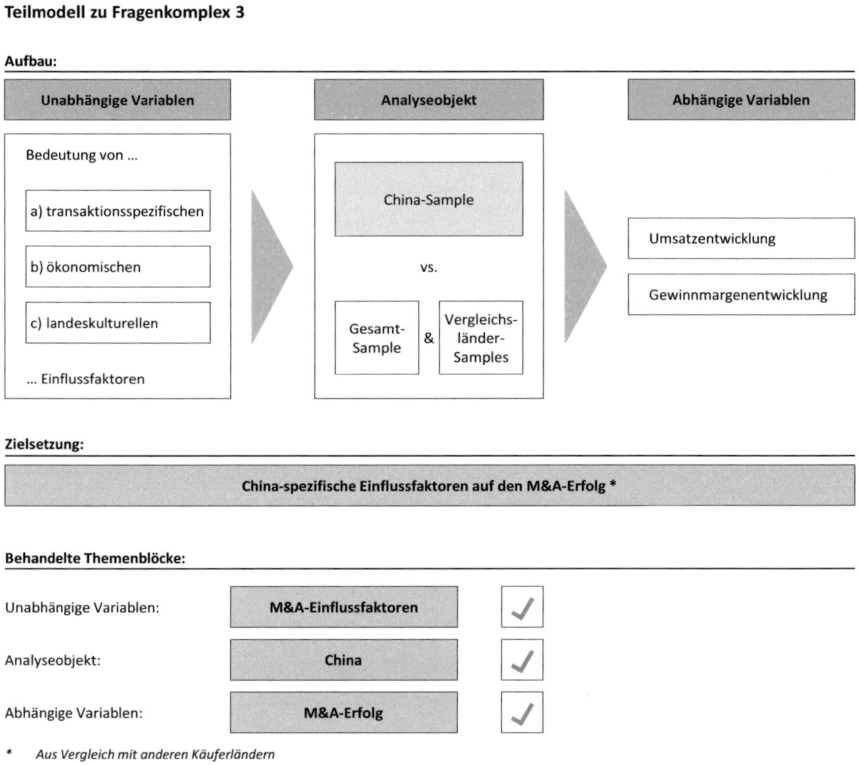

Abbildung 20: Aufbau, Ziel und Themenblöcke von Teilmodell 3 (Fragenkomplex 3)
Quelle: Eigene Darstellung.

5.3 Fragenkomplex 1: Chinesischer M&A-Erfolg im Ländervergleich

Wenn europäische, speziell deutsche Unternehmen, in der Vergangenheit vor einer Übernahme durch chinesische Investoren standen, lag der Fokus der medialen Berichterstattung sowie Äußerungen öffentlicher Entscheidungsträger stark auf möglichen Nachteilen für das übernommene Unternehmen. Ein Käufer aus China führte bei Bevölkerung, Belegschaft und Politik zu größeren Vorbehalten als andere Erwerber (vgl. Fehr, 2013; Spiegel Online, 2010; Waldermann, 2007). Dies erscheint vor dem Hintergrund negativer Erfahrungen aus den Anfangszeiten chinesischen M&A-Engagements in Europa nachvollziehbar, als erworbene Vermögensgegenstände teils ab- und in China wieder aufgebaut wurden (z. B. Kokerei Kaiserstuhl, vgl. Focus, 2011).

Allerdings hat sich der Schwerpunkt Chinas bei Übernahmen in Europa in den letzten Jahren verschoben – von kleinen, teils finanziell beeinträchtigten Firmen hin zu bedeutenden, gesunden Unternehmen. Dies ist Teil der grundlegenden Strategie der chinesischen Regierung (vgl. Abschnitt 2.2.1.2). Im Zuge dessen konnte auch eine Veränderung in der Behandlung ausländischer Firmen nach einer Übernahme festgestellt werden, die heute überwiegend von einem Stil der geringen Einmischung in die Belange der Übernahmeobjekte geprägt ist (vgl. Cogman & Tan, 2010, S. 11; Y. Liu & M. Woywode, 2012, S. 214-215; Kühl, 2012; Strack & Schwarzer, 2014, S. 6). Dies wurde in jüngerer Vergangenheit in den europäischen Zielländern wohlwollend zur Kenntnis genommen. Die fachliche Berichterstattung zeichnete daher ein zunehmend positives Bild der (finanziellen und nicht finanziellen) Entwicklung der Zielfirmen nach Transaktionsabschluss (vgl. Otto 2013, S. 10; Schenck & Wang, 2011, S. 3-4; Sohm, Linke & Klossek, 2009). Die Unternehmen konnten teilweise erfolgreich den finanziellen Turnaround herbeiführen (z. B. Waldrich Coburg, Wohlenberg Werkzeugmaschinen, AEG Elektrowerkzeuge, Welz Gas Cylinder), Standorte erhalten, in Produktionsstätten investieren, Mitarbeiter einstellen und Umsätze ausbauen.

Dadurch kann der Eindruck vermittelt werden, die von Chinesen übernommenen Firmen entwickelten sich mittlerweile sehr gut und sogar besser als Akquisitionen anderer Käuferländer. Aus der Häufung solcher Berichte lassen sich Vermutungen an die mögliche Ableitbarkeit eines generellen Phänomens stellen. Ist der Eindruck des vermeintlichen Erfolges korrekt und lässt sich dieser über einen längeren Zeitraum bestätigen? Hieraus lässt sich folgende Hypothese postulieren:

H1: Europäische Firmen, die von chinesischen Investoren übernommen wurden, erzielten in den Jahren nach der Übernahme höheren M&A-Erfolg als diejenigen, die von Käufern aus anderen Ländern übernommen wurden.

Allerdings liegt die Vermutung nahe, dass bedingt durch die verschiedenen Kulturen Chinas und Europas, bei der Erfolgsbeurteilung unterschiedliche Facetten im Vordergrund stehen. Während in westlichen Wirtschaftskulturen eine deutliche kapitalmarktorientierte Prägung vorherrscht, welche das Augenmerk auf Gewinne und Zahlungsströme legt, ergibt sich für China ein anderer Eindruck. Dort sind die M&A-Aktivitäten nicht nur Teil einer langfristigen und landesweiten Strategie (des sog. „go global“ Aufrufs), die sich Zugang zu Märkten, Technologien, Marken und Know-how zum Ziel setzt. Vielmehr wird chinesischen Firmen in der Praxis oftmals zugeschrieben, sich bei den Unternehmenszielen mehr auf Größe, Marktanteile und Wachstum zu fixieren (vgl. Otto, 2013, S. 38-40, 70; Schürmann, 2011; Sohm, Linke & Klossek, 2009, S. 19 u. 121) als auf Profitabilität, also ein anderes Erfolgsverständnis zu pflegen als in westlichen Ländern. Als Beispiel sei das Unternehmen Haier genannt, dessen CEO im Zuge des rasanten Aufstiegs zum Weltmarktführer für Mini- und Weinkühlschränke mit der Vorgabe „market first, profit second“ (Yi & Ye, 2003, S. 11) zitiert wird. Auf Landesebene wird Wachstum als das übergeordnete Ziel schlechthin bezeichnet (vgl. Mayer-Kuckuk & Sieren, 2013, S. 1). Die beobachteten hohen Investitionen in die Betriebsausstattung und Mitarbeiter einiger chinesischer Zielunternehmen (z. B. Waldrich Coburg, Schiess, Putzmeister; vgl. Franz, Henn & Weingarten, 2015, S. 21; Spiegel Online, 2010; Waldermann, 2007) erscheinen geeignet, ein positives Innovationsklima zu schaffen, welches zu Erfolg im Sinne von Größenkriterien führt. Die vermutete und ihrem Erfolgsverständnis entsprechende, stärkere Konzentration anderer Käuferländer auf Gewinnaspekte legt die Vermutung nahe, dass diese größeren Erfolg im Sinne von Profitabilität der Targets erzielen und China demgegenüber unterdurchschnittliche Resultate erzielt. Diese Vermutung führt zu einer zweiten, detaillierteren Hypothese des M&A-Erfolgs:

H2: Der Erfolg chinesischer Targets nach der Übernahme relativ zu dem anderer Länder ist höher, wenn er nach Größenkriterien definiert wird (a) bzw. geringer, wenn er nach Profitabilitätskriterien definiert wird (b)!

5.4 Fragenkomplex 2: Allgemeine Einflussfaktoren auf den M&A-Erfolg

5.4.1 Transaktionsspezifische Einflussfaktoren

5.4.1.1 Transaktionsgröße

Die Wirkung der Transaktionsgröße auf den Akquisitionserfolg wurde in zahlreichen Studien analysiert (vgl. Aybar & Ficici, 2009; Kusewitt, 1985; Markides & Ittner, 1994; Very et al., 1997). Meist geschieht dies anhand der Größe des Zielunternehmens. Sie wird oft als Indikator für die Bedeutung der Übernahme aus Sicht des Erwerbers aufgefasst. Es wird davon ausgegangen, dass dieser großen Objekten höhere Relevanz zuordnet. Als Verbindung zum M&A-Erfolg können verschiedene Wirkungsketten angeführt werden.

Für eine positive Wirkung der Transaktionsgröße spricht die höhere Management-Aufmerksamkeit, die großen Transaktionen zuteilwird und die die Realisierung geplanter Synergien fördern und damit auf ihren Erfolg ausstrahlen kann (vgl. Larsson & Finkelstein, 1999, S. 8). Bereits in einem frühen Beitrag (vgl. Kitching, 1967) wird ein überwiegendes Scheitern von Akquisitionen mit Targets belegt, deren Umsatz weniger als 2 % des Käuferumsatzes einnimmt. Neben der Integrationsphase kann die Logik auch auf die Transaktionsphase übertragen werden. Bei einer großen Übernahme erscheint es plausibel, dass sich das erhöhte Interesse des Managements in einer detaillierteren Prüfung im Rahmen der Due Diligence widerspiegelt, wodurch die Wahrscheinlichkeit eines Erfolges gesteigert wird (vgl. Thomas, 2008, S. 252). Dies ist jedoch abhängig von der Operationalisierung von Erfolg.

Geht man davon aus, dass sich Größe auch auf Prestige für den Käufer überträgt, kann sie sich positiv auf die Motivation der mit dem M&A-Management betrauten Personen auswirken und zu förderlichen Effekten führen.

Ebenso für einen positiven Effekt spricht das Kombinationspotential einer Unternehmenstransaktion. Unterschreitet das Zielobjekt eine kritische Größe, nimmt die Wahrscheinlichkeit ab, dass das Potential ausreicht um einen Erfolg zu begründen (vgl. Kusewitt, 1985, S. 152).

Im Gegenzug steigt mit der Firmengröße auch die Komplexität. Mit potenziellen Hindernissen für Planung, Due Diligence, Kaufpreisermittlung, Vertragsverhandlungen und Integration kann sie alle Phasen eines M&A-Prozesses erfassen. Es erscheint plausibel, dass sich kleinere Deals tendenziell einfacher umsetzen lassen. Kusewitt (1985, S. 159) weist darauf hin, dass große Transaktionen eine Überlastung des Erwerbers hervorrufen kann. Neben der verfügbaren Management-Kapazität schließt dies auch die finanzielle Leistungsfähigkeit ein.

Die Variable kann anhand verschiedener Kennzahlen operationalisiert werden. Überwiegend betrachten Studien die Größe des Targets im Verhältnis zum Käuferunternehmen („relative Größe") und greifen auf Umsätze oder Marktwerte des Eigenkapitals zurück.

Teilweise wird auch auf die „absolute Größe" des Zielunternehmens zurückgegriffen. Es spricht jedoch vieles dafür, dass die oben getroffenen Begründungen auch auf eine Beurteilung der absoluten Größe anwendbar sind. Dies lässt sich auch an ihrer Verwendung in empirischen Studien beobachten, für die dieselben inhaltlichen Gründe wie für die relative Größe angeführt werden (vgl. Morosini, Shane & Singh, 1998, S. 144).

Die bisherigen Forschungsergebnisse zum Einfluss der Transaktionsgröße auf den M&A-Erfolg sind uneinheitlich (vgl. Haleblian et al., 2009, S. 482). Es werden sowohl positive Resultate (vgl. Healy, Palepu & Ruback, 1992, bei jahresabschlussbasierten Größen) sowie negative (vgl. Fuller, Netter & Stegemoller, 2002, bei kapitalmarktbasierten) nachgewiesen. Die Diskrepanz ist möglicherweise auch auf die Unterschiede in der Operationalisierung zurückzuführen (vgl. Hutzschenreuter, Kleindienst, Schmitt, 2012, S. 399).

Die Argumente für eine positive Erfolgswirkung der Transaktionsgröße sind grundsätzlich auch für das konkrete Gesamtsample der hier betrachteten sechs Käuferländer argumentierbar. Besonders hoher Stellenwert wird der Bedeutung von Akquisitionen in Europa für das Management von Firmen aus Schwellenländern beigemessen, der dem in Industriestaaten mindestens ebenbürtig sein dürfte. Schließlich stellen sie ein wichtiges Instrument beim wirtschaftlichen Aufholprozess dar, indem sie der Erschließung strategischer Ressourcen (gemäß ressourcen-theoretischer Ansätze) und dem Entsprechen von Umwelterwartungen (wie vom soziologischen Neo-Institutionalismus propagiert) dienen. Jedoch spricht einiges dafür, dass die oben angeführten, grundsätzlichen Hemmnisse aufgrund höherer Komplexität großer Übernahmen durch die relative Unerfahrenheit von EMNCs noch einmal verstärkt werden. Da Schwellenländer rund die Hälfte der Transaktionen im Gesamtsample umfassen wird diesem Umstand eine nicht zu vernachlässigende Rolle eingeräumt und erwartet, dass die positiven Effekte durch ihn wieder ausgeglichen werden. Es wird daher davon ausgegangen, dass die Transaktionsgröße in diesem Sample kein wesentlicher Einflussfaktor ist. Die Hypothese lautet daher wie folgt:

H3: Die Größe der Transaktion hat keinen signifikanten Einfluss auf den Erfolg des Targets nach der Übernahme!

5.4.1.2 Branchen-Verwandtschaft

Einem potenziellen Käufer bieten sich bei den strategischen Überlegungen in der Vorfeldphase einer Übernahme mehrere Optionen das eigene Produkt- und Technologieportfolio zu ergänzen. Diese beinhalten Akquisitionen in benachbarte wie in branchen-fremde Bereiche. Die Verwandtschaft bzw. Übereinstimmung („relatedness") zwischen den Geschäftsfeldern von Käufer- und Zielunternehmen wird in der Literatur vielfach als situative Einflussvariable des M&A-Erfolgs herangezogen. Ihr wird besonders in der Strategie-Literatur eine bedeutsame Rolle zugeschrieben (vgl. Larsson & Finkelstein, 1999, S. 3). Trotz der naheliegenden Vermutung eines positiven Effekts lassen sich sowohl Argumente für eine positive als auch negative Wirkung aufzeigen.

Üblicherweise wird davon ausgegangen, dass Transaktionen erfolgreicher sind, in denen die Tätigkeiten der Beteiligten Ähnlichkeiten aufweisen. Grundlage ist die Interpretation von Übereinstimmung als Indikator für das Kombinationspotential („combination potential") einer Transaktion (vgl. Datta, 1991, S. 282). Nach Ansicht von Larsson & Finkelstein (1999, S. 5) mündet dieses letztendlich in der Realisierung von Synergien, welche als maßgeblicher Treiber des M&A-Erfolges gelten (vgl. Singh & Montgomery, 1987, S. 379). Für Synergien lassen sich vielfältige Quellen anführen: u. a. Skaleneffekte („economies of scale"), Verbundeffekte („economies of scope") sowie Marktmacht („market power"). Die beiden erstgenannten führen zu einer effizienteren Durchführung von Aktivitäten, die sich auf Mengenerhöhungen (Skaleneffekte) bzw. die Nutzung von Gemeinsamkeiten (Verbundeffekte) zurückführen lassen (vgl. Datta, 1991, S. 282; Lubatkin, 1983, S. 219-220). Das Potential dieser Mechanismen wird in verwandten Deals höher eingeschätzt als in geschäftsfremden (vgl. Singh & Montgomery, 1987, S. 379). Weiterhin spricht die mögliche Vergrößerung der Marktmacht (vgl. Morosini, Shane & Singh, 1998, S. 144; Stillman, 1983, S. 226) für eine positive Wirkung branchen-verwandter Transaktionen. Die Größe eines Gemeinschaftsunternehmens aus ähnlichen Tätigkeitsfeldern und dessen Zugriff auf weitere Ressourcen können Wettbewerbsvorteile schaffen, die die Leistungsfähigkeit im internationalen Wettbewerb stärken. Ein Zusammenschluss aus branchen-fremden Partnern würde dies in den meisten Fällen nicht im selben Umfang ermöglichen.

Zudem erscheint es plausibel, dass vorhandenes Wissen des Erwerbers über Branche und Produkte der erworbenen Einheit die Erfolgsaussichten steigert (vgl. Datta & Puia, 1995, S. 341), indem es sich positiv auf die Durchführung des Integrationsprozesses auswirkt.

Im Gegenzug erhöht sich durch Geschäftsverwandtschaft auch das Risiko von Überschneidungen zwischen den beiden Unternehmensportfolien. In der Literatur herrscht weitgehender Konsens darüber, dass Zusammenschlüsse zwischen Unternehmen in ähnlichen Tätigkeitsbereichen eine straffere Integration mit geringerer Autonomie des Targets erfordern. Die Integration ist dann meist durch eine intensivere Kommunikation zwischen den Mitarbeitern der beiden Parteien geprägt, was Konfliktpotential birgt. Dieser Zusammenhang kann im internationalen Kontext noch weiter verstärkt werden wenn zusätzlich interkulturelle Herausforderungen auftreten. Besonders in Verbindung mit fehlender Branchenexpertise können sie zu einer erschwerten Integration führen.

Ebenso wird die Aussicht, durch eine stärkere Diversifizierung höhere Stabilität von Zahlungsströmen zu erreichen, als Chance branchen-fremder Transaktionen eingestuft (vgl. Du & Boateng, 2012, S. 43). Entsprechend würde es einen negativen Zusammenhang zwischen Verwandtschaft und M&A-Erfolg implizieren.

Die ursprüngliche und am häufigsten angewandte Operationalisierung richtet sich nach dem Vergleich der Industriecodes von Käufer- und Zielunternehmen. Es kann davon ausgegangen werden, dass Produkt- und Marktkenntnis von ihnen sinnvoll abgebildet werden können. Strategische Unterschiede in den Geschäftsmodellen lassen sich hingegen nicht erfassen. Es bleibt somit unberücksichtigt, ob Produkte, Märkte und Know-how tatsächlich komplementär zueinander sind und damit Synergiepotential gegeben ist (vgl. Larsson & Finkelstein, 1999, S. 5-6). Hieran wird deutlich, dass „relatedness" bislang stärker als „Branchen-Verwandtschaft" denn als strategische bzw. operative „Übereinstimmung" ausgelegt wird. Trotz dieser Kritik erscheint auch erstgenannte Interpretation geeignet, um das Wissen des Käufers bei Auswahl, Prüfung und Integration des Targets auszudrücken.

Der Aspekt trägt jedoch möglicherweise zu dem uneinheitlichen Bild bezüglich der Wirkungsweise der Variable bei (vgl. Larsson & Finkelstein, 1999, S. 15-16). Studien zeigen sowohl positive (vgl. Datta & Puia, 1995; Morosini, Shane & Singh, 1998; Shanley & Correa, 1992; Singh & Montgomery, 1987) als auch negative (vgl. Agrawal, Jaffe & Mandelker, 1991; Chatterjee, 1986; Elgers & Clark, 1980; Harrison et al., 1991; 2001; Hitt, Hoskisson & Nixon, 1994; Lubatkin, 1987) Zusammenhänge zwischen Branchen-Verwandtschaft und M&A-Erfolg. Dies setzt sich auch in neueren Untersuchungen für EMNCs fort. Der Erwerb verwandter Targets wird bei ihnen mit Wertvernichtung in Verbindung gebracht (vgl. Aybar & Ficici, 2009, S. 1331). Die Untersuchung von Bhagat, Malhotra und Zhu (2011, S. 262) zeigt die Kontroverse überdeutlich, indem sie sowohl positive als auch negative Auswirkungen in Abhängigkeit von der Art der Operationalisierung nachweist.

Die oben genannten empirischen Belege betreffen allerdings kulturell weniger entfernte Transaktionsparteien als in dieser Untersuchung, denn sie wurden größtenteils im Kontext etablierter Märkte mit höherer kultureller Gemeinsamkeit erstellt. Vor dem Hintergrund der ohnehin bereits hohen kulturellen Hürden, die einen beträchtlichen Teil des hier zugrundeliegenden Gesamtsamples betreffen, können zusätzliche Herausforderungen durch geringe Branchenexpertise eine Kooperation weiter erschweren. Beispielsweise wird erwartet, dass sich die Beziehungen des Käufers zu zusätzlichen Absatzmöglichkeiten im Heimatmarkt besser nutzen lassen, wenn er über umfangreiche Kenntnisse der Branche, ihrer Treiber und Gepflogenheiten verfügt. Daher lässt sich für diese Arbeit folgender Ursache-Wirkungs-Zusammenhang ableiten:

H4: Wenn Käufer und Target in einer verwandten Branche operieren, dann wirkt sich dies positiv auf den Erfolg des Zielunternehmens nach der Übernahme aus!

5.4.2 Ökonomische Einflussfaktoren

5.4.2.1 Einkommensunterschiede

Verglichen mit den dargestellten transaktionsspezifischen Variablen wurden Einkommensunterschiede in der M&A-Forschung bislang weniger häufig empirisch angewendet. Analog zum Konzept der kulturellen Distanz wird sie als Maßstab für die ökonomische Distanz („economic distance") zwischen Ländern angesehen (beide Konzepte korrelieren jedoch kaum, vgl. Chakrabarti, Gupta-Mukherjee & Jayaraman, 2009, S. 222). Sie misst den Wohlstand einer Nation im Verhältnis zu dem einer anderen und setzt damit die jeweiligen wirtschaftlichen Entwicklungen in Relation (vgl. Gubbi, 2010, S. 404). Das Konzept geht ursprünglich auf Ghemawat (2001) zurück, der ökonomische Distanz als Einflussfaktor von Handelsbeziehungen identifizierte. Länder mit niedrigem Wohlstand handeln demnach v. a. mit reichen Ländern. Gubbi (2010, S. 406) wendete sie auf die M&A-Aktivität indischer Firmen an und stellte fest, dass die Mehrzahl der betrachteten Übernahmen auf ökonomisch entfernte Länder abzielte. Die *Disparität im Pro-Kopf-Einkommen* (bzw. *Einkommensdisparität*) dient als Indikator dieser Distanz und soll „sozio-ökonomische Unterschiede" (Chakrabarti, Gupta-Mukherjee & Jayaraman, 2009, S. 221) zum Ausdruck bringen.

In der Studie von Chakrabarti, Gupta-Mukherjee und Jayaraman (2009, S. 225) zeigt sich ein signifikant positiver Effekt der *Disparität im Pro-Kopf-Einkommen* auf den M&A-Erfolg des Käufers (gemessen anhand von Börsenkursen) in fast allen untersuchten Modellvarianten. Auch Buckley et al. (2007, S. 508) vermuten in ihrer Studie zu Erfolgsfaktoren chinesischer Auslandsdirektinvestitionen einen positiven Einfluss des Pro-Kopf-Einkommens im Gastland aufgrund eines „market seeking"-Motivs. Es ist jedoch festzuhalten, dass in diesem Fall keine „Disparität" zwischen zwei Staaten, wie bei Chakrabarti, Gupta-Mukherjee und Jayaraman, sondern lediglich die Einstufung eines Landes – hier des Ziellandes – vorliegt. Es lassen sich jedoch Wirkungsketten aufzeigen, die diesen Zusammenhang auf die Situation europäischer Akquisitionsziele und auf die Disparität zwischen Staaten übertragen. Geht man davon aus, dass sich das Absatzpotential von Targets im Herkunftsland des Käufers durch eine Übernahme verbessert (z. B. durch Zugang zu den Vertriebswegen oder Kontaktnetzwerken des Erwerbers), ist es vorstellbar, dass hohe *Disparität im Pro-Kopf-Einkommen* Potential für die Absatzplanung aufweist. Hat das Käuferland hohen wirtschaftlichen Nachholbedarf (ausgedrückt in niedrigem Einkommen) können sich für eine Firma aus einem Industrieland (das somit eine hohe Disparität zum Zielland aufweist) so Chancen ergeben, Umsätze und Gewinne zu steigern.

Ebenso lassen sich aber auch Gründe für einen gegenteiligen Effekt herleiten. So ist es denkbar, dass bei hoher *Einkommensdisparität* in einem (wirtschaftlich schwachen) Erwerberland nicht die entsprechenden finanziellen Mittel vorliegen, um Produkte des Unternehmens aus dem (wirtschaftlich starken) Target-Land auf dem Heimatmarkt abzusetzen. Z. B. könnten die Produkte eines Targets aus Deutschland, das von einem Unternehmen aus Indien oder China erworben wurde, schlicht zu teuer für die Märkte Indiens oder Chinas sein.

Die Operationalisierung der Disparität im Pro-Kopf-Einkommen kann auf dem Ansatz von Tsang und Yip (2007, S. 1161) erfolgen, die auf das reale Bruttoinlandsprodukt pro Kopf zurückgreifen und die Distanz logarithmieren. Dieselbe Grundlage, jedoch eine modifizierte Berechnung ohne Logarithmus, nutzt die Formel von Chakrabarti, Gupta-Mukherjee und Jayaraman (2009, S. 221).

Die Argumentationen zu Effekt und möglicher Wirkungsrichtung machen deutlich, dass die Variable in Publikationen bislang kaum inhaltlich begründet wurde. Obwohl sie in einer Konstellation, die dieser Untersuchung sehr ähnelt, bereits angewandt wurde (vgl. Chakrabarti, Gupta-Mukherjee & Jayaraman, 2009, S. 221) bleibt die dortige Begründung vage und allgemein: „differences in per capita income are often associated with major socio-economic differences between countries“. Hinzu kommt, dass bislang wenige Studien das Pro-Kopf-Einkommen (bzw. dessen Disparität zwischen Ländern) in Bezug zu M&A-Erfolg gesetzt haben. Vielmehr liegt der Schwerpunkt auf der Analyse des Umfangs von M&A-Aktivität.

Die Anwendung in einem ähnlichen Forschungsvorhaben spricht für eine grundsätzliche Eignung der Variable auch in dieser Arbeit. Die geringe Anzahl empirischer Befunde in Verbindung mit der fehlenden schlüssigen Ableitung bei Chakrabarti, Gupta-Mukherjee und Jayaraman (2009) erschwert die Argumentation für die Untersuchung. Hinzu kommt, dass mit dem Wirtschaftswachstum eine inhaltlich verwandte Variable existiert, die nachfolgend ebenfalls eingeführt wird. Die Anwendung auf das Gesamtsample wird dort argumentiert, weshalb an dieser Stelle auf Abschnitt 5.4.4.2 verwiesen wird.

5.4.2.2 Konjunkturelles Umfeld und Absatzpotential

Wirtschaftswachstum ist ein vielfach verwendeter Einflussfaktor bei der Erforschung von FDI- bzw. M&A-Aktivität oder Markteintrittsstrategien (vgl. Barkema & Vermeulen, 1998, S. 14; Calderon, Loayza & Serven, 2004, S. 14). Einige Quellen stellen jedoch auch einen Bezug zum Erfolg von Akquisitionen her (vgl. Hennart, Kim & Zeng, 1998, S. 391; Slangen, 2006, S. 165).

Im Allgemeinen wird davon ausgegangen, dass solche Übernahmen erfolgreicher abschneiden deren ökonomische Bedingungen günstig sind (vgl. Slangen, 2006, S. 165). Dies erscheint plausibel, da sich in einem wachsenden Marktumfeld leichter positive Geschäftszahlen (z. B. Steigerung von Umsatz oder Gewinn) erreichen lassen. Ebenso steigen die Erwartungen an Zahlungsströme der Unternehmen und damit ihre Unternehmenswerte (vgl. Bamberger, 1994, S. 191), was kapitalmarktorientierte Bezugsgrößen anwachsen lässt. Ein günstiges ökonomisches Umfeld in Form von Wirtschaftswachstum hat damit positives Potential unter mehreren Erfolgsdefinitionen.

Ein negativer Effekt auf den M&A-Erfolg ist besonders bei einer kapitalmarktorientierten Erfolgsdefinition denkbar. Waren die Annahmen bezüglich des konjunkturellen Umfeldes im Zuge der Unternehmensbewertung im Nachhinein zu optimistisch, kann dies zu einem zu hohen Kaufpreis aufgrund einer vorherigen Überbewertung des Akquisitionspotentials führen. Entsprechend kann sich die wirtschaftliche Entwicklung negativ auf den M&A-Erfolg auswirken (vgl. Bamberger, 1994, S. 191), abhängig davon wie dieser definiert wird.

Die wirtschaftliche Betrachtung bezieht sich meist auf das Wachstum im Zielland von M&A, ausgedrückt durch die Wachstumsrate des Bruttoinlandsprodukts (vgl. Barkema & Vermeulen, 1998, S. 14; Buckley et al., 2007, S. 508). Eine Erweiterung des Einflussfaktors auf das Käuferland erscheint zwar denkbar, erfordert jedoch eine inhaltliche Begründung und das Treffen von Annahmen.

In einer empirischen Studie findet Bamberger (1994, S. 192-193) einen positiven Zusammenhang von Wirtschaftswachstum und Erfolgsquote von Unternehmensübernahmen. Die Studie bestätigt daher die naheliegende Vermutung eines positiven Effekts. Es finden sich allerdings auch Belege, die negative Effekte attestieren (für eine Übersicht siehe Eisenbarth, 2013, S. 144). Die dortige Darstellung zeigt anschaulich, dass diese Wirkungsweise jedoch vornehmlich bei der stark erwartungsbezogenen (verdeutlicht durch Aktienkurse als Barwert zukünftig erwarteter Zahlungsströme) kapitalmarktorientierten Erfolgsmessung auftritt.

Die Erwartung an die Wirkungsrichtung im Gesamtsample dieser Untersuchung wird sehr stark von Wirkungsketten in Bezug auf China und der Annahme eines analogen Effekts für die fünf Vergleichsländer beeinflusst.

Im Zentrum der Argumentation steht hierbei der Absatzmarkt Chinas, der aus dem rasanten wirtschaftlichen Aufstieg des Landes und seiner Öffnung nach außen resultiert und enormes Potential für ausländische Firmen bietet. Es wird davon ausgegangen, dass sich durch einen chinesischen Eigentümer ein verbesserter Zugang zu Kunden im Käuferland bietet, über den das Target ohne diesen mitunter nicht bzw. nicht in diesem Umfang verfügt hätte (vgl. Otto, 2013, S. 10 u. 26; Söhn, 2010, S. 531). In der Studie von Otto (2013, S. 26) beziehen Unternehmensvertreter dies u. a. „auf die Verbindungen, das Netzwerk, um die Produkte [in China; Anm. d. Verfassers] verkaufen zu können“. Als weiterer Vorteil eines chinesischen Eigentümers wird dort von Befragten die Absicherung des bereits zuvor erzielten Wachstums in China mit Hilfe des Investors genannt. Mit Verweis auf die hohe Bedeutung persönlicher Beziehungen im Wirtschaftsgeschehen Chinas (vgl. Abschnitt 5.4.3) und das immense Marktpotential des Landes mit 1,3 Mrd. Menschen erscheint diese Vermutung plausibel.

Allerdings sind bei dem von den obigen Autoren vermuteten Potential des Absatzmarkts Zweifel an der uneingeschränkt starken Beeinflussung des Erfolgs von Zielunternehmen angebracht. Gerade wenn Übernahmeobjekte über führende Produkte verfügen, erscheint ein Markterfolg auch ohne chinesischen Gesellschafter möglich. Dies belegen zahlreiche Beispiele erfolgreicher europäischer Unternehmen. Dies betrifft zum einen Weltkonzerne wie Volkswagen, das rund ein Drittel seines Absatzes in China erzielt (vgl. Handelsblatt, 2013) und mittelgroße bis große Unternehmen wie Kuka, das seinen Umsatzanteil in China von 2010 bis 2012 auf knapp 20 % mehr als verdoppelte (vgl. Groschke, 2013; Manager Magazin, 2013). Der Trend betrifft jedoch auch ganze Branchen: 2012 gingen 27 % aller Exporte deutscher Werkzeugmaschinen nach China, von 4 % im Jahr 2000 (vgl. Stobbe, 2013, S. 3), was den Bedeutungsanstieg des chinesischen Absatzmarktes zeigt. An diesem Aufschwung sind auch viele Unternehmen des mittelständisch geprägten Sektors beteiligt. Der

Logik folgend, müssten sich die Ursachen auch auf andere große und aufstrebende Länder wie Indien übertragen lassen. Deren Heimatmarkt befindet sich langfristig ebenfalls im Aufschwung (jährliches BIP-Wachstum zwischen 2004 und 2012 von durchschnittlich 7,6 %) und verfügt gleichermaßen über wirtschaftlichen Nachholbedarf.

Beim Blick auf eine fiktive, regionale Umsatzverteilung eines Übernahmeobjektes liegt der Schluss nahe, dass der Vorteil eines aufstrebenden Heimatmarktes des Käuferunternehmens möglicherweise überschätzt wird. Wenn ein Target eine gesamte Umsatzsteigerung von 15 % erzielt, kann dieses kaum nur einem besseren Marktzugang in China zugeschrieben werden. Denn ein europäisches Zielunternehmen wird mit hoher Wahrscheinlichkeit in der Mehrzahl der Fälle nur einen Teil seines Umsatzes im Käuferland erzielen. Generiert ein Unternehmen in China z. B. 20 % seines Umsatzes (entspricht etwa dem Anteil des chinesischen Zielunternehmens Waldrich Coburg im zweiten Jahr nach der Übernahme, vgl. Unternehmensregister, 2009) und liegt das dortige Wirtschaftswachstum bei 10 % jährlich (vgl. jährliches BIP-Wachstum zwischen 2004 und 2012 von 10,5 %), profitierte es schließlich nur bei diesem 20 %-Anteil vom 10-prozentigen Anstieg. Obwohl dies ein attraktives Potential für eine Absatzregion darstellen würde könnte der Geschäftserfolg einer übernommenen Firma in den ersten ein bzw. zwei Jahren nach der Akquisition (wie in dieser Untersuchung) kaum nur mit einem Anstieg des China-Geschäfts infolge der Käuferherkunft begründet werden.

5.4.2.3 Ausländisches Investitionskapital

In empirischen Studien im Bereich „International Business“ sind Auslandsdirektinvestitionen eine häufig verwendete abhängige Variable (vgl. Blomkvist & Drogendijk, 2013, S. 676; Buckley et al., 2007, S. 508; beide anhand chinesischer OFDI). Als unabhängige Variable können sie zur Erklärung von BIP-Wachstum herangezogen werden (vgl. Carkovic & Levine, 2005). Ihre Verwendung als Einflussfaktor auf den M&A-Prozess ist hingegen weniger häufig, jedoch in bestimmten Untersuchungskonzeptionen denkbar.

Zum einen wird eingehenden Investitionen (Inward FDI) eine positive Wirkung auf das Ausmaß zugeschrieben, in dem sich Firmen entwickeln und in grenzüberschreitendem M&A im Ausland engagieren (vgl. Deng, 2009, S. 78 am Beispiel Chinas). Zum anderen können sich die eingehenden Investitionen auch grundsätzlich förderlich auf die wirtschaftliche Entwicklung der Firmen im Empfängerland auswirken. Deng (2009, S. 82) belegt dies am Beispiel chinesischer Unternehmen, welche durch den Zustrom an ausländischen Investitionen in die Lage versetzt wurden zu internationalisieren und ihren Geschäftserfolg zu steigern. Der Zusammenhang gilt auch länderunabhängig als akzeptiert und wird auf Faktoren wie Humankapital und neue Fähigkeiten zurückgeführt (vgl. European Commission, 2012, S. 119). Der Logik folgend kommen (eingehende) Auslandsdirektinvestitionen als Einflussfaktor von M&A besonders dann in Betracht, wenn eine Empfängerlandperspektive eingenommen wird.

Eine negative Wirkungsweise auf M&A konnte in empirischen Studien nicht ermittelt werden.

Auslandsdirektinvestitionen können anhand ihrer absoluten Größe erfasst werden, sowohl als jährlicher Strom („FDI flow“, u. a. in Deng, 2009, S. 83) oder als Gesamtbestand („FDI stock“, u. a. in Buckley et al., 2007, S. 505). Eine andere Möglichkeit ist die Erfassung des jährlichen Wachstums (vgl. Barkema & Vermeulen, 1998, S. 14; Buckley et al., 2007, S. 508).

Eingehenden Direktinvestitionen wird in empirischen Studien grundsätzlich ein positiver Effekt auf den empfangenden Wirtschaftsraum zugesprochen (vgl. Carkovic & Levine, 2005, S. 196). Dieser Mechanismus lässt sich auch für die chinesische Volkswirtschaft unterstützen (vgl. Deng, 2009, S. 78). Dem Autor ist jedoch keine Studie bekannt, in der ein direkter Bezug zwischen Investitionskapital oder einer verwandten Variable und M&A-Erfolg hergestellt wurde.

Ebenso wie beim Wirtschaftswachstum erfolgt die Ableitung von Hypothesen im Wesentlichen anhand der inhaltlichen Auseinandersetzung am Beispiel Chinas.

Ein oft genanntes Argument für die Vorzüge chinesischer Investoren liegt in der Zurverfügungstellung von Investitionskapital (vgl. Schenck & Wang, 2011, S. 3-4; Smolka et al., 2011; Sohm, Linke & Klossek, 2009, S. 52 u 137), welches nach der weltweiten Finanz- und Wirtschaftskrise ab 2007 schwieriger zugänglich sei. Praxisberichte bestätigen diese Vermutung und beobachten, dass den Targets Kapital bereitgestellt würde, mit dem sie stärker in ihre Wettbewerbsfähigkeit investieren könnten und weniger unter Kostendruck stünden (vgl. Otto, 2013, S. 10; Sohm, Linke &

Klossek, 2009, S. 42-51, am Beispiel von Waldrich Coburg). Infolgedessen ergeben sich für die Übernahmeobjekte größere Handlungsfreiräume und bessere Chancen auf wirtschaftlichen Erfolg. Der Argumentationsstrang hängt demnach eng mit dem wirtschaftlichen Aufschwung Chinas zusammen, der zur Bildung eines riesigen Kapitalstocks führt, welcher in Übernahmeobjekte investiert werden kann.

Zu den aufgeführten, auf den ersten Blick naheliegenden Einflussfaktoren, lassen sich allerdings auch einige Gegenargumente ins Feld führen. So erscheint es zweifelhaft, ob möglicher M&A-Erfolg durch Verfügbarkeit von Kapital überzeugend erklärt werden kann. Zusätzliche Investitionen bei den Targets würden schließlich auch Abschreibungen nach sich ziehen, die sich erfolgswirksam auf ihre Gewinn- und Verlustrechnung auswirken und die Gewinnmargen der Zielunternehmen senken würden. Außerdem verfügen viele chinesische Übernahmeobjekte bereits über qualitativ hochwertige Produkte, die auch eines der Hauptmotive der Käufer darstellen, so dass nicht von einem unmittelbaren Investitionsstau auszugehen ist.

Weiterhin erscheint ein hoher Kapitalbestand in einem Land zwar als Erklärung für die Durchführung von Investitionen, z. B. in Form von M&A, plausibel. Daraus lässt sich jedoch nicht automatisch auf den Erfolg von Übernahmen bzw. Targets schließen, da Aufträge kaum ohne wirtschaftliche Grundlage zu überhöhten Margen erteilt werden, was eine Erfolgssteigerung bei den Übernahmeobjekten verursachen könnte. Zudem können in den meisten Nationen Unternehmen und Staat nicht als eine Einheit mit gleichgerichteten Interessen betrachtet werden, da es sich um marktwirtschaftlich organisierte Wirtschaftsräume handelt, in denen sich Alternativen zu Auslands-M&A bieten. Dies ist selbst in Staaten mit deutlicher politischer Einflussnahme auf wirtschaftliche Geschehnisse wie China der Fall.

Einschränkend muss bei dieser Argumentation genannt werden, dass sie eine entscheidende Annahme beinhaltet: chinesische Outward FDI werden als Indikator für europäische Inward FDI betrachtet. Man unterstellt damit, dass die Steigerung des chinesischen Volumens mindestens proportional in die EU-27 fließt. Diese Sichtweise wird dadurch gestützt, dass der EU-Anteil chinesischer Direktinvestitionen im Zeitverlauf stieg. So ermitteln Clegg und Voss (2012, S. 17) einen Anstieg der chinesischen FDI in die EU-27 von 57 % jährlich zwischen 2003 und 2009, gegenüber 39,5 % jährlich auf globaler Ebene. Europa gewinnt demnach für China gegenüber anderen Zielregionen von Investitionen an Bedeutung. Die getätigte Annahme erscheint damit in Bezug auf die vergangenen Jahre vertretbar.

Die Kombination der obigen Argumentationen führt zur Ableitung einer weiteren Hypothese, die sich mit der Überbewertung ökonomischer Einflussfaktoren für den M&A-Erfolg befasst:

H5: Ökonomische Faktoren wie die Auslandsdirektinvestitionen des Käuferlandes (a), das BIP-Wachstum im Käuferland (b) und die Distanz im Pro-Kopf-Einkommen zwischen Käufer- und Zielland (c) haben keinen Einfluss auf den Erfolg der Übernahmeobjekte!

5.4.3 Landeskulturelle Einflussfaktoren

5.4.3.1 Kulturelle Distanz (gesamt)

Über Wirkung und Wirkungsrichtung kultureller Variablen herrscht in der Literatur bislang keine Einigkeit, was zahlreiche empirische Studien belegen. Weitgehenden Konsens gibt es hingegen darüber, dass nationale Kulturen tief in Gesellschaften verwurzelt sind und daher auch das Wirtschaftsleben und Management-Verhalten beeinflussen (vgl. Fang & Hall, 2003; Hofstede, 2001; Trompenaars, 1993). Dies betrifft viele wirtschaftliche Aspekte wie die Auswahl von Geschäftspartnern und die Rolle von Beziehungen.

Es kann daher angenommen werden, dass nationale Kultur auch Akquisitionen positiv beeinflusst. Dies kann sich bereits zu Beginn des Prozesses in Form höherer Skepsis äußern, wenn sich Beteiligte aus sehr unterschiedlichen Kulturen gegenüber stehen. Infolgedessen kann größere Sorgfalt bei der Auswahl und Prüfung des möglichen Partners angewendet und somit mehr Wert auf die Due Diligence gelegt werden (vgl. Chakrabarti, Gupta-Mukherjee & Jayaraman, 2009, S. 227). Größere Unterschiede in der Kultur der Transaktionsparteien können dadurch indirekt zu einer besseren Vorbereitung führen und so die Wahrscheinlichkeit für späteren Erfolg steigern. Wertsteigerndes Potential aus Zusammenschlüssen kulturell entfernter Partner bietet ferner die Chance, im Rahmen der Integrationsphase Zugang zu komplementären Fähigkeiten und Stärken zu erhalten. Diese können in einem Unternehmensverbund bessere Voraussetzungen schaffen die vielfältigen Herausforderungen zu bewältigen die sich durch die Präsenz in zahlreichen regionalen Märkten ergeben (vgl. Chakrabarti, Gupta-Mukherjee & Jayaraman, 2009, S. 218 u. 227). Ferner wird die Entwicklung von Routinen und Fähigkeiten teilweise einem kulturell vielfältigen Umfeld zugeschrieben, da sich die Chance erhöht, solche Kenntnisse zu entwickeln, die sich von den eigenen unterscheiden (Morosini, Shane & Singh, 1998, S. 141). Diese Strömung innerhalb des Forschungsfeldes beruft sich vornehmlich auf den Resource-based View (vgl. Abschnitt 2.3.4.2.1). Ebenso wird eine organisationale Lern-Perspektive als Grundlage angeführt, die kulturelle Distanz als Mechanismus zu identifizieren, starre Verhaltensweisen aufzubrechen und Innovation und Lerneffekte zu begünstigen. Bereits durch das Bewusstsein um die Unterschiedlichkeit würde das Management dem Unternehmenszusammenschluss höhere Aufmerksamkeit widmen (vgl. Chakrabarti, Gupta-Mukherjee & Jayaraman, 2009, S. 217).

Auf der anderen Seite werden kulturelle Unterschiede als einer der Hauptgründe für das Scheitern von M&A-Transaktionen ins Feld geführt (vgl. Teerikangas & Very, 2006, S. 31) und gerade für die Erreichung von langfristigem Erfolg als kritischer Faktor angesehen (vgl. Chakrabarti, Gupta-Mukherjee & Jayaraman, 2009, S. 216). Dies wird u. a. mit dem längeren Zeitraum begründet, der nach der Übernahme zur Erreichung eines effizienten Unternehmensstadiums benötigt wird (vgl. Morosini, Shane & Singh, 1998, S. 141). Konfliktpotential wird hiermit insbesondere der Integrationsphase zugeschrieben (vgl. Jemison & Sitkin, 1986). Die Bedenken erscheinen aufgrund der umfangreichen Auswirkungen kultureller Ausprägungen auf Routinen und Handlungsweisen plausibel. Entsprechend halten Stahl und Voigt (2008, S. 160) fest, dass die Literatur kulturelle Distanz als Hindernis für die soziokulturelle Integration auffasst. Nach Ansicht einiger Autoren ist die Entstehung kultureller Konflikte sogar unumgänglich (vgl. Buono, Bowditch & Lewis, 1985, S. 492; Jemison & Sitkin, 1986, S. 159). Diese Auffassung wird auch von empirischen Studien gestützt, die Belege für einen negativen Effekt finden (vgl. Barkema, Bell & Pennings, 1996; Datta & Puia, 1995).

Da China eine deutlich von Europa abweichende kulturelle Prägung aufweist ergeben sich bei der Anwendung auf diese Studie sehr hohe kulturelle Distanzen. Auch andere Länder des Samples (insbesondere Indien und Japan) rangieren kulturell weit von Europa entfernt. Die Schweiz ist hingegen selbst Teil von Europa, wenn auch nicht der Betrachtungsregion EU-27, kulturell jedoch sehr nah. Die Zusammenstellung der Stichprobe sorgt damit für deutliche Unterschiede in den beteiligten Länder-Kulturen. Zu erörtern bleibt dahingehend, welcher der beiden Denkrichtungen – Vertretern positiver oder negativer Wirkung von kultureller Distanz – in Bezug auf diese Untersuchung größeres Gewicht eingeräumt wird. Sowohl die Befürworter eines positiven als auch die eines negativen Einflusses führen sinnvolle und nachvollziehbare Argumente an. In Abwägung beider Extreme erscheint die Argumentation von Shenkar (2001, S. 527-528) plausibel: „how different one culture is from another has little meaning until those cultures are brought into contact with one another". In Bezug auf den M&A-Prozess lässt sich dies besonders mit der Integrationsphase in Verbindung bringen (vgl. Slangen, 2006, S. 163). Bei niedrigem Integrationsgrad (d. h. hoher Autonomie des Targets) ist auch die Bedeutung kultureller Differenzen geringer als bei einer straffen Post-Akquisitionsphase. Unter Annahme einer gemäßigten Integration spräche dies dafür, dass sich die hohe kulturelle Unterschiedlichkeit zwischen Europa und China weniger stark auswirkt als es in einer straffen Eingliederung in die Strukturen des Käufers der Fall wäre. Denn dafür ist die Interaktion zwischen den Partnern zu gering.

Aus Sicht des Resource-based View machen es die hohen kulturellen Distanzen in diesem Sample wahrscheinlicher, dass ein Käufer wertvolle Fähigkeiten und Handlungsweisen besitzt, über die das Target selbst nicht verfügt (vgl. Slangen, 2006, S. 161 u. 163) und aus denen eine Anreicherung von dessen „Fähigkeiten-Portfolio" resultiert. Weiterhin vertritt Slangen die Ansicht, dass bei geringem Integrationsgrad die positiven Aspekte kultureller Distanz zum Tragen kommen, die negativen jedoch nicht im selben Maße wirken. In der Folge vermutet er einen positiven Einfluss hoher kultureller Distanz bei Transaktionen mit geringer Integration.

Gerade dieser Integrationsansatz einer weitgehenden Autonomie des Zielobjektes wird oft auch chinesischen Investoren zugesprochen (vgl. Cogman & Tan, 2010). Auch wenn China im Rahmen des Gesamt-Samples nur eines von sechs Ländern darstellt, wird vermutet, dass andere Käufer aus Schwellenländern ebenfalls einen Ansatz ohne straffe Integration verfolgen könnten. Denkbar ist dies aufgrund einer ähnlichen Motivationslage, die stärker auf die Erschließung fehlender Ressourcen als auf Effizienzgesichtspunkte ausgerichtet ist, als möglicherweise bei Käufern aus Industriestaaten. Aus diesen Überlegungen heraus wird vermutet, dass die positiven Aspekte kultureller Unterschiede stärker in Erscheinung treten als negative, weshalb folgender Zusammenhang abgeleitet wird:

H6: Je größer die „kulturelle Distanz“ zwischen den Herkunftsländern von Käufer und Target, desto größer ist der Erfolg des Targets nach der Übernahme!

5.4.3.2 Kulturelle Distanz in Machtdistanz

Auswirkungen auf die Integrationsphase werden besonders der Kulturdimension Machtdistanz zugeschrieben. Diese wird als Ursache für Neigungen hinsichtlich Macht- und Kontrollstrukturen angeführt, die im Unternehmenskontext und gerade in komplexen Situationen wie Firmenübernahmen relevant sind (vgl. Chakrabarti, Gupta-Mukherjee & Jayaraman, 2009, S. 22; Hofstede, 1980; Morosini, Shane & Singh, 1998, S. 141).

Aufgrund der besonderen Relevanz der Variable für die Integrationsphase kommt in dieser Prozessphase v. a. das bereits bei der kulturellen Distanz (gesamt) dargelegte Potential zum Tragen. Es erstreckt sich auf Kombinationen verschiedener Fähigkeiten und Routinen beider Parteien, aus der sich gemeinsame Vorteile ergeben können (vgl. Chakrabarti, Gupta-Mukherjee & Jayaraman, 2009, S. 22). Die Sichtweise lehnt sich damit stark an die Ressourcentheorie an und schließt auch die Möglichkeit ein, das Fähigkeiten-Profil eines Unternehmens durch lerntheoretische Aspekte anzureichern.

Da Firmen aus Staaten mit geringer Machtdistanz tendenziell zu größerem Widerstand gegen Machtentzug im Rahmen der Integration neigen, kann hohe Unterschiedlichkeit das Konfliktpotential aber auch erhöhen (vgl. Stahl, Chua & Pablo, 2012, S. 404-405). Die Auswirkungen von Machtdistanz auf Führungsstile können zu weiteren negativen Effekten führen wenn Mitarbeiter aus einem Land mit hoher Machtdistanz eine autokratische Führung erwarten, ein Käufer mit niedriger Einstufung jedoch eine kooperative Steuerung pflegt (vgl. Reimann & Schilke, 2005, S. 6).

Empirische Belege, die explizit die Distanz in dieser Dimension als Ursache des M&A-Erfolges sehen, sind bislang rar. In einem ähnlichen Forschungskontext finden Chakrabarti, Gupta-Mukherjee und Jayaraman (2009) Hinweise auf eine positive Wirkung hoher Distanz. In Abwesenheit weiterer empirischer Resultate werden auch für diese Studie ähnliche Ergebnisse vermutet und folgender Ursache-Wirkungs-Zusammenhang ermittelt:

H7: Je größer die „kulturelle Distanz" zwischen den Herkunftsländern von Käufer und Target in der Dimension „Machtdistanz", desto größer ist der Erfolg des Targets nach der Übernahme!

5.4.3.3 Kulturelle Distanz in Unsicherheitsvermeidung

Unterschiede in der Dimension Unsicherheitsvermeidung werden aufgrund ihrer weitreichenden Auswirkungen auf Risikoneigung, Formalisierungsgrad und andere Gegebenheiten als potenziell sehr problematisch für internationale Kooperationen eingeschätzt (vgl. Hofstede, 1989, S. 395; Shenkar, 2001, S. 525). Das Auseinanderfallen von Einstellungen hierin wird als starker Einflussfaktor auf das Gelingen einer Integration angesehen (vgl. Morosini & Singh, 1994, S. 398).

Dem Verfasser ist jedoch keine Studie bekannt, die von einer positiven Wirkung der Distanz in dieser Kulturdimension auf den M&A-Erfolg ausgeht. Daraus kann geschlossen werden, dass die Literatur diese Einflussrichtung bislang offensichtlich nicht als förderlichen Faktor in Erwägung gezogen hat.

In negativer Hinsicht wird die Diskrepanz in Unsicherheitsvermeidung hingegen sogar als Hauptgrund für das Scheitern ganzer M&A-Transaktionen betrachtet (vgl. Hofstede & Usunier, 2003). Maßgeblich hierfür werden die unterschiedlichen Auffassungen zu Risikotoleranz und Formalisierung genannt (vgl. Hofstede, 1989). Auch wenn Kung et al. (2010, S. 267) diesen Effekt in einem chinesischen Sample nicht bestätigen können, existieren doch weitere empirische Befunde die hierfür sprechen. Ein solcher ist die Studie von Barkema, Bell und Pennings (1996), die einen negativen Einfluss auf den Erfolg internationaler Joint Ventures konstatiert, für dessen Prognose sie die Dimension als die wichtigste ansieht.

Eine Übertragbarkeit auf die Investitionsform M&A scheint in diesem Zusammenhang plausibel. Chakrabarti, Gupta-Mukherjee und Jayaraman (2009, S. 3 u. 23) führen den negativen Einfluss von Distanz in der Dimension Unsicherheitsvermeidung auf die Vorteilhaftigkeit gemeinsamer Ansichten zu unstrukturierten, ungewissen Situationen zurück, welche gegenseitiges Verständnis fördern und die Koordination während der Postakquisitionsphase erleichtern. Konsistent hiermit findet die Studie von C. Liu (2012, S. 26) einen signifikant negativen Einfluss von Diskrepanzen in der Dimension Maskulinität/Femininität auf die abnormale Rendite in einer Stichprobe von über 1.200 grenzüberschreitenden Transaktionen.

Infolge der potenziell verstärkten Integrationsprobleme und aufgrund der empirischen Befunde deutet vieles auf einen negativen Effekt hin. Hinzu kommt, dass sich kaum inhaltlich überzeugende Argumente für einen positiven Einfluss herleiten lassen. Daher lautet die Hypothese wie folgt:

H8: Je größer die „kulturelle Distanz“ zwischen den Herkunftsländern von Käufer und Target in der Dimension „Unsicherheitsvermeidung“, desto <u>geringer</u> ist der Erfolg des Targets nach der Übernahme!

5.4.3.4 Kulturelle Distanz in Individualismus/Kollektivismus

Individualismus/Kollektivismus wird von Hofstede unter allen untersuchten Dimensionen als diejenige identifiziert die den höchsten Einfluss auf die Priorisierung von Arbeitszielen hat. Sie wird daher als entscheidend für den Erfolg interkultureller Arbeitsgruppen angesehen (vgl. Morosini & Singh, 1994, S. 393). Solche finden sich gerade bei grenzüberschreitenden Übernahmen, weshalb eine hohe Bedeutung für M&A plausibel ist. Dies mag dazu beitragen, dass dieser Dimension eine große Bedeutung für die Wirksamkeit der Integration insgesamt und damit letztendlich den Erfolg der Transaktion beigemessen wird (vgl. Pursche, 1990, S. 111).

Dies deckt sich mit einer positiven Erfolgswirkung der kulturellen Distanz in dieser Dimension in der bereits zitierten Studie von Chakrabarti, Gupta-Mukherjee und Jayaraman (2009, S. 22-23). Die Autoren sehen ihr Ergebnis als Indiz für Komplementarität in den Organisationsfunktionen der beiden Firmen. Als theoretische Basis können auch hier ressourcenorientierte Erwägungen herangezogen werden. Auch die Analyse von C. Liu (2012, S. 26) ermittelt einen signifikant positiven Einfluss auf die kurzfristige abnormale Rendite.

Es finden sich jedoch auch Anhaltspunkte, die einen negativen Effekt begründen können. Die Einstellung von Kulturen zur Dimension Individualismus/Kollektivismus kann die Ausprägung von Vergütungssystemen beeinflussen, die von individueller bis zu gruppenbasierter Entlohnung reichen. Entsprechend könnte das Auseinanderfallen der Haltungen in dieser, für Mitarbeiter elementaren Frage, interkulturelle Konflikte zwischen Käufer und Target in der Post-Akquisitionsphase begünstigen.

Die inhaltlichen Argumente weisen nicht eindeutig in eine Richtung. Aus diesem Grund orientiert sich die Vermutung in dieser Untersuchung an den Ergebnissen der ähnlichen Studie von Chakrabarti, Gupta-Mukherjee und Jayaraman (2009) und legt folgende Hypothese zugrunde:

H9: Je größer die „kulturelle Distanz" zwischen den Herkunftsländern von Käufer und Target in der Dimension „Individualismus/Kollektivismus", desto <u>größer</u> ist der Erfolg des Targets nach der Übernahme!

5.4.3.5 Kulturelle Distanz in Maskulinität/Femininität

Durch die Leistungs- und Erfolgsorientierung, welche maskulinen Gesellschaften zugeschrieben wird (vgl. Abschnitt 4.2.2.2) ist im M&A-Prozess insbesondere ein Einfluss auf Führungsstile (eher durchsetzungs- oder sachanalytisch orientiert) und die Umsetzung von gesteckten Übernahmezielen (aggressiv oder konsensorientiert) denkbar. Ähnlich wie in der Dimension Individualismus/Kollektivismus können Unterschiede in Maskulinität/Femininität die Interaktion von Transaktionsbeteiligten stark beinträchtigen. Empirische Untersuchungen in Bezug auf den Erfolg von M&A (vgl. Chakrabarti, Gupta-Mukherjee & Jayaraman, 2009, S. 48; C. Liu, 2012, S. 12) bzw. den von internationalen Joint Ventures (vgl. Barkema, Bell & Pennings, 1996, S. 435) finden jedoch keinen Effekt der Größe.

Zwar ergibt sich in der Studie von Markides und Oyon (1998, S. 131) eine positive Wirkung auf die abnormale Rendite, der Effekt ist jedoch minimal. Angesichts der möglichen Konfliktfelder, die sich aus dem Auseinanderfallen der Ansichten in dieser Dimension ergeben, erscheint es fraglich, ob überzeugende Argumente für eine positive Beeinflussung von M&A-Erfolg durch kulturelle Distanz in Maskulinität/Femininität gefunden werden können.

Dagegen deutet vieles auf eine negative Wirkung hin. Das Aufeinandertreffen von bestimmender maskuliner und maßvoller femininer Kultur wird auch in der Literatur zumeist mit negativen Erwartungen und kulturellen Missverständnissen in Verbindungen gebracht und empirisch bestätigt (vgl. Chakrabarti, Gupta-Mukherjee & Jayaraman, 2009, S. 226, auch wenn der Effekt nur schwach ausgeprägt ist). Die Gründe werden in Integrationsproblemen gesehen, die durch die kulturelle Unterschiedlichkeit in Maskulinität/Femininität hervorgerufen werden (vgl. ebd., S. 227 u. 230). Negative hierdurch bedingte Einflüsse auf weitere Erfolgsgrößen wie den Return on Assets (ROA) oder den Return on Equity (ROE) finden auch King et al. (2004, S. 192).

Auch wenn die Gründe für die Ergebnisse in den bisherigen empirischen Studien teilweise nur knapp dargestellt sind, erscheint es plausibel, dass ein Auseinanderfallen in den Haltungen der Dimension Maskulinität/Femininität überwiegend Probleme verursacht. Insbesondere die Rolle von Hierarchien in der Integrationsphase kann hierzu beitragen. Maskulines „Durchsetzen“ kann sicherlich leicht Konflikte schaffen wenn die andere Partei nicht mit derartigen Routinen vertraut ist. Es wird daher folgende Hypothese abgeleitet:

H10: Je größer die „kulturelle Distanz“ zwischen den Herkunftsländern von Käufer und Target in der Dimension „Maskulinität/Femininität“, desto geringer ist der Erfolg des Targets nach der Übernahme!

5.4.3.6 Unsicherheitsvermeidung im Käuferland

Die Ausprägung des Käuferlandes in der Dimension Unsicherheitsvermeidung ist bislang als Einflussfaktor von M&A-Erfolg wenig erforscht. Eine Ausnahme bildet die bereits erwähnte Untersuchung von Morosini, Shane und Singh (1998, S. 145), die die Variable als maßgeblich für Form und Durchführung der Integration und daher als potenziell einflussreich ansieht. Sie beziehen sich insbesondere auf Pursche (1990, S. 111), demzufolge hohe Unsicherheitsvermeidung auf ausgeprägte Organisationsgrade, Regelwerke, Planung, Kontrolle und die Bevorzugung von „Top-Down“-Integrationsansätzen hindeute. Sie ermögliche damit eine raschere Zusammenführung und schnelleren finanziellen Erfolg.

Folglich könnte von hoher Unsicherheitsvermeidung des Käufers eine positive Erfolgswirkung abgeleitet werden. Die damit verbundene zurückhaltende Einstellung hinsichtlich neuer Situationen würde sich somit als förderlich erweisen.

Auf der anderen Seite ist es denkbar, dass sich Käufer, die sich in unsicheren Situationen leicht zurecht finden (geringe Unsicherheitsvermeidung) schneller an Marktgegebenheiten anpassen können. Diese Fähigkeit könnte auch im Zuge von M&A-Transaktionen vorteilhaft sein: indem Chancen überhaupt als solche verstanden werden oder Übernahmen auch unter Hinnahme von Restunsicherheiten durchgeführt werden.

Die chinesische Kultur zeichnet sich durch eine sehr geringe Unsicherheitsvermeidung aus (vgl. Hofstede, 1980). Aussagen durch Manager von Übernahmeobjekten bestätigen diese Charakterisierung auch für die Geschäftskultur und betonen die offene Haltung chinesischer Muttergesellschaften bzgl. Unsicherheit im M&A-Kontext (vgl. Doll & Hartmann, 2012). Würde die von Morosini, Shane und Singh (1998) sowie Pursche (1990) geäußerte Haltung auf chinesische Akquisitionen übertragen, ergäbe sich eine negative Beeinflussung des M&A-Erfolgs durch Chinas risikobereite Grundeinstellung. Die positiven Rückmeldungen zu Übernahmen in der jüngeren Vergangenheit lassen jedoch Zweifel an dieser Wirkungsrichtung aufkommen.

Zusätzlich zur Haltung bzgl. Unsicherheitsvermeidung liegen aus chinesischer Sicht auch plausible Gründe vor, nicht einem, von oben straff geführten, Integrationsansatz zu folgen. Aufgrund der Unerfahrenheit chinesischer Käufer bei der Durchführung grenzüberschreitender Akquisitionen und der Steuerung internationaler Unternehmen erscheint die Strategie vorteilhaft, stärker auf solche Personen zu vertrauen, die über entsprechende Kenntnisse und Wissen über das Zielunternehmen und dessen Geschäftsfeld verfügen. Daher sind zahlreiche Fälle zu beobachten, in denen das bisherige Management im übernommenen Objekt im Amt blieb (vgl. Cogman & Tan, 2010, S. 11; Y. Liu & M. Woywode, 2012, S. 214; Strack & Schwarzer, 2014, S. 2). In der spezifisch chinesischen Ausgangslage mit mangelnder Erfahrung erscheint es also positiv, wenn die Vorgehensweise, dem Target hohe Handlungsfreiheit einzuräumen, das fehlende Know-how des Käufers in der Unternehmensführung kompensiert (vorausgesetzt es wird von einer kulturellen Verankerung dieser Vorgehensweise ausgegangen). Dies führt zu einem weiteren Anhaltspunkt, in dem sich die mögliche Wirkungsrichtung von Unsicherheitsvermeidung bei chinesischen Übernahmen (tendenziell eher eine negativen Wirkung hoher Unsicherheitsvermeidung) von der empirisch ermittelbaren (tendenziell eher eine positiven Wirkung) unterscheidet.

Die Berücksichtigung der chinesischen Aspekte führt vielmehr zu der Vermutung, dass geringe Unsicherheitsvermeidung eher zum Gelingen von Übernahme und Führung internationaler Targets beitragen kann. Dies deckt sich mit der Wirkung von Unsicherheitsvermeidung auf Eigenschaften, die in einer internationalen, und damit von komplexeren Strukturen geprägten, Wirtschaftswelt eine stärkere Rolle einnehmen könnten. Unsicherheitsakzeptierende Kulturen erweisen sich als flexibel und pragmatisch im Umgang mit neuen Situationen, sind anpassungsfähig und unternehmerisch (vgl. Hofstede, 1980), was sich gerade bei Transaktionen zwischen sehr entfernten Kulturen und Wirtschaftsräumen auszahlen kann. Es wird daher vermutet, dass geringe Unsicherheitsvermeidung Auswirkungen auf den M&A-Erfolg hat, was in folgender Hypothese mündet:

H11: Je geringer die Einstufung in der Kulturdimension „Unsicherheitsvermeidung" (d. h. je höher die Unsicherheitsakzeptanz) im Käuferland, desto größer ist der Erfolg des Targets nach der Übernahme!

5.4.3.7 Langfrist-/Kurzfristorientierung im Käuferland

Die Dimension Langfrist-/Kurzfristorientierung (vgl. Hofstede & Bond, 1988) wurde deshalb in das ursprüngliche Modell hinzugefügt um die Spezifika asiatischer Kulturen abzubilden. Ihre Verwendung wird daher bei Analysen im ostasiatischen Kontext empfohlen (vgl. Shenkar, 2001, S. 529). Daher ist ihr Einbezug in dieser Studie naheliegend.

Eine Untersuchung der Wirkungsrichtung dieser Käuferdimension auf den M&A-Erfolg liegt nach Kenntnisstand des Autors bislang nicht vor. Insofern kann die Ableitung einer Hypothese rein auf inhaltlichen Argumenten beruhen. Für diese werden besonders chinesische Spezifika zugrunde gelegt.

Mit Bezug zu China fällt der extrem hohe Wert in der Dimension auf, also eine extrem starke Langfristorientierung. Es ist daher nicht überraschend, dass Investitionen vornehmlich in Projekte mit langem Anlagehorizont erfolgen (vgl. Hitt et al., 2004, S. 183; S. Yao, D. Sutherland & Y. Chen, 2010, S. 319). Kulturen mit starker langfristiger Ausrichtung wird eine stärker polarisierende Haltung gegenüber Vertrauen zugesprochen: entweder liegt Vertrauen vor oder nicht. Neben Personen lässt sich dies auch auf Unternehmen übertragen. Demzufolge reicht das Vertrauen oft sehr weit sobald es einmal in ein Unternehmen gesetzt wurde. Kurzfristig orientierte Nationen hingegen zeichnen sich stattdessen durch wahrscheinlichkeitsgestützte Abstufungen zwischen beiden Extremen aus (vgl. Hofstede, 2012). Die Fälle aus der Praxis belegen, dass die Unterstützung der Targets bei langfristig orientierten Staaten oft umfangreich ausfällt sowie mit erheblichen Investitionen verbunden ist (z. B. Waldrich Coburg, Dürkopp Adler; vgl. Schnitzler, 2011; Sohm, Linke & Klossek, 2009, S. 47).

In derartigen Kulturen werden Firmenziele tendenziell eher in strategischen (langfristigen) Werten wie Unternehmensgröße und Marktanteilen gesehen (vgl. Wall & Rees, 2004, S. 392; Hofstede, 2012, z. B. für Japan und Südkorea), also in Erfolgschancen die weit in der Zukunft liegen können. Daher wird vermutet, dass sich dies auf langfristige Aspekte wie Innovation auswirkt, was in der Schaffung eines entsprechend positiven Innovationsklimas mündet und sich letztlich in höherem Umsatzwachstum widerspiegelt. Zudem wird in der Einstufung eine Relevanz für den Investitionshorizont gesehen, der bewirken kann, dass auch dann Firmenübernahmen durchgeführt werden, wenn andere Investoren kurzfristig zurückhaltend agieren. Somit könnten sich Chancen auf attraktive Zielunternehmen bieten, die sich langfristig auszahlen – eine Verhaltensweise die gerade chinesische Investoren während der Finanzkrise auszeichnete. Dies führt zu folgender Ursache-Wirkungsvermutung:

H12: Je <u>höher</u> die Einstufung in der Kulturdimension „Langfrist-/Kurzfristorientierung“ (d. h. je höher die Langfristorientierung) im Käuferland, desto <u>größer</u> ist der Erfolg des Targets nach der Übernahme!

5.5 Fragenkomplex 3: China-spezifische Einflussfaktoren auf den M&A-Erfolg

5.5.1 Stellenwert von Kultur als Einflussfaktor

Die Berichterstattung zu chinesischen Firmenübernahmen in Europa aus Presseberichten, Interviews mit beteiligten Personen und Studien betonen wiederholt die Bedeutung kultureller Faktoren im Rahmen der Zusammenarbeit mit chinesischen Geschäftspartnern (vgl. Otto, 2013, S. 62-65; Sohm, Linke & Klossek, 2009, S. 140-147). Kultur als kritischer Faktor im Zuge eines M&A-Prozesses rückt daher bei Akquisitionen mit chinesischer Beteiligung verstärkt in den Fokus der Transaktionsparteien. Eine Erklärung kann in der deutlich größeren Unterschiedlichkeit in Relation zu anderen Käuferländern liegen, ein anderer in den spezifischen Ausprägungen der chinesischen Landeskultur selbst. Beide Aspekte wurden im Zuge von Abschnitt 5.4.3 überprüft (kulturelle Distanzen in 5.4.3.1 bis 5.4.3.5, Eigenschaften des Käuferlandes in 5.4.3.6 und 5.4.3.7).

Zudem wird das Aufeinandertreffen von chinesischer Kultur und europäischen Zielländern in den vergangenen Jahren überwiegend positiv beschrieben. Die Unterstellung eines „Cultural Fit“ zwischen beiden Regionen erscheint vor diesem Hintergrund denkbar. Es wird daher vermutet, dass Kultur in den Übernahmen chinesischer Investoren eine größere Rolle einnimmt, als dies bei anderen Käuferländern der Fall ist. Daraus wird folgende Hypothese abgeleitet:

H13: Der Einfluss von „kultureller Distanz“ zwischen den Herkunftsländern von Käufer und Target auf den Erfolg der Targets ist in chinesischen Akquisitionen größer (a) und wirkt sich stärker positiv (b) aus als bei Akquisitionen anderer Käuferländer!

5.5.2 Kaufzeitpunkt als Einflussfaktor

Ein Ansatzpunkt für länderspezifische Einflussfaktoren lässt sich in der jüngeren Geschichte chinesischen M&As in Europa finden. Zu medialer Beachtung führten insbesondere gelungene Übernahmen von Firmen mit Finanzierungs- und Erneuerungsbedarf (z. B. Waldrich Coburg). Als breites Phänomen war dies im Zuge der Finanz- und Wirtschaftskrise ab 2007 auffällig, als die Anzahl der von Chinesen übernommenen Firmen merklich anstieg (vgl. Otto, 2013, S. 12-14). Zur gleichen Zeit war unter anderen Investoren eine stärkere Zurückhaltung in Bezug auf Unternehmenskäufe zu verzeichnen (vgl. Schüler-Zhou, Schüller & Brod, 2010, S. 1). Wirtschaftlich angeschlagene Firmen bieten jedoch auch die Chance, bei einer Erholung hohe Wachstumsraten zu erzielen. Tatsächlich gibt es viele Beispiele, bei denen die Übernahmeobjekte die wirtschaftliche Abschwungphase mit Hilfe eines chinesischen Eigentümers überwunden und anschließend eine wirtschaftlich positive Entwicklung genommen haben (z. B. Preh, Waldrich Coburg, Schiess). Aus diesem Grund stellt sich die Frage, ob ein möglicher Erfolg chinesischer Transaktionen auch auf bessere Kaufzeitpunkte im Zuge der Target-Selektion in der Vorfeldphase zurückgeführt werden kann. Die Ursachen würden somit, neben der Einstufung in der Kulturdimension Unsicherheitsvermeidung (siehe Abschnitt 5.4.3.5), in der besseren Einschätzung der Zukunftsaussichten potenzieller Zielunternehmen liegen. Diese beinhalten u. a. die Qualität der Produkte, die Nachhaltigkeit des Geschäftsmodells und dessen Möglichkeiten für eine weitere Internationalisierung in den asiatischen Markt.

Für diese Vermutung ist daher ein Vergleich relevant, der auf der einen Seite die Entwicklung der Zielunternehmen anhand ihrer bloßen finanziellen Kenngrößen erfasst. Auf der anderen Seite muss geprüft werden, ob diese lediglich von einem Wachstum ihres entsprechenden Marktes profitierten oder einen darüber hinaus gehenden Zuwachs erzielten. Fällt der um die Sektorentwicklung bereinigte Erfolg geringer aus, kann dies als Indiz für vorteilhafte, strategische Entscheidungsfindung des Käufers dienen. In diesem Fall wäre der Erfolg auch auf die zugrundeliegende Branche zurückzuführen. Demzufolge lässt sich folgende Hypothese ableiten:

H14: Wenn der Erfolg chinesischer Übernahmeobjekt anhand von unbereinigten Erfolgszahlen betrachtet wird, dann ist der Erfolg im Vergleich zu anderen Ländern höher als wenn er anhand von sektorbereinigten Werten ermittelt wird!

5.6 Hypothesenübersicht

Insgesamt ergeben sich die folgenden Hypothesen:

Tabelle 5: Hypothesenübersicht
Quelle: Eigene Darstellung.

Fragenkomplex	Hypothese
1. M&A-Erfolg	H1 Europäische Firmen, die von chinesischen Investoren übernommen wurden, erzielten in den Jahren nach der Übernahme höheren M&A-Erfolg als diejenigen, die von Käufern aus anderen Ländern übernommen wurden.
	H2 Der Erfolg chinesischer Targets nach der Übernahme relativ zu dem anderer Länder ist höher, wenn er nach Größenkriterien definiert wird (a) bzw. geringer, wenn er nach Profitabilitätskriterien definiert wird (b)!
2. Allgemeine Einflussfaktoren	***Transaktionsspezifische Einflussfaktoren***
	H3 Die Größe der Transaktion hat keinen signifikanten Einfluss auf den Erfolg des Targets nach der Übernahme!
	H4 Wenn Käufer und Target in einer verwandten Branche operieren, dann wirkt sich dies positiv auf den Erfolg des Zielunternehmens nach der Übernahme aus!
	Ökonomische Einflussfaktoren
	H5 Ökonomische Faktoren wie die Auslandsdirektinvestitionen des Käuferlandes (a), das BIP-Wachstum im Käuferland (b) und die Distanz im Pro-Kopf-Einkommen zwischen Käufer- und Zielland (c) haben keinen Einfluss auf den Erfolg der Übernahmeobjekte!
	Kulturelle Einflussfaktoren
	H6 Je größer die „kulturelle Distanz" zwischen den Herkunftsländern von Käufer und Target, desto größer ist der Erfolg des Targets nach der Übernahme!
	H7 Je größer die „kulturelle Distanz" zwischen den Herkunftsländern von Käufer und Target in der Dimension „Machtdistanz", desto größer ist der Erfolg des Targets nach der Übernahme!
	H8 Je größer die „kulturelle Distanz" zwischen den Herkunftsländern von Käufer und Target in der Dimension „Unsicherheitsvermeidung", desto geringer ist der Erfolg des Targets nach der Übernahme!
	H9 Je größer die „kulturelle Distanz" zwischen den Herkunftsländern von Käufer und Target in der Dimension „Individualismus/Kollektivismus", desto größer ist der Erfolg des Targets nach der Übernahme!
	H10 Je größer die „kulturelle Distanz" zwischen den Herkunftsländern von Käufer und Target in der Dimension „Maskulinität/Femininität", desto geringer ist der Erfolg des Targets nach der Übernahme!
	H11 Je geringer die Einstufung in der Kulturdimension „Unsicherheitsvermeidung" (d. h. je höher die Unsicherheitsakzeptanz) im Käuferland, desto größer ist der Erfolg des Targets nach der Übernahme!
	H12 Je höher die Einstufung in der Kulturdimension „Langfrist-/Kurzfristorientierung" (d. h. je höher die Langfristorientierung) im Käuferland, desto größer ist der Erfolg des Targets nach der Übernahme!
3. China-spezifische Einflussfaktoren	***Länderspezifische Wirkung der Einflussfaktoren***
	H13 Der Einfluss von „kultureller Distanz" zwischen den Herkunftsländern von Käufer und Target auf den Erfolg der Targets ist in chinesischen Akquisitionen größer (a) und wirkt sich stärker positiv (b) aus als bei Akquisitionen anderer Käuferländer!
	Sektorauswahl und Kaufzeitpunkte als Einflussfaktoren
	H14 Wenn der Erfolg chinesischer Übernahmeobjekt anhand von unbereinigten Erfolgszahlen betrachtet wird, dann ist der Erfolg im Vergleich zu anderen Ländern höher als wenn er anhand von sektorbereinigten Werten ermittelt wird!

6 METHODIK UND DATENSATZ

6.1 Grundlagen der Vorgehensweise

6.1.1 Auswahl der Untersuchungsmethode

In der Vorbereitung einer empirischen Studie besteht zunächst die Notwendigkeit ein geeignetes Datenerhebungsdesign zur Schaffung einer Datenbasis festzulegen.

Abhängig vom Entwicklungsstand eines Forschungsschwerpunktes lassen sich unterschiedliche Methoden anwenden. Edmondson und McManus (2007, S. 1158-1165) knüpfen diese an den Reifegrad von Theorien, welcher sich zwischen den Extremen „aufkommend“ („nascent“) und „reif“ („mature“) bewegt. Mangels theoretischer Grundlagen liegt der Schwerpunkt in frühen Phasen vermehrt auf qualitativen und explorativen Methoden wie Interviews und Längsschnittstudien. Hingegen existieren bei reifen Theorien bereits Modelle und Variablen die überprüft werden können. Dadurch kommt konfirmatorischen Methoden mit quantitativer Basis und inferenzstatistischer Auswertung große Bedeutung zu.

Das Gebiet chinesischer Firmenübernahmen in Industrieländern ist bislang vergleichsweise wenig erforscht. Während die Anwendungsperspektive, M&A aus China, ein junges Gebiet darstellt, zählt die ihr zugrundeliegende M&A-Erfolgsforschung zu den traditionsreichen Feldern. Es existieren zahlreiche Theorien, Modellannahmen und Variablen, wodurch die Voraussetzungen für eine konfirmatorische Analyse gegeben sind. Der Sichtweise von Edmondson und McManus entsprechend, gibt es bereits Studien die das Phänomen anhand von Fallbeispielen untersuchen (vgl. Abschnitt 1.1). Daher existiert ein Bedarf, chinesische Akquisitionen mittels breiter Datenbasis zu analysieren. Flankiert wird dies von der Frage nach einer ländervergleichenden Bewertung des chinesischen Erfolgs. Diesen Ansprüchen kann nur eine große Stichprobe gerecht werden.

Um eine solche zu generieren erfolgte die Datenerhebung in der Untersuchung durch Sekundärdaten. Die Verwendung objektiver, bereits vorliegender Daten erwies sich als die am besten geeignete Methode zur Erforschung der Hypothesen. Sie ermöglicht die Berücksichtigung vieler Variablen und einer großen Anzahl von Beobachtungen. Durch die Auswahl von jahresabschlussbasierten Erfolgswerten konnte auch der Aspekt der fehlenden Börsennotierung fast aller chinesischen Übernahmeobjekte Rechnung getragen werden. Kapitalmarktbasierte Sekundärdaten hätten zu einer wesentlich kleineren Stichprobe geführt. Die Verwendung öffentlich zugänglicher Erfolgsfaktoren diente ebenfalls dem Ziel eine ausreichende Fallanzahl zu gewährleisten. Spezialdaten wie volkswirtschaftliche Größen oder Informationen aus Kulturmodellen lassen sich fast ausschließlich über Sekundärdaten gewinnen.

6.1.2 Spezifizierung der Untersuchungsvariablen

In der empirischen Forschung ist „zur Überprüfung einer Theorie die Angabe von Korrespondenzregeln für theoretische Begriffe notwendig" (Schnell, Hill & Esser, 2011, S. 119), welche als „Operationalisierung" bezeichnet wird. Sie „besteht in der Angabe einer Anweisung, wie Sachverhalte, die der Begriff bezeichnet, gemessen werden können." (ebd., S. 119). Um eine derartige Anweisung geben zu können, muss zunächst geklärt werden, wie der Begriff abgegrenzt werden soll und auf welche Aspekte er sich bezieht (vgl. ebd., S. 120). Dieser Schritt kann als „Konzeptspezifizierung" verstanden werden. Das zu untersuchende Merkmal eines Begriffs, Konzepts bzw. Konstrukts (die Begriffe werden in der empirischen Praxis oft synonym verwendet) ist nicht direkt beobachtbar. Es kann jedoch indirekt anhand von beobachtbaren Variablen, sog. Indikatoren, gemessen werden. Viele Konstrukte sind mehrdimensional, auch wenn zwischen den verschiedenen Dimensionen Verbindungen bestehen. Entsprechend ist es ratsam, Merkmale über mehrere Indikatoren zu erfassen (vgl. Ludwig-Mayerhofer, o. J., S. 4-8). Damit kann die Messung präzisiert oder der untersuchte Begriff aus unterschiedlichen Blickwinkeln heraus thematisiert werden. Das ist auch der Ansatz dieser Studie: mögliche Ursachen und Effekte werden jeweils durch mehrere Indikatoren abgebildet.

Bezogen auf den wichtigsten Begriff der vorliegenden Studie, den M&A-Erfolg, muss festgelegt werden, welche Aspekte erfasst werden. Dabei stellen sich zahlreiche Fragen, u. a.:

- Ist Erfolgsbeurteilung aus finanzieller oder ressourcen-/fähigkeitsbezogener Sicht zu betrachten?
- Was genau ist unter „finanziell“ zu verstehen (z. B. Wachstum, Profitabilität, bestimmte Verhältniskennzahlen)?
- Wessen Erfolg wird betrachtet?

Zur Beantwortung ist es hilfreich, sich die verschiedenen Kriterien zur Annäherung an den Begriff „M&A-Erfolg“ zu vergegenwärtigen (siehe Abschnitt 3.3.1), welche die Basis für die folgende Operationalisierung bilden.

6.2 Untersuchungsvariablen

6.2.1 Operationalisierung

6.2.1.1 M&A-Erfolg

Die Operationalisierung des M&A-Erfolges lehnt sich an bestehende Untersuchungen an. Datta und Grant (1990) erfassten z. B. mehrere Erfolgsfacetten wie das Umsatzwachstum und Gewinngrößen (in Form von „earnings per share“). Capron (1999) verwendeten u. a. Umsatzwachstum und relative Profitabilität als Indikator für Akquisitionserfolg. Die beiden Studien griffen dafür auf eine fünfstufige Likert-Skala zurück. Eine exaktere Differenzierungsfähigkeit aufgrund des höheren Skalenniveaus erlaubt die Erfassung absoluter Werte und ihrer Entwicklung, wie sie z. B. in der Studie von Morosini, Shane und Singh (1998) vorgenommen wurde (M&A-Erfolg wird dort als Umsatzwachstum ausgedrückt).

Da im vorliegenden Datensatz überwiegend private Firmen vertreten sind, wurde der Gewinnaspekt anhand anderer Kennzahlen als bei Datta und Grant erforscht. Analog zum Umsatzwachstum wurde die Veränderung der Gewinnmarge als Indikator zugrunde gelegt. Auf die Vorgehensweise, aus mehreren Indikatoren einen gemeinsamen Index zu bilden, wurde hier bewusst verzichtet. Die verschiedenen Größen wurden stattdessen in einem Regressionsmodell separat geschätzt. Somit war es möglich, sie getrennt voneinander zu erfassen und zu interpretieren. Beide Erfolgsindikatoren, Umsatzwachstum und Gewinnmargenwachstum, errechnen sich als Quotienten und weisen (aufgrund ihres relativen Nullpunkts) intervallskaliertes Skalenniveau auf. Um der fehlenden Einigkeit über einen adäquaten Zeitraum Rechnung zu tragen, innerhalb dessen Erfolg zu ermitteln ist, wurden je zwei Varianten durchgeführt. Erfolg wurde sowohl in einem Zeitraum von einem als auch zwei Geschäftsjahren nach der Übernahme beurteilt.

Hinsichtlich der in Abschnitt 3.3.1 identifizierten Perspektiven bleibt die Frage, auf welche Untersuchungsobjekte sich die vorliegende Arbeit konzentriert (z. B. Käuferunternehmen, Zielunternehmen, fusionierte Einheit aus beiden). Sie wurde im Sinne der Zielunternehmen beantwortet. Für diese Wahl lassen sich vielfältige Beweggründe anführen. Die Interessen der Zielunternehmen finden sich, in verschieden starker Ausprägung, in allen der dort dargestellten Anspruchsgruppen. Die Interessen der Eigentümer des Targets, die vielfach einen Wunsch nach Erhalt des Unternehmens zeigen, werden ebenso erfasst wie die des übernommenen Managements, das naturgemäß eine Präferenz für hohe Eigenständigkeit und Erhalt ihrer Kompetenzen hat. Auch die Sichtweise der Mitarbeiter spiegelt sich stark im Erfolg des Zielobjekts wider. Nicht zuletzt lassen sich mit dieser Position auch die Anteile von Kunden und Öffentlichkeit im Zielland untersuchen, welche grundsätzliches Interesse an der Prosperität des Targets haben. Die Position wurde auch deshalb gewählt, da aus europäischer Sicht (des Autors) der Erfolg von Unternehmen aus dieser Region höhere praktische Relevanz hat als der Käufererfolg (in Schwellenländern). Nicht zuletzt sind erworbene Unternehmen in der wissenschaftlichen Literatur deutlich weniger erforscht als Käuferunternehmen, wodurch ein Bedarf für die Beleuchtung ihrer Perspektive abgeleitet werden kann. Es erscheint plausibel, dass die schwächere empirische Beachtung weniger an geringerer Bedeutung als vielmehr an mangelnder Verfügbarkeit von Informationen zu Zielunternehmen liegt. Durch eine Integration in das Käuferunternehmen nach der Übernahme werden sie der Erforschung durch viele Methoden (v. a. Sekundärdaten) entzogen.

Analog zu den in Abbildung 16 (Abschnitt 3.3.1) aufgezeigten Kriterien für die Bestimmung von Akquisitionserfolg lässt sich das eigene Vorgehen anhand der farblichen Hervorhebung in Abbildung 21 darstellen. Im Vergleich zur Systematik von Gerpott (1993) wurde eine fünfte Hauptebene ergänzt, die sich mit dem Untersuchungsobjekt befasst.

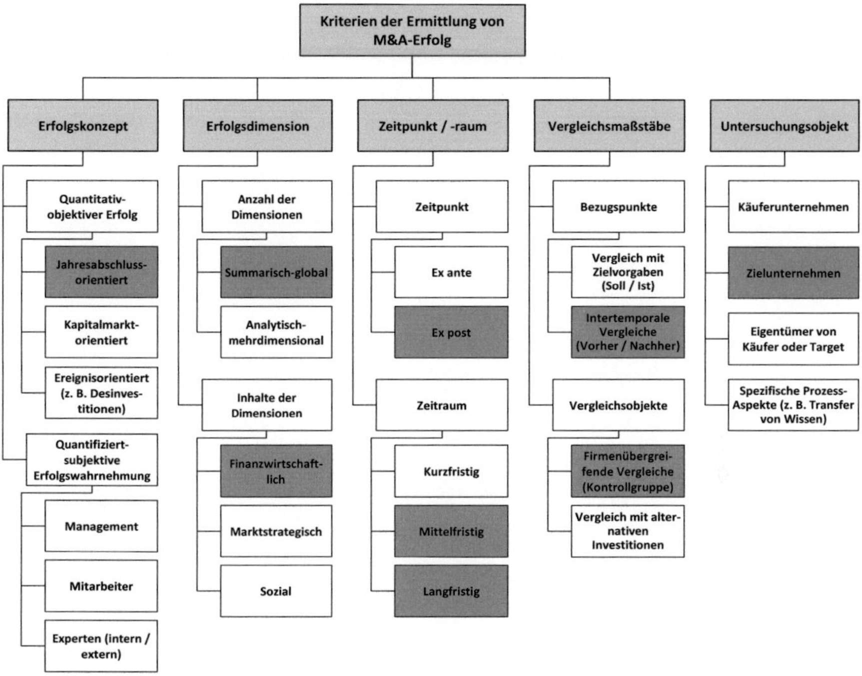

Abbildung 21: Einordnung der Untersuchung in die M&A-Erfolgsermittlung
Anm.: dunkel hervorgehobene Felder entsprechen dem Vorgehen dieser Untersuchung.
Quelle: in Anlehnung an Gerpott (1993, S. 190); Vogel (2002, S. 274).

Die aufgezeigte Schwerpunktlegung und die Konzentration auf Jahresabschlussgrößen wird in der konkreten Operationalisierung in Tabelle 6 ersichtlich.

Tabelle 6: Operationalisierung des M&A-Erfolgs
Quelle: Eigene Darstellung.

Variable	Beschreibung
Umsatz t2	Umsatz des Targets zwei Geschäftsjahre nach der Akquisition
Umsatz t1	Umsatz des Targets ein Geschäftsjahr nach der Akquisition
Gewinn t2	Gewinn-Marge des Targets zwei Geschäftsjahre nach der Akquisition
Gewinn t1	Gewinn-Marge des Targets ein Geschäftsjahr nach der Akquisition

6.2.1.2 Einflussfaktoren

Aufbauend auf den in Abschnitt 5.3 vorgestellten transaktionsspezifischen Erfolgsfaktoren wurden zwei Variablen verwendet: „*Branchen-Verwandtschaft*" und „*Firmengröße Target*".

Das Konstrukt „*Branchen-Verwandtschaft*" (REL) drückt aus, ob Käufer- und Zielunternehmen derselben Branche angehören. Ausschlaggebend hierfür ist die Zuordnung zu Industriecodes in Unternehmensdatenbanken sowie deren Überprüfung anhand von Presseinformationen und Firmen-Websites der Unternehmen. Bei der Klassifizierung wurde auf das System NACE („Nomenclature statistique des activités économiques dans la communauté européenne") zurückgegriffen, welches die am weitesten verbreitete europäische Norm darstellt. Ihre Vorteile liegen nicht nur in ihrer detaillierten Klassifizierung, sondern auch in der einheitlichen Erhebung für viele Staaten.

Das Konstrukt „*Firmengröße Target*" (*SIZE_log*) wurde anhand des Umsatzes des Zielunternehmens im Geschäftsjahr vor der Übernahme operationalisiert. Sie weicht damit leicht von der häufigen Praxis relativer Größen ab (vgl. Abschnitt 5.1.2.1). Wie dort dargestellt geben empirische Belege jedoch Anlass, von einer vergleichbaren Eignung auszugehen. Der Rückgriff auf die „absolute" Größe (statt auf die „relative" in Bezug auf die Käuferfirma) erfolgte auch aus Datenerhebungsgründen: für Nicht-EU-Käuferunternehmen war keine verlässliche Datenquelle zur Bestimmung ihres Umsatzes verfügbar. Daten in Fremdwährung wurden anhand durchschnittlicher Umrechnungskurse in Euro umgerechnet.

Die Operationalisierung transaktionsspezifischer Faktoren führte zu folgenden Indikatoren:

Tabelle 7: Operationalisierung transaktionsspezifischer Erfolgsfaktoren
Anm.: KU = Käufer-Unternehmen; TU = Target-Unternehmen
Quelle: Eigene Darstellung.

Variable	Beschreibung
Branchen-Verwandtschaft	Übereinstimmung von Branchen-Aktivität zw. KU und TU
Firmengröße Target	Umsatz von TU vor der Übernahme (logarithmiert)

Die Operationalisierung des ökonomischen Umfeldes im Heimatland der Käufer erfolgte entlang der in Abschnitt 5.2 dargelegten Erfolgsfaktoren. Demnach wurden die Konstrukte *„BIP-Wachstum“*, *„Auslandsdirektinvestitionen“* und *„Disparität Pro-Kopf-Einkommen“* untersucht. Die ersten beiden wurden als Wachstumsrate des BIP bzw. Wachstum des Verhältnisses aus Auslandsdirektinvestitionen und BIP gemessen (jeweils intervallskaliert). Die dritte Größe wurde in einem Intervall zwischen -1 und 1 abgebildet.

„BIP-Wachstum“ (*„BIP“*) zeigt die in einem Käuferland herrschende wirtschaftliche Dynamik, ausgedrückt im durchschnittlichen Wachstum seines Bruttoinlandsproduktes. Es dient als Indikator für das zusätzliche Absatzpotential, das sich Zielunternehmen bietet, wenn sie durch einen Eigentümer aus dem jeweiligen Land ihre dortigen Marktchancen erhöhen.

Mit *„Auslandsdirektinvestitionen“* (*„OFDI“*) wird erfasst, wie intensiv sich ein Käuferland, in Relation zu seiner Wirtschaftskraft, mit Investitionen im Ausland engagiert. Damit soll die „Investitionsfreudigkeit“ eines Landes ermittelt werden sowie deren Auswirkung auf die M&A-Aktivität seiner Firmen. Die Operationalisierung fußt somit auf der Annahme eines starken Ausstrahlungseffektes von Investitionen eines Landes auf Akquisitionen von Unternehmen aus diesem Land. Entsprechend geht sie von einem hohen Einfluss des Käuferlandes auf Firmenentscheidungen aus.

Die *Disparität im Pro-Kopf-Einkommen* (*„PCI_diff“*) drückt den Wohlstandsunterschied zwischen Käufer- und Zielnation aus und wird dadurch operationalisiert, dass die Differenz ihrer durchschnittlichen Pro-Kopf-Einkommen in Relation zu ihrer Summe gesetzt wird.

Die Operationalisierung volkswirtschaftlicher Größen ergab folgende Indikatoren:

Tabelle 8: Operationalisierung ökonomischer Erfolgsfaktoren
Anm.: K = Land des Käufers; T = Land des Targets
Quelle: Eigene Darstellung.

Variable	Beschreibung
BIP-Wachstum	Wachstum des Bruttoinlandsproduktes von K
Auslandsdirektinvestitionen	Wachstum der OFDI anteilig am Bruttoinlandsprodukt von K
Disparität Pro-Kopf-Einkommen	Distanz zwischen K und T im Bruttoinlandsprodukt

Das Konstrukt „Nationale Kultur" wurde anhand des Kulturmodells von Hofstede (1980) operationalisiert, das auf die Originalstudie aus den Jahren 1967-1972 zurückgeht. Ergänzt wurde dieses 4-Faktoren-Modell um zusätzliche Länder und die Dimension der Langfrist-/Kurzfristorientierung aus der Erweiterung des Autors selbst (vgl. Hofstede, 2001). Die in dem 5-Faktoren-Modell nicht enthaltenen Länderwerte für Litauen resultierten aus der Studie von Huettinger (2008). Die Werte in der Dimension Langfrist-/Kurzfristorientierung für Bulgarien, Griechenland, Rumänien und Slowenien wurden bislang nicht erhoben. Für diese wurde die Distanz mit Hilfe der vierdimensionalen Methodik bestimmt. Das System basiert auf Indices und ist somit intervallskaliert. Die fünf Indices ordnen die Länder in jeder Dimensionen auf einer Skala von 0 bis ca. 100 zu (die Höchstzahl schwankt zwischen den Dimensionen geringfügig). Die Distanz zweier Staaten ermittelt sich als gewichteter Durchschnitt über alle Kulturdimensionen hinweg. Daneben wurden die kulturellen Distanzen auf Ebene einzelner Dimensionen erhoben. Für einige Fragestellungen wurden auch nur die kulturellen Ausprägungen der Käuferländer berücksichtigt.

Obwohl mittlerweile neue Kulturmodelle vorliegen, z. B. die GLOBE-Studie (vgl. House et al., 2004) stellt Hofstedes System immer noch das am weitesten verbreitete dar (vgl. Blomkvist & Drogendijk, 2013, S. 664; Chakrabarti, Gupta-Mukherjee & Jayaraman, 2009, S. 219). Seine Eignung für diese Untersuchung wurde auch durch die Integration einer ausdrücklich auf den Kontext chinesischer Werte ausgerichteten Dimension (Langfrist-/Kurzfristorientierung) begünstigt. Hinzu kamen praktische Erwägungen. Das Modell erreicht eine sehr hohe Länderabdeckung, was die Einbeziehung aller Staaten ermöglichte, die für diese Erhebung relevant waren. Alternativen wie die GLOBE-Studie wurden ebenso geprüft, sie boten jedoch weitaus weniger Daten zu den erforschten Ländern und hätten demzufolge den Ausschluss eines beträchtlichen Anteils der Stichprobe zur Folge gehabt. Insgesamt ergaben sich die in Tabelle 9 dargestellten Operationalisierungen:

Tabelle 9: Operationalisierung von Landeskultur
Anm.: K = Land des Käufers; T = Land des Targets
Quelle: Eigene Darstellung.

Variable	Beschreibung
Kulturelle Distanz (gesamt)	Kulturelle Distanz zw. K und T über alle fünf Dimensionen
Kulturelle Distanz (Machtdistanz)	Kulturelle Distanz zw. K und T in der Dimension Machtdistanz
Kulturelle Distanz (Unsicherheitsvermeidung)	Kulturelle Distanz zw. K und T in der Dimension Unsicherheitsvermeidung
Kulturelle Distanz (Individualismus)	Kulturelle Distanz zw. K und T in der Dimension Individualismus/Kollektivismus
Kulturelle Distanz (Maskulinität)	Kulturelle Distanz zw. K und T in der Dimension Maskulinität/Femininität
Kulturelle Distanz (Langfristorientierung)	Kulturelle Distanz zw. K und T in der Dimension Langfrist-/ Kurzfristorientierung
Käuferland-Eigenschaft (Unsicherheitsvermeidung)	Wert von K in der Dimension Unsicherheitsvermeidung
Käuferland-Eigenschaft (Langfristorientierung)	Wert von K in der Dimension Langfristorientierung/ Kurzfristorientierung

6.2.2 Erhebung und Messung

6.2.2.1 M&A-Erfolg

Die Erhebung von Erfolgszahlen erfolgte mit Hilfe der Unternehmensdatenbank Amadeus des privaten Anbieters Bureau van Dijk. Sie beinhaltet standardisierte Finanzinformationen zu Unternehmen aus über 40 europäischen Ländern und führt Daten von mehr als 35 Informationsanbietern zusammen. Dort wurden jeweils die

Umsatzerlöse und das Ergebnis vor Steuern („earnings before taxes“, EBT) der im finalen Datensatz befindlichen Zielunternehmen ermittelt.

Die Finanzinformationen wurden, ausgehend vom Kaufzeitpunkt, einer generellen Logik zugeordnet. Als Zeitraum „t0“ wurde diejenige Periode bestimmt, in der die Transaktion stattfand. Entsprechend wurden die auf die Übernahme folgenden Geschäftsjahre als „t1“ bzw. „t2“ bezeichnet. Aus der Veränderung von „t0“ zu den Folgejahren wurden anschließend die abhängigen Variablen für die spätere Analyse gebildet. Die Variable *Umsatz t2* stellt also das Wachstum der Umsatzerlöse von „t0“ bis „t2“ dar, *Umsatz t1* das von „t0“ bis „t1“. Ein Wert bei *Umsatz t2* von 0,12 repräsentiert folglich einen 12-prozentigen Umsatzzuwachs über den Zeitraum von zwei Geschäftsjahren (nicht pro Jahr).

Beim EBT wurde statt der prozentualen Veränderung die Steigerung in Prozentpunkten verwendet um missverständliche Rückschlüsse zu vermeiden. Ein Unternehmen, das seine EBT-Marge von 0,02 % in „t0“ auf 1,58 % in „t2“ erhöht, würde aufgrund der geringen Bezugsbasis sonst ein Wachstum von 7800 % erzielen. Die gewählte Methodik drückt die Veränderung als Margenverbesserung aus und ergibt in diesem Fall einen Zuwachs von 1,56 Prozentpunkten (1,58 % - 0,02 %).

Bei Nicht-Euro-Werten wurden die Veränderungen jeweils in lokaler Währung berechnet. So wurde verhindert, dass Teile des Erfolgs auf Währungseffekte zurückgeführt werden und somit nicht das operative Leistungsvermögen der Firmen abbildeten.

Die Stützung der Untersuchung auf Jahresabschlusszahlen brachte auch Abgrenzungsprobleme mit sich. Während Erfolgszahlen jeweils zum Stichtag des Geschäftsjahres erhoben werden, finden M&A-Transaktionen über das ganze Jahr verteilt statt. Entsprechend liegen Umsatz und EBT immer nur für das Ende eines Geschäftsjahres vor, nicht für einen Zeitraum von exakt einem Jahr bzw. zwei Jahren nach dem Deal. Daher wurde das Geschäftsjahr, in dem die Übernahme vollzogen wurde, als Jahr „t0“ festgelegt. Bei einer Transaktion zum 12.04.2008 war dies das zum 31.12.2008 endende Geschäftsjahr, die Jahre „t1“ und „t2“ diejenigen zum 31.12.2009 und 31.12.2010. Hierdurch ergaben sich unterschiedliche Vergleichszeiträume, denn die genannte Übernahme wurde ebenso behandelt wie eine zum 25.11.2008. Die Variante wurde dennoch der möglichen Alternative vorgezogen, Erfolgszahlen manuell aus der Gewichtung mehrerer Geschäftsjahre zu ermitteln, da so tatsächliche Ergebnisgrößen verwendet werden konnten.

In einigen Fällen (insbes. indischen Transaktionen) kam es vor, dass die Zielunternehmen nach der Akquisition auf ein abweichendes Geschäftsjahresende wie den 31.03. wechselten. Die resultierenden Rumpf- bzw. verlängerten Geschäftsjahre von weniger bzw. mehr als 12 Monaten wurden nicht berücksichtigt und als nicht vorhanden gewertet. Im obigen Beispiel einer Transaktion am 12.04.2008 und einem Wechsel auf den 31.03. als Geschäftsjahresende würde das 15-monatige Geschäftsjahr vom 01.01.2007 bis zum 31.03.2009 nicht gewertet, diejenigen zum 31.03.2010 und 31.03.2011 würden als „t1" bzw. „t2" betrachtet. Erfolgte der Wechsel, wie in diesem Beispiel, bereits im Jahr „t0" führte dies zum Ausschluss der Transaktion aufgrund der fehlenden Grundlage für die Berechnung einer Erfolgsentwicklung.

Die bisherige Messung berücksichtigt jedoch noch keine Abhängigkeiten der Geschäftsentwicklung von Sektorverhalten und Wirtschaftszyklen. So wäre es jedoch möglich, dass positive Erfolgsentwicklungen nicht der Ertragskraft des Zielunternehmens oder dem Einfluss des Käufers geschuldet wären, sondern lediglich einem günstigen konjunkturellen Umfeld. Auch könnten Übernahmen aus verschiedenen Sektoren nicht sinnvoll miteinander verglichen werden, da diese verschiedenen Wachstumsdynamiken unterliegen. In der Folge könnte die Analyse zu falschen Rückschlüssen führen. Um die Vergleichbarkeit herzustellen wurden die Fälle einzeln mit der Entwicklung ihres jeweiligen Sektors in der jeweiligen Zeitspanne verglichen. Hierfür wurden die in den Datenbanken Zephyr und Amadeus hinterlegten Industriecodes der Targets einbezogen. Es wurde die Code-Variante NACE zugrunde gelegt, welche die am weitesten verbreitete europäische Norm darstellt. Darin werden anhand vierstelliger Codes Industrieklassen gebildet, die sich über die ersten Ziffern in Kategorien unterschiedlicher Genauigkeit gliedern. So steht der Code 2841 für Unternehmen, die im Bereich der „Herstellung von Werkzeugmaschinen für die Metallbearbeitung" tätig sind, wohingegen der übergeordnete Code 28 alle aus der Abteilung „Maschinenbau" (vgl. Eurostat, 2008, S. 72) repräsentiert. Zephyr und Amadeus führen in der Mehrzahl der Fälle mehr als nur einen Code je Unternehmen. Aus den angegebenen vierstelligen NACE-Codes wurde anhand von einzelfallbezogenen Prüfungen der Geschäftsaktivitäten jeder Firma derjenige Code ermittelt, der ihr Hauptgeschäft am besten widerspiegelt. Hierbei wurden neben der textlichen Beschreibung zum Tätigkeitsschwerpunkt innerhalb der Datenbanken auch Angaben auf den jeweiligen Firmen-Websites gesichtet.

Nach eindeutiger Zuordnung der Industrieklassen erfolgte im dritten Schritt die Bestimmung der jeweiligen Vergleichsbasis. Hierbei wurden die Datenbanken von Eurostat (Statistisches Amt der Europäischen Union) angewendet. In deren „STS-Konjunkturstatistik“ wurden die Umsatzentwicklungen der jeweiligen Sektoren auf zwei NACE-Stellen genau ermittelt (z. B. 28 für Maschinenbau) und daraus Indizes gebildet. Aufgrund des Fehlens von Umsatzzahlen in einigen wenigen Branchen waren teilweise alternative Lösungen erforderlich. Aus diesem Grund wurden für die Sektoren Energie (Code 35) und Wasser (Code 36) die Erzeugerpreise verwendet, für das Baugewerbe (Codes 41, 42 und 43) das sog. Produktionsvolumen. Mittels der Indizes ließen sich die Wachstumsraten der Sektoren unmittelbar ablesen, da sie jeweils im Verhältnis zu einer von Eurostat auf 100 gesetzten Bezugsperiode ausgedrückt wurden. Ein Index von 104 im Jahr nach dieser stellt so einen 4-prozentigen Anstieg dar.

Entsprechend konnte die Entwicklung der Target-Erfolge in Relation zu den Sektorentwicklungen gesetzt werden. Der sektorbereinigte Erfolg der Übernahmeobjekte versteht sich somit als diejenige Veränderung, die über jene des Sektors im selben Zeitraum hinausgeht. Es erfolgte somit eine Adjustierung sowohl für den Sektor als auch den Zeitraum.

Da als Vergleichsmaßstab aus Eurostat lediglich Umsatz-, jedoch keine Gewinnmargen-Entwicklungen verfügbar waren, wurden die EBT-Margen nach derselben Logik um die Sektorentwicklung bereinigt.

Das Vorgehen der Sektoradjustierung für die beiden Erfolgsgrößenvarianten Umsatz-Entwicklung und EBT-Margen-Entwicklung ist in Tabelle 10 anhand des französischen Zielunternehmens Horo Quartz (erworben durch die japanische Amano Gruppe) verdeutlicht.

Tabelle 10: Berechnungsmethodik der Sektoradjustierung des M&A-Erfolgs
Quelle: Eigene Darstellung.

Pos.		t-1	t0	t1	t2	Berechnung
	Unadjustiertes Wachstum					
1	Umsatz		28,11	31,75	32,31	Laut Amadeus (in lokaler Währung)
2	*Umsatz-Entw. (in % ggü. t0)*		-	*12,92%*	*14,94%*	(Pos. 1 in ti - Pos. 1 in t0) / Pos. 1 in t0; (i=1,2)
3	EBT		2,28	3,04	1,92	Laut Amadeus (in lokaler Währung)
4	*EBT-Marge (in %)*		*8,10%*	*9,57%*	*5,93%*	Pos. 3 / Pos. 1
5	EBT-Margen-Entwicklung (in PP ggü. t0)		-	1,47	-2,17	(Pos. 4 in ti - Pos. 4 in t0)*100; (i=1,2)
	Sektorwachstum					
6	Vergleichsindex	89,80	96,48	99,77	96,67	Laut Eurostat (Referenzjahr: 2010 = 100)
7	*Sektor-Entw. (in % ggü. t0)*		-	*3,41%*	*0,20%*	(Pos. 6 in ti - Pos. 6 in t0) / Pos. 6 in t0; (i=1,2)
8	*Sektor-Entw. (in % in jeweiliger Periode)*		*7,44%*	*3,41%*	*-3,10%*	(Pos. 6 in ti - Pos. 6 in t(i-1)) / Pos. 6 in t(i-1); (i=0,1,2)
	Sektoradjustiertes Wachstum					
9	*Umsatz-Entw. (in % ggü. t0)*		-	*9,51%*	*14,74%*	Pos. 2 - Pos. 7
10	*EBT-Marge, hypothetisch (in %)*		*8,70%*	*9,90%*	*5,75%*	Pos. 4 * (1 + Pos. 8)
11	EBT-Margen-Entwicklung (in PP ggü. t0)		-	1,20	-2,96	(Pos. 10 in ti - Pos. 10 in t0) * 100; (i=1,2)

Anm.: Berechnung mit mehr als zwei Dezimalstellen

Aus den Sektordaten von Eurostat (Position 6) wurden zum einen die Entwicklung des Sektors gegenüber dem Vergleichsjahr „t0“ ermittelt (Pos. 7), zum anderen das im Verhältnis zur jeweiligen Vorperiode (Pos. 8). Das sektoradjustierte Wachstum der Unternehmenszahlen ergab sich aus der Verbindung des unadjustierten mit dem Sektorwachstum entsprechend der dargestellten Berechnung. Für das Umsatzwachstum stellte die Sektor-Entwicklung gegenüber „t0“ (Pos. 7) die Berechnungsgrundlage dar. Das bereinigte Resultat ergab sich aus demjenigen Wert, der über das im Sektor erzielte Wachstum hinausgeht. Im Beispiel erzielte das Unternehmen einen Umsatzanstieg von 14,94 % (Pos. 2) obwohl der Sektor im gleichen Zeitraum nur um 0,20 % (Pos. 7) wuchs. Das Firmenergebnis war somit um die Differenz dieser Beträge besser. Bei negativen Sektorentwicklungen war so der Wert des Unternehmenswachstums höher als ohne Berücksichtigung des Sektors: ein Umsatzanstieg von 8 % ergäbe bei gleichzeitig um 3 % schrumpfendem Sektor ein bereinigtes Ergebnis von 11 %.

Die Adjustierung des EBT war komplexer. Hier wurde eine hypothetische EBT-Marge berechnet, die sich ergeben hätte wenn sie sich analog zum Sektor in der jeweiligen Periode entwickelt hätte (Pos. 10). Die Grundlage hierfür war das Wachstum innerhalb der jeweiligen Periode (Pos. 8). Hätte sich die EBT-Marge von Horo Quartz in „t2“ im gleichen Maße wie der Sektor (IT-Dienstleistungen, NACE-Gruppe 62) verändert (-3,10 %), so wäre sie von 5,93 % auf 5,75 % gefallen. Die zu ermittelnde Höhe der EBT-Margen-Entwicklung griff auf diese hypothetische Größe zurück und ergab sich aus der Differenz zum Bezugsjahr „t0“ (Pos. 11). Die beiden bereinigten Zielgrößen (Pos. 9 und 11) sind jeweils umrandet.

In die Konjunkturdaten der Sektoren wurden jeweils alle Länder der EU-27 einbezogen. Um möglichst exakt vergleichen zu können und um saisonale Effekte zu beseitigen wurden monatliche und saisonbereinigte Sektorwerte verwendet. Aus den einzelnen Monatsindizes wurden, im Falle unterjähriger Geschäftsjahresenden, monatsgenaue Indizes gebildet, die den jeweiligen Geschäftsjahren entsprachen.

Die Sektoradjustierung wurde für jede Beobachtung durchgeführt, so dass schlussendlich zwei grundlegende Arten von Erfolgszahlen vorlagen. Zum einen „unadjustierte“ Erfolgszahlen ohne Berücksichtigung des konjunkturellen Umfeldes im Sektor und zum Zeitpunkt der Transaktion. Zum anderen solche, die um die Entwicklung ihres Sektors und Vergleichszeitraums adjustiert waren. In den Analysen wurden, soweit nicht anders genannt, die adjustierten Daten verwendet.

6.2.2.2 Einflussfaktoren

In der Gruppe der transaktionsspezifischen Variablen wurde die Verwandtschaft der Geschäftsfelder von Käufer und Target unter Rückgriff auf die oben beschriebenen Industriecodes bestimmt. Um die Ähnlichkeit der Geschäftsfelder möglichst exakt zu ermitteln wurden die vierstelligen NACE-Klassen verwendet. War ein Unternehmen in mehreren Bereichen tätig, wurden alle aufgeführten Codes einbezogen. Neben den für die abhängigen Variablen ermittelten Sektoren wurden hier auch diejenigen der Käuferunternehmen erfasst. Branchen-Verwandtschaft wurde in der vorliegenden Untersuchung definiert als Übereinstimmung der ersten drei Stellen derjenigen Codes, die die größte Ähnlichkeit zwischen Käufer und Target aufwiesen. Diese Vorgehensweise wurde gewählt, da davon auszugehen ist, dass Käufer auch dann über Expertise im Segment des Targets verfügen, wenn sie gleichzeitig in weiteren aktiv sind. Schließlich ist anzunehmen, dass innerhalb eines Konzerns jene Geschäftsbereiche mit einem akquirierten Unternehmen interagieren, die mit diesem thematisch verbunden sind. Bspw. mindert es die Branchen-Verwandtschaft mit einem übernommenen Automobilzulieferer nicht, wenn die erwerbende Gruppe zusätzlich über Aktivitäten in einer Industriesparte verfügt. Aus der Zuordnung ergab sich die Branchen-Verwandtschaft als Dummy-Variable mit den Ausprägungen verwandt (1) und nicht verwandt (0).

Die Firmengröße des Targets wurde anhand des logarithmierten Umsatzes in Euro im Geschäftsjahr vor der Übernahme („t-1") berechnet. Bei Angaben in Fremdwährung wurden hierfür die durchschnittlichen Umrechnungskurse (Geld/Brief, täglich) des jeweiligen Zeitraumes verwendet. Die Verwendung des Logarithmus wird meist mit der Berücksichtigung nichtlinearer Zusammenhänge begründet (vgl. Chakrabarti, Gupta-Mukherjee & Jayaraman, 2009, S. 220; Vermeulen & Barkema, 2001, S. 476). Um dies zu gewährleisten und aufgrund der Häufung dieser Vorgehensweise im Forschungsfeld (vgl. Blomkvist & Drogendijk, 2013, S. 669 u. 671; Harms & Meon, 2011, S. 25; Pan et al., 2010, S. 104; Stulz & Williamson, 2003, S. 337) und bei der konkreten Variablen (vgl. Lichtenthaler, 2009, S. 831; Padmanabhan & Cho, 1999, S. 42) wurde hier ebenfalls so verfahren.

Bei der Erhebung ökonomischer Variablen wurde auf die Datenbank von UNCTAD zurückgegriffen (vgl. UNCTAD, 2013).

Zur Erfassung der Wirtschaftskraft der beteiligten Käuferländer wurde auf deren reales Bruttoinlandsprodukt abgestellt. Ihre absolute Höhe wurde jeweils für den Zeitraum von 2004 bis 2012 erhoben. Dies entsprach dem untersuchten Zeitraum der Transaktion (2004 bis 2010) zuzüglich des maximalen Betrachtungszeitraums von zwei Jahren nach der Übernahme. Für China wurden die Zahlen von Festlandchina, Hong Kong und Macao erfasst. Für jedes der sechs Käuferländer wurde mittels der Jahreswerte die durchschnittliche jährliche Wachstumsrate gebildet und so die Ausprägung in der Variable *BIP* ermittelt. Jedes Käuferland weist somit genau eine Merkmalsausprägung auf.

Für die Ermittlung der Erfolgsursache *„Auslandsdirektinvestitionen"* („*OFDI*") wurde die absolute Höhe der Auslandsdirektinvestitionen („outward foreign direct investments") ins Verhältnis zum nominalen Bruttoinlandsprodukt (BIP) gesetzt. Auf das nominale BIP wurde zurückgegriffen, da die Daten der Direktinvestitionen ebenfalls nominal, also in gegenwärtigen Preisen und Umrechnungskursen, vorlagen. Auch hier wurde eine durchschnittliche jährliche Wachstumsrate von 2004 bis 2012 gebildet, die in einer Ausprägung je Käuferland mündete.

Bei der Größe *„Disparität Pro-Kopf-Einkommen“* (*„PCI_diff“*) wurden zunächst die jährlichen Pro-Kopf-Einkommen, ausgedrückt in realem Bruttoinlandsprodukt pro Einwohner, aller im Datensatz vertretenen Staaten für den untersuchten Zeitraum ermittelt und aus den Jahreswerten der Mittelwert für jeden Staat gebildet. Das reale BIP wurde verwendet, weil es durch seine Inflationsbereinigung gegenüber dem nominalen BIP den tatsächlichen Wohlstand eines Landes besser erfasst. Einbezogen wurden die Jahre 2004 bis 2012, also der Zeitraum, für den Transaktionen erhoben wurden zuzüglich dem maximalen Untersuchungszeitraum von zwei Jahren nach der Übernahme. Anschließend wurde für jede Transaktionen die absolute Differenz dieser Einkommen in Relation zu ihrer Summe gesetzt. Somit ergaben sich Kennzahlen zwischen -1 (sehr große Abweichungen bei denen das Käuferland einen sehr viel geringeren Wohlstand als das Zielland aufweist) und +1 (sehr große Abweichungen bei denen das Wohlstandsverhältnis entgegengesetzt ist). Werte um 0 deuten auf sehr geringe Einkommensabweichungen hin.

$$PCI\_diff_{K,T} = \frac{\mathrm{PCI_K} - \mathrm{PCI_T}}{\mathrm{PCI_K} + \mathrm{PCI_T}} \tag{1}$$

Mit:

$PCI\_diff_{K,T}$ = Unterschied im Pro-Kopf-Einkommen zwischen den Ländern K und T

PCI_K = Pro-Kopf-Einkommen im Land des Käufers (K)

PCI_T = Pro-Kopf-Einkommen im Land des Targets (T)

Für die kulturellen Variablen wurden die Daten nach dem Kulturmodell von Hofstede am 18.07.2012 von der Website des Autors bezogen (vgl. Hofstede, 2012); sie umfassen die fünf Kulturdimensionen.

Die kulturellen Distanzen auf Basis des Modells von Hofstede wurden anhand der Formel von Morosini, Shane und Singh (1998, S. 144) berechnet, welche sich an die ursprüngliche Variante von Kogut und Singh (1988, S. 422) anlehnt. Anders als diese beiden Quellen, welche die damals bekannten vier Kulturdimensionen einbezogen, erfolgte die Berechnung in dieser Arbeit mit allen fünf Kulturdimensionen:

$$CD\_5_{K,T} = \sqrt{\sum_{j=1}^{5}(I_{K,j} - I_{T,j})^2} \quad (2)$$

Mit:

$CD\_5_{K,T}$ = Kulturelle Distanz (gesamt) zwischen den Ländern K und T

$I_{K,j}$ = Hofstede Indexwert für die j-te Kulturdimension im Land des Käufers (K)

$I_{T,j}$ = Hofstede Indexwert für die j-te Kulturdimension im Land des Targets (T)

Für die kulturellen Distanzen auf Basis einzelner Dimensionen lautet die Formel entsprechend:

$$CD\_J_{K,T} = I_{K,j} - I_{T,j} \quad (3)$$

Mit:

$CD\_J_{K,T}$ = Kulturelle Distanz in der Kulturdimension J zwischen den Ländern K und T

$I_{K,j}$ = Hofstede Indexwert für die j-te Dimension im Land des Käufers (K)

$I_{T,j}$ = Hofstede Indexwert für die j-te Dimension im Land des Targets (T)

Die ebenfalls verwendeten Werte der Käuferland-Eigenschaften ließen sich hingegen direkt aus den Tabellen der jeweiligen nationalen Kultur ablesen und bedurften keiner Formel.

6.2.3 Umgang mit fehlenden Daten

Fehlende Daten („missing data") zählen zu den häufigsten Problemen der Datenanalyse. Die Tragweite hängt von Umfang, Struktur und Ursachen ab. Dem Muster dem die fehlenden Daten folgen wird allgemein höhere Bedeutung zugeschrieben als ihrer bloßen Anzahl (vgl. Tabachnick & Fidell, 2007, S. 62). Anhand ihres Zufälligkeitsgrades lassen sich die Varianten unterteilen und Methoden für den Umgang mit ihnen ableiten.

Im Datensatz traten fehlende Werte fast ausschließlich bei den abhängigen Variablen auf. In den Datenbanken lagen für bestimmte Jahre schlichtweg keine Umsatz- bzw. EBT-Informationen vor. Diese Problematik war über den gesamten Datensatz und die Transaktionen aller Länder hinweg zu finden. Ein Zusammenhang zu anderen Variablen konnte bis auf eine Einschränkung nicht ermittelt werden. Diese betraf das Jahr der Transaktion: hier wurde festgestellt, dass eine Häufung fehlender Werte für die Periode „t2" bei Deals aus dem Jahr 2010 auftrat. Eine wahrscheinliche Ursache hierfür sind Publikationspflichten und die damit einhergehende Verfügbarkeit in Datenbanken wie Amadeus. Da Finanzzahlen oft erst nach Ablauf eines Kalenderjahres an offizielle Stellen, auf die Amadeus zurückgreift (z. B. den Bundesanzeiger), gemeldet werden müssen, liegen bei Erhebung im Laufe des Jahres 2013 teils noch keine Daten für 2012 vor. Entsprechend treten vermehrt fehlende Werte auf, evtl. verursacht durch Firmen, die diese Fristen ausreizen. Eine weitergehende Analyse anhand von Zielländern und ein möglicher Zusammenhang von deren Publikationspraxis und dem Auftreten fehlender Werte konnte aufgrund der geringen Fallanzahlen bei vielen Ländern nicht sinnvoll durchgeführt werden.

Zum Umgang mit fehlenden Werten existieren zahlreiche Methoden. Eine einfache und weit verbreitete ist der fallweise Ausschluss („listwise deletion") von Fällen bei denen der Datensatz nicht vollständig ist. Alle Beobachtungen bei denen mindestens eine Merkmalsausprägung fehlt werden nicht für die statistische Analyse verwendet. Die Methode wird deshalb auch „complete case analysis" (Allison, 2001, S. 4) genannt. Diese Vorgehensweise eignet sich jedoch nur bei vollkommen zufällig fehlenden Werten („missing completely at random") und führt bei Abweichungen davon leicht zu Verzerrungen. Das größte Problem ist jedoch der Verlust eines großen Teils der Daten und die damit einhergehende geringere statistische Aussagekraft (vgl. Allison, 2008, S. 11).

Bei der Alternative des paarweisen Ausschlusses („pairwise deletion") verbleiben alle Fälle im Datensatz. Stattdessen werden bei der statistischen Analyse nur die fehlenden Werte ausgenommen. Das Vorgehen wird daher auch als „available case analysis" (Allison, 2001, S. 13) bezeichnet. Sie führt zu einem geringeren Datenverlust und zur Einbeziehung eines höheren Anteils der Daten als die „listwise deletion". Im Gegenzug kann es zu verschieden hohen Fallanzahlen je Untersuchungsvariable kommen, so dass die Resultate einer Erfolgsgröße auf mehr Fällen beruhen als die einer anderen. Hinzu kommt die Möglichkeit von fehlerhaften Standardfehlern (vgl. Allison, 2008, S. 12).

Eine weitere Möglichkeit stellt die Schätzung fehlender Daten mittels induktiver Verfahren dar, wodurch Lücken im Datensatz geschlossen werden können (für eine Übersicht sei auf Tabachnick & Fidell, 2007, S. 66-71 und Allison, 2001, S. 14-17 verwiesen).

In Abwägung der Vor- und Nachteile fiel die Entscheidung für diese Untersuchung auf die Anwendung eines paarweisen Ausschluss. Dieser hat den Vorteil, dass möglichst viele der in Frage kommenden M&A-Transaktionen berücksichtigt werden konnten. Fälle und deren Beitrag zur statistischen Aussagekraft mussten somit nicht aufgrund des Fehlens von nur einer von insgesamt vier Erfolgsvariablen eliminiert werden. Die „pairwise deletion" eignet sich außerdem besonders für lineare Regressionen (vgl. Williams, 2015, S. 4), welche die Grundlage der späteren Anwendung darstellen (vgl. Abschnitt 7). Die nachteiligen Auswirkungen auf die Standardfehler konnten durch die Auswahl der spezifischen statistischen Verfahren innerhalb der Gruppe der linearen Regressionsverfahren kontrolliert werden.

Tabelle 11: Klassifizierung fehlender Werte nach Zufälligkeitsgrad

Quelle: in Anlehnung an M. L. Meyer (2011, S. 107); Allison (2001, S. 6-9); Igl & Reusch (2008, S. 12-14); Tabachnick & Fidell (2007, S. 62-63).

Zufälligkeitsgrad	Definition	Beispiel
Missing completely at random (MCAR)	Fehlende Werte treten völlig zufällig auf. Sie weisen keinen Zusammenhang mit den Ausprägungen von Y selbst oder mit einer anderen Variablen X auf.	Fehlende Angaben zum Umsatz (Y) sind unabhängig von der Höhe des Umsatzes (Y) oder anderen Merkmalen wie dem Käuferland (X1) oder dem Jahr der Transaktion (X2).
Missing at random (MAR)	Fehlende Werte treten teilweise in Verbindung mit anderen Merkmalen im Datensatz auf. Fehlende Werte der Variable Y sind nicht von den Ausprägungen der Variable Y selbst abhängig, sondern von einer anderen Variable X.	Fehlende Angaben zum Umsatz (Y) sind unabhängig von der Höhe des Umsatzes (Y), hängen jedoch von einer anderen Variablen, z. B. vom Jahr der Transaktion (X2) ab.
Missing not at random (MNAR)	Fehlende Werte treten nicht zufällig auf, sondern folgen eindeutigen Mustern. Sie können durch das Merkmal selbst oder ein anderes Merkmal erklärt werden. Es liegt ein Zusammenhang zwischen fehlenden Werten der Variable Y sowie den Ausprägungen der Variable Y selbst, anderen Merkmalen X oder beidem vor.	Fehlende Angaben zum Umsatz (Y) sind vollständig abhängig von der Höhe des Umsatzes (Y) oder von einer anderen Variable wie dem Käuferland (X1) oder dem Jahr der Transaktion (X2).

6.3 Transaktionsdaten

6.3.1 Erhebung von M&A-Transaktionsdaten

Der Rohdatensatz wurde mit Hilfe der M&A-Datenbanken Mergermarket erhoben. Diese ist kostenpflichtig, ansonsten jedoch frei verfügbar und eine im Investmentbanking stark verbreitete Quelle für Übernahmen. Die Daten wurden durch in Mergermarket nicht enthaltene Elemente der Datenbank Zephyr des privaten Anbieters Bureau van Dijk ergänzt. Die Auswahl wurde anhand folgender Kriterien ermittelt:

Tabelle 12: Kriterien für die Erhebung des M&A-Rohdatensatzes
Quelle: Eigene Darstellung.

Kriterium	Auswahl
Zielländer:	EU-27
Käuferländer:	China (inkl. Hong Kong & Macau), Indien, Russland, Japan, Kanada, Schweiz
Zeitraum:	01.01.2004 bis 31.12.2010
Beteiligungsquote:	> 50 %

Die übernommenen Firmen stammten aus den Staaten der EU-27. Damit sollte das Ziel, Übernahmen in Europa zu untersuchen, über eine möglichst breite Länderbasis hinweg analysiert werden. Übernahmen, die über spezielle Investitionsvehikel, z. B. Gesellschaften auf den Cayman Islands durchgeführt wurden, bei denen das letztendliche Zielland (in der EU-27) jedoch explizit genannt war, wurden im Datensatz belassen auch wenn die unmittelbare Destination formal außereuropäisch war (z. B. Cayman Islands). Schließlich ist bei entsprechenden Konstruktionen lediglich von einer steuerlichen bzw. rechtlichen Motivation auszugehen, bei der die finalen Zielländer den Zweck der Untersuchung erfüllen. Bei der Erhebung in Mergermarket wurde die Option „Limit to deal dominant geography“ gewählt, die bei mehreren beteiligten Ländern das dominante auswählt.

Die Käufer stammten aus China, sowie aus den Vergleichsländern Indien, Russland, Japan, Kanada und der Schweiz. Im Falle Chinas wurden solche Übernahmen erfasst, bei denen die Käufer aus Festlandchina, sowie aus Hong Kong und Macau stammten. Transaktionen mit Käufern aus Taiwan wurden hingegen nicht als chinesische Übernahmen gewertet, da die Zugehörigkeit Taiwans zum chinesischen Staatsgebiet völkerrechtlich nicht eindeutig geklärt bzw. strittig ist.

Es wurden abgeschlossene Transaktionen berücksichtigt, die zwischen dem 01.01.2004 und dem 31.12.2010 angekündigt wurden (Mergermarket: Announcement Date). 2004 wurde gewählt, weil in diesem Jahr erstmals ein merklicher Anstieg des chinesischen Übernahmevolumens in Europa zu verzeichnen war und es sich somit als Startjahr eignete. Aufgrund des ein- bis zweijährigen Erfolgsbetrachtungszeitraums nach der Transaktion (vgl. nachfolgender Abschnitt) wurde das Endjahr auf 2010 festgelegt. Ausgehend vom Zeitraum in dem die Daten erhoben wurden (Oktober 2012 bis Juni 2013) wurde dadurch die Chance auf Verfügbarkeit möglichst vieler Finanzinformationen aus dem Jahre 2012 erhöht. Eine Verlängerung z. B. bis 2011 hätte den konsistenten Einbezug einer zweijährigen Periode (zum Zeitpunkt der Erhebung) unmöglich gemacht.

Die Beteiligungsquote des Käufers am Übernahmeobjekt lag bei mehr als 50 %, da erst bei Mehrheitsbeteiligungen von einem maßgeblichen Einfluss auf das Übernahmeobjekt auszugehen ist. Damit sollte sichergestellt werden, dass die Besonderheiten des Käufers und seines Herkunftslandes voll zur Geltung kommen. Transaktionen mit einem Anteil von genau 50 % wurden nicht berücksichtigt.

6.3.2 Filterung und Auswahl der finalen Stichprobe

Um die Relevanz der Daten für die Forschungsfragen und ihre Vergleichbarkeit untereinander zu gewährleisten, erfolgte die weitere Selektion der untersuchten Unternehmensakquisitionen anhand eines mehrstufigen Prozesses, in dem die Datenauswahl immer weiter verfeinert wurde. Insgesamt wurden – nach dem in Abschnitt 6.3.1 beschriebenen Schritt 1 – folgende Arbeitsschritte durchgeführt:

Tabelle 13: Arbeitsschritte bei der Generierung der Stichprobe
Quelle: Eigene Darstellung.

Arbeitsschritt	Tätigkeit
Schritt 1	Ermittlung des Rohdatensatzes
Schritt 2	Fallweise Prüfung auf Untersuchungsrelevanz der Transaktionen
Schritt 3	Fallweise Prüfung auf Eigenständigkeit der Targets
Schritt 4	Fallweise Prüfung auf Verfügbarkeit von Erfolgszahlen für die Targets
Schritt 5	Fallweise Prüfung auf Vergleichbarkeit der Targets innerhalb des Betrachtungszeitraums

Hintergrund für das gewählte Vorgehen war das Vorliegen zahlreicher nicht untersuchungsrelevanter Fälle in den Rohdaten. Weil durch sie die Analyse verfälscht werden konnte bedurfte es in einem zweiten Schritt einer Filterung im Einzelfall. Derartige Bereinigungsschritte fanden sich in zahlreichen empirischen Studien bei denen Unternehmenskäufe erhoben werden (vgl. Chakrabarti, Gupta-Mukherjee & Jayaraman, 2009; Morosini, Shane & Singh, 1998; Reus & Lamont, 2009). Im Zuge dessen wurden mit Hilfe der Datenbanken Mergermarket und Zephyr solche Transaktionen ermittelt, die nicht dem Untersuchungskonzept entsprachen (vgl. Schritt 2 in Tabelle 13). Eine detaillierte Auflistung findet sich in Tabelle 14.

Zunächst wurden Transaktionen ausgeschlossen, bei denen – entgegen den Angaben in der Datenbank – keine Mehrheit übernommen wurde bzw. dies nicht gesichert bestätigt werden konnte.

Anschließend erfolgte eine Berichtigung von fehlerhaft enthaltenen Übernahmen, bei denen die Transaktion z. B. im Nachhinein nicht stattfand oder die Länderzuordnung des Käufers nicht korrekt war.

Aufgrund des Fokus auf europäische Targets wurden Firmen ausgeschlossen, die lediglich über einen Hauptsitz bzw. eine Börsennotierung in der EU-27 verfügen, deren Tätigkeitsschwerpunkt jedoch außerhalb Europas liegt. Als Beispiel sei die Übernahme von Monterrico Metals durch das chinesische Unternehmen Zijin Consortium genannt. Die Haupttätigkeit der in Großbritannien geführten Gesellschaft besteht im Abbau von Kupfer in Peru. Sie entspricht damit nicht dem Ziel der Analyse, den Einfluss auf europäische Firmen zu ermitteln.

Weiterhin wurden Fälle eliminiert, in denen Zweifel an der Gewinnorientierung des Übernahmeobjektes bestanden, wie Fußball- und Golfclubs. Ebenso wurden Immobilienportfolien ausgeschlossen, da es sich bei diesen nicht um Unternehmen handelt, die im gleichen Maße durch die Prädiktoren der Studie beeinflusst werden können wie andere Organisationen. Auf die Einbeziehung von Finanzinvestoren und Finanzinstituten wurde verzichtet, da die Erfolgsmessung bei ihnen anderen Kennzahlen folgt (u. a. kein EBT) als bei der überwiegenden Mehrzahl der sonst erhobenen Fälle. Ferner wurden reine Investitionsvehikel, Firmen mit fehlender operativer Einheit und Rohstoffförderer eliminiert.

Da die Untersuchung auf den Erfolg der Übernahmeobjekte abstellt, konnten nur Zielfirmen untersucht werden, die als rechtliche Einheit übertragen wurden. Nur für diese können mittels der verwendeten Quellen Erfolgszahlen erhoben werden. Übernahmen, die Geschäftsbereiche, einzelne Anlagen, Technologien und Rechte umfassen, wurden deshalb nicht berücksichtigt. Darüber hinaus wurden solche Transaktionen ausgeschlossen, bei denen Investoren aus mehreren Staaten beteiligt waren. Dadurch wurde sichergestellt, dass die potentiellen Einflussfaktoren eindeutig mit einem einzigen Käuferland in Verbindung gebracht werden können.

Transaktionen, in denen der Käufer selbst im betrachteten Zeitraum von zwei Geschäftsjahren nach Vollendung des Übernahmejahres akquiriert wurde, wurden ebenfalls ausgenommen. Schließlich wäre in diesem Falle nicht gewährleistet, dass die Prädiktoren über den vollen Untersuchungszeitraum hinweg analysiert werden könnten. Aus demselben Grund wurden Fälle eliminiert, in denen das Target innerhalb der zwei Geschäftsjahre nach der Übernahme an einen anderen Investor weiterveräußert oder insolvent wurde.

Insgesamt wurden bei der Filterung die in Tabelle 14 dargestellten Fälle eliminiert (diese bilden die Grundlage für Schritt 2 in Tabelle 15):

Tabelle 14: Kriterien für Filterung nicht untersuchungsrelevanter Transaktionen
Quelle: Eigene Darstellung.

Filterung nicht untersuchungsrelevanter Transaktionen (Schritt 2)
Keine Mehrheitsübernahme - Erwerb von weniger als 50% - Fehlende Bezifferung der Anteilshöhe
Transaktion fehlerhaft enthalten - Transaktion nicht abgeschlossen - Nicht sicher ermittelbar, ob die Transaktion abgeschlossen wurde - Transaktion von Kartellbehörden untersagt - Transaktion mehrmals in Datenbank enthalten - Finaler Käufer aus anderem Herkunftsland - Käufer nur mit formalem Sitz bzw. Investment-Holding im jeweiligen Käuferland
Geschäftstätigkeit des Zielunternehmens nicht in Europa
Erwerb einzelner Assets bzw. Geschäftsbereiche (keine rechtliche Einheit)
Fehlende Gewinnorientierung des Zielobjektes - Weingüter und Golfclubs - Fußballclubs und Rennsportaktivitäten
Finanzwirtschaftliche bzw. fehlende operative Ausrichtung - Banken - Finanzinvestoren - Investmentvehikel - Immobilien - Rohstoffförderung - Fehlende operative Gesellschaft
Käufer aus mehreren Staaten
Weiterverkauf des Zielunternehmens im Untersuchungszeitraum
Käufer selbst verkauft bzw. fusioniert
Insolvenz von Zielunternehmen oder Käufer im Untersuchungszeitraum

In einer dritten Stufe (vgl. Schritt 3 in Tabelle 13) erfolgte anschließend die Prüfung der Eigenständigkeit der untersuchten Zielobjekte. Während die Maßnahme im vorangegangenen Schritt die rechtliche Abgrenzbarkeit zum Zeitpunkt der Übernahme abfragte, untersucht dieser Schritt die Selbständigkeit im Zeitraum danach. Diese ist entscheidend, da im gewählten Aufbau nur für eigenständige Firmen Erfolgszahlen bestimmt werden können. Daher sind nur solche Fälle relevant, bei denen die übernommene Firma auch mindestens ein volles Geschäftsjahr nach der Übernahme als rechtlich eigenständige Einheit weiter existierte und nicht als Gesellschaft erlosch (z. B. durch eine Integration in das Käuferunternehmen). Entscheidend war hierbei nicht, ob die Firma zum Zeitpunkt der Datenerhebung noch eigenständig war, sondern ob sie innerhalb der zwei Geschäftsjahre nach der Akquisition für mindestens eine Periode eigenständig war (z. B. bei einem Deal 2005 mindestens im Geschäftsjahr 2006 oder 2007). Für die Berücksichtigung war daher zum einen Bedingung, dass für die Firma in der Datenbank Amadeus Finanzkennzahlen verfügbar waren (dabei waren eventuelle neue Firmennamen zu berücksichtigen). Zum anderen mussten diese für mindestens zwei Erhebungszeiträume vorliegen: für das Jahr der Übernahme selbst und eine der beiden Folgeperioden. Andernfalls wäre keine Erfolgsentwicklung im relevanten Zeitraum ableitbar gewesen.

Selbst wenn Zielunternehmen in der Datenbank Amadeus verfügbar waren, so waren bei vielen keine Finanzzahlen verfügbar. Solche Transaktionen konnten nicht verwendet werden und wurden im vierten Prüfungsschritt ausgeschlossen.

Im fünften und letzten Schritt stand die Prüfung der intertemporalen Vergleichbarkeit der erworbenen Unternehmen im Mittelpunkt. Nur wenn diese nach dem Kauf eine vergleichbare Unternehmensstruktur aufwiesen wie zum Zeitpunkt der Übernahme, konnten die Geschäftszahlen in eine sinnvolle Relation gesetzt werden. Deshalb wurde recherchiert, ob im zweijährigen Untersuchungszeitraum nach der Transaktion Verschmelzungen mit weiteren Unternehmensteilen des Käufers bzw. dessen Tochterunternehmen stattfanden oder Geschäftsaktivitäten der Zielunternehmen veräußert wurden. Beide Sachverhalte stellen keine Seltenheit in M&A-Transaktionen dar. Derartige Transaktionen würden die Vergleichbarkeit des Übernahmeobjektes zum Zeitpunkt der Transaktion mit demjenigen danach verzerren. Entsprechend wurden solche Fälle eliminiert. Erste Anhaltspunkte dafür ergaben sich aus auffälligen Veränderungen in den Erfolgszahlen. Eine präzisere Untersuchung erfolgte anhand der Transaktionsdatenbanken Mergermarket und Zephyr, der Presseinformationsdatenbank Factiva, sowie Geschäftsberichten, Firmen-Websites und Presseinformationen.

Durch die fallweisen Filterstufen wurde der Datensatz immer weiter verfeinert und auf die Zielsetzung der Untersuchung ausgerichtet. Zwar ging damit eine deutliche Reduzierung der Fallanzahlen einher, die letztendliche Stichprobengröße stellt jedoch dennoch eine vergleichsweise umfangreiche Datenbasis für statistische Analysen dar. In Tabelle 15 findet sich der Ablauf der Filterung inkl. der jeweils erfassten Fallanzahlen (für Schritte 2 bis 5 jeweils Anzahl der eliminierten Fälle).

Tabelle 15: Arbeitsschritte und Kriterien bei der Auswahl des finalen Datensatzes
Quelle: Eigene Darstellung.

	China	*Indien*	*Russland*	*Japan*	*Kanada*	*Schweiz*	*Gesamt*
Schritt 1: Rohdatensatz							
Rohdatenerhebung	**116**	**206**	**131**	**182**	**222**	**475**	**1.332**
Schritt 2: Untersuchungsrelevanz der Transaktionen							
Keine Mehrheitsübernahme	3	3	4	7	6	14	37
Transaktion fehlerhaft enthalten	5	3	7	5	7	30	57
Geschäftstätigkeit des Zielunternehmens nicht in Europa	2	1	4	0	3	4	14
Erwerb einzelner Assets bzw. Geschäftsbereiche (keine rechtliche Einheit)	6	10	6	14	24	59	119
Fehlende Gewinnorientierung des Zielobjektes	2	3	4	0	0	0	9
Finanzwirtschaftliche bzw. fehlende operative Ausrichtung	2	0	8	0	15	11	36
Käufer aus mehreren Staaten	0	9	2	7	4	14	36
Weiterverkauf des Zielunternehmens im Untersuchungszeitraum	2	4	8	2	1	8	25
Käufer selbst verkauft bzw. fusioniert	0	2	0	0	1	8	11
Insolvenz von Zielunternehmen oder Käufer im Untersuchungszeitraum	9	10	4	1	1	6	31
Summe	***31***	***45***	***47***	***36***	***62***	***154***	**375**
Schritt 3: Eigenständigkeit der Targets							
Target nicht mehr eigenständig bzw. nicht in Datenbanken verfügbar	**22**	**55**	**29**	**50**	**89**	**168**	**413**
Schritt 4: Verfügbarkeit von Erfolgszahlen für die Targets							
Target ohne verfügbare Zahlenbasis	**10**	**27**	**4**	**35**	**30**	**71**	**177**
Schritt 5: Vergleichbarkeit der Targets innerhalb des Betrachtungszeitraums							
Fusion von Target mit anderem Unternehmen bzw. Verkauf von Aktivitäten	**0**	**1**	**5**	**0**	**0**	**6**	**12**
Finaler Datensatz (Schritt 1 abzgl. Schritte 2 bis 5)	**53**	**78**	**46**	**61**	**41**	**76**	**355**

6.4 Analyse des Datensatzes

6.4.1 Zusammensetzung der Stichprobe

Die gewählten Selektionskriterien führten zu einem Datensample von 355 Übernahmen. Eine Übersicht der einzelnen Transaktionen ist dem Anhang zu entnehmen.

Die Übersicht der einbezogenen Transaktionen auf Jahresbasis (vgl. Abbildung 22) spiegelt deutlich die allgemeine wirtschaftliche Entwicklung wider. Bis zum Jahr 2008 war ein spürbarer Anstieg der Transaktionszahlen zu verzeichnen. Dies ändert sich in den Jahren 2009 und 2010, in denen die Fallzahl deutlich geringer ist. Da die Stichprobe kein Gesamtbild aller stattgefundenen Transaktionen innerhalb des Zeitraums darstellt, sondern durch eine Vielzahl von Faktoren wie der Eignung von Übernahmen für den konkreten Forschungskontext, der Eigenständigkeit von Zielobjekten nach dem Erwerb und der Verfügbarkeit von Finanzzahlen abhängt, ist es denkbar, dass dieses Phänomen zufällig zustande kam. Es ist jedoch wahrscheinlich, dass dies auch auf die Auswirkungen der Finanzkrise zurückgeführt werden kann, welche insgesamt zu einem Rückgang der weltweiten Transaktionsanzahlen geführt hat. Diese Entwicklung ist auch in dieser Stichprobe erkennbar.

Bei der Analyse der Sektorstruktur der Übernahmeobjekte wurden Klassifizierungen anhand der NACE-Einteilungen in „grobe" und „mittelgrobe" Aggregate (Eurostat, 2008, S. 45 und 61) vorgenommen. Dabei wurden jeweils mehrere NACE-„Abteilungen" (Aggregat anhand der Übereinstimmung der ersten beiden Stellen des vierstelligen NACE-Codes) zusammengefasst. Es zeigt sich, dass die weit überwiegende Mehrheit der Transaktionen dem „verarbeitenden Gewerbe/Herstellung von Waren" (Eurostat, 2008, S. 61) zuzuordnen ist. Der besseren Übersicht halber erfolgte eine Unterteilung in fünf Untergruppen (vgl. Abbildung 23, Balken 1-5). Die meisten Transaktionen lassen sich hier dem „übrigen verarbeitenden Gewerbe" zuschreiben, aus denen kein spezieller Bereich hervorsticht. Innerhalb dieser Gruppe finden sich die Herstellung von Gummi, Kunststoff & Glas (18 Transaktionen), Datenverarbeitung & Elektrik (16) sowie der Fahrzeugbau (15).

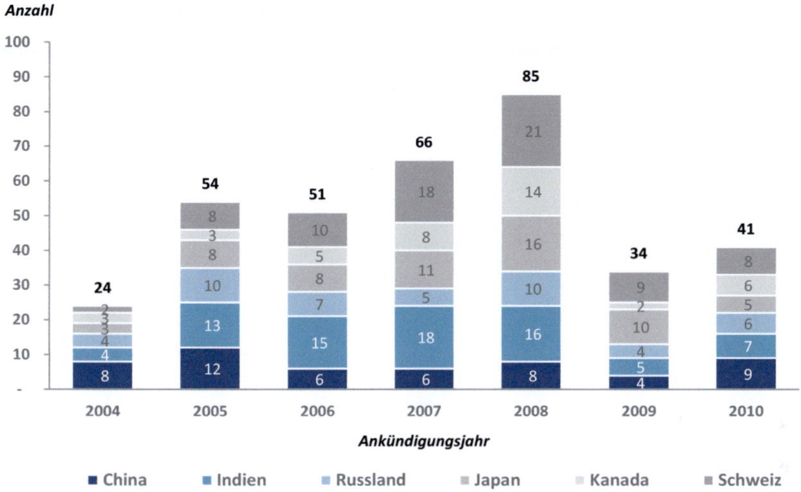

Abbildung 22: Anzahl von M&A-Transaktionen nach Jahr der Ankündigung
Quelle: Eigene Darstellung.

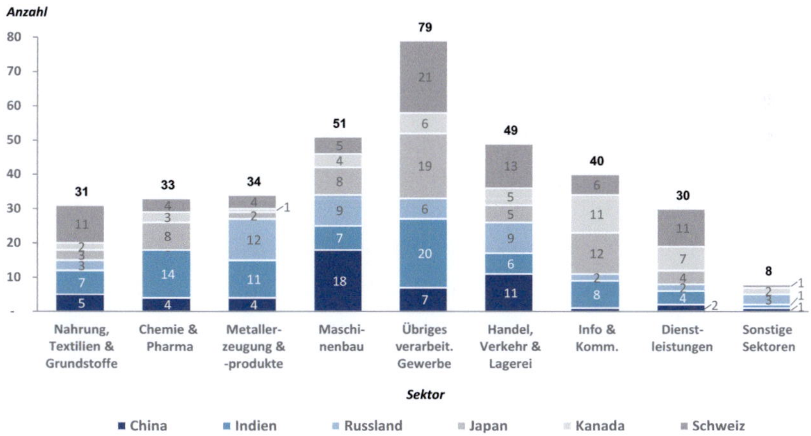

Abbildung 23: Anzahl von M&A-Transaktionen nach Sektor des Übernahmeobjekts
Quelle: Eigene Darstellung.

Unter den vier separat dargestellten Abteilungen des verarbeitenden Gewerbes ragt insbesondere der „Maschinenbau“ mit 51 Deals heraus. Dies ist insofern bemerkenswert, als dass dieser den einzigen hier gezeigten Sektor repräsentiert, der sich aus nur einer NACE-„Abteilung“ zusammensetzt und somit als sehr eng definiert anzusehen ist. Der Maschinenbau stellt damit einen sehr gefragten Zielsektor für die beteiligten Erwerberstaaten dar. Auffallend ist hieran der hohe Anteil Chinas mit 18 von 51 Transaktionen (35 %), obwohl China nur mit 53 von 355 Transaktionen (15 %) im Gesamtsample vertreten ist. Das chinesische Interesse übersteigt demnach noch deutlich das ohnehin bereits hohe am Maschinenbau innerhalb der Gesamtgruppe. Der Anteil der Sektoren „Information und Kommunikation“ (inkl. Medien und Verlagswesen) sowie „Dienstleistungen“ (u. a. technische Dienstleistungen und wissenschaftliche Tätigkeit) erwies sich demgegenüber als gering. Insgesamt lässt sich trotz der genannten Eigenschaften festhalten, dass kein einzelner Sektor die Stichprobe wesentlich dominiert.

Tabelle 16 illustriert die geografische Verteilung der Zielländer innerhalb der Stichprobe. Mit 88 Transaktionen hat Deutschland einen Anteil von rund 25 % und stellt damit die häufigste Destination von M&A dar. Gefolgt wird die Rangliste von dem Vereinigten Königreich (63), Frankreich (51) und Italien (33) und spiegelt damit die Wirtschaftskraft innerhalb der EU (gemessen am BIP) wider. Die 53 chinesischen Übernahme weisen ebenfalls einen spürbaren Schwerpunkt auf den deutschen Markt auf, die Reihenfolge der Häufigkeiten weist auf den ersten vier Rängen dieselbe Konzentration wie auf Ebene aller sechs Käuferländer zusammen auf. Mit Ausnahme von Russland, das viele Übernahme in der Tschechischen Republik durchführte, findet sich der Fokus auf mindestens zwei der drei wirtschaftlichen führenden Staaten Deutschland, Vereinigtes Königreich und Frankreich bei allen Erwerberländern.

Auf Seiten der Käuferländer zeigt sich ein ausgeglichenes Bild, das von keinem der Staaten dominiert wird. Indien (78) und die Schweiz (76) sind am häufigsten vertreten, am unteren Ende rangieren Kanada (41) und Russland (46). Für die statistische Analyse erweist sich diese Eigenschaft als positiv. Auch in Bezug auf die Stellung der Länder zueinander wird die Ausgewogenheit erkennbar. Aus den drei Schwellenländern China, Indien und Russland stammen 177 (50 %) der Fälle. Ordnet man die Staaten westlich und östlich geprägten Kulturkreisen zu, weisen die drei östlichasiatischen Länder China, Indien und Japan 192 Transaktionen (54 %) auf, die westlich-europäischen 163.

Tabelle 16: Anzahl von M&A-Transaktionen nach Zielländern
Quelle: Eigene Darstellung.

	Käuferländer						
Zielländer	China	Indien	Russland	Japan	Kanada	Schweiz	**Summe**
Belgien	1	4	-	4	4	2	**15**
Bulgarien	-	1	2	-	-	-	**3**
Dänemark	1	-	2	2	1	2	**8**
Deutschland	15	22	4	17	5	25	**88**
Finnland	-	-	1	-	2	-	**3**
Frankreich	9	7	3	15	2	15	**51**
Griechenland	-	-	1	-	-	-	**1**
Irland	-	1	-	-	-	-	**1**
Italien	6	8	8	2	3	6	**33**
Litauen	1	-	3	-	-	-	**4**
Niederlande	1	2	-	2	2	-	**7**
Österreich	1	1	3	2	1	2	**10**
Polen	-	1	-	-	-	1	**2**
Portugal	1	1	-	-	1	2	**5**
Rumänien	-	1	2	-	-	1	**4**
Schweden	2	3	-	1	2	8	**16**
Slowakei	-	-	1	-	1	1	**3**
Slowenien	-	-	1	-	-	-	**1**
Spanien	2	4	1	2	2	4	**15**
Tschechische Republik	1	1	12	2	-	1	**17**
Ungarn	1	1	1	-	-	2	**5**
Vereinigtes Königreich	11	20	1	12	15	4	**63**
Summe	**53**	**78**	**46**	**61**	**41**	**76**	**355**

In Bezug auf die Branchen-Verwandtschaft zwischen Erwerber und Zielunternehmen dominieren verwandte Transaktionen mit rund zwei Dritteln (vgl. Tabelle 17). Bei allen Käuferländern sind mehr Übernahmen in verwandten Branchen zu verzeichnen als branchen-fremde. Die Verteilung innerhalb der Länder zeigt sich mit Anteilen zwischen 57 % (Russland) und 78 % (Kanada) als relativ stabil. China liegt mit 66 % im Durchschnitt des Gesamtsamples.

Tabelle 17: Anzahl von M&A-Transaktionen nach Branchen-Verwandtschaft
Quelle: Eigene Darstellung.

	Käuferländer						
Branchen-Verwandtschaft	China	Indien	Russland	Japan	Kanada	Schweiz	**Summe**
Verwandt	35	54	26	44	32	46	**237**
Anteil (%)	*66%*	*69%*	*57%*	*72%*	*78%*	*61%*	*67%*
Nicht verwandt	18	24	20	17	09	30	**118**
Anteil (%)	*34%*	*31%*	*43%*	*28%*	*22%*	*39%*	*33%*
Summe	**53**	**78**	**46**	**61**	**41**	**76**	**355**

Nicht für jede Transaktion sind alle vier analysierten abhängigen Variablen gleichzeitig verfügbar (vgl. Abschnitt 6.3.3). Für die einjährigen Betrachtungszeiträume *Umsatz t1* und *Gewinn t1* liegen jeweils mehr Erfolgsgrößen vor. Dies kann in der geringeren Zeitdauer begründet sein die benötigt wird um Finanzzahlen zu publizieren. Die zweijährige Vergleichsgröße einer Transaktion aus 2010 liegt erst nach Geschäftsjahresende 2012 vor, wohingegen diejenige der einjährigen Periode bereits am Ende des Jahres 2011 veröffentlicht werden kann. Von einem Einfluss auf die Anzahlen kann somit ausgegangen werden. Dennoch liegen jeweils zwischen 226 und 282 Beobachtungen vor, was als vergleichsweise ausgewogen angesehen werden kann. Die Wirkung ist daher beherrschbar.

Tabelle 18: Anzahl der berücksichtigten abhängigen Variablen je Käuferland
Quelle: Eigene Darstellung.

	Käuferländer						
Abhängige Variablen	China	Indien	Russland	Japan	Kanada	Schweiz	**Summe**
Umsatz t2	34	47	33	39	25	54	**232**
Umsatz t1	41	52	45	48	29	67	**282**
Gewinn t2	32	45	33	38	25	53	**226**
Gewinn t1	39	51	43	47	29	67	**276**
Summe	**146**	**195**	**154**	**172**	**108**	**241**	**1.016**

6.4.2 Beurteilung der Stichprobe

Die Studie befasst sich mit der Erforschung der Erfolgsauswirkungen auf die Zielunternehmen im Zeitraum nach der Übertragung und der Kontrollübernahme durch den Käufer. Allerdings ist es am M&A-Markt gängige Praxis, dass die Mehrzahl der übernommenen Firmen nach der Akquisition nicht mehr als eigenständiges Unternehmen geführt, sondern gesellschaftsrechtlich in das Käuferunternehmen integriert wird. Mit der Konzentration der Untersuchung auf die akquirierten Firmen geht folglich eine große Anzahl von M&A-Transaktionen einher, die nicht für die Analyse verwendet werden kann – denn ihr Erfolg kann mit der gewählten Vorgehensweise schlichtweg nicht überprüft werden. Dies wird am Rohdatensatz deutlich: aus den 1.332 Übernahmen werden 355 in die finale Stichprobe übernommen. Trotz dieser Besonderheit bei der Sample-Erstellung für erworbene Firmen stellt die Stichprobe eine umfangreiche Basis für die weitere statistische Analyse dar.

Mit 32 bis 41 vorhandenen Erfolgswerten – je nach abhängiger Variablen – bietet der Datensatz eine ausreichende Anzahl von Transaktionen des Käuferlandes China. Es lassen sich somit verwertbare statistische Ergebnisse erzielen. Auch die anderen Käuferländer sind überwiegend mit einer Anzahl von Merkmalsausprägungen vertreten, die aussagekräftige Vergleichsmaßstäbe ermöglicht. Das kleinste Teilsample findet sich bei Kanada mit 25 bis 29 vorhandenen Erfolgszahlen. Es bleibt jedoch festzuhalten, dass die Analyse von Fragenkomplex 2 ohnehin auf dem Gesamtsample von 355 M&A-Transaktionen basiert und eventuelle Einschränkungen durch die Fallanzahl einzelner Länder hierfür irrelevant sind.

Wie die deskriptive Beschreibung der Stichprobe offenbart, liegen in der Datenbasis Unterschiede in Bezug auf die Verteilung auf Jahre, Länder und Sektoren vor (vgl. Abschnitt 6.3.1). Diese resultieren jedoch aus der Natur der Untersuchung. Eine ausgeglichene Verteilung der Daten ist in der empirischen Forschung weder zu erwarten, noch methodisch erforderlich. Wichtig ist vielmehr, dass sich keine übermäßigen Häufungen z. B. auf einen Sektor zeigen, die eine Abhängigkeit von einzelnen Merkmalen nahelegen könnten. Dies ist im finalen Datensatz nicht der Fall, er kann daher als ausgewogen angesehen werden. Es bestehen damit keine Hindernisse für die statistische Auswertung.

6.4.3 Beurteilung der Untersuchungsvariablen

Vor der statistischen Analyse der Stichprobe wurde diese einer Voruntersuchung unterzogen. Ziel war es, so eventuelle Auffälligkeiten mit Effekt auf die Auswertungsverfahren frühzeitig aufzudecken. Demzufolge wurde bereits bei der Zusammenstellung der Daten in Microsoft Excel eine erste Sichtung durchgeführt. Hierbei wurde deutlich, dass einige sehr auffällige, extreme Werte enthalten sind. Betroffen waren besonders die vier abhängigen Variablen des M&A-Erfolges, bei denen z. B. Umsatzsteigerungen von größer als 100 % innerhalb eines Jahres zu verzeichnen waren ohne dass ein Fehler in der Datenbank festgestellt werden konnte. Aus diesem Grund ergaben sich bereits vor der eingängigen statistischen Erforschung Zweifel an der Anwendbarkeit von Standardverfahren. Schließlich stellen diese i. d. R. hohe Anforderungen an die Verteilung der Daten. Ob sie im konkreten Fall erfüllt sind, bedurfte daher einer gesonderten Bewertung (vgl. Abschnitt 7.2).

Zwar waren auch auf Seiten der unabhängigen Variablen teils große Bandbreiten in den Merkmalsausprägungen ersichtlich, deren Auswirkungen wurden jedoch teils durch ihr Skalenniveau abgemildert. So bewegt sich die Höhe kultureller Variablen aufgrund der Intervalle in Hofstedes Systematik in definierten Grenzen, während das Wachstumspotential von Umsatz bzw. Gewinnmargen keiner Begrenzung unterliegt. Die transaktionsspezifischen Faktoren weisen teils ordinales Skalenniveau auf (branchen-verwandt und nicht branchen-verwandt) bzw. werden durch Rechenoperationen wie Logarithmieren (Firmengröße) kontrolliert. Insofern sind bei den Einflussvariablen keine Ausreißer zu erwarten. Hinzu kommt, dass sowohl kulturelle als auch ökonomische Einflussgrößen auf aggregierten Daten und damit bereits auf einer Durchschnittsbildung einer sehr hohen Zahl von Merkmalsträgern beruhen. Entsprechend kann dies als Ursache für eine, verglichen mit den abhängigen Variablen, geringere Auffälligkeit in Bezug auf Ausreißer angeführt werden. Die Auswirkungen auf die Wahl der Analyseverfahren legen jedoch auch hier eine methodische Prüfung nahe (vgl. Abschnitt 7.2).

Die Durchsicht der Einflussfaktoren offenbart eine andere Problematik, welche mit der teilweise geringen Zahl von Merkmalsträgern zusammen hängt. Wie Tabelle 19 (rechte Spalte) zeigt betrifft dies v. a. die folgenden Variablen:

- Auslandsdirektinvestitionen_Käuferland
- BIP-Wachstum_Käuferland
- Unsicherheitsvermeidung_Käuferland
- Langfristorientierung_Käuferland

Tabelle 19: Übersicht der Prädiktoren in der Untersuchung
Quelle: Eigene Darstellung.

Variablengruppen	Variablen		Bezugspunkt	Merkmalsausprägungen
	Bezeichnung	Abkürzung		
Transaktions-spezifisch	Firmengröße_Target	SIZE_log	Target-Unternehmen	viele (metrisch)
	Branchen-Verwandtschaft	REL	Käuferunternehmen zu Target-Unternehmen	2 Werte (ja/nein)
Ökonomisch	Disparität_Pro-Kopf-Einkommen	PCI_diff	Käuferland zu Target-Land	viele (metrisch)
	Auslandsdirektinvestitionen_Käuferland	OFDI	Käuferland	6 Werte (einer pro Käuferland)
	BIP-Wachstum_Käuferland	BIP	Käuferland	6 Werte (einer pro Käuferland)
Landeskulturell	Kulturelle Distanz_gesamt	CD_5	Käuferland zu Target-Land	viele (metrisch)
	Kulturelle Distanz_Machtdistanz	CD_PDI	Käuferland zu Target-Land	viele (metrisch)
	Kulturelle Distanz_Unsicherheitsvermeidung	CD_UAI	Käuferland zu Target-Land	viele (metrisch)
	Kulturelle Distanz_Individualismus	CD_IDV	Käuferland zu Target-Land	viele (metrisch)
	Kulturelle Distanz_Maskulinität	CD_MAS	Käuferland zu Target-Land	viele (metrisch)
	Kulturelle Distanz_Langfristorientierung	CD_LTO	Käuferland zu Target-Land	viele (metrisch)
	Unsicherheitsvermeidung_Käuferland	UAI	Käuferland	6 Werte (einer pro Käuferland)
	Langfristorientierung_Käuferland	LTO	Käuferland	6 Werte (einer pro Käuferland)

Bei diesen Variablen liegt nur je eine Merkmalsausprägung pro Käuferland vor. Da so von dieser auf das Land geschlossen werden kann, ist auf eine „Überdefinition" des Modells zu achten (d. h. einige Variablen sind für die Erklärung des Modells nicht notwendig, da sie durch andere Prädiktoren abgedeckt sind). Zudem müssen mögliche Zusammenhänge zwischen Prädiktoren berücksichtigt werden. Eine detaillierte Analyse folgt in Abschnitt 8.1.

Ohne Kenntnis von deren Resultaten erscheinen vielfältige Variablenkombinationen sinnvoll. Sie orientieren sich an den in Tabelle 19 aufgezeigten Variablengruppen und berücksichtigen offensichtliche Kombinationseinschränkungen, z. B. zwischen *OFDI* und *BIP* (nur je eine Variable je Käuferland). Die daraus resultierenden Modelle sind in Tabelle 20 zusammengefasst. Inwieweit sie aus statistischer Sicht zulässig und sinnvoll sind wird erst im Rahmen der Modellvalidierung (vgl. Abschnitt 8.1) behandelt. Die geschilderten Spezifika i. V. m. der hohen Variablenanzahl verdeutlichen die Notwendigkeit einer solchen Analyse.

Die vorliegende Studie hat sich zum Ziel gesetzt, aus den ermittelten empirischen Daten aussagekräftige Rückschlüssen abzuleiten. Dies kann jedoch nur dann erreicht werden, wenn die zugrundeliegenden Verfahren die Besonderheiten der jeweiligen Daten berücksichtigen. Hierbei bietet die Statistik eine Fülle von Auswertungsmethoden, die jeweils in speziellen Ausgangslagen und Datenkonstellationen anwendbar sind. Unter anderem ist relevant, ob Besonderheiten der Datenverteilung bei den abhängigen oder den unabhängigen Variablen auftreten, wie stark einzelne Beobachtungen abweichen, welcher Anteil der Stichprobe betroffen ist und welche Trend-Muster sich aus den Daten ableiten lassen. Angesichts der in der Voruntersuchung zutage getretenen Beobachtungen im Datensatz ist es umso entscheidender, eine methodisch fundierte Analyse durchzuführen. Diese kann dazu beitragen, die Durchführbarkeit der bislang angedachten Modelle kritisch zu überprüfen.

Tabelle 20: Übersicht der geplanten Modellkombinationen
Anm.: Korrelationen zwischen den Prädiktoren hier noch unberücksichtigt.
Quelle: Eigene Darstellung.

Geplante Modell-Varianten		Einbezogene Variablen												
Abkürzung	Beschreibung	Trans.spez.		Ökonomisch			Landeskulturell							
		REL	SIZE_log	PCI_diff	OFDI	BIP	CD_5	CD_PDI	CD_UAI	CD_IDV	CD_MAS	CD_LTO	UAI	LTO
1	Transaktionsspezifische Variablen	x	x											
2a	Ökonomische Variablen (mit PCI_diff)			x	x									
2b	Ökonomische Variablen (mit BIP)				x	x								
3a	Kulturelle Variablen (mit gesamter kultureller Distanz)						x							
3aUAI	Kulturelle Variablen (mit gesamter kult. Dist.) + (Käufer-Eigenschaft) UAI						x						x	
3aLTO	Kulturelle Variablen (mit gesamter kult. Dist.) + (Käufer-Eigenschaft) LTO						x							x
3b	Kulturelle Variablen (mit kultureller Distanz pro Dimension)							x	x	x	x	x		
4a	Transaktionsspezifische + ökonomische (mit PCI_diff) Variablen	x	x	x	x									
4b	Transaktionsspezifische + ökonomische (mit BIP) Variablen	x	x		x	x								
5a	Transaktionsspezifische + kulturelle (mit gesamter kultureller Distanz) Variablen	x	x				x							
5aUAI	Transaktionsspezifische + kulturelle (mit gesamter kultureller Distanz) Variablen + (Käufer-Eigenschaft) UAI	x	x				x						x	
5aLTO	Transaktionsspezifische + kulturelle (mit gesamter kultureller Distanz) Variablen + (Käufer-Eigenschaft) LTO	x	x				x							x
5b	Transaktionsspezifische + kulturelle (mit kultureller Distanz pro Dimension) Variablen	x	x					x	x	x	x	x		
6a	Transaktionsspezifische + ökonomische + kulturelle (mit gesamter kultureller Distanz) Variablen	x	x	x	x		x							
6b	Transaktionsspezifische + ökonomische + kulturelle (mit kultureller Distanz pro Dimension) Variablen	x	x	x	x			x	x	x	x	x		

Um das bestmögliche inferenzstatistische Verfahren auszuwählen ist eine vorherige Analyse und Prüfung der jeweiligen Prämissen und Eigenschaften nötig (vgl. Abschnitt 7.2). Eine fortgeschrittene Modellvalidierung mit aktuellen empirischen Methoden stellt damit sicher, dass anschließend die am besten geeigneten Auswertungsverfahren (vgl. Abschnitt 7.3) ermittelt werden können um solide, belastbare Ergebnisse (vgl. Abschnitt 8) zu erhalten und sinnvolle Interpretationen (vgl. Abschnitt 9.1) zu ermöglichen.

7 Statistische Auswertungsverfahren

7.1 Grundlagen der Regressionsanalyse

7.1.1 Modellschätzung

Zur Erreichung der empirischen Ziele sind Verfahren notwendig, die in der Lage sind Kausalbeziehungen zu untersuchen. Solche bestehen aus einer abhängigen (auch y-, erklärte bzw. endogene Variable, Zielvariable oder Regressand genannt) und ein oder mehreren unabhängigen Variablen (auch x-, erklärende bzw. exogene Variable, Prädiktor oder Regressor genannt), die in einem Ursache-Wirkungs-Verhältnis zueinander stehen. Selbiges gibt eine a-priori vorliegende Vermutung bzgl. des Variablenzusammenhangs in formaler Form wider (vgl. Backhaus et al., 2011, S. 56-57). Diese hypothetischen Kausalbeziehungen lassen sich mit Hilfe sog. strukturen-prüfender Verfahren analysieren. Innerhalb dieser bestimmt sich die Wahl der anwendbaren Methode v. a. nach dem Skalenniveau. Die „klassische" Regression basiert grundsätzlich auf metrischem Skalenniveau von unabhängiger und abhängiger Variablen (vgl. ebd., S. 15). Da dies im vorliegenden Datensatz überwiegend gegeben ist kann das Mittel der Regressionsanalyse für diese Untersuchung verwendet werden. Dank ihrer Vielseitigkeit und Flexibilität stellt sie das am häufigsten verwendete Analyseverfahren dar. Sie ist sowohl bei nur einem als auch bei mehreren Prädiktoren einsetzbar. Aufgrund der unterstellten linearen Beziehung zwischen abhängiger und den unabhängigen Variablen wird sie auch als lineare Regression bezeichnet (vgl. ebd., 2011, S. 14-15). Innerhalb dieser Klasse existieren zahlreiche Verfahren, die sich durch den Optimierungsmechanismus unterscheiden, anhand dessen die unbekannten Parameter geschätzt werden. Die bekannteste ist die Kleinste-Quadrate-Methode („ordinary least squares", OLS), die in den Sozialwissenschaften am häufigsten angewendet wird (vgl. Jann, 2010, S. 707; Urban & Mayerl, 2011, S. 45-46). Als Spezialfall linearer Regressionen lassen sich auch verwandte Techniken aus der Gruppe der strukturen-prüfenden Verfahren wie die Varianzanalyse sowie die Regression mit Dummy-Variablen darstellen (vgl. Abschnitt 7.4).

Das Grundprinzip der Regressionsfunktion kann anhand des nachfolgenden Aufbaus verdeutlicht werden (vgl. Backhaus et al., 2011, S. 63):

$$\hat{y} = b_0 + b_1 x \tag{4}$$

Mit:

$\hat{y}$ = Schätzung der abhängigen Variable y

b_0 = Schätzung der Konstanten

b_1 = Schätzung des Regressionskoeffizienten

x = Unabhängige Variable

Die Konstante („intercept") stellt den Schätzwert von y bei einem x von null dar und markiert den Schnittpunkt der Regressionsgeraden mit der Ordinate. Der Regressionskoeffizient gibt ihre Steigung an und zeigt, um wieviel sich die Schätzung von y ändert, wenn x um eine Einheit erhöht wird. Er verdeutlicht die Wirkung des Prädiktors auf die Zielvariable und ist daher für die Interpretation des Modells besonders wichtig (vgl. Backhaus et al., 2011, S. 63-64).

Das übergeordnete Ziel der Regressionsanalyse ist es, die Zusammenhänge in der Realität anhand ausgewählter Faktoren abzubilden. Allerdings ist der wahre Zusammenhang zwischen Prädiktoren und Zielvariable in der Grundgesamtheit unbekannt und nicht objektiv überprüfbar. Stattdessen werden auf Basis von Stichproben Regressionskoeffizienten berechnet, von denen angenommen wird, dass sie als gültige Schätzungen der wahren Parameter betrachtet werden können. Die in Formel (4) dargestellte Regressionsfunktion der Stichprobe dient somit der Darstellung der „wahren" Funktion mit den unbekannten Parametern β_i in der Grundgesamtheit (vgl. Urban & Mayerl, 2011, S. 82). Da in einem Modell jedoch niemals alle denkbaren Umwelteinflüsse erfassbar sind, ist es erforderlich, einen Mechanismus für nicht berücksichtigte Effekte aufzunehmen (vgl. Urban & Mayerl, 2011, S. 115). In der Regression geschieht dies durch eine stochastische Zufallsgröße (u), die zusätzlich zur Zielvariable (y), den Prädiktoren (x_i), der Konstanten (β_0) und den Regressionskoeffizienten (β_i) in der Modellschätzung enthalten ist. Sie fasst die Summe aller zufälligen Einflüsse zusammen, die neben den unabhängigen auf die abhängige Variable einwirken (vgl. Backhaus et al., 2011, S. 76-77 u. 84-85). Auf diese Weise strebt das Verfahren nach „präzisen" Schlussfolgerungen, die sich von einer Stichprobe aus auf die zugrundeliegende Gesamtheit übertragen lassen. Entsprechend stellt sich das stochastische Modell der Regression wie in der nachfolgenden Formel dar (vgl. Backhaus et al., 2011, S. 77):

$$y = \beta_0 + \beta_1 x_1 + \beta_2 x_2 + \ldots + \beta_i x_i + \beta_n x_n + u \quad (5)$$

Mit:

y = Abhängige Variable

β_0 = Konstante der Regressionsfunktion in der Grundgesamtheit

β_i = Regressionskoeffizient in der Grundgesamtheit (i = 1, 2,..., n)

x_i = Unabhängige Variable (i = 1, 2,..., n)

u = Stochastische Zufallsgröße

Eine solche Regressionsgleichung ist jedoch nur dann von praktischem Nutzen, wenn sie präzise Schätzungen ermöglicht. Die Beurteilung, ob dies der Fall ist, kann anhand mehrerer Kriterien vorgenommen werden. Optimale Schätzer sind zum einen unverzerrt („unbiased"), d. h. der Erwartungswert der Regression entspricht dem wahren Wert des entsprechenden Zusammenhangs in der Grundgesamtheit. Da sich diese Eigenschaft nur auf Erwartungen und nicht auf tatsächliche Übereinstimmungen bezieht, wird auch von erwartungstreuen Schätzern gesprochen. Außerdem zählt die sog. Effizienz zu den angestrebten Regressionseigenschaften. Darunter wird diejenige Schätzung verstanden, welche die geringste Streuung der Daten (sog. Varianz) unter allen linearen und erwartungstreuen Verteilungen aufweist und das genaueste Resultat zur Folge hat. Im Rahmen linearer Regressionen werden diese Eigenschaften als BLUE („best linear unbiased estimator") bezeichnet (vgl. Backhaus et al., 2011, S. 85-86; Stocker, 2012, S. 103-104; Urban & Mayerl, 2011,

S. 116-121). Doch selbst wenn diese nicht gegeben sind kann Präzision asymptotisch erreicht werden. Erfasst wird dies in einem dritten Beurteilungskriterium: der Konsistenz. Ein konsistenter Schätzer wird mit steigender Fallanzahl immer genauer. Die Verzerrung des Schätzwertes nimmt somit ab, so dass er sich asymptotisch einem unverzerrten Schätzer annähert und seine Varianz gegen null konvergiert (vgl. Barrot, 2006, S. 434; Stocker, 2012, S. 111-113).

7.1.2 Modellprüfung

Da Regressionsschätzungen stets anhand eines begrenzten Datensatzes vorgenommen werden, ist es notwendig, die Übertragbarkeit der hieraus abgeleiteten Aussagen auf die Realität zu überprüfen. Dies umfasst sowohl das gesamte Schätzmodell als auch dessen Bestandteile (vgl. Backhaus et al., 2011, S. 72).

Für die Beurteilung der Güte des Gesamtmodells („goodness of fit") kommt dem Determinationskoeffizienten (auch Bestimmtheitsmaß genannt) R^2 große Bedeutung zu. Dieser misst, wie gut die Regressionsfunktion an die tatsächlichen Daten angepasst wurde. Die Berechnungsgrundlage hierfür liefern die Residuen, welche die Abweichungen zwischen tatsächlichen und geschätzten y-Werten widerspiegeln. Ihren Vergleichsmaßstab bildet der Mittelwert aller empirischen y-Werte der Stichprobe ($\bar{y}$). Im Verhältnis zu diesem lässt sich die Größe der Residuen und somit die Qualität der Schätzung beurteilen. Die Gesamtabweichung eines Datenpunktes zum Mittelwert $(y_i - \bar{y})$ (in Abbildung 24 anhand von zwei Beispielen als Strecke 3 dargestellt) wird in zwei Abschnitte zerlegt. Demjenigen zwischen tatsächlichem Wert und Regressionsschätzung $(y_i - \hat{y}_i)$ (Strecke 2) und dem zwischen der Schätzung und dem Mittelwert $(\hat{y}_i - \bar{y})$ (Strecke 1). Letztere misst den Abweichungsanteil der durch die Regressionsgerade gebunden bzw. „erklärt" wird. Strecke 2 hingegen misst jenen Teil, der nicht auf die im Modell vertretenen unabhängigen Variablen, sondern auf unbekannte Einflussfaktoren zurückzuführen ist. Er wird als Residuum bezeichnet (vgl. Backhaus et al., 2011, S. 72-73).

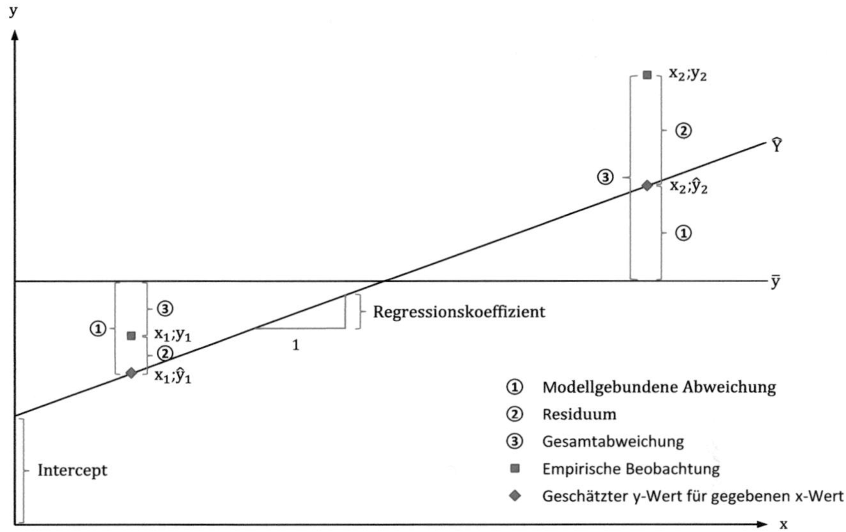

Abbildung 24: Zerlegung der Gesamtabweichung
Quelle: in Anlehnung an Backhaus et al. (2011, S. 74).

Aus der Abweichungszerlegung einzelner Beobachtungen kann die Summe der quadrierten Gesamtabweichungen über alle Datenpunkte einer Stichprobe hinweg berechnet werden. Dividiert durch die Anzahl der Fälle ergibt sich die Varianz, welche sich ebenfalls in einen „erklärten“ und einen nicht durch das Modell gebundenen Anteil aufspalten lässt. Aus dem Quotienten von Modellvarianz und Gesamtvarianz errechnet sich das Bestimmtheitsmaß R^2. Es kann Werte zwischen 0 und 1 annehmen, wobei ein R^2 von 1 eine optimale Schätzung der y-Werte darstellt (vgl. Backhaus et. al., 2011, S. 74-76; Urban & Mayerl, 2011, S. 56-57). Entsprechend kann es zur Beurteilung der Güte der Regressionsschätzung verwendet werden und lässt Rückschlüsse zu, wie gut diese zu den empirischen Daten passt. Es ist gleichermaßen für bivariate wie multivariate Modelle anwendbar (vgl. Urban & Mayerl, 2011, S. 96) und wird wie folgt berechnet (vgl. Backhaus et al., 2011, S. 74):

$$R^2 = \frac{\sum_{i=1}^{n}(\hat{y}_i - \bar{y})^2}{\sum_{i=1}^{n}(y_i - \bar{y})^2} = \frac{modellgebundene\ Varianz}{\text{Gesamtvarianz}} \tag{6}$$

Mit:

$\hat{y}_i$ = Schätzung der abhängigen Variablen y durch das Regressionsmodell

$\bar{y}$ = Mittelwert aller tatsächlichen Werte der abhängigen Variablen y in der Stichprobe

y_i = Tatsächlicher Wert der abhängigen Variablen y

i = Merkmalsträger in der Stichprobe (i = 1, 2, ..., n)

Die Höhe des Bestimmheitsmaßes ist jedoch nicht uneingeschränkt aussagekräftig, da sie dem Einfluss der Prädiktorenanzahl unterliegt. Bei identischer Fallanzahl n liefert jede weitere erklärende Variable x einen zusätzlichen Anteil zur modellgebundenen Varianz. Selbst die Hinzunahme ungeeigneter Regressoren kann zu einer Erhöhung des R^2 führen (für eine Übersicht zur Wertbeeinflussung vgl. Urban & Mayerl, 2011, S. 109-111). Mit dem Anstieg der Variablenanzahl verringert sich die Anzahl der Freiheitsgrade, d. h. jener Beobachtungen, die nicht zur Schätzung der Parameter zur Verfügung stehen. Damit ist besonders bei kleinen Stichprobenumfängen eine Verschlechterung der Modellschätzung verbunden. Deshalb ist es sinnvoll, nur die Hinzunahme relevanter Prädiktoren zu honorieren. Dies wird mit Hilfe des korrigierten Bestimmheitsmaßes („adjusted R^2") erreicht. Neben der Fallanzahl berücksichtigt dieses auch die Anzahl der Variablen und nimmt daher ab, wenn zusätzliche Regressoren nicht zur Schätzqualität beitragen (vgl. Backhaus et. al, 2011, S. 76). Im Extremfall ergeben sich sogar negative Werte. Es existieren verschiedene Berechnungsvarianten, von denen die „Ezekiel-Formel" bzw. „Wherry/McNemar-Formel" am weitesten verbreitet ist (vgl. Fan et al., 2001, S. 137; Yin & Fan, 2001, S. 207):

$$\text{Adj. R}^2_{McNemar} = 1 - \frac{n-1}{n-p-1}(1-R^2) \tag{7}$$

Mit:

n = Anzahl der Beobachtungen in der Stichprobe

p = Anzahl der Prädiktoren im Modell

Ähnlich hierzu ist die „Wherry-Formel“ bzw. „Smith-Formel“, die in einigen Statistikprogrammen (u. a. SAS) verwendet wird (vgl. Fan et al., 2001, S. 136; Yin & Fan, 2001, S. 208).

$$\text{Adj. R}^2_{Wherry} = 1 - \frac{\text{n} - 1}{\text{n} - \text{p}} (1 - R^2) \tag{8}$$

Eine weitere Möglichkeit der Prüfung der Regressionsfunktion bietet die F-Statistik. Diese berechnet unter Zuhilfenahme stochastischer Elemente, ob das Bestimmheitsmaß durch einen echten Zusammenhang der Variablen oder durch Zufall entstanden ist. Dabei wird der tatsächliche F-Wert ermittelt, der neben dem R^2 die Fall- und Prädiktorenanzahlen berücksichtigt. Dieser wird mit einem theoretischen Wert verglichen, der sich aus der Wahrscheinlichkeitsverteilung eines selbst gewählten Signifikanzniveaus, der Anzahl erklärender Variablen und Freiheitsgrade ergibt. Übersteigt der empirische den theoretischen F-Wert wird der vermutete Zusammenhang als signifikant angesehen (vgl. Backhaus et al., 2011, S. 78-80).

Neben dem Gesamtmodell ist der Einfluss einzelner Prädiktoren auf die abhängige Variable von Interesse. Neben der Wirkungsrichtung ist v. a. die Stärke des Effekts relevant. Die Signifikanz der Koeffizienten lässt sich mit statistischen Testverfahren (sog. t-Test) überprüfen. Der empirische t-Wert ergibt sich aus der Division des Regressionskoeffizienten durch seinen Standardfehler. Als Vergleichsgröße wird ebenfalls ein theoretischer Wert einer Wahrscheinlichkeitsfunktion herangezogen. Ist der empirische t-Wert größer als der theoretische ist der Einfluss des Prädiktors als signifikant in der Grundgesamtheit bezogen auf das gewählte Signifikanzniveau zu betrachten. In Modellen mit nur einem Prädiktor stimmen F- und t-Test überein. Die Prüfung des einzigen Regressionskoeffizienten stellt somit in diesem Fall auch eine Überprüfung des Gesamtmodells dar (vgl. Backhaus et. al, 2011, S. 81-83).

7.2 Verfahren der Regressionsdiagnostik

7.2.1 Bedeutung und Übersicht

Die Durchführung linearer Regressionen ist mit vielfältigen Annahmen verbunden (vgl. Backhaus et. al, 2011, S. 84-86). Werden diese erfüllt, lassen sich gemäß dem sog. Gauß-Markov-Theorem mit Hilfe der OLS-Regression Schätzungen mit optimalen Eigenschaften bestimmen. Zu den Prämissen gehören die regressionsdiagnostischen Schwerpunkte C bis H (vgl. Tabelle 21). Soll zusätzlich auch die Zufallsabhängigkeit der Resultate anhand von Signifikanztests, wie F- und t-Test, überprüft werden kommt die Normalverteilung (B) hinzu (vgl. Backhaus et al., 2011, S. 84-86; Urban & Mayerl, 2011, S. 145). Da diese erheblich durch Ausreißer (A) beeinflusst wird, stellt deren Analyse ein zentrales Element bei der Prüfung des Datensatzes dar. Die Datensichtung umfasst somit die in Tabelle 21 genannten Bereiche.

Die Annahme der Normalverteilung (B) zählt zwar nicht zu den Voraussetzungen der linearen Regression, ihr Vorliegen verbessert dennoch die Möglichkeit der Modellschätzung (vgl. Tabachnick & Fidell, 2007, S. 78-79). Grund ist die von Bradley (1982) betonte allgemeine Vorteilhaftigkeit normalverteilter Daten für inferenzstatistische Analysen. Diese verlören an Robustheit, je weiter die untersuchte Verteilung von der Normalverteilung entfernt sei. Eine zumindest symmetrische Verteilung trägt demnach zur besseren Interpretierbarkeit des Modells bei. Zudem ist die Normalverteilung diejenige Verteilung, bei der die OLS-Methode, als spezielle Form der linearen Regression, zur besten Schätzung des Lageparameters führt (vgl. Jann, 2010, S. 708). Kern der anschließenden Regressionsdiagnostik ist daher die Prüfung, inwieweit die Datenbeschaffenheit die Anwendung dieser Methode zulässt.

Teile der Regressionsdiagnostik geben darüber hinaus Auskunft, wie inferenzstatistische Verfahren unter Wahrung stabiler Ergebnisse auf den Datensatz angewendet werden können. Dies betrifft insbesondere das Gebiet der Multikollinearität (F), aus welchem Rückschlüsse auf die Kombinationsmöglichkeiten von Variablen abgeleitet werden können.

Tabelle 21: Übersicht regressionsdiagnostischer Prüffelder
Quelle: Eigene Darstellung.

	Diagnostikbereich	Prämisse der Linearen Regression	Abschnitt
A.	Ausreißer	nein	7.2.2
B.	Normalverteilung der Residuen	nein	7.2.3
C.	Linearität	ja	7.2.4
D.	Heteroskedastizität	ja	7.2.5
E.	Modellspezifikation	ja	7.2.6
F.	Multikollinearität	ja	7.2.7
G.	Autokorrelation	ja	7.2.8
H.	Erwartungswert der Residuen	ja	-

Enthält ein Regressionsmodell alle relevanten Prädiktoren, werden in den Residuen nur zufällige Einflüsse auf die abhängige Variable abgebildet, die zu positiven und negativen Abweichungen von beobachteten und geschätzten Werten führen. In der linearen Regression wird angenommen, dass sich diese ausgleichen und somit einen Mittelwert von null aufweisen. Daraus leitet sich ein Erwartungswert der Störgröße von null ab (vgl. Backhaus et al., 2011, S. 88), wie in Schwerpunkt H dargestellt. Bei einem Verstoß gegen diese Annahme wird der α-Koeffizient – die Konstante der Regression – verzerrt. Da die Konstante jedoch im Rahmen der Regressionsanalyse von untergeordneter Bedeutung und nicht Gegenstand analytischer Interpretationen ist, kann diese Bedingung in der Regel vernachlässigt werden (vgl. Urban & Mayerl, 2011, S. 201) und wird hier nur der Vollständigkeit halber aufgeführt.

Der Zweck der Regressionsdiagnostik beschränkt sich jedoch nicht auf die Prüfung von Voraussetzungen der Regressionsanalyse bzw. von Einflussfaktoren auf diese. Hinzu kommt eine zweite, wesentliche Rolle. Verstöße gegen die verschiedenen diagnostischen Schwerpunkte haben meist eine Implikation auf die Eignung statistischer Auswertungsverfahren, die zur Behebung etwaiger Abweichungen angewendet werden können. Beispielsweise existieren Verfahren die bei nichtlinearen oder heteroskedastischen Daten geeignet sind, sowie solche die robust gegenüber Ausreißern sind. Insofern ist es nicht nur Aufgabe der Diagnostik festzustellen, ob Abweichungen von den OLS-Annahmen vorliegen, sondern auch bei welchen Prüffeldern diese auftreten. Damit erzeugt die Diagnostik die Grundlage, auf der sich anschließend die am besten geeigneten Verfahren auswählen lassen.

Nahezu allen regressionsdiagnostischen Schwerpunkten gemein ist die Art ihrer Aufdeckung mittels grafischer oder formaler Verfahren. Bei einigen geben visuelle Techniken bereits Aufschluss über die Beschaffenheit eines Datensatzes, bei anderen sind aufwendigere Methoden mit stärkerer technischer Orientierung angebracht. Die statistischen Quellen lassen keine eindeutige Aussage zu, welche der beiden grundsätzlichen Prüfansätze vorzuziehen ist. Ebenso kann meist keine klare Maßgabe abgeleitet werden, ob eine der beiden Verfahrensklassen ausreicht um belastbare Resultate zu erhalten oder ob vollumfänglich zu prüfen ist. Da beide Wege Vor- und Nachteile aufweisen, kann davon ausgegangen werden, dass die Anwendung eines Methodenmixes die Aussagekraft der Schlussfolgerungen erhöht. Generell lassen sich folgende Grundtendenzen ableiten (detaillierte Erläuterungen finden sich in den einzelnen Abschnitten der Diagnostikbereiche).

Der Vorteil grafischer Verfahren liegt in ihrer Durchführbarkeit unabhängig von Annahmen über die Art der Abweichung. Auffällige Fälle lassen sich meist sehr anschaulich erkennen und die Verfahren sind aufgrund ihrer geringen Sensitivität auch bei großen Stichproben gut anwendbar. Sie verfügen jedoch i. d. R. über weniger exakte Regeln, z. B. ob ein Beobachtungswert einen Ausreißer darstellt oder nicht (vgl. Schmidt, 2009, S. 1). Hinzu kommt, dass existierende Schwellenwerte oft auf subjektiv festgelegten Konventionen beruhen.

Hingegen verfügen formale Methoden über klar definierte Kriterien für Annahme bzw. Ablehnung einer Prämisse, z. B. im Falle der Normalverteilung. Allerdings geben sie oft keine Auskunft über die Form der untersuchten Verteilung sowie zu Anzahl und Stärke der Abweichung. Zudem sind sie bisweilen besonders empfindlich bei großen Datensätzen und beinhalten somit einen gewissen Widerspruch in Verbindung mit der Verwendung klassischer Regressionsverfahren, die gerade erst bei hohen Fallzahlen stabile Aussagen ermöglichen (vgl. Schmidt, 2009, S. 4). Die folgende Analyse der einzelnen Diagnostikbereiche ist jeweils wie folgt aufgebaut: zunächst wird das statistische Problem umrissen, dann Ursachen des Entstehens angeführt bevor detailliert Möglichkeiten des Umgangs vorgestellt werden.

7.2.2 Ausreißer

In empirischen Datensätzen zeigen sich oft Fälle, die weit vom Schwerpunkt der restlichen Daten entfernt liegen. Solche Datenpunkte werden gemeinhin als Ausreißer bezeichnet (vgl. Jensen, Landwehr & Herrmann, 2009, S. 10; V. Mahajan, S. Sharma & Y. Wind, 1984, S. 268).

Für ihre Existenz können vielfältige Ursachen aufgeführt werden. So können Anwendungsfehler des Forschers wie fehlerhafte Dateneingabe oder irrtümliche Einstufung fehlender als tatsächliche Daten zu extremen Werten führen. Weiterhin kann eine ungeeignete Spezifikation des Regressionsmodells eine Ursache sein, wenn z. B. eine vorhandene Beobachtung deshalb abweicht, weil sie nicht aus der zu untersuchenden Grundgesamtheit stammt. Darüber hinaus lassen sich auffällige Daten auch darauf zurückführen, dass eine Population – trotz korrekter Selektion – mehr extreme Werte beinhaltet als die Normalverteilung (vgl. Tabachnick & Fidell, 2007, S. 73).

Ausreißer können die Ergebnisse von Regressionsanalysen stark beeinflussen. Sie verzerren die Regressionskoeffizienten und führen zu Unter- oder Überschätzung der Standardfehler (vgl. Jensen, Landwehr & Herrmann, 2009, S. 102). Zudem gehen mit ihnen oft fehlende Normalverteilung und Heteroskedastizität einher (vgl. Wilcox, 2005, S. 415). Daraus ergibt sich eine Verletzung der Prämissen statistischer Signifikanztests, mit der Folge der Fehlerhaftigkeit ihrer Ergebnisse (vgl. Jensen, Landwehr & Herrmann, 2009, S. 102).

Grundsätzlich lassen sich Ausreißer anhand von drei wesentlichen Merkmalen beschreiben, die als Grundlage für eine Einstufung in Ausreißer-Arten dienen und für die Wahl des Regressionsverfahrens von entscheidender Bedeutung sind.

Ein Regressionsausreißer ist eine Beobachtung mit weit von den restlichen Daten entfernt liegendem y-Wert, der insbesondere unter Berücksichtigung des dazugehörigen x-Wertes ungewöhnlich ist (X. Chen et al., 2003). Diese Form der Extremität wird auch als Diskrepanz („discrepancy") bezeichnet. In einer OLS-Regression ist sie oft gleichbedeutend mit einem großen Residuum. Da extreme Punkte die Schätzgerade jedoch gleichzeitig stark in ihre Richtung „ziehen" muss dies nicht zwingend der Fall sein (vgl. Andersen, 2008, S. 39-41; Kohler & Kreuter, 2012, S. 282). Hohe Diskrepanz ist daher nicht immer einfach ableitbar.

Fälle mit extremen Ausprägungen bei den unabhängigen Variablen werden dagegen als Punkte mit hoher Hebelwirkung („leverage“) bezeichnet. Damit wird zum Ausdruck gebracht, wie weit entfernt sich ein einzelner Datenpunkt vom Mittelwert aller Punkte innerhalb der Ausprägungen eines speziellen Prädiktors befindet (vgl. Wilcox, 2005, S. 417). Je größer die Abweichung, desto größer die Hebelwirkung auf die Regressionsgeraden (vgl. Jensen, Landwehr & Herrmann, 2009, S. 103).

Die dritte Gruppe bilden Beobachtungen mit hohem Einfluss („influence“). Dieser wird dann zugeschrieben, wenn der Ausschluss eines einzelnen Datenpunktes starke Auswirkung auf die Schätzung des Regressionskoeffizienten hat. Influence wird oft als Produkt von Hebelwirkung und Diskrepanz (unter Ausschluss des betreffenden Falles) bezeichnet und verbindet so die beiden vorangegangenen Merkmale (vgl. X. Chen et al., 2003; Fox, 1997, S. 269; Jensen, Landwehr & Herrmann, 2009, S. 103).

Neben pauschalen Grenzwerten, die sich auf das Vielfache der Standardabweichung der Residuen beziehen, lassen sich Ausreißer auch mit grafischen Verfahren erkennen. Ergänzend steht eine Reihe formaler Methoden zur Verfügung, die zumeist auf Maßzahlen basieren (vgl. Urban & Mayerl, 2011, S. 187). Ein Datensatz kann so anhand vielfältiger Methoden auf Ausreißer hin untersucht werden, von denen nachfolgende zur Anwendung kommen:

Tabelle 22: Methoden zur Identifikation von Ausreißern

Quelle: Eigene Darstellung.

Methode		**Methodenklasse**
A.1	Partielle Regressionsplots	grafisch
A.2	Box Plots	grafisch
A.3	Studentisierte Residuen	formal
A.4	Hat Values	formal
A.5	Cook’s Distance	formal
A.6	DFBETA	formal

Oft lassen sich Ausreißer bereits in bivariaten Streudiagrammen von abhängigen und unabhängigen Variablen erkennen. Punkte, die weitab der übrigen Daten liegen geben erste Anhaltspunkte bei der Identifikation (vgl. Kohler & Kreuter, 2012, S. 276).

Ein weiteres graphisches Verfahren sind Partielle Regressionsplots (Methode A.1 in Tabelle 22; auch „added variable plot", „partial regression leverage plot" oder „adjusted partial residual plot" genannt) (vgl. Stata, 2013, S. 1910). Diese ähneln den einfachen Streudiagrammen, stellen jedoch den Effekt eines Prädiktors unter Konstanthalten aller weiteren Prädiktoren dar (vgl. Andersen, 2008, S. 44). Das bedeutet, dass aus x und y jeweils die Effekte der anderen Prädiktoren auspartialisiert werden. Sie stellen demnach eine Möglichkeit dar, mehrdimensionale Daten in einen zweidimensionalen Raum aus einer abhängigen und einer unabhängigen Variablen zu verlegen. Dadurch sind sie besonders dann relevant, wenn aus umfangreicheren Modellen mit mehreren unabhängigen Variablen einzelne Effekte herausgelöst dargestellt werden sollen. Technisch wird zuerst eine Regression der abhängigen Variablen gegen alle Prädiktoren außer dem zu untersuchenden durchgeführt. Anschließend eine weitere aus letzterem gegen die verbleibenden Prädiktoren. Die resultierenden Residuen werden gegeneinander dargestellt (vgl. Kohler & Kreuter, 2012, S. 278-279).

Die Verteilung von Variablen innerhalb von Datensätzen kann anhand von Maßzahlen wie Median, Quartilen, Minimum und Maximum beschrieben werden. Eine grafische Variante ihrer Darstellung ist der „Box Plot" (Methode A.2 in Tabelle 22). Dabei wird die Bandbreite der Ausprägungen einer Variablen auf der y-Achse abgetragen und der Bereich zwischen erstem und drittem Quartil als Box zusammengefasst. Der Abstand zwischen beiden Quartilen ist der Interquartilsabstand. Die Höhe der Box wird vom Median in zwei Bereiche unterteilt. Ober- und unterhalb der Box verlaufen zwei vertikale Linien, die sog. „whisker" („Barthaare"), die an ihren Enden durch horizontale Striche („Zäune") begrenzt werden. Der obere „Zaun" entspricht dem Wert des dritten Quartils zuzüglich des 1,5-fachen Interquartilsabstands, der untere dem des ersten Quartils abzüglich dieses Wertes. Nach einer verbreiteten, auf Tukey zurückgehenden Konvention markiert dies den Bereich außerhalb dessen Beobachtungen als univariate Ausreißer klassifiziert werden (vgl. Kohler & Kreuter, 2012, S. 183; Schmidt, 2009, S. 6). Teilweise ist auch eine weitere Unterteilung der abweichenden Werte gebräuchlich. Diese gelten als „Ausreißer" wenn sie eine Entfernung von 1,5 bis 3 Interquartilsabständen vom jeweiligen Quartil aufweisen und als „Extremwerte" bei noch höheren Abständen (vgl. Bellgardt, 2004, S. 102).

Mittels dieses Werkzeugs lassen sich verschiedene Eigenschaften einer Verteilung darstellen. So gibt die Lage des Medians innerhalb der Box, zusammen mit der Länge der „whisker", Aufschluss über die Symmetrie der Verteilung. Ist der obere Whisker länger als der untere und liegt der Median im unteren Bereich der Box, so deutet dies auf einen rechtsschiefen Kurvenverlauf hin. Durch die deutliche Kenntlichmachung von Ausreißern ist die grafische Methode für die Regressionsdiagnostik gut geeignet. Jedoch können Ausreißer nur in einer Dimension dargestellt werden. Außerdem sind damit nur univariate Auswertungen möglich – im Gegensatz zu den bivariaten Zusammenhängen der Methode A.1.

Bei den formalen Methoden zur Identifikation von Ausreißern kann in zwei Typen unterschieden werden. Solche, die den Gesamteffekt eines Falles auf die Regressionsergebnisse messen (Residuen, Hat Values, Cook's Distance) und solche, die den Effekt eines Falles auf den Regressionskoeffizienten einzelner Prädiktoren erfassen (DFBETA) (vgl. X. Chen et al., 2003).

Ein Verfahren zur Ermittlung von Regressionsausreißern (Ausreißer in y-Dimension) sind studentisierte Residuen (Methode A.3 in Tabelle 22). Diese korrigieren die unstandardisierten Residuen um den Effekt der Hebelwirkung, d. h. ihre Extremität in x-Richtung. So wird verhindert, dass kleine Residuen resultieren, selbst wenn die Diskrepanz hoch ist. Dies geschieht aufgrund der Eigenheit der OLS, die Schätzgerade hin zu starken Ausreißern zu verändern.

Zusätzlich wird bei der Berechnung die zu untersuchende Beobachtung ausgeklammert, wodurch die Ergebnisse einer t-Verteilung mit $n - p - 2$ Freiheitsgraden folgen. Diese wird mit einer theoretischen t-Verteilung mit derselben Anzahl an Freiheitsgraden verglichen (vgl. Andersen, 2008, S. 40-41; Fox, 1997, S. 272). Eine gebräuchliche Schwelle für die Einstufung als „ungewöhnliche Beobachtung" ist ein Wert größer als zwei (vgl. Jensen, Landwehr & Herrmann, 2009, S. 104). Ab diesem werden die Ausreißer als signifikant auf einem Konfidenzniveau von 95 % angesehen (vgl. Jacoby, 2003a, S. 21).

Mit Hilfe von Stamm-Blatt-Diagrammen („stem and leaf plots“) lassen sich potentielle Ausreißer übersichtlich darstellen. Die Diagrammform wurde von John Tukey (1977) entwickelt und besteht aus zwei Spalten. Die linke, der sog. „Stamm“ („stem“) stellt wertemäßige Klassen von Maßzahlen dar, bei denen nur die ersten Dezimalstellen angezeigt werden. In der rechten, dem sog. „Blatt“ („leaf“), werden die zugehörigen Dezimalstellen angezeigt. Auf diese Weise lässt sich jeder Ergebniswert im Datensatz genau ablesen.

Ein gebräuchliches Maß, um das Merkmal der Hebelwirkung für jede einzelne Beobachtung zu bestimmen, sind die sog. „hat values“ (Methode A.4 in Tabelle 22), welche die Abweichung vom Mittelwert des Prädiktors berechnen. Sind im Modell mehrere unabhängige Variablen enthalten wird unter Berücksichtigung ihrer Korrelation und Varianz untereinander, die Distanz vom Flächenschwerpunkt – dem Mittelwert über alle verwendeten Prädiktoren hinweg – berechnet (vgl. Andersen, 2008, S. 39; Fox, 1997, S. 84; Kohler & Kreuter, 2012, S. 282). Hat values geben Aufschluss über den Grad der Extremität der x-Werte, lassen jedoch keine Rückschlüsse auf die Größe der Residuen zu. Als kritisch werden Hat Values erachtet, die das Zweifache des durchschnittlichen Wertes übersteigen (vgl. Andersen, 2008, S. 39; X. Chen et al., 2003; Cook & Weisberg, 1999, S. 161-163; Fox, 1997, S. 267).

Auch potentielle Leverage-Punkte lassen sich mit Hilfe der Stamm-Blatt-Diagramme übersichtlich darstellen. Die Diagrammform eignet sich besonders dafür, Höhe und Anzahl der Abweichungen zu erkennen. Weiterhin ist es sinnvoll, die betreffenden Fälle mit Hebelwirkung anzeigen zu lassen um diese einer genaueren Untersuchung unterziehen zu können.

Mit Hilfe des Verfahrens Cook’s Distance bzw. Cook’s D (Methode A.5 in Tabelle 22) kann der Einfluss („influence“) einer Beobachtung auf die Regressionsschätzung ermittelt werden. Dieses berücksichtigt als Maß für die Diskrepanz die quadrierten standardisierten Residuen und als Maß für die Hebelwirkung die Hat Values. Darüber hinaus geht auch die Anzahl der Prädiktoren (p) und der Beobachtungen (n) in die Berechnung ein.

Auffällige Fälle lassen sich anhand von Richtwerten identifizieren. Hierfür werden in der Literatur unterschiedliche Schwellen empfohlen. Vielfach werden Werte von $D > 4/(n-p-1)$ als kritisch eingestuft (vgl. Chatterjee & Hadi, 1988, S. 116; Fox,

2008, S. 268; Jensen, Landwehr & Herrmann, 2009, S. 104). Andere Autoren sehen Werte von $D > 4/n$ (vgl. X. Chen et al., 2003), $D > 1$ (vgl. Cohen et al., 2003, S. 404) oder $D > 0{,}5$ (vgl. Cook & Weisberg, 1999, S. 358) als Grenze.

Eine Alternative zu Cook's D ist das Verfahren DFFITS (vgl. Belsley, Kuh & Welsch, 1980), das sich in Cook's D überführen lässt. Es wird daher hier nicht weiter vertieft.

Mit der Maßzahl DFBETA (Methode A.6 in Tabelle 22) nach Belsley, Kuh und Welsch (1980) lässt sich der Einfluss jeder Beobachtung auf die Schätzung bestimmen. Dabei wird die Veränderung jedes einzelnen Regressionskoeffizienten durch den Ausschluss einzelner Beobachtungen untersucht. Enthält das untersuchte Modell mehrere Prädiktoren wird daher für jeden ein separates DFBETA berechnet. Als spezifische Maßzahl unterscheidet sie sich damit von den vorangegangenen, globalen Größen, die pro Beobachtung nur einen Wert für den Einfluss angeben, unabhängig von der Anzahl der Prädiktoren. Als Richtgröße werden Werte von $D_{ij} \geq 2/\sqrt{n}$ genannt, insbesondere für große Stichproben (vgl. Andersen, 2008, S. 41; Belsley, Kuh & Welsch, 1980, S. 28; X. Chen et al., 2003; Kohler & Kreuter, 2012, S. 278; Urban & Mayerl, 2011, S. 189). Für kleine Datensätze wird $D_{ij} > \pm 1$ empfohlen (vgl. Urban & Mayerl, 2011, S. 189).

Insgesamt lassen sich die formalen Verfahren zur Identifikation ungewöhnlicher Beobachtungen wie in Tabelle 23 zusammenfassen.

Aufgrund der verschiedenen Ausreißer-Typen kann eine Methode alleine nicht alle Facetten ungewöhnlicher Beobachtungen abdecken. Die Kombination der Verfahren ist daher ratsam.

Tabelle 23: Formale Verfahren zur Identifikation ungewöhnlicher Beobachtungen
Quelle: Eigene Darstellung.

Methode	Ausreißertyp	Achsenabschnitt	Art der Maßzahl
Studentisierte Residuen	Diskrepanz	y-Dimension	global
Hat Values	Hebelwirkung	x-Dimension	global
Cook's Distance	Einfluss	y- und x-Dimension	global
DFBETA	Einfluss	y- und x-Dimension	spezifisch

7.2.3 Normalverteilung der Residuen

Obwohl sie keine Annahme der Kleinsten-Quadrate-Regression ist, wird Normalverteilung für statistische Signifikanztests wie den t- und den F-Test benötigt um die Ergebnisse auf Signifikanz zu überprüfen. Die Konzentration auf Residuen basiert auf der Annahme, dass sich hierin die Gesamtheit verschiedener zufälliger Einflüsse widerspiegelt. Folgen die Störgrößen einer Normalverteilung, so wird angenommen, dass dies auch für die y-Werte gilt, deren Linearkombination die Regressionsschätzer bilden (vgl. Backhaus et al., 2011, S. 96). Liegt keine Normalverteilung der Residuen vor, sind die Standardfehler der OLS verzerrt und die Ergebnisse von Signifikanztests wenig zuverlässig (vgl. Urban & Mayerl, 2011, S. 193). Allerdings gilt dies v. a. für kleine Datensätze und ausschließlich für Hypothesentests, nicht für die Koeffizientenschätzungen. In großen Stichproben (Backhaus et al. nennen als Schwelle ca. 40 Fälle) hingegen folgt aus dem zentralen Grenzwertsatz der Statistik, dass die Regressionsschätzer auch dann asymptotisch normalverteilt sind wenn es die Residuen nicht sind (vgl. Backhaus et al., 2011, S. 96; Stocker, 2012, S. 181; Urban & Mayerl, 2011, S. 193).

Die Prüfung der Normalverteilungsannahme mit grafischen Methoden bietet einen guten Überblick über die Gestalt der Verteilung. Formale Testverfahren reagieren oft sehr sensibel auf geringe Abweichungen und führen besonders bei großen Fallzahlen leicht zu einer Ablehnung der Normalverteilungsannahme (vgl. Hetzel, 2012, S. 169), welche nicht mit der grafischen Analyse übereinstimmen muss. Aus diesem Grund wird oftmals empfohlen, formale Tests durch grafische Verfahren zu ergänzen (vgl. D'Agostino, Belanger & D'Agostino, 1990; Royston, 1991; Stata, 2013, S. 2170). In der Untersuchung kommt daher eine Reihe verschiedener Verfahren zum Einsatz.

Tabelle 24: Methoden zur Überprüfung von Normalverteilung
Quelle: Eigene Darstellung.

Methode		**Methodenklasse**
B.1	Histogramme	grafisch
B.2	P-P-Plot	grafisch
B.3	Q-Q-Plot	grafisch
B.4	Interquartilsabstand nach Hamilton	formal
B.5	Shapiro-Wilk-Test	formal
B.6	Kolmogorov-Smirnov-Test	formal
B.7	Jarque-Bera-Test	formal

Histogramme (Methode B.1 in Tabelle 24) sind grafische Verfahren die einem Balkendiagramm ähneln und anhand derer sich die Häufigkeitsverteilung von Merkmalsausprägungen in einem Datensatz widergeben lässt. Die Höhe eines Balkens repräsentiert die Anzahl der Fälle, die einen bestimmten Wert aufweist. Bei kontinuierlichen Variablen werden dafür Variablen-Ausprägungen zu frei wählbaren Kategorien zusammengefasst. Je feiner diese gewählt werden, desto leichter kann ein Vergleich mit einer Normalverteilungskurve herbeigeführt werden. Mit Hilfe einer solchen Gegenüberstellung lassen sich nicht nur Verteilungen von Daten beurteilen, sondern auch Ausreißer an den erhöhten Balken am Verteilungsende erkennen.

Eine andere grafische Variante sind sog. „Probability-Probability-Plots" (Methode B.2 in Tabelle 24), kurz „P-P-Plots" (vgl. Urban & Mayerl, 2011, S. 198). Hierbei werden auf der x-Achse die kumulierten relativen Häufigkeiten der Residuen, auf der y-Achse die zu erwartenden Wahrscheinlichkeiten der Normalverteilung abgetragen. Bei perfekter Normalverteilung lägen alle Wahrscheinlichkeitswerte exakt auf der Diagonalen. Je näher sich die Punkte um die Diagonale verteilen desto mehr Indizien für Normalverteilung liegen vor (vgl. Tabachnick & Fidell, 2007, S. 82; Urban & Mayerl, 2011, S. 198). Der P-P-Plot legt besonderes Augenmerk auf Abweichungen im Zentrum der Verteilung, weniger auf deren Enden. Daher eignet er sich vornehmlich für die Prüfung von Werten des mittleren Bereiches (vgl. Stata, 2013, S. 430).

Eine Ergänzung hierzu stellt der sog. „Quantil-Quantil-Plot" (Methode B.3 in Tabelle 24), kurz „Q-Q-Plot" dar. Er beruht auf dem Vergleich von Quantilen, welche im Falle einer Normalverteilung zwischen beobachteten (y-Achse) und erwarteten (x-Achse)

Daten übereinstimmen. Die Achsen sind somit gegenüber dem P-P-Plot vertauscht. Demzufolge lägen im Falle einer Normalverteilung alle Punkte genau auf der eingezeichneten Diagonalen. Auch hier weisen starke Abweichungen von der Geraden auf Verletzungen der Normalverteilungsannahme hin. Im Gegensatz zum P-P-Plot prüft der Q-Q-Plot v. a. die Enden der Verteilung (vgl. Stata, 2013, S. 430). Diese Eigenschaft wird von Miller (1997, S. 13-14) als positiv und wesentlicher Vorteil gegenüber formalen Testverfahren wie dem Kolmogorov-Smirnov-Test angesehen.

Das Grundprinzip der dargestellten Testverfahren ist, wie bei Signifikanztest im Allgemeinen, die Prüfung, ob genug Anzeichen für das Vorliegen von Nicht-Normalverteilung vorliegen um die Nullhypothese zu verwerfen.

Ein numerisches Testverfahren, das auf die Grundprinzipien von Box Plots zurückgreift, wurde von Lawrence C. Hamilton entwickelt (Methode B.4 in Tabelle 24). Dieses setzt eine symmetrische Verteilung voraus und zeigt Ausreißer an, die, je nach Entfernung vom Schwerpunkt der Datenpunkte, zwei Gruppen zugeordnet werden. Starke Ausreißer befinden sich mindestens 3 Interquartilsabstände entfernt vom nächstgelegen Quartil (das 3. bzw. das 1.), schwache liegen im Bereich zwischen 1,5 und 3 Interquartilsabständen. Das Vorliegen starker Ausreißer liefert deutliche Hinweise für die Abwesenheit einer Normalverteilung.

Der Shapiro-Wilk-Test (Methode B.5 in Tabelle 24) überprüft die Hypothese, dass die Residuen normalverteilt sind. Liegt der p-Wert unter einer festgelegten Signifikanzschwelle (z. B. 5 %) wird die Nullhypothese verworfen und das Testverfahren geht nicht von Normalverteilung aus.

Der Normalverteilungstest nach Kolmogorov und Smirnov (Methode B.6 in Tabelle 24) kann sowohl die Gleichheit einer vorliegenden Verteilung mit der Normalverteilung überprüfen als auch die Unterschiede in den Verteilungen mehrerer Gruppen innerhalb eines Datensatzes. Die p-Werte des Verfahrens basieren auf den von Smirnov (1933) ermittelten asymptotischen Verteilungen, die sich nicht für kleine Stichproben $(n < 50)$ eignen. Für die Prüfung der Normalverteilung sind der abgewandelte Jarque-Bera-Test (Methode B.7 in Tabelle 24) und der Shapiro-Wilk-Test daher besser geeignet (vgl. Stata, 2013, S. 1013). Da die Ergebnisse des Kolmogorov-Smirnov-Tests sehr konservativ sind, verwendet das Statistikprogramm Stata eine empirische Korrekturgröße die zu leicht unterschiedlichen Werten führt.

Die Normalverteilung wird durch eine symmetrische Kurve in glockenförmiger Gestalt dargestellt. Anhand von Symmetrie und Höhe des Kurvenverlaufs lassen sich Abweichungen beschreiben. Dies kann in den statistischen Größen Schiefe („skewness") und Wölbung („kurtosis") quantifiziert werden (vgl. Urban & Mayerl, 2011, S. 194). Die Schiefe gibt an, wie symmetrisch eine Variable (bzw. ihre Residuen) um den Mittelwert verläuft. Eine Normalverteilung ist perfekt symmetrisch und weist daher einen Wert von null auf. Die Wölbung misst wie spitz oder flach eine eingipflige Verteilung verläuft. Die Normalverteilung hat eine Wölbung von drei (vgl. Assenmacher, 2003, S. 115). Der Jarque-Bera-Test bedient sich dieser Kurven-Eigenschaften um Verteilungen zu überprüfen. Er führt je einen Test auf Normalität von Schiefe und Wölbung durch und führt diese anschließend zu einer Gesamtstatistik zusammen. Bei einem großen Wert wird die Nullhypothese, die besagt, dass eine Normalverteilung vorliegt, abgelehnt (vgl. Hill, Griffiths & Lim, 2008, S. 89-90). In der statistischen Software Stata wird eine um die Stichprobengröße aktualisierte Version des Jarque-Bera-Tests verwendet, der „Skewness and Kurtosis-Test", kurz „sktest" (vgl. D'Agostino, Belanger & D'Agostino, 1990; Royston, 1991; Stata, 2013, S. 2170).

7.2.4 Linearität

Eine grundlegende Voraussetzung und eine der bedeutendsten Annahmen linearer Regressionsmodelle ist das Vorliegen eines linearen Zusammenhangs zwischen der abhängigen und der bzw. den unabhängigen Variablen (vgl. Kohler & Kreuter, 2012, S. 276). Ist dies nicht gegeben, versucht die Regressionsmethode eine Gerade an Daten zu legen, die sich gar nicht durch eine solche beschreiben lassen (vgl. X. Chen et al., 2003).

Trotz ihrer Bedeutung gibt es keine eindeutige und in der Literatur dominierende Methode, mittels derer Linearität überprüft werden kann. Vielmehr existieren vielerlei Varianten aus unterschiedlichen Methodenkategorien. Dazu zählen neben grafischen Verfahren auch inhaltliche Erwägungen zu den betreffenden Variablen. Zudem muss berücksichtigt werden, dass perfekte lineare Zusammenhänge äußerst selten sind und gerade in den Sozialwissenschaften Nicht-Linearität häufig ist (vgl. Hoffmann, 2005, S. 154). Deswegen wird von Fox (2008) die Meinung vertreten, dass der Begriff Linearität im Rahmen von Regressionen nicht im engen Sinne zu verstehen sei, selbst wenn dies dazu führt, dass nicht-lineare Beziehungen durch sie beschrieben werden (vgl. Harring, 2012, S. 11).

Vor diesem Hintergrund erscheint es sinnvoll, die Voraussetzungen anhand mehrerer Verfahren zu überprüfen, um so ein umfassenderes Gesamtbild zu erhalten. In der statistischen und methodischen Literatur werden (neben den hier nicht separat dargestellten einfachen Streudiagrammen) vorwiegend die folgenden Klassen empfohlen:

Tabelle 25: Methoden zur Überprüfung von Linearität
Quelle: Eigene Darstellung.

Methode		**Methodenklasse**
C.1	Informationsangereicherte Scatterplots	grafisch
C.2	Partielle Residuen-Plots	grafisch
C.3	Theoriegeleitete Zusammenhangsbestimmung	inhaltlich-theoretisch

Weitere Hinweise auf die Verletzung der Linearitätsannahme lassen sich darüber hinaus auch aus den Prüfungen auf Heteroskedastizität und Autokorrelation gewinnen (vgl. Backhaus et al., 2011, S. 88). Dabei ist der Zusammenhang zur Modellprämisse der Linearität so ausgeprägt, dass Tests auf Heteroskedastizität und Autokorrelation gleichermaßen als Tests auf Nichtlinearität interpretiert werden können (vgl. ebd., S. 92).

Die Untersuchung der Linearitätsannahme kann beispielsweise mit nichtparametrischen Verfahren vorgenommen werden, die keine hohen Anforderungen an die Erfüllung von Annahmen stellen und sich daher gut als erste Indikation eignen (vgl. Kohler & Kreuter, 2012, S. 273). Eine solche Methode sind die bereits im Rahmen der Ausreißer-Prüfung vorgestellten Streudiagramme (auch Scatterplots). In diesen lässt sich jedoch immer nur eine Variable durch eine andere beschreiben, wodurch, abhängig von der Variablenanzahl im Modell, eine Vielzahl einzelner Scatterplots entsteht, aus denen die funktionalen Beziehungen der beteiligten Modellvariablen hervorgehen.

Als Erweiterung kann mit Hilfe von informationsangereicherten Scatterplots, besonders solchen mit „Scatterplot-Smoothern“ (Schnell, 1994, S. 102-106) gearbeitet werden (Methode C.1 in Tabelle 25). Dabei wird eine Unterteilung der x-Achse in einzelne, gleich große Streifen vorgenommen. Eine Variante der Scatterplot-Smoother ist der „Median-Trace“ (Kohler & Kreuter, 2012, S. 274). Bei diesem wird für die gebildeten Streifen der Median der zugehörigen y-Werte berechnet und diese durch eine Gerade miteinander verbunden (vgl. X. Chen et al., 2003). Dadurch ist es möglich, auch Zusammenhänge für größere Fallzahlen zu untersuchen und durch die eingesetzte Verbindungslinie übersichtlich darzustellen. Einschränkend ist jedoch, dass die Methode nur geeignet ist, funktionale Zusammenhänge zwischen Paaren aus einer abhängigen und einer unabhängigen Variable zu analysieren. Diese können sich ändern, wenn weitere Variablen einbezogen werden (vgl. Kohler & Kreuter, 2012, S. 274).

Weitere Anzeichen für Linearität lassen sich mittels Plots der Residuen in Relation zu einer unabhängigen Größe gewinnen. Wie die Scatterplots zählt auch die Residuenanalyse zu den grafischen Verfahren, welche in diesem Zusammenhang besonders empfohlen werden (vgl. Urban & Mayerl, 2011, S. 204). Allerdings sind einfache Residuenplots nicht in der Lage, die genaue Form des funktionalen Zusammenhangs zu bestimmen. Dieser Nachteil kann mit Hilfe einer erweiterten Variante, den „component-plus-residual-plots“ (vgl. Ezekiel, 1924; Larsen & McCleary, 1972; Wood, 1973), auch „partielle Residuenplots“ (Kohler & Kreuter, 2012, S. 275) genannt, umgangen werden (Methode C.2 in Tabelle 25). Im Unterschied zu den einfachen Residuenplots wird in den partiellen Residuenplots anstelle des Residuums selbiges mit dem linearen Anteil des Prädiktors multipliziert und auf der y-Dimension abgetragen (vgl. Kohler & Kreuter, 2012, S. 275). Enthält der Prädiktor einen hohen Anteil nichtlinearer Komponenten wird dies in der Grafik deutlich (vgl. Jacoby, 2003b, S. 11). Denn analog zu den oben vorgestellten Scatterplots mit Smoother kann in der Methode eine Verbindungslinie der Mediane einzelner Teilgruppen angezeigt werden, deren Abweichung von der ebenfalls eingezeichneten Regressionsgeraden Rückschlüsse auf den Grad der Nichtlinearität zulässt. Eine neuere, leichte Modifikation stellt der „augmented-component-plus-residual-plot“ (vgl. Mallows, 1986) dar, bei dem der lineare Anteil durch Quadrieren vergrößert wird und so sensibler auf Abweichung von der Linearität reagiert – bei ansonsten sehr großer Ähnlichkeit zu

„component-plus-residual-plots“ (vgl. Chatterjee & Hadi, 1988, S. 58). In der vorliegenden Untersuchung wird die Variante nach Mallows verwendet.

Die vorangegangenen Untersuchungen zur Linearität beziehen sich jeweils auf den Zusammenhang zweier Variablen. In einer multivariaten Regression ist Linearität zwischen vielen Größen jedoch nicht mehr in einem Koordinatensystem darstellbar. Daher ist es ratsam auch inhaltlich-theoretische Überlegungen einzubeziehen (Methode C.3 in Tabelle 25). Dabei kann auf den von der jeweiligen relevanten Theorie postulierten Zusammenhang abgestellt werden (vgl. Universität Zürich, 2010; Urban & Mayerl, 2011, S. 38). So folgen einige Phänomene beispielsweise in der Marktforschung einer nichtlinearen Modellstruktur (vgl. Backhaus et al., 2012, S. 17).

7.2.5 Heteroskedastizität

Eine weitere Annahme der linearen Regression ist die homogene Verteilung der Varianz in den Residuen, die auch als Fehlervariablen oder Störterme bezeichnet werden. Skedastizität bezeichnet die Streuung bzw. Varianz der Residuen, die gleichmäßig (homo) oder ungleichmäßig (hetero) verteilt sein kann. Im Falle von Heteroskedastizität ist sie für verschiedene Werte der unabhängigen Variablen unterschiedlich, wodurch die Gauß-Markov-Annahme der konstanten Varianz der Residuen verletzt ist (vgl. Stocker, 2012, S. 329-347). Zurückzuführen ist eine solche Streuungsungleichheit auf Abhängigkeiten der Residuenvarianz von Prädiktorvariablen und/oder der Reihenfolge der Beobachtungen (vgl. Backhaus et al., 2011, S. 90). Darüber hinaus gibt es in Bezug auf Heteroskedastizität deutliche Zusammenhänge mit anderen diagnostisch überprüfbaren Modellprämissen (z. B. Ausreißern).

In der OLS-Regression berührt die Existenz von Streuungsungleichheit aufgrund der stärkeren Gewichtung von Fällen mit hoher Varianz nicht die Erwartungstreue und Konsistenz der Regressionsschätzer. Jedoch sind diese nicht effizient und führen sogar zur Verzerrung der Standardfehler der OLS-Regressionskoeffizienten. Aus diesem Grund können Signifikanztests, die auf solchen Standardfehlern beruhen, in ihrer Teststärke beeinflusst und in ihrer Eignung beschränkt sein (vgl. Stocker, 2012, S. 332; Urban & Mayerl, 2011, S. 243).

Die Verwendung von Signifikanztests zur Überprüfung von Hypothesen wird von einigen Autoren (vgl. Kmenta, 1986; Stocker, 2012; Urban & Mayerl, 2011) kritisch betrachtet. So werden sie als „generell ungültig“ (Stocker, 2012, S. 332) angesehen sobald Heteroskedastizität vorliegt, selbst wenn die Residuen unabhängig sind und einer Normalverteilung unterliegen. Gleichzeitig tritt eine ungleiche Streuung bei fast allen Regressionen auf, wenn sich die zugrundeliegenden Daten „auf kontextuelle oder aggregierte Messbereiche beziehen“ (Urban & Mayerl, 2011, S. 243). Erstgenannter Fall tritt z. B. dann auf, wenn Daten bestimmte Ausprägungen mehrere Länder erfassen und die Erhebung in diesen nicht identisch vorgenommen wird. Hinzu kommt, dass bei vergleichenden Länderstudien, wie in dieser Analyse, in aller Regel die untersuchte Aggregatsvariable auf verschieden großen Fallzahlen basiert. Dies ist oft mit instabilen Varianzen der Störterme verbunden (vgl. Urban & Mayerl, 2011, S. 256). Die fehlende Gleichberechtigung der verglichenen Größen kann dazu führen, dass die Wahrscheinlichkeit, die Nullhypothese in statistischen Testverfahren zu verwerfen, erhöht wird (vgl. Kmenta, 1986, S. 276-278).

Heteroskedastizität kann meist schon mit grafischen Verfahren identifiziert werden (vgl. Stocker, 2012, S. 330). Die visuelle Residuenanalyse führt dabei oft zu einer zuverlässigeren Ermittlung als die formale (vgl. Urban & Mayerl, 2011, S. 248).

Streudiagramme der Residuen gegen die unabhängigen Variablen (Methode D.1 in Tabelle 26) zeigen bei Homoskedastizität keine systematischen Muster. Stattdessen verteilen sich die Datenpunkte relativ gleichmäßig um den Mittelwert von null (vgl. Urban & Mayerl, 2011, S. 244). Im multivariaten Modell muss diese Analyse für jede einzelne unabhängige Variable vorgenommen werden. Da diese Form des Streudiagramms auch bei der Aufdeckung anderer Modellverstöße eingesetzt wird, wurden die entsprechenden Abbildungen bereits im Rahmen der Ausreißer-Prüfung dargestellt (vgl. Abschnitt 7.2.2).

Eine weitere grafische Variante sind Streudiagramme der Residuen gegen die geschätzten Werte der abhängigen Variablen (Methode D.2 in Tabelle 26). Aus ihnen können Indizien auf Homoskedastizität abgeleitet werden, wenn sich keinerlei erkennbarer Zusammenhang herausbildet (vgl. Torres-Reyna, o. J., S. 17). Im Falle von Heteroskedastizität treten hingegen oft dreieckige Muster auf, nach denen sich die Punkte verteilen (vgl. Backhaus et al., 2011, S. 90).

Tabelle 26: Methoden zur Überprüfung von Heteroskedastizität
Quelle: Eigene Darstellung.

Methode		Methodenklasse
D.1	Residuen gegen die unabhängigen Variablen	grafisch
D.2	Residuen gegen geschätzte Werte der abhängigen Variablen	grafisch
D.3	White-Test	formal
D.4	Breusch-Pagan-Godfrey-Test	formal
D.5	Goldfeld-Quandt-Test	formal

Im Rahmen formaler Testverfahren kann Heteroskedastizität mittels White- bzw. Breusch-Pagan-Godfrey-Test überprüft werden. Beide gehen von der Nullhypothese aus, dass sich die Varianz der Residuen homogen verhält. Mit Hilfe eines F-Test kann die zugrundeliegende Chi-Quadrat-Verteilung (eine Verteilung stochastisch unabhängiger, standardnormalverteilter Zufallsvariablen mit n positiven, ganzen Zahlen) überprüft werden. Bei Signifikanz des errechneten F-Wertes wird sie verworfen und stattdessen die Alternativhypothese (d. h. Heteroskedastizität) angenommen. In diesem Fall sind mindestens zwei Varianzen ungleich. Ist er hingegen nicht signifikant, ist von Homoskedastizität auszugehen.

Der White-Test (Methode D.3 in Tabelle 26) wird insbesondere dann verwendet, wenn im vornherein wenige Informationen über die Form der Streuung vorliegen. Zudem hängt er in geringerem Maße von der Normalverteilungsannahme ab als der Breusch-Pagan-Godfrey-Test. Er beruht auf einem Matrizen-Vergleich der vorliegenden Verteilung und der bei Homoskedastizität, erlaubt jedoch keine Rückschlüsse auf die Ursachen einer ungleichen Varianzverteilung.

Der Breusch-Pagan-Godfrey-Test (Methode D.4 in Tabelle 26) weist eine relativ allgemeine Form auf und ist v. a. dann vorteilhaft, wenn viele Informationen über die Art der Streuung vorliegen. Er basiert auf einer Hilfsregression zwischen den quadrierten OLS-Residuen und denen der unabhängigen Variablen, die im Verdacht stehen, Heteroskedastizität hervorzurufen. Aufgrund des Rückgriffs auf die OLS gewichtet er Beobachtungen mit großen Residuen implizit höher, wodurch ihr Einfluss auf die Schätzung stärker ist (vgl. Stocker, 2012, S. 340).

Das Grundprinzip des Goldfeld-Quandt-Tests (Methode D.5 in Tabelle 26) beruht auf einem Vergleich der Varianzen von zwei oder mehr Subsamples des Datensatzes, der anhand der F-Werte durchgeführt wird. Die Anwendung dieses Testverfahrens ist dann zu empfehlen, wenn einzelne Gruppen im Datensatz klar unterscheidbar sind (vgl. Goldfeld & Quandt, 1965). Entsprechend prüft das Verfahren, ob eine gruppenbezogene Heteroskedastizität vorliegt. Nachteilig im Vergleich zu den vorgenannten Verfahren ist sein höherer Rechenaufwand. Die Fachliteratur kennt verschiedene Möglichkeiten zur Bildung von Subsamples. Die meisten basieren auf der Sortierung anhand desjenigen Prädiktors, bei dem Verdacht auf Heteroskedastizität besteht. Eine Variante ist die Generierung von drei Untergruppen, von denen nur die obere und die untere für Berechnungen verwendet werden (vgl. Perrelli, 2007). Alternativ werden nur zwei Gruppen erzeugt, dafür jedoch „ca. ein Fünftel der Daten" (Stocker, 2012, S. 333) aus der Mitte der Verteilung ausgeklammert, um die Trennschärfe zu erhöhen.

Unabhängig von der Generierung der Teilsamples lässt sich über getrennte Regressionen für beide Gruppen die Quadratsumme der Residuen ermitteln, die dann in Relation zueinander gesetzt werden und die Maßzahl R ergeben. Der F-Wert, mit dem diese verglichen wird, folgt einer F-Verteilung mit $(n - c - 2p)/2$ Freiheitsgraden, mit der Fallanzahl n, der Anzahl der im Modell verwendeten Prädiktoren p und der Anzahl der nicht berücksichtigten Beobachtungen c – in den vorgestellten Varianten also 20 % bzw. 33 %.

Allen dargestellten formalen Tests gemein ist die Anfälligkeit gegenüber Verstößen gegen die Modellprämissen der OLS-Regression bzw. Abweichungen von der Normalverteilung (siehe Abschnitt 7.2.3). Dies betrifft u. a. den funktionalen Zusammenhang oder fehlende Variablen (vgl. Stocker, 2012, S. 337). Demzufolge ist auch die Aussagekraft der auf dieser Regressionsform basierenden Testverfahren betroffen. Aufgrund dieser methodischen Einschränkung deutet vieles darauf hin, die Ergebnisse von White-, Breusch-Pagan-Godfrey- und Goldfeld-Quandt-Test nicht als alleiniges Kriterium zu verwendet. Daher ist es üblich, sie mit visuellen Diagnostikmethoden zu verbinden, um die Stärke der Heteroskedastizität einzuordnen und über Maßnahmen des Umgangs entscheiden zu können (vgl. X. Chen et al., 2003).

Überdies bestehen zunehmend Zweifel an der gleichmäßigen Streuung der Residuen. Vielmehr wird in der Forschung zunehmend Heteroskedastizität als Regelfall und Homoskedastizität als Ausnahme betrachtet (vgl. Stocker, 2012, S. 337). Um dieser Erkenntnis zu entsprechen, werden in der Praxis häufig heteroskedastie-robuste Standardfehler – auch robuste bzw. White-Standardfehler genannt – anstatt der verzerrbaren OLS-Schätzer verwendet. In der ökonometrischen Empirie werden sie zunehmend als Standard angewendet (vgl. Stocker, 2012, S. 337-339). Die Schätzung der Regressionskoeffizienten ist dabei identisch mit der herkömmlichen OLS-Methode, lediglich die Schätzung der Standardfehler ist robuster gegenüber Abweichungen von Normalverteilung und Homoskedastizität.

7.2.6 Modellspezifikation

Die Spezifikation eines Regressionsmodells ist theoretisch erst dann korrekt, wenn alle Modellvariablen enthalten sind, die für die Erklärung des Einflusses auf die abhängige Größe benötigt werden. Dies ist jedoch faktisch nie möglich, da nicht alle Prädiktoren bekannt sind, sie nicht gemessen werden können bzw. der dafür nötige Aufwand nicht praktikabel ist. Ein Modell ist daher nie vollständig. Es geht daher um die Frage, ob das zu untersuchende Konstrukt mit den bestehenden Variablen „angemessen“ empirisch spezifiziert ist. Ist dies nicht der Fall, können die Spezifikationsfehler meist auf das Fehlen elementarer Prädiktoren (sog. „underfitting“) oder auf die Berücksichtigung irrelevanter Größen zurückgeführt werden (sog. „overfitting“). Im Falle von Underfitting tritt in der Regel eine Verzerrung („bias“) der Regressionskoeffizienten auf und zwar umso stärker, je mehr die nicht berücksichtige Variable mit diesen korreliert. Bei Overfitting bleiben die Schätzer zwar unverzerrt, werden aber zunehmend ineffizient, d. h. ihre Varianz steigt (vgl. Backhaus et al., 2011, S. 88-89). Enthält ein Modell viele irrelevante Prädiktoren nimmt die Wahrscheinlichkeit zu, dass der Einfluss einer eigentlich einflussreichen Größe nicht mehr genau bestimmt werden kann bzw. eine nicht einflussreiche als signifikant eingestuft wird. Eine weitere Ursache von Problemen in der Modellspezifikation kann in einer nicht geeigneten funktionalen Verknüpfung bestehen, wie im Kapitel zur Prüfung der Linearität aufgeführt (vgl. Urban & Mayerl, 2011, S. 217-218).

Der erste Ansatzpunkt für eine adäquate Modellspezifikation liegt in einer angemessenen Theorie- und Hypothesenarbeit. Dadurch wird sichergestellt, dass die theoretischen Konstrukte in geeigneter Form von Prädiktoren beschrieben werden und die argumentativen Zusammenhänge stimmig sind. So können Spezifikationsprobleme bereits vor der statistischen Analyse vermieden werden. Inhaltlich lassen sich Spezifikationsprobleme jedoch nur bedingt untersuchen. Wiederum kommen grafisch-visuelle und formal-mathematische Verfahren in Betracht. Die beiden formalen Verfahren, Link-Test und RESET-Test, beziehen sich jeweils auf die Fehlerursache nicht berücksichtigter Variablen (vgl. Pevalin & Robson, 2009, S. 290).

Tabelle 27: Methoden zur Identifikation von Modellspezifikationsfehlern
Quelle: Eigene Darstellung.

Methode		**Methodenklasse**
E.1	Streudiagramme der Residuen	grafisch
E.2	Link-Test nach Pregibon	formal
E.3	RESET-Test nach Ramsey	formal

Wie andere Eigenschaften können auch Spezifikationsprobleme anhand von Streudiagrammen der Residuen erkannt werden. Durch die Verwendung identischer Verfahren zur Entdeckung wird auch der Zusammenhang zwischen Spezifikationsfehlern und anderen Modellverstößen wie Heteroskedastizität und Nichtlinearität sichtbar. Es können sowohl Diagramme der Residuen gegen die geschätzten Werte der abhängigen Variablen, als auch gegen die Werte der unabhängigen Variablen verwendet werden (Methode E.1 in Tabelle 27). Da sich in den Residuen die Gesamtheit der nicht enthaltenen Einflüsse auf y widerspiegelt, können sich gegenüber unabhängigen Variablen Verteilungsmuster herausbilden, wenn diese ebenfalls mit der nicht berücksichtigten Variablen zusammenhängen. Systematische Auffälligkeiten im Streudiagramm können so Hinweise auf Spezifikationsfehler geben (vgl. Urban & Mayerl, 2011, S. 222). Die Analyseschritte wurden bereits in den Kapiteln zur Prüfung von Linearität und Heteroskedastizität durchgeführt. Da sich die Modellspezifikation mit grafischen Verfahren nicht immer zweifelsfrei ergründen lässt kommen auch formale Methoden in Betracht.

Der Link-Test (Methode E.2 in Tabelle 27) geht von der Annahme aus, dass ein Modell bereits genügend geeignete Variablen enthält, so dass weitere signifikante Prädiktoren nur auf Basis von Zufall gefunden werden können. Das Verfahren dient zur Überprüfung der Spezifizierung der abhängigen Variablen. Im Fokus steht die Frage, ob das Modell mehr Variablen benötigt oder nicht. Technisch werden dabei aus den unabhängigen Variablen zwei neue Größen („_hat“ und „_hatsq“) erzeugt und diese als Prädiktoren in einer erneuten Berechnung verwendet. Ist die quadrierte, theoretische Größe „_hatsq“ auf einem festzulegenden Niveau signifikant, wird die Nullhypothese, die eine korrekte Spezifizierung des Modells unterstellt, abgelehnt.

Der „regression specification error test“, kurz „RESET“ geht auf Ramsey (1969) zurück (Methode E.3 in Tabelle 27) und testet, ob durch nichtlineare Kombination der unabhängigen eine Beeinflussung der abhängigen Variablen ausgeht. Aus diesem Grund kommt der Test auch als Prüfmittel für korrekte, lineare Zusammenhänge zwischen ihnen zur Anwendung (vgl. Stocker, 2012, S. 362-363). Ähnlich wie der Link-Test erzeugt auch dieses Verfahren neue Variablen und berechnet das Modell mit diesen neu um ihre Signifikanz zu prüfen (vgl. X. Chen et al., 2003). Das Verfahren hat den Vorteil, keine ausdrückliche Spezifikation des Alternativmodells vorauszusetzen, wodurch es sehr allgemein anwendbar ist. Im Gegenzug erlaubt es jedoch Hinweise auf die korrekte Spezifikation. Eine weitere Einschränkung ist, dass die Signifikanz neben der Größe der Residuen auch von Multikollinearität zwischen den verwendeten Prädiktoren beeinflusst werden kann.

7.2.7 Multikollinearität

Ein Ziel von Regressionsmodellen ist es, durch die Veränderung der abhängigen Variablen Rückschlüsse auf den Einfluss einzelner Prädiktoren zu ziehen. Bestehen jedoch Wechselwirkungen zwischen einzelnen x-Variablen ist dies nicht bzw. nur sehr schwierig möglich. In diesem Fall liegt Kollinearität zwischen zwei Regressoren vor. Lässt sich eine x-Variable als lineare Funktion mehrerer anderer x darstellen, wird von Multikollinearität gesprochen. Die Begriffe werden jedoch oft synonym verwendet. In empirischen Untersuchungen liegt eine solche wechselseitige Beeinflussung der Prädiktoren fast immer vor. Entscheidend ist jedoch nicht, ob eine Wechselwirkung vorliegt, sondern wie stark diese ist. Je nach Grad der Ausprägung kann sie eines der größten Probleme für die Regressionsanalyse darstellen (vgl. Urban & Mayerl, 2011, S. 226-227). Aus diesem Grund ist eine Prüfung auf Multikollinearität empfehlenswert, auch wenn sie nicht zu den expliziten Prämissen der OLS-Schätzung zählt. Die Gauß-Markov-Annahmen machen lediglich bei perfekter Kollinearität die Berechnung von Regressionen unmöglich (vgl. Harring, 2012, S. 15; Stocker, 2012, S. 233).

Die Ursachen von Multikollinearität sind oft schwer zu bestimmen. Sie kommt sowohl als Folge unzureichender Modellspezifikation (siehe Abschnitt 7.2.6), als auch in Modellen mit genau durchgeführter Spezifikation vor (vgl. Urban & Mayerl, 2011, S. 226). Häufig tritt sie jedoch dann auf, wenn sich die verwendeten Prädiktoren in ihrem Messbereich überschneiden und somit dasselbe zugrundeliegende Phänomen messen (vgl. Harring, o. J., S. 18-19).

Multikollinearität liegt nicht als ja/nein-Kriterium vor, sondern äußert sich in unterschiedlichen Abstufungen. Der Grad der Korrelation bestimmt demnach das Ausmaß des Problems. Bei geringer Multikollinearität werden die Eigenschaften des OLS-Schätzers, die Varianz der Zielvariablen durch die Prädiktoren zu erklären, nicht beeinträchtigt (vgl. Berry & Feldman, 1985, S. 37-39). Allerdings nimmt die Varianz der Parameterschätzungen für die betroffenen Variablen stark zu, was sich in steigenden Standardfehlern äußert. Diese führen wiederum zu instabilen, unzuverlässigen Schätzungen der Modellparameter und senken die Wahrscheinlichkeit signifikanter Werte. Die Regressionskoeffizienten lassen sich zwar berechnen, sind jedoch sehr ungenau und die zugehörigen Konfidenzintervalle sehr groß. In solch instabilen Modellen wirken sich zudem auch Ausreißer stärker auf die Resultate aus (vgl. Hansen, 2008, S. 78-81; Stocker, 2012, S. 234).

Bei geringem Zusammenhang zwischen Zielvariable und Prädiktor erschwert eine hohe Korrelation zwischen den Prädiktoren zusätzlich die genaue Zuordnung des Einflusses zu einem Prädiktor. Daher kommt in einem solchen Fall der theoretisch-inhaltlichen Begründbarkeit von Modellspezifikationen größere Bedeutung zu als den empirischen Belegen (vgl. Hansen, 2008, S. 78-81).

Die statistische Fachliteratur kennt zahlreiche Techniken Multikollinearität zu entdecken, die jeweils über Vor- und Nachteile verfügen. Daher ist es ratsam, mehrere Verfahren einzubeziehen. Für diese Untersuchung wurden folgende ausgewählt:

Tabelle 28: Methoden zur Identifikation von Multikollinearität
Quelle: Eigene Darstellung.

Methode		Methodenklasse
F.1	Bivariate Korrelationsmatrix	formal
F.2	Variance Inflation Factor (VIF)	formal
F.3	Eigenwerte & Konditionsindizes	formal

Einen ersten Ansatzpunkt über möglicherweise problematische Variablenbeziehungen vermittelt eine visuelle Prüfung der paarweisen (bivariaten) Zusammenhänge der UVs anhand einer Korrelationsmatrix (Methode F.1 in Tabelle 28). Korrelationen über einem bestimmten Schwellenwert werden als mögliche Ursache für Multikollinearität eingestuft. Die Richtgrößen sind abhängig vom Umfang des Samples (vgl. Hoffmann, 2005, S. 134); für kleinere Datensätze sollten niedrigere Schwellen verwendet werden. Die empfohlenen Größen unterscheiden sich spürbar: Werte > 0,7 (vgl. Berry & Feldman, 1985, S. 37-42; Hoffmann, 2005, S. 133) für kleine Stichproben, Werte > 0,8 (vgl. Field, 2005, S. 175) bzw. > 0,85 (vgl. Berry & Feldman, 1985, S. 37-42) für große. Die Begriffe „klein" und „groß" sind jedoch meist nicht definiert und können unterschiedlich ausgelegt werden. Richtgrößen sind deswegen schwierig universell festlegbar.

Der bivariate Vergleich wird oft als nicht ausreichend angesehen, da die Verknüpfung von mehreren Prädiktoren dort nicht betrachtet wird (vgl. Hansen, 2008, S. 78-81; Hoffmann, 2005, S. 133). Die Möglichkeit, dass mindestens eine der unabhängigen Variablen als lineare Kombination aus mehreren anderen dargestellt werden kann, kann mit diesem Verfahren nicht aufgedeckt werden. Die Korrelationsmatrix zeigt zwar die bivariaten Korrelationen, jedoch keine Multikollinearität im eigentlichen Sinne an (vgl. Hoffmann, 2005, S. 132-133; Stocker, 2012, S. 233). Hohe paarweise Korrelationskoeffizienten belegen also nicht zwangsläufig das Vorliegen von Multikollinearität (vgl. Harring, 2012, S. 16).

Als zweite Möglichkeit können Regressionen von jeweils einer auf die restlichen im Modell verwendeten unabhängigen Variablen durchgeführt werden. Diese sog. „Hilfsregressionen" klammern die eigentlich bei Regressionen im Mittelpunkt stehenden abhängigen Variablen aus und verwenden an deren Stelle jeweils eine der erklärenden Variablen. Die Berechnungen bilden die Basis für eine Reihe weiterer Analyseverfahren und ermöglichen die Bestimmung von Multikollinearität. Im Gegensatz zu Korrelationsmatrizen können in ihnen auch Korrelationen einer Variablen mit mehreren anderen erkannt werden. Hilfsregressionen werden hierbei mitunter als „Mittel der Wahl" (Stocker, 2012, S. 242) eingestuft.

Aus dem Bestimmheitsmaß R_i^2 der Hilfsregressionen lassen sich die Größen „tolerance" (Toleranz) und „variance inflation factor" (Varianzinflationsfaktor, VIF) berechnen. Die Toleranz bildet das Komplement, $1 - R_i^2$, während der VIF deren Kehrwert, 1 / Toleranz, darstellt. Beide Größen lassen sich direkt ineinander überführen, weshalb im Folgenden lediglich der VIF (Methode F.2 in Tabelle 28) betrachtet wird. Er gibt an, um wie viel sich die Varianz des Regressionskoeffizienten durch das Auftreten von Multikollinearität erhöht bzw. inflationiert wird (vgl. Harring, 2012, S. 20).

Zu Grenzwerten und Interpretation von Toleranz und VIF herrscht in der Literatur kein Konsens, so dass die Bandbreite der empfohlenen Werte weit auseinander geht und Wahlmöglichkeiten eröffnet. Je kleiner die Toleranz bzw. je größer der VIF, desto mehr deutet dies auf Multikollinearität hin (vgl. Schneider, 2006, S. 191). Die meist verwendete Richtgröße für kritische Werte der Toleranz beträgt < 0,10 bzw. bei VIF-Werten > 10 (vgl. Chatterjee & Price, 1977, S. 182; Hoffmann, 2005, S. 134; Schneider, 2006, S. 192). Andere Autoren empfehlen einen maximalen Wert des VIF von 9 (vgl. Fox, 1991, S. 11-13). Da ab diesem Bereich aber bereits hohe Multikollinearität vorliegen kann (vgl. Schneider, 2006, S. 192), wird teilweise zu strengeren Grenzwerten geraten. Diese werden bei Toleranz-Werten von < 0,20 (vgl. Harring o. J., S. 16) bzw. < 0,20 bis 0,25 bzw. > ca. 5 für VIF (vgl. Urban & Mayerl, 2011, S. 232) gesehen.

Eine weitere formale Methode sind „condition indices" (Konditionsindizes bzw. Konditionszahlen), die jedoch aufwendiger zu berechnen sind (Methode F.3 in Tabelle 28). Dazu werden Eigenwerte der zugrundeliegenden Regressionsmatrix bestimmt und aus dem Verhältnis von größtem zu kleinstem Eigenwert der Konditionsindex ermittelt.

Eigenwerte sind die Varianzen der „principal components" (Hauptkomponenten) einer Korrelationsmatrix. Es handelt sich dabei um eine kleine Zahl möglichst aussagekräftiger, künstlicher Variablen, die nicht miteinander korreliert sind (vgl. Hoffmann, 2005, S. 135). Sie entstehen aus der Zerlegung der Varianz der Regressionskoeffizienten. Kann anhand der Eigenwerte die Varianz mehrerer Schätzer erklärt werden, deutet dies auf Abhängigkeiten zwischen ihnen hin (vgl. Brosius, 2008, S. 570). Häufig lässt sich durch wenige dieser Hauptkomponenten der Großteil der Modell-Varianz erklären. Da die Ergebnisse von Condition Indices bisweilen im Widerspruch zu denen des VIF stehen, erscheint es sinnvoll, die Prüfung mit diesem Verfahren zu ergänzen. Als nachteilig ist allerdings anzusehen, dass die Hauptkomponenten nicht den ursprünglichen Prädiktoren entsprechen und deshalb nicht identisch interpretiert werden können.

Bei der Analyse der Eigenwerte ist zum einen ihre absolute Höhe entscheidend: null bedeutet perfekte, sehr kleine Werte starke Multikollinearität. Daneben ist der Unterschied zwischen den Eigenwerten relevant (vgl. Chatterjee & Price, 1977, S. 162; Schneider, 2006, S. 194). Stark voneinander abweichende Werte deuten auf Multikollinearität hin (vgl. Harring, 2012, S. 16). Dies spiegelt sich im Konditionsindex wider. Gebräuchliche Richtgrößen sind Werte > 50 als Anzeichen für Multikollinearität (vgl. Harring, 2012, S. 17). Konservativere Quellen nennen > 30 als kritische Schwelle (vgl. Hoffmann, 2005, S. 135) bzw. > 20 für normale und > 30 für starke Multikollinearität (vgl. Stocker, 2012, S. 242). Die Bandbreiten werden teils weit gefasst, so dass Werte zwischen 10 und 30 auf mittlere, Werte > 30 auf starke Multikollinearität hinweisen (vgl. Belsley, Kuh & Welsch, 1980, S. 117-119). Die Einschätzung, ob ein Eigenwert groß oder klein ist, enthält somit immer auch eine subjektive Komponente (vgl. Schneider, 2006, S. 194).

Bei der Untersuchung der Variablen auf Multikollinearität können klassische OLS-Regressionen verwendet werden. Bedingung ist, dass sich die Ausreißer eines Datensatzes vornehmlich in den abhängigen Variablen befinden, denn diese werden bei den Berechnungen der Multikollinearität über die Hilfsregressionen nicht benötigt. Zudem ist das Forschungsfeld welches die dargestellten Methoden auf Basis von robusten Regressionen durchführt sehr jung, weshalb für viele Ansätze noch keine robusten Verfahren existieren (vgl. Dupuis & Victoria-Feser, 2013).

Bei der Überprüfung von Multikollinearität können die Vorgehensweisen der „backward elimination“ mit der einer „forward selection“ kombiniert werden (vgl. Hoffmann, 2005, S. 141). Es werden also Modellvariationen mit zu hoher Multikollinearität zunächst so weit in ihrer Prädiktorenanzahl reduziert bis eine gegenseitige Beeinflussung ausgeschlossen werden kann. Im Anschluss werden die Modelle so lange mit ausgewählten unabhängigen Variablen ergänzt, wie das Ausmaß der Multikollinearität die gebräuchlichen Schwellenwerte unterschreitet. Damit wird sichergestellt, dass so viele Prädiktoren einbezogen werden können wie nötig. Eventuelle inhaltlich relevante Ergebnisse, die sich aus der Variablenkombination ergeben, werden so nicht durch zu „schlanke" Modelle verhindert. Auf diese Weise ergeben sich für alternative Einflussgrößen jeweils mehrere Stufen, auf denen der wechselseitige Effekt von Prädiktoren und die Eignung von Modellkombinationen untersucht werden kann.

Es bleibt festzuhalten, dass die sich hieraus ergebenden, zulässigen Modellkombinationen nur einen methodischen Rahmen vorgeben können. Ob ein Modell tatsächlich in einer dargestellten Form berechnet wird und ob daraus relevante Schlussfolgerungen gezogen werden können, bedarf zusätzlich auch einer inhaltlich-konzeptionellen Prüfung. Es sollten nur solche Modellkombinationen überprüft werden, welche Aussicht auf die Beantwortung der zugrunde liegenden Hypothesen eröffnen.

Sowohl aufgrund der Vielzahl und Bandbreite der Richtgrößen als auch um einer vorsichtigen Vorgehensweise zu entsprechen soll sich die Untersuchung des konkreten Datensatzes stärker an den strengeren Werten orientieren. Für die Korrelationsmatrix wird eine Schwelle von 0,70, als strengster der aufgelisteten Werte, als Indiz für Multikollinearität betrachtet. Beim Varianzinflationsfaktor wird der kritische Wert von 5 nach Urban und Mayerl (2011, S. 232) verwendet, welcher unter den möglichen Schwellenwerten als streng einzuordnen ist. Ebenso wird bei der Konditionszahl verfahren, für die im Folgenden Werte über 20 als Indiz bzw. über 30 als deutliches Anzeichen für Multikollinearität angesehen werden.

7.2.8 Autokorrelation

Lineare Regressionsmodelle setzen die Unkorreliertheit der Residuen in der Grundgesamtheit voraus. Es darf somit kein Zusammenhang zwischen den Fehlertermen eines Falles mit denen anderer Fälle auftreten. Die Verletzung dieser Annahme wird als Autokorrelation der Störterme bezeichnet und ist in den allermeisten Fällen bei Zeitreihenanalysen zu beobachten. Steigt beispielsweise das jährliche BIP-Wachstum einer Volkswirtschaft über einen Zeitraum von vielen Jahren an, sind die Abweichungen von der Regressionsgeraden nicht mehr zufällig, sondern hängen von den Vorjahren ab (vgl. Backhaus et al., 2011, S. 92-93; Urban & Mayerl, 2011, S. 260-263).

Die Folgen von Autokorrelation sind denen der Heteroskedastizität sehr ähnlich. Die Regressionskoeffizienten im OLS-Modell bleiben zwar erwartungstreu und konsistent, sind jedoch nicht mehr effizient. In beiden Fällen sind die Standardfehler der Schätzung verzerrt. Dies führt zu eingeschränkter Anwendbarkeit bzw. gar zur Ungültigkeit von verbreiteten Teststatistiken wie t- und F-Test (vgl. Stocker, 2012, S. 349).

Da visuelle Analyseverfahren bei Autokorrelation weniger geeignet sind als zur Diagnose von Verstößen gegen andere Modellprämissen (vgl. Urban & Mayerl, 2011, S. 264) ist die Ergänzung um rechnerische Verfahren zu empfehlen.

Tabelle 29: Methoden zur Identifikation von Autokorrelation
Quelle: Eigene Darstellung.

Methode		**Methodenklasse**
G.1	Residuen gegen geschätzte Werte der abhängigen Variablen	grafisch
G.2	Durbin-Watson-Test	formal
G.3	Breusch-Godfrey-Autokorrelationstest	formal

Wie bei Heteroskedastizität bieten Streudiagramme der Residuen einen geeigneten Anhaltspunkt für die Bestimmung von Autokorrelation. Im Gegensatz zu den dort auf der x-Achse abgetragenen geschätzten Werten der abhängigen Variablen werden die Störterme bei Autokorrelation einer zeitlichen Größe gegenübergestellt (Methode G.1 in Tabelle 29). Sind in den Diagrammen systematische Muster zu erkennen, denen die Datenpunkte folgen, liegen Hinweise auf Autokorrelation vor. Im Falle positiver Autokorrelation liegen die Residuen benachbarter Perioden eng beieinander, im Falle negativer Autokorrelation treten starke Schwankungen auf (vgl. Backhaus et al., 2011, S. 93). Allerdings ist negative Autokorrelation darin oftmals nur schwer von unkorrelierten Daten zu unterscheiden (vgl. Urban & Mayerl, 2011, S. 264).

Ein weit verbreiteter Test auf Autokorrelation ist der Durbin-Watson-Test (Methode G.2 in Tabelle 29). Dieser ermöglicht die Prüfung auf Autokorrelation erster Ordnung,

d. h. ob der Zusammenhang der Residuen von zwei aufeinanderfolgenden Fällen ungleich null ist. Der Test zeichnet sich u. a. durch seine Anwendbarkeit auf kleine Stichproben aus.

Außerdem kann Autokorrelation mit Hilfe des Breusch-Godfrey-Autokorrelationstests (Methode G.3 in Tabelle 29) überprüft werden. Dieser ist ein Lagrange-Multiplier-Test und kann im Gegensatz zum Durbin-Watson-Test auch Autokorrelation höherer Ordnung aufdecken, z. B. Korrelationen zwischen nicht benachbarten Beobachtungen. Er führt zwar zu robusteren Ergebnissen als erstgenannter, ist allerdings in kleinen Stichproben nur eingeschränkt verwendbar (vgl. Backhaus et al., 2011, S. 93; Stocker, 2012, S. 362; Urban & Mayerl, 2011, S. 264).

7.2.9 Zwischenfazit

Die obigen Darstellungen verdeutlichen die Annahmen, auf denen insbesondere die Schätzungen der Kleinsten-Quadrate-Regression und die Verfahren zur Prüfung ihrer Güte basieren. Trotz der Vielzahl der Bedingungen ist die Regressionsanalyse vergleichsweise unempfindlich gegenüber kleineren Abweichungen hiervon (vgl. Backhaus et al., 2011, S. 84 u. 96). Verstößt ein Datensatz jedoch deutlich gegen die Modellannahmen, führt dies, je nach Art der Verletzung, zu einer spürbaren Beeinträchtigung der Schätzergebnisse (für eine Übersicht vgl. Backhaus et al., 2011, S. 97). Dies gilt insbesondere bei Existenz von Ausreißern (vgl. Tabachnick & Fidell, 2007, S. 72). Zwar können als Folge des zentralen Grenzwertsatzes der Statistik auch die OLS-Schätzungen nicht-normalverteilter Störterme einer Normalverteilung folgen. Allerdings nähern sich die Stichprobenmittelwerte dieser nur asymptotisch und bei ausreichender Fallanzahl an – nach Backhaus et al. (2011, S. 96) sind mindestens 40 Fälle notwendig. Aus diesem Grund können alternative Verfahren erwogen werden, die auf weniger strengen Annahmen basieren.

In Abschnitt 6.3.2 ergab eine erste Sichtung der konkreten Datenlage Auffälligkeiten hinsichtlich der Verteilung mehrerer Variablengruppen. Sollte sich diese Vermutung in den Ergebnissen der Modellvalidierung bestätigen, käme die Verwendung fortgeschrittener Regressionsverfahren in Betracht. Bei Vorliegen extremer Werte bietet sich insbesondere die Klasse der robusten Verfahren als Alternative zu gängigen Standardverfahren an.

7.3 Robuste Regressionen

7.3.1 Bedeutung und Einordnung

Wie in Abschnitt 7.1.1 erläutert führt unter den verschiedenen linearen Regressionsarten die Anpassungsmethode der Kleinsten-Quadrate-Methode zu optimalen Schätzergebnissen. Allerdings gilt dies nur dann, wenn ihre Modellprämissen erfüllt sind. Eine ihrer wesentlichen Grundlagen, die Quadrierung der Residuen, macht die Methode sehr anfällig. Primär zur Vermeidung gegenseitiger Kompensation negativer und positiver Abweichungen gedacht, stellt sie zugleich eine Schwäche des Verfahrens dar. Obwohl formal alle Beobachtungen mit identischer Gewichtung eingehen, hat sie eine stärkere „implizite" Gewichtung großer Residuen zur Folge und so von Datenpunkten die weit von der Masse der Beobachtungen entfernt liegen (vgl. Backhaus et al., 2011, S. 67). Die Anwendbarkeit der OLS hängt damit stark von der Verteilung der Daten ab und kann sich bei Vorliegen von Modellverstößen wie Ausreißern, sog. „Kontamination" der Daten, als gänzlich ungeeignet erweisen.

Selbige tritt dabei keineswegs nur als Folge von Messfehlern oder Fehlkodierungen auf (als Beispiel sei auf die Studie von Jasso, 1985, und die korrespondierende Kritik durch Kahn & Udry, 1986, verwiesen). Vielmehr besteht, unabhängig vom Forschungsfeld, bereits bei der Auswahl einer einzelnen Stichprobe die Chance auf zufällige Häufung von Extremwerten. Kontaminierung kann hierbei als Mischung von Daten aus mehreren unterschiedlichen Prozessen interpretiert werden. Formal betrachtet folgt eine entsprechende Verteilung dann nur teilweise dem in Formel (5) aufgeführten Zusammenhang und wird durch eine nicht näher definierte andere Verteilung „kontaminiert". Die Aufgabe eines geeigneten Schätzverfahrens ist es, den Hauptprozess zu identifizieren und für diesen präzise und zuverlässige Ergebnisse zu berechnen (vgl. Jann, 2010, S. 708-712).

Erreichen lässt sich dies mit weniger sensitiven Schätzern, z. B. den sog. Robusten Regressionen. Durch sie kann eine Abhängigkeit der Schätzergebnisse von wenigen Beobachtungen vermieden und die Präzision des Modells auch bei Nicht-Erfüllung von Annahmen gewährleistet werden. Aufgrund ihrer Fokussierung auf den grundlegenden Zusammenhang in den Daten ermitteln sie meist sinnvollere Schätzwerte, die näher am „wahren“ Wert der zu schätzenden Größe liegen als bei der OLS-Methode (vgl. Jann, 2010, S. 718).

Von dieser unterscheiden sich die robusten Verfahren bereits durch ihre Vielzahl. Eine erste Klasse robuster Regressionen, die M-Schätzer, wurden maßgeblich von Huber (1964) als Verallgemeinerung der Maximum-Likelihood-Regression (ML) begründet (abgeleitet von „maximum likelihood-type estimates"). In der Folge wurden zahlreiche weitere robuste Verfahren entwickelt. Während OLS und ML danach streben, Schätzungen zu bestimmen, die jeweils in einer bestimmten Modellsituation optimal sind, verfolgen robuste Regressionen einen anderen Ansatz. Dieser ist gekennzeichnet durch die Inkaufnahme geringer Effizienzverluste bei jenen Daten, welche die strengen Modellannahmen der klassischen Verfahren erfüllen. Im Gegenzug sichern sie die Schätzung gegen unabsehbare Optimalitätsverluste infolge von Verstößen gegen Modellprämissen ab (vgl. I. Klein, 2001, S. 6). Anscombe und Guttman (1960, S. 127) vergleichen dieses Prinzip mit dem einer Hausratsversicherung („fire insurance policy“). Im Gegenzug für eine Prämie (einer Einbuße bei der Schätzgüte) bieten sie eine Schadensabsicherung (die Anwendbarkeit auch bei Annahmeverletzungen) unter Unsicherheit des Gefahrenpotentials. Dieses lässt sich durch den Anteil von Ausreißern darstellen, die als Verstöße gegen die Prämissen anzusehen sind (vgl. I. Klein, 2001, S. 7). Robuste Regressionen stellen folglich ein geeignetes Mittel dar, Schätzungen in Verteilungen mit vielen extremen Werten zu ermitteln: eine Situation, bei der Effizienz und Erwartungstreue der OLS-Regression schnell abnehmen.

7.3.2 Eigenschaften robuster Schätzer

7.3.2.1 Robustheitskonzept und Prüfkriterien

Nach Huber (1981, S. 6) zeichnet sich eine robuste Regression durch geringe Sensibilität bei Verletzung der Annahmen aus. Dies setzt drei Anforderungen voraus:

(1) Das Modell weist ähnliche Effizienz und Erwartungstreue wie die OLS-Regression auf.

(2) Die Schätzung wird von kleineren Verstößen bei den Prämissen nicht wesentlich beeinflusst, und

(3) größere Annahmeverletzungen führen nicht zu vollständig fehlerhaften Schätzungen.

Aus diesen Kriterien lassen sich zwei zentrale Eigenschaften robuster Schätzer ableiten:

a) Effizienz trotz Verletzung der Verteilungsannahme der Fehlerterme, auch als sog. „robustness of efficiency“ bezeichnet, sowie

b) Resistenz gegenüber teilweiser Kontaminierung der Daten, die sog. „robustness of validity“ (vgl. Jann, 2010, S. 711; Jensen, Landwehr & Herrmann, 2009, S. 105).

Um die Vielzahl der Möglichkeiten, Schätzprobleme auf robuste Weise zu lösen, einem Vergleich unterziehen zu können, werden Prüfkriterien benötigt. Im Zuge der linearen Regression wurden in Abschnitt 7.1.1. die Kriterien Erwartungstreue, Konsistenz und Effizienz vorgestellt. Diese bilden zwar auch in robusten Anwendungen die Basis für die Beurteilung von Schätzern. Allerdings sind ihre Ergebnisse in der vorgestellten klassischen Form, ebenso wie die OLS-Methode selbst, nur unter restriktiven Voraussetzungen gültig. Aus diesem Grund bedarf es für den Vergleich robuster Regressionen besonderer Maßzahlen.

7.3.2.2 Bewertung der Robustheit

Die „robustness of validity“ zielt auf die eigentliche Robustheit des Modells trotz Kontaminierung der Daten und damit die zweite und dritte Anforderung nach Huber (1981) ab. Eine solche Schätzung erfasst das grundlegende Muster der untersuchten Beobachtungen ohne nennenswert durch weit entfernte Datenpunkte verzerrt zu werden. Sie orientiert sich damit an den theoretischen Schätzer-Eigenschaften Erwartungstreue und Konsistenz (vgl. Jensen, Landwehr & Herrmann, 2009, S. 105).

Beide lassen sich mit Hilfe von zwei Maßzahlen erfassen: dem Bruchpunkt („breakdown point“) und der Einflussfunktion („influence function“).

Mit Hilfe der Einflussfunktion wird die lokale Robustheit operationalisiert. Sie misst die Wirkung einzelner Datenpunkte auf das Schätzergebnis. Bei der OLS hängt selbiges direkt von der Höhe des Residuums ab: ist dieses groß, so ist der Einfluss auf die unterstellte Verteilung immens. Die Schätzung ist dann durch eine einzige Beobachtung in unbegrenztem Ausmaß beeinflussbar. Die Einfluss-Funktion der OLS-Methode ist demnach unbeschränkt. Insofern werden beschränkte Einflussfunktionen („bounded influence functions“), wie sie robuste Regressionen bieten, als vorteilhaft angesehen. Die Beschränkung des Einflusses stellt somit eine wesentliche Charakteristik robuster Verfahren dar. Allerdings bleibt zu klären, wie ein robuster Schätzer reagiert, wenn die Daten-Kontaminierung sich nicht nur auf einzelne, sondern auf ein substanzielles Maß bezieht.

Diese Frage wird durch das Konzept des Bruchpunkts operationalisiert, der Robustheit aus globaler Sicht misst. Er gibt den prozentualen Anteil extremer Beobachtungen wider, der im Datensatz maximal enthalten sein darf, bevor der Schätzer „zusammen bricht“ („breakdown“), die Schätzung also stark abweichende Resultate hervorbringt (vgl. Hampel, 1968). Er kann Werte zwischen 0 und 0,5 annehmen. Ein Bruchpunkt von 0,5 gilt als erstrebenswert, da dieser theoretisch in der Lage ist, einen Ausreißer-Anteil von bis zu 50 % zu bewältigen. Die OLS-Regression verfügt über einen Bruchpunkt nahe null, ist folglich auch gesamthaft gesehen wenig robust und stellt bei Vorliegen von Ausreißern kein geeignetes Mittel der Schätzung dar. Der Wert robuster Regressionen sollte im Idealfall nahe am Maximum von 0,5 liegen (vgl. Jann, 2010, S. 720-721; Jensen, Landwehr & Herrmann, 2009, S. 105-106).

Dies lässt sich hingegen nicht in der Weise interpretieren, als dass ein hoher Grad an Kontaminierung den robusten Schätzer gar nicht beeinflusst. Vielmehr sorgt der Bruchpunkt lediglich dafür, dass die Schätzung stabil bleibt und die Verzerrung beschränkt wird. Ihre Höhe kann sich folglich auch bei Schätzern gleichen Bruchpunkts unterscheiden (vgl. Abschnitt 7.3.3.1 zu unterschiedlicher Gewichtung von Ausreißern). Entsprechend ist in diesem Fall derjenige mit der geringeren maximalen Verzerrung vorzuziehen (vgl. Jann, 2010, S. 721).

7.3.2.3 Bewertung der Effizienz

Ein Schätzer kann zwar robust gegenüber Ausreißern sein, dies hat jedoch geringen praktischen Nutzen, wenn er keine ausreichende Güte bei der Schätzung der Parameter aufweist. Aus diesem Grund werden robuste Regressionen auf eine zweite Eigenschaft hin überprüft, der „robustness of efficiency". Sie zielt auf die Verteilungsannahme der Residuen ab und beurteilt die Länge der Schätz-Intervalle (vgl. Huber, 1968; Schaich & Brachinger, 1985, S. 193; Tukey & McLaughlin, 1970).

Ein guter robuster Schätzer ist auch dann effizient wenn Annahmeverstöße vorliegen. Er verfügt deshalb über einen geringen Standardfehler und hohe Präzision (vgl. Assenmacher, 2002, S. 110). Zwar weist die OLS eine hohe Effizienz auf, sie ist jedoch nur für eine ganz bestimmte Verteilung gültig. Im Gegensatz dazu sind robuste Verfahren nur dann sinnvoll, wenn sie in vielen Fehlerverteilungen effiziente Ergebnisse liefern.

Als Prüfgröße kann die relative Effizienz herangezogen werden, welche die Effizienz im Vergleich zum optimalen Schätzer misst (vgl. Andersen, 2008, S. 9-10; Jann, 2010, S. 719; Jensen, Landwehr & Herrmann, 2009, S. 106; Ryan, 1997, S. 354). Unter allgemeinen Voraussetzungen und bei Vorliegen einer bestimmten Fehlerverteilung ist dies der Maximum-Likelihood-Schätzer (ML). Dieser bestimmt die Parameter so, dass für die unabhängigen Beobachtungen einer Stichprobe die tatsächlichen, abhängigen Werte mit maximaler Wahrscheinlichkeit ermittelt werden (vgl. Urban & Mayerl, 2011, S. 325). Die relative Effizienz errechnet sich aus dem Quotienten von minimal möglicher Varianz (d. h. derjenigen der ML) und der erreichten Modell-Varianz (d. h. derjenigen der robusten Schätzung).

Bei unabhängig und identisch verteilten Fehlern entspricht die relative Effizienz der sog. gaußschen Effizienz, welche die Effizienz bei normalverteilten Fehlern widergibt. In diesem Fall sind OLS und ML-Schätzer identisch (vgl. Gautschi, 2010, S. 207; Jann, 2010, S. 719). Ein Ziel robuster Verfahren ist in dieser Situation eine gaußsche Effizienz von 95 % (alternativ ist auch 85 % gebräuchlich). Die besten robusten Verfahren erreichen somit beinahe identisches Niveau wie die OLS und erfüllen damit die erste Anforderung nach Huber.

7.3.2.4 Zwischenfazit

Legt man die Prüfkriterien der Regressionsschätzung (vgl. Abschnitt 7.3.2.1) zugrunde, so lässt sich feststellen: robuste Verfahren können in der Eigenschaft „robustness of efficiency“ (Effizienz) ähnliche Güte aufweisen wie die OLS. Gleichzeitig sind sie bei der Eigenschaft „robustness of validity“ (Erwartungstreue und der Konsistenz) weit weniger anfällig als diese.

Ein robuster Schätzer verfügt idealerweise über eine begrenzte Einflussfunktion, einen ausreichenden Bruchpunkt und über eine möglichst kleine Verzerrung der Schätzung. Außerdem sind eine hohe relative Effizienz (d. h. Effizienz im Vergleich zum optimalen Schätzer) und gaußsche Effizienz (d. h. Effizienz unter idealen Datenbedingungen) erstrebenswert.

Es besteht allerdings ein Zielkonflikt: höhere Effizienz geht meist einher mit höherer Verzerrung und damit geringerer Robustheit. Es kann sinnvoll sein, einen höheren Effizienzverlust im Austausch für eine größere Resistenz gegen Ausreißer in Kauf zu nehmen (vgl. Jann, 2010, S. 721; Jensen, Landwehr & Herrmann, 2009, S. 106).

7.3.3 Ausgewählte robuste Verfahren

7.3.3.1 M-Schätzer

Eine der wichtigsten Familien robuster Verfahren stellen die M-Schätzer dar, die von Huber (1964) für die Schätzung von Lageparametern eingeführt wurden. Ihr Ansatz setzt am Grundproblem der Kleinsten-Quadrate-Methode an, der implizit hohen Gewichtung großer Abweichungen. Ziel der M-Schätzung ist es, deren Einfluss weniger stark ansteigen zu lassen und den Verteilungsschwerpunkt der Daten in den Vordergrund zu stellen. Statt den optimalen Schätzer bei perfekter Datenlage zu bestimmen strebt sie nach Minimierung des maximalen Risikos (Minimax-Strategie). Aus diesem Grund ermittelt sie in der, bezogen auf die Modellprämissen, schlechtesten Situation den asymptotisch relativ besten Schätzer (vgl. I. Klein, 2001, S. 15). Dieser versieht Datenpunkte, die weit von den übrigen Beobachtungen entfernt liegen, mit einem geringeren Gewicht. Bei der Art und Weise der Umsetzung können innerhalb der Klasse der M-Schätzer mehrere Varianten unterschieden werden.

Eine der am weitesten verbreiteten ist die M-Schätzung nach Huber. Bis zu einem Schwellenwert verläuft die Huber-Funktion wie die Quadratfunktion der OLS, vergibt also identische Gewichte. Diese ziehen jedoch einen höheren Einfluss von Fällen mit großen Residuen nach sich (was eine stärkere „implizite" Gewichtung hervorruft). Ab einer Schwelle bleibt sie jedoch linear und steigt nicht weiter an. Vielmehr geht sie in eine LAV-Funktion („least absolute value") über (vgl. Jann, 2010, S. 723). Starke Abweichungen erhalten dadurch einen geringeren Beitrag bei der Minimierung der Zielfunktion, wodurch ihr Einfluss im Vergleich zur OLS vermindert wird.

Insofern verfährt sie nach demselben Prinzip wie die Winsorisation (für eine Einführung vgl. Kennedy, Lakonishok & Shaw, 1992, sowie Lien & Balakrishnan, 2005), die ebenfalls eine niedrigere Gewichtung extremer Punkte vornimmt und sich als Methode gegen den Einfluss von Ausreißern bewährt hat. Durch die fehlende ex-ante Festlegung auf einen anzupassenden Anteil am Sample ist die Huber M-Schätzung jedoch flexibler einsetzbar. Der Schwellenwert ist über die sog. Tuning-Konstante k frei wählbar. Sie bestimmt bei welcher Abweichungshöhe die Verringerung der Gewichtung einsetzt und wird als Vielfaches der Streuung ausgedrückt. Gebräuchlich ist die Orientierung an der mittleren absoluten Abweichung vom Median („median absolute deviation", MAD), einem robusten Streuungsmaß. Entsprechend hat die Festlegung von k hohen Einfluss auf Robustheit und relative Effizienz des Huber-Schätzers. Ein hoher Wert führt zwar zu hoher Effizienz, jedoch sinkender Robustheit. Ein Wert von 1,345, welcher einer gaußscher Effizienz von 95 % entspricht, wird als guter Kompromiss zwischen beiden Kriterien angesehen. Alternativ ist auch eine Höhe von 0,732 gebräuchlich, mit der eine Effizienz von 85 % erreicht wird. Strebt k gegen unendlich ist die Zielfunktion der Huber M-Schätzung identisch mit der OLS-Methode, da dann keine Herabstufung von Ausreißern vorgenommen wird. Aufgrund dessen kann die Kleinste-Quadrate-Methode bei entsprechender Definition als Spezialfall des M-Schätzers angesehen werden.

Das Grundprinzip des Huber-Verfahrens kann anhand seiner Ableitungsfunktionen ψ schematisiert werden, welche proportional zur Einflussfunktion verläuft. Die OLS-Funktion entspricht dem Verlauf des arithmetischen Mittels und wird quadratisch und unbegrenzt von den Residuen e beeinflusst. Zwar verläuft die Huber-Funktion für kleine Abweichungen ebenfalls quadratisch, für größere hingegen linear, wodurch sie die Grundprinzipien von Mittelwert und Median kombiniert. Der Einfluss großer Residuen wird durch den Schwellenwert k begrenzt.

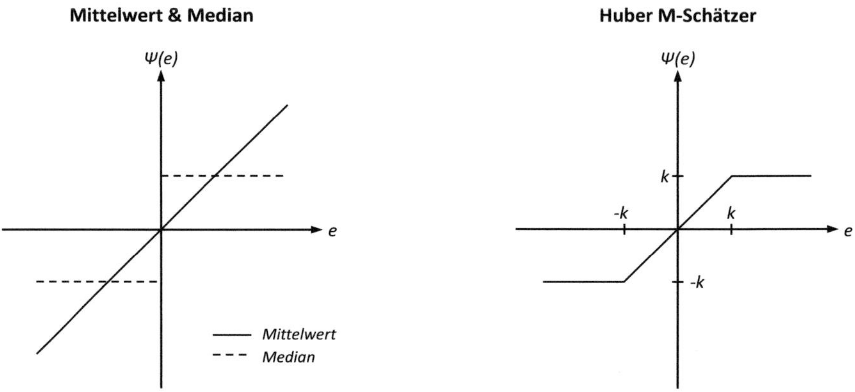

Abbildung 25: Ableitungsfunktionen von Mittelwert, Median und Huber M-Schätzer
Quelle: in Anlehnung an Schillinger (2002, S. 35-37 u. 113-114); Brachinger (1982, S. 157).

Wesentliches Kennzeichen des Huber-Schätzers ist die Konstanz ab der Justierungskonstanten. Das Verfahren wird deshalb zu den monotonen M-Schätzern gezählt. Darin unterscheidet sie sich von alternativen M-Schätzern wie Tukey's Biweight bzw. Bisquare (vgl. Beaton & Tukey, 1974). Dieser reduziert die Gewichtung mit Zunahme der Kontamination auf null und basiert damit auf einer sog. „wieder absinkenden" („redescending") Funktion (vgl. Jann, 2010, S. 721-725). Ausreißer gehen so ab einer gewissen Residuenhöhe gar nicht in die Schätzung ein. Damit greift die Zielfunktion das Grundprinzip des Trimming auf, eines Verfahrens, das bei Vorliegen von Ausreißern angewendet wird (für eine Einführung vgl. Tukey & McLaughlin, 1963). Analog zur Winsorisation entfällt jedoch die Notwendigkeit, vorher einen anzupassenden Prozentsatz der Daten festzulegen. Der Verzicht auf extreme Datenpunkte führt zwar dazu, dass Effizienz und Robustheit meist noch höher sind als bei der Huber M-Estimation (vgl. Maronna, Martin & Yohai, 2006, S. 64-65), jedoch bringt die Optimierungsfunktion das mathematische Problem lokaler Minima und damit mehrerer Lösungsmöglichkeiten mit sich. Um dies zu kontrollieren wird empfohlen die Methode mit anderen robusten Verfahren wie der Huber-Schätzung zu verbinden (vgl. Jann, 2010, S. 713), was z. B. in der Funktion „rreg“ des Statistikprogramms Stata umgesetzt wurde (vgl. Stata, 2013).

Bei Erfüllung der Modellprämissen der linearen Regression (vgl. Abschnitt 7.2.1) entspricht der ML-Schätzer von β dem Regressionskoeffizienten der OLS. Deren Zielfunktion bestimmt den Beitrag der einzelnen Fälle zur Schätzung über die en e_i, welche einer Quadrierung, entsprechend dem folgenden Zusammenhang, unterzogen werden (vgl. Andersen, 2008, S. 51; Jensen, Landwehr & Herrmann, 2009, S. 106):

$$\rho(e_i) = \left(y_i - \sum x_{ij}\,\beta_j\right)^2 = e_i^2 \tag{9}$$

Mit:

y_i = Tatsächlicher Wert der abhängigen Variablen y bei Merkmalsträger i (i = 1, 2,…, n)

x_{ij} = Tatsächlicher Wert der j-ten (j = 1, 2,…, p) unabhängigen Variable bei Merkmalsträger i

β_j = Regressionskoeffizient der j-ten unabhängigen Variable

e_i = Residuum bei Merkmalsträger i

Die Schätzung der Parameter ergibt sich dann durch Minimierung der Zielfunktion (vgl. Andersen, 2008, S. 51; Jensen, Landwehr & Herrmann, 2009, S. 106):

$$\min \sum_{i=1}^{n} \rho(e_i) = \min \sum_{i=1}^{n} (e_i)^2 \tag{10}$$

Die Minimierung der Zielfunktion ρ ist auch Grundlage der M-Schätzung. Im Unterschied zur OLS in Formel (9) steht jedoch eine weniger stark steigende Zielfunktion im Mittelpunkt. Entsprechend lässt sich diese in die folgende, allgemeine Form bringen (vgl. Andersen, 2008, S. 51; Jensen, Landwehr & Herrmann, 2009, S. 106):

$$\rho(e_i) = \rho\left(y_i - \sum x_{ij}\beta_j\right) \tag{11}$$

Für ihre Minimierung werden die partiellen Ableitungen ρ′ durch eine robuste Schätzung des Skalenparameters σ standardisiert und Gewichte ω abgeleitet. Es ergibt sich also in der allgemeinen Form des M-Schätzers ein „gewichtetes kleinste-Fehlerquadrate-Problem“ (Jensen, Landwehr & Herrmann, 2009, S. 106), in dem die Schätzung über die Minimierung des folgenden Terms erfolgt (vgl. Andersen, 2008, S. 51; Jann, 2010, S. 725):

$$\min \sum_{i=1}^{n} \rho(e_i) = \min \sum_{i=1}^{n} \omega_i^2 \rho(e_i) = min \sum_{i=1}^{n} \omega_i(y_i - x_i^T\hat{\beta})x_i \tag{12}$$

Mit:

ρ = Verwendete Zielfunktion

e_i = Residuum bei Merkmalsträger i (i = 1, 2,…, n)

ω_i = Gewicht bei Merkmalsträger i

y_i = Tatsächlicher Wert der abhängigen Variablen y bei Merkmalsträger i

x_i = Tatsächlicher Wert der unabhängigen Variable x bei Merkmalsträger i

x_i^T = Variable x_i transponiert

$\hat{\beta}$ = Schätzung des Regressionskoeffizienten

Zwischen den Bestandteilen des robusten Modells bestehen gegenseitige Abhängigkeiten. Zur Lösung des Zirkelbezugs ist ein iterativer Algorithmus wie in der „iteratively reweighted least squares“ (IRLS) nötig. Dieser verwendet folgende Rechenoperationen (vgl. Andersen, 2008, S. 52; Jann, 2010, S. 726; Jensen, Landwehr & Herrmann, 2009, S. 106):

1. Bestimmung des anfänglichen Regressionskoeffizienten $\hat{\beta}^{(0)}$ als Startwert (mittels OLS- oder LAV-Methode für Huber-Schätzer bzw. Huber-Schätzer für Biweight).
2. Berechnung der Residuen $e_i^{(t)}$ und vorläufiger Gewichte $\omega_i^{(t)}$ für jede Iteration t=1, ...
3. Berechnung neuer, gewichteter Regressionskoeffizienten $\hat{\beta}^{(t)}$ mit den Gewichten.
4. Wiederholung der Schritte 2 & 3 bis der Schätzer sich nicht mehr verändert bzw. ein Konvergenz-Kriterium nicht überschritten wird.

Die Charakteristika der M-Schätzer bestimmen sich dann nach ihrer jeweiligen Zielfunktion ρ und deren Ableitung ψ. Unabhängig davon, ob letztere monoton (wie bei Huber) oder „redescending" (wie bei Tukey's Biweight) ist, legt diese Bruchpunkt und Einflussfunktion der betreffenden Variante fest. Bei beschränktem ψ (wie bei Huber und Tukey's Biweight) und einer symmetrisch um die Nullstelle verteilten Zielfunktion ρ resultiert ein Bruchpunkt von 0,5.

Für die hier genannten Verfahren ergeben sich die Zielfunktionen ρ, deren Ableitungsfunktionen ψ und die Gewichtungsfunktionen ω wie in Tabelle 30 dargestellt. Die Ableitung ψ entspricht bis auf eine Proportionalitätskonstante, welche von der zugrunde gelegten Verteilung abhängt, der Einflussfunktion. Die Gewichtungsfunktion ω stellt die Ableitung der selbigen dar (vgl. Schillinger, 2002, S. 117).

Die Implikation der Funktionen auf die jeweilige Regressionsmethode kann auch grafisch verdeutlicht werden, jeweils für eine Verteilung mit Erwartungswert 0. An der ψ-Funktion wird der Einfluss von Beobachtungen mit großem Residuum e deutlich. Während die OLS in beliebiger Höhe beeinflussbar ist, sind Huber und Biweight begrenzt (vgl. Abbildung 26). Die Gewichtungsfunktion ω stellt heraus, mit welchem Gewicht die Beobachtungen in die Berechnung eingehen. Im Gegensatz zur gleichgewichtenden OLS setzen die beiden robusten Verfahren die Gewichtung ab einem Grenzwert mit wachsender Abweichung zurück.

Tabelle 30: Berechnung von Ziel- (ρ), Ableitungs- (ψ) und Gewichtungsfunktion (ω) für OLS, Huber M-Schätzer und Tukey's Biweight M-Schätzer

Quelle: in Anlehnung an Jann (2010, S. 722-725); Jensen, Landwehr & Herrmann (2009, S. 107); Andersen (2008, S. 19); Fox & Weisberg (2012, S. 3).

Methode	**OLS**	**Huber M-Schätzer**	**Tukey's Biweight M-Schätzer**
$\rho(e)$	$\rho_{OLS}(e) = e^2$	$\rho_H(e) = \begin{cases} \frac{1}{2} e^2 & \text{für } \lvert e \rvert \leq k \\ k\lvert e \rvert - \frac{1}{2}k^2 & \text{für } \lvert e \rvert > k \end{cases}$	$\rho_{BW}(e) = \begin{cases} \frac{k^2}{6}\left\{1 - \left[1 - \left(\frac{e}{k}\right)^2\right]^3\right\} & \text{für } \lvert e \rvert \leq k \\ \frac{k^2}{6} & \text{für } \lvert e \rvert > k \end{cases}$
$\psi(e)$	$\psi_{OLS}(e) = 2e$	$\psi_H(e) = \begin{cases} k & \text{für } e > k \\ e & \text{für } e \leq \lvert e \rvert \\ -k & \text{für } e < -k \end{cases}$	$\psi_{BW}(e) = \begin{cases} e\left[1 - \left(\frac{e}{k}\right)^2\right]^2 & \text{für } \lvert e \rvert \leq k \\ 0 & \text{für } \lvert e \rvert > k \end{cases}$
$\omega(e)$	$\omega_{OLS}(e) = 1$	$\omega_H(e) = \begin{cases} 1 & \text{für } \lvert e \rvert \leq k \\ \frac{k}{\lvert e \rvert} & \text{für } \lvert e \rvert > k \end{cases}$	$\omega_{BW}(e) = \begin{cases} \left[1 - \left(\frac{e}{k}\right)^2\right]^2 & \text{für } \lvert e \rvert \leq k \\ 0 & \text{für } \lvert e \rvert > k \end{cases}$

Aufgrund ihrer Zusammensetzung und Fokussierung auf Residuen (d. h. Abweichungen in vertikaler Richtung) hält die M-Schätzung jedoch nur den Einfluss von Ausreißern in der y-Dimension unter Kontrolle. Liegen hingegen x-Ausreißer vor (sog. Leverage-Punkte, vgl. 7.2.2) nimmt ihre Robustheit erheblich ab und ihr Bruchpunkt sinkt bis auf null ab (vgl. Jann, 2010, S. 727; Jensen, Landwehr & Herrmann, 2009, S. 107). Anwendbarkeit und Eignung der M-Schätzer hängen damit stark vom Ausreißertyp im konkreten Datensatz ab. Daher ist dies vor der inferenzstatistischen Analyse ausführlich zu prüfen.

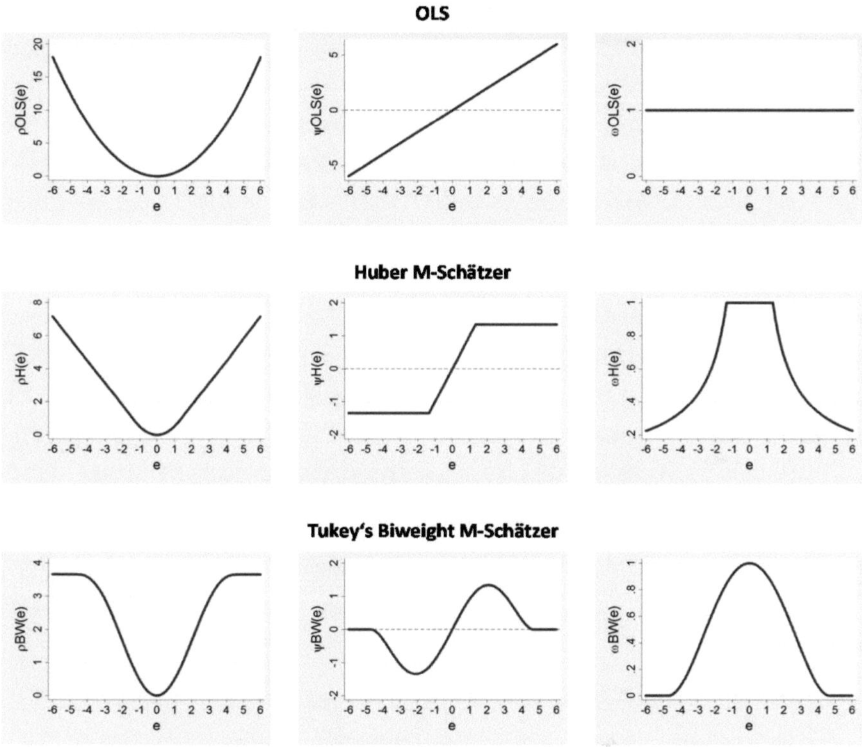

Abbildung 26: Verlauf von Ziel- (ρ), Ableitungs- (ψ) und Gewichtungsfunktion (ω) für OLS, Huber M-Schätzer und Tukey's Biweight M-Schätzer

Tuning Konstante: Huber: 1,345; Biweight: 4,685.

Quelle: Jann (2010, S. 724); Fox & Weisberg (2012, S. 4).

7.3.3.2 High Breakdown-Schätzer

Die Klasse der High Breakdown-Schätzer verdankt ihren Namen dem hohen Bruchpunkt, auf dem ihr Ansatz basiert. Damit versucht sie, das Problem der M-Schätzer zu beheben, die im Falle von x-Ausreißern über einen tiefen Bruchpunkt verfügen. Einige Vertreter sind die LMS- („least median of squares") und die LTS-Schätzung („least trimmed squares"). Beide verfügen jedoch über eine schlechte Effizienz und sind so wenig praxistauglich. Bessere Güte lässt sich zwar mit dem S-Schätzer erreichen, jedoch erreicht auch dieser nur in wenigen Situationen eine ausreichende Effizienz und nur gegen Einbußen beim Bruchpunkt.

Die Lösung dieses Dilemmas lässt sich durch die Kombination von High Breakdown-Schätzer, die sich durch hohen Bruchpunkt aber geringe Effizienz auszeichnen, mit einem M-Schätzer erzielen. Die bekannteste unter diesen Verbindungen ist der MM-Schätzer nach Yohai (1987), welcher einen S-Schätzer mit einem absinkenden M-Schätzer kombiniert. Dabei lassen sich die Vorzüge beider Verfahren verbinden und hohe Resistenz gegenüber Ausreißern (auch solcher in x-Richtung) bei gleichzeitig hoher Effizienz erreichen. Der Bruchpunkt liegt bei 0,5, die Einfluss-Funktion ist unbeschränkt und die relative Effizienz beträgt 95 %. Allerdings steigt bei derart hoher Effizienz die maximale Verzerrung durch Ausreißer in den Daten (vgl. Abschnitt 7.2.2). Deswegen wird teilweise eine MM-Schätzung mit 85 % Effizienz empfohlen (vgl. Maronna, Martin & Yohai, 2006). Für die Berechnung des MM-Schätzers kann auf den IRLS-Algorithmus zurückgegriffen werden, welcher in den folgenden Rechenschritten durchgeführt wird (vgl. Andersen, 2008, S. 56-57; Jann, 2010, S. 728-731; Jensen, Landwehr & Herrmann, 2009, S. 107-108):

1. Berechnung des anfänglichen Regressionskoeffizienten $\hat{\beta}^{(0)}$ als Startwert mit hohem Bruchpunkt und damit verbundenen Residuen $e_i^{(0)}$ (meist mittels S-Schätzer).
2. Verwendung der Residuen zur Schätzung des Skalenparameter $\hat{\sigma}_e$ (mittels M-Schätzer).
3. Berechnung des MM-Regressionsschätzer $\hat{\beta}^{MM}$ der eine M-Schätzung (meist Tukey's Biweight) mit dem Startpunkt aus Schritt 1 und dem Skalenparameter aus Schritt 2 löst. Ermittlung neuer Gewichte $\omega_i^{(t)}$ anhand der Residuen.
4. Wiederholung von Schritt 3 bis sich der Schätzer stabilisiert und das Ergebnis durch Konvergenz erreicht wird.

7.3.3.3 Auswahl eines Schätzverfahrens

Bei der Wahl zwischen den M-Schätzern nach Huber bzw. Tukey's Biweight ist nicht nur die mathematische Komplexität des letztgenannten einzubeziehen, die mehrere Lösungsmöglichkeiten eröffnet und einen robusten Startwert erfordert. Zusätzlich kann berücksichtigt werden, ob besonders extreme Werte noch mit geringem Gewicht (Huber) oder gar nicht (Tukey) in die Schätzung eingehen sollen. Beide Verfahren erlauben Regressionen, die sich durch hohe Effizienz bei gleichzeitiger Resistenz gegenüber Datenkontaminierung auszeichnen. Dies gilt jedenfalls nur solange die Ausreißer sich auf die y-, jedoch nicht auf die x-Dimension beziehen. Ist letzteres der Fall, nimmt die Eignung der M-Schätzer deutlich ab.

Dies bildet auch das zentrale Unterscheidungskriterium gegenüber der Klasse der High Breakdown-Schätzer, welche sich anbieten, wenn im zu untersuchenden Datensatz Leverage-Punkte (x-Ausreißer) vertreten sind. In dieser Situation kann die Resistenz der Schätzung am besten mit einem MM-Schätzer nach Yohai gewährleistet werden. Da robusten Regressionen stets ein Zielkonflikt zwischen Effizienz und Robustheit innewohnt kann diese zusätzliche Sicherheit jedoch mit dem Verlust an Schätzpräzision einhergehen. Insofern ist abzuwägen, ob dieser Mechanismus für ein konkretes Sample überhaupt benötigt wird oder die Robustheit auch mit einem M-Schätzer gewahrt werden kann. Der Verzicht auf die größere Flexibilität des MM-Verfahrens kann im Gegenzug die Effizienz der Regression erhöhen und so die Bestimmung von Konfidenzintervallen erleichtern. Entsprechend ist eine vorherige diagnostische Analyse der Datenlage (vgl. Abschnitt 7.2) zur Ermittlung der optimalen Schätzmethode sinnvoll. Sie stellt sicher, dass der am besten geeignete Schätzer ausgewählt werden kann und die effizientesten Regressionsergebnisse erzielbar sind.

7.3.4 Besonderheiten der Modellprüfung

Die Prüfung robuster Verfahren weist einige Besonderheiten gegenüber der allgemeinen Form des Regressionsmodells auf (vgl. Abschnitt 7.1.2). Die Berechnung eines robusten R^2 kann, analog zur Vielfalt der Methoden als solche, über mehrere Versionen erfolgen. Die vorliegende Untersuchung verwendet dabei das R^2 nach Renaud & Victoria-Feser (2009, S. 1856), das in dem Zusatzpaket „robreg“ der Statistiksoftware Stata zur Anwendung kommt (vgl. Jann, 2010). Diese berücksichtigt die Gewichtung ω der jeweiligen Zielfunktion:

$$\mathrm{R}_{\omega}^{2} = 1 - \frac{\sum_{i=1}^{n} \omega_i (y_i - \hat{y}_i)^2}{\sum_{i=1}^{n} \omega_i (y_i - \bar{y}_{\omega})^2} \tag{13}$$

Mit:

$\hat{y}_i$ = Schätzung der abhängigen Variablen y durch das Regressionsmodell

$\bar{y}_\omega$ = Gewichteter Mittelwert aller tatsächlichen Werte von y in der Stichprobe

y_i = Tatsächlicher Wert von y

i = Merkmalsträger in der Stichprobe (i = 1, 2, …, n)

ω_i = Gewicht bei Merkmalsträger i

Bei der Ableitung eines korrigierten Bestimmheitsmaßes wird ebenfalls auf den Vorschlag der Autoren zurückgegriffen (vgl. Renaud & Victoria-Feser, 2010, S. 1857). Deren Ansatz beruht auf der in Abschnitt 7.1.2 aufgeführten Variante nach der „Wherry-Formel" und berechnet sich entsprechend:

$$R^2_{adj,\omega} = 1 - (1 - R^2_\omega)\left(\frac{n-1}{n-p}\right) \quad (14)$$

Im Gegensatz zu den klassischen Regressionsverfahren wird die Berechnung eines F-Wertes in den meisten robusten Verfahren und Statistikprogrammen nicht unterstützt. Da er nicht in ähnlich simpler Form wie bei den herkömmlichen Regressionen (vgl. Faraway, 2002, S. 152) manuell berechnet werden kann, verzichtet diese Untersuchung ebenfalls auf die Angabe einer F-Statistik. Das Vorgehen berücksichtigt damit auch die Kritik an der mangelnden Robustheit des F-Wertes gegenüber Annahmeverletzungen (vgl. Bradley, 1984). In einer solchen Situation birgt dieser die Gefahr fehlerhafter Schlussfolgerungen. Stattdessen wird die Bewertung der Modellgüte bei den robusten Verfahren in dieser Untersuchung anhand mehrerer anderer Kriterien vorgenommen: das Adj. R^2 wird für die Güte des Gesamtmodells herangezogen, die robuste t-Statistik sowie die Stärke des Effekts auf die Regressionskoeffizienten als Maß für die Wirkung einzelner Prädiktoren.

7.4 Kodierungsverfahren für kategoriale Variablen

Im Zuge der vorliegenden Untersuchung wird der Erfolg von Käuferländern relativ zu anderen analysiert. Da der Prädiktor „Käuferland" keinen metrischen, sondern nominalen Charakter aufweist, sind besondere statische Auswertungsverfahren notwendig. Die Dummy-Variablen-Technik erlaubt den Einbezug solcher qualitativer Variablen in die lineare Regression. Beruhen alle Prädiktoren eines Modells auf diesem Skalenniveau entsprechen die Resultate der Regression denen der Varianzanalyse, lediglich die Darstellungsform unterscheidet sich (vgl. Grace-Martin, 2013). Bei letzterer handelt es sich folglich um einen Spezialfall der linearen Regression. Da sich beide Verfahren mit den Abweichungen von Mittelwerten verschiedener Gruppen beschäftigen stellen sie eine geeignete Technik zur Untersuchung des ersten Fragekomplexes (vgl. Abschnitt 8.2) dar. Aufgrund ihrer Übereinstimmung im konkreten Fall werden die Begriffe im Folgenden synonym verwendet.

Die Varianzanalyse ist in der Lage, verschiedene Ausmaße von Informationen zu verarbeiten, welche vom Skalenniveau der Zielvariable und der Anzahl der verwendeten Faktoren abhängen. Bei einer erklärenden Variable kommen univariate („analysis of variance", ANOVA), bei mehreren multivariate Varianzanalysen („multivariate analysis of variance", MANOVA) zum Einsatz. Je nachdem, ob eine oder mehrere unabhängige Variablen eingehen wird in einfaktorielle und multifaktorielle Varianzanalyse unterschieden. Wird die Unterteilung des Datensatzes in mehrere Gruppen anhand lediglich eines Faktors vorgenommen, beispielsweise dem Käuferland, so ist die Analyse einfaktoriell. Wird die Wirkung des Faktors auf eine einzige abhängige Variable untersucht ist sie zudem univariat.

Liegen Unterschiede in den Gruppenmittelwerten vor, können die Gruppen als unabhängige Variablen in einer Regression verwendet und somit ein Gruppenvergleich durchgeführt werden (vgl. Wolf, 2003a, S. 21). Für das konkrete Forschungsvorhaben ist besonders dieser Spezialfall der Regression von Interesse, da er einen Erfolgsvergleich von M&A-Transaktionen pro Land ermöglicht. Hierfür ist es jedoch erforderlich, über ein Hilfssystem bivariater Dummy-Variablen jede Gruppe eindeutig zuzuordnen. Jede Beobachtung gehört dann genau einer Gruppe an. Die Information über die Gruppenzugehörigkeit lässt sich bei k Gruppen in k-1 Dummy-Variablen darstellen (vgl. UCLA, 2007). Erst die so kodierten Daten können anschließend in Regressionsschätzungen einbezogen werden.

Der Vergleich von Gruppen mittels Regression kann dann in unterschiedlicher Weise und in Abhängigkeit vom gewählten Kodierungsverfahren erfolgen. Zwei weit verbreitete Methoden sind die Dummy- und die Effekt-Kodierung.

Bei der Dummy-Kodierung bzw. Referenzgruppenkodierung wird eine Gruppe als Referenzkategorie bestimmt, mit der die Werte aller anderen Gruppen verglichen werden. Diese wird selbst nicht explizit im Regressionsergebnis aufgeführt. Der Gruppenmittelwert der Referenzgruppe wird aber durch den Wert der Konstanten abgebildet. Die für die Vergleichsgruppen angegebenen Regressionskoeffizienten markieren hingegen den Mittelwertsunterschied der jeweiligen Gruppe zur Referenzgruppe. Negative Vorzeichen der Regressionskoeffizienten weisen auf geringere Werte, positive auf höhere in Relation zur Referenzgruppe hin. Da die mit den Regressionskoeffizienten verbundenen p-Werte auf Signifikanz des jeweiligen Vergleichs einer Gruppe mit der Referenzgruppe testen, liefern sie keine relevanten Erkenntnisse für die vorliegenden Forschungsfragen. Schließlich liegt der Fokus auf der Ermittlung von Abweichungen im Erfolg der Ländergruppen, nicht in der Frage, ob sich das Resultat eines Landes signifikant von einem bestimmten anderen Land unterscheidet. Folglich wird in der späteren Untersuchung auf die Darstellung von p-Werten verzichtet.

Eine weitere Vergleichsmöglichkeit von Gruppenwerten bietet die Effekt-Kodierung. Diese vergleicht einzelne Gruppen mit dem durchschnittlichen Mittelwert aller Gruppen. Sind die Fallanzahlen der Gruppen nicht identisch, weicht der durchschnittliche Mittelwert vom Gesamtmittelwert über alle zugrundeliegenden Beobachtungen ab. In der konkreten Untersuchung ist folglich der Durchschnitt der Ländermittelwerte nicht mit dem Gesamtmittelwert über alle Transaktionen identisch. Der Wert der Konstanten entspricht hier dem Durchschnitt der Gruppenmittelwerte. Die Werte der Regressionskoeffizienten zeigen die Mittelwertsdifferenzen zwischen den jeweiligen Gruppenmittelwerten und dem Durchschnitt der Gruppenmittelwerte (vgl. Wolf, 2003b, S. 8). Da die p-Werte auch bei dieser Methode die Signifikanz des paarweisen Vergleichs einer Gruppe mit dem Durchschnitt der Gruppenmittelwerten testen und dies hier nicht relevant ist, wird in der späteren Auswertung auf ihre Angabe verzichtet.

In dieser Arbeit werden sowohl Dummy- als auch Effekt-Kodierung angewendet um die Resultate besser darstellen zu können. Die beiden Verfahren eignen sich besonders dafür, den Erfolg chinesischer Übernahmeobjekte relativ zur Kontrollgruppe zu untersuchen (vgl. Abschnitt 8.2). Um Rückschlüsse auf Erfolgsursachen zu erlangen (vgl. Abschnitt 8.3), bedarf es der in den vorangegangenen Abschnitten dargestellten Regressionsverfahren.

7.5 Exkurs: Bestimmtheitsmaße in den Wirtschaftswissenschaften

Eine wesentliche Rolle bei der Beurteilung statistischer Ergebnisse spielt der Erklärungsgehalt R^2. Die empirische Praxis zeigt, dass zwischen verschiedenen Wissenschaftsdisziplinen starke Unterschiede auftreten. In den Sozial- und Wirtschaftswissenschaften sind oft Größenordnungen zu verzeichnen, die – gemessen am theoretisch möglichen Maximalwert von 100 % – gering erscheinen. Daher gibt der nachfolgende Abschnitt eine Übersicht über die erzielten Bestimmtheitsmaße einiger Studien mit ähnlichem Forschungskontext.

Chakrabarti, Gupta-Mukherjee und Jayaraman (2009) erreichen in ihrem Hauptmodell (S. 225) in der Variante mit kultureller Distanz (Modell 4) ein R^2 von 10,1%. Allerdings muss bei einem unadjustierten R^2, wie hier ausgewiesen, die fehlende Einbeziehung der Variablenanzahl in die Berechnung berücksichtigt werden, welche mit 11 vergleichsweise hoch ist. Dasselbe Modell nur für US-Käufer kommt auf ein R^2 von 11,3 % (S. 229), während das für alle Käufer, jedoch einen geringeren Betrachtungszeitraum ein R^2 von 6,2 % aufweist (S. 231).

Hingegen kommt die Studie von Morosini, Shane und Singh (1998, S. 149) auf einen extrem hohen Erklärungsgehalt von 47,9 %, welcher sich sogar auf ein adjustiertes R^2 bezieht.

Reus und Lamont (2009, S. 1309) wiederum kommen auf erheblich unterschiedliche Bandbreiten zwischen 14,4 % und 42,9 %, bei Verwendung von 10 bis zu 17 Variablen. Dabei ist jedoch die Zugrundelegung eines unadjustierten R^2 zu beachten. Angesichts der hohen Regressorenanzahl sind Vergleiche daher nicht ohne weiteres möglich.

Ähnliches kann für Porrini (2004, S. 556) angeführt werden, die bei 13 bis 14 exogenen Größen Bestimmtheitsmaße zwischen 14,29 % und 17,65 % erhält. Auch hier ist jedoch einschränkend der Rückgriff auf ein unadjustiertes R^2 zu nennen.

In der Analyse von Gubbi et al. (2009) werden in Modellen mit 10 bis 11 Variablen Werte zwischen 10,0 % und 11,8 % ermittelt, ebenfalls als nicht adjustierte Variante. Die Modellerweiterung auf 13 bis 14 Prädiktoren führt zur Erhöhung des Wertes auf 17,2 % bis 19,1 %.

Der Überblick zeigt, dass einzig bei Morosini, Shane und Singh (1998) hohe Erklärungsgehalte erzielt werden. Gleichzeitig stellt sie unter den vorgestellten die einzige Studie dar, die eine Bewertung auf Basis eines adjustierten R^2 vornimmt. Der fehlende Einbezug der Anzahl exogener Faktoren in die Berechnung von R^2 in vielen Untersuchungen erschwert die Vergleichbarkeit. Die Orientierung an den genannten Quellen weist jedoch darauf hin, dass bei adjustiertem R^2 bereits deutlich unter 10 % eine relevante Größenordnung erreicht werden kann, die auf Erklärungseffekte hindeutet.

8 ERGEBNISSE DER EMPIRISCHEN UNTERSUCHUNG

8.1 Regressionsdiagnostik

8.1.1 Bedeutung und Vorgehensweise

Bereits die in Abschnitt 6.4.3 festgestellten Beobachtungen zur Extremität von Werten in der Stichprobe legten die Verwendung alternativer Auswertungsverfahren nahe. Aufgrund der Vielfalt solcher Verfahren sollte zunächst im Rahmen einer Regressionsdiagnostik ermittelt werden bei welchen Kriterien Verstöße gegen Modellvoraussetzungen vorliegen. Beispielsweise existieren Verfahren für die Analyse nichtlinearer Zusammenhänge. Ihre Eignung für den konkreten Fall kann in einer diagnostischen Untersuchung festgestellt werden. Dieser Schritt ermittelt die Eigenschaften des Datensatzes in Bezug auf ein Kriterium (z. B. Linearität). Besonderheiten bei den Kriterien beeinträchtigen die Eignung der in Abschnitt 7.3.3 genannten Verfahren. Entsprechend sind neben der Ausreißer-Prüfung auch andere Diagnostikbereiche wichtig für die Beantwortung der Frage, welche der zahlreichen, fortgeschrittenen Methoden eine sinnvolle Alternative zur OLS-Regression darstellt.

Da alle Varianten der Regressionsanalyse bestimmte Anforderungen an die Datenlage stellen (vgl. Abschnitt 7.2) wurde der Datensatz eingehend getestet. Aufgrund der hohen Anzahl von Prädiktoren und Erfolgsgrößen in dieser Studie ergaben sich zahlreiche Kombinationsmöglichkeiten. Deren Prüfung über alle Kriterien hinweg war jedoch nicht erforderlich, da Besonderheiten in der Datenverteilung auch durch die Analyse einzelner Variablen aufgedeckt werden können. Schließlich sind bereits dann spezielle inferenzstatistische Methoden erforderlich, wenn nur wenige Variablen Abweichungen offenbaren. Die Vorprüfung machte daher eine Konzentration auf ausgewählte Einflussfaktoren notwendig. Angesichts der zentralen Rolle von kultureller Distanz für das Forschungsprojekt wurde die Diagnostik überwiegend anhand des Prädiktors *kulturelle Distanz_gesamt* in Verbindung mit einer oder allen vier Erfolgsgrößen vorgenommen (Modell 3a, vgl. Tabelle 20). Soweit für eine nähere Analyse sinnvoll, wurde dies auf kulturelle Distanzen auf Ebene einzelner Dimensionen ausgeweitet (Modell 5a). In vielen Fällen war eine Erweiterung allerdings nicht notwendig, da sich Auffälligkeiten bereits durch wenige beispielhafte Zusammenhänge zeigten. Überdies wiesen einige Variablen im Datensatz nur zwei bzw. wenige Ausprägungen auf. Entsprechend waren in diesen Fällen tiefergreifende Verteilungsanalysen meist überflüssig.

8.1.2 Ausreißer

8.1.2.1 Partielle Regressionsplots

Einfache Streudiagramme der Regressionsvariablen mit verschiedenen Modell-Prädiktoren (hier nicht dargestellt) zeigten eine relativ große Streuung der Datenpunkte, bei der viele Wertepaare relativ weit voneinander entfernt lagen. Dies konnte jedoch nicht an einigen wenigen markanten Beobachtungen festgemacht werden. Vielmehr ließ sich eine systematisch breitere Verteilung erkennen. Mit partiellen Regressionsplots (vgl. Methode A.1 in Tabelle 22, Abschnitt 7.2.2) lassen sich einzelne Prädiktoren auch dann untersuchen, wenn gleichzeitig weitere unabhängige Variablen im Modell enthalten sind. Im vorliegenden Datensatz wurde die Variable *kulturelle Distanz_gesamt (CD_5)* in einem solchen, erweiterten Modell, untersucht (Modell 5a). In diesem konnte trotz Einbezug von *Branchen-Verwandtschaft* und *Firmengröße_Target* der Einfluss von *CD_5* auf die vier Erfolgsgrößen gefiltert werden.

Die folgenden Abbildungen der partiellen Regressionsplots offenbaren große Entfernungen zwischen den Regressionsgeraden und vielen der empirischen Wertepaare. Dies trifft insbesondere auf *Umsatz t2* und *Umsatz t1* zu. Die partiellen Regressionsplots der abhängigen Variablen bestätigten am Beispiel des Prädiktors *kulturelle Distanz_gesamt* die vergleichsweise hohe Streuung der Datenpunkte. Demzufolge lagen viele Fälle vor, die die Regressionsergebnisse stark beeinflussen. Die Abweichungen der Datenpunkte von der Geraden traten zudem nicht vereinzelt, sondern äußerst gehäuft auf. Dies weist eher auf ein grundsätzliches Phänomen der verwendeten Größen als auf fehlerhafte Erhebung im Einzelfall hin.

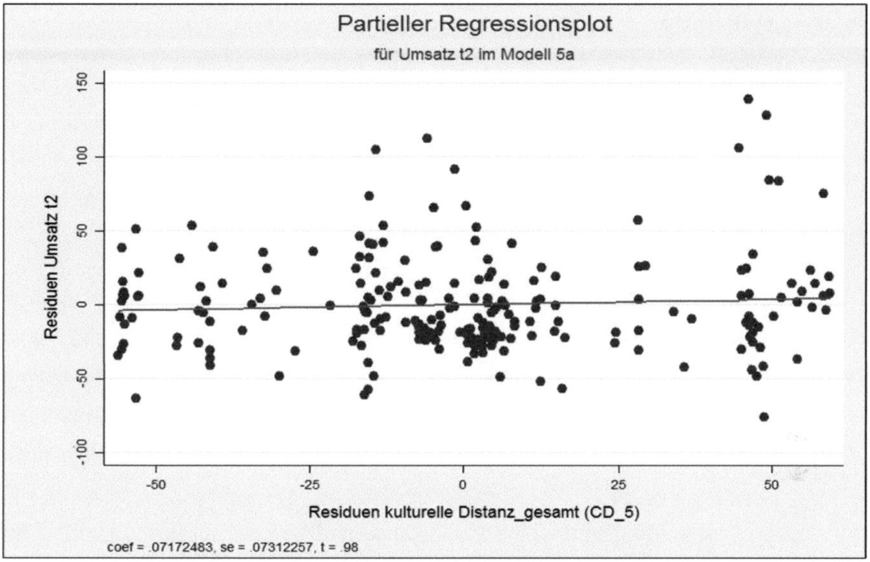

Abbildung 27: Partieller Regressionsplot für *Umsatz t2* & *kulturelle Distanz_gesamt* (Modell 5a)
Quelle: Eigene Darstellung unter Verwendung von Stata (Befehl avplot).

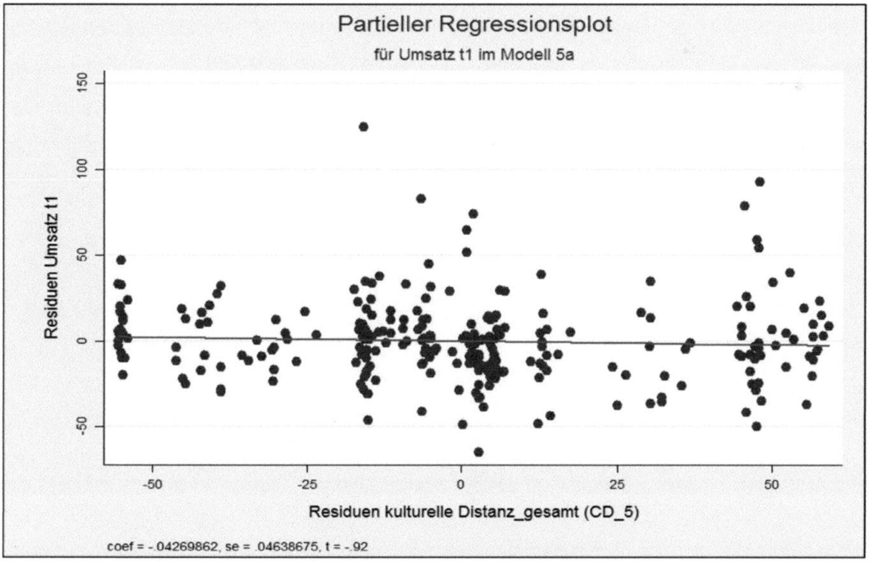

Abbildung 28: Partieller Regressionsplot für *Umsatz t1* & *kulturelle Distanz_gesamt* (Modell 5a)
Quelle: Eigene Darstellung unter Verwendung von Stata (Befehl avplot).

8.1.2.2 Box Plots

Mit Hilfe von Box Plots (vgl. Methode A.2 in Tabelle 22, Abschnitt 7.2.2) wurden unter den zahlreichen Abweichungen die extremsten verdeutlicht. Ferner erlaubt die Aufschlüsselung auf Käuferländer eine bessere Eingrenzung auf Merkmalsträger. Abbildung 29 und Abbildung 30 zeigen die größten Abweichungen der vier Erfolgsvariablen.

Darin ist anschaulich erkennbar, dass die gewählten abhängigen Variablen zahlreiche Ausreißer beinhalten. Bei den Variablen *Umsatz t2* und *Umsatz t1* wichen viele Werte nach oben hin von der Masse der Fälle ab. Durch die separate Darstellung nach Ländern fällt auf, dass Ausreißer besonders bei den drei Schwellenländern China, Indien und Russland auftraten. Bei den Gewinn-Variablen zeigten sich noch weitaus häufiger Ausreißer. Sowohl Extremität als auch Anzahl (8,0 % bzw. 10,1 % der Fälle) waren auffällig. Auch hier waren China und Indien sehr stark betroffen, im Gegensatz zu den Umsatzgrößen jedoch auch andere Staaten. Auffallend ist zudem, dass Ausreißer in beiden Richtungen gleichermaßen auftraten. Die starke Streuung der Variablenwerte führte sogar so weit, dass bei *Gewinn t1* die Umrisse der Box nur noch schwer zu erkennen sind. Die Darstellung wurde derart von extremen Werten beeinflusst, dass die Boxgröße entsprechend verringert werden mussten um Ausreißer auf der Skala überhaupt darstellen zu können. Entsprechend lieferte das Verfahren wichtige Informationen über die Verteilungseigenschaften des vorliegenden Datensatzes und seiner abhängigen Variablen. In den Box Plots lässt sich unabhängig von den Prädiktoren die Häufung von y-Ausreißern anschaulich erkennen.

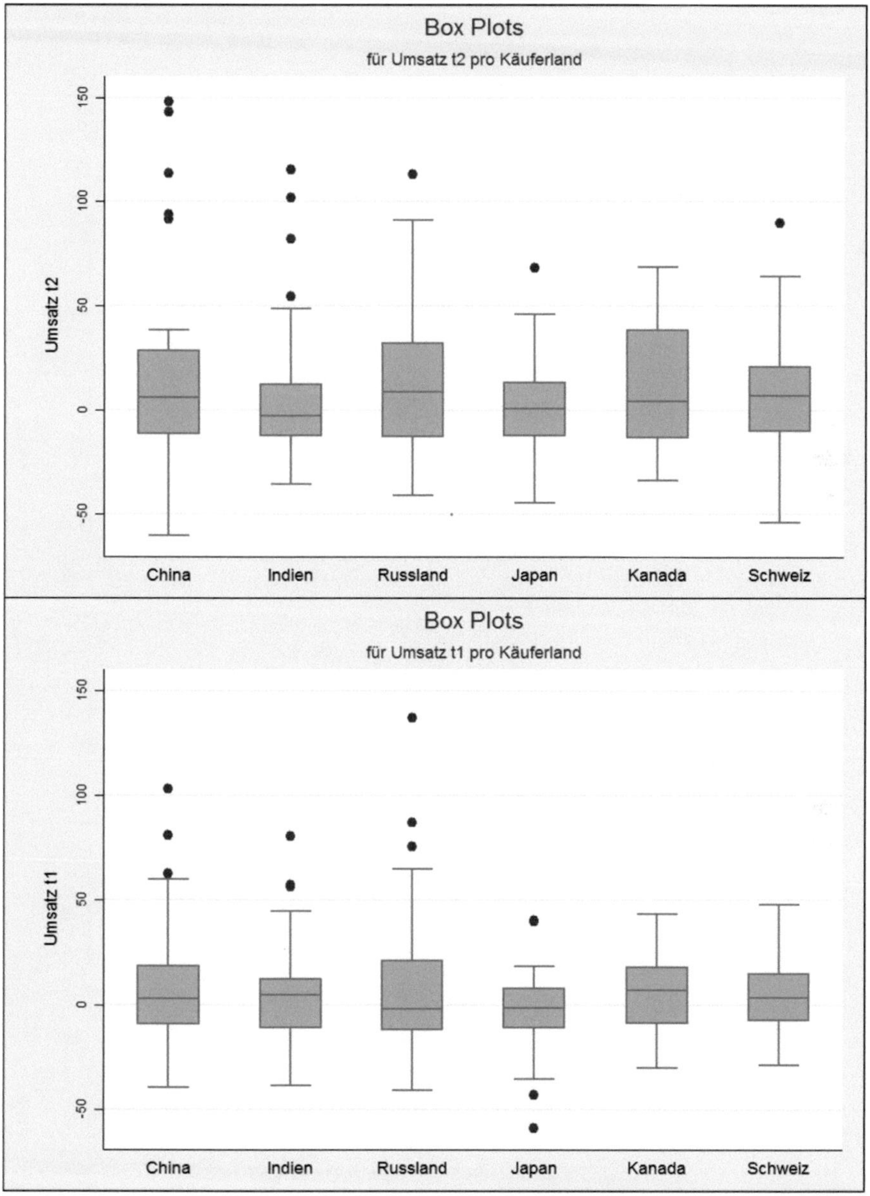

Abbildung 29: Box Plots für *Umsatz t2* und *Umsatz t1* pro Käuferland
Quelle: Eigene Darstellung unter Verwendung von Stata (Befehl graph box).

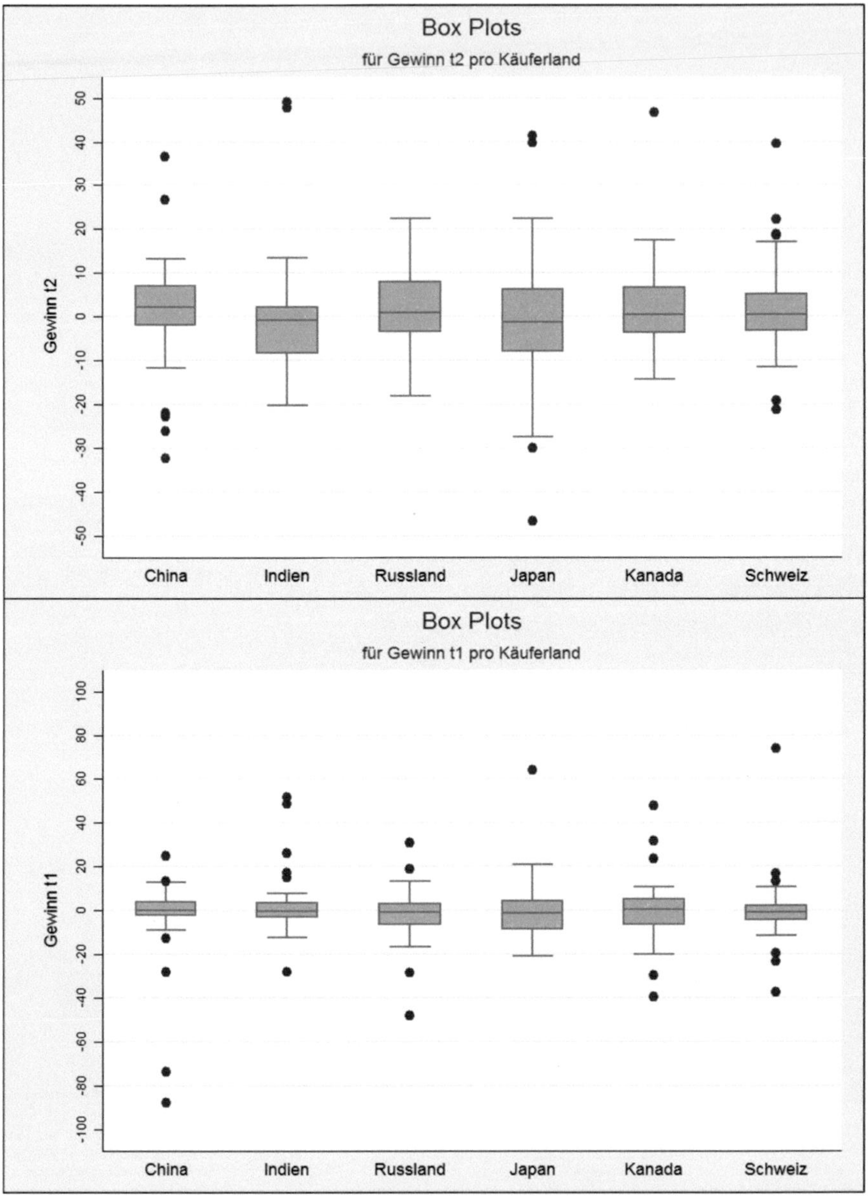

Abbildung 30: Box Plots für *Gewinn t2* und *Gewinn t1* pro Käuferland
Quelle: Eigene Darstellung unter Verwendung von Stata (Befehl graph box).

8.1.2.3 Studentisierte Residuen

Im Rahmen formaler Verfahren wird die Präsenz von Ausreißern bspw. durch studentisierte Residuen in Form eines Stamm-Blatt-Diagramms ersichtlich (vgl. Methode A.3 in Tabelle 22, Abschnitt 7.2.2). Die exemplarische Darstellung anhand von *Umsatz t2* im Modell 3a veranschaulicht die Datenverteilung (siehe Abbildung 31). Die Darstellungsform ist so zu lesen, dass sich der Wert der studentisierten Residuen aus den Beträgen des „Stamms" (links) und des „Blatts" (rechts) zusammensetzt. Der Eintrag in Zeile eins repräsentiert so einen Wert von 4,24 (aus „4" und „24"), während in Zeile sechs zwei Werte erfasst sind: 3,22 und 3,27.

Die eingezeichneten Linien entsprechen der üblichen Konvention, Werte über bzw. unter 2 als Indikator der Auffälligkeit zu interpretieren (vgl. X. Chen et al., 2003). Die hohe Zahl von Einträgen jenseits der oberen und unteren Schwellenwerte lässt anschaulich erkennen, dass es sich im Datensatz nicht um einzelne Ausreißer handelt. Vielmehr traten diese gehäuft auf: im dargestellten Modell lagen die absoluten Werte der studentisierten Residuen in 12 Fällen über der kritischen Schwelle von 2. Bei *Umsatz t2* fällt darüber hinaus auf, dass 11 von 12 Fällen in positiver Richtung abwichen (vgl. Beobachtungen im Bereich zwischen 2 und 4 auf dem „Stamm"). So ist von einem systematischen Auftreten von y-Ausreißern auszugehen. Regressionen, in denen punktuell einzelne Ausreißer ausgeschlossen werden (sog. „Trimming") erscheinen aufgrund dessen nicht ratsam. Dies würde neben der erheblichen Verringerung der Datenbasis die extremen Fälle gänzlich ausklammern.

```
  4,** | 24
  4,** | 07
  3,** |
  3,** |
  3,** |
  3,** | 22,27
  3,** | 10
  2,** | 83
  2,** |
  2,** | 47,49
  2,** | 23,39,39
  2,** |                                                  oberer Schwellenwert
-------------------------------------------------------------------------------
  1,** | 90,91
  1,** | 62,72,79,79
  1,** | 40
  1,** | 20,22,22,32,34,34,34,37
  1,** | 10,11,11,17,17
  0,** | 80,84,91,97
  0,** | 60,61,63,64,69,73,75,78,79,79
  0,** | 40,43,43,44,44,45,47,47,47,48,49,50,51,55,56,58
  0,** | 20,24,25,28,29,31,31,31,32,39
  0,** | 01,01,03,03,04,05,05,05,06,08,09,10,10,10,10,11,11,11,14,15,16,19
 -0,** | 19,18,17,16,16,15,12,10,10,09,07,06,05,05,04,04,02,02,01,01,01,01
 -0,** | 37,36,36,36,36,35,33,33,32,31,31,29,27,27,26,24,23,23,22,22,22
 -0,** | 58,57,57,57,57,56,56,56,52,52,50,50,50,49,47,47,45,45,44,44,43,43,42,42,42,41,40
 -0,** | 79,79,78,77,76,76,75,75,74,73,73,73,72,72,68,68,68,68,66,65,64,64,64,63,63,63,61,60
 -0,** | 98,96,96,92,91,90,89,89,87,86,86,85,85,82,80
 -1,** | 19,13,11,11,04,02,01
 -1,** | 37,32,26,26,22
 -1,** | 51,48,41,40
 -1,** | 75,70,64
 -1,** | 87
-------------------------------------------------------------------------------
 -2,** |                                                  unterer Schwellenwert
 -2,** | 20

 Stamm                        Blatt
```

Abbildung 31: Stamm-Blatt-Diagramm für *Umsatz t2* (Modell 3a)
Quelle: Eigene Darstellung unter Verwendung von Stata (Befehle rstudent und stem).

8.1.2.4 Hat Values

Analysen zur Bedeutung von Hebelwirkung, d. h. dem Vorliegen von x-Ausreißern, hängen stark von der gewählten Variablenkombination ab. Hierin ist zugleich ein

Nachteil dieser Methodik zu sehen. Wird ausschließlich *kulturelle Distanz_gesamt* verwendet, offenbarte die Messung einige Leverage-Punkte. Ihre Anzahl war mit 27 (*Umsatz t2*), 36 (*Umsatz t1*), 29 (*Gewinn t2*) und 35 (*Gewinn t1*) vergleichsweise hoch. Auffallend war ihre Häufung bei zwei Ländern, der Schweiz und China. Dies lässt sich allerdings plausibel herleiten. Während die Schweiz kulturell sehr nahe an den untersuchten europäischen Zielländern rangiert, ist China durch eine sehr hohe kulturelle Distanz zu ihnen geprägt. Dadurch sind die Ausprägungen der beiden Käuferländer im Prädiktor *kulturelle Distanz_gesamt* (*CD_5*) sehr niedrig bzw. sehr hoch und wurden aus Sicht der Hebelwirkung als extrem eingestuft. Wurde das Modell um die transaktionsspezifischen Größen *Branchen-Verwandtschaft* (*REL*) und *Firmengröße_Target* (*SIZE_log*) erweitert (Modell 5a), so verschwanden die Leverage-Punkte gänzlich. Im Falle der kulturellen Distanzen auf Ebene einzelner Dimensionen (*CD_PDI, CD_UAI, CD_IDV, CD_MAS* und *CD_LTO*) lagen bereits im einfachen Modell 3b ohne *REL* und *SIZE_log* keinerlei Beobachtungen mit Hebelwirkung vor. Nach der Maßzahl Hat Values lagen demzufolge keine Probleme in Bezug auf Ausreißer in x-Dimension vor. Regressionsverfahren müssen daher nicht zwingend robust gegen Ausreißer der Prädiktoren sein.

8.1.2.5 Cook's Distance

Um die Analyse von x- mit denen von y-Ausreißern zu verbinden (Influence) und auf betroffene Einzelfälle herunter zu brechen wurde die Maßzahl Cook's Distance angewendet. Diese ist exemplarisch anhand *Umsatz t2* im Modell 3a dargestellt. Der Schwellenwert nach Chatterjee und Hadi (1988), Fox (2008) und Jensen, Landwehr und Herrmann (2009) beträgt $D > 4/(n-p-1)$, was in diesem Fall 0,0177778 entspricht.

Die Analyse für *Umsatz t2* zeigt eine Verteilung der Cook's Distance-Werte über fast alle untersuchten Länder, welche anhand der Fallnummern im Datensatz zugeordnet werden können. Andere Variationen wie Modell 3b und Modell 5a führten zu sehr ähnlichen Ergebnissen. Dabei betraf die Mehrzahl der Fälle (bei *Umsatz t2* im Modell 3a: 7 von 13) China.

Tabelle 31: Beobachtungen mit kritischen Cook's Distance-Werten bei *Umsatz t2* (Modell 3a)

Quelle: Eigene Darstellung unter Verwendung von Stata (Befehl cooksd).

Fallnummer	Käuferland	*Umsatz t2*	*CD_5*	Cook's Distance
13	China	113,37050	112,47666	0,0674392
18	China	-45,05489	114,59930	0,0234615
21	China	148,14210	114,14026	0,1281540
22	China	-59,92459	114,59930	0,0371344
27	China	91,50784	124,33825	0,0577641
46	China	142,94320	114,59930	0,1201492
50	China	93,88472	119,25603	0,0533833
98	Indien	115,55310	61,23724	0,0234735
139	Russland	91,02331	117,17508	0,0468532
147	Russland	113,26950	50,47772	0,0285920
278	Kanada	68,85704	21,58703	0,0259233
302	Schweiz	64,37223	12,16553	0,0303817
332	Schweiz	-50,54499	12,16553	0,0274187

China wies extreme Werte beim Prädiktor *kulturelle Distanz_gesamt* auf, welche in die Berechnung von Cook's D eingingen. Die Probleme der Hebelwirkung für den konkreten Datensatz werden somit durch die Maßzahl tendenziell überschätzt. Dies ist bei der späteren Auswahl geeigneter Auswertungsverfahren zu berücksichtigen.

Die Anzahl der über dem kritischen Schwellenwert liegenden Punkte war mit 13 (*Umsatz t2,* vgl. Tabelle 31), 10 (*Umsatz t1*), 15 (*Gewinn t2*) und 12 (*Gewinn t1*) (jeweils nicht gesondert dargestellt) vergleichsweise hoch. Da hier jedoch auch die sehr auffälligen Ausreißer in der y-Dimension eingingen, ist dieses Resultat nicht überraschend. Es ist davon auszugehen, dass die Auffälligkeiten nicht durch extreme x- sondern durch extreme y-Werte hervorgerufen wurden (vgl. Abschnitt 8.1.2.4).

8.1.2.6 DFBETA

Um die Untersuchung zu verfeinern und den Einfluss auf einzelne Regressionskoeffizienten in Modellen mit mehr als einem Prädiktor abzubilden wurde die Maßzahl DFBETA einbezogen. Der Einfluss wurde anhand von Modell 5a demonstriert, da nur so mögliche Unterschiede zu Cook's Distance aufgezeigt werden konnten. In diesem Modell existiert jeweils ein DFBETA für die unabhängigen Variablen *kulturelle Distanz_gesamt* (*CD_5*), *Branchen-Verwandtschaft* (*REL*) und *Firmengröße_Target* (*SIZE_log*). Exemplarisch sind diejenigen für *CD_5* aufgeführt, jeweils in Verbindung mit den vier Erfolgsgrößen.

Die Diagramme weisen darauf hin, dass bei allen untersuchten Erfolgsvariablen Beobachtungen vorliegen, die starken Einfluss auf die Regressionsschätzung ausüben. Die Analyse des erweiterten Modells 5a führte im Vergleich zur globalen Betrachtung der Cook's Distance im Rahmen des simpleren Modells 3a zu keinen wesentlichen Änderungen. Die Anzahl der Punkte jenseits der kritischen Schwellenwerte $2/\sqrt{n}$ (dargestellt durch die horizontalen Linien) war mit 15 (*Umsatz t2*), 15 (*Umsatz t1*), 9 (*Gewinn t2*) und 10 (*Gewinn t1*) vergleichsweise hoch. Eine Reihe von Fällen übte demnach durch ihre Extremität starken Einfluss auf die Schätzung von *kulturelle Distanz_gesamt* (*CD_5*) aus. Auffällig waren hierbei insbesondere einige sehr weit ins Negative hin abfallende Einflusspunkte bei *Gewinn t1*.

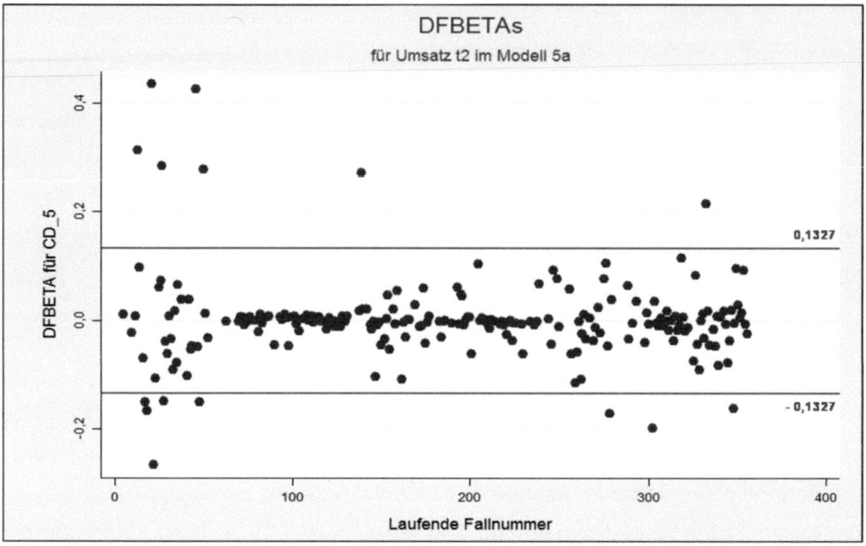

Abbildung 32: DFBETAs für *Umsatz t2* und *kulturelle Distanz_gesamt* (Modell 5a)
Quelle: Eigene Darstellung unter Verwendung von Stata (Befehl dfbeta).

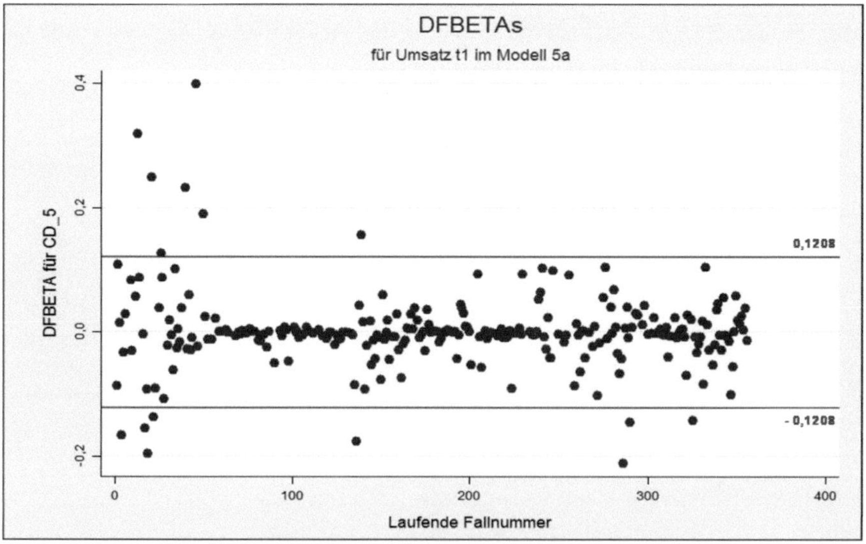

Abbildung 33: DFBETAs für *Umsatz t1* und *kulturelle Distanz_gesamt* (Modell 5a)
Quelle: Eigene Darstellung unter Verwendung von Stata (Befehl dfbeta).

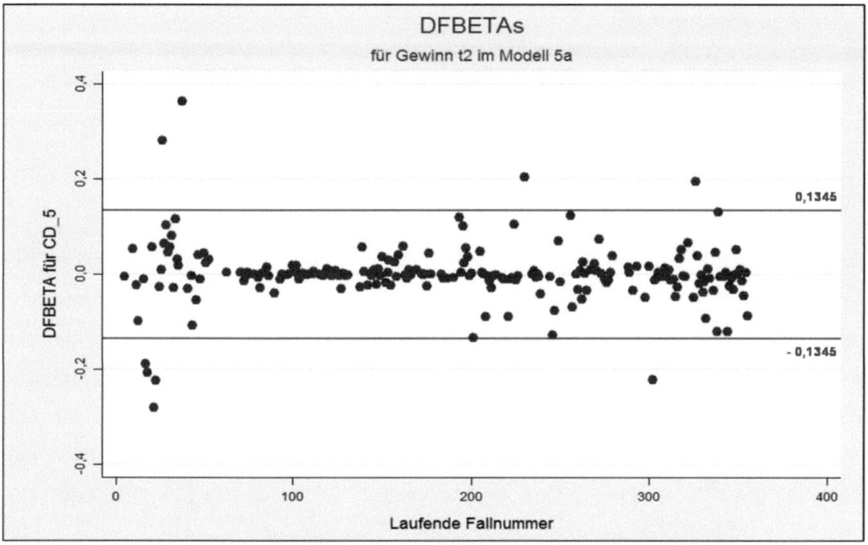

Abbildung 34: DFBETAs für *Gewinn t2* und *kulturelle Distanz_gesamt* (Modell 5a)
Quelle: Eigene Darstellung unter Verwendung von Stata (Befehl dfbeta).

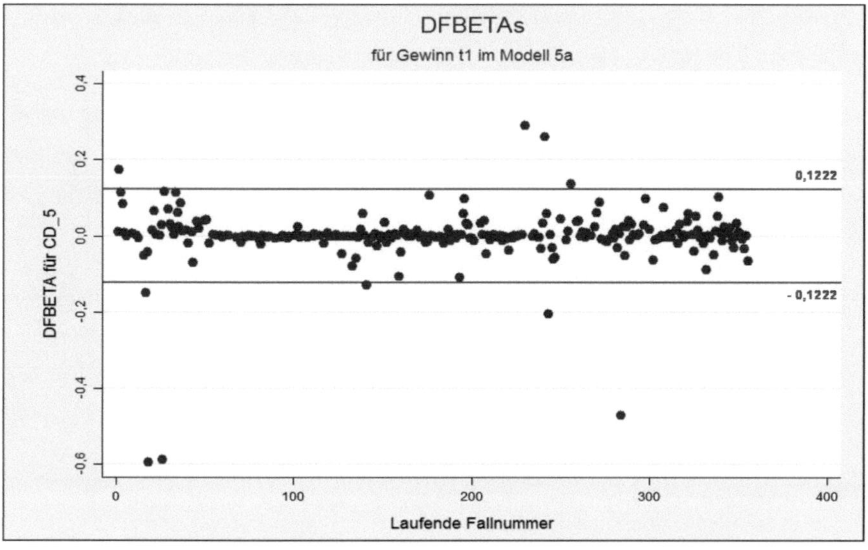

Abbildung 35: DFBETAs für *Gewinn t1* und *kulturelle Distanz_gesamt* (Modell 5a)
Quelle: Eigene Darstellung unter Verwendung von Stata (Befehl dfbeta).

8.1.2.7 Zwischenfazit

Bei der Prüfung des Datensatzes auf Ausreißer standen die zentralen Variablen der kulturellen Distanz im Vordergrund. Die Analysen ließen sich aber nach demselben Muster auf die weiteren Variablen übertragen. Es konnten jedoch bereits so Auffälligkeiten erkannt werden, die geeignete Maßnahmen erfordern.

Wie durch Box Plots und studentisierte Residuen aufgedeckt betrafen die ungewöhnlichen Werte v. a. die y-Dimension. Bei allen vier abhängigen Variablen waren zahlreiche, teils starke Ausreißer zu konstatieren bei denen es sich nicht nur um vereinzelte abweichende Werte handelt. Besonders häufig waren sie bei den 1-jährigen Zeiträumen, wohingegen die Extremität in den 2-jährigen Perioden schwächer ausfiel. Viel geringer war hingegen die Anzahl der Beobachtungen, die sowohl hohe Hebelwirkung als auch hohe Diskrepanz aufwiesen. Diese wirken potentiell sehr einflussreich auf die Regressionsschätzung des Gesamtmodells.

Demgegenüber traten zwar auch ungewöhnliche Werte in x-Richtung auf, wie vom Verfahren Hat Values ermittelt. Allerdings gelten diese Auffälligkeiten nur unter bestimmten Modellkonstellationen. Werden diese variiert, verschwinden die Hebelwerte teilweise vollständig. Die Herausforderung, derartige Fälle inferenzstatistisch zu bewältigen, tritt deswegen hinter jene die y-Werte zu kontrollieren.

Aufgrund der Häufung von Ausreißern wurde ein einfacher Ausschluss der betreffenden Fälle nicht als sinnvoller Lösungsweg angesehen. Durch das Ausmaß der erforderlichen Datenmanipulation bestünde die Gefahr, die enthaltene Trendrichtung zu verfälschen.

Bei Anwendung der OLS wäre die Schätzung stark abhängig von einigen einflussreichen Fällen und würde mit hoher Wahrscheinlichkeit nicht mehr dem Schwerpunkt der Daten gerecht. Es sollten deshalb Methoden erwogen werden die den Effekt einflussreicher Beobachtungen einschränken und trotz Ausreißern verlässliche Schätzungen erlauben.

8.1.3 Normalverteilung der Residuen

8.1.3.1 Histogramme

Bislang wurde zwar die Existenz von y-Ausreißern festgestellt, die Verteilung der Daten ist jedoch bislang unbekannt. Da symmetrische Verteilungen die Interpretierbarkeit von Regressionen begünstigen (vgl. 7.2.1 und 7.2.3) und dies v. a. für die in Abschnitt 7.3 vorgestellten Verfahren gilt, wurden die vier Erfolgsgrößen anhand von Häufigkeitsverteilungen untersucht. Diese gehen aus den folgenden Abbildungen hervor.

Dabei zeigten v. a. Histogramme von *Umsatz t2* und *Umsatz t1* (vgl. Abbildung 36), trotz einiger Einschränkungen, im Kern einen Verlauf der dem einer Normalverteilung ähnelt. Insbesondere ließen sich kaum Auffälligkeiten in Bezug auf die Schiefe der Kurve ausmachen, da weder der Bereich rechts noch links vom Nullpunkt eindeutig überwog (eine leichte Rechtsschiefe im Bereich um den Nullpunkt steht einer leichten Linksschiefe bei den weiter außen liegenden Punkten gegenüber). Im Wesentlichen waren in den vier Diagrammen zwei Eigenschaften besonders auffällig. Zum einen sind die Verteilungen im Zentrum erkennbar steilgipfliger als in der zum Vergleich eingezeichneten Kurve der Normalverteilung. Es lag folglich eine höhere Anzahl von Werten vor, die sich um den Mittelwert der jeweiligen Variable bewegt. Zum anderen fällt eine stärkere Betonung der Verteilungsenden ins Auge, es lagen also mehr Fälle mit extremen Werten in den abhängigen Variablen vor (sog. „heavy tails“) als in einer Normalverteilung der Fall. Bei den Umsätzen betraf dies vornehmlich positiv abweichende Beobachtungen. Im Falle von *Gewinn t2* und *Gewinn t1* (vgl. Abbildung 37) waren die extremen Werte noch häufiger und zudem auf beiden Seiten der Verteilung erkennbar. Die Analyse weist demnach auf die Existenz von Regressionsausreißern im Datensatz hin.

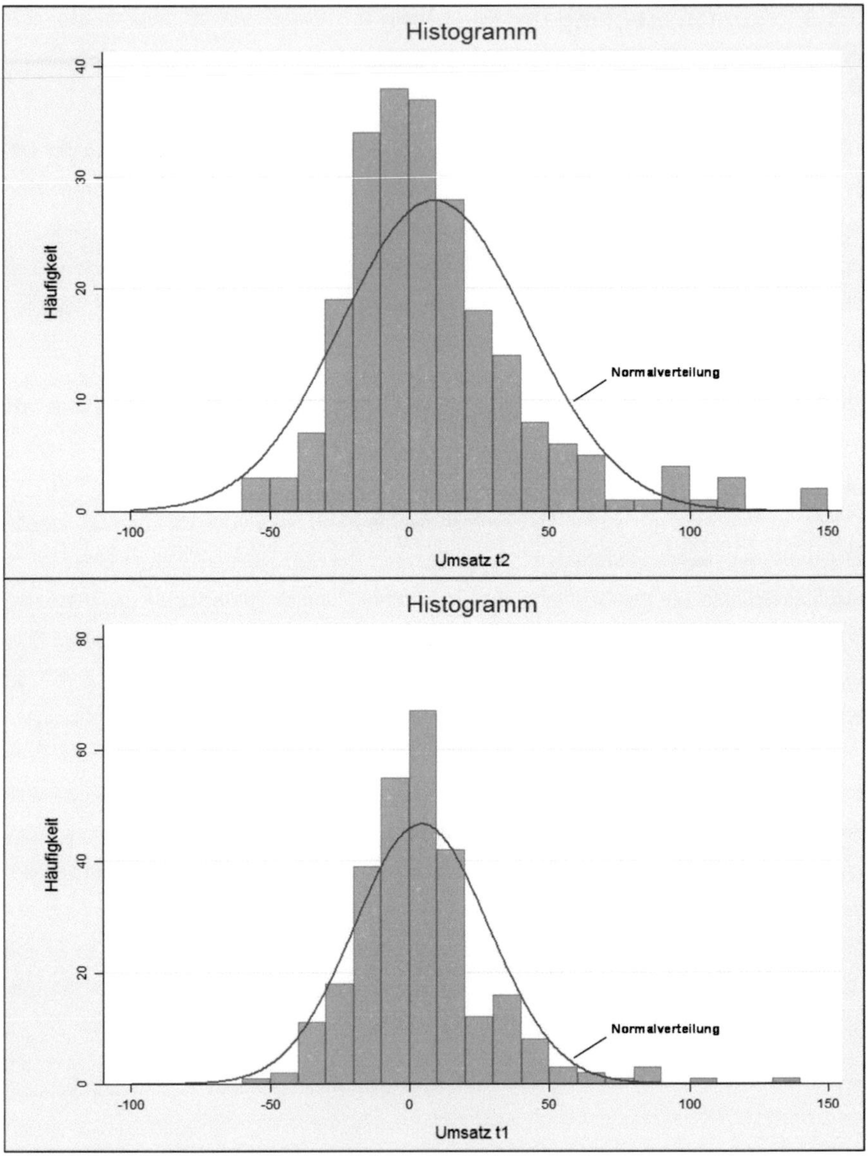

Abbildung 36: Histogramme für *Umsatz t2* und *Umsatz t1*

Quelle: Eigene Darstellung unter Verwendung von Stata (Befehl histogram).

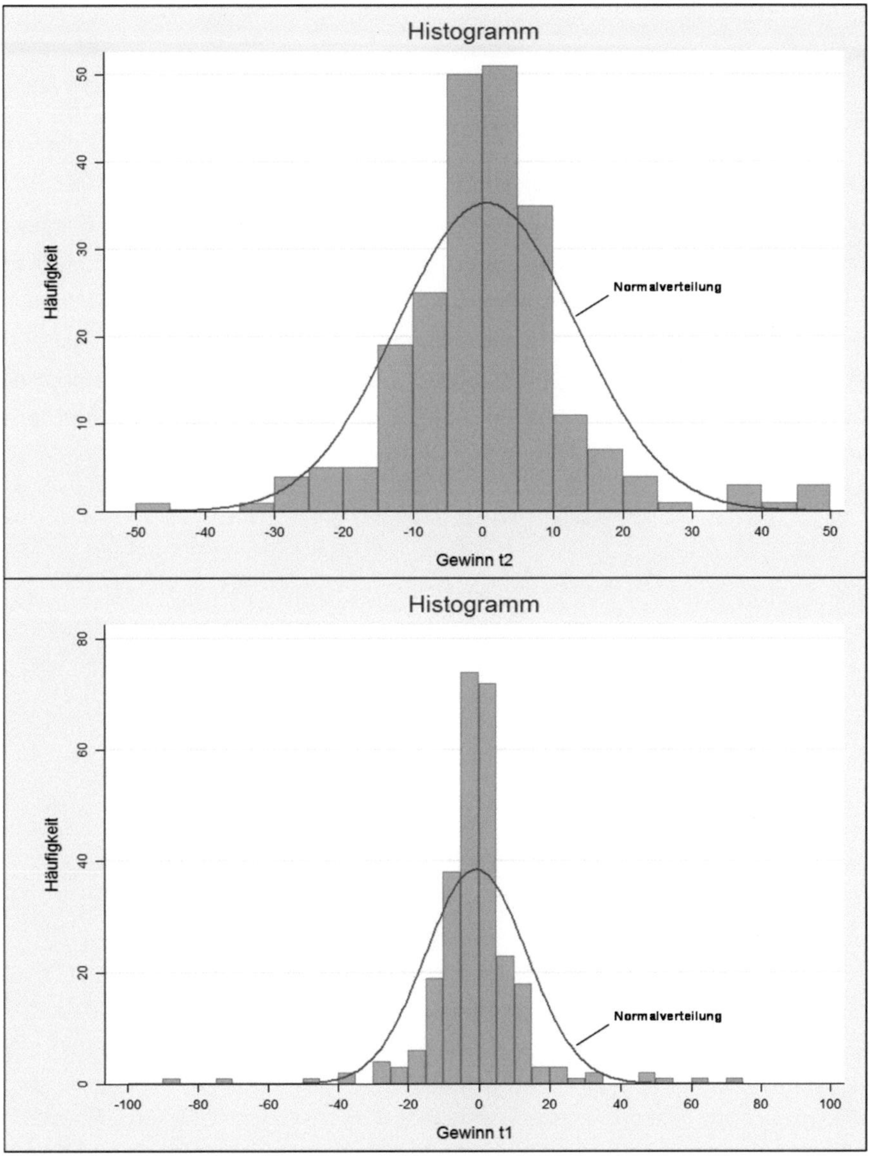

Abbildung 37: Histogramme für *Gewinn t2* und *Gewinn t1*

Quelle: Eigene Darstellung unter Verwendung von Stata (Befehl histogram).

8.1.3.2 P-P-Plots

Für eine tiefergehende grafische Abwägung wurde der Wertebereich aufgespalten. Für den zentralen Abschnitt wurden P-P-Plots herangezogen.

Diese zeigen am Beispiel von Modell 3a leicht unterschiedliche Resultate. *Umsatz t2* und besonders *Umsatz t1* (vgl. Abbildung 38) bewegten sich nahe an der Diagonalen, welche die Normalverteilung anzeigt. Allerdings waren Abweichungen auch im mittleren Wertebereich (um den Wert 0,50), deutlich sichtbar. Da keine einzelnen, besonders abweichenden Punkte erkennbar waren, ist vielmehr von einem systematischen Auseinanderfallen von empirischer und theoretischer Wahrscheinlichkeit auszugehen. Bei den beiden Gewinn-Größen (vgl. Abbildung 39) fielen die Abstände zur Diagonalen größer aus. Dadurch verstärken sich die Zweifel am Vorliegen einer Normalverteilung.

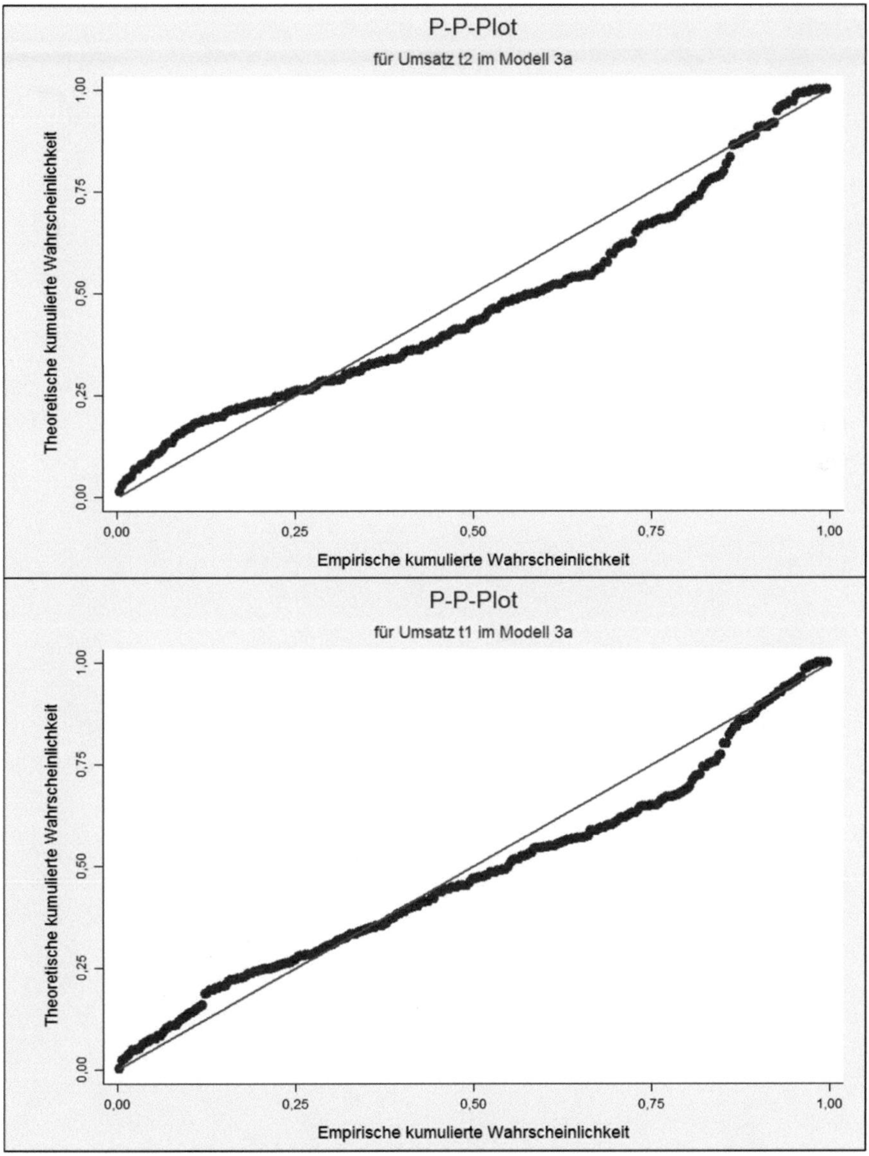

Abbildung 38: P-P-Plots von *Umsatz t2* und *Umsatz t1* (Modell 3a)
Quelle: Eigene Darstellung unter Verwendung von Stata (Befehl pnorm).

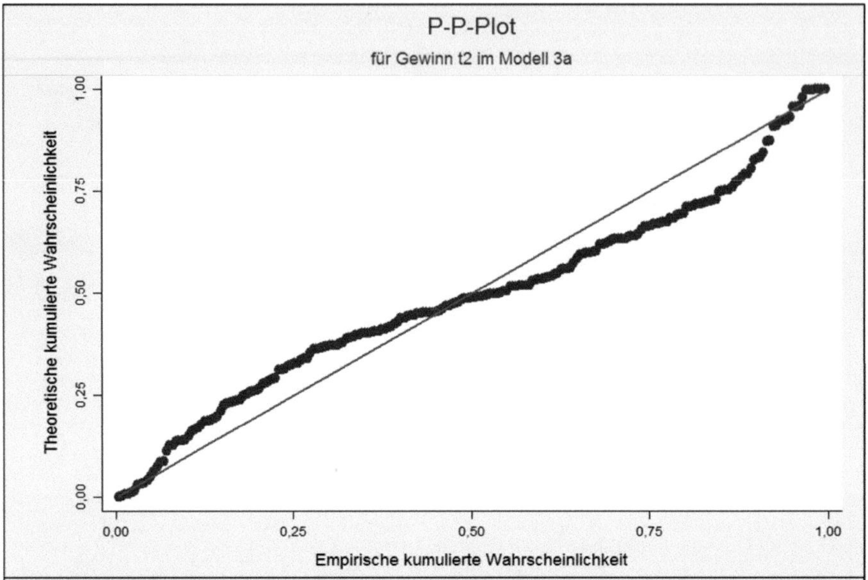

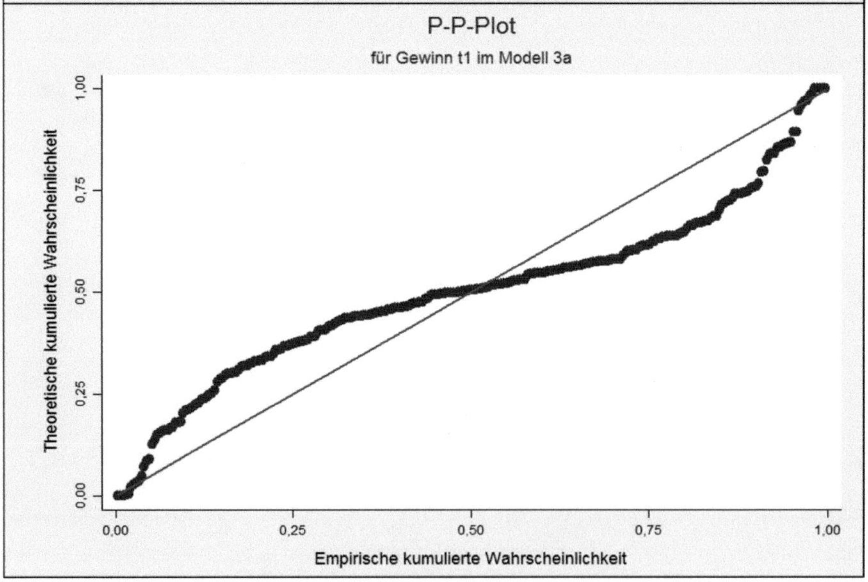

Abbildung 39: P-P-Plots von *Gewinn t2* und *Gewinn t1* (Modell 3a)
Quelle: Eigene Darstellung unter Verwendung von Stata (Befehl pnorm).

8.1.3.3 Q-Q-Plots

Als Ergänzung erfolgte für die Erforschung der Verteilungsenden der Rückgriff auf das verwandte Verfahren der Q-Q-Plots (vgl. Abschnitt 7.2.3).

Darin waren ebenfalls starke Abweichungen von einer Normalverteilung zu erkennen. Diese betrafen den rechten und linken Rand der Punktelinie und traten bei allen vier untersuchten Variablen auf (vgl. Abbildung 40 und Abbildung 41). In Anbetracht der Fokussierung von Q-Q-Plots auf die Diagnose von Extrema kann dies als Bestätigung des Ausreißer-Einflusses gewertet werden. Vor dem Hintergrund der starken Abweichungen der Punkte von der eingezeichneten Diagonale kann die Existenz einer Normalverteilung mit hoher Sicherheit abgelehnt werden.

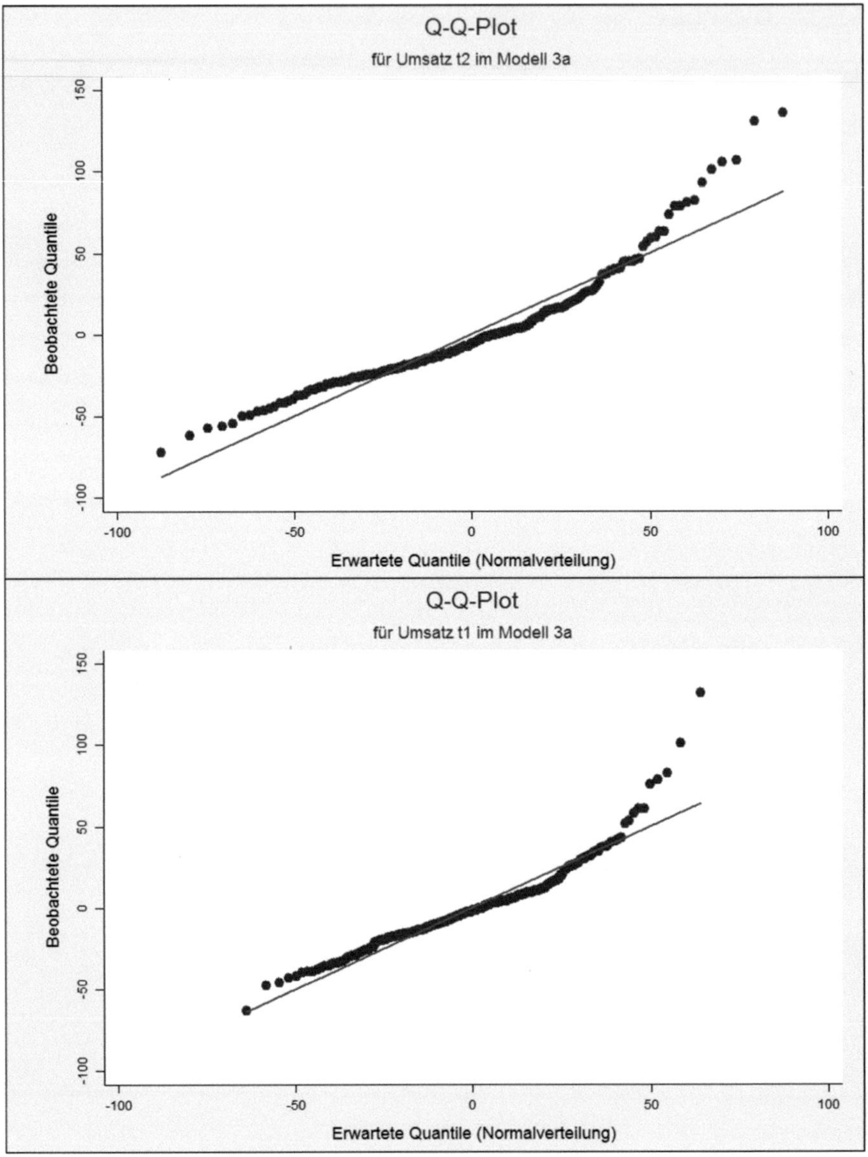

Abbildung 40: Q-Q-Plots von *Umsatz t2* und *Umsatz t1* (Modell 3a)
Quelle: Eigene Darstellung unter Verwendung von Stata (Befehl qnorm).

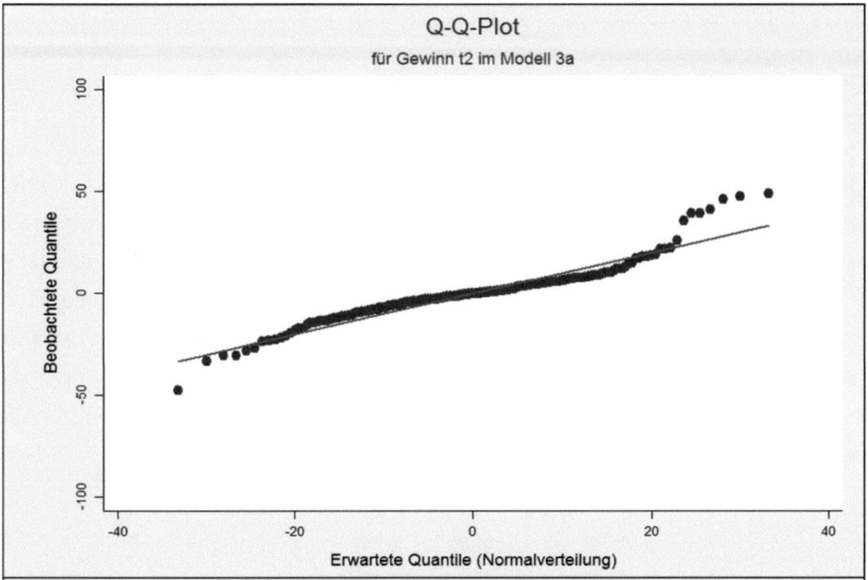

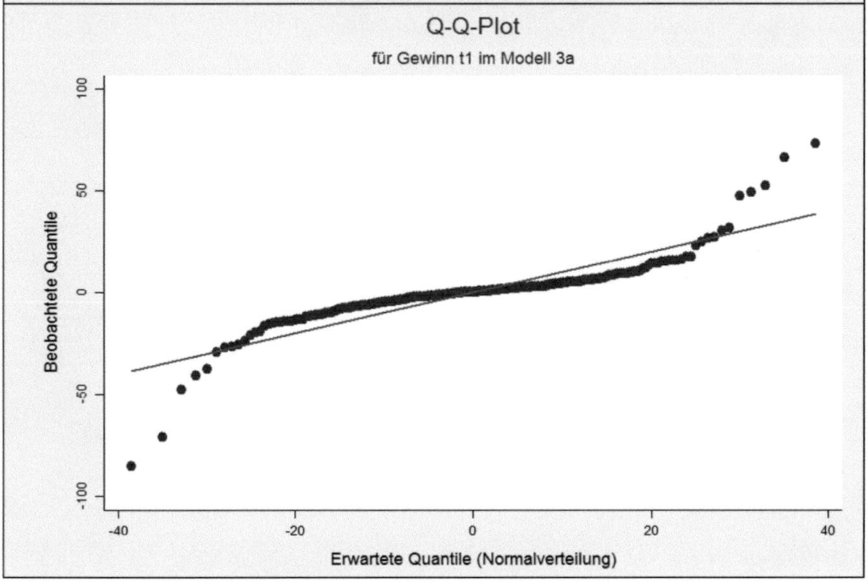

Abbildung 41: Q-Q-Plots von *Gewinn t2* und *Gewinn t1* (Modell 3a)
Quelle: Eigene Darstellung unter Verwendung von Stata (Befehl qnorm).

8.1.3.4 Interquartilsabstand nach Hamilton

Die gewonnenen Erkenntnisse aus den grafischen Verfahren wurden weiterhin mit Hilfe formaler Methoden ergänzt.

Beim Interquartilsabstand nach Hamilton, der nur die abhängigen Variablen einbezieht, hielt sich die Anzahl starker Ausreißer für *Umsatz t2* und *Umsatz t1* zwar mit 2 bzw. 3 (in positiver Richtung, vgl. Tabelle 32) in Grenzen. Allerdings ist die bloße Existenz solch stark abweichender Werte bereits als Hinweis auf Fehlen einer Normalverteilung einzustufen. Merklich stärker von Ausreißern betroffen waren die Verteilungen von *Gewinn t2* und *Gewinn t1*, wo insgesamt 7 bzw. 11 Ausreißer (in positiver wie negativer Richtung) vorlagen. Insgesamt deutet somit auch dieses Verfahren auf eine fehlende Normalverteilung hin.

Tabelle 32: Anzahl der Ausreißer je abhängige Variable
Quelle: Eigene Darstellung unter Verwendung von Stata (Befehl iqr).

Ausreißer-Definition und -Richtung	**Anzahl Ausreißer**			
	Umsatz t2	*Umsatz t1*	*Gewinn t2*	*Gewinn t1*
Schwache Ausreißer				
nach unten	0	1	8	8
nach oben	9	7	3	7
Starke Ausreißer				
nach unten	0	0	1	5
nach oben	2	3	6	6

8.1.3.5 Normalverteilungstests

Komplexere formale Methoden stellen Tests dar, welche zusätzlich auch die Prädiktoren einbeziehen (nachfolgend unter Verwendung von Modell 3a). Hierzu wurden drei verschiedene Testverfahren durchgeführt, um die Resultate auf eine möglichst verlässliche Basis zu stellen (vgl. Methoden B.5, B.6 und B.7 in Tabelle 24 in Abschnitt 7.2.3).

Der Shapiro-Wilk-Test kam für alle Erfolgsgrößen zu einer deutlichen Ablehnung der Nullhypothese (die besagt, dass die Residuen normalverteilt sind) auf extrem hohem Signifikanzniveau (unter 0,001). Auch die Ergebnisse des Kolmogorov-Smirnov-Tests zeigten sichtbar die Ablehnung der Nullhypothese auf einem Signifikanzniveau von unter 0,01 (bei korrigierten und unkorrigierten p-Werten). Zu guter Letzt führten die kombinierten Ergebnisse von Schiefe und Wölbung des aktualisierten Jarque-Bera-Tests (sog. „Skewness and Kurtosis-Test") ebenso zu signifikanten p-Werten auf einem sehr hohen Niveau von unter 0,0001.

Tabelle 33: Ergebnisse von Normalverteilungstests (Modell 3a)
Quelle: Eigene Darstellung unter Verwendung von Stata (Befehle swilk, ksmirnov und sktest).

Testverfahren	**Signifikanzniveau**			
	Umsatz t2	*Umsatz t1*	*Gewinn t2*	*Gewinn t1*
Shapiro-Wilk-Test	< 0,00001***	< 0,00001***	< 0,00001***	< 0,00001***
Kolmogorov-Smirnov-Test	0,002***	0,003***	0,010**	< 0,001***
Jarque-Bera-Test	< 0,0001***	< 0,0001***	< 0,0001***	< 0,0001***

p-Werte: * p<0,10 ** p<0,05 *** p<0,01

Die Ergebnisse bestätigten die Ablehnung der Normalverteilung von Umsatz- und Gewinnentwicklungen, die sich aus den grafischen Verfahren ergab. Entsprechend der Testbedingungen lagen starke Hinweise für die Ablehnung der Nullhypothese vor. Angesichts der Deutlichkeit der Resultate ist davon auszugehen, dass diese Schlussfolgerung auch vor dem Hintergrund der Schwächen formaler Verfahren, die in ihrer Sensitivität gegenüber Modell-Abweichungen liegen, bestand hat und hier keine Normalverteilung vorliegt.

8.1.3.6 Zwischenfazit

Grafische Verfahren lassen zwar eine Ähnlichkeit zur Normalverteilung erkennen, die zumindest eine im Wesentlichen symmetrische Erscheinungsform der Daten bestätigt. Allerdings zeigten sich Zweifel an den engeren Kriterien einer Normalverteilung.

Bestätigung erfuhren diese durch formale Methoden, nach denen ihr Vorliegen eindeutig abzulehnen ist. Dieses Voruntersuchungsergebnis lieferte wichtige Erkenntnisse für die Wahl des statistischen Auswertungsverfahrens. Bedeutsam ist v. a. die Schlussfolgerung, dass wegen der grafischen Sichtung die Verwendung solcher Regressionsformen offen steht, die eine lediglich symmetrische Verteilung erfordern.

8.1.4 Linearität

8.1.4.1 Informationsangereicherte Scatterplots

Nachdem eine erste Sichtung anhand einfacher Scatterplots keine Auffälligkeiten hinsichtlich möglicher Nicht-Linearität (z. B. U-Form) ergab, sind für eine detailliertere Analyse fortgeschrittene Darstellungsformen hilfreich. Eine solche verbindet die Mediane verschiedener Teilabschnitte und wurde für die sechs Prädiktoren der kulturellen Distanz durchgeführt. Da sich für diese sehr ähnliche Verläufe des Median-Trace zeigten, wurden im Folgenden nur einige davon vorgestellt. Gleiches gilt für die vier abhängigen Variablen, von denen exemplarisch die Varianten für *Umsatz t1* angeführt werden.

Die einzelnen Median-Traces zeigten keine Anzeichen einer kurvenförmigen, exponentiellen oder anderweitig deutlich nicht-linearen Beziehung zwischen Erfolgsgröße *Umsatz t1* und den kulturellen Prädiktoren (die verbleibenden kulturellen Variablen zeigten einen ähnlichen Verlauf). Vielmehr wird ein im Kern linearer Zusammenhang ersichtlich, welcher sich an den relativ gleichmäßig verlaufenden Medianbändern ablesen lässt. Eine Verletzung der Linearitätsannahme kann aus diesen Verfahren nicht abgeleitet werden. Aufgrund des ausschließlichen Bezugs auf paarweise Zusammenhänge ist es ratsam, weitere Untersuchungsschritte durchzuführen und dort die standardisierten Residuen den einzelnen Prädiktoren gegenüberzustellen (vgl. X. Chen et al., 2003).

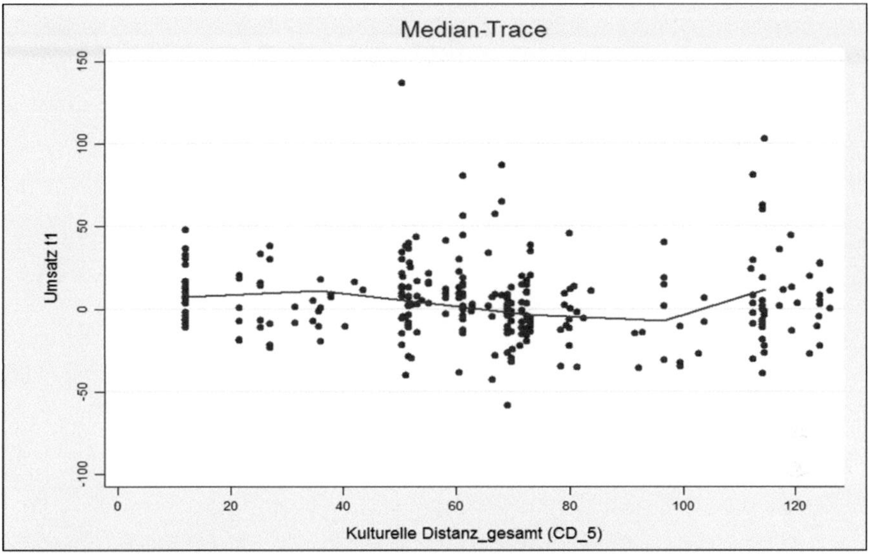

Abbildung 42: Median-Trace für *Umsatz t1* und *kulturelle Distanz_gesamt*
Quelle: Eigene Darstellung unter Verwendung von Stata (Option mband).

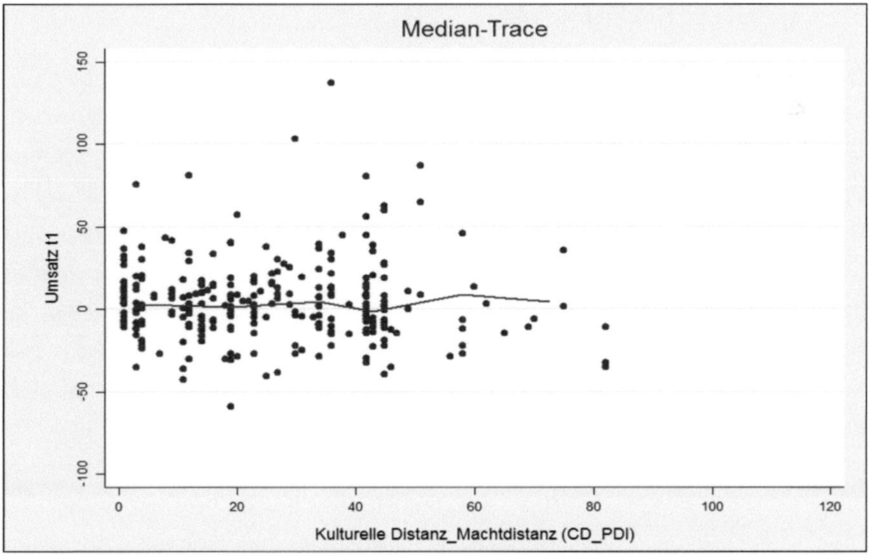

Abbildung 43: Median-Trace für *Umsatz t1* und *kulturelle Distanz_Machtdistanz*
Quelle: Eigene Darstellung unter Verwendung von Stata (Option mband).

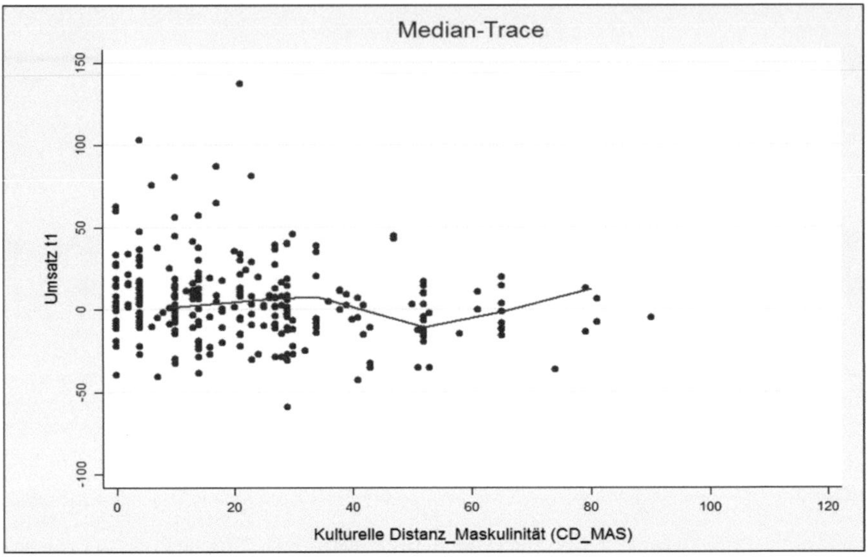

Abbildung 44: Median-Trace für *Umsatz t1* und *kulturelle Distanz_Maskulinität*
Quelle: Eigene Darstellung unter Verwendung von Stata (Option mband).

8.1.4.2 Partielle Residuenplots

Die Methode der partiellen Residuenplots wurde am Beispiel von Modell 5a durchgeführt, in dem neben der Variable *kulturelle Distanz_gesamt* auch *Branchen-Verwandtschaft* und *Firmengröße_Target* enthalten sind. Wählt man unter den drei Prädiktoren die Darstellung gegenüber *kulturelle Distanz_gesamt* (vgl. Abbildung 45 bis Abbildung 48) liegen die Verbindungskurven der Mediane einzelner Teilbereiche (dunkle Linie) aller vier abhängigen Variablen sehr nahe an den Regressionsgeraden der Kleinsten-Quadrate-Regression (helle Linie). Die Datenpunkte waren somit im Schwerpunkt gleichmäßig verteilt. Die insgesamt geringfügigen Abweichungen zwischen den beiden Linien können auch durch die bereits diskutierten Ausreißer (vgl. Kapitel 8.1.2) verursacht worden sein.

Dieselben Schlussfolgerungen lassen sich auch für die kulturellen Distanzen auf Ebene einzelner Dimensionen ziehen.

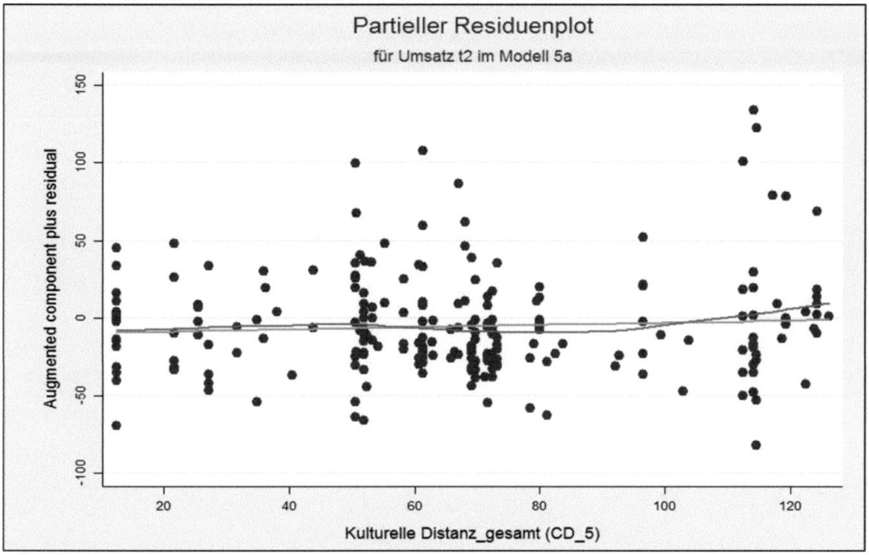

Abbildung 45: Partieller Residuenplot für *Umsatz t2* und *kulturelle Distanz_gesamt*
Quelle: Eigene Darstellung unter Verwendung von Stata (Befehl acprplot).

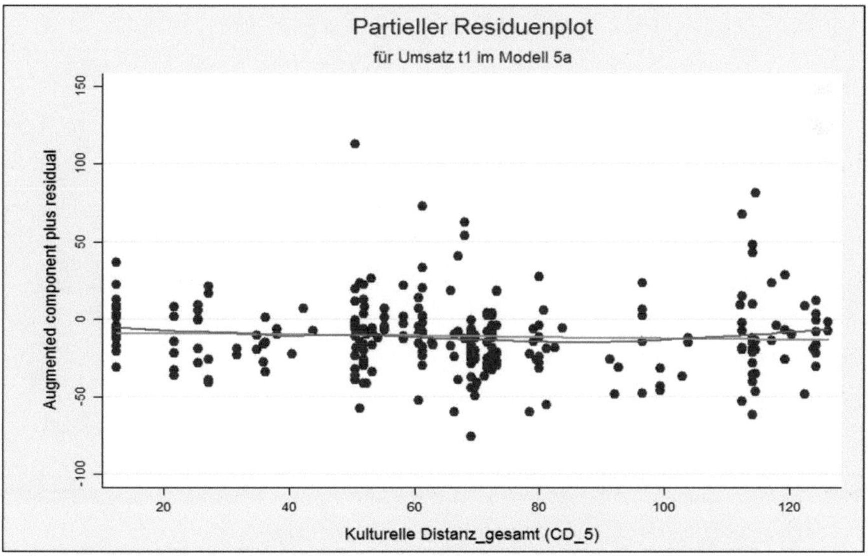

Abbildung 46: Partieller Residuenplot für *Umsatz t1* und *kulturelle Distanz_gesamt*
Quelle: Eigene Darstellung unter Verwendung von Stata (Befehl acprplot).

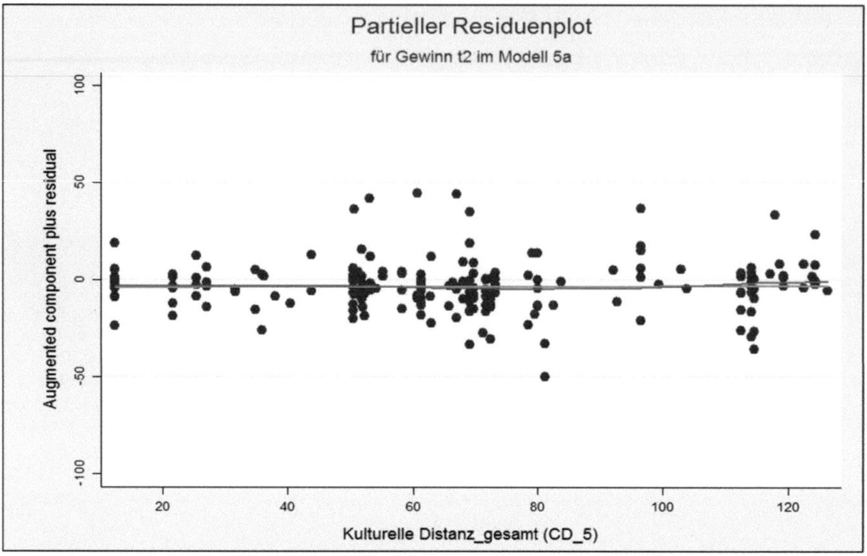

Abbildung 47: Partieller Residuenplot für *Gewinn t2* und *kulturelle Distanz_gesamt*
Quelle: Eigene Darstellung unter Verwendung von Stata (Befehl acprplot).

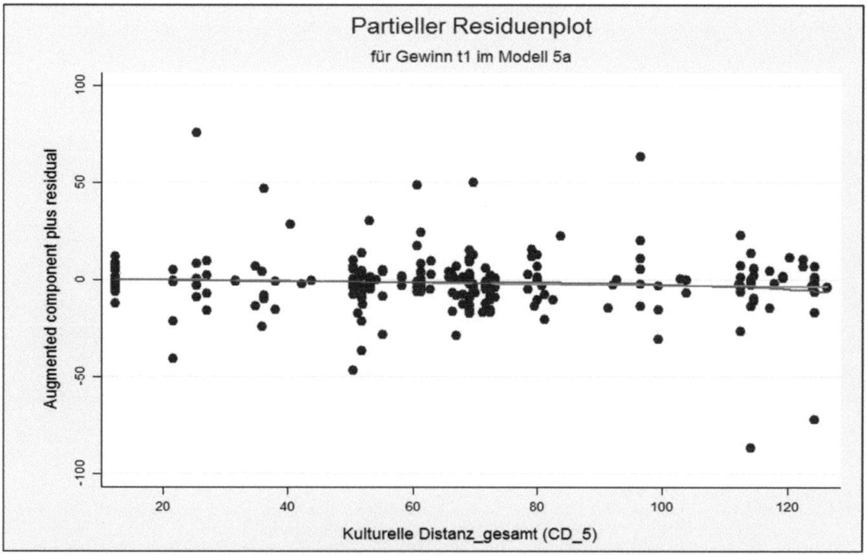

Abbildung 48: Partieller Residuenplot für *Gewinn t1* und *kultureller Distanz_gesamt*
Quelle: Eigene Darstellung unter Verwendung von Stata (Befehl acprplot).

8.1.4.3 Zwischenfazit

Insgesamt ließ sich bei keiner der in den Modellen verwendeten, kontinuierlichen Größen eine auffällige Nichtlinearität verzeichnen. Sie war demzufolge kein wesentliches Kriterium für die Auswahl eines statistischen Auswertungsverfahrens.

8.1.5 Heteroskedastizität

8.1.5.1 Residuen gegen unabhängige Variablen

In Streudiagrammen aus den Residuen der vier Erfolgsgrößen und des Prädiktors *CD_5* (für Grundlagen der Methode vgl. 7.2.5) zeigten sich keine systematischen Datenverteilungsmuster, was auch aus den informationsangereicherten Scatterplots in Abschnitt 8.1.4 hervorgeht. Nichts deutete auf einen steigenden, fallenden oder kurvenförmigen Verlauf der y-Werte bei einer Änderung von x hin.

8.1.5.2 Residuen gegen Schätzung der abhängigen Variablen

Die möglichen Verhaltensmuster innerhalb der abhängigen Variablen wurden am Beispiel des Modells 3a überprüft. Zu diesem wurden den Residuen statt den unabhängigen die vorhergesagten Werte („fitted values") der abhängigen Variablen gegenübergestellt („Residual-vs.-Fitted-Plot").

Für die Varianten mit *kultureller Distanz_gesamt* unterschieden sich die Resultate der abhängigen Variablen spürbar. Bei *Gewinn t2* (vgl. Abbildung 50, oben) waren geringe Ausdehnungen der Residuen-Varianz für höhere prognostizierte Werte erkennbar. Für *Umsatz t1* (vgl. Abbildung 49, unten) lagen hingegen minimal höhere Residuen bei niedrigeren x-Werten vor, während sie bei *Umsatz t2* (vgl. Abbildung 49, oben) bei höheren x auftraten. Lediglich bei *Gewinn t1* (vgl. Abbildung 50, unten) waren die Residuen weitgehend gleichmäßig verteilt. Insgesamt bestanden somit Hinweise auf leichte Heteroskedastizität. Darüber hinaus zeigten sich Differenzen in den Bandbreiten der Residuen zwischen den untersuchten abhängigen Variablen. Dabei wies *Umsatz t2* die höchste, *Gewinn t1* die geringste Streuung auf. Grundsätzlich verhielt sich die Streuung der Wertepaare innerhalb der abhängigen Variablen im Kern gleichmäßig. Systematische Verteilungsmuster gingen hieraus nicht hervor.

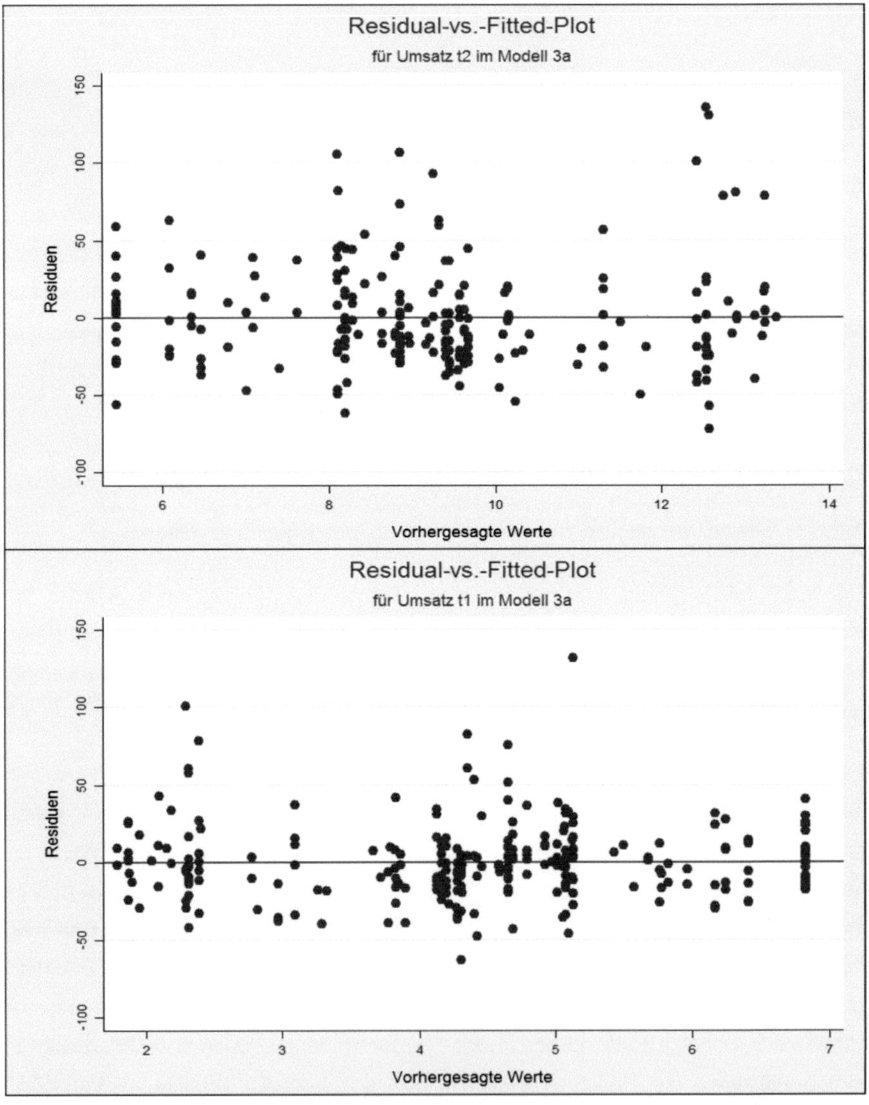

Abbildung 49: Residuen gegen geschätzte Werte für *Umsatz t2* und *Umsatz t1* (Modell 3a)
Quelle: Eigene Darstellung unter Verwendung von Stata (Befehl rvfplot).

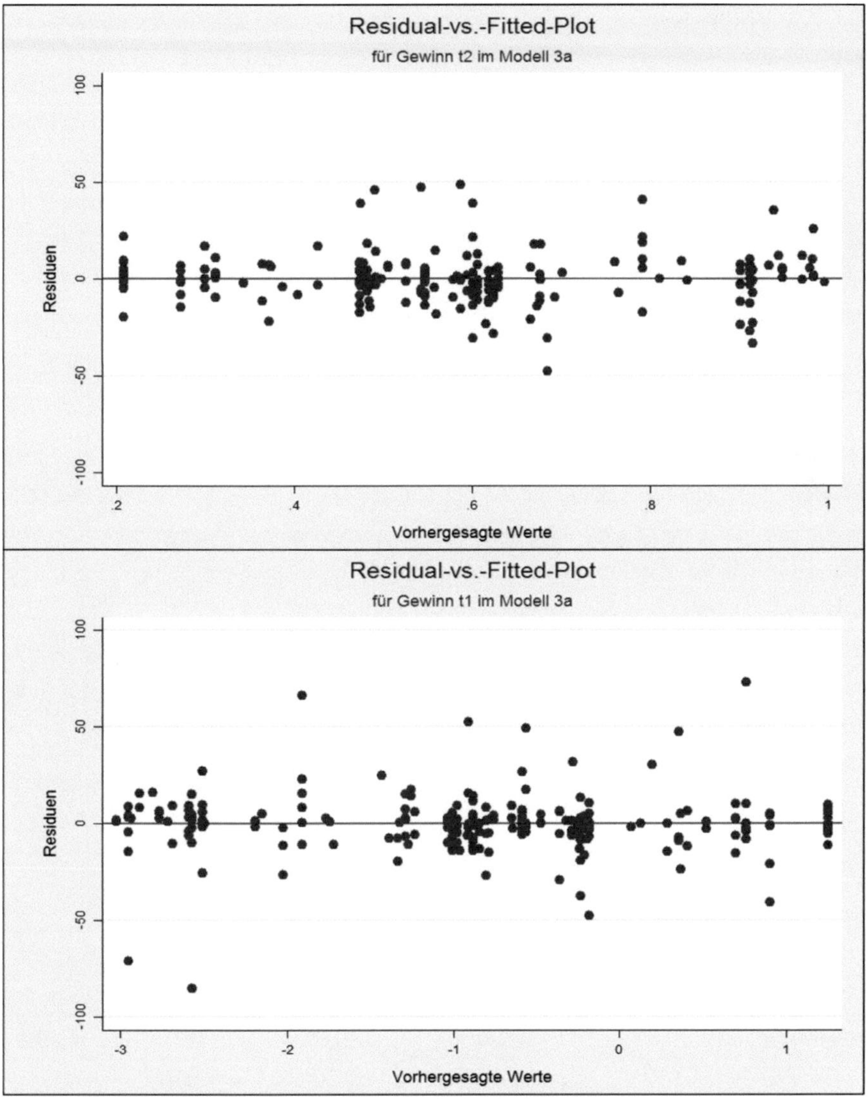

Abbildung 50: Residuen gegen geschätzte Werte für *Gewinn t2* und *Gewinn t1* (Modell 3a)
Quelle: Eigene Darstellung unter Verwendung von Stata (Befehl rvfplot).

8.1.5.3 White-Test

Die Resultate des White-Tests für die vier abhängigen Variablen fielen am Beispiel von Modell 3a unterschiedlich aus. Der F-Test der Nullhypothese, die das Fehlen eines Zusammenhangs zwischen der Varianz von *Umsatz t2* und den erklärenden Variablen unterstellt, führt zu einem signifikanten Ergebnis (auf einem Niveau von 3,14 %) und deshalb zur Ablehnung der Null- und Annahme der Alternativ-Hypothese. Bei den restlichen Erfolgsgrößen ergaben sich hingegen eindeutig insignifikante Ergebnisse, wodurch die Nullhypothese der Homoskedastizität bestätigt wurde. Demzufolge lagen lediglich bei einer von vier Erfolgsgrößen Anzeichen für Heteroskedastizität vor.

Bei den Modellen mit Distanzen auf Ebene einzelner Dimensionen (Modell 3b) waren stärkere Unterschiede auszumachen. Für *Umsatz t1* und *Gewinn t1* erzielte der White-Test insignifikante Ergebnisse, weshalb die Nullhypothese der Homoskedastizität akzeptiert wurde. Im Gegensatz dazu wurde die Nullhypothese für *Umsatz t2* und *Gewinn t2* auf dem 5 %-Niveau nur knapp angenommen. Auf dem 10 %-Niveau würde sie mit Werten von 6,77 % und 7,28 % hingegen abgelehnt. Zwar weisen sie so nach dem üblichen Signifikanzniveau von 5 % keine Auffälligkeit in Bezug auf heteroskedastische Einflüsse auf, die Anzeichen waren jedoch stärker ausgeprägt als bei den beiden 1-jährigen Erfolgsvariablen.

Tabelle 34: Ergebnisse des White-Tests (Modelle 3a und 3b)
Quelle: Eigene Darstellung unter Verwendung von Stata (Befehl imtest, Option white).

Modellkombination	**Signifikanzniveau**			
	Umsatz t2	*Umsatz t1*	*Gewinn t2*	*Gewinn t1*
Modell 3a	0,0314**	0,3728	0,1882	0,2803
Modell 3b	0,0677*	0,7444	0,0728*	0,9391

p-Werte: * p<0,10 ** p<0,05 *** p<0,01

8.1.5.4 Breusch-Pagan-Godfrey-Test

In dem allgemeineren Breusch-Pagan-Godfrey-Test waren die p-Werte der Chi-Quadrat-Verteilung im Modell 3a für alle vier Ergebnisgrößen sehr gering (jeweils < 1,5 %). Demzufolge wurde die Nullhypothese abgelehnt, was Hinweise auf Heteroskedastizität offenbart.

Für Modelle mit Distanzen einzelner Kulturdimensionen (Modell 3b) verwarf der Test die Nullhypothese lediglich für *Umsatz t2* und *Umsatz t1* (jeweils < 2,5 %). Bei *Gewinn t2* und *Gewinn t1* wurde sie jedoch klar bestätigt (jeweils > 60 %). Anzeichen auf Heteroskedastizität lagen nach diesem Test nur für die beiden Umsatzgrößen vor.

Tabelle 35: Ergebnisse des Breusch-Pagan-Godfrey-Tests (Modelle 3a und 3b)
Quelle: Eigene Darstellung unter Verwendung von Stata (Befehl hettest).

Modellkombination	**Signifikanzniveau**			
	Umsatz t2	*Umsatz t1*	*Gewinn t2*	*Gewinn t1*
Modell 3a	0,0007***	0,0135**	0,0144**	0,0036***
Modell 3b	< 0.0001***	0,0245**	0,6144	0,6004

p-Werte: * p<0,10 ** p<0,05 *** p<0,01

8.1.5.5 Goldfeld-Quandt-Test

Der Goldfeld-Quandt-Test wurde für den vorliegenden Datensatz am Beispiel der abhängigen Variable *Umsatz t2* und des Prädiktors *kulturelle Distanz_gesamt* durchgeführt. Die Auswahl fokussierte sich so auf diejenige Kombination, die beim White-Test die deutlichsten Hinweise auf Heteroskedastizität offenbarte.

Auf Basis einer Sortierung des Prädiktors der Größe nach wurde zunächst die Methode nach Perrelli (2007) angewendet und von drei gleich großen Gruppen nur Regressionen für die oberste und unterste berechnet. Die Quadratsumme der Residuen (1,4363752) blieb hier knapp unterhalb des kritischen F-Wertes (1,4656246). Ein entsprechendes Ergebnis wurde auch für die von Stocker (2012) vorgeschlagene Variante mit zwei Gruppen und Ausschluss der zentralen 20 % der Daten erzielt. Der

Prüfwert (1,3307239) lag auch in dieser Konstellation unterhalb des kritischen F-Wertes (1,6324639). Die Nullhypothese, welche das Vorliegen von Homoskedastizität propagiert, wurde somit in beiden Varianten bestätigt. Auch wenn das Ergebnis des Goldfeld-Quandt-Tests knapp ausfiel, steht es im Widerspruch zu White- und Breusch-Pagan-Godfrey-Test, die für die Variable *Umsatz t2* jeweils Anzeichen von Heteroskedastizität bescheinigten.

8.1.5.6 Zwischenfazit

Die grafischen Verfahren wiesen insgesamt nur leichte Anzeichen auf Heteroskedastizität auf. Jedoch waren sie in ihrer Aussage nicht einheitlich, da unterschiedliche Erfolgsvariablen betroffen waren. Zudem existiert eine Abhängigkeit der Resultate von Modellvarianten und verwendeten Prädiktoren. Auch die Testverfahren kamen zu keinem einheitlichen Ergebnis. Bei gleichen Prädiktoren konnte manchen abhängigen Variablen Heteroskedastizität bescheinigt werden, anderen hingegen nicht. Auch legten White- und Breusch-Pagan-Godfrey-Test teilweise Anzeichen von Heteroskedastizität offen, jedoch nicht bei denselben Größen. Der Goldfeld-Quandt-Test wiederum bestätigt für die Kombination von *Umsatz t2* und *kulturelle Distanz_gesamt* die Nullhypothese der Homoskedastizität.

Für die durchgeführten Testverfahren ist das Vorliegen zahlreicher einflussreicher Beobachtungen (siehe Abschnitt 7.1.1) als Einschränkung zu nennen. Die im Zuge der Verfahren eingesetzten OLS-Regressionen weisen damit die bekannten Nachteile auf und können die Testergebnisse verzerren.

Gesamthaft betrachtet konnte Heteroskedastizität nicht zweifelsfrei ausgeschlossen werden. Daher baten sich Verfahren an, die auch unter leichter Ungleichheit der Residuen-Streuung gute Schätzergebnisse zulassen. Die sich teilweise widersprechenden Befunde in der Ermittlung von Heteroskedastizität im konkreten Fall können zudem als Bestätigung der unter 7.2.5 geäußerten Bedenken der ökonometrischen Forschung an der Gleichmäßigkeit der Residuen-Streuung als Normalfall gewertet werden.

8.1.6 Modellspezifikation

Neben Streudiagrammen der Residuen (vgl. Abschnitt 8.1.2) wurden zur Aufdeckung von Modellspezifikationen v. a. formale Verfahren verwendet.

Der Link-Test im Modell 3a lieferte mittels der quadrierten Variablen „_hatsq" bei allen vier abhängigen Variablen keine signifikanten Resultate. Er konnte die Hypothese, die besagt, dass das Modell korrekt spezifiziert ist, nicht widerlegen. Aus diesem Grund deutet nichts auf das Vorliegen eines Spezifikationsproblems hin.

Im Modell 3b waren die Ergebnisse sehr ähnlich. Der Link-Test lehnte die Annahme der korrekten Spezifizierung nicht ab. Bis auf *Gewinn t2*, für das der Test mit 6,7 % nur knapp oberhalb der 5 %-Signifikanzschwelle verlief, waren die Ergebnisse ähnlich deutlich wie für *kulturelle Distanz_gesamt*.

Tabelle 36: Ergebnisse des Link-Tests nach Pregibon (Modelle 3a und 3b)
Quelle: Eigene Darstellung unter Verwendung von Stata (Befehl linktest).

Modellkombination	**Signifikanzniveau**			
	Umsatz t2	*Umsatz t1*	*Gewinn t2*	*Gewinn t1*
Modell 3a	0,259	0,217	0,165	0,862
Modell 3b	0,411	0,892	0,067*	0,684

p-Werte: * p<0,10 ** p<0,05 *** p<0,01

Beim RESET-Test nach Ramsey wurde die Version „Omitted-Variables-Test" („ov-test") von Stata verwendet. Unter Berücksichtigung von *kultureller Distanz_gesamt* als einzigem Prädiktor (Modell 3a) war er für alle vier Erfolgsgrößen nicht signifikant. Daher lagen keine ausreichenden Hinweise auf die Ablehnung der Nullhypothese vor, eine Anpassung des Modells war nicht notwendig.

Bei Modellen mit kulturellen Distanzen auf Einzeldimensionsebene (Modell 3b) fiel der Test ebenfalls überwiegend nicht signifikant aus. In diesen Fällen deutet das Verfahren darum an, dass keine Fehlspezifikationen vorlagen. Allerdings ergab sich bei *Gewinn t2* ein stark signifikantes Testergebnis (< 0,01). Dadurch muss die Nullhypothese, die besagt, dass kein Spezifikationsfehler vorliegt, verworfen werden. Dies ist mit hoher Wahrscheinlichkeit auf Kollinearität zwischen den Prädiktoren zurückzuführen, was durch ein stark insignifikantes Testergebnis bei Ausschluss einer der fünf Prädiktoren (*CD_LTO*) angedeutet wurde (siehe Abschnitt zur Multikollinearität). Es liegt somit nahe, die Ergebnisse des Tests nur in Verbindung mit anderen Verfahren als Basis für Rückschlüsse zu verwenden.

Tabelle 37: Ergebnisse des RESET-Tests nach Ramsey (Modelle 3a und 3b)
Quelle: Eigene Darstellung unter Verwendung von Stata (Befehl ovtest).

Modellkombination	**Signifikanzniveau**			
	Umsatz t2	*Umsatz t1*	*Gewinn t2*	*Gewinn t1*
Modell 3a	0,1561	0,3168	0,2971	0,7000
Modell 3b	0,3969	0,6628	0,0069***	0,8358

p-Werte: * p<0,10 ** p<0,05 *** p<0,01

Insgesamt ließen sich bei den wichtigsten Modellkombinationen keine Hinweise auf Spezifikationsfehler finden.

8.1.7 Multikollinearität

8.1.7.1 Vorgehensweise und verwendete Schwellenwerte

Multikollinearität bedingt das Zusammenspiel verschiedener unabhängiger Variablen. Im Gegensatz zu den vorangegangenen diagnostischen Kriterien ist es deshalb nicht möglich, einzelne Prädiktoren exemplarisch für die Gesamtheit aller zu untersuchen. Stattdessen wurden aus ihnen unterschiedliche Kombinationen gebildet und die Auswirkungen auf kritische, auf Multikollinearität hinweisende Schwellenwerte beobachtet.

Ein Überblick auf die Zusammenhänge zwischen den Prädiktoren kann aus der Korrelationsmatrix gewonnen werden (vgl. Abbildung 51). Unter Auswahl des strengsten der in der Literatur genannten Richtwerte (0,70) lassen sich einige paarweise Variablenzusammenhänge als kritisch ansehen. Auffällig waren hier die Korrelationen zwischen *kulturelle Distanz_gesamt* (*CD_5*) und einigen anderen kulturellen Größen wie *kulturelle Distanz_Langfristorientierung* (*CD_LTO*) und *kulturelle Distanz_Individualismus* (*CD_IDV*) mit Werten von 0,84 und 0,80. Weiterhin zur *Käuferdimension_Langfristorientierung* (*LTO*) und *Käuferdimension_Individualismus* (*IDV*) mit Korrelationen von 0,71 und -0,82. Innerhalb der Distanzen auf Einzelebene bestand ebenfalls eine starke Korrelation zwischen *Langfristorientierung* (*CD_LTO*) und *Individualismus* (*CD_IDV*).

Die Resultate beziehen sich allerdings immer nur auf das Verhältnis zweier Prädiktoren. Sie stellen also lediglich Kollinearität und noch keine Multikollinearität dar. Sie erlauben jedoch eine erste Einschätzung, welche Variablen in weiteren Modellvariationen kombiniert werden können. Würden hochkorrelierte Größen im selben Modell verwendet stiege die Gefahr von Multikollinearität erheblich an und die Effekte auf die Erfolgsgröße ließen sich nicht mehr zuordnen.

Die Prüfung auf Multikollinearität wurde in mehreren Stufen anhand vielfältiger Kombinationen von Prädiktoren vorgenommen. Es wurde die Annahme getroffen, dass Modelle, die nach mindestens zwei der drei angewendeten Prüfmethoden unterhalb der jeweiligen Richtwerte blieben, als ausreichend frei von Multikollinearität angesehen werden konnten. Als kritisch wurden Werte größer 0,70 (bivariate Korrelation, vgl. Abbildung 51), größer 5 (Varianzinflationsfaktor) und größer 20 (Konditionszahl) festgelegt. Damit wurden aus der Vielzahl möglicher Schwellenwerte jeweils konservative Annahmen zugrunde gelegt. Die Definition als Mehrheitskriterium aus drei Verfahren wurde gewählt, da die Bandbreite der in der Literatur für Multikollinearität empfohlenen Richtwerte teils erheblich ist. Durch die Basierung auf drei Verfahren konnte die Abhängigkeit von einer Methode und deren Einschränkungen reduziert werden.

Die Kombination von „backward elimination“ und „forward selection“ erlaubte es, herauszufinden welche unabhängigen Variablen so stark korrelieren, dass Regressionsergebnisse verzerrt würden wenn man sie gemeinsam erfasste.

Variablen-kategorie	Kulturelle Distanz						Kultur des Käuferlandes					Transaktions-spezifisch		Ökonomisch		
	Gesamt	Einzelne Dimensionen														
Prädiktoren	CD_5	CD_UAI	CD_LTO	CD_IDV	CD_PDI	CD_MAS	UAI	LTO	IDV	PDI	MAS	REL	SIZE_log	BIP	OFDI	PCI_diff
CD_5	1,00															
CD_UAI	0,44 *(0,00)*	1,00														
CD_LTO	0,84 *(0,00)*	0,24 *(0,00)*	1,00													
CD_IDV	0,80 *(0,00)*	0,19 *(0,00)*	0,77 *(0,00)*	1,00												
CD_PDI	0,53 *(0,00)*	0,06 *(-0,29)*	0,27 *(0,00)*	0,45 *(0,00)*	1,00											
CD_MAS	0,24 *(0,00)*	0,07 *(-0,18)*	-0,07 *(-0,22)*	-0,08 *(-0,15)*	-0,05 *(-0,38)*	1,00										
UAI	-0,12 *(-0,03)*	-0,08 *(-0,14)*	-0,25 *(0,00)*	-0,23 *(0,00)*	-0,06 *(-0,24)*	0,46 *(0,00)*	1,00									
LTO	0,71 *(0,00)*	0,23 *(0,00)*	0,90 *(0,00)*	0,65 *(0,00)*	0,09 *(-0,08)*	-0,03 *(-0,61)*	-0,40 *(0,00)*	1,00								
IDV	-0,82 *(0,00)*	-0,24 *(0,00)*	-0,84 *(0,00)*	-0,76 *(0,00)*	-0,48 *(0,00)*	0,03 *(-0,53)*	0,05 *(-0,34)*	-0,67 *(0,00)*	1,00							
PDI	0,58 *(0,00)*	0,17 *(0,00)*	0,48 *(0,00)*	0,57 *(0,00)*	0,61 *(0,00)*	-0,12 *(-0,02)*	-0,01 *(-0,82)*	0,21 *(0,00)*	-0,81 *(0,00)*	1,00						
MAS	0,15 *(0,00)*	0,05 *(-0,37)*	0,32 *(0,00)*	0,04 *(-0,40)*	-0,36 *(0,00)*	0,33 *(0,00)*	0,20 *(0,00)*	0,56 *(0,00)*	-0,02 *(-0,75)*	-0,48 *(0,00)*	1,00					
REL	0,01 *(-0,85)*	0,03 *(-0,55)*	0,03 *(-0,52)*	0,00 *(-0,93)*	-0,03 *(-0,57)*	0,01 *(-0,85)*	-0,03 *(-0,53)*	0,04 *(-0,50)*	0,03 *(-0,53)*	-0,03 *(-0,52)*	0,05 *(-0,39)*	1,00				
SIZE_log	0,01 *(-0,79)*	-0,04 *(-0,44)*	0,00 *(-0,99)*	0,01 *(-0,81)*	0,03 *(-0,64)*	0,05 *(-0,36)*	0,03 *(-0,55)*	0,05 *(-0,38)*	-0,07 *(-0,19)*	0,02 *(-0,65)*	0,06 *(-0,24)*	-0,04 *(-0,42)*	1,00			
BIP	0,55 *(0,00)*	0,19 *(0,00)*	0,59 *(0,00)*	0,60 *(0,00)*	0,47 *(0,00)*	-0,39 *(0,00)*	-0,71 *(0,00)*	0,53 *(0,00)*	-0,68 *(0,00)*	0,69 *(0,00)*	-0,37 *(0,00)*	-0,01 *(-0,79)*	0,03 *(-0,62)*	1,00		
OFDI	-0,51 *(0,00)*	-0,17 *(0,00)*	-0,52 *(0,00)*	-0,52 *(0,00)*	-0,31 *(0,00)*	-0,04 *(-0,46)*	0,03 *(-0,64)*	-0,38 *(0,00)*	0,55 *(0,00)*	-0,68 *(0,00)*	0,05 *(-0,33)*	-0,07 *(-0,18)*	0,07 *(-0,19)*	-0,41 *(0,00)*	1,00	
PCI_diff	0,44 *(0,00)*	0,15 *(-0,01)*	0,40 *(0,00)*	0,51 *(0,00)*	0,57 *(0,00)*	-0,34 *(0,00)*	-0,58 *(0,00)*	0,34 *(0,00)*	-0,57 *(0,00)*	0,70 *(0,00)*	-0,42 *(0,00)*	-0,01 *(-0,85)*	0,07 *(-0,19)*	0,90 *(0,00)*	-0,38 *(0,00)*	1,00

Anmerkung: p-Werte kursiv und in Klammern; Werte über 0,70 farblich hervorgehoben

Abbildung 51: Korrelationsmatrix der verwendeten Prädiktoren
Quelle: Eigene Darstellung unter Verwendung von Stata (Befehl corr).

Nach einer Voruntersuchung, in welcher alle Prädiktoren gleichzeitig verwendet wurden (Prüfungsstufe 0) orientierten sich die weiteren getesteten Modelle an den kulturellen Variablen. Diese wurden in drei Bereiche unterteilt und mit mehreren anderen Variablengruppen und Einzelvariablen kombiniert (Prüfungsstufen 1 bis 3). Aufgrund ihrer geringen Korrelationen mit anderen Variablen wurden in allen überprüften Modellvarianten, soweit nicht anders genannt, die Variablen *Firmengröße_Target* (*SIZE_log*) und *Disparität Pro-Kopf-Einkommen* (*PCI_diff*) als Kontrollvariablen einbezogen. Dagegen wurde die Größe *Branchen-Verwandtschaft* (*REL*) angesichts ihres geringen Zusammenhanges mit anderen Variablen ausgeklammert. Entsprechend ergaben sich die Variablenvariationen in Tabelle 38.

Für eine Erläuterung der Variablen sei auf Abschnitt 6.4.3 verwiesen. Die Modellkombinationen wurden anschließend einzeln analysiert.

Tabelle 38: Übersicht der auf Multikollinearität getesteten Modellkombinationen
Quelle: Eigene Darstellung.

Prüfungsstufe	Haupt-/Nebenprädiktoren	Zusätzliche Prädiktoren
0. Voruntersuchung ohne weitere Unterteilung		
0	*Kulturelle Distanz_gesamt* (*CD_5*), einzelne kulturelle Distanzen (*CD_UAI, CD_LTO, CD_IDV, CD_PDI, CD_MAS*), Kontrollvariablen (*PCI_diff, SIZE_log*), alle Käuferdimensionen (*UAI, LTO, IDV, PDI, MAS*), ökonomische (*OFDI, BIP*)	
1. Kulturelle Distanz_gesamt als Hauptprädiktor		
1.1	*Kulturelle Distanz_gesamt* (*CD_5*), Kontrollvariablen (*PCI_diff, SIZE_log*)	Alle Käuferlanddimensionen (*UAI, LTO, IDV, PDI, MAS*)
1.2	*Kulturelle Distanz_gesamt* (*CD_5*), Kontrollvariablen (*PCI_diff, SIZE_log*)	-
1.3	*Kulturelle Distanz_gesamt* (*CD_5*), Kontrollvariablen (*PCI_diff, SIZE_log*)	Ausgewählte Käuferlanddimensionen
1.4	*Kulturelle Distanz_gesamt* (*CD_5*), Kontrollvariablen (*PCI_diff, SIZE_log*)	Ökonomische (*OFDI, BIP*)
1.5	*Kulturelle Distanz_gesamt* (*CD_5*), Kontrollvariablen (*PCI_diff, SIZE_log*)	Ökonomische (*OFDI, BIP*) + ausgewählte Käuferlanddimensionen
2. Einzelne kulturelle Distanzen als Hauptprädiktoren		
2.1	Einzelne kulturelle Distanzen (*CD_UAI, CD_LTO, CD_IDV, CD_PDI, CD_MAS*), Kontrollvariablen (*PCI_diff, SIZE_log*)	Alle Käuferlanddimensionen (*UAI, LTO, IDV, PDI, MAS*)
2.2	Einzelne kulturelle Distanzen (*CD_UAI, CD_LTO, CD_IDV, CD_PDI, CD_MAS*), Kontrollvariablen (*PCI_diff, SIZE_log*)	-
2.3	Einzelne kulturelle Distanzen (*CD_UAI, CD_LTO, CD_IDV, CD_PDI, CD_MAS*), Kontrollvariablen (*PCI_diff, SIZE_log*)	Ausgewählte Käuferlanddimensionen
2.4	Einzelne kulturelle Distanzen (*CD_UAI, CD_LTO, CD_IDV, CD_PDI, CD_MAS*), Kontrollvariablen (*PCI_diff, SIZE_log*)	Ökonomische (*OFDI, BIP*)
2.5	Einzelne kulturelle Distanzen (*CD_UAI, CD_LTO, CD_IDV, CD_PDI, CD_MAS*), Kontrollvariablen (*PCI_diff, SIZE_log*)	Ökonomische (*OFDI, BIP*) + ausgewählte Käuferlanddimensionen
3. Käuferlanddimensionen als Hauptprädiktoren		
3.1	Alle Käuferlanddimensionen (*UAI, LTO, IDV, PDI, MAS*)	-
3.2	Ausgewählte Käuferlanddimensionen	-

8.1.7.2 Voruntersuchung

Der Datensatz enthält auch solche Variablen die sich direkt aus anderen zusammensetzen, wie die *kulturelle Distanz_gesamt*, welche aus den Distanzen in den einzelnen Dimensionen besteht. Deshalb ließ sich bereits aus inhaltlichen Erwägungen ableiten, dass deren Kombination erhöhte Gefahr für das Auftreten von Multikollinearität birgt. Dies bestätigte sich auf formalem Wege. Wurden alle Prädiktoren gleichzeitig verwendet zeigte sich in der Korrelationsmatrix eine Häufung von Fällen (11), in denen Variablenpaare mit einem Wert von mehr als 0,70 korrelierten. Zudem konnten immens hohe, mehr als 10-stellige VIF-Werte festgestellt werden sowie Eigenwerte, die sich null annäherten (8 Werte unter 0,1). Sie schlugen sich in 6 Konditionszahlen über 20 nieder (höchster Wert bei 256,69).

In allen drei Verfahren wurden sämtliche Schwellenwerte bei weitem übertroffen, somit läge zweifelsfrei Multikollinearität vor. Die Prädiktoren dürfen daher nicht alle gemeinsam in einem Modell verwendet werden. Welche kombiniert werden können zeigt die weitere Prüfung.

8.1.7.3 Kulturelle Distanz (gesamt) als Hauptprädiktor

Obwohl *kulturelle Distanz_gesamt* von Distanzen auf Dimensionsebene im Modell getrennt wurde (Prüfungsstufe 1.1) korrelierten drei Variablenzusammenhänge mit mehr als 0,70. Die VIF-Werte (bis zu 203,49) sowie Eigenwerte (zwei Variablen unter 0,01) und Konditionszahlen (höchster Wert bei 175,19) stützten dieses Resultat. Die offensichtlichste Ursache lag in der Wechselwirkung von *CD_5* und der Gesamtheit der Käuferlanddimensionen. Modelle die diese gleichzeitig enthielten ließen keine präzise Zuordnung von Einflüssen auf einzelne Prädiktoren zu und sind folglich ungeeignet.

Wurde hingegen ausschließlich *CD_5* als kulturelle Variable eingesetzt (Prüfungsstufe 1.2) wies kein Variablenpaar einen Zusammenhang in kritischer Höhe auf (höchster Wert bei 0,44). Auch die VIF-Werte lagen im absolut unkritischen Bereich (höchster Wert bei 1,24). Die Eigenwerte waren nun viel weiter von null entfernt als in den vorangegangenen Stufen (kleinster Wert bei 0,08). Auch unterschieden sie sich wesentlich weniger: von den 4 gebildeten Konditionszahlen lag der höchste Wert bei

6,52 und entsprechend weit entfernt von möglichen Schwellenwerten. Ein solches Modell kann deswegen ohne Multikollinearitätsprobleme berechnet werden. Da die Verfahren eindeutig Abstinenz von Multikollinearität bestätigten, konnte zusätzlich der Einfluss einzelner, ausgewählter Käuferdimensionen überprüft werden („forward selection"). Schließlich versprach dies aus inhaltlicher Sicht relevante Erkenntnisse.

Wurden zusätzlich einzelne Käuferdimension einbezogen (Prüfungsstufe 1.3) wiesen drei Paare eine bivariate Korrelation von mehr als 0,70 auf (*LTO* und *IDV*, jeweils mit *CD_5*, sowie *IDV* und *PDI*). Die VIF-Werte stiegen in diesem Fall auf maximal 3,86 an, lagen also unterhalb des Schwellenwertes. Hinzufügen von mehreren Käuferlanddimensionen gleichzeitig erhöhte jedoch schnell das Auftreten von Multikollinearität, so dass die meisten Kombinationen außerhalb des Toleranzbereiches lagen. Die Konditionsindizes stiegen bei Einbezug einzelner Käuferdimensionen zwar an, blieben allerdings unterhalb des kritischen Wertes (höchster Wert bei 12,26).

Die Analyseverfahren kamen hier demnach nicht zu übereinstimmenden Ergebnissen. Die auf Basis der Korrelationsmatrix naheliegende Vermutung, einige Käuferdimensionen seien generell nicht mit *CD_5* kombinierbar, wurde von VIF und Konditionsindex widerlegt. Trotzdem sprach die Sensitivität der Ergebnisse dafür, Käuferlanddimensionen nur vorsichtig einzubeziehen wenn bereits andere kulturelle Variablen im Modell enthalten sind. Es erscheint ratsam, jeweils nur eine einzige Käuferdimension aufzunehmen um eine ausreichende Schätzpräzision der Regressionskoeffizienten zu erhalten.

Wurde statt der Käuferdimensionen die ökonomische Variable *Auslandsdirektinvestitionen_Käuferland* (*OFDI*) berücksichtigt (Prüfungsstufe 1.4), zeigte die Korrelationsmatrix unkritische Werte von maximal 0,55. Im Falle der Kombination mit *BIP-Wachstum_Käuferland* (*BIP*) trat eine starke Korrelation mit *Disparität Pro-Kopf-Einkommen* (*PCI_diff*) auf, weshalb von einer Kombination dieser beiden Prädiktoren abzuraten ist.

Die VIF-Werte zeigten bei Berücksichtigung von *BIP* ebenfalls steigende Tendenz in den Grenzbereich kritischer Werte hinein (höchster Wert bei 6,80), wohingegen *OFDI* auch hier unproblematisch war. Dies deutet darauf hin, dass *BIP* und *PCI_diff* ähnliche Sachverhalte messen. Dafür gibt es auch inhaltliche Gründe: beide beschäftigen sich mit dem wirtschaftlichen Nachholbedarf im Käuferland. Ein gemeinsamer Einbezug von *OFDI* und *BIP* lässt die VIF-Werte hingegen kaum anwachsen. Die Konditionsindizes zeigten sich in diesem Fall als weniger einschränkend. Hier lag selbst der gleichzeitige Einbezug von *PCI_diff*, *BIP* und *OFDI* mit einem Wert von 12,60 unterhalb des Grenzwertes. Insgesamt deuteten jedoch zwei von drei Verfahren darauf hin, dass von einer Kombination von *BIP* und *PCI_diff* abzusehen ist, wohingegen *OFDI* und *BIP* gemeinsam in Modellen vertreten sein können.

Wurden neben den länderabhängigen ökonomischen Variablen auch einzelne, länderabhängige Käuferdimensionen inkludiert (Prüfungsstufe 1.5), zeigte die Korrelationsmatrix Werte von höchstens 0,68 an und blieb damit unter dem Schwellenwert. VIF und Konditionsindizes sahen in dieser Kombination ebenfalls keine Anzeichen von Multikollinearität, solange *BIP* und *PCI_diff* nicht miteinander kombiniert wurden.

Die Verwendung von länderabhängigen kulturellen Variablen (Käuferlanddimensionen) mit länderabhängigen ökonomischen ist also grundsätzlich möglich ohne dass dadurch Multikollinearitätsprobleme entstehen. Aus Gründen der größtmöglichen Schätzpräzision sollte auch hier nur eine einzige Käuferdimension verwendet werden.

8.1.7.4 Kulturelle Distanzen (in einzelnen Dimensionen) als Hauptprädiktoren

In Modellen mit kultureller Distanz auf Ebene einzelner Dimensionen (Prüfungsstufe 2.1) traten bei zusätzlicher Verwendung von Käuferdimensionen mehrere Fälle (4) auf, in denen die bivariaten Korrelationen die kritische Schwelle von 0,70 überschritten. Aus Sicht der Korrelationsmatrix sind solche Modelle nicht sinnvoll.

Dies zeigte sich auch beim VIF, der Werte bis zu 17,13 einnahm und an den Eigenwerten, welche teilweise sehr klein waren und sich in 2 Fällen sogar sehr stark null annäherten (0,0012 und 0,0002). Von den 13 gebildeten Konditionsindizes waren 3 über der Schwelle von 20 (bzw. 2 über 30), mit dem höchsten Wert bei 244,03. Beide Verfahren deuten demnach auf Vorliegen extremer Multikollinearität hin. Der starke Zusammenhang zwischen kulturellen Distanzen und Käuferdimensionen muss deswegen modelltechnisch stark eingeschränkt werden.

In der reduzierten Variante ohne Käuferdimensionen (Prüfungsstufe 2.2) fand sich nur ein Zusammenhang bei dem die Korrelation den Schwellenwert von 0,70 überstieg (*CD_IDV* mit *CD_LTO*). Die restlichen Korrelationen liegen weit von kritischen Werten entfernt.

Obwohl auch hier die Größen *CD_IDV* und *CD_LTO* die höchste Korrelation zeigten befanden sich alle VIF-Werte im unkritischen Bereich (höchster Wert: 3,04). Von den 8 gebildeten Konditionsindizes befand sich keiner in der Nähe der kritischen Schwelle (höchster Wert: 9,06). Die Beziehung zwischen *CD_IDV* und *CD_LTO* führte also nicht zu Auffälligkeiten.

Die drei Verfahren gaben mehrheitlich keinen Anlass, Multikollinearitätsprobleme in der gewählten Modellkombination abzuleiten. Ebenfalls wurde die Interaktion zwischen *CD_IDV* und *CD_LTO* von den Methoden VIF und Konditionsindex als weniger kritisch eingestuft als durch die Korrelationsmatrix. Einer gemeinsamen Verwendung steht damit nichts im Wege.

Aufgrund der unkritischen Resultate der Vorstufe wurde eine Erweiterung des Modells überprüft („forward selection"). Ziel war es, das Kombinationspotential, das sich ohne Multikollinearität realisieren lässt, möglichst auszuschöpfen.

Wurde maximal eine Käuferdimension einbezogen (Prüfungsstufe 2.3) blieben die bereits identifizierten Korrelationen, wie die von *CD_IDV* und *CD_LTO* (0,77), bestehen. Hinzu kamen drei Fälle zwischen kulturellen Distanzen und Käuferdimensionen, welche ebenfalls die Dimensionen *IDV* und *LTO* betrafen. Dazu kam ein Zusammenhang von 0,70 zwischen *PCI_diff* und *PDI*. Aus Sicht der Fachliteratur liegen in diesen Fällen Indizien für Multikollinearität vor.

Der getrennte Einbezug der meisten Käuferdimensionen blieb bei den VIF-Werten im wenig kritischen Bereich (maximaler Wert: 3,90). Allerdings führte die Berücksichtigung der Käuferdimensionen *IDV* und *LTO* zu erhöhten Werten in Bezug auf die kulturellen Distanzen derselben Dimensionen (bis zu 5,61 bzw. 8,32) und damit einer Überschreitung der kritischen Schwelle. Deswegen war es ratsam, nur bestimmte Käuferdimensionen in Verbindung mit *CD_IDV* und *CD_LTO* zu berücksichtigen. Bei den Konditionsindizes überschritten lediglich *MAS* und *IDV* mit Werten von 23,45 und 33,93 die Schwelle von 20.

Somit waren in der Mehrheit der Methoden nur *PDI, UAI* und *MAS* als unkritisch in Bezug auf Multikollinearität zu werten, wohingegen für *LTO* und *IDV* mittelstarke Hinweise auf Multikollinearität vorlagen.

Auch Modelle mit käuferlandabhängigen ökonomischen Variablen statt Käuferdimensionen (Prüfungsstufe 2.4) waren von der höheren Kollinearität zwischen *CD_IDV* und *CD_LTO* betroffen. Wie aus vorangegangenen Untersuchungsstufen bekannt, weisen *BIP* und *PCI_diff* eine sehr starke bivariate Korrelation auf und sind folglich nur alternativ anwendbar.

Kombinationen die dies berücksichtigen weisen unkritische VIF-Werte von maximal 3,14 auf. Die Konditionsindizes erwiesen sich hierbei als weniger restriktiv. Dort führte selbst die Kombinationen aller drei ökonomischen Variablen (*BIP*, *OFDI* und *PCI_diff*) zu Werten unterhalb der kritischen Schwelle (höchstens: 18,13).

Im Hinblick auf die Resultate der Korrelationsmatrix und VIF konnte *OFDI* jedoch lediglich zusammen mit *BIP* oder *PCI_diff* einbezogen werden. Die Ursache ist in der hohen Multikollinearität zwischen *BIP* und *PCI_diff* zu sehen. Die Kombination *CD_IDV* und *CD_LTO* bleibt hingegen auch hier mehrheitlich ohne Auswirkung auf die Variablenauswahl.

Wurden zusätzlich auch noch einzelne Käuferdimensionen einbezogen (Prüfungsstufe 2.5), stiegen die VIF-Werte größtenteils nur leicht an. Lediglich bei *IDV* und *LTO* war mit 5,63 bzw. 8,81 eine spürbare Beeinträchtigung zu konstatieren. Mit einem Wert von 35,36 stützten die Konditionsindizes dies jedoch nur für *IDV*. Für *PDI* und *MAS* lagen sie mit 23,70 bzw. 24,29 ebenfalls über dem Grenzwert. VIF und Konditionsindizes stimmen folglich in der Diagnose von Multikollinearität nicht bei allen Käuferdimensionen überein.

Aufgrund dessen bleiben die Käuferdimensionen, die bereits in Stufe 2.3 die geringsten Anzeichen für Multikollinearität aufwiesen (*PDI*, *UAI* und *MAS*), auch bei Berücksichtigung von *OFDI* und *PCI_diff* bzw. *OFDI* und *BIP* unkritisch. Die Kombination von länderabhängigen kulturellen Variablen (Käuferdimensionen) mit länderabhängigen ökonomischen ist also grundsätzlich möglich, ohne dass dadurch die Multikollinearität-Probleme ein bedenkliches Ausmaß erreichen.

8.1.7.5 Eigenschaften im Käuferland als Hauptprädiktoren

Obwohl in Prüfungsstufe 3.1 nur die Kulturen des Käufers erfasst wurden findet sich zwischen *IDV* und *PDI* eine hohe Korrelation von 0,81, dazu mit *IDV* und *LTO* eine weitere knapp unterhalb des Schwellenwertes. Die Indizien werden durch extrem hohe VIF-Werte bei den Käuferdimensionen bestätigt (höchster Wert: 149,69, niedrigster Wert bei einer Käuferdimension: 20,47).

Auch die Eigenwerte nähern sich sehr deutlich null an (2 von 8 Werten < 0,01). Gleichzeitig schlagen sich die großen Unterschiede zwischen ihnen in Konditionszahlen weit oberhalb der kritischen Schwelle nieder (höchste Werte bei 147,07 und 68,93). Entsprechend liegen sehr starke Signale für Multikollinearität vor, die eine Modellkombination in dieser Form ungeeignet macht.

Werden von den 5 Käuferdimensionen nur 3 in einem Modell kombiniert (Prüfungsstufe 3.2), lassen sich hohe bivariate Korrelationen überwiegend vermeiden. Selbst dann weisen allerdings die meisten Kombinationen VIF-Werte von über 5 auf (mindestens 3,93). Auch die Eigenwerte notierten bereits bei drei Dimensionen nahe null (< 0,01) und lagen mit Konditionsindizes zwischen 20 und 30 meist bereits über der Grenze zu Multikollinearität.

Daher ließen sich in der Mehrzahl der Verfahren Anzeichen von Multikollinearität erkennen. Selbst bei nur drei Variablen überstiegen die Berechnungen für einige Kombinationen bereits die gewählten Grenzwerte.

Dies ist v. a. auf die geringe Anzahl der Ausprägungen im Datensatz (jeweils nur eine einzige pro Käuferdimension) zurückzuführen, was hohe Abhängigkeiten zur Folge hat. Grundsätzlich sind Schätzungen, die auf einer so geringen Anzahl von Werten basieren, als instabil anzusehen. In Anbetracht der Auswirkungen auf die Interpretierbarkeit sind sie nicht empfehlenswert für allgemeine Rückschlüsse und sollten in der weiteren Untersuchung vermieden werden.

8.1.8 Autokorrelation

Da Autokorrelation „in erster Linie ein Zeitreihenproblem“ (Stocker, 2012, S. 348) ist, hat sie für den vorliegenden Datensatz nur sehr eingeschränkte Relevanz. In der vorliegenden Untersuchung wurden zwar bis zu zwei abhängige Variablen pro Untersuchungssubjekt erfasst, einen wesentlich stärkeren Schwerpunkt der Analyse stellen jedoch die vielfältigen Prädiktoren dar. Das Forschungsdesign war demnach mehr auf den Querschnitt als die zeitliche Abfolge und Veränderung von Messwerten ausgelegt. Diejenigen Bestandteile der Untersuchung, welche Eigenschaften von Zeitreihen aufweisen, sind die ökonomischen Variablen *Auslandsdirektinvestitionen* (*OFDI*) und *BIP-Wachstum* (*BIP*). Diese setzen sich zwar aus einer Reihe aufeinanderfolgender Jahreswerte zusammen, allerdings weisen sie nur einen einzigen Wert pro Variable und Land auf. Durch die Bildung eines Durchschnitts über die betrachteten Perioden hinweg wird die Grundlage für das Problem der Autokorrelation umgangen. Selbst wenn einzelne Jahreswerte nicht unabhängig voneinander wären, würde dieser Effekt durch die Mittelung der Ausprägungen aufgehoben. Aufgrund der genannten Ausrichtung der Studie wird eine separate Prüfung auf Autokorrelation weder als notwendig noch sinnvoll erachtet.

8.1.9 Implikationen auf die Auswahl eines Regressionsverfahrens

Die wichtigste Erkenntnis aus der Regressionsdiagnostik ist das Vorliegen von Ausreißern. Angesichts ihres Ausmaßes ist die Anwendung der Kleinsten-Quadrate-Methode nicht zu vertreten. Ihre Ergebnisse würden durch die Extremwerte zu stark verzerrt und keine aussagekräftigen Interpretationen erlauben. Die Verstöße gegenüber den anderen diagnostischen Prüffeldern sind hingegen weniger auffällig bzw. statistisch weniger schädlich. Aus diesem Grund muss bei der Wahl des Auswertungsverfahrens v. a. auf Kontrolle von Ausreißern geachtet werden. Dies legt die Verwendung eines Verfahrens aus der Klasse der robusten Regressionsverfahren nahe.

Bei deren Auswahl ist es bedeutsam, ob die Ausreißer auf Ebene der abhängigen Variablen auftreten oder sich ebenfalls unter den Prädiktoren finden. Die Analysen in Abschnitt 8.1.2 ergaben zweifelfrei Ausreißer bei den Erfolgsvariablen. Für die unabhängigen Variablen deutet hingegen vieles auf eine untergeordnete Bedeutung hin. Es wird daher nicht von Leverage-Punkten ausgegangen, die den Einsatz von Verfahren erfordern würden, die sowohl in y- als auch in x-Richtung robust sind (vgl. Abschnitt 7.3.3.2). Die darunter fallenden Verfahren wie der MM-Schätzer nach Yohai, die dem aktuellen Stand der Fachliteratur entsprechen, müssen demnach nicht zwingend angewendet werden. Vielmehr kann die Ausreißerproblematik bereits durch die methodisch einfacheren M-Schätzer (nach Huber oder Tukey) kontrolliert werden, welche lediglich eine Absicherung in y-Richtung bieten (vgl. Abschnitt 7.3.3.1). Zwar lassen sich naturgemäß auch mit MM-Schätzern robuste Resultate erzielen da diese den Mechanismus der M-Schätzer beinhalten. Die zusätzliche und in diesem Fall nicht benötigte Robustheit gegenüber x-Ausreißern geht jedoch mit einem Verlust an Schätzpräzision einher (vgl. Abschnitt 7.3.3.3). Die Verwendung von MM-Schätzern wird daher nur als Ergänzung zu M-Schätzern empfohlen um deren Resultate zu überprüfen.

Innerhalb der M-Schätzer wurde die Version nach Huber ausgewählt um die weiteren Analysen durchzuführen. Deren Unterschiede gegenüber der Version nach Tukey – fehlende lokale Minima und geringe Berücksichtigung extremer Fälle statt vollständiger Ausklammerung – wurden vom Autor als (leicht) vorteilhaft angesehen. Auch in diesem Fall wird Tukey's Biweight jedoch teilweise als Ergänzung mit dargestellt.

8.2 Fragenkomplex 1: Chinesischer M&A-Erfolg im Ländervergleich

8.2.1 Einleitende Bemerkungen

Der vorangegangene Abschnitt lieferte wichtige Erkenntnisse für die Wahl eines geeigneten Untersuchungsverfahrens und über die Kombinationsmöglichkeiten der Prädiktoren im Rahmen multivariater Regressionen. Um den M&A-Erfolg chinesischer Transaktionen im Vergleich zu dem anderer Käuferländer zu bestimmen, bedurfte es jedoch zunächst univariater Analysemethoden. Hierzu wurde das Gesamtsample anhand der nominalen Variable „Käuferland" unterteilt. Diese Aufteilung ergab folgende Transaktionsanzahlen, die für den Erfolgsvergleich zur Verfügung standen (vgl. Tabelle 39).

Tabelle 39: Anzahl der M&A-Transaktionen je Erfolgsvariable und Käuferland
Quelle: Eigene Darstellung.

	Erfolgsvariable			
Käuferland	**Umsatz t2**	**Umsatz t1**	**Gewinn t2**	**Gewinn t1**
China	34	41	32	39
Indien	47	52	45	51
Russland	33	45	33	43
Japan	39	48	38	47
Kanada	25	29	25	29
Schweiz	54	67	53	67
Gesamt	**232**	**282**	**226**	**276**

8.2.2 Ergebnisse mit Dummy-Kodierung

Für die Dummy-Kodierung (vgl. Abschnitt 7.4) musste ein Land als Referenzland bestimmt werden. Aufgrund des Untersuchungsfokus wurde China gewählt. Entsprechend zeigt die Konstante den Mittelwert des Erfolges chinesischer Übernahmeobjekte für die vier Erfolgsvariablen (vgl. Tabelle 40; Zeile „Konstante").

Bei Verwendung des robusten Verfahrens Huber M-Estimation waren sie durchgehend positiv, d. h. Chinas Übernahmeobjekte wiesen in allen vier Ergebnisgrößen positive Wachstumsraten auf. In der Variable *Umsatz t2* zeigte sich bspw. ein Wachstum von 6,4378 Prozent, was dem Umsatzanstieg chinesischer Zielunternehmen im zweijährigen Untersuchungszeitraum entsprach. Analog zu dieser Logik symbolisiert der Wert bei *Gewinn t2* einen Anstieg der EBT-Marge um 1,9892 Prozentpunkte.

Die bei den Vergleichsländern (Zeilen „Indien" bis „Schweiz") angegebenen Werte markieren hingegen deren Mittelwerte in der jeweiligen Spalte, jedoch nicht in absoluter Hinsicht wie bei China, sondern in Relation zu den Werten Chinas. Je negativer die Werte der Kontrollländer, desto positiver sind die chinesischen einzuordnen. Z. B.

lag das Umsatzwachstum von Schweizer Targets zwei Geschäftsjahre nach der Übernahme 1,2686 Prozentpunkte unter dem chinesischer. Der Vergleich mit der Kontrollgruppe zeigte insgesamt ein uneinheitliches Bild. Während es bei den beiden Umsatz-Größen sowohl Länder gab, deren Ergebnis im Vergleich zu dem Chinas geringer ausfiel (Indien und Japan mit je zwei negativen Werten) bzw. nicht konsistent abwich (die Schweiz mit einem höheren und einem niedrigeren Wert), lagen zwei Staaten teilweise deutlich über den Wachstumsraten, die bei chinesischen Übernahmeobjekten erzielt wurden (Russland und Kanada mit 4,3271 bzw. 5,5486 Prozentpunkten über dem chinesischen bei *Umsatz t2*). Chinesische Transaktionen rangierten somit bei diesen beiden Erfolgsgrößen und in diesem robusten Verfahren im Mittelfeld der Ländervergleichsgruppe.

Dagegen wiesen die Werte der fünf Vergleichsländer bei den Gewinn-Größen durchweg negative Vorzeichen auf. Demzufolge führten die Transaktionen keines anderen Käuferlandes zu ähnlichen Gewinnanstiegen bei den Targets wie die chinesischen. Während China bei *Gewinn t2* ein Margenwachstum von rund 2 Prozentpunkten verzeichnete, lagen auch die Länder mit höheren Umsatzsteigerungen (Russland und Kanada) im Gewinnwachstum niedriger. Indien und Japan wiesen mit um 4,0887 bzw. 3,3353 Prozentpunkten geringeren Raten sogar negative Margen auf. Diese ergeben sich aus der Summe von 1,9892 und den genannten Länderwerten. So wies Indien einen mittleren Wert von -2,0995 Prozentpunkten Margen-Entwicklung auf, der sich aus 1,9892 + (-4,0887) errechnet.

Tabelle 40: Abhängige Variablen der Vergleichsländer in Relation zu China (Huber M-Estimation)

Quelle: Eigene Darstellung.

Huber M-Estimation	(1) Umsatz t2	(2) Umsatz t1	(3) Gewinn t2	(4) Gewinn t1
Indien	-4,2126	-0,3209	-4,0887	-0,3682
Russland	4,3271	0,1221	-0,9199	-1,7812
Japan	-5,6353	-4,5814	-3,3353	-2,2329
Kanada	5,5486	2,7171	-1,5170	-0,8783
Schweiz	-1,2686	1,2598	-1,1707	-0,6298
Konstante	6,4378	2,7410	1,9892	0,0830
Fallanzahl	232	282	226	276

Referenzland: China
Konstante: (robuste) Mittelwerte des Referenzlandes

Um die Stabilität der Resultate zu überprüfen wurden weitere robuste Verfahren durchgeführt, denen andere Gewichtungen zugrunde liegen. Auch beim Verfahren Tukey's Biweight zeigte China, ablesbar an den Konstanten, in allen vier abhängigen Variablen positive Werte (vgl. Tabelle 41; Zeile „Konstante"). Analog zur Huber M-Estimation fanden sich bei den Umsätzen sowohl Länder mit durchgehend höherem Ergebnis (Kanada und die Schweiz), solche mit gemischten Werten (Indien und Russland), als auch solche mit durchgehend geringerem Erfolg (Japan). Darüber hinaus bestätigte auch dieses Verfahren geringere Gewinne bei allen untersuchten Vergleichsländern, wie an den insgesamt zehn negativen Werten von Indien bis Schweiz in den Spalten 3 und 4 ablesbar. Sowohl ihre Abweichung vom Erfolg Chinas als auch die absolute Höhe desselbigen fielen leicht stärker aus als bei der Huber M-Estimation. Die könnte in einem tendenziell höheren Anteil extrem negativer Werte bei China bzw. positiver Werte bei den Vergleichsländern begründet sein, die bei der Gewichtung des Tukey-Verfahrens – anders als bei Huber M-Schätzung – vollständig ausgeklammert werden.

Tabelle 41: Abhängige Variablen der Vergleichsländer in Relation zu China (Tukey's Biweight M-Estimation)

Quelle: Eigene Darstellung.

Tukey's Biweight M-Estimation	(1) Umsatz t2	(2) Umsatz t1	(3) Gewinn t2	(4) Gewinn t1
Indien	-0,3792	1,2279	-4,8615	-1,5727
Russland	8,1827	-0,3394	-1,1881	-2,3939
Japan	-0,1862	-1,9348	-3,5418	-3,4237
Kanada	11,3359	5,3264	-2,2117	-2,0045
Schweiz	4,1324	3,7172	-1,5395	-1,3261
Konstante	0,7425	0,3011	2,1767	0,8682
Fallanzahl	232	282	226	276

Referenzland: China
Konstante: (robuste) Mittelwerte des Referenzlandes

Sehr ähnliche Resultate wurden auch von den robusten Verfahren „rreg“, welche Huber M-Estimation und Tukey’s Biweight M-Estimation kombiniert (vgl. Tabelle 42), und der MM-Estimation nach Yohai (vgl. Tabelle 43) erzielt. Sowohl Einordnung des chinesischen Umsatz-Erfolges im Mittelfeld als auch die des Gewinnanstieges an erster Position der Vergleichsgruppe wurden daher in allen verwendeten Regressionsverfahren bestätigt.

Wurde hingegen der Erfolg anhand der traditionellen, aber ausreißersensitiven Kleinste-Quadrate-Regression (OLS) ermittelt, zeigten sich große Schwankungen (vgl. Tabelle 44). Diese wiesen sowohl starke Abweichungen innerhalb der Werte einzelner Länder als auch zwischen diesen auf. Ursächlich hierfür war die Existenz von Ausreißern, welche die Schätzung stark beeinflussten und dazu führten, dass keine Schätzergebnisse ermittelt werden konnten, die die Mehrheit der Datenpunkte repräsentierten. Die Methode wurde daher als nicht verlässlich und als für die Untersuchung ungeeignet eingestuft. Ihre Ergebnisse sind lediglich aus illustrativen Gründen aufgeführt.

Tabelle 42: Abhängige Variablen der Vergleichsländer in Relation zu China (Stata-Prozedur „rreg")
Quelle: Eigene Darstellung.

Kombination Huber & Tukey M-Estimation (rreg)	(1) Umsatz t2	(2) Umsatz t1	(3) Gewinn t2	(4) Gewinn t1
Indien	-0,3958	1,2595	-5,0308	-1,5755
Russland	8,1481	-0,3417	-1,3585	-2,3476
Japan	-0,1840	-1,8244	-3,6651	-3,4209
Kanada	11,3290	5,4183	-2,4010	-1,9019
Schweiz	4,1414	3,7716	-1,7624	-1,2995
Konstante	0,7294	0,2198	2,3705	0,8462
Fallanzahl	232	282	226	276

Referenzland: China
Konstante: (robuste) Mittelwerte des Referenzlandes

Tabelle 43: Abhängige Variablen der Vergleichsländer in Relation zu China (MM-Estimation)
Quelle: Eigene Darstellung.

MM-Estimation	(1) Umsatz t2	(2) Umsatz t1	(3) Gewinn t2	(4) Gewinn t1
Indien	-1,9908	1,7025	-5,5205	-1,5849
Russland	4,4052	-1,1806	-1,8274	-2,0676
Japan	-1,0042	-0,2887	-4,3244	-3,5234
Kanada	9,3016	6,8115	-2,9715	-1,0752
Schweiz	4,3476	4,2245	-2,4858	-1,1563
Konstante	0,5651	-0,8370	2,9557	0,6400
Fallanzahl	232	282	226	276

Referenzland: China
Konstante: (robuste) Mittelwerte des Referenzlandes

Tabelle 44: Abhängige Variablen der Vergleichsländer in Relation zu China (OLS)
Quelle: Eigene Darstellung.

OLS	(1) Umsatz t2	(2) Umsatz t1	(3) Gewinn t2	(4) Gewinn t1
Indien	-9.1327	-2.9267	-1.4784	5.0258
Russland	-1.0136	1.4641	-0.0574	1.1963
Japan	-14,5877	-9,6340	-1.9221	2.7731
Kanada	-3.0848	-1.7340	0.8952	2.9959
Schweiz	-10.6931	-2.4841	0.5931	3.4623
Konstante	16,3430	7,1525	0.9403	-3.4988
Fallanzahl	232	282	226	276

Referenzland: China
Konstante: (nicht robuste) Mittelwerte des Referenzlandes

8.2.3 Ergebnisse mit Effekt-Kodierung

Die aus der Dummy-Kodierung gewonnenen Erkenntnisse wurden mit dem Verfahren der Effekt-Kodierung überprüft. Diese setzt die Mittelwerte eines Landes in Relation zum Durchschnitt der sechs Ländermittelwerte (entspricht dem Wert der Konstanten), statt den Durchschnitten jedes Landes einzeln wie bei der Dummy-Kodierung. Im Gegensatz zu dieser enthält die Tabelle so eine eigene Zeile für China. Bei Anwendung der Huber M-Estimation lag der Ländermittelwerte für *Umsatz t2* bei 6,2309, dem Wert der Konstanten (vgl. Tabelle 45).

Die Analyse zeigt, dass die Erfolgszahlen Chinas bei den beiden Umsatzgrößen mit 0,2068 bzw. 0,1339 Prozentpunkten leicht über dem Durchschnitt der Mittelwerte lagen. Einige Länder wiesen deutlich höhere Zuwächse auf (Russland und Kanada), während andere gegenüber China deutlich abfielen (Indien und Japan).

Der Vergleich der Gewinne offenbarte hingegen die höchsten Werte für die Gruppe der chinesischen Transaktionen. Diese überstiegen mit 1,8386 und 0,9817 Prozentpunkten Margenverbesserung am deutlichsten die Mittelwerte über alle Gruppen (Konstante). Während sich für Teile der Vergleichsländer, die sowohl Über- als auch Unterschreitungen aufwiesen, keine eindeutigen Aussagen ableiten ließen, bestätigte dies für China die vorangegangenen Ergebnisse der Dummy-Kodierung. In beiden Spalten der Gewinn-Variablen wies China die höchsten Werte auf.

Tabelle 45: Abhängige Variablen Chinas und der Vergleichsländer in Relation zum Durchschnitt der Gruppenmittelwerte (Huber M-Estimation)

Quelle: Eigene Darstellung.

Huber M-Estimation	(1) Umsatz t2	(2) Umsatz t1	(3) Gewinn t2	(4) Gewinn t1
China	0,2068	0,1339	1,8386	0,9817
Indien	-4,0058	-0,1870	-2,2501	0,6135
Russland	4,5339	0,2560	0,9187	-0,7995
Japan	-5,4285	-4,4475	-1,4967	-1,2512
Kanada	5,7555	2,8509	0,3216	0,1035
Schweiz	-1,0619	1,3937	0,6679	0,3520
Konstante	6,2309	2,6071	0,1506	-0,8988
Fallanzahl	232	282	226	276

Konstante: Mittelwert der (robusten) Mittelwerte der Länder

In weiteren robusten Verfahren wurde die Stabilität der Ergebnisse überprüft. Die M-Estimation nach Tukey kam zu ähnlichen Resultaten und wies sogar etwas größere Unterschiede zwischen China und den Vergleichsländern auf (vgl. Tabelle 46).

Tabelle 46: Abhängige Variablen Chinas und der Vergleichsländer in Relation zum Durchschnitt der Gruppenmittelwerte (Tukey's Biweight M-Estimation)

Quelle: Eigene Darstellung.

Tukey's Biweight M-Estimation	(1) Umsatz t2	(2) Umsatz t1	(3) Gewinn t2	(4) Gewinn t1
China	-3,8476	-1,3329	2,2238	1,7868
Indien	-4,2268	-0,1050	-2,6378	0,2141
Russland	4,3351	-1,6723	1,0356	-0,6071
Japan	-4,0338	-3,2677	-1,3180	-1,6369
Kanada	7,4883	3,9935	0,0121	-0,2177
Schweiz	0,2848	2,3844	0,6843	0,4608
Konstante	4,5901	1,6340	-0,0471	-0,9186
Fallanzahl	232	282	226	276

Konstante: Mittelwert der (robusten) Mittelwerte der Länder

Diese Beobachtung deckte sich auch mit den Verfahren „rreg“ (vgl. Tabelle 47) und MM-Estimation (vgl. Tabelle 48), welche Chinas führende Position in der Rangfolge der Gewinnentwicklungen bestätigten. Die chinesischen Gewinnwerte waren jeweils die höchsten, wobei der Abstand zu den Vergleichsländern den bei der Huber M-Estimation noch überstieg.

Tabelle 47: Abhängige Variablen Chinas und der Vergleichsländer in Relation zum Durchschnitt der Gruppenmittelwerte (Stata-Prozedur "rreg")

Quelle: Eigene Darstellung.

Kombination Huber & Tukey M-Estimation (rreg)	(1) Umsatz t2	(2) Umsatz t1	(3) Gewinn t2	(4) Gewinn t1
China	-3,8398	-1,3805	2,3696	1,7576
Indien	-4,2356	-0,1210	-2,6612	0,1821
Russland	4,3083	-1,7223	1,0112	-0,5900
Japan	-4,0238	-3,2049	-1,2954	-1,6633
Kanada	7,4892	4,0377	-0,0314	-0,1443
Schweiz	0,3017	2,3910	0,6072	0,4579
Konstante	4,5691	1,6004	0,0009	-0,9114
Fallanzahl	232	282	226	276

Konstante: Mittelwert der (robusten) Mittelwerte der Länder

Tabelle 48: Abhängige Variablen Chinas und der Vergleichsländer in Relation zum Durchschnitt der Gruppenmittelwerte (MM-Estimation)

Quelle: Eigene Darstellung.

MM-Estimation	(1) Umsatz t2	(2) Umsatz t1	(3) Gewinn t2	(4) Gewinn t1
China	-2,5099	-1,8782	2,8549	1,5679
Indien	-4,5007	-0,1758	-2,6655	-0,0170
Russland	1,8953	-3,0588	1,0275	-0,4997
Japan	-3,5141	-2,1669	-1,4695	-1,9554
Kanada	6,7917	4,9333	-0,1166	0,4927
Schweiz	1,8377	2,3464	0,3692	0,4115
Konstante	3,0750	1,0412	0,1007	-0,9279
Fallanzahl	232	282	226	276

Konstante: Mittelwert der (robusten) Mittelwerte der Länder

8.2.4 Zwischenfazit

Die Erfolgsbetrachtung chinesischer Transaktionen, gemessen an der finanziellen Entwicklung der Übernahmeobjekte, unterscheidet sich abhängig von der Art der Erfolgsgröße. Auf Basis der Entwicklung der Umsätze ein bzw. zwei Geschäftsjahre nach der Übernahme war Chinas Erfolg (bzw. der seiner Targets) im Mittelfeld der gewählten Vergleichsländer einzuordnen. In beiden Kodierungsverfahren und über mehrere robuste Regressionsverfahren hinweg wurde deutlich, dass Akquisitionen anderer Käuferländer, insbesondere Russland und Kanada, überwiegend zu höheren Wachstumsraten bei den Targets führten.

Auffälliger war hingegen die Entwicklung der Gewinnmargen im internationalen Vergleich. Hier lagen chinesische Targets mit deutlichem Abstand an der Spitze des Vergleichsfeldes. Das Resultat gewinnt besonders durch die Bestätigung in verschiedenen robusten Verfahren und beiden Kodierungsvarianten an Verlässlichkeit. Daher kann festgestellt werden, dass eine chinesische Eigentümerschaft im vorliegenden Datensatz zu günstigeren Margenpositionen bei den Übernahmeobjekten führte als die anderer Staaten.

Entsprechend lagen keine ausreichenden Belege vor, die Hypothese H1, die von höheren Umsatzwachstumsraten bei chinesischen Übernahmeobjekten ausgeht, zu bestätigen. Sie wurde daher verworfen.

Entgegen der Vermutung war das Abschneiden der chinesischen Targets auf Basis von Gewinngrößen, im Vergleich mit den Kontrollländern deutlich positiver als bei Umsatzgrößen. Entsprechend war die Hypothese H2, welche die gegenteilige Vermutung anstellt, ebenfalls abzulehnen.

8.3 Fragenkomplex 2: Allgemeine Einflussfaktoren auf den M&A-Erfolg

8.3.1 Einleitende Bemerkungen

Im Mittelpunkt der Untersuchung stand die Überprüfung der Wirkung kultureller Faktoren auf den M&A-Erfolg. Diese ließ sich durch den Vergleich mit alternativen Einflussfaktoren besser einordnen und in einen weiteren Kontext stellen. Im Zuge dessen wurde anhand von Querschnittsdaten über alle sechs einbezogenen Länder hinweg (Gesamt-Sample) der Einfluss transaktionsspezifischer Variablen untersucht. Somit konnte gewährleistet werden, dass eine ausführliche Datenbasis zur Verfügung stand, welche auch komplexere Modellvarianten zuließ. Zu einer dezidierten Analyse der Erfolgsursachen trugen auch die Erkenntnisse der Multikollinearitätsprüfung (vgl. Abschnitt 8.1.7) bei.

Als Beurteilungskriterien für Einflussfaktoren dienten in diesem Kapitel neben der Stärke der Regressionskoeffizienten sowie der Einheitlichkeit ihrer Wirkungsrichtung auch das Signifikanzniveau (anhand der p-Werte) sowie Höhe und Veränderung des adjustierten R^2. Wie in Abschnitt 7.4.3 dargelegt, wird von den meisten robusten Verfahren kein F-Wert unterstützt.

8.3.2 Transaktionsspezifische Variablen

Die Ergebnisse für transaktionsspezifische Variablen führten zu einem zweigeteilten Bild, das von der untersuchten Erfolgsvariable abhing. Die robuste Huber M-Schätzung zeigte einen stark negativen Einfluss der bivariaten Größe *Branchen-Verwandtschaft* auf die Umsatzentwicklung der übernommenen Firmen (vgl. Tabelle 49). Übernahmeobjekte, die aus derselben Branche wie der Käufer stammten, wiesen eine um 6,6181 bzw. 6,2669 Prozent niedrigere Umsatzentwicklung im Geschäftsjahr t2 bzw. t1 nach der Übernahme auf als solche die von nicht branchenverwandten Investoren akquiriert wurden. Neben dem stark negativen Ausmaß des Effekts wurde die Stabilität der Aussage zudem von den Standardfehlern gestützt. Beide Umsatzgrößen wiesen p-Werte im Signifikanzbereich auf, darunter ein beinahe auf dem 1 %-Niveau signifikanter Effekt bei *Umsatz t1*. Die Kombination der beiden

Kriterien Effekt-Stärke und Signifikanzniveau deutet darauf hin, dass von einem deutlich negativen Einfluss von *Branchen-Verwandtschaft* auf den Umsatzerfolg auszugehen ist. Demgegenüber zeigten sich weder bei den Regressionskoeffizienten, noch bei den p-Werten auffällige Wirkungen auf die Gewinngrößen. Der Prädiktor entfaltete im gewählten Datensatz daher nur einen auf Umsätze beschränkten Einfluss.

Die zusätzlich einbezogene transaktionsspezifische Kontrollvariable *Firmengröße_Target* zeigte hingegen keinen bedeutenden Einfluss auf den M&A-Erfolg. Die Regressionskoeffizienten bewegten sich nahe null und das Signifikanzniveau war gering.

Die Modellgüte, welche in den Werten des adjustierten R^2 („Adj. R^2") abgebildet wird, wies ebenfalls auf den fehlenden Einfluss der Branchen-Verwandtschaft auf Gewinne hin. Hingegen war die Wirkung von *Branchen-Verwandtschaft* auf den Umsatz ersichtlich. Zwar wurden lediglich 3,11 Prozent von *Umsatz t1* durch das Modell erklärt, dies stellt angesichts der Betrachtung adjustierter Größen, der Berücksichtigung von lediglich zwei Prädiktoren und im Kontext der oft niedrigen Erklärungsgehalte in wirtschaftswissenschaftlichen Studien (vgl. Pflieger, 2014) sowie im hier untersuchten Fachgebiet (vgl. Abschnitt 7.5) jedoch bereits einen ordentlichen Wert dar. Im Gegensatz dazu zeigten die adjustierten R^2 der Gewinngrößen deutlich den fehlenden Einfluss der transaktionsspezifischen Variablen.

Zusammenfassend kann somit konstatiert werden, dass die Branchen-Verwandtschaft zwischen Käufer und Zielfirma geeignet ist Teile des M&A-Erfolgs zu erklären. Für Umsatz-Erfolg lagen ausreichende Hinweise vor, den in Hypothese H3 vermuteten Zusammenhang zu bestätigen. Für Erfolg im Sinne von Gewinnmargensteigerung hingegen widersprachen die Resultate der Hypothese. Sie wird daher für Umsätze bestätigt, für Gewinn verworfen.

Tabelle 49: Ergebnisse zum Einfluss transaktionsspezifischer Variablen
Quelle: Eigene Darstellung.

Huber M-Estimation	**(1) Umsatz t2**	**(2) Umsatz t1**	**(3) Gewinn t2**	**(4) Gewinn t1**
Branchen-Verwandtschaft	-6,6181*	-6,2669**	0,8489	0,7367
	(0,0999)	(0,0124)	(0,5421)	(0,4350)
Firmengröße_Target	-0,0162	-0,0214	0,0014	0,0051
	(0,4020)	(0,1040)	(0,8448)	(0,2766)
Konstante	11,6165**	9,6066***	-0,6934	-2,0061*
	(0,0217)	(0,0029)	(0,6784)	(0,0577)
R^2	0,0169	0,0345	0,0018	0,0049
Adj. R^2	0,0126	0,0311	-0,0026	0,0013
N	232	282	226	276

*p-Werte in Klammern: * p<0,10 ** p<0,05 *** p<0,01*

8.3.3 Ökonomische Variablen

Bei der Prüfung alternativer Variablenkategorien wurden die drei ermittelten, ökonomischen Einflussfaktoren aufgrund von Kollinearität zwischen *„Disparität Pro-Kopf-Einkommen“* und *„BIP-Wachstum“* auf zwei Modelle verteilt. Die statistischen Ergebnisse zeigten jedoch in keiner der beiden Varianten (vgl. Tabelle 50 und Tabelle 51) einen bedeutenden Einfluss auf die Schätzung. Aufgrund der geringen Erklärungsgehalte, die bei allen Ergebnisgrößen und beiden Modellen unterhalb von 0,5 Prozent lagen, kann davon ausgegangen werden, dass die gewählten ökonomischen Variablen nicht geeignet sind die Varianz der abhängigen Variablen zu erklären. Hinzu kommen die Ergebnisse der p-Werte, welche deutlich von Signifikanzniveau entfernt lagen und somit darauf hindeuten, dass die ermittelten Ergebnisse auch durch Zufall erklärt werden könnten. Darüber hinaus konnte kein relevanter Unterschied in Bezug auf den Typ der Erfolgsvariable ermittelt werden. Die Prädiktoren hatten weder für Umsätze noch Gewinne Einfluss auf das Schätzergebnis.

Daraus kann abgeleitet werden, dass die drei ökonomischen Variablen im untersuchten Datensatz keinen Einfluss auf den M&A-Erfolg ausübten. Die Hypothese H4, welche fehlenden Einfluss ökonomischer Größen propagiert, kann daher für alle drei Prädiktoren und für jede der vier Ergebnisgrößen als bestätigt angesehen werden.

Tabelle 50: Ergebnisse zum Einfluss ökonomischer Variablen (Variante A)
Quelle: Eigene Darstellung.

Huber M-Estimation	(1) Umsatz t2	(2) Umsatz t1	(3) Gewinn t2	(4) Gewinn t1
Disparität_Pro-Kopf-Einkommen	0,3863 (0,9409)	-0,3636 (0,9191)	0,3349 (0,8806)	2,2056 (0,1820)
Auslandsdirektinvestitionen_Käuferland	26,7282 (0,5790)	33,0135 (0,2967)	21,9647 (0,3206)	13,3548 (0,4187)
Konstante	3,7238 (0,3828)	1,2376 (0,6454)	-0,9874 (0,6247)	-2,4263 (0,1094)
R^2	0,0011	0,0039	0,0055	0,0080
Adj. R^2	-0,0032	0,0004	0,0010	0,0044
N	232	282	226	276

*p-Werte in Klammern: * p<0,10 ** p<0,05 *** p<0,01*

Tabelle 51: Ergebnisse zum Einfluss ökonomischer Variablen (Variante B)
Quelle: Eigene Darstellung.

Huber M-Estimation	(1) Umsatz t2	(2) Umsatz t1	(3) Gewinn t2	(4) Gewinn t1
BIP-Wachstum_Käuferland	14,8208 (0,7928)	33,6762 (0,3848)	12,8437 (0,6151)	21,7015 (0,2240)
Auslandsdirektinvestitionen_Käuferland	30,3553 (0,5204)	46,7299 (0,1350)	25,9270 (0,2372)	13,0244 (0,4226)
Konstante	3,1880 (0,4194)	-0,8320 (0,7478)	-1,5523 (0,4432)	-2,3148 (0,1265)
R^2	0,0014	0,0066	0,0070	0,0063
Adj. R^2	-0,0030	0,0031	0,0026	0,0027
N	232	282	226	276

*p-Werte in Klammern: * p<0,10 ** p<0,05 *** p<0,01*

8.3.4 Landeskulturelle Variablen

8.3.4.1 Kulturelle Distanz (gesamt)

Im Zuge der Überprüfung kultureller Einflussgrößen wurde zuerst ermittelt, ob von der kulturellen Distanz zwischen Käufer- und Target-Land über alle fünf Kulturdimensionen hinweg (hier als „gesamt" bezeichnet) ein Effekt auf den M&A-Erfolg ausging. Die Ergebnisse zeigten deutlich auf, dass dies nicht für alle Variablen der Fall war (vgl. Tabelle 52). Lediglich *Umsatz t1* gab Anlass für eine nähere Überprüfung. Für diese endogene Größe kann festgehalten werden, dass der Erklärungsgehalt mit 1,37 Prozent zwar deutlich über dem der volkswirtschaftlichen Größen lag, jedoch insgesamt gering blieb. Bei allen anderen Variablen lag er jedoch noch deutlich darunter. Der Effekt auf den geschätzten Regressionskoeffizienten war bei *Umsatz t1* ebenfalls um ein Vielfaches höher als bei den anderen drei Ergebnisgrößen. Überdies war er gegenüber dem 10 %-Niveau signifikant. Beide Kriterien, Adj. R^2 und p-Wert, führten somit zu Hinweisen, dass ein Einfluss der kulturellen Distanz auf den M&A-Erfolg vorliegen könnte, wenn auch nur für eine Variable. Dieser war negativ, so dass höhere kulturelle Distanz zu geringerem Erfolg führte.

Tabelle 52: Ergebnisse zum Einfluss von kultureller Distanz (gesamt) (einfaches Modell)
Quelle: Eigene Darstellung.

Huber M-Estimation	**(1) Umsatz t2**	**(2) Umsatz t1**	**(3) Gewinn t2**	**(4) Gewinn t1**
Kulturelle Distanz_gesamt	-0,0004	-0,0721*	0,0163	-0,0104
	(0,9944)	(0,0843)	(0,4077)	(0,4877)
Konstante	5,2872	7,2407**	-0,9130	-0,0764
	(0,2426)	(0,0114)	(0,4912)	(0,9431)
R^2	0,0000	0,0137	0,0029	0,0014
Adj. R^2	0,0000	0,0137	0,0029	0,0014
N	227	274	221	268

*p-Werte in Klammern: * p<0,10 ** p<0,05 *** p<0,01*

Zur Ermittlung der Stabilität der Ergebnisse wurde die betreffende Einflussgröße zusätzlich in einer erweiterten Modellkombination untersucht. Dabei wurden zusätzlich transaktionsspezifische Variablen berücksichtigt.

Darin zeigte sich ebenfalls, dass kulturelle Distanz einen negativen Einfluss auf die Erfolgsgröße *Umsatz t1* ausübte, wohingegen sie ohne relevante Auswirkung auf die anderen drei Erfolgsmaße blieb. Tabelle 53 zeigt das um kulturelle Distanz erweiterte Modell von Tabelle 49. Neben den schwach signifikanten p-Werten wird besonders im Anstieg des Erklärungsgehaltes von 3,11 auf 3,82 Prozent bei *Umsatz t1* ein leichter Effekt deutlich.

Insgesamt zeigte die kulturelle Distanz im vorliegenden Datensatz nur einen leichten Effekt auf den M&A-Erfolg. Dieser blieb darüber hinaus auf eine der vier untersuchten abhängigen Variablen beschränkt. Die Wirkung entfaltete sich zudem entgegen der Hypothese, welche von einem positiven Einfluss ausgeht. Die Hypothese H5 wurde daher auf Basis der dargestellten Resultate verworfen.

Tabelle 53: Ergebnisse zum Einfluss von *kultureller Distanz (gesamt)* (erweitertes Modell)
Quelle: Eigene Darstellung.

Huber M-Estimation	**(1) Umsatz t2**	**(2) Umsatz t1**	**(3) Gewinn t2**	**(4) Gewinn t1**
Branchen-Verwandtschaft	-6,5512	-5,9223**	0,905	0,5976
	(0,1085)	(0,0152)	(0,5124)	(0,5267)
Firmengröße Target	-0,0163	-0,0224*	0,0032	0,0058
	(0,4143)	(0,0878)	(0,6425)	(0,2238)
Kulturelle Distanz (Gesamt)	0,0053	-0,0661*	0,0153	-0,0106
	(0,9331)	(0,0987)	(0,4506)	(0,4776)
Konstante	11,3017*	13,9318***	-1,9007	-1,2697
	(0,0780)	(0,0001)	(0,3058)	(0,3615)
R^2	0,0164	0,0453	0,0055	0,0068
Adj. R^2	0,0076	0,0382	-0,0036	-0,0006
N	227	274	221	268

*p-Werte in Klammern: * p<0,10 ** p<0,05 *** p<0,01*

8.3.4.2 Kulturelle Distanzen (in einzelnen Dimensionen)

Um den Kultureinfluss einer detaillierteren Analyse zu unterziehen wurde die kulturelle Distanz nachfolgend in die Distanzen der fünf einzelnen Dimensionen aufgespalten. Dadurch konnte untersucht werden, ob bestimmte Facetten von Kultur den M&A-Erfolg mehr beeinflussten als andere bzw. ob sich die Effekte gegenseitig aufhoben.

Die Resultate zeigten zum einen deutlichere Auswirkungen auf den Erfolg als bei der gesamten kulturellen Distanz, zum anderen wurden auffällige Unterschiede zwischen den Kulturdimensionen ersichtlich (vgl. Tabelle 54).

Unterschiedlichkeit in der *Dimension „Machtdistanz" (PDI)* beeinflusste den Erfolg überwiegend negativ, v. a. im Folgejahr der Übernahme. Hinweise dafür ergaben sich auch aus einem, auf dem 5 %-Niveau signifikanten Wert (*Gewinn t1*), sowie einer Schätzung, die lediglich knapp außerhalb der 10 %-Schwelle lag (*Umsatz t1*).

Die Distanz in der Dimension *„Unsicherheitsvermeidung“ (UAI)* führte hingegen bei allen vier abhängigen Variablen zu positiven Regressionskoeffizienten. Einen zusätzlichen Hinweis auf Vorliegen eines bedeutenden Effektes lieferten die p-Werte, welche in den beiden zweijährigen Erfolgsgrößen *Umsatz t2* und *Gewinn t2* einen auf dem 10 %-Niveau signifikanten Einfluss ermittelten (Spalten 1 und 3).

Die Ergebnisse für Distanz in *„Individualismus/Kollektivismus“ (IDV)* erwiesen sich als weniger eindeutig als andere Prädiktoren. Zwar zeigten drei von vier Erfolgswerten in dieselbe Richtung, so dass sich eine überwiegende, wenn auch nicht durchgehend positive Wirkung zeigte. Hiervon war jedoch lediglich das Resultat bei *Gewinn t1* signifikant und auch nur auf dem 10 %-Signifikanzniveau.

Auffallender waren die konsistent negativen Effekte der kulturellen Distanz in der Dimension *„Maskulinität/Femininität“ (MAS)* auf die Schätzergebnisse. Berücksichtigt man die p-Werte, die bei *Gewinn t1* unter 3 %, bei *Umsatz t1* sogar bei 0,1 % liegen, lässt sich besonders ein Einfluss auf die einjährigen Größen festhalten. Der Prädiktor hat damit den deutlichsten Einfluss in dieser Modellkombination.

Auf Gesamtmodellebene kann bei Betrachtung des adjustierten R^2, welches als wesentliches Beurteilungskriterium der Modellgüte diente, v. a. ein spürbarer Effekt auf *Umsatz t1* (3,78 Prozent) und *Gewinn t1* (2,49 Prozent) festgehalten werden. Dagegen war der Anteil der erklärten Varianz bei den zweijährigen Betrachtungszeiträumen mit unter 1 Prozent deutlich geringer. Im Vergleich zur gesamten kulturellen Distanz liegen daher zusätzliche Anzeichen vor, dass durch das Modell ein Erklärungsbeitrag erbracht wird, der neben dem Umsatz auch auf den Gewinn im Folgejahr der Übernahme schließen lässt.

Zusammenfassend kann festgehalten werden, dass sich M&A-Erfolg deutlich besser durch Distanzen auf Einzeldimensionsebene erklären lässt als durch eine aggregierte Gesamtgröße der kulturellen Distanz.

Im Gegensatz zu der in Hypothese H6 propagierten Aussage wirkten sich Abweichungen in der „Machtdistanz“ (PDI) tendenziell negativ auf den M&A-Erfolg aus. Die Hypothese kann damit verworfen werden.

Tabelle 54: Ergebnisse zum Einfluss von kultureller Distanz (Einzeldimensionsebene)
Quelle: Eigene Darstellung.

Huber M-Estimation	**(1)** Umsatz t2	**(2)** Umsatz t1	**(3)** Gewinn t2	**(4)** Gewinn t1
Kulturelle Distanz_ Machtdistanz	0,0943 (0,4150)	-0,1324 (0,1111)	-0,0263 (0,4974)	-0,0682** (0,0248)
Kulturelle Distanz_ Unsicherheitsvermeidung	0,1954* (0,0896)	0,1071 (0,1584)	0,0767* (0,0870)	0,0346 (0,3006)
Kulturelle Distanz_ Individualismus	-0,0745 (0,6767)	0,0881 (0,5016)	0,0751 (0,3395)	0,1090* (0,0821)
Kulturelle Distanz_ Maskulinität	-0,1139 (0,1623)	-0,1762*** (0,0010)	-0,0253 (0,3839)	-0,0506** (0,0262)
Kulturelle Distanz_ Langfristorientierung	-0,0284 (0,7948)	-0,0758 (0,3396)	-0,0282 (0,5461)	-0,0478 (0,1926)
Konstante	3,0810 (0,530)	7,6489** (0,0130)	-1,3556 (0,3419)	0,2561 (0,8342)
R^2	0,0214	0,0519	0,0274	0,0395
Adj. R^2	0,0038	0,0378	0,0094	0,0249
N	227	274	221	268

*p-Werte in Klammern: * p<0,10 ** p<0,05 *** p<0,01*

Zudem führte höhere Distanz in „Unsicherheitsvermeidung" (UAI), ebenfalls entgegen der Vermutung, bei zwei der vier Ergebnisgrößen zu einem positiven Effekt auf den Erfolg der übernommenen Firmen. Die Hypothese H7 muss daher ebenfalls abgelehnt werden.

Bezüglich Hypothese H8 sind die Regressionsergebnisse zwar etwas weniger deutlich. Es liegen jedoch zumindest bei einer der Ergebnisgrößen Hinweise vor, die eine Bestätigung der Hypothese und somit eine positive Wirkung von „Individualität" (IDV) auf den Erfolg nahelegen.

8.3.4.3 Kulturelle Dimensionen des Käuferlandes

Nach der Analyse von kultureller Distanz auf Gesamt- und Einzeldimensionsebene wurden in weiteren Schritten kulturelle Ausprägungen des Käuferlandes beurteilt. Statt Distanzen, welche mit Käufer- und Zielland zwei Seiten gegenüberstellen, wird dafür nur die kulturelle Einstufung der Käuferstaaten in einzelnen Dimensionen berücksichtigt.

Der ausschließliche Bezug auf das Käuferland führte zu einer sehr geringen Anzahl von Merkmalsausprägungen von nur einer pro Käuferland, somit insgesamt sechs Werte. Um methodische Einschränkungen durch instabile Schätzungen zu vermeiden wurden die Käuferdimensionen daher zusammen mit anderen Variablen überprüft. Ihr Effekt wurde dann anhand von Vergleichen mit Modellen ohne Käuferdimension ermittelt.

Für die Käufereigenschaft der „Unsicherheitsvermeidung" (UAI) zeigte sich, in Verbindung mit der gesamten kulturellen Distanz (vgl. Tabelle 55), ein durchgehend negativer Einfluss auf den Erfolg der Übernahmeobjekte. Zudem war der Regressionskoeffizient für *Gewinn t1* auf dem 10 %-Niveau signifikant. Anhand der Veränderung im Vergleich zu dem Modell, das die gesamte kulturelle Distanz als einzigen Prädiktor beinhaltet (vgl. Tabelle 52), ließen sich Hinweise auf die Bedeutung ableiten. Dabei wurde deutlich, dass sich das adjustierte R^2 durch die Einbeziehung der Käuferdimension UAI bei *Umsatz t1* von 1,37 Prozent (vgl. Tabelle 52) auf 2,04 Prozent (vgl. Tabelle 55) erhöht, bei *Gewinn t1* von 0,14 Prozent auf 0,92 Prozent. Ein Anstieg von rund 0,7 Prozentpunkten bei lediglich einem zusätzlichen Prädiktor kann (je nach Forschungsfeld) bereits als nicht zu vernachlässigender Anstieg angesehen werden. Der Einfluss der Käuferdimension war zwar über alle vier abhängigen Variablen hinweg negativ, jedoch nur in den beiden 1-jährigen Erfolgsgrößen wurde die Schätzung auch durch signifikante bzw. nahezu signifikante (bei *Umsatz t1*) p-Werte und Steigerungen im Erklärungsgehalt gestützt.

Die Analyse legt nahe, dass größere Werte und damit höhere „Unsicherheitsvermeidung" des Käufers zu geringerem Erfolg auf Seiten der Übernahmeobjekte führte. Dagegen würde geringe Unsicherheitsvermeidung, wie sie gemäß dem Hofstede-Kulturmodell für China vorliegt, den Transaktionserfolg begünstigen.

Tabelle 55: Ergebnisse zum Einfluss von *Unsicherheitsvermeidung im Käuferland* (einfaches Modell)

Quelle: Eigene Darstellung.

Huber M-Estimation	**(1)** **Umsatz t2**	**(2)** **Umsatz t1**	**(3)** **Gewinn t2**	**(4)** **Gewinn t1**
Kulturelle Distanz_gesamt	-0,0007	-0,0792*	0,0160	-0,0149
	(0,9907)	(0,0527)	(0,4164)	(0,3476)
Unsicherheitsvermeidung_	-0,0121	-0,0794	-0,0063	-0,0370*
Käuferland	(0,8777)	(0,1420)	(0,8224)	(0,0954)
Konstante	5,9601	12,5243***	-0,5112	2,3980
	(0,3705)	(0,0057)	(0,8135)	(0,2054)
R^2	0,0001	0,0240	0,0032	0,0129
Adj. R^2	-0,0043	0,0204	-0,0013	0,0092
N	227	274	221	268

*p-Werte in Klammern: * p<0,10 ** p<0,05 *** p<0,01*

Anhand eines alternativen Modells mit erweiterter Prädiktorenanzahl wurde getestet, ob sich die Resultate bestätigen ließen. Dafür wurden die beiden transaktionsspezifischen Variablen *Branchen-Verwandtschaft* und *Firmengröße_Target* einbezogen (vgl. Tabelle 56).

Durch die Erweiterung ändert sich jedoch nichts an der grundsätzlichen Tendenz von Unsicherheitsvermeidung. Auf Umsatz t1 und Gewinn t1 zeigte sich auch hier die größte Erfolgswirkung. Die Signifikanz-Niveaus verschoben sich leicht, so dass in dieser Konstellation Umsatz t1 deutlicher signifikant war als Gewinn t1. Insgesamt deuten die p-Werte in dieser Variation etwas stärker auf Signifikanz des Effektes hin als im einfachen Modell (vgl. Tabelle 55). Der Anstieg der adjustierten R^2-Werte gegenüber dem identischen Modell ohne UAI (vgl. Tabelle 53) verdeutlicht den Effekt auf die beiden einjährigen Betrachtungsgrößen. Während für Gewinn t1 ein Wachstum um über 0,7 Prozentpunkte zu verzeichnen war, stieg der Erklärungsgehalt für Umsatz t1 von 3,82 auf 5,07 Prozent noch stärker.

Tabelle 56: Ergebnisse zum Einfluss von *Unsicherheitsvermeidung im Käuferland* (erweitertes Modell)

Quelle: Eigene Darstellung.

Huber M-Estimation	**(1) Umsatz t2**	**(2) Umsatz t1**	**(3) Gewinn t2**	**(4) Gewinn t1**
Branchen-Verwandtschaft	-6,7955	-6,2798***	0,8817	0,4516
	(0,1175)	(0,0095)	(0,5210)	(0,6412)
Firmengröße_Target	-0,0168	-0,0223*	0,0032	0,0059
	(0,4078)	(0,0770)	(0,6337)	(0,2094)
Kulturelle Distanz_gesamt	0,0018	-0,0732*	0,0150	-0,0153
	(0,9773)	(0,0645)	(0,4572)	(0,3407)
Unsicherheitsvermeidung_	-0,0332	-0,0918*	-0,0054	-0,0369
Käuferland	(0,6871)	(0,0862)	(0,8465)	(0,1038)
Konstante	13,9080	20,1657***	-1,5498	1,2866
	(0,1264)	(0,0001)	(0,5398)	(0,5596)
R^2	0,0172	0,0611	0,0057	0,0179
$Adj.\ R^2$	0,0040	0,0507	-0,0080	0,0067
N	227	274	221	268

*p-Werte in Klammern: * p<0,10 ** p<0,05 *** p<0,01*

Zusammenfassend kann daher festgehalten werden, dass in beiden Modellen Anzeichen für den Einfluss der Käuferdimension Unsicherheitsvermeidung (UAI) vorliegen. Dieser erstreckte sich zwar nicht auf alle untersuchten Ergebnisgrößen, stellte jedoch mehr als einen einzelnen Effekt dar. Die Ergebnisse gaben daher Anlass, die in Hypothese H9 aufgestellte Vermutung mit Bezug auf *Umsatz t1* und *Gewinn t1* zu bestätigen. Für *Umsatz t2* und *Gewinn t2* wird sie hingegen abgelehnt.

Im Zuge der Untersuchung der Käuferkulturen wurde eine ebensolche Analyse auch für die Dimension der Langfrist-/Kurzfristorientierung (LTO) durchgeführt. Um Interdependenzen mit Unsicherheitsvermeidung (UAI) auszublenden wurden beide separat voneinander betrachtet.

In Verbindung mit der gesamten kulturellen Distanz ließ sich keine Wirkung von Langfrist-/Kurzfristorientierung auf den Erfolg feststellen (vgl. Tabelle 57). Die Wirkungsrichtung war uneinheitlich mit wechselnden positiven und negativen Vorzeichen. Zudem wies die Schätzung der Regressionskoeffizienten keine p-Werte auf, die Signifikanzniveau nahe kamen. Lediglich Umsatz t2 und Gewinn t1 zeigten p-Werte unterhalb von 20 %, was jedoch als Beleg für einen Einfluss nicht ausreicht.

Die adjustierten R^2 deuten ebenfalls nicht auf klare Effekte hin. Analog zu den p-Werten war bei Umsatz t2 ein Anstieg gegenüber dem Modell ohne LTO (vgl. Tabelle 52) um 0,7 Prozentpunkte festzustellen, bei Gewinn t1 um 0,5 Prozentpunkte. Dies betraf jedoch Erfolgsgrößen, die sich sowohl in Typ (Umsatz gegenüber Gewinn) als auch untersuchtem Zeitraum (zwei bzw. ein Geschäftsjahr) unterscheiden und somit wenig Anlass für ein systematisches Muster geben. Auch im Vergleich mit dem identischen Modell mit UAI statt LTO (vgl. Tabelle 55) lag der Erklärungsgehalt bei Berücksichtigung von LTO lediglich bei Umsatz t2 höher, in den beiden einjährigen Betrachtungszeiträumen hingegen darunter.

Tabelle 57: Ergebnisse zum Einfluss von *Langfristorientierung im Käuferland* (einfaches Modell)

Quelle: Eigene Darstellung.

Huber M-Estimation	**(1) Umsatz t2**	**(2) Umsatz t1**	**(3) Gewinn t2**	**(4) Gewinn t1**
Kulturelle Distanz_gesamt	0,0888	-0,0923	0,0260	-0,0331
	(0,3186)	(0,1216)	(0,2603)	(0,1601)
Langfristorientierung_	-0,1185	0,0279	-0,0142	0,0299
Käuferland	(0,1939)	(0,6455)	(0,5356)	(0,1716)
Konstante	6,3229	6,9645**	-0,7879	-0,2661
	(0,1840)	(0,0207)	(0,5699)	(0,8001)
R^2	0,0114	0,0152	0,0041	0,0103
Adj. R^2	0,0070	0,0116	-0,0005	0,0066
N	227	274	221	268

*p-Werte in Klammern: * p<0,10 ** p<0,05 *** p<0,01*

Auch in der erweiterten Variante des Regressionsmodells (vgl. Tabelle 58) wird deutlich, dass von Käufereigenschaft (LTO) kein bedeutender Einfluss auf den Erfolg ausging. Lediglich für Umsatz t2 wurde eine minimale Steigerung des Erklärungsgehaltes gegenüber dem Modell ohne LTO (vgl. Tabelle 53) erzielt.

Demzufolge muss die Hypothese H10, die positive Erfolgswirkung von hoher Langfristorientierung propagiert, verworfen werden.

Tabelle 58: Ergebnisse zum Einfluss von *Langfristorientierung im Käuferland* (erweitertes Modell)

Quelle: Eigene Darstellung.

Huber M-Estimation	**(1) Umsatz t2**	**(2) Umsatz t1**	**(3) Gewinn t2**	**(4) Gewinn t1**
Branchen-Verwandtschaft	-5,9872	-6,0834**	1,0561	0,4768
	(0,1470)	(0,0138)	(0,4606)	(0,6243)
Firmengröße_Target	-0,0144	-0,0238*	0,0035	0,0053
	(0,4692)	(0,0723)	(0,6158)	(0,2773)
Kulturelle Distanz_gesamt	0,0779	-0,1007*	0,0273	-0,0313
	(0,3580)	(0,0635)	(0,2322)	(0,1780)
Langfristorientierung_ Käuferland	-0,0997	0,0490	-0,0179	0,0274
	(0,2568)	(0,3951)	(0,4497)	(0,2086)
Konstante	11,6096*	13,7142***	-1,8828	-1,2994
	(0,0690)	(0,0001)	(0,310)	(0,3592)
R^2	0,0243	0,0510	0,0075	0,0139
Adj. R^2	0,0112	0,0405	-0,0062	0,0027
N	227	274	221	268

*p-Werte in Klammern: * p<0,10 ** p<0,05 *** p<0,01*

8.3.5 Zwischenfazit

Beim Vergleich der drei Variablenkategorien zeigten sich unterschiedliche Einflussstärken. Innerhalb der transaktionsspezifischen Faktoren übte die Branchen-Verwandtschaft zwischen dem Sektor von Käufer- und Zielunternehmen einen Einfluss aus. Dieser zeigte sich bei beiden Umsatzgrößen, nicht aber bei Gewinn. Auffällig ist der negative Zusammenhang: in nicht verwandten Übernahmen schnitten die Zielunternehmen demnach besser ab. Die Firmengröße des Targets spielte hingegen keine Rolle. Weiterhin erwies sich keine der drei ökonomischen Größen als einflussreich auf das Gesamt-Sample.

Die Analyse kultureller Faktoren erforderte eine Differenzierung nach Variablen. Die kulturelle Distanz über alle Dimensionen wirkte sich nur schwach und tendenziell negativ aus. Größere Unterschiede ließen sich bei der Betrachtung von Distanzen in einzelnen Kulturdimensionen ausmachen. In einigen erwies sich höhere Distanz als positiv (Unsicherheitsvermeidung), in anderen geringe Unterschiedlichkeit (Machtdistanz und Maskulinität/Femininität). Bei den kulturellen Ausprägungen der Käuferländer zeigte sich nur die Einstellung in Unsicherheitsvermeidung als wirksam.

8.4 Fragenkomplex 3: China-spezifische Einflussfaktoren auf den M&A-Erfolg

8.4.1 Einleitende Bemerkungen

Die vorangegangenen Abschnitte haben zum einen den M&A-Erfolg zwischen Staaten (vgl. Abschnitt 8.2), zum anderen allgemeine Erfolgsursachen untersucht (vgl. Abschnitt 8.3). Dabei ist es möglich, dass die ermittelten Faktoren den Erfolg der Käuferländer in unterschiedlicher Weise beeinflussen oder die in Abschnitt 8.3 gefundenen Zusammenhänge nur für einige Länder gelten. Um derartige länderbezogenen Besonderheiten des Einflusses auf den Transaktionserfolg zu erfassen, geht der nachfolgende Abschnitt auf Unterschiede in den Erfolgsdeterminanten zwischen den Ländern ein. Dazu wurden Berechnungen für die einzelnen Teil-Samples der sechs beteiligten Staaten durchgeführt.

Analog zu Abschnitt 8.3 wurden die Erfolgsfaktoren statt für das Gesamt-Sample für die einzelnen Länder-Samples untersucht und anhand der Variablenkategorien transaktionsspezifisch, ökonomisch und landeskulturell gegliedert. Aufgrund der niedrigeren Fallzahlen der Länder-Samples war der Umfang der zur Verfügung stehenden Modellvarianten jedoch geringer als beim Gesamt-Sample (da Wechselwirkungen zwischen der Anzahl der Prädiktoren und der Anzahl der Beobachtungen bestehen und Modelle mit vielen Variablen auch höhere Fallzahlen erfordern, vgl. Abschnitt 7.2.6). Aufgrund zu hoher Prädiktorenanzahl wurde deshalb in diesem Schritt auf den gleichzeitigen Einbezug von kulturellen Distanzen auf Ebene einzelner Dimensionen verzichtet. Als Analyseverfahren wurde auf die Huber M-Schätzung zurückgegriffen. Durch die Berücksichtigung extremer Werte (statt deren Ausschluss) stützt sie sich auf möglichst viele Beobachtungen und ist daher besonders für kleine Samples geeignet.

8.4.2 Transaktionsspezifische Variablen

Die Ergebnisse im vorherigen Kapitel (vgl. Tabelle 49) zeigten, dass die beiden transaktionsspezifischen Variablen *Branchen-Verwandtschaft* und *Firmengröße_Target* einen sehr unterschiedlichen Einfluss auf das Gesamt-Sample ausübten.

Auch die Regressionsergebnisse für einzelne Länder-Samples ließen nur für *Branchen-Verwandtschaft* Auffälligkeiten erkennen, wenn von zwei signifikanten Werten bei Indien abgesehen wird. Selbige machten sich allerdings nur minimal in der abhängigen Variable bemerkbar.

Beim chinesischen Sample (vgl. Tabelle 59) wies keiner der Regressionskoeffizienten signifikantes Niveau auf. Zudem waren die adjustierten R^2 in zwei von vier Fällen sogar negativ, was auf fehlende Eignung der Prädiktoren zur Schätzung der Modellvarianz hinweist. Lediglich bei der Erfolgsgröße Umsatz t1 erreichte der Erklärungsgehalt mit 5,58 Prozent eine relevante Größenordnung (vgl. zur Orientierung Abschnitt 7.5).

Für indische Firmenkäufe (vgl. Tabelle 60) stellten sich die Ergebnisse hingegen anders dar. *Branchen-Verwandtschaft* erwies sich bei Umsatz t1 als hochsignifikant, *Firmengröße_Target* als signifikant bei beiden Gewinn-Größen. Der Einfluss wurde durch den Erklärungsgehalt der Modelle, welcher sich zwischen 4,71 und 14,22 Prozent bewegte, bestätigt. Auffallend war jedoch, dass die Wirkungsrichtung auf die Schätzungen nicht einheitlich war. Beide Prädiktoren führten zu negativen Werten für Umsätze und positiven für Gewinne.

Tabelle 59: Ergebnisse zum Einfluss transaktionsspezifischer Variablen im Länder-Sample China

Quelle: Eigene Darstellung.

Huber M-Estimation China	**(1) Umsatz t2**	**(2) Umsatz t1**	**(3) Gewinn t2**	**(4) Gewinn t1**
Branchen-Verwandtschaft	5,9828	10,9404	3,437	1,1379
	(0,7174)	(0,2377)	(0,6231)	(0,6633)
Firmengröße_Target	-0,0379	-0,0525	0,0185	0,0024
	(0,5889)	(0,2104)	(0,5186)	(0,8086)
Konstante	8,9352	4,347	-3,4555	-0,9888
	(0,6912)	(0,6555)	(0,7151)	(0,7508)
R^2	0,0148	0,0794	0,0437	0,0047
Adj. R^2	-0,0160	0,0558	0,0119	-0,0222
N	34	41	32	39

*p-Werte in Klammern: * p<0,10 ** p<0,05 *** p<0,01*

Beim russischen Teil-Sample (vgl. Tabelle 61) fiel nur ein Regressionskoeffizient mit einer fast auf dem 1 %-Niveau liegenden Signifikanz auf. Dieser führte mit 14,70 Prozent auch zum einzigen bedeutenden Erklärungsgehalt unter den vier untersuchten Erfolgsvariablen. Die Wirkungsrichtung auf die Schätzung war hingegen auch bei Russland nicht einheitlich.

Tabelle 60: Ergebnisse zum Einfluss transaktionsspezifischer Variablen im Länder-Sample Indien

Quelle: Eigene Darstellung.

Huber M-Estimation	**(1)**	**(2)**	**(3)**	**(4)**
Indien	**Umsatz t2**	**Umsatz t1**	**Gewinn t2**	**Gewinn t1**
Branchen-Verwandtschaft	-5,1460	-16,3091***	2,2015	0,6921
	(0,5923)	(0,0092)	(0,3883)	(0,6776)
Firmengröße_Target	-0,0342	-0,0168	0,0307**	0,0168**
	(0,3934)	(0,5589)	(0,0124)	(0,0190)
Konstante	9,4226	16,3396**	-7,8005***	-3,1873**
	(0,4503)	(0,0326)	(0,0087)	(0,0339)
R^2	0,0272	0,1590	0,1181	0,0662
Adj. R^2	0,0056	0,1422	0,0976	0,0471
N	47	52	45	51

*p-Werte in Klammern: * p<0,10 ** p<0,05 *** p<0,01*

Tabelle 61: Ergebnisse zum Einfluss transaktionsspezifischer Variablen im Länder-Sample Russland

Quelle: Eigene Darstellung.

Huber M-Estimation	**(1)**	**(2)**	**(3)**	**(4)**
Russland	**Umsatz t2**	**Umsatz t1**	**Gewinn t2**	**Gewinn t1**
Branchen-Verwandtschaft	-12,9898	-20,9388**	0,6935	-1,3926
	(0,2916)	(0,0117)	(0,8200)	(0,5744)
Firmengröße_Target	-0,0349	-0,0576	-0,0189	0,0087
	(0,6125)	(0,2047)	(0,2116)	(0,4452)
Konstante	24,6083*	24,9844**	3,2108	-2,3347
	(0,0535)	(0,0199)	(0,2229)	(0,2844)
R^2	0,0469	0,1664	0,0446	0,0150
Adj. R^2	0,0162	0,1470	0,0137	-0,0090
N	33	45	33	43

*p-Werte in Klammern: * p<0,10 ** p<0,05 *** p<0,01*

Bei japanischen Targets (vgl. Tabelle 62) waren alle acht Koeffizienten-Schätzungen deutlich insignifikant. Auch lag nur der Erklärungsgehalt bei *Gewinn t2* überhaupt im positiven Wertebereich (8,12 %).

Tabelle 62: Ergebnisse zum Einfluss transaktionsspezifischer Variablen im Länder-Sample Japan

Quelle: Eigene Darstellung.

Huber M-Estimation Japan	(1) Umsatz t2	(2) Umsatz t1	(3) Gewinn t2	(4) Gewinn t1
Branchen-Verwandtschaft	2,4186	0,0958	9,0959	1,5986
	(0,6882)	(0,9814)	(0,2473)	(0,6354)
Firmengröße_Target	0,0183	0,0022	-0,0191	-0,0059
	(0,5342)	(0,9339)	(0,5305)	(0,7511)
Konstante	-3,5143	-1,9525	-4,3894	-2,2029
	(0,4674)	(0,6604)	(0,6557)	(0,6044)
R^2	0,0139	0,0002	0,1060	0,0090
Adj. R^2	-0,0127	-0,0215	0,0812	-0,0130
N	39	48	38	47

*p-Werte in Klammern: * p<0,10 ** p<0,05 *** p<0,01*

Demgegenüber wies der Erfolg beim Kanada-Sample (vgl. Tabelle 63) mit zwei signifikanten Werten bei *Branchen-Verwandtschaft* und korrespondierenden, vergleichsweise hohen Erklärungsgehalten (8,73 % und 5,24 %) eine gewisse Beeinflussung durch transaktionsspezifische Größen auf. Die Richtung des Einflusses war allerdings auch in diesem Fall nicht bei allen vier Erfolgsgrößen identisch.

Schließlich zeigte sich in der Regression für die Schweiz (vgl. Tabelle 64), dass ein signifikanter Einfluss nur von einem Prädiktor ausgeht und dieser nur eine abhängige Variable betraf. Zudem fehlte auch hier eine einheitliche Wirkungsrichtung.

Tabelle 63: Ergebnisse zum Einfluss transaktionsspezifischer Variablen im Länder-Sample Kanada

Quelle: Eigene Darstellung.

Huber M-Estimation Kanada	**(1) Umsatz t2**	**(2) Umsatz t1**	**(3) Gewinn t2**	**(4) Gewinn t1**
Branchen-Verwandtschaft	-28,0311**	-14,8789**	-0,7095	2,0455
	(0,0340)	(0,0157)	(0,8455)	(0,6629)
Firmengröße_Target	-0,0796	-0,0524	-0,0198	-0,0178
	(0,2384)	(0,1466)	(0,2952)	(0,3581)
Konstante	39,3989***	21,3544***	2,5892	-0,8786
	(0,0013)	(0,0015)	(0,4286)	(0,8764)
R^2	0,1254	0,0863	0,0336	0,0374
Adj. R^2	0,0873	0,0524	-0,0084	0,0018
N	25	29	25	29

*p-Werte in Klammern: * p<0,10 ** p<0,05 *** p<0,01*

Tabelle 64: Ergebnisse zum Einfluss transaktionsspezifischer Variablen im Länder-Sample Schweiz

Quelle: Eigene Darstellung.

Huber M-Estimation Schweiz	**(1) Umsatz t2**	**(2) Umsatz t1**	**(3) Gewinn t2**	**(4) Gewinn t1**
Branchen-Verwandtschaft	-10,4667*	-2,8085	-2,9737	0,6322
	(0,0741)	(0,5037)	(0,1719)	(0,7059)
Firmengröße_Target	-0,0040	-0,0086	0,0037	0,0077
	(0,9180)	(0,7453)	(0,7456)	(0,3551)
Konstante	12,4759	6,8816	2,0629	-2,2064
	(0,1457)	(0,3014)	(0,4560)	(0,2510)
R^2	0,0569	0,0115	0,0384	0,0107
Adj. R^2	0,0387	-0,0037	0,0195	-0,0045
N	54	67	53	67

*p-Werte in Klammern: * p<0,10 ** p<0,05 *** p<0,01*

Insgesamt stammte die negative Wirkung im Gesamt-Sample (vgl. Tabelle 49) somit offenbar v. a. von kanadischen Fällen sowie, etwas weniger ausgeprägt, von Russland, Indien und der Schweiz. Dennoch ließen sich aus den Länder-Regressionen keine starken Muster ableiten. Es traten zwar signifikante Regressionsschätzungen auf, allerdings wirkte der mit ihnen verbundene Einfluss in keinem der sechs Länder-Samples für alle Erfolgsgrößen konsistent in derselben Richtung.

8.4.3 Ökonomische Variablen

Unter den in Abschnitt 8.3 verwendeten ökonomischen Variablen konnte lediglich die *Disparität im Pro-Kopf-Einkommen* als Prädiktor bei Länder-Samples verwendet werden. *Auslandsdirektinvestitionen_Käuferland* und *BIP-Wachstum_Käuferland* eigneten sich aufgrund des Vorliegens von nur einer Ausprägung pro Käuferland nicht für die Untersuchung von Länder-Samples, da alle Beobachtungen dieselbe Ausprägung gehabt hätten.

Die Resultate in Tabelle 65 zeigen einen spürbaren Einfluss des Prädiktors auf die Regressionsschätzung. Bei Chinas Akquisitionen wurde ein stark negativer, teilweise hochsignifikanter Effekt der *Einkommensdisparität* auf den Umsatzerfolg deutlich. Korrigierte Bestimmtheitsmaße von 8,03 und 10,90 Prozent gaben Hinweise auf die Erklärung eines erkennbaren Varianzanteils durch diese unabhängige Variable.

Tabelle 65: Ergebnisse zum Einfluss von *Einkommensdisparität* im Länder-Sample China
Quelle: Eigene Darstellung.

Huber M-Estimation China	(1) Umsatz t2	(2) Umsatz t1	(3) Gewinn t2	(4) Gewinn t1
Disparität_Pro-Kopf-Einkommen	-170,2324 (0,1609)	-111,8358*** (0,0000)	-5,1984 (0,6072)	-4,9130 (0,5176)
Konstante	155,3241 (0,1436)	99,0034*** (0,0000)	6,5422 (0,4121)	4,3117 (0,4902)
R^2	0,0803	0,1090	0,0013	0,0014
Adj. R^2	0,0803	0,1090	0,0013	0,0014
N	34	41	32	39

*p-Werte in Klammern: * p<0,10 ** p<0,05 *** p<0,01*

Auf das indische Teilsample (vgl. Tabelle 66) wirkte sich der Prädiktor ebenfalls stark, jedoch in entgegengesetzter Richtung aus. Zudem entfaltete er Einfluss auf Gewinne statt auf Umsätze. Auffallend war bei beiden Länder-Samples die konsistente Wirkungsrichtung der unabhängigen Variablen für alle vier Erfolgsgrößen.

Tabelle 66: Ergebnisse zum Einfluss von *Einkommensdisparität* im Länder-Sample Indien
Quelle: Eigene Darstellung.

Huber M-Estimation Indien	(1) Umsatz t2	(2) Umsatz t1	(3) Gewinn t2	(4) Gewinn t1
Disparität_Pro-Kopf- Einkommen	22,1450 (0,5390)	59,1301 (0,1365)	40,5343*** (0,0000)	25,2225*** (0,0005)
Konstante	-19,3319 (0,5582)	-52,7961 (0,1529)	-39,8858*** (0,0000)	-24,0140*** (0,0003)
R^2	0,0037	0,0322	0,0793	0,0526
Adj. R^2	0,0037	0,0322	0,0793	0,0526
N	47	52	45	51

*p-Werte in Klammern: * p<0,10 ** p<0,05 *** p<0,01*

Bei den Samples von Russland, Kanada und der Schweiz war dies hingegen nicht der Fall. Auch die Anzahl der signifikanten Regressionskoeffizienten war, bis auf Kanada mit ebenfalls zwei, geringer. Zudem lag der Anteil der erklärten Varianz bei diesen Staaten, wie auch für Japan, deutlich niedriger als bei China und Indien.

Tabelle 67: Ergebnisse zum Einfluss von *Einkommensdisparität* im Länder-Sample Russland.
Quelle: Eigene Darstellung.

Huber M-Estimation Russland	(1) Umsatz t2	(2) Umsatz t1	(3) Gewinn t2	(4) Gewinn t1
Disparität_Pro-Kopf- Einkommen	-34,1512 (0,3058)	-51,4797 (0,1186)	-6,5863 (0,4392)	1,3334 (0,8301)
Konstante	31,2235 (0,1195)	32,8158* (0,0918)	4,4486 (0,4053)	-2,3897 (0,4852)
R^2	0,0364	0,1265	0,0227	0,0012
Adj. R^2	0,0364	0,1265	0,0227	0,0012
N	33	45	33	43

*p-Werte in Klammern: * p<0,10 ** p<0,05 *** p<0,01*

Tabelle 68: Ergebnisse zum Einfluss von *Einkommensdisparität* im Länder-Sample Japan
Quelle: Eigene Darstellung.

Huber M-Estimation Japan	**(1) Umsatz t2**	**(2) Umsatz t1**	**(3) Gewinn t2**	**(4) Gewinn t1**
Disparität_Pro-Kopf-Einkommen	22,5456*	11,8832	18,3817	17,8268
	(0,0916)	(0,3884)	(0,3146)	(0,1428)
Konstante	-1,3529	-2,2654	-2,1669	-3,1069*
	(0,7050)	(0,3632)	(0,4279)	(0,0848)
R^2	0,0157	0,0059	0,0180	0,0271
Adj. R^2	0,0157	0,0059	0,0180	0,0271
N	39	48	38	47

*p-Werte in Klammern: * p<0,10 ** p<0,05 *** p<0,01*

Tabelle 69: Ergebnisse zum Einfluss von *Einkommensdisparität* im Länder-Sample Kanada
Quelle: Eigene Darstellung.

Huber M-Estimation Kanada	**(1) Umsatz t2**	**(2) Umsatz t1**	**(3) Gewinn t2**	**(4) Gewinn t1**
Disparität_Pro-Kopf-Einkommen	-52,7038**	-34,7497*	-10,1531	19,8437
	(0,0362)	(0,0657)	(0,1796)	(0,2546)
Konstante	17,4817**	7,9024*	1,2750	-2,6442
	(0,0199)	(0,0750)	(0,5192)	(0,2691)
R^2	0,0418	0,0427	0,0183	0,0378
Adj. R^2	0,0418	0,0427	0,0183	0,0378
N	25	29	25	29

*p-Werte in Klammern: * p<0,10 ** p<0,05 *** p<0,01*

Die Resultate geben somit Hinweise darauf, dass die ökonomische Variable bei den Transaktionen Chinas und Indiens über höheren Einfluss verfügte. Auffallend war allerdings, dass sie bei diesen Ländern sehr verschiedene Wirkung auf die Erfolgsgrößen aufwies, wodurch die Ableitung von generellen Rückschlüssen erschwert wurde.

Tabelle 70: Ergebnisse zum Einfluss von *Einkommensdisparität* im Länder-Sample Schweiz
Quelle: Eigene Darstellung.

Huber M-Estimation Schweiz	(1) Umsatz t2	(2) Umsatz t1	(3) Gewinn t2	(4) Gewinn t1
Disparität_Pro-Kopf-Einkommen	32,0147 (0,1512)	-16,3927 (0,3220)	6,0138 (0,6263)	-1,5377 (0,8375)
Konstante	-3,0182 (0,6434)	8,1664* (0,0773)	-0,6648 (0,8165)	-0,2953 (0,8798)
R^2	0,0431	0,0258	0,0114	0,0010
Adj. R^2	0,0431	0,0258	0,0114	0,0010
N	54	67	53	67

*p-Werte in Klammern: * p<0,10 ** p<0,05 *** p<0,01*

8.4.4 Landeskulturelle Variablen

Zum Zwecke des Vergleichs kultureller Einflüsse wurde in der Länder-Untersuchung auf die aggregierte kulturelle Distanz aus fünf Kulturdimensionen zurückgegriffen (Modell 3a). Angesichts der Fallanzahlen der Länder-Samples ließen sich durch die Berücksichtigung eines einzigen Prädiktors zuverlässige Schätzungen berechnen.

Mit China (vgl. Tabelle 71), Japan (vgl. Tabelle 74) und der Schweiz (vgl. Tabelle 76) wies die Hälfte der Länder-Samples jeweils zwei signifikante Regressionskoeffizienten auf.

Tabelle 71: Ergebnisse zum Einfluss von kultureller Distanz (gesamt) im Länder-Sample China
Quelle: Eigene Darstellung.

Huber M-Estimation China	(1) Umsatz t2	(2) Umsatz t1	(3) Gewinn t2	(4) Gewinn t1
Kulturelle Distanz_gesamt	1,5778* (0,0982)	0,3270 (0,6003)	0,6893** (0,0394)	0,0666 (0,7389)
Konstante	-177,9803 (0,1159)	-35,4758 (0,6341)	-78,7830** (0,0454)	-7,6652 (0,7436)
R^2	0,0460	0,0049	0,0900	0,0014
Adj. R^2	0,0460	0,0049	0,0900	0,0014
N	34	41	32	39

*p-Werte in Klammern: * p<0,10 ** p<0,05 *** p<0,01*

Hinzu kam Indien (vgl. Tabelle 72) mit einem hochsignifikanten Schätzwert und Russland (vgl. Tabelle 73) mit mehreren Werten leicht außerhalb des 10 %-Signifikanzniveaus. Die Wirkung der Schätzung wurde im korrigierten Bestimmtheitsmaß ersichtlich.

Tabelle 72: Ergebnisse zum Einfluss von *kultureller Distanz (gesamt)* im Länder-Sample Indien

Quelle: Eigene Darstellung.

Huber M-Estimation Indien	**(1) Umsatz t2**	**(2) Umsatz t1**	**(3) Gewinn t2**	**(4) Gewinn t1**
Kulturelle Distanz_gesamt	-0,7960	-1,6062***	-0,2994	-0,2847
	(0,2799)	(0,0000)	(0,4697)	(0,2079)
Konstante	52,3884	105,9618***	17,5524	17,9482
	(0,2642)	(0,0000)	(0,4997)	(0,2037)
R^2	0,0354	0,2226	0,0338	0,0499
Adj. R^2	0,0354	0,2226	0,0338	0,0499
N	45	50	43	49

*p-Werte in Klammern: * p<0,10 ** p<0,05 *** p<0,01*

Tabelle 73: Ergebnisse zum Einfluss von *kultureller Distanz (gesamt)* im Länder-Sample Russland

Quelle: Eigene Darstellung.

Huber M-Estimation Russland	**(1) Umsatz t2**	**(2) Umsatz t1**	**(3) Gewinn t2**	**(4) Gewinn t1**
Kulturelle Distanz_gesamt	0,0781	-0,3150	0,1073	-0,1219
	(0,9114)	(0,1724)	(0,1138)	(0,1557)
Konstante	8,3580	25,2911	-6,7099	6,5395
	(0,8572)	(0,1221)	(0,2161)	(0,2669)
R^2	0,0015	0,0516	0,0792	0,0899
Adj. R^2	0,0015	0,0516	0,0792	0,0899
N	30	40	30	38

*p-Werte in Klammern: * p<0,10 ** p<0,05 *** p<0,01*

Bei vier der sechs Länder wiesen jeweils alle vier Erfolgsvariablen dasselbe Vorzeichen auf und zeigten somit eine einheitliche Einflussrichtung. Allerdings führte höhere kulturelle Distanz lediglich bei zwei Käuferstaaten, China und Japan, zu einem durchgehend positiven Effekt auf den M&A-Erfolg. Auffällig waren, neben den höchsten Bestimmtheitsmaßen der sechs Länder, die jeweils zwei signifikant positiven Koeffizienten, die bei dem jeweils längeren Zeitraum auftraten (*Umsatz t2* bzw. *Gewinn t2*). Die signifikant negativen Einflüsse von Kultur fanden sich hingegen bei den kurzfristigen Erfolgsgrößen *Umsatz t1* und *Gewinn t1* (ein signifikanter Wert bei Indien, zwei bei der Schweiz).

Tabelle 74: Ergebnisse zum Einfluss von *kultureller Distanz (gesamt)* im Länder-Sample Japan

Quelle: Eigene Darstellung.

Huber M-Estimation **Japan**	**(1)** **Umsatz t2**	**(2)** **Umsatz t1**	**(3)** **Gewinn t2**	**(4)** **Gewinn t1**
Kulturelle Distanz_gesamt	0,4321***	0,1513	0,2667***	0,0644
	(0,0033)	(0,2617)	(0,0086)	(0,5755)
Konstante	-34,1338***	-13,4217	-22,5868***	-7,1156
	(0,0031)	(0,1909)	(0,0083)	(0,4208)
R^2	0,1391	0,0250	0,0987	0,0091
Adj. R^2	0,1391	0,0250	0,0987	0,0091
N	39	48	38	47

*p-Werte in Klammern: * p<0,10 ** p<0,05 *** p<0,01*

Bei Indien und der Schweiz wirkte sich kulturelle Distanz hingegen erfolgsmindernd aus. Die Gegenüberstellung der Resultate Chinas und Japans macht deutlich, dass der Anteil der erklärten Varianz beim japanischen Teil-Sample etwas höher einzustufen ist. Dort wurden bis zu 13,91 Prozent gegenüber bis zu 9,00 Prozent des Erfolgs bei China durch die kulturelle Distanz erklärt. Allerdings war die Stärke des Effekts beim chinesischen Länder-Sample um ein Vielfaches höher: der Regressionskoeffizient für China lag bei Umsatz t2 bei mehr als dem Dreifachen, bei Gewinn t2 bei mehr als dem Doppelten der japanischen Werte. Beim kanadischen Teil-Sample (vgl. Tabelle 75) war hingegen kein Effekt erkennbar.

Tabelle 75: Ergebnisse zum Einfluss von *kultureller Distanz (gesamt)* im Länder-Sample Kanada

Quelle: Eigene Darstellung.

Huber M-Estimation **Kanada**	**(1)** **Umsatz t2**	**(2)** **Umsatz t1**	**(3)** **Gewinn t2**	**(4)** **Gewinn t1**
Kulturelle Distanz_gesamt	0,1267	0,1264	-0,0063	0,1385
	(0,6828)	(0,5475)	(0,9314)	(0,3122)
Konstante	8,0419	0,1826	0,7263	-6,8522
	(0,5834)	(0,9845)	(0,8308)	(0,2630)
R^2	0,0061	0,0142	0,0002	0,0445
Adj. R^2	0,0061	0,0142	0,0002	0,0445
N	25	29	25	29

*p-Werte in Klammern: * p<0,10 ** p<0,05 *** p<0,01*

Tabelle 76: Ergebnisse zum Einfluss von *kultureller Distanz (gesamt)* im Länder-Sample Schweiz

Quelle: Eigene Darstellung.

Huber M-Estimation **Schweiz**	**(1)** **Umsatz t2**	**(2)** **Umsatz t1**	**(3)** **Gewinn t2**	**(4)** **Gewinn t1**
Kulturelle Distanz_gesamt	-0,1157	-0,1729**	-0,0598	-0,0810**
	(0,3956)	(0,0170)	(0,1498)	(0,0189)
Konstante	9,9590	11,0191***	3,0162*	2,3994*
	(0,1518)	(0,0019)	(0,0845)	(0,0928)
R^2	0,0156	0,0768	0,0342	0,0702
Adj. R^2	0,0156	0,0768	0,0342	0,0702
N	54	66	53	66

*p-Werte in Klammern: * p<0,10 ** p<0,05 *** p<0,01*

Insgesamt war die Wirkung kultureller Distanz bei Chinas Akquisitionen durchgehend positiv, das Ausmaß des Einflusses lag ebenfalls deutlich höher als bei den fünf Vergleichsländern. Auch bei den Staaten mit negativen Schätzungen wies keiner eine absolute Effektstärke in vergleichbarer Höhe auf. Es deutet daher einiges darauf hin, dass kulturelle Distanz bei chinesischen Transaktionen einen überproportionalen Einfluss einnimmt.

8.4.5 Kaufzeitpunkte als Einflussfaktoren

Neben dem Einfluss der einzelnen Variablen in den verschiedenen Kategorien (vgl. Abschnitt 8.3) wurde die Frage ergründet, ob das chinesische M&A-Abschneiden auf die Auswahl von Zielsektoren zurückzuführen ist, die sich in der Zeit nach der Übernahme besonders günstig entwickelt haben (vgl. Hypothese H14). Zu diesem Zweck wurden die in den vorherigen Analysen verwendeten Erfolgszahlen, welche die wirtschaftliche Entwicklung im jeweiligen Sektor nach den jeweiligen Kaufzeitpunkten berücksichtigen (sektoradjustierte Werte), denen ohne diese Anpassung (unadjustierte Werte) gegenübergestellt. Durch die Gegenüberstellung der beiden Berechnungsvarianten konnte abgeleitet werden, ob Unterschiede zwischen sektoradjustierten und unadjustierten Werten bestanden. Je höher die Differenz zwischen den beiden Methoden, desto deutlicher wurde der Effekt der Branchen-Entwicklung auf den Erfolg eines Käuferlandes.

Für die Berechnung wurden die in den vorangegangenen Abschnitten vorgestellten Verfahren der robusten Regression sowie der Dummy-Kodierung verwendet. Der Vorteil letztgenannter Methode lag u. a. darin, dass durch die Darstellung als Differenzen zu einem Referenzland (hier: China), die gesuchten Besonderheiten (bessere oder schlechtere Resultate als China) sofort ersichtlich wurden. Methodisch wurden dieselben Rechenschritte wie in der Ländervergleichsanalyse (vgl. Abschnitt 8.2) durchgeführt, jedoch unter Verwendung nicht adjustierter Zahlen. Die Ergebnisse wurden dann mit denen in Abschnitt 8.2 (sektoradjustierte Erfolge) verglichen.

Innerhalb der vier Erfolgsgrößen dieser Untersuchung erfolgte die Analyse auf Basis der beiden Umsatzgrößen. Der Grund für die Konzentration auf diese lag in der gewählten Korrekturvariante für die Sektoradjustierung bei den Gewinngrößen. Diese erfolgte – in Ermangelung von Gewinnmargen je Branche – in Form der prozentualen Entwicklung der Branchenumsätze (vgl. Abschnitt 6.3.2). Während diese Vorgehensweise für die Hauptanalyse in Abschnitt 8.2 passend ist, bestand für diese Teilanalyse die Gefahr zu hoher methodischer Einschränkungen. Durch den Vergleich von sektorkorrigierten und unkorrigierten Zahlen rückte der Sektor in den Mittelpunkt der Betrachtung. Daher erschien es sinnvoll, für dessen Analyse auch nur solche Werte zu verwenden, für die explizite Sektor-Angaben vorhanden waren.

Bei Anwendung der Huber M-Schätzung auf die unadjustierten Umsatzentwicklungen wies China (ablesbar an den Werten der Konstanten) mit 11,9464 und 7,2483 sehr positive Regressionskoeffizienten auf. Chinesische Übernahmeobjekte verzeichneten demnach starke Zuwachsraten. Bei Umsatz t2 zeigten nur Russland (+0,1780) und Kanada (+0,0993), bei Umsatz t1 einzig Russland (+0,9883) positive Werte und damit bessere Ergebnisse als China (vgl. Tabelle 77, Bereich „Unadjustiert"). Der Erfolg Chinas blieb damit auf Basis unbereinigter Umsätze nur in drei Fällen und jeweils nur minimal hinter dem der genannten Länder.

Bei Berücksichtigung der Sektorentwicklung nahmen die Konstanten beider Erfolgsgrößen mit 6,4378 und 2,7410 hingegen deutlich geringere Werte an (vgl. Tabelle 77, Bereich „Sektoradjustiert"; die Werte entsprechen denen in Tabelle 40, Abschnitt 8.2.2). Darüber hinaus rangierten mit Russland (+4,3271) und Kanada (+5,5486) für Umsatz t2 bzw. mit Russland (+0,1221), Kanada (+2,7171) und der Schweiz (+1,2598) für Umsatz t1 fünf Beobachtungen oberhalb des chinesischen Erfolges (erkennbar an den positiven Werten). Somit wiesen gegenüber der unadjustierten Variante zwei zusätzliche Kombinationen aus Land und Erfolgsvariable höhere Erfolge auf. Hinzu kommt, dass die Regressionskoeffizienten viel stärker waren als die der unadjustierten Berechnung (dort alle unter +1,0). Insbesondere die Effektstärken bei Umsatz t2 waren mit Werten jenseits von +4,0 ausgeprägter. Die Berücksichtigung der Sektor- und Kaufzeitpunkt-Anpassung bewirkte daher eine im Ländervergleich schlechtere Positionierung des chinesischen Erfolges als in der unbereinigten Sichtweise. Darauf deuten ebenfalls die Schätzungen der restlichen Käuferländer (v. a. Indien und Japan) hin. Diese zeigten zwar in beiden Varianten deutlich schwächere Erfolge, was an den teils stark negativen Regressionskoeffizienten ablesbar ist. Jedoch zeigte sich auch hier ein geringerer Abstand auf Seiten der sektorbereinigten Wertebasis gegenüber der Verwendung nicht adjustierter Werte. Die in Relation schlechtere Stellung innerhalb der Ländergruppe wurde daher auch bei diesen Staaten deutlich.

Die Subtraktion der robusten Mittelwerte der unadjustierten von denen der sektoradjustierten Betrachtung gab Aufschluss darüber, welche Länder stärker bzw. schwächer von einer günstigen Marktentwicklung der Branchen profitieren konnten als China (vgl. Tabelle 77, Bereich „Abweichung"). Anhand des Vergleichs der (robusten) Mittelwerte wird ersichtlich, dass sich mit Russlands Schätzung für Umsatz t1 überhaupt nur ein einziger Umsatz-Wert gegenüber der unadjustierten Berechnung verringerte. Die Werte der Konstanten, welche die Mittelwerte des Referenzlandes China repräsentieren, lagen in der sektoradjustierten Berechnungsvariante erheblich unter denjenigen der unkorrigierten (zwei deutlich negative Werte in Zeile „Konstante“). China wies dort ein um 5,5086 (Umsatz t2) bzw. 4,5073 (Umsatz t1) Prozentpunkte geringeres Wachstum auf als bei Verzicht auf die Sektoradjustierung. Folglich fiel die Umsatzentwicklung chinesischer Übernahmeobjekte in Relation deutlich positiver aus wenn eine Sektoradjustierung unterblieb. Die Entwicklung in diesen Sektoren war daher stark positiv und minderte den relativen Erfolg der chinesischen Zielunternehmen im Verhältnis zu den Firmen der Branche. Der um 0,8662 Prozentpunkte geringe Wert Russlands stellt daher den einzigen Fall dar, in dem ein Vergleichswert einen noch stärkeren Unterschied zu verzeichnen hatte. Die um diesen Betrag höhere Sektorentwicklung war jedoch gering.

Tabelle 77: Unadjustierte und sektoradjustierte Umsatzentwicklungen im Ländervergleich
Quelle: Eigene Darstellung.

Huber M-Estimation	***Unadjustiert***		***Sektoradjustiert***		*Abweichung*	
	Umsatz t2	**Umsatz t1**	**Umsatz t2**	**Umsatz t1**	Umsatz t2	Umsatz t1
Indien	-6,3757	-1,0976	-4,2126	-0,3209	2,1631	0,7767
Russland	0,1780	0,9883	4,3271	0,1221	4,1491	-0,8662
Japan	-10,2355	-9,2771	-5,6353	-4,5814	4,6002	4,6957
Kanada	0,0993	-0,4028	5,5486	2,7171	5,4493	3,1199
Schweiz	-7,9372	-2,4856	-1,2686	1,2598	6,6686	3,7454
Konstante	11,9464	7,2483	6,4378	2,7410	-5,5086	-4,5073
Fallanzahl	232	282	232	282	232	282

Referenzland: China
Konstante: (robuste) Mittelwerte des Referenzlandes
Koeffizienten: Differenz aus (robusten) Mittelwerten des jeweiligen Landes und dem des Referenzlandes
Abweichung: Differenz aus sektoradjustierten und unadjustierten Werten

Der Vergleich der Berechnungsvarianten offenbarte spürbare Unterschiede zwischen un- und sektoradjustierter Wertebasis. Der Sektor, in dem M&A durchgeführt wurde, spielt demnach eine nicht unerhebliche Rolle. Daneben ließen sich zwei wesentliche Erkenntnisse hinsichtlich der Umsatzentwicklung festhalten. Zum einen sind die starken Abweichungen bei der Betrachtung des chinesischen Ländersamples auffällig. Der chinesische Erfolg reduzierte sich deutlich wenn Sektoradjustierungen berücksichtigt wurden (vgl. Werte der Konstanten in Tabelle 77). Das deutet darauf hin, dass hierin eine Erfolgsursache für chinesischen Erfolg liegen könnte, sofern unadjustierte Werte betrachtet werden (in den sektorbereinigten wird dieser Effekt korrigiert). Zum anderen galt diese Besonderheit für die Kontrollgruppe nicht im selben Maße, weshalb der Umsatz-Erfolg Chinas bei sektorbereinigten Erfolgszahlen im Ländervergleich geringer ausfiel als bei unadjustierten (der positive Beitrag der Branche wurde darin herausgerechnet). Im Umkehrschluss schnitten die Vergleichsländer bei Berücksichtigung der Sektoranpassung besser ab (vgl. positive Regressionskoeffizienten in Tabelle 77) weil weniger Wachstumseffekte der Sektoren korrigiert werden mussten. D. h. die Sektoren, in die diese investierten, erwiesen sich als weniger wachstumsstark als die der Chinesen.

8.4.6 Zwischenfazit

Werden die drei Variablenkategorien anhand einzelner Länder-Samples gegenübergestellt, sind besonders die Richtungen des Einflusses auffällig. Keines der Länder, bei denen signifikante Schätzungen bei transaktionsspezifischen Größen vorlagen (Indien, Russland, Kanada, Schweiz), zeigte eine konsistente Einflussrichtung über alle vier abhängigen Variablen hinweg.

Bei dem ökonomischen Prädiktor *Disparität im Pro-Kopf-Einkommen* war dies bei drei Ländern (China, Indien und Japan) gegeben: die Wirkungsrichtung ist entweder konsistent positiv oder negativ. Die Uneinheitlichkeit zeigte aber auch die Einschränkung der Resultate.

Die Ergebnisse zu kultureller Distanz führten hingegen bei vier Ländern zu Schätzungen mit demselben Vorzeichen über alle Erfolgsvariablen hinweg und zeigten somit höhere Konsistenz bezüglich der erzielten Wirkungsrichtung als die untersuchten transaktionsspezifischen und ökonomischen Modellkombinationen.

Die Anzahl signifikanter Schätzwerte ist hingegen bei allen drei Kategorien vergleichbar. Die kulturellen Modelle zeigen allerdings leicht höhere Erklärungsgehalte als die der anderen beiden Kategorien. Es lagen somit leichte Hinweise vor, den Einfluss der kulturellen Gruppe auf Einzelländerbasis etwas höher einzuschätzen als die der anderen beiden Kategorien.

Werden nur die jeweiligen Regressionen für das chinesische Länder-Sample betrachtet wurde deutlich, dass ökonomische (vgl. Tabelle 65) und kulturelle (vgl. Tabelle 71) Faktoren zu deutlich besseren Schätzungen führten als transaktionsspezifische (vgl. Tabelle 59). Die beiden einflussreicheren Kategorien lassen sich besonders anhand der betroffenen Erfolgsgrößen differenzieren. Während die ökonomische Größe der *Einkommensdisparität* beide Umsatzgrößen beeinflusste, wirkte sich kulturelle Distanz auf die beiden zweijährigen Ergebnisgrößen Umsatz t2 und Gewinn t2 aus. Die Beurteilung beider Variablenkategorien hing somit auch von der gewählten Erfolgsdefinition ab. Die Resultate machen in jedem Fall deutlich, dass sich die Erfolgsfaktoren chinesischer Akquisitionen vom Gesamt-Datensatz unterscheiden. Während in letzterem besonders transaktionsspezifische Größen bedeutsame Wirkung zeigten, stellen diese im chinesischen Länder-Sample die Kategorie mit dem geringsten Einfluss dar. Dem gegenüber entwickeln ökonomische Größen in diesem sehr viel stärkeren Einfluss als es beim Sample über alle Transaktionen hinweg der Fall ist. Gleichermaßen zeigten die Ergebnisse, dass kulturelle Einflussfaktoren mit Bezug auf chinesische Übernahmen eine spürbare Erfolgswirkung entfalten, welche die Effekte anderer Variablenklassen übertreffen.

Der Vergleich des chinesischen Länder-Samples mit den Resultaten des Gesamt-Samples (vgl. Tabelle 52) deutet ebenfalls auf einen erhöhten Einfluss kultureller Variablen bei chinesischen Übernahmen hin. Die Regression des Länder-Samples (vgl. Tabelle 71) hat zwei signifikante Regressionskoeffizienten zur Folge, gegenüber lediglich einem beim Gesamt-Sample. Darüber hinaus überstieg das korrigierte Bestimmtheitsmaß im chinesischen Teil-Sample mit 4,60 bzw. 9,00 Prozent deutlich die Erklärungsgehalte über alle Transaktionen hinweg, der bei maximal 1,37 Prozent liegt. Schließlich fällt auf, dass die Wirkung der kulturellen Distanz bei China positiv, im Gesamtdatensatz hingegen negativ ist. Eine Erhöhung der kulturellen Distanz wirkte somit nur bei chinesischen Transaktionen erfolgsfördernd, während sie in der Gesamtheit aller Vergleichsländer zu einer Erfolgsminderung führte. Die genannten Kriterien weisen daher auch in dieser Berechnung auf zwei Erkenntnisse hin: zum einen auf eine größere Relevanz der kulturellen Distanz bei chinesischen Übernahmen, zum anderen wirkt diese in entgegengesetzter und somit positiver Richtung.

Die Ergebnisse liefern ausreichende Anhaltspunkte von einer Bestätigung der Hypothese H12 für die beiden Erfolgsgrößen *Umsatz t2* und *Gewinn t2* auszugehen. Diese postulieren eine höhere Wirkung der kulturellen Distanz auf chinesische Übernahmen im Vergleich zu denen des Gesamt-Samples. Für die beiden anderen endogenen Variablen *Umsatz t1* und *Gewinn t1* muss sie dagegen verworfen werden.

8.5 Zusammenfassung der Ergebnisse

Die vorangegangenen Abschnitte haben sich mit der Untersuchung dreier zentraler Fragenkomplexe beschäftigt. Zum einen wurde der M&A-Erfolg der chinesischen Zielunternehmen relativ zu denen anderer Käuferländer untersucht. Weiterhin wurden Einflussfaktoren auf den Erfolg der beteiligten Zielunternehmen untersucht und schließlich analysiert, welche Unterschiede sich hierbei zwischen den Staaten ermitteln lassen.

Der Erfolg im internationalen Vergleich (siehe Abschnitt 8.2) hing stark von der zugehörigen Erfolgsdefinition ab. Während die Umsatzsteigerungen bei chinesischen Übernahmeobjekten im Mittelfeld der Vergleichsländer rangierten, konnte in der Analyse nachgewiesen werden, dass sie die eindeutig höchsten EBT-Margenverbesserungen erzielten.

Bei der Bestimmung der Ursachen (siehe Abschnitt 8.3) zeigte sich die größte Wirkung bei den transaktionsspezifischen sowie den kulturellen Variablen. Der Einfluss ökonomischer Einflussfaktoren erwies sich hingegen als vernachlässigbar.

Die Effekte fielen innerhalb der Kategorien jedoch sehr unterschiedlich aus. Bei den transaktionsspezifischen Variablen wurde deutlich, dass Transaktionen zwischen nicht-branchen-verwandten Parteien höheren Erfolg erzielten. Im Rahmen kultureller Faktoren konnte bei der kulturellen Distanz über alle Dimensionen hinweg lediglich ein leichter negativer Einfluss festgestellt werden. Stattdessen machten die Ergebnisse deutlich, dass sich M&A-Erfolg besser durch die Distanzen auf Einzeldimensionsebene erklären ließ. Transaktionen zwischen Staaten mit hohen Abweichungen in Unsicherheitsvermeidung, sowie geringen in Machtdistanz und Maskulinität/Femininität erwiesen sich tendenziell als erfolgreicher. Der Einfluss kultureller Be-

onsebene erklären ließ. Transaktionen zwischen Staaten mit hohen Abweichungen in Unsicherheitsvermeidung, sowie geringen in Machtdistanz und Maskulinität/Femininität erwiesen sich tendenziell als erfolgreicher. Der Einfluss kultureller Besonderheiten einzelner Käuferländer ließ sich lediglich für Unsicherheitsvermeidung feststellen. Eine geringe Einstufung führte dort in der Tendenz zu höherem Erfolg.

Hinsichtlich Diskrepanzen in den Erfolgsursachen (siehe Abschnitt 8.4) zeigten die Ergebnisse auffallende Unterschiede zwischen den untersuchten Käuferländern. *Branchen-Verwandtschaft* erwies sich bei chinesischen Übernahmen als weniger einflussreich als bei den Vergleichsländern, wohingegen *Disparität Pro-Kopf-Einkommen* überdurchschnittlich höheren Einfluss ausübte. Die Ergebnisse zeigten außerdem, dass größere kulturelle Distanz bei chinesischen Übernahmen zu höherem Erfolg führte und diesen stärker beeinflusste als bei den anderen Staaten – sowohl im Vergleich mit dem Gesamt-Sample als auch mit den anderen Länder-Samples.

Mit Bezug auf den Einfluss der Sektorentwicklungen offenbarten die Berechnungen einen klaren Unterschied zwischen Umsatz- und Gewinnerfolg. Ohne deren Berücksichtigung lässt der Umsatzanstieg bei chinesischen Zielunternehmen das Abschneiden sehr positiv erscheinen. Ein wesentlicher Teil konnte jedoch auf günstige Entwicklungen in den Vergleichsbranchen zurückgeführt werden. Demgegenüber deuteten die Resultate darauf hin, dass die Verbesserungen der Gewinnmargen Chinas sogar gegen den Trend der jeweiligen Branchen erzielt wurden.

9 DISKUSSION DER ERGEBNISSE

9.1 Übertragung der Ergebnisse auf die Hypothesen

Bei der Beantwortung der Hypothesen anhand der Ergebnisse ist die Besonderheit von vier abhängigen Variablen zu berücksichtigen. Da die Effekte auf diese oft nicht identisch waren, ist vor der Abgabe eines umfassenden Urteils das Treffen von Annahmen erforderlich. Danach wurden Hypothesen als „teilweise bestätigt", „abgelehnt" bzw. „abgelehnt (entgegengesetzt)" angesehen, wenn mindestens zwei der vier Erfolgsgrößen signifikante und gleichgerichtete Einflüsse aufwiesen. Im Sinne einer vorsichtigen Interpretation wurde der Ausdruck „bestätigt" hingegen nur dann verwendet, wenn sich der vermutete Effekt für alle Erfolgsgrößen empirisch belegen ließ. Bei weniger eindeutigen Hinweisen wird von teilweiser Bestätigung gesprochen.

Von den 14 in Kapitel 5 aufgestellten Hypothesen konnten drei vollständig bestätigt werden. Hierbei handelt es sich um die Hypothesen 3, 5 und 14. Damit zeigte sich, dass die Transaktionsgröße und die verwendeten ökonomischen Variablen in diesem Sample keinen Einfluss auf den Erfolg der Zielunternehmen haben. Ebenso wurde deutlich, dass chinesische Erwerber höheren Erfolg erzielten, wenn die Finanzzahlen der Targets nicht um die Sektorentwicklung und den Kaufzeitpunkt bereinigt wurden. Vier weitere Hypothesen (1, 10, 11 und 13) konnten für mindestens zwei Erfolgsgrößen bestätigt werden. Dabei handelt es sich um den Erfolg chinesischer Zielobjekte im Vergleich zu dem anderer Käuferländer, die allgemeine Wirkung kultureller Distanz in der Dimension „Maskulinität/Femininität", die Käufereinstufung in der Dimension „Unsicherheitsvermeidung" sowie Einfluss und Wirkungsrichtung kultureller Distanz bei chinesischen Transaktionen.

Die abgelehnten Hypothesen können unterteilt werden in solche, die nicht genügend signifikante Ergebnisse erzielten und solche, die sogar entgegengesetzte signifikante Ergebnisse aufwiesen. Die Überprüfung der Resultate von drei Hypothesen (2, 4 und 8) wiesen bei mindestens zwei Erfolgsgrößen in die zur Hypothese entgegengesetzte Richtung. Hierbei handelt es sich um den chinesischen Erfolg nach Größen- bzw. Profitabilitätskriterien, den länderübergreifenden Einfluss von Branchen-

Verwandtschaft zwischen Käufer und Target sowie die kulturelle Distanz in der Dimension „Unsicherheitsvermeidung". Nicht erwartungskonforme Ergebnisse ohne Umkehrung der Wirkungsrichtung waren für vier Hypothesen (6, 7, 9 und 12) zu verzeichnen. Diese beziehen sich auf den allgemeinen Effekt von kultureller Distanz (gesamt), die kulturelle Distanz in den Dimensionen „Machtdistanz" und „Individualismus/Kollektivismus" sowie die Käufereinstufung in der Dimension „Langfrist-/Kurzfristorientierung". Einen Überblick über Hypothesenprüfung und Ergebnisse gibt Tabelle 78.

Tabelle 78: Ergebnisse der Hypothesenprüfung

Quelle: Eigene Darstellung.

Fragenkomplex	Inhalt der Hypothese		Vermutete Richtung	Ergebnis * Umsatz t2	Umsatz t1	Gewinn t2	Gewinn t1	Gesamturteil zur Hypothese
1. M&A-Erfolg	H1	Erfolg chinesischer Zielunternehmen im Ländervergleich	höher	weder noch	weder noch	höher	höher	teilweise bestätigt
1. M&A-Erfolg	H2	Erfolg chinesischer Targets nach Größen- bzw. Profitabilitätskriterien im Ländervergleich	höher (Umsatz) geringer (Gewinn)	weder noch	weder noch	höher	höher	abgelehnt (entgegen-gesetzt)
2. Allgemeine Einflussfaktoren		*Transaktionsspezifische Einflussfaktoren*						
	H3	Größe der Transaktion	kein Effekt	kein Effekt	kein Effekt	kein Effekt	kein Effekt	bestätigt
	H4	Branchen-Verwandtschaft zwischen Käufer und Target	positiv	negativ	negativ	kein Effekt	kein Effekt	abgelehnt (entgegen-gesetzt)
		Ökonomische Einflussfaktoren						
	H5	Auslandsdirektinvestitionen des Käuferlandes (a), BIP-Wachstum im Käuferland (b) und Distanz im Pro-Kopf-Einkommen zwischen Käufer- und Zielland (c)	kein Effekt	kein Effekt	kein Effekt	kein Effekt	kein Effekt	bestätigt
		Kulturelle Einflussfaktoren						
	H6	Kulturelle Distanz zwischen Käufer- und Zielland	positiv	kein Effekt	negativ	kein Effekt	kein Effekt	abgelehnt
	H7	Kulturelle Distanz zwischen Käufer- und Zielland in der Dimension „Machtdistanz“	positiv	kein Effekt	kein Effekt	kein Effekt	negativ	abgelehnt
	H8	Kulturelle Distanz zwischen Käufer- und Zielland in der Dimension „Unsicherheitsvermeidung“	negativ	positiv	kein Effekt	positiv	kein Effekt	abgelehnt (entgegen-gesetzt)
	H9	Kulturelle Distanz zwischen Käufer- und Zielland in der Dimension „Individualismus/Kollektivismus"	positiv	kein Effekt	kein Effekt	kein Effekt	positiv	abgelehnt
	H10	Kulturelle Distanz zwischen Käufer- und Zielland in der Dimension „Maskulinität/Femininität“	negativ	kein Effekt	negativ	kein Effekt	negativ	teilweise bestätigt
	H11	Einstufung des Käuferlandes in der Dimension „Unsicherheitsvermeidung“	negativ	kein Effekt	negativ **	kein Effekt	negativ **	teilweise bestätigt
	H12	Einstufung des Käuferlandes in der Dimension „Langfrist-/Kurzfristorientierung“	positiv	kein Effekt	kein Effekt	kein Effekt	kein Effekt	abgelehnt
3. China-spezifische Einflussfaktoren		*China- und länderspezifische Einflussfaktoren von M&A-Erfolg*						
	H13	Kulturelle Distanz bei chinesischen Akquisitionen: Einfluss (a) und Wirkungsrichtung (b) im Ländervergleich	einflussreicher & positiv	einfluss-reicher & positiv	kein Effekt	einfluss-reicher & positiv	kein Effekt	teilweise bestätigt
		Sektorauswahl und Kaufzeitpunkte als Einflussfaktoren						
	H14	Nicht sektorangepasster Erfolg im Vergleich zu sektorbereinigtem Erfolg (relativ im Ländervergleich)	höher	höher	höher ***	*Variablen nicht verwendet*		bestätigt

* jeweils mindestens 10 %-Signifikanzniveau ** teilweise/je nach Modell *** überwiegender Effekt

9.2 Interpretation und Einordnung

9.2.1 Fragenkomplex 1: Chinesischer M&A-Erfolg im Ländervergleich

Die vergleichende Analyse des Ländererfolges gibt Anlass zur Vermutung, dass das Käuferland den M&A-Erfolg der Zielunternehmen durchaus beeinflusst. Darauf deuten die teils beträchtlichen Unterschiede in der Entwicklung finanzieller Größen nach der Übernahme hin. Ebenso existieren Anzeichen für eine Bestätigung der Vermutung, dass der Erfolg chinesischer Übernahmeobjekte ähnlich positiv einzuschätzen ist wie er in Praxisberichten teilweise dargestellt wird. Allerdings äußert sich dieser in anderen Erfolgsgrößen als vorher vermutet. Die bisweilen unterstellte Fokussierung der Investoren auf Größenkriterien, hier dargestellt durch das Umsatzwachstum, ließ sich in der vorliegenden Untersuchung nicht an den Resultaten ablesen. Stattdessen deutet vieles auf gewinnorientierte Erfolgsmaßstäbe hin, wie sie eher kapitalmarktorientierten, vorwiegend aus westlichen Staaten stammenden Käufern zugeschrieben werden. Dieses Resultat ist ausgehend von den Hypothesen 1 und 2 als ungewöhnlich zu bezeichnen. Zwar kann H1 teilweise bestätigt werden, da chinesische Zielunternehmen tatsächlich höheren Erfolg erzielten, die Erfolgsdefinition unterscheidet sich jedoch von der Erwartung, weshalb H2 abgelehnt wird.

Eine mögliche Ursache für die höheren Gewinnmargensteigerungen chinesischer Zielobjekte könnte sein, dass das Vorgehen chinesischer Investoren stärker von Gewinnstreben geprägt ist als vermutet. Die Zielsetzung würde sich somit nicht wesentlich von einer „westlichen“ Perspektive unterscheiden. Es ist sogar denkbar, dass chinesische Firmen ihr Verhalten an ihren marktwirtschaftlich operierenden Pendants ausrichten. Dazu könnte auch ein Auseinanderfallen der Geschäftskultur Chinas und seiner Landeskultur beitragen (vgl. Abschnitt 4.1.2 zu verschiedenen Analyseeinheiten von Kultur). Entsprechend würden sich Akteure stärker an anderen Firmen aus dem Ausland orientieren als an den „typischen“ Verhaltensweisen der eigenen Nation.

Ansatzpunkte für eine stärkere Gewinnorientierung lassen sich allerdings auch in der Landeskultur Chinas finden. Als extrem langfristige Gesellschaft wird in ihr Sparsamkeit besonders geschätzt (vgl. Abschnitt 4.2.2.2 und 4.3.1). Es ist daher denkbar, dass dies zu einer gewissenhafteren Kostenkontrolle in der Unternehmensführung führt, was sich letztendlich auch in höheren Gewinnmargen widerspiegeln würde. Bezogen auf M&A-Prozesse kann diese Haltung am Beispiel der geringen Zahlungsbereitschaft veranschaulicht werden, die chinesischen Akquisiteuren oftmals zugeschrieben wird (vgl. Keller, 2006, S. 163; Roland Berger, 2011).

Eine weitere Begründung für das nicht hypothesenkonforme Ergebnis kann in der Einschätzung des Staatseinflusses liegen. Zwar schaltet sich der Staat aktiver in die Wirtschaftspolitik ein als in vielen anderen Ländern und verfolgt genau spezifizierte wirtschaftliche Ziele (z. B. in Form von Fünfjahresplänen), dies darf allerdings nicht mit der Abstinenz ökonomischer Grundzüge und einer vollumfänglichen Unterstützung von Unternehmen bei der Internationalisierung gleichgesetzt werden. Zusätzlich ist von einer Diskrepanz zwischen staatlichen und privaten Unternehmen auszugehen. Wahrscheinlich ist, dass erstgenannte eher auf staatliche Ressourcen zurückgreifen können (vgl. Jungbluth, 2013, S. 76; Spiegel Online, 2013). Die Wirtschaftsstruktur Chinas ist jedoch überwiegend von kleinen und mittelgroßen Firmen in privater Hand geprägt. Diese sind es mitunter gewohnt, eine Internationalisierung auch eigenständig durchzuführen (vgl. das Beispiel der Overseas Chinese und ihres Geschäftserfolges in Südostasien in Abschnitt 4.3.1). Insofern ist davon auszugehen, dass POEs in China in ähnlichem Maß wirtschaftliche Grundsätze beachten (müssen) wie westliche Firmen.

Die kulturell und wirtschaftspolitisch bedingte Kosteneffizienz könnte somit eine stärkere Auswirkung auf die Profitabilität der erworbenen Unternehmen haben als die übergeordneten Ziele des Staates (v. a. Kompetenzzugang und -erwerb), nach denen Kosteneffizienz nicht zwingend erforderlich wäre. Die fehlende Notwendigkeit von Gewinnorientierung zur Erreichung solch strategischer Ziele war einer der Ausganspunkte der ursprünglichen Vermutung (vgl. Abschnitt 5.3). Entsprechend deuten die Ergebnisse darauf hin, dass eine tief verankerte unternehmerische Sparsamkeits- und Gewinnorientierung gegenüber der Motivlage des Landes (z. B. Erschließung von Kompetenzen, Gewinnung von Marktanteilen) dominiert. Dies würde wiederum für kulturelle Facetten sprechen.

Neben den genannten Eigenschaften chinesischer Unternehmen kann das abweichende Ergebnis auch im Integrationsstil vieler chinesischer Transaktionen begründet sein. Dieser zeichnet sich oft durch hohe Autonomie für das lokale Management im Sinne eines „light-touch“-Ansatzes aus (vgl. Cogman & Tan, 2010; Kale & Singh, 2012; Y. Liu & M. Woywode, 2012, sowie Abschnitt 3.5.3). Es ist daher nicht eindeutig, ob die ermittelten Firmenresultate ausschließlich auf die Ansichten des Erwerbers hinsichtlich der Erfolgsdefinition zurückgeführt werden können oder ob er in Teilen auch der Landeskultur des Zielunternehmens bzw. der Haltung des Target-Managements zuzuschreiben ist. Da die Zielfirmen der betrachteten Käuferländer aber aus denselben Staaten in der EU stammen, die Gewinnmargen sich jedoch sehr unterschiedlich entwickelten, liegt es nahe, dies nicht als alleinige Ursache auszumachen.

Unabhängig von länderspezifischen Integrationsstilen sprechen für diese Überlegung auch Eigenheiten des Studiendesigns dieser Arbeit da bei allen berücksichtigten Zielunternehmen davon ausgegangen werden kann, dass sie über ein Mindestmaß an Eigenständigkeit verfügen. Andernfalls spräche vieles für ihre vollständige Integration in die Käufer-Organisation und ein Erlöschen der erworbenen Gesellschaft. Sie wären daher im vorliegenden Datensatz gar nicht vertreten. Die Erhebungsmethode führt also zu einer stärkeren Konzentration von Zielfirmen mit hoher Autonomie. Dies befürwortet wiederum die Vermutung einer Mitbestimmung der Erfolgsausrichtung durch die Zielobjekte und deren Führungspersonen. Geht man von der naheliegenden Annahme einer grundsätzlichen Gewinnorientierung europäischer Zielfirmen aus (im Sinne des Shareholder Value), könnte diese also ebenso zum Zustandekommen der Ergebnisse der Hypothesen 1 und 2 beigetragen haben.

Der gewählte Integrationsansatz könnte die Resultate auch aus anderen Gründen begünstigt haben. Durch geringe Integrationsaktivitäten bzw. hohe Autonomie sind üblicherweise auch die Integrationskosten geringer. Diese fallen oft zu Beginn der Integrationsphase an (im Sinne einer Anfangsinvestition) und entstehen sowohl beim Käufer als auch bei den Zielunternehmen. Verfügt dieses über weitgehende Autonomie sind sie im untersuchten Zeitraum von ein bis zwei Geschäftsjahren nach der Übernahme kostenseitig meist weniger betroffen als solche Unternehmen, bei denen eine umfangreiche Integration mit hohen finanziellen Belastungen durchgeführt wird. Entsprechend können erstgenannte in den Jahren nach der Übernahme tendenziell höhere Gewinnmargen ausweisen.

Denkbar ist auch, dass sich die „Investition“ in eine engere Verknüpfung von Käufer und Target für die Zielobjekte anderer Käuferländer erst zu einem späteren Zeitraum amortisiert. Denn bei höheren Integrationsgraden ist von höheren Aufwendungen und einer längeren Zeitspanne auszugehen bis die eingeleiteten Integrationsmaßnahmen umgesetzt sind und sich Erfolge zeigen. Dieser Umstand ist allerdings in dieser Studie durch die Beschränkung der Zeitspanne nicht berücksichtigt.

Im Gegenzug kann angeführt werden, dass einige chinesische Erwerber in erheblichem Maß in Ausbildungswesen und technische Ausstattung der Targets investiert haben, z. B. Waldrich Coburg (vgl. Sohm, Linke & Klossek, 2009, S. 46-48) oder Welz Gas Cylinder (vgl. Gitschier, 2010). Es ist anzunehmen, dass sich die hierin begründeten positiven Effekte ebenfalls erst langfristig zeigen und der Zeitraum dieser Studie dies nicht abbildet. Insofern ist es möglich, dass in längeren Untersuchungszeiträumen sogar noch deutlichere Effekte auf den finanziellen Erfolg chinesischer Zielunternehmen auftreten.

Ein Zeiteffekt, der Erfolg mit Übernahmen zu konjunkturell günstigen Zeitpunkten begründen könnte, kann angesichts der Verwendung sektorangepasster Werte für die jeweiligen Einstiegszeitpunkte ausgeschlossen werden. Ein Zielländereffekt ist ebenfalls auszuschließen, da die Adjustierung der Erfolgszahlen für die Sektorentwicklung in jedem Land einzeln erfolgte. Allenfalls können die Auswirkungen von Sektor- und Zeitpunktwahl im Wege eines Vergleichs mit nicht angepassten Daten analysiert werden. Dies beantwortet jedoch eine andere Fragestellung und wird als chinaspezifischer Einflussfaktor in Abschnitt 9.2.3 thematisiert.

Eine Fokussierung auf besonders erfolgreiche Firmen als mögliche Grundlage für höheren Erfolg kann für das chinesische Teilsample ebenfalls nicht festgestellt werden. Zwar verfügen die Zielunternehmen überwiegend über ausgeprägte technologische Fähigkeiten, die finanzielle Leistungsfähigkeit ist hingegen nicht als außergewöhnlich einzuordnen. Vielmehr handelte es sich bei zahlreichen Übernahmezielen zum Zeitpunkt der Akquisition um finanziell beeinträchtigte Firmen.

Die Darstellung verdeutlicht die Schwierigkeit eindeutiger Aussagen. Dies zeigt sich auch in den Ergebnissen, die durch das Auseinanderfallen von Umsatz- und Gewinngrößen keine eindeutigen Rückschlüsse erlauben. Neben Erklärungen, die im Studiendesign begründet sind, kommen zahlreiche weitere Ursachen für die Abweichungen in Betracht. Angesichts dessen erscheint es unwahrscheinlich, dass eine alleinige Ursache existiert. Allerdings ist es naheliegend, dass sie zumindest in Teilen im Einfluss der Käuferländer auf Verständnis und Ausrichtung von finanziellem Erfolg zu finden ist.

9.2.2 Fragenkomplex 2: Allgemeine Einflussfaktoren auf den M&A-Erfolg

9.2.2.1 Transaktionsspezifische Variablen

Wie in H3 vermutet, erwies sich die Größe des Zielunternehmens nicht als einflussreiche Variable. Dies könnte in einem Gleichgewicht der in Abschnitt 5.4.1.1 dargelegten Argumente begründet sein, welche sowohl eine positive als auch eine negative Wirkungsrichtung plausibel erscheinen lassen. Auch Spezifika von Schwellenländern, deren Käufer rund die Hälfte des zugrundeliegenden Gesamt-Samples ausmachen, können für Abweichungen in beide Wirkungsrichtungen herangezogen werden. Auf der einen Seite kann ihnen eine höhere Management-Aufmerksamkeit unterstellt werden, da Firmenkäufe in etablierten Staaten für sie oft ein neues strategisches Mittel darstellen. Dadurch dürften Prestige und Motivation noch höher als bei Akquisiteuren aus Industrieländern liegen. Die Wirkung der Transaktionsgröße wäre demnach umso positiver. Auf der anderen Seite kommen die geringeren Kenntnisse in der Steuerung von M&A-Prozessen, insbesondere der Integrationsphase, stärker zum Tragen. Da bei großen Transaktionen von einem Anstieg der Komplexität auszugehen ist, spräche das für einen umso negativeren Effekt der Einflussgröße im Vergleich zu Investoren aus Industriestaaten.

Auch methodische Gründe kommen als Erklärung des fehlenden Effekts in Betracht. Durch das Logarithmieren der Transaktionsgröße wird die Bandbreite der Ausprägungen verengt und deren Abstände modifiziert, was Auswirkungen auf die Abstände zwischen den exogenen Variablen und somit die Ergebnisse hat. Da es sich hierbei jedoch um eine übliche und anerkannte Vorgehensweise handelt (vgl. Abschnitt 6.3.3.3), ist es wahrscheinlicher, dass der ausbleibende Effekt auf die oben dargestellten inhaltlich-theoretischen Ursachen zurückzuführen ist. Durch die Hypothesenkonformität des Ergebnisses stützt sich die Interpretation im Wesentlichen auf die in der Hypothesenentwicklung angeführten Argumente.

Die Branchen-Verwandtschaft erweist sich bei beiden Umsatzgrößen als signifikant negativer Einflussfaktor des M&A-Erfolges. Die Wirkung zeigt damit zumindest für zwei der vier Erfolgsgrößen in die zur Hypothese H4 entgegengesetzte Richtung. Das Ergebnis kann insoweit als überraschend bezeichnet werden. Überdies widerspricht es der naheliegenden Vermutung, Ähnlichkeit als erfolgsfördernd zu betrachten. Zwar ist in der Literatur auch die gegensätzliche Meinung vertreten, es wurde jedoch angesichts der Stichprobenzusammenstellung mit vielen Käufern aus Schwellenländern ein Übergewicht der positiven Faktoren erwartet. Da Investoren aus diesen Staaten oft transaktionsunerfahren sind, wurde vermutet, dass zumindest Branchenerfahrung notwendig sei, um die Zielunternehmen erfolgreich zu steuern und das Erfahrungsdefizit auszugleichen.

Als mögliche Begründung eines positiven Effekts kommen geschäftsschädliche Einflüsse von Überschneidungen im Produktportfolio in Betracht, wenn beide Partner aus derselben Branchen stammen. Direkter Wettbewerb zwischen den Firmen kann dann zur Kannibalisierung der eigenen Produkte führen (vgl. Horzella, 2010, S. 319; Fischer, 2015, S. 221). Eine große Relevanz dieser Erklärung ist jedoch im vorliegenden Datensatz anzuzweifeln. Bekanntermaßen verfolgen Käufer aus Schwellenländern nach vollendeter Übernahme oft eine Zwei-Marken-Strategie (vgl. Jungbluth, 2013, S. 70; Otto, 2013, S. 26; Sandner et al., 2012, S. 81). Dabei bedient die erworbene Marke aus Industriestaaten in der Regel das Premium-Segment, während die heimischen als „good enough“ bzw. „frugal products“ die Nachfrage nach Standardlösungen abdecken. Diese Vorgehensweise ist insbesondere von chinesischen Erwerbern bekannt (vgl. Ereth & Rieger, 2014, S. 40; Franz, Henn & Weingarten, 2015, S. 18; Otto, 2013, S. 26; Sohm, Linke & Klossek, 2009, S. 46), wird jedoch in der Literatur auch anderen Schwellenländern zugeschrieben (vgl. hierzu die Beispiele in Kale & Singh, 2012, u. a. S. 549 u. 552 zu indischen Käufern; explizit zu diesen auch Bhagat, Malhotra & Zhu, 2011, S. 250). Geht man davon aus, dass es sich tatsächlich um ein schwellenlandspezifisches statt nur um ein chinesisches Phänomen handelt, ist das Risiko von Überschneidungen im Produktportfolio zwischen branchenverwandten Firmen für diese Länder gering. Schließlich sprechen Premium- und Standardprodukte unterschiedliche Marktbedürfnisse an. Angesichts des hohen Anteils von Schwellenländern im Datensatz erscheint eine Kannibalisierung daher nicht sehr wahrscheinlich.

Plausibel wirkt hingegen der Anhaltspunkt, dass Transaktionen zwischen branchenfremden Partnern höheres Diversifizierungspotential aufweisen (vgl. Du & Boateng, 2012, S. 43) und deshalb erfolgreicher seien. Zurückgeführt werden kann dies z. B. auf die geringere Anfälligkeit des Geschäftsmodells und seiner Zahlungsströme, welche sich im sog. Co-Insurance-Effekt widerspiegelt (vgl. Aybar & Ficici, 2009, S. 1320; siehe auch Abschnitt 3.6.1.2). Ein damit negativer Effekt von Verwandtschaft („relatedness") auf den Erfolg zeigt sich auch in empirischen Untersuchungen (vgl. ebd., S. 1331).

Im Zuge dessen sei jedoch auch auf die uneinheitliche Operationalisierung von „relatedness" in der Literatur verwiesen. Vielfach wird sie als Zugehörigkeit von Käufer und Target zum selben Sektor definiert, welcher anhand von Industriecodes festgestellt wird (so auch in dieser Studie). Andere Quellen fassen den Begriff enger und vergleichen konkrete Produkte bzw. Technologien (vgl. Cefis, Marsili & Rigamonti, 2015; Colombo & Rabbiosi, 2010; Datta & Puia, 1995). Diese Vorgehensweise ermöglicht es beispielsweise, zwei Hersteller von Werkzeugmaschinen, trotz Aktivitäten in derselben Industrie, als „nicht verwandt" einzustufen, wenn sie verschiedene Marktbereiche bedienen (z. B. Premium- und Einstiegssegment). Im Gegensatz zum reinen Branchenvergleich kann dadurch auch das technologische Know-how berücksichtigt werden. Auch wenn dieses Vorgehen eine präzisere Analyse von Geschäftsmodellen zulässt, ist die hier gewählte Operationalisierung nicht als größere methodische Limitation zu werten. Denn durch die objektive Zuordenbarkeit anhand von Industriecodes und die weite Akzeptanz der Methode in der empirischen Praxis bietet sie auch Vorteile. Ob und inwiefern die Forschungsergebnisse durch eine andere Verwandtschaftsdefinition beeinflusst würden lässt sich für diese Untersuchung nicht plausibel prognostizieren. Die Branchen-Verwandtschaft wird in einem weiteren Analyseschritt dieser Arbeit erneut aufgegriffen (vgl. hierzu Abschnitt 9.2.2.4).

9.2.2.2 Ökonomische Variablen

Wie in Hypothese H5 vermutet, zeigten die ökonomischen Variablen für Einkommensunterschiede und Wirtschaftswachstum keinerlei Einfluss auf die Ergebnisse der Untersuchung. Damit zeigt sich, dass die bereits bei der Hypothesenentwicklung (vgl. Abschnitt 5.4.2.2) angeführten Gegenargumente eines Effekts begründet waren.

Neben diesen Wirkungsmechanismen sind auch länderbezogene Ursachen für das Zustandekommen des Ergebnisses denkbar. Auch wenn das Ausbleiben eines Effekts in der Herleitung der Hypothesen erwartet wurde, sprechen auch Argumente für einen Einfluss. Diese sind zwar für China schlüssig, sind aber vermutlich auf chinesische Besonderheiten zurückzuführen. Insofern ist eine Übertragbarkeit auf die anderen, im Gesamt-Sample beteiligten Käuferstaaten (die rund 85 % der Transaktionen stellen) nicht gegeben. Die zumindest mögliche Vermutung eines ökonomischen Einflusses ist demnach zu sehr auf China fokussiert um einen „allgemeinen", für alle sechs Länder gültigen Effekt zu erzielen. Aufgrund statistischer Restriktionen (nur eine Ausprägung je Käuferland) kann die Hypothese auch nicht nur für das China- statt das Gesamt-Sample überprüft werden.

Eine Begründung für die fehlende Verallgemeinerbarkeit der Überlegungen kann in kulturellen Facetten gefunden werden, insbesondere der Bedeutung persönlicher Netzwerke. Geht man davon aus, dass diese auch in wirtschaftlicher Hinsicht genutzt werden (z. B. bei Auftragsvergaben und Distributionswegen) wäre ein Effekt auf den Firmenerfolg grundsätzlich denkbar. Dabei muss jedoch beachtet werden, dass die Rolle von Beziehungen für den Geschäftserfolg in den anderen fünf Käuferländern voraussichtlich geringer einzustufen ist als in China. Netzwerke und Beziehungen werden nämlich v. a. mit kollektivistischen sowie langfristig orientierten Gesellschaften in Verbindung gebracht (vgl. Abschnitt 4.2.2.2). Unter den sechs Ländern finden sich starke Ausprägungen dieser Dimensionen (niedriger Wert bei IDV, hoher Wert bei LTO) nur bei China (vgl. Tabelle 2 in Abschnitt 4.3.1). Lediglich Japan weist mit niedrigem bis mittlerem Wert bei IDV und hohem bei LTO ähnliche Tendenzen auf. Bei den anderen Ländern ist ein geringerer Stellenwert persönlicher Beziehungen für die Unternehmenspraxis zu erwarten. Entsprechend ist der Vorteil, durch einen einheimischen Investor Zugriff auf Netzwerke zu erhalten, die wiederum Grundlage von Absatzsteigerungen sind, in diesen Ländern nicht als ebenso bedeutsam anzusehen. Targets könnten voraussichtlich auch ohne einen Investor aus dem entsprechenden Land Zugang zum Absatzpotential erlangen.

Aus der geschilderten Argumentation ließe sich möglicherweise auch ein moderierender Einfluss des Stellenwerts persönlicher Beziehungen und Netzwerke in einer Gesellschaft auf das Verhältnis von Wirtschaftswachstum und Firmenerfolg ableiten. Günstige wirtschaftliche Bedingungen könnten demnach umso besser genutzt und in

Erfolg umgesetzt werden, je ausgeprägter die Moderator-Variable ist. Dem Verfasser ist jedoch keine Studie bekannt, die diesen Variablenzusammenhang bislang berücksichtigt hat.

Ähnliche Erklärungen wie für den ausbleibenden Effekt von Wirtschaftswachstum sind auch für das ausländische Investitionskapital naheliegend. Auch hier ist eine zu starke China-Fokussierung der Hypothesenargumentation auszumachen um Grundlage eines länderübergreifenden Effekts zu sein. Da jedoch in der Hypothesenentwicklung bereits Zweifel an möglichen Wirkungsketten geäußert wurden und das Ausbleiben eines Effektes durch die Variable ohnehin vermutet wurde, ist das Ergebnis im Rahmen der Erwartungen. Vielmehr diente die Analyse v. a. dazu, die in praxisnahen Berichten teilweise geäußerten Vermutungen und Andeutungen aufzugreifen und zu entkräften.

Im Gegensatz zum Wirtschaftswachstum kommen beim ausländischen Investitionskapital jedoch auch Einschränkungen durch die gewählte Operationalisierung hinzu. Gründe für den fehlenden Einfluss können auch in der Annahme gesehen werden, dass aus dem Anstieg des Volumens der Auslandsdirektinvestitionen eines Landes auf die „Investitionsfreudigkeit“ im Allgemeinen geschlossen werden kann. Weiterhin ist auch die Wirkung von Investitionsaktivität der Länder auf Investitionen in konkrete Targets, welche diese anschließend zu größerem M&A-Erfolg führen, wie erwartet, nicht ausreichend begründet. Insoweit bestätigen sich die in Abschnitt 5.4.2.3 angeführten Gegenargumente eines Einflusses.

Trotz dieser Defizite wurde die Vorgehensweise dennoch gewählt, da die eigentlich im Mittelpunkt stehenden Investitionsströme von einem ausländischen Investor zum Zielunternehmen nicht beobachtbar sind. Daher war eine Operationalisierung erforderlich, die das Phänomen in der Rückschau womöglich nicht ausreichend abbildete, wie die Ergebnisse andeuten. Zwar ist die Methode nicht gänzlich frei von plausiblen Argumenten, sie erscheint jedoch eher geeignet, Phänomene aus einer makroökonomischen Perspektive zu erforschen als für die Analyse einzelner Firmen. Im Rahmen dieser Arbeit ist sie daher als methodische Einschränkung einzustufen.

9.2.2.3 Kulturelle Variablen

Die Vermutung eines positiven Einflusses von kultureller Distanz auf den Unternehmenserfolg der Zielobjekte (H6) ließ sich nicht bestätigen. Vielmehr weist die Variable in einer der vier Erfolgsgrößen sogar einen entgegengesetzten Einfluss auf. Da jedoch nur eine Erfolgsgröße betroffen ist kommt es insgesamt zu einer Ablehnung der Hypothese. Der einzelne, vergleichsweise schwach ausgeprägte Effekt, sowie das Fehlen eines Einflusses auf die restlichen Größen kann als Sinnbild für die uneinheitlichen Begründungen und Befunde der Forschungspraxis interpretiert werden. Diese weisen teils positive, teils negative, teils gar keine Wirkung auf. Als Ansatzpunkte kommen inhaltliche Argumente in Frage. Diese wurden in der Hypothesenherleitung bereits ausführlich erörtert und erscheinen für beide Wirkungsrichtungen plausibel.

Als Ursachen im Studiendesign kommen mehrere Bereiche in Betracht, die verschiedene Ausprägungen von Kultur in unterschiedlicher Weise betonen.

Die kulturellen Distanzen im Sample sind überwiegend als hoch einzustufen, weil mit China, Indien und Japan Länder vertreten sind, die kulturell sehr weit von den meisten Staaten der EU-27 entfernt sind. Auch Russland weist zu vielen Zielländern eine nicht unerhebliche kulturelle Distanz auf. Nur Kanada und die Schweiz verfügen über hohe Ähnlichkeit (vgl. Tabelle 2 in Abschnitt 4.3.1).

Angesichts dieser Unterschiedlichkeit ist es denkbar, dass der Betrachtungszeitraum von ein bzw. zwei Jahren nicht lange genug ist um von förderlichen Effekten durch die Kombination komplementärer Fähigkeiten im Sinne des Resource-based View zu profitieren. Gerade die Entwicklung neuer Kenntnisse (vgl. Morosini, Shane & Singh, 1998, S. 141), könnte einen längeren Zeitraum erforderlich machen. Dies gilt umso mehr, wenn eine Organisationale Lern-Perspektive eingenommen wird, die im Zusammentreffen verschiedener Kulturen eine Quelle von Innovation und Aufbrechen von Routinen sieht (vgl. Chakrabarti, Gupta-Mukherjee & Jayaraman, 2009, S. 217). Derartige Prozesse sind in der Regel nur langfristig zu erreichen, ihre Umsetzung könnte deshalb den Analysezeitraum dieser Untersuchung übersteigen.

Ursächlich für den leichten Überhang des negativen Einflusses von kultureller Distanz könnte ebenfalls ein zeitlicher Aspekt sein. Es ist anzunehmen, dass kulturell bedingte Konflikte schneller auftreten als sich die dargestellten Potentiale der Distanz realisieren lassen. Entsprechend würde sich ein negativer Einfluss in kurzen Zeiträumen tendenziell früher niederschlagen, während positive Einflüsse eher in noch längeren greifbar würden.

In Anbetracht der Aussage von Shenkar (2001, S. 527-528), dass die Wirkung kultureller Distanz vom Ausmaß der Interaktion zwischen den Transaktionsparteien abhängt (vgl. Abschnitt 5.4.3.1) kann auch die Auswahl des Samples eine Rolle spielen. Durch den gewählten Mechanismus wurden voraussichtlich zahlreiche Targets ausgewählt, bei denen keine „straffe" Integration sondern eher ein Integrationstyp mit hoher Autonomie angewendet wurde (z. B. eine „Erhaltung", vgl. Abbildung 11 in Abschnitt 3.5.2). Andernfalls wären mehr Targets voll integriert worden, die anschließend rechtlich erloschen und damit nicht in das Sample eingegangen wären. Der Einfluss der kulturellen Distanz im hier zugrundeliegenden Sample ist daher womöglich weniger bedeutsam, da der interkulturelle Kontakt nicht so stark ausgeprägt sein könnte wie in anderen Käufer-Target-Beziehungen. Es ist anzunehmen, dass der Anteil von Firmen, die einen traditionellen Integrationsstil mit geringerer Autonomie für das Target pflegen, in Samples mit weniger Schwellenländern höher liegt. Dabei wird unterstellt, dass die Durchführung von Integrationen mit höherer organisatorischer Autonomie ein wesentliches Merkmal von Käufern aus Schwellenländern ist (vgl. u. a. Kale & Singh, 2012). Wenn die Interaktion zwischen Käufer- und Zielunternehmen weniger intensiv ist, ist der Stellenwert von kultureller Distanz geringer und wirkt sich folgerichtig auch nicht so stark auf die Ergebnisse aus. Die Begründung ist insoweit konform mit Slangen (2006, S. 163), der die Bedeutung kultureller Distanz bei niedrigem Integrationsgrad als schwächer einstuft.

Eine weitere methodische Erklärung bezieht sich auf das Konzept der kulturellen Distanz als solches. Wie in Abschnitt 5.2 festgestellt, erfasst es die Gesamtheit von Distanzen in verschiedenen Facetten von Kultur und erlaubt keinen Blick auf die Einzeleffekte. Heben sich diese gegenseitig auf, kann ein fehlender Gesamt-Effekt der aggregierten Größe resultieren, obwohl womöglich bestimmte Kultur-Bestandteile einflussreich sind. Dieser Gedanke wird in den nachfolgenden Analysen weiterverfolgt.

Zwar sind die Ergebnisse für die kulturelle Distanz in der Dimension „Machtdistanz" nicht für alle vier Erfolgsgrößen gleichermaßen einflussreich, es zeigen sich jedoch klarere Effekte als für die gesamte kulturelle Distanz. Die Wirkung ist damit entgegengesetzt zur Hypothese, während sie für die beiden anderen abhängigen Variablen gänzlich ausbleibt. Aufgrund des nur bei einer Variable vorliegenden Signifikanzniveaus kommt es im Gesamturteil zu einer Ablehnung der Hypothese. Durch den zweiten, knapp nicht signifikanten Koeffizienten liegen jedoch deutliche Hinweise auf eine sogar entgegengesetzte Wirkungsrichtung vor. Trotz des nicht hypothesenkonformen Resultats wird die Effektrichtung angesichts der geringen Anzahl bisheriger empirischer Belege nicht als wesentliche Überraschung gewertet. Dafür ist die Forschungslage nicht ausführlich genug. Abgesehen hiervon bieten die in Abschnitt 5.4.3.2 dargestellten Erläuterungen plausible Argumente für beide Richtungen.

Die Gründe für die Ergebnisse werden v. a. im Beitrag von Machtdistanz zu Führungsstilen gesehen (vgl. 4.2.2.2; neben Maskulinität/Femininität stellt sie die wichtigste Dimension dar mit der diese in Verbindung gebracht werden). In der Diskrepanz der diesbezüglichen Präferenzen kann die Grundlage für Konfliktpotential und daher negativen Einfluss liegen. Die Tatsache, dass dies die beiden einjährigen Zeiträume betrifft, kann als Hinweis auf die besondere Beeinflussung der Übergangszeit direkt nach der Übernahme interpretiert werden. Der Rückschluss, dass eine vergleichsweise rasche Änderung des Führungsstils durch eine Übernahme aufgrund der intensiven Interaktion in dieser Prozessphase bzw. die Neuartigkeit des „fremden" Ansatzes zunächst negative Effekte entfaltet, erscheint zumindest denkbar. Entsprechend könnte sich der fehlende Effekt in den langfristigeren, zweijährigen Variablen auf die Gewöhnung bzw. ein besseres Arrangieren mit anderen Führungsstilen zurückführen lassen, so dass sich Unterschiedlichkeit nicht mehr auf den Unternehmenserfolg auswirkt.

Da sich die Argumente für eine positive Wirkung in der Distanz dieser Dimension sehr stark an die der gesamten kulturellen Distanz anlehnen, können auch ähnliche Begründungen für den ausbleibenden Effekt angeführt werden. Besonders in Betracht kommt hier der Analysezeitraum, welcher nicht ausreichend sein könnte, um neue Fähigkeiten zu entwickeln. Denn die Umsetzung und Entfaltung von Potentialen dürfte oft längere Zeit in Anspruch nehmen als ein Geschäftsjahr. Konflikte aufgrund von Differenzen in der Unternehmensführung können hingegen sehr schnell auftreten und die negativen Werte mit erklären.

Die kulturelle Distanz in „Unsicherheitsvermeidung" zeigt sich ebenfalls als vergleichsweise einflussreicher Prädiktor. Die gleichgerichtete Wirkung aller vier Werte unterstreicht die Eindeutigkeit der Ergebnisse und spricht für einen positiven Effekt. Dies ist vor dem Hintergrund der entgegengesetzten Vermutung als überraschend anzusehen.

Erklärungen für die Abweichung können in der Bedeutung von Unsicherheitsvermeidung für Entscheidungsprozesse (vgl. Abschnitt 4.2.2.2) gesucht werden, die wiederum besonders in der Integrationsphase relevant sind. In der Regel unterscheiden sich hierin weit entfernte Gesellschaften stark in ihren Ansichten zum Formalisierungsgrad von Geschäftsbeziehungen. Inwieweit sich aus der Unterschiedlichkeit jedoch förderliche Wirkungen ergeben könnten, erscheint, wie in der Ableitung der Hypothesen dargelegt, fraglich und kann hier nicht schlüssig erklärt werden.

Allenfalls sind Begründungen für den fehlenden Einfluss auf die zwei anderen Erfolgsvariablen (*Umsatz t1* und *Gewinn t1*) denkbar. Diese könnten sich erneut auf den gewählten Integrationsansatz vieler Firmen aus Schwellenländern zurückführen lassen. Schließlich würde sich bei einem „light touch"-Ansatz (Cogman & Tan, 2010) erneut die Aussage von Shenkar (2001, S. 527-528) bewahrheiten, die den Einfluss kultureller Wechselwirkungen vom Grad der Firmeninteraktion abhängig macht.

Die Ergebnisse zur Distanz in der Dimension „Individualismus/Kollektivismus" weisen nicht in dieselbe Richtung. Die Variable wird daher nicht als wesentlicher Einflussfaktor angesehen. Angesichts der Resultate sprechen insgesamt jedoch mehr Indizien für eine positive als für eine negative Wirkung. Sie werden jedoch nicht als ausreichend eingeschätzt, um eine Bestätigung der Hypothese abzuleiten. Allenfalls zeigen sich leichte Hinweise, dass im Sample in der Tendenz eine erfolgsfördernde Wirkung hoher Distanz feststellbar ist. Im Gesamtbild ist die Hypothese jedoch zu verwerfen.

Die geringe Eindeutigkeit hinsichtlich der Wirkungsrichtung, die bereits in der Hypothesenentwicklung ersichtlich wurde, spiegelt sich auch in den Ergebnissen wider. Beiden Richtungen können plausible Argumente zugeordnet werden. Insofern kann bei der Interpretation auf die Erläuterungen in Abschnitt 5.4.3.4 verwiesen werden.

Methodisch ergeben sich wenige Ansatzpunkte um einen Einfluss durch die Stichprobe oder die Operationalisierung der Modellkomponenten abzuleiten. Die potenziell negativen Punkte aus der Interaktion kulturell entfernter Gesellschaften (z. B. Ansichten zu Vergütungssystemen oder der Rolle von Beziehungen zu Kollegen) scheinen unabhängig vom Analysezeitraum zu sein. Jedenfalls zeigen sich keine Effekte wie in den Distanzen anderer Dimensionen („Unsicherheitsvermeidung", v. a. jedoch „Machtdistanz"), in welchen die Einflüsse auf die einjährigen Variablen jeweils negativer sind als die auf die zweijährigen. Da die Argumente für eine positive Wirkung ähnlich sind wie bei der Distanz in der Dimension „Machtdistanz" (vgl. Abschnitt 5.4.3.2 und 5.4.3.4), deutet das Ausbleiben negativer Regressionseffekte darauf hin, dass die Verschiedenheit in dieser Kulturfacette kein Konfliktpotential hervorruft.

Die Resultate der kulturellen Distanz in der Dimension „Maskulinität/Femininität" weisen deutlich auf einen negativen Effekt hin. Dafür spricht zum einen die einheitliche Wirkungsweise auf alle vier abhängigen Variablen, zum anderen die Auffälligkeit der erzielten Signifikanzniveaus. Entsprechend wird von einer eindeutigen Wirkung der Einflussgröße ausgegangen, was konform zur Erwartung in Hypothese H10 ist.

Insgesamt erscheinen dafür v. a. inhaltliche Gründe ausschlaggebend. Wie in der Hypothesenentwicklung geschildert, wird „Maskulinität/Femininität" besonders mit Führungsstilen verbunden. Es ist davon auszugehen, dass diese auch die Durchführung und Steuerung von M&A-Prozessen entscheidend beeinflussen. Diskrepanzen in dieser wichtigen Eigenschaft könnten leicht interkulturelle Konflikte auslösen. Insofern stützen die Ergebnisse die Argumentation der Hypothesen.

Auch wenn der Schwerpunkt auf der Wirkung von Kulturaspekten vermutet wird, lassen sich auch methodische Anhaltspunkte anführen. Die Analyse der Länderwerte in dieser Dimension (vgl. Tabelle 2 in Abschnitt 4.3.1). zeigt, dass deren Bandbreite vergleichsweise eng ist. Das wird sowohl beim Vergleich zwischen den Käuferländern klar, bei denen vier von sechs Staaten zwischen 52 und 70 rangieren (Ausnahmen: Japan mit hohem Wert, Russland mit niedrigem), als auch im Vergleich zu den Zielländern. So weist China (66) die identische Einstufung auf wie Deutschland und das Vereinigte Königreich. Auch das vierthäufigste Zielland Italien (70) liegt nahe an den Werten der meisten Käuferländer. Insofern weist der Datensatz in den Distanzen dieser Dimension vergleichsweise kleine Werte auf. Entsprechend können sich bereits geringe Abweichungen spürbar auf die Ergebnisse auswirken. Die Distanz Chinas zu Deutschland und dem Vereinigten Königreich von null bewirkt entsprechend weder eine Verschiebung der Ergebnisse in positive noch in negativer Richtung.

Sowohl die Ergebnisse des einfachen (vgl. Tabelle 55) als auch des erweiterten Modells (vgl. Tabelle 56) deuten eine Unterstützung der Vermutung in Hypothese H11 an, die von einer erfolgsfördernden Wirkung geringer Unsicherheitsvermeidung des Käuferlandes ausgeht. Der Effekt zeigt sich allerdings nur in den beiden einjährigen Erfolgsgrößen Umsatz t1 und Gewinn t1 (jeweils in leicht unterschiedlicher Ausprägung im einfachen bzw. erweiterten Modell). Konsistent über alle Koeffizienten hinweg ist hingegen die negative Wirkungsrichtung: hohe Unsicherheitsvermeidung beeinflusst den Erfolg im Sample negativ.

Da bei dieser Variable nicht die Unterschiedlichkeit zwischen Nationen sondern allein die Einstufung des Käufers von Belang ist, ist es naheliegend, dass dessen kulturelle Eigenheiten die Transaktion entscheidend mit prägen. Angesichts des Stellenwertes von Unsicherheitsvermeidung für die Implementierung straffer Regelwerke im Zuge der Integrationsphase kann das Ergebnis als Anzeichen gewertet werden, dass ein geringer Formalisierungsgrad (der mit niedrigen Werten in Unsicherheitsvermeidung verbunden wird) eher erfolgsversprechend sein könnte.

Damit zeigt sich, dass die Argumente, die zur Ableitung der Hypothese geführt haben (vgl. Abschnitt 5.4.3.5), empirisch nicht widerlegt werden konnten. Wie dort dargelegt, ist vielmehr anzunehmen, dass die Haltung des Käuferlandes zu Unsicherheit die Form der Integration mitbestimmt. Die Ergebnisse deuten darauf hin, dass Integrationsansätze, die mehr Autonomie für das Zielunternehmen vorsehen, höhere Erfolgsaussichten haben. Denn es ist unwahrscheinlich, dass Unternehmen mit starker Präferenz für Kontrolle und Regelwerke (also hohen UAI-Werten) einen solchen Ansatz verfolgen würden. Unter den sechs Käuferländern finden sich empirische Belege für Integrationsansätze mit hoher Autonomie des Zielunternehmens v. a. bei China (vgl. Cogman & Tan, 2010; Y. Liu & M. Woywode, 2012) und Indien (vgl. Bhagat, Malhotra & Zhu, 2011; Kale & Singh, 2012), den beiden Staaten mit den niedrigsten Einstufungen unter den Käuferstaaten in der Dimension Unsicherheitsvermeidung. Neben deren gemeinsamem Status als Schwellenland ist daher auch eine Wirkung der Kulturdimension vorstellbar.

Vor dem Hintergrund der Erwartungen an eine klassische, westlich geprägte Post-Merger-Integration mögen die Ergebnisse leicht überraschen, stellen sie doch den Anspruch auf exakte Regelung, Kontrolle und intensive Abstimmung in Abrede. Die Vermutung lässt sich damit rechtfertigen, dass unsicherheitsakzeptierende Kulturen womöglich größeren Erfolg mit solchen Strategien erzielen, die sich vom traditionellen Vorgehen unterscheiden.

Es bleibt allerdings festzuhalten, dass die aus Käufersicht riskantere Vorgehensweise höherer Target-Autonomie auch auf andere als kulturelle Faktoren zurückgeführt werden könnte. Eine Möglichkeit wäre die in der Hypothesenentwicklung dargelegte Unerfahrenheit von Käuferfirmen aus Schwellenländern. Folgt man diesem Argumentationsstrang, wären weniger starre PMI-Strategien nicht das Resultat der kulturellen Einordnung von Ländern (z. B. China und Indien mit niedrigen Werten von 30 bzw. 40), sondern fähigkeits- bzw. erfahrungsbezogener Einflüsse. Es ist denkbar, dass den Erwerbern in der Stichprobe, die zu rund 50 % aus Schwellenländern stammen, schlichtweg die Kenntnisse für einen straff organisierten PMI-Prozess fehlen.

Dieser Einwand erscheint umso mehr plausibel, wenn weitere Länder gegenüber gestellt werden. So weisen die USA, die in dieser Untersuchung nicht vertreten sind, mit einem Wert von 46 eine mittlere Einstufung in Unsicherheitsvermeidung auf. Gleichzeitig sind sie, die wie kein anderes Land die Vorstellungen und Standards bei M&A geprägt haben, nicht bekannt dafür, den Target-Firmen große Freiheitsgrade abzutreten. Amerikanische Käufer symbolisieren also geradezu den traditionellen Integrationsansatz, z. B. eine Absorption, obwohl die kulturelle Einordnung des Landes lediglich eine mittlere Ausprägung erwarten lässt. Dies spricht dafür, dass auch andere Faktoren als die Unsicherheitsvermeidung den Integrationsstil beeinflussen.

Die Frage, was die Wahl eines Integrationstyps letztendlich determiniert, kann hier nicht abschließend geklärt werden. Die umfassende Beeinflussung betrieblicher Vorgänge durch die Einstellung in der Dimension Unsicherheitsvermeidung (vgl. Abschnitt 4.2.2.2) deutet jedoch darauf hin, dass diese Facette von Kultur den M&A-Prozess und damit den M&A-Erfolg tatsächlich beeinflusst. Zudem lassen sich, gerade im Falle Chinas, auch überzeugende Gründe anführen, die von einer kulturell bedingten Anpassungsfähigkeit zeugen (siehe dazu das Beispiel zu Overseas Chinese in Abschnitt 4.3.1, auf das auch bereits im Zuge der Interpretation des chinesischen Erfolgs in Abschnitt 9.2.1 verwiesen wurde).

Weiterhin sind methodische Gründe für das Zustandekommen des Ergebnisses denkbar. Möglicherweise trägt die Zusammensetzung des Samples aus grenzüberschreitenden Transaktionen und zudem solchen mit teils hohen kulturellen Distanzen in dieser Dimension zu einem vermehrten Bedarf an Anpassungsfähigkeit und Flexibilität bei, die eher von Gesellschaften mit geringer Unsicherheitsvermeidung gewährleistet werden kann.

Einschränkend sei genannt, dass durch die Konzentration auf Käuferländer (statt wie bei Distanzen auf Käufer- und Zielländer) in der Analyse jeweils nur ein Wert in der Dimension von Unsicherheitsvermeidung verwendet wurde (einer für jedes Käuferland). Insgesamt konnten demnach lediglich sechs Werte einbezogen werden. Entsprechend ist die Analyse statistisch weniger robust als die Regressionen zu den vorangegangenen Einflussgrößen.

Die Resultate zur „Langfrist-/Kurzfristorientierung" des Käufers zeigen, dass nicht von einem Einfluss auf den M&A-Erfolg auszugehen ist. Die Vermutung einer positiven Wirkungsweise in Hypothese H12 lässt sich somit nicht bestätigen.

Zwar kann nicht abschließend geklärt werden, ob die Einstufung in dieser Kulturdimension auch die Langfristigkeit des Investitionshorizonts eines Käufers bestimmt. Sehr unwahrscheinlich ist jedoch, dass die wesentlichen Erscheinungsformen, die von ihr geprägt werden, wie die Rolle vertrauensvoller Beziehungen, den Erfolg in dieser Studie beeinflussen. Ebenso wenig lassen die Ergebnisse Rückschlüsse zu, welche Art von Ergebnisgrößen durch die lang- oder kurzfristige kulturelle Prägung des Käufers beeinflusst wird. Ein Bezug zu langfristigen Größen, wie in der Ableitung der Hypothesen vermutet, kann zumindest nicht hergestellt werden.

Neben der bereits bei der Käuferdimension genannten Einschränkung der geringen Ausprägungsanzahl (je eine pro Käuferland) sind als Ursache weitere methodische Aspekte denkbar. Der gewählte Erfolgszeitraum von ein bis zwei Geschäftsjahren nach der Übernahme ist möglicherweise nicht langfristig genug, um die Wirkung der „Langfristorientierung" zu entfalten. Gegebenenfalls würden sich in einer Untersuchung mit längerem Zeithorizont die Vorteile einer entsprechenden Investorenhaltung in dieser Dimension zeigen.

Neben den bei den jeweiligen kulturellen Variablen einzeln dargelegten Faktoren, ist auch eine gemeinsame Ursache eines evtl. fehlenden Einflusses möglich. So ist es denkbar, dass die Firmen im Datensatz bewusst von kulturellen Routinen abweichen, um ihre Ziele besser zu erreichen. Danach würde die Kultur einer Gesellschaft zwar die Anwendung bestimmter Management-Praktiken nahelegen (z. B. verstärkte Regelung und Kontrolle), das Käuferunternehmen verzichtet jedoch absichtlich auf diese, weil es sich darüber bewusst ist, dass sie eine erfolgreiche M&A-Umsetzung erschweren könnten (z. B. da diese mehr Handlungsfreiheit für das Zielunternehmen erfordert). Diese Sichtweise ist grundsätzlich für alle kulturelle Distanzen, sowohl gesamthaft als auch auf Ebene einzelner Dimensionen, sowie die Eigenschaften von Käuferländern denkbar. Gleichzeitig stellt sie jedoch eine freiere Interpretation dar, die sich schwierig mit Indizien belegen lässt.

9.2.2.4 Mögliche bislang unberücksichtigte Variablenbeziehungen

In Fragenkomplex 2 wurden jeweils die direkten Effekte der unabhängigen Variablen untersucht. Allerdings ist deren gegenseitige Beeinflussung ebenfalls denkbar. Insbesondere „relatedness" zwischen Käufer und Target (welche zumeist als Branchen-Verwandtschaft operationalisiert wird) kommt als Einflussfaktor der Beziehung von kultureller Distanz und M&A-Erfolg in Betracht. Diese Wirkungsweise hätte bereits im Zuge der Hypothesenentwicklung gewählt werden können, die mögliche Wirkung wurde jedoch erst im Zuge der Interpretation deutlich und wird daher hier angeführt. Eine mögliche Rolle von „relatedness" als Moderatorvariable dieses Zusammenhangs wurde bereits in vorangegangenen Studien vermutet (vgl. Grün, 2010, S. 145; Stahl & Voigt, 2003, S. 7; Stahl & Voigt, 2008, S. 166). In nicht verwandten Transaktionen werden die operativen Synergien geringer eingeschätzt (vgl. Datta & Puia, 1995, S. 337). Dementsprechend wird angenommen, dass der Kontakt beider Firmen weniger intensiv und der Effekt kultureller Distanz auf den Erfolg geringer ist (vgl. Chatterjee et al., 1992, S. 332). Insofern könnte auch ein weiterer Zusammenhang von „relatedness" zu den in Abschnitt 3.5.2 vorgestellten Integrationsansätzen hergestellt werden. Schließlich ist in einer Absorption größere Interaktion zwischen den Parteien zu erwarten als in einer Erhaltung oder einer Holding-Struktur. Verwandte Übernahmen hätten nach diesem Verständnis tendenziell die Auswahl solcher Formen zur Folge, die eine intensivere Interaktion von Käufer und Target vorsehen.

Entsprechend ist sogar eine Modellvariante denkbar, in der „relatedness" die Beziehung zwischen kultureller Distanz und M&A-Erfolg nicht direkt, sondern indirekt über den Integrationstyp beeinflusst, wobei dieser als Moderator fungiert. Denn „[t]he important question, thus, is not how different the two cultures are, but whether maintaining that difference in the long term will serve a useful function.“ (Haspeslagh & Jemison, 1991, S. 143-144). Der Post-Merger-Ansatz wird auch in der Fachliteratur als moderierende Einflussgröße angesehen (vgl. Stahl & Voigt, 2005, S. 55, 68 u. 71). Dabei wird insbesondere die Autonomie des Zielunternehmens (welche sich im Integrationstyp widerspiegelt) als solche in Betracht gezogen (vgl. Datta, Grant & Rajagopalan, 1991; Weber, Shenkar & Raveh, 1996). Eine erweiterte Variablenkonstellation in der auch „relatedness“ einbezogen würde wäre konform mit der Auffassung von Datta und Puia (1995, S. 355), die die Wechselwirkung von Autonomie des Targets mit „relatedness“ und kultureller Distanz als mögliche Erfolgsursache ansehen. Der entsprechende Variablenzusammenhang ist in Abbildung 52 dargestellt.

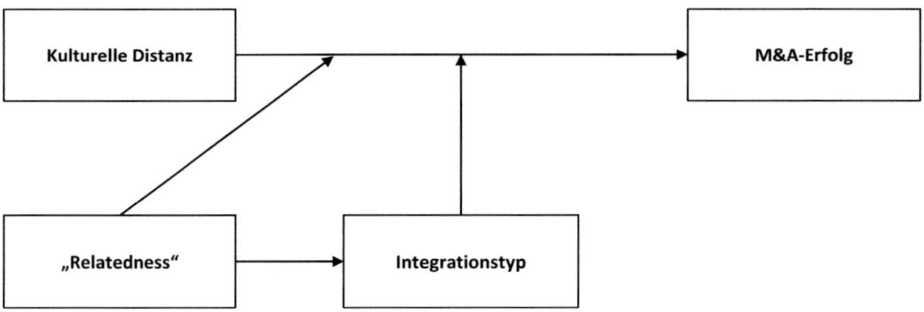

Abbildung 52: Mögliche unberücksichtigte Variablenzusammenhänge
Quelle: in Anlehnung an Stahl & Voigt (2005, S. 71).

Die Autonomie des Zielunternehmens wird auch in Bezug auf andere Erfolgsgrößen als Einflussvariable gesehen. Ist die Eigenständigkeit zu gering, kann dies die Innovationsfähigkeit des Unternehmens negativ beeinträchtigen (vgl. Phene, Tallman & Almeida, 2012, S. 761). Diese Wirkung dürfte insbesondere für die auf „asset exploration“ ausgerichteten, chinesischen Käufer unerwünscht sein. Möglicherweise ist dies ausschlaggebend für den „light-touch“-Ansatz chinesischer Erwerber, der den Targets weitgehende Freiräume gewährt. Ähnliche Vorgehensweisen werden teilweise auch indischen Investoren attestiert (vgl. Bhagat, Malhotra & Zhu, 2011, S. 250).

Zur selben Auffassung wie Phene, Tallman und Almeida (2012) gelangen auch Colombo und Rabbiosi (2010, S. 7), die den Innovationserfolg explorativ tätiger Unternehmen (also solcher die üblicherweise auch technologische Führerschaft anstreben) im Falle einer strukturellen Einordnung in die Käuferorganisation als gefährdet ansehen. Als entscheidend betrachten sie dabei die Weiterbeschäftigung leitender Mitarbeiter in der Forschungs- und Entwicklungsabteilung (S. 14). Auch diese Auffassung ist konform mit dem geschilderten chinesischen Integrationsansatz. Genau dieser Unternehmenstyp wird typischerweise mit dem chinesischen Investitionsfokus in Verbindung gebracht (vgl. Abschnitt 3.6.2.1 zum „strategic asset seeking"-Motiv). In Bezug auf die Stellung der Variablen zueinander geht auch diese Studie von einer Mediatorrolle der organisatorischen Aufstellung des Targets in der Post-Akquisitionsphase aus (S. 20).

9.2.3 Fragenkomplex 3: China-spezifische Einflussfaktoren auf den M&A-Erfolg

9.2.3.1 Länderspezifische Wirkung der Einflussfaktoren

In den am weitesten von Europa entfernten Kulturen Chinas und Japans erscheint die Branchen-Verwandtschaft am wenigsten einflussreich.

Dies könnte als Indiz dafür gewertet werden, dass die Transaktionen dieser Staaten weniger von Synergieerzielung motiviert sind als die der anderen Staaten, denn wie in Abschnitt 9.2.2.4 dargestellt, werden Synergien zumeist mit verwandten Zusammenschlüssen in Verbindung gebracht. Neben dem direkten Effekt ist zusätzlich die im selben Abschnitt erläuterte Moderatoreneigenschaft auf den Zusammenhang von kultureller Distanz und Unternehmenserfolg zu beachten, wodurch die Interpretation erschwert wird.

Die Firmengröße des Targets zeigt auch auf Ebene einzelner Käuferländer kaum einen Effekt auf den Unternehmenserfolg. Die Variable ist damit länderunabhängig als nicht einflussreich anzusehen. Demnach findet die Hypothese H3 auch in den einzelnen Länder-Samples Bestätigung.

Bei der ökonomischen Variable *„Disparität Pro-Kopf-Einkommen"* sind die Ergebnisse des chinesischen (für *Umsatz t1*) und des indischen (für beide Gewinn-Größen) Teil-Samples durch ihr extrem hohes Signifikanzniveau sehr auffällig.

Das Ergebnis ist mit hoher Wahrscheinlichkeit auf methodische Ursachen zurückzuführen. Die Einkommensdifferenz Chinas zu den Staaten der EU-27 ist nicht nur sehr hoch, was die erhebliche Diskrepanz der Wirtschaftskraft zwischen China und Europa widerspiegelt, die Abstände sind auch sehr homogen und – mit Ausnahme osteuropäischer Staaten und in geringerem Ausmaß Portugal – fast identisch. Auf der Variablen-Skala von +1 bis -1 liegen die meisten Werte zwischen -0,8 und -0,9. Es finden sich lediglich zwei Werte unterhalb von -0,7, die auf leicht geringere Einkommensunterschiede hinweisen (zu Litauen und zur Tschechischen Republik). So stimmen die Differenzen zu den Hauptzielländern Deutschland, Vereinigtes Königreich, Frankreich und Italien nahezu überein (-0,853 bis -0,883). Die Einkommensdifferenzen des indischen Teil-Samples liegen noch höher und befinden sich nahe dem Endpunkt der Skala bei -1. Wie bei China sind auch hier die Distanzen zu den europäischen Staaten (mit Ausnahme von Osteuropa) fast identisch. Besonders die Werte Deutschlands und des Vereinigten Königreichs, die zusammen mehr als die Hälfte der Transaktionen umfassen, sind nahezu gleich.

Die Bandbreite der Mehrheit der Deals ist also so minimal, dass sich faktisch kaum Unterschiede zu den Zielländern ausmachen lassen. Eine so geringe Varianz der Ausprägungen kann jedoch leicht Effekte suggerieren, die statistisch als wenig robust anzusehen sind. Da auch der Umsatz- bzw. Gewinnerfolg der beiden Länder in den betroffenen Erfolgsgrößen keine Auffälligkeiten zeigt, fällt es schwer, schlagkräftige inhaltliche Gründe für ein derart eindeutiges Ergebnis zu finden. Aufgrund der genannten methodischen Besonderheiten wird davon abgesehen, aus diesem Resultat wesentliche Rückschlüsse zu ziehen.

Der kaum vorhandene kulturelle Einfluss aus dem Gesamt-Sample stellt sich differenzierter dar, wenn jedes Käuferland einzeln betrachtet wird. Den Ergebnissen nach zeigen sich große Unterschiede in der Bedeutung von Kultur. Besonders bei chinesischen und japanischen Akquisitionen scheint sie einen Erfolgsfaktor darzustellen, während in der Schweiz eher Anzeichen für einen negativen Effekt vorliegen.

Dies ließe eine Interpretation zu, die von einer zeitlich verzögerten Wirkung positiver Einflüsse kultureller Unterschiedlichkeit ausgeht, wohingegen sich negative Aspekte schneller auswirken. Unternehmensverbindungen aus verschiedenen Kulturen benötigen nach dieser Logik mehr Zeit, um ihr kulturelles Potential zu entfalten. Dagegen treten kulturell bedingte Konflikte vergleichsweise frühzeitig auf.

Weiterhin geben die Resultate Anlass zur Vermutung, dass sich kulturelle Distanz besonders dann als förderlich erweist, wenn sie sehr hoch ist. Die beiden Länder mit den am weitesten von Europa entfernten Kulturen (China und Japan) weisen konsistent positive und teils signifikante Werte auf. Demgegenüber lässt sich für die Schweiz, die als Teil von Europa große Ähnlichkeit mit vielen Zielländern aufweist, die auffälligste negative Wirkung aller Käuferländer konstatieren. Diese Sichtweise würde die in Abschnitt 5.4.3.1 genannten Argumente stützen, die zur Ableitung der Hypothese für das Gesamt-Sample geführt haben. Insbesondere eine Wertschaffung durch Verbindung komplementärer Ressourcen erscheint vor dem Hintergrund der Resultate denkbar. Jedenfalls wirkt die dafür zu treffende Annahme, dass solche vermehrt in kulturell andersartigen Gesellschaften zu finden sind, plausibel.

Methodisch ist bei den Länder-Samples zu analysieren, ob ähnliche Besonderheiten in Bezug auf die Variablenausprägungen wie bei der Einkommensdifferenz vorliegen die einen Effekt erklären könnten. Grundsätzlich kann eine vergleichsweise enge Bandbreite der Werte auch als Merkmal der kulturellen Distanzen in einigen Ländersamples angeführt werden. Mit Werten von 112,48 bis 126,29 bei den häufigsten Zielländern (vgl. Tabelle 3 in Abschnitt 4.3.1) weist auch China keine allzu großen Unterschiede auf. Allerdings sind diese auch unter Berücksichtigung der relativen Abstände erkennbar höher als bei der Einkommensdistanz. Gegen eine Übertragung ihrer überwiegend statistisch begründeten Erklärungen spricht auch das Auseinanderfallen der beiden wesentlichen Zielländer Deutschland und Vereinigtes Königreich, was anhand der Distanzen von 114,14 bzw. 124,34 zu China und 61,24 bzw. 69,76 zu Indien offenkundig wird. Es kann somit davon ausgegangen werden, dass das weiter oben geschilderte Problem eine Besonderheit der Diskrepanz im Pro-Kopf-Einkommen ist und keine größere Relevanz für die kulturelle Distanz hat.

Die Signifikanz der kulturellen Distanz bei zwei Erfolgsgrößen im chinesischen Länder-Sample kann als Hinweis auf einen größeren Einfluss im Vergleich zum Gesamt-Sample gedeutet werden. Ebenso ist die Effektstärke unten allen Käuferländern die stärkste. Die Resultate können als teilweise Bestätigung der Hypothese H13 angesehen werden.

Sie deuten darauf hin, dass chinesische Transaktionen tatsächlich mehr und positiver von kultureller Distanz beeinflusst werden als andere Übernahmen. Dieses Ergebnis kann insofern als Relativierung des unter Abschnitt 9.2.2.3 eingebrachten Einwandes interpretiert werden, dass kulturelle Distanz in Transaktionen mit weniger enger Interaktion zwischen den Unternehmen womöglich eine geringere Rolle zukäme. Denn obwohl ein solches „light touch"-Vorgehen in zahlreichen chinesischen Übernahmen vorliegt (vgl. Kapitel 9.2.1) resultierte in diesem Datensatz ein höherer Kultureinfluss.

Allerdings gibt die in Abschnitt 9.2.2.4 identifizierte Erkenntnis, dass der Variablenzusammenhang möglicherweise durch Größen wie die Branchen-Verwandtschaft und den Integrationstyp moderiert wird, Anlass dazu, die Wirkung kultureller Distanz nicht isoliert zu betrachten (diese Einschätzung teilen auch Stahl & Voigt, 2005, S. 68). Immerhin kann diese durch die gewählte Integrationsform begünstigt werden, wodurch ein Effekt nicht alleine auf Unterschiedlichkeit an sich zurückzuführen wäre sondern auch auf den Interaktionsgrad oder die verbliebene Autonomie von Transaktionsparteien.

9.2.3.2 Kaufzeitpunkte als Einflussfaktoren

Die Ergänzung der für die bisherigen Analysen verwendeten, sektorangepassten Datenbasis um den Vergleich mit nicht sektorangepassten Erfolgszahlen liefert weitere interessante Erkenntnisse. Dass der Umsatzerfolg chinesischer Übernahmeziele nur im Mittelfeld der Käuferländer liegt wurde bereits in Abschnitt 9.2.1 genannt. Dieser Analyseschritt gibt weiteren Aufschluss über die Einordnung dieses Resultats. Es zeigt sich, dass der nicht um die Sektorentwicklung korrigierte Umsatzerfolg chinesischer Zielunternehmen im jeweiligen Zeitraum nach der Übernahme deutlich höher einzuschätzen ist als der angepasste. Er liegt sogar in etwa gleichauf mit dem von Russland und Kanada, jenen Ländern mit dem höchsten Umsatzerfolg. Aus der hohen Abweichung beider Berechnungsmethoden wird ersichtlich, dass die Sektoren der chinesischen Targets einen großen Einfluss auf den Erfolg ausüben. Sie entwickelten sich ausgesprochen positiv und verzeichneten spürbar stärkeres Wachstum als die der anderen Käuferländer (mit Ausnahme eines marginal abweichenden Wertes bei Russland). Dadurch wird der relative, über das Branchenwachstum hinausgehende Erfolg chinesischer Targets (ablesbar im sektoradjustierten Erfolg) begrenzt. Würde man nicht diesen sondern den unadjustierten Erfolg (d. h. ohne Berücksichtigung von Sektoren und Kaufzeitpunkten) zugrunde legen, wäre der Umsatzerfolg Chinas viel höher einzustufen. Die empirischen Ergebnisse weisen darauf hin, dass die in Hypothese H14 angestellte Vermutung gestützt werden kann und chinesische Investoren tatsächlich eher solche Branchen auswählten, die im Anschluss besonders wachstumsstark waren.

Aus inhaltlicher Sicht deutet dies darauf hin, dass die in der Hypothesenentwicklung dargelegten Argumente auch empirisch als relevant angesehen werden können. Es erscheint plausibel, dass chinesische Investoren tatsächlich jene Marktchancen nutzen konnten, die sich durch die Verfügbarkeit europäischer Unternehmen als Akquisitionsziele in der Finanz- und Wirtschaftskrise ab 2007 boten. Dies umfasst allerdings nicht nur die bloße Durchführung von M&A-Transaktionen, sondern auch das Partizipieren an der Erholung der wirtschaftlichen Bedingungen in den jeweiligen Branchen. Der Umstand, dass auf konjunkturell angespannte Phasen oft solche der Erholung folgen ist wenig überraschend (z. B. ersichtlich anhand der Übersicht bei Bamberger, 1994, S. 192 in Verbindung mit dem Einfluss der konjunkturellen Lage auf den Akquisitionserfolg). In Bezug auf die Handlungsweisen von Investoren kommt es besonders auf die Risikobereitschaft und das Ergreifen von Chancen an (vgl. dazu die Erläuterungen zur „Unsicherheitsvermeidung im Käuferland“ in Abschnitt 9.2.2). Aber auch die Einschätzung des Potentials von Sektoren ist entscheidend. Bezogen auf letzteres deuten die Resultate auf bessere strategische Entscheidungen chinesischer Käufer hin, wodurch sie stärker von günstigen Branchenentwicklungen profitieren konnten.

Allerdings kommen auch methodische Erklärungen in Frage, die sich primär aus dem Investitionsfokus und dessen Auswirkung auf die Zusammensetzung der Stichprobe ergeben. Eine Branche, die während der Finanz- und Wirtschaftskrise konjunkturell besonders stark beeinträchtigt war, ist der Maschinenbau. Dieser ohnehin als zyklisch einzustufende Sektor, war in dieser Phase von erheblichen Umsatzrückgängen betroffen (vgl. Spiegel Online, 2010). Gleichzeitig verzeichnete er eine besonders starke Erholung in den Jahren danach mit einer Rückkehr auf das Vorkrisenniveau (vgl. Zeit, 2010). Eine hohe Konzentration dieser Industrie in den Zielunternehmen hätte demnach ein überproportionales Wachstum der Sektorentwicklung eines Käuferlandes (dem die Entwicklung jener Sektoren zugerechnet wird, in denen Investoren aus diesem Land aktiv wurden) zur Folge. Genau dies trifft auf China zu – rund 35 % der Targets können diesem Sektor zugeordnet werden. Entsprechend trägt die Erholung dieses Sektors nach der Akquisition durch chinesische Erwerber (diese fanden vermehrt während der Krisenphasen statt) auch beträchtlich zum insgesamt erzielten Wachstum chinesischer Zielbranchen bei. Die zweite Häufung chinesischer Übernahmen im Maschinenbau ist 2004 auszumachen. Auch in den darauffolgenden Jahren bis zum Beginn der Finanzkrise konnte der Sektor jeweils starke Wachstumsraten verzeichnen, die ebenfalls zum positiven Abschneiden der Zielunternehmen beitrugen.

Die Benennung des Maschinenbaus als wesentlicher Zielsektor der chinesischen Regierung wurde bereits erwähnt (vgl. Abschnitt 2.3.4.3.3). Aus ressourcenpolitischen Erwägungen ist davon auszugehen, dass der Fokus auf diese Branche in der fehlenden eigenen Kompetenz und dem gleichzeitig hohen Bedarf an den Produkten des Sektors auf dem chinesischen Markt begründet ist. Chinesen könnten die Krise somit als Chance identifiziert haben, überhaupt als Käufer zum Zuge zu kommen und Zugriff auf die Technologien zu erlangen. Dies würde die Vermutung der Hypothese H14, die ein reines Abzielen auf künftiges Wachstum ins Zentrum rückt, etwas relativieren, da die strategischen Vermögenswerte und nicht deren Absatzpotential betont wird. Gleichzeitig widerlegt sie die Vermutung nicht vollständig. Denn auch wenn die Motive anders gelagert wären, würde es die Richtigkeit der strategischen Analyse durch den Erwerber und die Einschätzung des Zukunftspotentials nicht in Abrede stellen. Schließlich ist anzunehmen, dass auch für China besonders solche Technologien von Interesse sind, deren Branchen hohes Wachstum verzeichnen und damit der chinesischen Wirtschaft solche Kompetenzen hinzufügen, die nicht nur ihre Weiterentwicklung fördern, sondern auch marktseitig stark nachgefragt werden.

9.3 Zusammenfassung in Bezug auf die Forschungsfragen

In der Einleitung zu dieser Arbeit wurden fünf übergeordnete Forschungsfragen formuliert. Aufbauend auf den empirischen Ergebnissen und deren Interpretation sollen nun die wichtigsten Erkenntnisse zusammengefasst und auf diese bezogen werden. Die erste Forschungsfrage lautete:

1) Wie ist der M&A-Erfolg chinesischer Übernahmeobjekte im Vergleich zu dem von Targets anderer Käuferstaaten einzuordnen?

Wie in Abschnitt 3.7.1 darlegt, gibt es zahlreiche Varianten der Erfolgsdefinition. In dieser Arbeit wurden sowohl Umsatz- als auch Gewinnmargen-Entwicklungen über jeweils zwei Zeiträume analysiert. Die Ergebnisse in Abschnitt 8.2 zeigen, dass die Beantwortung der Forschungsfrage stark von der betrachteten Variante abhängt. Umsatzseitig liegt der chinesische Erfolg im Mittelfeld der einbezogenen Käuferländergruppe. Bezogen auf den Gewinn verzeichneten die Zielunternehmen Chinas eine durchweg höhere Steigerung als die Vergleichsländer. Dem Verständnis der vorliegenden Arbeit folgend, kann dieses Resultat zumindest teilweise auf den Einfluss des Käuferlandes auf die strategische und organisatorische Ausrichtung des Zielunternehmens nach der Akquisition sowie das zugrundeliegende Käufer-Verständnis von finanziellem Erfolg zurückgeführt werden.

Hauptgegenstand dieser Arbeit war die Auseinandersetzung mit allgemeinen Einflussfaktoren von M&A-Erfolg. Hierzu wurden zwei Forschungsfragen formuliert:

2a) Wie ist die Rolle von Landeskultur im Vergleich zu anderen Einflussfaktoren von M&A?

In der Hypothesenableitung wurde angenommen, dass die grundsätzliche Wirkung von Einflussfaktoren ermittelt werden kann, indem diese in einem Gesamt-Sample bestehend aus mehreren Käufer- und Zielländern analysiert wird. Als alternative Variablenkategorien wurden transaktionsspezifische und ökonomische ausgewählt und den landeskulturellen gegenübergestellt. Hierbei zeigte sich, dass die verwendeten ökonomischen Größen den geringsten Einfluss erzielten. Bei den transaktionsspezifischen erwies sich die Branchen-Verwandtschaft zwischen Käufer- und Zielunternehmen als teilweise signifikante Variable. Die empirischen Ergebnisse in Abschnitt 8.3.3 haben ebenso gezeigt, dass kulturelle Variablen einen signifikanten Effekt auf den M&A-Erfolg haben können.

Gegenstand der dritten Forschungsfrage war, diese Beobachtung weiter zu spezifizieren und besonders einflussreiche Kulturfacetten zu ermitteln:

2b) Welche Aspekte von Landeskultur haben besonders starken Einfluss auf den M&A-Erfolg und in welche Richtung wirken sie?

Neben der gesamten Landeskultur wurde diese entlang der Kulturdimensionen aufgespalten und die kulturellen Distanzen zwischen Käufer- und Zielland auf Ebene einzelner Dimensionen bestimmt. Zusätzlich wurde für ausgewählte Dimensionen die Einstufung des Käuferlandes als unabhängige Variable berücksichtigt. Die Ergebnisse zeigten, dass zwar die gesamte kulturelle Distanz kaum einen Einfluss auf den M&A-Erfolg ausübt, die Distanzen einzelner Dimensionen hingegen mehrere signifikante Effekte zum Vorschein bringen. Daraus kann geschlussfolgert werden, dass nicht alle Aspekte von Kultur gleichbedeutend sind, sondern einige einen höheren Einfluss aufweisen. Überdies bewahrheitete sich die Feststellung, dass kulturelle Distanz sowohl Vor- als auch Nachteile haben kann (vgl. Stahl & Voigt, 2005, S. 72-73), da unterschiedliche Wirkungsrichtungen auftraten. Als besonders signifikant zeigten sich in der vorliegenden Arbeit insbesondere die Distanz in „Unsicherheitsvermeidung“ (positiv) und „Maskulinität/Femininität“ (negativ). In geringerem Umfang treten auch bei der Distanz in der Dimension „Machtdistanz“ (negativ) sowie der Käuferlandeinstufung in „Unsicherheitsvermeidung“ (negativ) signifikante Einflüsse auf. Ebenso wie bei den vorangegangenen Forschungsfragen hängt dies allerdings von der jeweils betrachteten Erfolgsgröße ab, denn eine über alle durchgängig wirksame Einflussgröße konnte nicht festgestellt werden.

Basierend auf der Identifizierung dieser länderübergreifenden Einflussgrößen war für die weitere Untersuchung die Analyse von Länderspezifika von Interesse, insbesondere die Gegenüberstellung mit chinesischen Übernahmen. Dazu wurden zwei Forschungsfragen bearbeitet:

3a) Wie unterscheiden sich die allgemeinen Einflussfaktoren von denen auf Ebene einzelner Käuferländer, insbesondere von denen chinesischer Übernahmeobjekte?

Bei den transaktionsspezifischen Variablen traten geringe bis mittlere Abweichungen von den Ergebnissen des Gesamt-Samples auf. So zeigte sich der negative Einfluss von Branchen-Verwandtschaft nicht bei allen Ländern gleichermaßen, sondern offenbarte in den kulturell am weitesten von Europa entfernten Gesellschaften China und Japan den geringsten Einfluss. Die Analyse der ökonomischen Variablen für einzelne Länder-Samples war aufgrund methodischer Einschränkungen und Besonderheiten begrenzt. Die Wichtigkeit kultureller Faktoren wurde im Zuge der letzten Forschungsfrage gesondert und in erweiterter Form untersucht:

3b) Wie ist der Stellenwert von kulturellen Einflussfaktoren bei chinesischen Übernahmen im Vergleich zu alternativen Variablen und welche Rolle spielen investitionsstrategische Erwägungen für den M&A-Erfolg Chinas?

Die Bedeutung von Kultur für den M&A-Erfolg Chinas wurde im Rahmen der vorliegenden Arbeit sowohl über den Vergleich mit dem Gesamt-Sample als auch mit anderen Ländersamples ergründet. Es zeigte sich, dass kulturelle Distanz bei China, wie auch bei einigen Vergleichsländern, einen nicht zu unterschätzenden Einflussfaktor darstellt. Die Wirkung erwies sich damit als stärker als bei der aggregierten Betrachtung über alle Käuferländer hinweg. Neben Japan erwies sich China als das einzige Land mit einer positiven Effektrichtung kultureller Unterschiedlichkeit, allerdings stellte sich die Effektstärke als deutlich ausgeprägter heraus. Dem Verständnis dieser Arbeit nach, kann damit auf einen zumindest teilweise positiven Ergebnisbeitrag kultureller Distanz geschlossen werden.

Weitere china-spezifische Besonderheiten wurden im Zuge der Analyse investitionsstrategischer Überlegungen deutlich, die anhand von Sektorauswahl und Investitionszeitpunkt vorgenommen wurde. Mit Hilfe einer nicht um die jeweilige Sektorentwicklungen angepassten Berechnungsvariante konnte festgestellt werden, dass die Branchen, in denen chinesische Erwerber investierten, nach der Übernahme meist deutlich höhere Wachstumsraten verzeichneten als diejenigen anderer Käuferländer. Je nach Erfolgsdefinition kommt der Auswahl von Sektor und Kaufzeitpunkt folglich eine besondere Bedeutung zu, da sie die weitere Entwicklung des Zielunternehmens mitbestimmt. Neben strategischem Investitionskalkül des Käufers besteht im Rahmen der Interpretation auch die Möglichkeit, diesen Umstand in Teilen kulturell verankerten Eigenschaften zuzuschreiben, weshalb dieser Analyseschritt als Ergänzung des vorangegangenen Untersuchungsaspekts angesehen werden kann.

10 Schlussbetrachtung

10.1 Beiträge der Arbeit

10.1.1 Einleitende Bemerkungen

Ziel dieser Arbeit war es zum einen, den Erfolg chinesischer Unternehmensübernahmen in Europa empirisch zu beleuchten. Zum anderen sollte der Einfluss verschiedener Variablen auf den M&A-Erfolg erforscht und länderspezifische Besonderheiten herausgearbeitet werden. Entsprechend ist die Arbeit stark empirisch geprägt. Großes Augenmerk wurde hierbei auf die Auswahl geeigneter Methoden und statistischer Analyseverfahren gelegt. Gleichzeitig wurde ein theoretischer Bezugsrahmen abgeleitet, der in der Lage ist, das Investitionsverhalten chinesischer Firmen zu erklären. Dabei wurde wiederholt Bezug zur Berichterstattung über chinesische Akquisitionen in Presse und praxisnahen Berichten genommen. Die vorliegende Arbeit liefert somit neben den empirischen Erkenntnissen auch Beiträge zu Theorie, Methodik und Praxis. Entsprechend gliedern sich auch die nachfolgend dargelegten Erkenntnisbeiträge.

10.1.2 Beiträge zur theoretischen und empirischen Forschung

Ein wesentlicher Beitrag zur empirischen Forschung liegt in der geografischen Schwerpunktsetzung. Auslandsinvestitionen chinesischer Unternehmen in größerem Umfang sind ein vergleichsweise junges Phänomen. Die bisherigen Beiträge des Themengebiets befassen sich vornehmlich mit den Motiven Chinas, der Rolle des Staates und mit Auslandsinvestitionen ohne bestimmten Länderfokus (vgl. Deng, 2009; Rui & Yip, 2008). Studien zu chinesischen Investitionen in etablierten Staaten bzw. M&A in Europa sind dagegen ein bislang wenig erforschtes Feld (Ausnahmen bilden z. B. Knoerich, 2010; Nicolas, 2012; J. Zhang, C. Zhou & H. Ebbers, 2011). Diese Arbeit ist eine der ersten, die den Erfolg dieser Übernahmen anhand einer großen Stichprobe analysiert und mit dem von anderen Käuferländern vergleicht.

Weiterhin legt die Arbeit den Analysefokus auf die europäischen Zielunternehmen chinesischer M&A-Vorhaben. Sie nimmt damit eine Perspektive der Erfolgsbetrachtung ein, der in der M&A-Erfolgsforschung deutlich geringere Aufmerksamkeit zukommt als den Interessen der Erwerber. Gleichzeitig ist der Adressatenkreis aus der Sicht eines europäischen Forschers besonders relevant. Zur Beantwortung der ersten Forschungsfrage wurde die finanzielle Entwicklung chinesischer Zielunternehmen in den Jahren nach der Akquisition untersucht und der von Targets anderer Käuferländer gegenübergestellt. Mit der Target-Perspektive auf der einen und China als Akquisiteur auf der anderen spannt diese Arbeit einen Bogen zwischen zwei Bereichen, die in der Literatur bis dato unterrepräsentiert sind.

Die Dissertation leistet ferner einen Beitrag zur Erfolgsfaktorenforschung. Zwar stellt dies ein breit abgedecktes Feld der M&A-Literatur dar, die Arbeit bietet jedoch neue Facetten. Diese liegen zum einen in der Gegenüberstellung von Variablen aus verschiedenen Kategorien wie kulturellen, ökonomischen und transaktionsspezifischen Größen. Zum anderen kommt den kulturellen Faktoren eine essenzielle Rolle zu. Im Gegensatz zu der Mehrzahl der bisherigen Studien, die Kultur über das Konzept der kulturellen Distanz über alle Dimensionen hinweg erfassen, bietet diese Untersuchung einen alternativen Ansatz. Die Aufspaltung in die Distanzen auf Ebene einzelner Kulturdimensionen spezifiziert die Ursachensuche und trägt dazu bei, jene Kulturbestandteile zu identifizieren, die besonders großen Einfluss auf den M&A-Erfolg ausüben. Die Vorgehensweise ist konsistent mit der Feststellung, dass nicht alle Facetten von Kultur gleichbedeutend sind (vgl. Abschnitt 9.2.2.3). Aus den Ergebnissen können schließlich leichter Rückschlüsse gezogen werden, welche kulturellen Eigenschaften besonders entscheidend sein könnten.

In der Erweiterung der Analyse kulturell bedingter Auswirkungen auf den M&A-Prozess um chinesische Besonderheiten ist ein weiterer Beitrag dieser Arbeit zu sehen. Auch wenn die Forschung zum Einfluss von Kultur auf M&A bereits sehr umfassend ist, ist diese Perspektive bislang wenig erforscht. Die empirischen Werke deuten darauf hin, dass Kultur im Zuge chinesischer Übernahmen eine andere Rolle spielt als im länderübergreifenden Kontext.

Nicht zuletzt trägt das Design der empirischen Untersuchung zum Erkenntnisfortschritt vergleichender Studien bei. Durch die Einbeziehung von Vergleichsländern werden zunächst allgemeine Einflussfaktoren ermittelt bevor diese länderspezifisch untersucht werden. Dadurch können Gemeinsamkeiten und Unterschiede in deren Bedeutung herausgearbeitet werden. Überdies erfolgt der Vergleich nicht über qualitative Fallstudien, wie zumeist der Fall, sondern über quantitative Daten und statistische Analyseverfahren.

Als theoretischer Beitrag kann die Einordnung chinesischer Auslandsdirektinvestitionen in Industrieländern in bestehende Internationalisierungstheorien gesehen werden. Dabei werden nicht nur traditionelle Ansätze und solche die speziell für EMNCs entwickelt wurden auf ihre Eignung für den vorliegenden Kontext untersucht. Der Bezugsrahmen integriert auch Theorien aus benachbarten Disziplinen wie der Soziologie, die bislang in diesem Kontext wenig beachtet wurden. Indem chinesische Investitionen in Europa aus Sicht des Neo-Institutionalismus beleuchtet werden kommt die Arbeit der Forderung nach, vermehrt integrative Ansätze zu verwenden (vgl. Wright et al., 2005). Dies stellt eine Erweiterung der bisherigen Sichtweise der M&A-Forschung dar. Hierin wird deutlich, dass der Sachverhalt auch durch die Verbindung traditioneller Erklärungsansätze mit solchen aus benachbarten Fachdisziplinen erklärt werden kann, ohne dass dafür neue Theorien herangezogen werden müssen. Ebenso zeigt sich jedoch, dass für das junge Phänomen chinesischer Investitionstätigkeit in etablierten Staaten womöglich eine andere Gewichtung der bestehenden FDI- und M&A-Ansätze vorgenommen werden muss. Denn die oft verwendeten, stark kostenorientierten Ansätze zur Erklärung von Internationalisierung und M&A greifen für chinesische Akquisitionen zu kurz (vgl. Abschnitte 2.3.3.1, 3.6.1 und 3.6.2).

Aus methodischer Sicht ist der Stichprobenumfang hervorzuheben. Durch die Zusammenstellung von Übernahmen aus China sowie von Schwellen- und Industrieländern wird eine valide Länderanalyse ermöglicht. Die Vergleichbarkeit wird durch ein umfassendes System von Filterstufen gewährleistet. Dazu zählt auch die Adjustierung der Unternehmenszahlen um die Entwicklungen in den jeweiligen Sektoren im relevanten Zeitraum. Dadurch wendet die Studie die Grundlagen des Konzepts der Überrendite (cumulative abnormal return), das aus der Kapitalmarktforschung bekannt ist, auf Jahresabschlusszahlen an und erlaubt plausible Vergleiche über Sektorgrenzen hinweg. Die Methode verbindet damit Genauigkeit und Vergleichbarkeit des Überrenditenkonzepts mit den Vorteilen von Jahresabschlusszahlen, die u. a. in der breiten Verfügbarkeit von Daten liegen.

Die zweite methodische Besonderheit liegt in den verwendeten statistischen Verfahren. Anders als die meisten Arbeiten stützen sich die empirischen Erkenntnisse nicht auf sensible Auswertungsmethoden wie die Kleinste-Quadrate-Regression, welche zahlreiche Schwächen aufweist (vgl. Abschnitt 7.3.1). Stattdessen greift sie auf robuste Regressionen zurück und ist dadurch in der Lage, stabilere Ergebnisse zu erzielen. Die Untersuchung nutzt damit Verfahren, die in anderen Wissenschaftsdisziplinen wie den Naturwissenschaften oder der Soziologie bereits weiter verbreitet sind, in der betriebswirtschaftlichen Forschung bislang jedoch noch wenig angewendet werden (wenn Publikationen in Journals mit hohem Ranking zugrunde gelegt werden).

10.1.3 Implikationen und Empfehlungen für die unternehmerische Praxis

Obwohl der Fokus v. a. auf der empirischen Forschung liegt, liefert die vorliegende Untersuchung auch Erkenntnisse für die unternehmerische Praxis. Die Analyse zeigt, dass sich chinesische Zielunternehmen in den vergangenen Jahren sehr positiv entwickelten. Dies gilt überraschenderweise besonders für das Wachstum der Gewinnmargen. Insofern stützen die Resultate die Ansicht, dass die teilweise immer noch vorherrschenden Bedenken gegenüber Investoren aus China unbegründet sind. Vielmehr können chinesische Investoren sogar förderlich sein. Übertriebene Ängste vor der fremden Kultur erscheinen somit nicht angebracht. Zwar gibt die gewählte Vorgehensweise nur Hinweise auf den finanziellen Unternehmenserfolg und deckt damit nur einen Teilbereich ab. Es erscheint jedoch plausibel, dass dies auch für nicht finanzielle Ziele wie den Technologieausbau gilt. Der Integrationsansatz chinesischer Erwerber ist überwiegend durch ein behutsames Vorgehen geprägt, das den Zielobjekten oft hohen unternehmerischen Freiraum gewährt und damit ein Abgrenzungskriterium zu vielen anderen Käufergruppen darstellt. Vielfach zeichnen sich Chinesen sogar durch ein Festhalten am alten Management aus, auf deren Fähigkeiten sie stärker angewiesen sind als andere Käufer.

Hervorzuheben ist zudem die Wirkung einiger kultureller Einflussfaktoren auf den M&A-Erfolg. Diese können dazu dienen, M&A-Verantwortliche für die Relevanz kultureller Aspekte zu sensibilisieren. Schließlich wird Kultur in der M&A-Praxis, z. B. der

Due Diligence, oft zu wenig beachtet (vgl. Kuhnert, 2009, S. 32; Schneck & Zimmer, 2006, S. 587-588). Betont werden sollte in diesem Zusammenhang insbesondere ihre Rolle in der Integrationsphase. Sie sollte v. a. bei Transaktionen von kulturell weit entfernten Partnern mehr in den Fokus von M&A-Entscheidungen rücken. Zusätzlich sind Besonderheiten der chinesischen Kultur (vgl. v. a. Abschnitt 4) zu berücksichtigen. Die Darstellung von deren Eigenschaften kann Praktikern ein Grundverständnis für Geschäftsbeziehungen mit China vermitteln. Eine Auseinandersetzung mit der Kultur des Landes ist vor dem Hintergrund des identifizierten, höheren Stellenwerts kultureller Erfolgsfaktoren bei chinesischen Transaktionen ratsam. Eine weitere Zunahme von grenzüberschreitenden Transaktionen und insbesondere das Erstarken von Käufern aus Schwellenländern wie China werden aller Voraussicht nach zu einer steigenden Relevanz führen. Daher sollten sich auch Praktiker verstärkt mit Kultur im Rahmen von M&A-Prozessen auseinandersetzen und sie gegebenenfalls als festen Bestandteil der Due Diligence integrieren.

Im Gegensatz zu kulturellen hatten ökonomische Ursachen in der vorliegenden Arbeit keinen Einfluss auf den M&A-Erfolg. Europäische Firmen sollten Faktoren, die mit der Wirtschaftskraft Chinas zusammenhängen, demnach nicht überbewerten und nicht erwarten, dass die neuen Investoren alle Wachstumsvorhaben bereitwillig finanzieren. So zeigen einige Fälle, dass das hierfür benötigte Kapital von den Targets selbst erwirtschaftet werden muss (z. B. beim Werkzeugmaschinenbauer Wohlenberg; vgl. Schürmann, 2011).

10.2 Limitationen der Untersuchung

10.2.1 Einleitende Bemerkungen

Wie jede Untersuchung unterliegt auch diese Arbeit Limitationen, die bei der Bewertung ihrer Erkenntnisse beachtet werden müssen. Gleichzeitig können sie jedoch als Chance und Ansatzpunkt für zukünftige Forschung verstanden werden. Da mögliche Restriktionen bereits im Rahmen der Diskussion der Ergebnisse an den betroffenen Stellen angeführt wurden, sollen im Folgenden die wichtigsten Aspekte zusammengefasst und bislang unerwähnte Aspekte angeführt werden. Sie lassen sich in solche der Datenbasis, der verwendeten Methoden sowie inhaltliche Restriktionen unterteilen.

10.2.2 Limitationen der Datenbasis

Eine Restriktion der Arbeit ist in der Auswahl der Datenbasis begründet. Zwar bietet die Stichprobe mit insgesamt 355 Transaktionen, davon 53 chinesische, eine vergleichsweise große Fallanzahl. Aus statistischer Sicht wäre jedoch eine noch höhere Fallanzahl begrüßenswert, da sich dies nicht nur positiv auf die Reliabilität der Ergebnisse auswirken, sondern auch die Einbeziehung weiterer erklärender Variablen ermöglichen würde. Dies setzt jedoch eine ausreichend hohe Anzahl von Beobachtungen voraus (vgl. Abschnitt 7.1.2).

Als kritischer ist die mögliche Verzerrung des Datensatzes hin zu solchen Zielunternehmen anzusehen, die nach der Übernahme über hohe Eigenständigkeit verfügten. Bei fehlender Autonomie kann unterstellt werden, dass die Wahrscheinlichkeit für eine vollständige Integration der Targets ansteigt, sie im Zuge dessen auch rechtlich untergehen und folglich in der Datenquelle nicht mehr auftauchen. Insofern könnte durch das Abgrenzungskriterium der Selbständigkeit eine Vorauswahl der Fälle erfolgt sein, die die Stichprobe tendenziell im Hinblick auf Autonomie und damit den Integrationstyp verzerrt.

Durch die Durchführung als Sekundärdatenanalyse war die Untersuchung zudem auf solche Variablen beschränkt, die sich anhand öffentlich zugänglicher Quellen bestimmen ließen. Eine Kombination mit Primärdaten hätte den Umfang jedoch erheblich gesteigert.

Mit den Sekundärdaten ist eine weitere wichtige Einschränkung verbunden. Obwohl für die Datenerhebung verlässliche Quellen verwendet wurden (z. B. Eurostat, Amadeus), hängt die Qualität der Analyse maßgeblich von den zugrundeliegenden Datenquellen ab. Allerdings beziehen diese ihre Informationen wiederum von nationalen Statistikbehörden bzw. den Publikationen der Unternehmen selbst. Hierin kann naturgemäß eine Fehlerquelle liegen, die sich auf die Verlässlichkeit der Ergebnisse auswirkt. In Bezug auf Amadeus umfasst dies auch Fälle, in denen nicht alle Finanzinformationen verfügbar waren. Ebenso kann nicht ausgeschlossen werden, dass die

Datenbanken selbst Fehler enthielten oder die Angaben sich nicht auf die kompletten Unternehmen bezogen. Durch die Abstellung auf rechtliche Unternehmenseinheiten ist es möglich, dass diese nicht bzw. nicht alle operativen Einheiten enthielten, wie es bei konsolidierten Zahlen typischerweise der Fall wäre. Es wurde jedoch sichergestellt, dass innerhalb einer Firma nicht unkonsolidierte mit konsolidierten Informationen verglichen wurden.

Um die Datenbasis nicht unnötig zu schmälern wurden diejenigen Fälle, bei denen einzelne Firmenwerte fehlten, in der Stichprobe belassen. Dies führte dazu, dass sich die Analysen je nach abhängiger Variable auf unterschiedliche Fallanzahlen stützen. Da jeweils eine ausreichend große Anzahl berücksichtigt wurde, wird dies als akzeptables Vorgehen angesehen. Die statistische Verlässlichkeit der Daten wird auch in diesem Fall als gegeben angesehen, während eine strikte Eliminierung solcher Fälle eine deutliche Reduktion der Stichprobe zur Folge gehabt hätte. In einigen wenigen Fällen wurden fehlende Werte um solche ergänzt, die sich in wissenschaftlichen Publikationen, Veröffentlichung der Unternehmen selbst oder Presseinformationen fanden. Zudem war insbesondere bei indischen Transaktionen des Öfteren ein Wechsel des Geschäftsjahres zu verzeichnen, der ein Rumpf-Geschäftsjahr zur Folge hatte. Diese ungleiche Periode wurde als nicht verfügbarer Eintrag gewertet.

10.2.3 Methodische Limitationen

Weitere Limitationen lassen sich auf die verwendeten Methoden zurückführen. Zuvorderst bezieht sich dies auf die Erfolgsevaluation dieser Untersuchung. Neben verbreiteten Kritikpunkten an Jahresabschlussdaten wie unterschiedliche Rechnungslegungsrichtlinien und Manipulierbarkeit (vgl. Weusthoff, 2014, S. 296, sowie Abschnitt 3.7.2) sind auch andere Aspekte zu nennen. Zwar existiert keine einheitliche Definition von M&A-Erfolg, es kann jedoch unterstellt werden, dass aus Target-Perspektive auch Größen wie die Mitarbeiterzahl (bzw. diejenige in besonders hochqualifizierten Funktionen wie Forschung & Entwicklung) oder die Mitarbeiter- bzw. Management-Fluktuation als Indiz für den Zustand des Zielunternehmens unter chinesischer Eigentümerschaft relevant sein könnten. Jedenfalls kommen diese Merkmale als potenzielle Zielgrößen der zahlreichen Stakeholder (vgl. Abschnitt 3.3.1) in Betracht. Ebenso interessant könnten die Investitionen in die technologische Kompetenz sein oder der Umfang, in dem Know-how gegebenenfalls in das Erwerberland transferiert wird. All diese Informationen konnten jedoch aufgrund fehlender Daten nicht herangezogen werden. Das Design der Untersuchung ließ es zudem nicht zu, den Erfolg der besonders relevanten Integrationsphase in größerer Tiefe zu analysieren. Dies wäre nur mittels Primärdaten möglich gewesen, was in Kombination mit der ausführlichen sekundärdatenbasierten Auswertung den Umfang der Arbeit überstiegen hätte.

Als Teil der Erfolgsdefinition kann auch die Wahl des Untersuchungszeitraums betrachtet werden. Bei dem gewählten Vergleichszeitraum von ein bzw. zwei Geschäftsjahren nach der Übernahme besteht die Gefahr einer zu geringen Zeitspanne. Obwohl sie in der Literatur durchaus üblich ist und in kapitalmarktorientierten Studien sogar weitaus kürzere Perioden untersucht werden, ist es möglich, dass die potenziellen Einflussgrößen bis dahin noch keine wesentliche Erfolgswirkung entfalten konnten. Aus diesem Grund wäre eine Untersuchung über Langzeitstudien vorzuziehen. Zu berücksichtigen ist, dass eine Verlängerung des Betrachtungszeitraums um ein bis zwei Jahre die Resultate womöglich verändern könnte. Eine solche Erweiterung hätte jedoch ein anderes methodisches Problem verstärkt: die Eingrenzung des Zeitraums in dem M&A-Transaktionen stattfanden durch die lange Untersuchungsperiode danach. Durch den verwendeten zweijährigen Post-Akquisitionszeitraum musste die Datenbasis zum Zeitpunkt der Erhebung (Oktober 2012 bis Juni 2013) auf Übernahmen bis einschließlich 2010 beschränkt werden. Dadurch fehlen in der Stichprobe einige bekannte chinesische Übernahmen wie die von Preh oder Putzmeister, die erst 2011 bzw. 2012 stattfanden.

Als weitere Limitation der Erfolgsgrößen ist das Fehlen von unterjährigen Finanzinformationen zu nennen. Umsatz und Gewinnmargen können nur zum Zeitpunkt des Geschäftsjahresendes erhoben werden. Transaktionen finden jedoch über das gesamte Jahr hinweg statt. Dies führt zwangsläufig zu unterschiedlich langen Analysezeiträumen in der Stichprobe. Der Umsatz zweier Firmen zum Zeitpunkt 31.12.2009 wurde gleichermaßen als „Umsatz t0“ zugeordnet, unabhängig davon, ob die Übernahme zum 31.03. oder zum 31.10. desselben Jahres erfolgte. Dieser Kompromiss des reinen Bezugnehmens auf das Jahr der Übernahme musste aufgrund der Datenlage eingegangen werden. Es ist jedoch davon auszugehen, dass dies auch in einigen anderen Studien, die auf Jahresabschlussdaten zurückgreifen, erfolgt, auch wenn explizite Hinweise dort nicht gegeben werden. Die Vorgehensweise stellt jedoch eine Einschränkung dar, die genannt werden muss. Da allerdings keine systematischen Muster von Erwerbszeitpunkten innerhalb eines Jahres zu erkennen sind, wird davon ausgegangen, dass diese Besonderheit über das Gesamt-Sample hinweg keinen wesentlichen Einfluss ausübt.

Eine andere methodische Einschränkung bezieht sich auf die Erfolgsmessung. Dabei ist zu beachten, dass Jahresabschlussgrößen aggregierte Kennzahlen sind. Einflussfaktoren wie Kultur wirken sich in der Regel auf andere Konstrukte wie z. B. die Akzeptanz durch die Mitarbeiter des Zielunternehmens oder den Integrationserfolg aus. Umsatz und Gewinnmargen sind wiederum von diesen abhängig und das Endresultat einer Wirkungskette. Ein Herunterbrechen von Zielen und deren Erreichung auf konkrete Einzelziele ließ sich mit der Methodik nicht darstellen. Dadurch bleiben die unmittelbaren Wirkungsbeziehungen unsichtbar und treten erst auf Ebene des finanziellen Erfolgs in Erscheinung.

Der Einwand kann auch auf die unabhängigen Variablen ausgeweitet werden. Die Bestimmung von Relatedness auf Basis von Überschneidungen in Industriecodes wird in der Literatur kontrovers diskutiert (vgl. Hoskisson et al., 1993, S. 215-219). Auch wenn auf diese Schwäche bereits in Abschnitt 9 hingewiesen wurde, so bleibt festzuhalten, dass die gewählte Operationalisierung von zahlreichen Forschern angewandt wird. Ähnliches lässt sich für die kulturelle Distanz anführen, die auf der Kultursystematik von Hofstede basiert. Auf Kritik an Kulturmodellen im Allgemeinen (vgl. Abschnitt 4.2.1) und das von Hofstede im Speziellen (vgl. Abschnitt 4.2.2.3) wurde bereits hingewiesen. Obwohl sie auf aggregierten Daten fußen und ihre Datenerhebungen bemängelt werden, finden sie in der Fachliteratur äußerst breite Anwendung.

Als mögliche methodische Restriktion seien auch die statistischen Auswertungsverfahren erwähnt. Zwar sind diese deutlich fortgeschrittener als die übliche Kleinste-Quadrate-Methode, jedoch unterstellen auch die verwendeten Robusten Regressionen einen linearen Zusammenhang. Obwohl im Rahmen der Modellvorprüfung auch auf Linearität getestet wurde, ist es unter Umständen möglich, dass die Beziehungen einiger Variablen zueinander anders verlaufen. Darauf deuten Untersuchungen zum Konstrukt der Relatedness hin, der ein u-förmiger Zusammenhang mit Innovations- bzw. M&A-Erfolg zugesprochen wird (vgl. Cefis, Marsili & Rigamonti, 2015, S. 28).

10.2.4 Inhaltliche Limitationen

Neben den geschilderten Grenzen der Untersuchung, die sich auf Methodik und Datenbasis beziehen, weist die vorliegende Arbeit auch inhaltliche Restriktionen auf.

Bei der Interpretation der Untersuchungsergebnisse ist zu beachten, dass die Stichprobe eine Fokussierung auf Targets mit höherer Eigenständigkeit aufweist. Auf diesen Punkt wurde bereits bei den Limitationen der Datenlage und in der Diskussion der Ergebnisse eingegangen, er hat jedoch auch aus inhaltlicher Sicht Relevanz.

Obwohl einige Variablen sich als einflussreich erwiesen, sind bei der Bewertung der Ergebnisse die geringen Erklärungsgehalte zu berücksichtigen. Zwar sind diese in vielen wirtschaftswissenschaftlichen Untersuchungen gering (in Relation zu anderen Disziplinen), so dass die vorliegende Studie sich im Rahmen dessen bewegt. Da durch die untersuchten Modellkombinationen keine Aussage über eindeutige Erklärungen von Erfolg oder Misserfolg getroffen werden kann, sei jedoch auf diese Restriktion hingewiesen. Ebenso bleibt ungeklärt, ob nicht andere, hier unberücksichtigte Einflussgrößen einen womöglich höheren Varianzanteil erklären könnten.

10.3 Ansatzpunkte für die zukünftige Forschung

Obwohl die vorliegende Arbeit einige Beiträge zur M&A-Forschung leistet, reichen die Erkenntnisse nicht aus, um alle interessanten Fragestellungen vollumfänglich zu beantworten. Es ist daher weitere Forschung nötig, sowohl zum Ausbau des Wissensstandes zu chinesischem M&A in Europa (Fragenkomplex 1) als auch zur Spezifizierung der Wirkungsketten zwischen Einflussgrößen und M&A-Erfolg (Fragenkomplex 2). Konkrete Anhaltspunkte hierfür ergeben sich aus den oben genannten Limitationen.

Die Forschung zu M&A durch chinesische Firmen und deren M&A-Aktivität in etablierten Staaten ist noch nicht sehr umfangreich. Gleichzeitig hat die Arbeit gezeigt, dass Motive für Übernahmen und deren konkrete Umsetzung einige Unterschiede zum bisher bekannten Vorgehen westlicher Unternehmen aufweisen. Es besteht daher Bedarf für eine erweiterte empirische Auseinandersetzung mit der Thematik. Der zukünftigen Forschung bieten sich daher zahlreiche Chancen für einen Beitrag zum Wissensausbau. Verdeutlicht wird dies dadurch, dass das Thema in den letzten Jahren vermehrt in Presseberichten und praxisnahen Zeitschriften behandelt wurde. Entsprechend wäre es zu begrüßen, wenn auch die wissenschaftliche Literatur mit dieser Entwicklung Schritt halten würde. Andernfalls blieben die Erkenntnisse vage und würden einer soliden empirischen Grundlage entbehren.

Konkret liegt besonders in der Erweiterung des Analysezeitraums großes Potential. Während die vorliegende Studie aus methodischen Gründen nur Transaktionen bis 2010 berücksichtigen konnte, fanden bereits in den Folgejahren einige größere chinesische Akquisitionen statt (z. B. Erwerb von Preh, Putzmeister und Kiekert), über die auch außerhalb der Fachpresse umfangreich berichtet wurde. Deren Einbezug hätte neben der Prominenz der Fälle auch statistische Vorteile. Durch die weitere Steigerung der Fallanzahl könnte die Verlässlichkeit der Ergebnisse erhöht werden. Aus demselben Grund wäre ein Ausbau der Fallanzahlen der Vergleichsländer Russland und Kanada begrüßenswert.

Neben weiteren statistischen Auswertungen könnte die zukünftige Forschung im Rahmen von Einzelfallanalysen die Ursachen von fehlgeschlagenen chinesischen Unternehmensübernahmen untersuchen (z. B. aus der Anfangszeit des chinesischen Engagements vor der Finanzkrise, als die Vorbehalte gegenüber chinesischen Investoren besonders groß waren). Im Gegenzug könnten die entscheidenden Faktoren von besonders erfolgreichen Transaktionen ergründet werden (z. B. aus der jüngeren Vergangenheit). Attraktiv wäre eine Gegenüberstellung beider Kategorien anhand von jeweils mehreren Fällen, die möglicherweise Aufschluss über Änderungen in der chinesischen Vorgehensweise und Erkenntnisse hinsichtlich kritischer Erfolgsfaktoren gibt.

Entsprechende Beiträge wären auch zur grundsätzlichen Erforschung von Variablenbeziehungen wünschenswert. Selbst ohne Berücksichtigung chinesischer Besonderheiten ist immer noch nicht eindeutig erforscht, wie verschiedene Einflussgrößen auf den M&A-Erfolg wirken. Womöglich wirken unabhängige Variablen wie Kultur nicht direkt auf den M&A-Erfolg, sondern über Mediatoren. Hinzu kommen höchstwahrscheinlich Moderatoren (z. B. Relatedness, Integrationstyp, Stellenwert persönlicher Beziehungen und Netzwerke in einer Gesellschaft), die den Zusammenhang zusätzlich beeinflussen (vgl. Abschnitt 9.2.2.4). Es wäre daher erhellend, wenn weiter an der Schärfung der Einflussbeziehungen und Wechselwirkungen zwischen den einzelnen Variablen gearbeitet würde. Eventuell ließen sich dann auch höhere Erklärungsgehalte erzielen.

Die teilweise nicht bzw. wenig einflussreichen Variablen werfen die Frage nach Identifizierung weiterer Einflussgrößen auf. Beispielsweise ist als Alternative zur kulturellen Distanz auch die institutionelle Distanz denkbar (vgl. Arslan, 2011, S. 118-119).

Ebenfalls von Interesse wäre die Untersuchung der Wirkungen auf vorgelagerte Erfolgsgrößen, die erst später zu finanziellem Erfolg führen. Solche betreffen beispielsweise einzelne Phasen des M&A-Prozesses wie die Integrationsphase und ließen sich z. B. auf die Erfüllung der gesetzten Integrationsziele herunterbrechen, welche auch nicht finanzielle Kennziffern umfassen. Diese könnten sich nach dem Integrationstyp unterscheiden. Insofern läge ein wertvoller Beitrag in der Zuordnung der Transaktionen einer Studie zu Integrationstypen, z. B. den vier Formen nach dem Ansatz von Haspeslagh und Jemison (vgl. Abschnitt 3.5.2) oder Modellen für Schwellenländer (z. B. Kale & Singh, 2012; vgl. Abschnitt 3.5.3).

Mit Bezug auf die Erfolgsdefinition wären ergänzende Untersuchungen sinnvoll. Zwar liefert die Zugrundelegung von Jahresabschlusszahlen objektive und umfangreiche Daten, subjektive Auskünfte von Transaktionsbeteiligten hätten jedoch ebenfalls Vorzüge. Dadurch könnte präziser abgefragt werden und auch unterjährige Finanzangaben genau ein bzw. zwei Jahre nach der Übernahme einbezogen werden. Neben der Möglichkeit, auch nicht finanzielle Erfolgsgrößen zu ermitteln, könnte dies auch einer möglichen Verzerrung entgegenwirken. Erhebungen wären dann nicht auf Fälle angewiesen, bei denen zur Unternehmung Angaben in Datenbanken vorliegen, sondern könnten gegebenenfalls auch Informationen von nicht mehr rechtlich eigenständigen Firmen enthalten. Interessant wäre bei subjektiven Daten insbesondere, ob sich die Wahrnehmung der Zielunternehmen mit der der Käufer und anderer Stakeholder wie Kunden deckt. Schließlich haben die Erwerber ebenfalls Interesse am finanziellen Erfolg der Targets. Eine parallele Erhebung in unterschiedlichen Anspruchsgruppen pro Transaktion würde die Betrachtung auf eine breitere Basis stellen. Die Berücksichtigung von Primärdaten ließe auch eine präzisere Operationalisierung und direktere Messung der Konstrukte zu und könnte dadurch zum Erkenntnisfortschritt beitragen. Besonders sinnvoll wäre dies beim Vergleich von Käufer und Target hinsichtlich des Leistungsangebots im Sinne von „Relatedness“. Dadurch könnten unterschiedliche Strategien innerhalb derselben Branchen (z. B. Standard- und Premiumprodukte) ebenfalls einbezogen werden.

Jedoch bietet sich auch bei weiteren sekundärbasierten Analysen Erweiterungspotential. Letztendlich hängt jede Studie maßgeblich von der Qualität der Datenquelle ab. In diesem Sinne könnten weitere Untersuchungen auf andere Datenbanken zurückgreifen und deren Resultate mit dieser Arbeit vergleichen.

10.4 Schlussbemerkung und Ausblick

Die Untersuchung basiert auf der Beobachtung steigender Transaktionsaktivität chinesischer Firmen in den etablierten Ländern Europas. Jedoch sind die bisherigen Anzahlen und Volumina weit von einem „Ausverkauf" der heimischen Wirtschaft entfernt (vgl. auch Henrich, 2013). Auch wenn der langfristige Trend keinen ungebrochenen Anstieg zeigt, so deutet der Verlauf der letzten Jahre doch auf das Erreichen einer neuen Entwicklungsstufe hin. Chinesen kaufen nun nicht mehr vorwiegend notleidende Zielobjekte sondern übernehmen seit 2011 zunehmend größere und prosperierende Firmen. Vieles deutet darauf hin, dass dies erst der Beginn eines längeren Kurses ist. Dafür spricht das Bestreben der chinesischen Wirtschaftslenker, die bislang auf Kostenvorteilen basierende Wirtschaft zu einer wissensbasierten Ökonomie zu transformieren. Allerdings weisen die dortigen Akteure Defizite in Bezug auf Technologien, Marken und Management-Kompetenz auf. Genau diese Vorzüge bieten ihnen europäische Firmen.

Chinas Akquisitionen in Europa können daher für Unternehmen in Europa als Chance verstanden werden, über eine Zusammenarbeit in einem Unternehmensverbund Vorteile zu erzielen. Insbesondere stellt es eine Möglichkeit für Unternehmen mit Nachfolgeproblematik oder in finanzieller Notlage dar. Das lange vorherrschende negative Image chinesischer Investoren kann durch diese Studie nicht durch Fakten gestützt werden. Statt einer Beeinträchtigung ist in vielen Fällen eine Stärkung der Zielunternehmen zu beobachten, statt Fremdbestimmung weitgehende unternehmerische Freiheit. Überdies können die Firmen, wie die Ergebnisse zeigen, auch in finanzieller Hinsicht profitieren.

Hinsichtlich des Einflusses von Kultur auf M&A-Erfolg wird vielfach nur die negative Seite gesehen, was sich in Begriffen wie „cultural conflicts“ oder „clash of cultures“ ausdrückt. Dabei wird häufig vergessen, dass auch kulturelle Vorteile entstehen können. Die Ergebnisse der Arbeit deuten dies an einigen Stellen an, auch wenn sich kein eindeutiger Beleg hierfür ableiten lässt. Es wird jedoch deutlich, dass Kultur eine essenzielle Rolle spielen kann. Allerdings sollte ihre Bedeutung auch nicht überschätzt werden, da sie lediglich einen Komplex von Einflussfaktoren (neben anderen) darstellt. Zunächst sind jedoch v. a. die wirtschaftliche Sinnhaftigkeit und das Potential eines Zusammenschlusses entscheidend. Kulturelle Faktoren können dieses nur verstärken, die Realisierung durch kulturelle Probleme allerdings auch behindern.

Insgesamt fällt das Resümee zu den Einflussfaktoren kritisch aus. Dies gilt besonders vor dem Hintergrund, dass die genauen Wirkungsbeziehungen und Interaktionen mit anderen Faktoren bislang noch nicht abschließend geklärt sind. Hinsichtlich des Erfolgsteils zeigt die Studie, dass europäische Übernahmeobjekte durchaus von einem chinesischen Käufer profitieren können. In beiden Teilen ist es jedoch ratsam, die Ergebnisse weiterer Forschung abzuwarten, auch in Bezug auf mögliche Besonderheiten in chinesischen Übernahmen, für die die vorliegende Arbeit erste Hinweise liefert.

ANHANG

Transaktionsdaten						Abhängige Variablen											Unabhängige Variablen										
						Unadjustiert				Sektorentwicklung			Sektoradjustiert				Transaktions-spezifisch		Ökonomisch			Kulturell					
Fall-Nr.	Trans-aktions-Datum	Käuferland	Käufer	Target-Land	Target	Umsatz-Entw. seit t(0) (in %) t(2)	t(1)	EBT-Margen-Entw. seit t(0) (in PP) t(2)	t(1)	Sektor	Jährliche Wachstumsrate seit t(0) t(2)	t(1)	Umsatz-Entw. seit t(0) (in %) t(2)	t(1)	EBT-Margen-Entw. seit t(0) (in PP) t(2)	t(1)	REL	SIZE_log	PCI_diff	BIP	OFDI	CD_5	CD_PDI	CD_UAI	CD_IDV	CD_MAS	CD_LTO
1	23.12.2010	China	CS Logistics	Vereinigtes Königreich	Allport	-	-16,80%	-	0,33	Lagerei	8,01%	5,55%	-	-22,35%	-	0,28	ja	5,5146	-0,8827	0,1014	0,0227	124,34	45	5	69	0	93
2	22.12.2010	China	Concord Distributions	Frankreich	Cerruti	-	26,12%	-	25,70	Einzelhandel	-6,31%	-3,15%	-	29,27%	-	24,63	ja	2,6400	-0,8704	0,1014	0,0227	112,48	12	56	51	23	79
3	02.11.2010	China	Marsh Global	Dänemark	Marsh Wind	-	17,33%	-	12,00	Maschinenbau	15,71%	14,23%	-	3,10%	-	13,22	ja	3,1884	-0,9042	0,1014	0,0227	120,39	62	7	54	50	72
4	16.10.2010	China	CITIC Heavy Industries	Spanien	Gandara Censa	-	-13,02%	-	3,72	Maschinenbau	15,71%	14,23%	-	-27,25%	-	5,67	nein	3,0442	-0,8328	0,1014	0,0227	122,49	23	56	31	24	99
5	23.04.2010	China	Neusoft Corporation	Deutschland	Innovative Systems	30,00%	2,07%	0,63	-0,76	IT-Dienst-leistungen	15,68%	10,05%	14,32%	-7,98%	0,92	-0,42	ja	3,1931	-0,8736	0,1014	0,0227	114,14	45	35	47	0	87
6	28.03.2010	China	Zhejiang Geely Group	Schweden	Volvo Car	-	10,99%	-	-0,77	Kraftfahrzeug-bau	8,92%	10,90%	-	0,09%	-	-1,01	ja	9,1066	-0,8932	0,1014	0,0227	126,29	49	1	51	61	85
7	10.03.2010	China	Chongqing Machinery & Electric	Vereinigtes Königreich	Holroyd Precision	-	-	-	-	Maschinenbau	22,40%	7,15%	-	-	-	-	nein	2,6196	-0,8827	0,1014	0,0227	124,34	45	5	69	0	93
8	10.03.2010	China	Chongqing Machinery & Electric	Vereinigtes Königreich	Precision Components	-	-	-	-	Metallprodukte	16,30%	5,36%	-	-	-	-	nein	1,8811	-0,8827	0,1014	0,0227	124,34	45	5	69	0	93
9	25.02.2010	China	Yantai Wanhua Polyurethane	Ungarn	Borsodchem	-	34,81%	-	-3,02	Chemie	10,52%	10,48%	-	24,32%	-	-2,51	nein	6,3936	-0,6444	0,1014	0,0227	112,11	34	52	60	22	68
10	03.10.2009	China	Xian Aircraft Industry	Österreich	FACC	3,76%	-6,56%	6,72	-0,29	Sonstiger Fahrzeugbau	2,51%	4,30%	1,25%	-10,86%	6,59	-0,28	ja	5,5760	-0,8836	0,1014	0,0227	123,79	69	40	35	13	87
11	08.07.2009	China	New Jack Sewing Machine	Deutschland	Topcut-Bullmer	-	-	-	-	Maschinenbau	23,87%	8,44%	-	-	-	-	ja	2,7147	-0,8736	0,1014	0,0227	114,14	45	35	47	0	87
12	11.06.2009	China	GP Battery Technology	Schweden	GPBM	-2,08%	2,72%	-0,74	-2,06	Großhandel	-15,28%	-8,05%	13,20%	10,77%	-0,73	-1,94	ja	3,2866	-0,8932	0,1014	0,0227	126,29	49	1	51	61	85
13	23.01.2009	China	Weichai Power	Frankreich	Moteurs Baudouin	137,24%	89,33%	-7,11	0,01	Maschinenbau	23,87%	8,44%	113,37%	80,89%	-10,81	-2,26	ja	3,1864	-0,8704	0,1014	0,0227	112,48	12	56	51	23	79
14	30.11.2008	China	Li & Fung	Deutschland	Miles Fashion	25,50%	13,42%	-	-	Großhandel	-12,90%	-5,27%	38,40%	18,70%	-	-	ja	4,9201	-0,8736	0,1014	0,0227	114,14	45	35	47	0	87
15	20.10.2008	China	Samson	Vereinigtes Königreich	Willis & Gambier	-	-	-	-	Großhandel	-12,90%	-5,27%	-	-	-	-	ja	-	-0,8827	0,1014	0,0227	124,34	45	5	69	0	93
16	13.10.2008	China	Anshan Iron & Steel	Italien	Vigano	-30,11%	-38,27%	0,78	-15,80	Metallerzeu-gung	-18,14%	-36,70%	-11,98%	-1,57%	0,20	-9,03	ja	3,6867	-0,8531	0,1014	0,0227	114,60	30	45	56	4	84
17	09.10.2008	China	Tianshui Spark Machine Tool	Frankreich	SOMAB	-45,54%	-53,14%	-21,06	-36,33	Maschinenbau	-16,24%	-22,75%	-29,30%	-30,39%	-22,85	-27,99	nein	2,5094	-0,8704	0,1014	0,0227	112,48	12	56	51	23	79
18	23.06.2008	China	Changsha Zoomlion	Italien	CIFA	-61,29%	-49,80%	-20,24	-8,16	Maschinenbau	-16,24%	-22,75%	-45,05%	-27,05%	-21,88	-6,79	ja	5,7901	-0,8531	0,1014	0,0227	114,60	30	45	56	4	84
19	23.04.2008	China	Suntech Power	Deutschland	KSL-Kuttler	-	-62,14%	-	-113,45	Maschinenbau	-16,24%	-22,75%	-	-39,38%	-	-87,86	nein	2,6358	-0,8736	0,1014	0,0227	114,14	45	35	47	0	87
20	25.02.2008	China	Jiangsu Aoyang Industrial	Portugal	Gierlings Velpor	-	-	-	-	Textilien	-10,62%	-16,99%	-	-	-	-	nein	2,2892	-0,7696	0,1014	0,0227	121,59	17	74	7	35	88
21	02.02.2008	China	Xinjiang Goldwind	Deutschland	Vensys	131,91%	39,96%	7,51	3,83	Maschinenbau	-16,24%	-22,75%	148,14%	62,72%	8,53	0,34	ja	2,5120	-0,8736	0,1014	0,0227	114,14	45	35	47	0	87
22	28.10.2007	China	Xinyu Hengdeli	Italien	Omas	-67,29%	-22,55%	-41,96	1,21	Sonstige Waren	-7,36%	-0,17%	-59,92%	-22,38%	-32,34	4,39	nein	1,4791	-0,8531	0,1014	0,0227	114,60	30	45	56	4	84
23	01.08.2007	China	China Minmetals	Deutschland	HPTec	-32,81%	-9,07%	-31,86	-4,18	Metallprodukte	-20,46%	2,26%	-12,34%	-11,33%	-26,12	-4,65	nein	-	-0,8736	0,1014	0,0227	114,14	45	35	47	0	87
24	12.07.2007	China	SAIC Motor	Vereinigtes Königreich	Ricardo 2010	-	-	-	-	Technische Dienstl.	1,12%	7,22%	-	-	-	-	nein	3,9259	-0,8827	0,1014	0,0227	124,34	45	5	69	0	93
25	21.04.2007	China	NHI Shenyang Heavy Machinery	Frankreich	NFM	9,08%	12,33%	-0,73	-0,38	Maschinenbau	-19,34%	4,41%	28,43%	7,92%	-1,74	-0,66	ja	4,2454	-0,8704	0,1014	0,0227	112,48	12	56	51	23	79
26	02.03.2007	China	China National Bluestar	Vereinigtes Königreich	Technical Absorbents	15,98%	30,16%	4,09	1,34	Chemie	-16,56%	3,05%	32,54%	27,11%	2,48	1,24	ja	2,4584	-0,8827	0,1014	0,0227	124,34	45	5	69	0	93
27	30.01.2007	China	China National Bluestar	Vereinigtes Königreich	Fibres Worldwide	74,95%	30,94%	0,12	-75,99	Chemie	-16,56%	3,05%	91,51%	27,89%	26,78	-73,85	nein	-	-0,8827	0,1014	0,0227	124,34	45	5	69	0	93
28	18.12.2006	China	Defond Manufacturing	Deutschland	BJ Automotive	-23,47%	-10,35%	5,27	11,30	Elektrotechnik	4,53%	8,40%	-28,00%	-18,75%	7,37	12,75	nein	2,9544	-0,8736	0,1014	0,0227	114,14	45	35	47	0	87
29	08.12.2006	China	China International Marine Containers	Niederlande	Burg Industries	5,49%	-	13,75	-	Kraftfahrzeug-bau	2,82%	7,32%	2,67%	-	13,17	-	ja	-	-0,8891	0,1014	0,0227	118,63	42	23	60	52	74
30	25.10.2006	China	China National Bluestar	Frankreich	Bluestar Silicones (Rhodia Silicones)	4,31%	4,55%	4,42	6,98	Chemie	10,76%	7,48%	-6,46%	-2,94%	5,02	7,42	nein	5,8573	-0,8704	0,1014	0,0227	112,48	12	56	51	23	79
31	03.08.2006	China	King Power	Frankreich	Agatha	11,62%	6,70%	8,56	3,83	Einzelhandel	0,54%	3,51%	11,08%	3,18%	8,34	3,71	ja	4,1212	-0,8704	0,1014	0,0227	112,48	12	56	51	23	79
32	16.06.2006	China	Hangzhou Machine Tool	Deutschland	aba z&b	17,15%	11,35%	10,76	1,35	Maschinenbau	17,07%	12,12%	0,08%	-0,77%	11,21	1,52	ja	3,0910	-0,8736	0,1014	0,0227	114,14	45	35	47	0	87
33	23.01.2006	China	Grand View Development	Deutschland	UES	-8,47%	-9,45%	-1,82	-0,22	Vermietung	12,98%	9,49%	-21,45%	-18,93%	-1,95	-0,23	ja	4,9462	-0,8736	0,1014	0,0227	114,14	45	35	47	0	87
34	13.12.2005	China	Hutchison Port	Spanien	Terminal Catalunya	33,33%	28,79%	11,91	11,56	Lagerei	18,87%	9,14%	14,46%	19,65%	13,16	12,83	ja	3,9840	-0,8328	0,1014	0,0227	122,49	23	56	31	24	99
35	23.11.2005	China	Feidiao Electrics	Italien	Elios	2,64%	3,79%	4,95	6,06	Gummi & Kunststoffe	14,40%	7,41%	-11,76%	-3,62%	5,43	6,74	ja	1,9581	-0,8531	0,1014	0,0227	114,60	30	45	56	4	84
36	24.10.2005	China	Beijing First Machine Tool	Deutschland	Waldrich Coburg	59,80%	15,66%	2,99	0,69	Maschinenbau	24,27%	10,83%	35,53%	4,83%	3,91	1,20	ja	-	-0,8736	0,1014	0,0227	114,14	45	35	47	0	87
37	21.10.2005	China	Max Money Resources	Vereinigtes Königreich	Faupel	-	-1,70%	-	6,38	Großhandel	9,17%	-4,53%	-	2,84%	-	5,90	nein	3,5865	-0,8827	0,1014	0,0227	124,34	45	5	69	0	93
38	20.10.2005	China	China National Bluestar	Belgien	Drakkar	34,12%	15,00%	33,74	-1,88	Nahrung	11,15%	3,76%	22,97%	11,25%	36,39	-1,87	nein	6,1894	-0,8794	0,1014	0,0227	117,86	15	64	55	12	80
39	16.09.2005	China	Qianjiang Group	Italien	Benelli	-	-	-	-	Sonstiger Fahrzeugbau	15,62%	10,71%	-	-	-	-	ja	2,7352	-0,8531	0,1014	0,0227	114,60	30	45	56	4	84
40	23.06.2005	China	Qingdao Hisun Garment	Deutschland	Grosse Jac	-	70,70%	-	0,01	Maschinenbau	24,27%	10,83%	-	59,87%	-	0,02	ja	-	-0,8736	0,1014	0,0227	114,14	45	35	47	0	87
41	23.06.2005	China	Tianjin Hongbao Tomato Products	Frankreich	Conserves de Provence	-13,93%	-5,48%	-1,79	-3,78	Nahrung	11,15%	3,76%	-25,08%	-9,24%	-2,22	-4,02	ja	4,2457	-0,8704	0,1014	0,0227	112,48	12	56	51	23	79
42	24.05.2005	China	A.S. Watson	Vereinigtes Königreich	Merchant Retail	19,07%	6,00%	-	-	Einzelhandel	1,17%	-2,26%	17,90%	8,26%	-	-	ja	5,0448	-0,8827	0,1014	0,0227	124,34	45	5	69	0	93
43	12.04.2005	China	Dalian Machine Tool	Deutschland	F. Zimmermann	17,95%	3,99%	0,95	-0,07	Maschinenbau	24,27%	10,83%	-6,32%	-6,84%	1,08	-0,07	ja	3,1630	-0,8736	0,1014	0,0227	114,14	45	35	47	0	87
44	04.04.2005	China	Harbin Measuring Tool & Cutting	Deutschland	Kelch	21,10%	11,00%	-10,65	-11,78	Metallprodukte	22,50%	9,61%	-1,40%	1,39%	-11,63	-12,75	ja	-	-0,8736	0,1014	0,0227	114,14	45	35	47	0	87
45	14.01.2005	China	A.S.Watson	Frankreich	Marionnaud	-	-	-	-	Einzelhandel	1,17%	-2,26%	-	-	-	-	ja	4,7800	-0,8704	0,1014	0,0227	112,48	12	56	51	23	79
46	28.11.2004	China	Defond Manufacturing	Italien	Ode	161,07%	109,54%	-6,33	0,83	Maschinenbau	18,13%	6,59%	142,94%	102,95%	-6,51	0,92	nein	2,6391	-0,8531	0,1014	0,0227	114,60	30	45	56	4	84
47	29.10.2004	China	Shanggong	Deutschland	Duerkopp Adler	9,78%	-2,98%	5,68	2,09	Maschinenbau	18,13%	6,59%	-8,35%	-9,57%	6,23	2,22	ja	4,9954	-0,8736	0,1014	0,0227	114,14	45	35	47	0	87
48	30.08.2004	China	Techtronic Industries	Tschechische Republik	AEG Electric Tools	-8,19%	-	0,31	-	Maschinenbau	18,13%	6,59%	-26,32%	-	0,61	-	ja	0,6525	-0,7013	0,1014	0,0227	122,54	23	44	38	9	105
49	21.06.2004	China	YGM Studio	Frankreich	Guy Laroche	-	-	-	-	Bekleidung	1,17%	-2,25%	-	-	-	-	ja	1,8500	-0,8704	0,1014	0,0227	112,48	12	56	51	23	79
50	04.06.2004	China	A.S. Watson	Litauen	UAB Drogas	89,28%	42,34%	6,57	3,00	Einzelhandel	-4,60%	-2,40%	93,88%	44,73%	6,50	3,02	ja	1,7367	-0,5532	0,1014	0,0227	119,26	38	35	40	47	88
51	28.05.2004	China	Crystal Martins	Vereinigtes Königreich	Crystal Martin	15,32%	4,84%	2,02	1,10	Bekleidung	-1,64%	-3,10%	16,96%	7,94%	2,02	1,08	nein	5,1771	-0,8827	0,1014	0,0227	124,34	45	5	69	0	93
52	04.05.2004	China	Qinchuan Machine Tool	Deutschland	Schiess	-	-	-	-	Maschinenbau	18,13%	6,59%	-	-	-	-	ja	3,0910	-0,8736	0,1014	0,0227	114,14	45	35	47	0	87
53	28.04.2004	China	Cheung Kong Infrastructure	Vereinigtes Königreich	Cambridge Water	19,29%	10,11%	2,75	-7,40	Wasser	9,52%	5,32%	9,77%	4,79%	2,90	-7,36	nein	3,0588	-0,8827	0,1014	0,0227	124,34	45	5	69	0	93
54	21.06.2010	Indien	Hinduja Global Solutions	Vereinigtes Königreich	Careline Services	-	-	-	-	Administrative Dienstl.	11,74%	5,23%	-	-	-	-	nein	2,7811	-0,9554	0,0758	0,0094	69,76	42	5	41	10	36
55	04.10.2010	Indien	Tata Motors	Italien	Trilix	-	35,39%	-	-5,66	Technische Dienstl.	5,72%	5,12%	-	30,26%	-	-6,17	ja	1,4118	-0,9436	0,0758	0,0094	60,52	27	35	28	14	27

Anhang: Transaktionen in der Stichprobe (1/6)

Transaktionsdaten						Abhängige Variablen											Unabhängige Variablen										
						Unadjustiert				Sektorentwicklung			Sektoradjustiert				Transaktionsspezifisch		Ökonomisch			Kulturell					
Fall-Nr.	Trans-aktions-Datum	Käuferland	Käufer	Target-Land	Target	Umsatz-Entw. seit t(0) (in %)		EBT-Margen-Entw. seit t(0) (in PP)		Sektor	Jährliche Wachstumsrate seit t(0)		Umsatz-Entw. seit t(0) (in %)		EBT-Margen-Entw. seit t(0) (in PP)		REL	SIZE_log	PCI_diff	BIP	OFDI	CD_5	CD_PDI	CD_UAI	CD_IDV	CD_MAS	CD_LTO
						t(2)	t(1)	t(2)	t(1)		t(2)	t(1)	t(2)	t(1)	t(2)	t(1)											
56	30.06.2010	Indien	Delta Magnets	Vereinigtes Königreich	Magdev	-	-	-	-	Metallprodukte	3,44%	6,84%	-	-	-	-	nein	0,7983	-0,9554	0,0758	0,0094	69,76	42	5	41	10	36
57	27.05.2010	Indien	Kemrock Industries	Italien	Top Glass	-	-28,78%	-	-2,10	Gummi & Kunststoffe	8,53%	9,76%	-	-38,54%	-	-2,29	ja	3,1217	-0,9436	0,0758	0,0094	60,52	27	35	28	14	27
58	02.03.2010	Indien	Elgi Equipments	Frankreich	Belair	-	-	-	-	Maschinenbau	9,66%	10,63%	-	-	-	-	ja	1,7285	-0,9505	0,0758	0,0094	58,13	9	46	23	13	22
59	02.03.2010	Indien	Banco Products	Niederlande	Nederlandse Radiateuren	-	13,53%	-	1,96	Kraftfahrzeugbau	8,92%	10,90%	-	2,64%	-	1,93	ja	4,1574	-0,9579	0,0758	0,0094	69,04	39	13	32	42	17
60	12.02.2010	Indien	Tube Investments	Frankreich	Sedis	-	23,47%	-	0,15	Maschinenbau	15,71%	14,23%	-	9,24%	-	0,24	nein	3,2046	-0,9505	0,0758	0,0094	58,13	9	46	23	13	22
61	08.12.2009	Indien	Kiri Industries	Deutschland	DyStar	-	-	-	-	Chemie	29,50%	17,21%	-	-	-	-	ja	-	-0,9518	0,0758	0,0094	61,24	42	25	19	10	30
62	11.11.2009	Indien	TVS Logistics Services	Vereinigtes Königreich	Multipart Solutions	-	-	-	-	Lagerei	14,94%	10,04%	-	-	-	-	ja	4,3061	-0,9554	0,0758	0,0094	69,76	42	5	41	10	36
63	20.10.2009	Indien	Tata Motors	Spanien	Hispano Carrocera	56,72%	76,09%	3,58	26,00	Kraftfahrzeugbau	31,64%	18,71%	25,08%	57,38%	-14,76	7,71	ja	-	-0,9353	0,0758	0,0094	66,97	20	46	3	14	42
64	29.04.2009	Indien	Apollo Tyres	Niederlande	Vredestein	-	-5,74%	-	2,35	Gummi & Kunststoffe	20,06%	9,38%	-	-15,12%	-	3,92	ja	5,7346	-0,9579	0,0758	0,0094	69,04	39	13	32	42	17
65	05.01.2009	Indien	Samvardhana Motherson	Deutschland	Visiocorp (Schefenacker)	-	-	-	-	Kraftfahrzeugbau	7,05%	-8,71%	-	-	-	-	ja	6,4922	-0,9518	0,0758	0,0094	61,24	42	25	19	10	30
66	04.10.2008	Indien	Dynamatic Technologies	Vereinigtes Königreich	Oldland Aerospace	-	-	-	-	Sonstiger Fahrzeugbau	5,10%	2,79%	-	-	-	-	nein	2,2849	-0,9554	0,0758	0,0094	69,76	42	5	41	10	36
67	26.09.2008	Indien	HCL Technologies	Vereinigtes Königreich	Axon Solutions	-	-	-	-	IT-Dienstleistungen	4,34%	-2,49%	-	-	-	-	ja	5,2417	-0,9554	0,0758	0,0094	69,76	42	5	41	10	36
68	24.09.2008	Indien	Global Green	Ungarn	Puszta Konzerv	-	-30,00%	-	-6,60	Nahrung	-0,84%	-5,12%	-	-24,89%	-	-7,14	nein	5,1417	-0,8532	0,0758	0,0094	69,96	31	42	32	32	11
69	30.07.2008	Indien	Lupin	Deutschland	Hormosan	-	-	-	-	Pharma	8,88%	2,76%	-	-	-	-	ja	1,9586	-0,9518	0,0758	0,0094	61,24	42	25	19	10	30
70	24.07.2008	Indien	Systat Software	Deutschland	Cubeware	14,12%	4,71%	-	-	IT-Dienstleistungen	1,82%	-3,10%	12,30%	7,81%	-	-	ja	2,1282	-0,9518	0,0758	0,0094	61,24	42	25	19	10	30
71	11.06.2008	Indien	Gammon India	Italien	Franco Tosi	-30,29%	-10,07%	-5,49	16,15	Maschinenbau	-16,24%	-22,75%	-14,06%	12,68%	-6,65	17,17	nein	4,4613	-0,9436	0,0758	0,0094	60,52	27	35	28	14	27
72	05.06.2008	Indien	Mahindra Systech	Italien	Engines Engineering	2,18%	9,96%	-4,56	-2,78	Sonstiger Fahrzeugbau	5,44%	1,09%	-3,26%	8,87%	-4,70	-2,65	nein	-	-0,9436	0,0758	0,0094	60,52	27	35	28	14	27
73	30.05.2008	Indien	Cadila Healthcare	Spanien	Laboratorios Combix	110,69%	11,28%	49,44	-27,85	Pharma	8,56%	2,76%	102,13%	8,52%	49,08	-27,92	ja	1,4003	-0,9353	0,0758	0,0094	66,97	20	46	3	14	42
74	29.05.2008	Indien	Tops Security	Vereinigtes Königreich	Shield Guarding	-13,53%	-12,88%	-3,12	-1,37	Sicherheitsdienste	5,34%	1,05%	-18,87%	-13,93%	-3,32	-1,58	ja	4,4084	-0,9554	0,0758	0,0094	69,76	42	5	41	10	36
75	29.04.2008	Indien	Berger Paints	Polen	Bolix	-20,58%	-19,05%	-4,07	-2,58	Glas & Keramik	-17,71%	-17,26%	-2,87%	-1,79%	-3,90	-3,07	ja	3,2134	-0,8250	0,0758	0,0094	62,76	9	53	12	8	29
76	31.03.2008	Indien	RFCL	Deutschland	Bremer Pharma	5,54%	-1,73%	1,22	-3,47	Pharma	8,56%	2,76%	-3,02%	-4,49%	1,14	-3,53	ja	1,7965	-0,9518	0,0758	0,0094	61,24	42	25	19	10	30
77	28.03.2008	Indien	Telco Construction Equipment	Spanien	Serviplem	-25,91%	-52,24%	0,96	-13,33	Maschinenbau	-12,57%	-23,61%	-13,35%	-28,63%	-0,39	-6,04	ja	4,1752	-0,9353	0,0758	0,0094	66,97	20	46	3	14	42
78	26.03.2008	Indien	Tata Motors	Vereinigtes Königreich	Jaguar Land Rover	-	-	-	-	Kraftfahrzeugbau	7,05%	-8,71%	-	-	-	-	ja	9,3084	-0,9554	0,0758	0,0094	69,76	42	5	41	10	36
79	19.03.2008	Indien	IL&FS Transportation Network	Spanien	Elsamex	2,67%	2,68%	1,17	1,06	Technische Dienstl.	-6,96%	-5,68%	9,63%	8,36%	1,09	0,91	ja	-	-0,9353	0,0758	0,0094	66,97	20	46	3	14	42
80	11.02.2008	Indien	Vivimed Labs	Vereinigtes Königreich	James Robinson	-	-	-	-	Chemie	-5,10%	-19,03%	-	-	-	-	ja	2,4292	-0,9554	0,0758	0,0094	69,76	42	5	41	10	36
81	11.02.2008	Indien	Biocon	Deutschland	Axicorp	69,48%	39,29%	6,74	6,81	Großhandel	-12,90%	-5,27%	82,39%	44,56%	6,19	6,40	nein	-	-0,9518	0,0758	0,0094	61,24	42	25	19	10	30
82	19.12.2007	Indien	Welspun	Portugal	Sorema	2,37%	-18,05%	-14,17	-12,59	Textilien	-23,60%	-7,96%	25,97%	-10,09%	-13,21	-12,28	ja	2,1323	-0,9090	0,0758	0,0094	79,49	14	64	21	25	31
83	30.10.2007	Indien	Sintex	Frankreich	Nief Plastic	-3,65%	4,60%	-0,09	-0,24	Gummi & Kunststoffe	-15,94%	-1,59%	12,30%	6,19%	-0,87	-0,54	ja	4,7567	-0,9505	0,0758	0,0094	58,13	9	46	23	13	22
84	19.10.2007	Indien	Everstone Capital	Vereinigtes Königreich	Faces Cosmetics	-	1,35%	-	-12,53	Chemie	-16,56%	3,05%	-	-1,70%	-	-7,17	nein	1,0692	-0,9554	0,0758	0,0094	69,76	42	5	41	10	36
85	20.09.2007	Indien	VA Tech Wabag	Österreich	VA Tech Wabag	-	-	-	-	Wasser	8,09%	3,93%	-	-	-	-	ja	4,2704	-0,9557	0,0758	0,0094	82,06	66	30	7	23	30
86	13.09.2007	Indien	Jyoti CNC Automation	Frankreich	Huron Graffenstaden	-21,89%	40,99%	-16,12	-0,52	Maschinenbau	-20,24%	-0,47%	-1,65%	41,46%	-11,81	-0,09	nein	3,5895	-0,9505	0,0758	0,0094	58,13	9	46	23	13	22
87	11.09.2007	Indien	Usha Martin	Vereinigtes Königreich	Converso Contact	46,74%	17,89%	-5,91	-6,55	Informationsdienstl.	0,42%	4,79%	46,33%	13,10%	-6,30	-6,78	nein	1,8038	-0,9554	0,0758	0,0094	69,76	42	5	41	10	36
88	10.09.2007	Indien	Hero Group	Vereinigtes Königreich	Telecom Service Centres	-	-	-	-	Telekommunikation	-0,49%	0,59%	-	-	-	-	ja	4,4031	-0,9554	0,0758	0,0094	69,76	42	5	41	10	36
89	28.08.2007	Indien	Elder Pharmaceuticals	Bulgarien	Biomeda 2000	-33,22%	-35,14%	-14,35	-7,42	Großhandel	-12,93%	-8,08%	-20,29%	-27,06%	-11,31	-4,23	ja	1,8177	-0,6517	0,0758	0,0094	-	7	45	18	16	-
90	06.06.2007	Indien	Indian Seamless Metal Tubes	Schweden	Structo Hydraulics	-72,55%	-35,71%	-31,46	-7,02	Metallerzeugung	-37,10%	-0,62%	-35,45%	-35,09%	-20,14	-7,03	nein	-	-0,9595	0,0758	0,0094	78,43	46	11	23	51	28
91	23.05.2007	Indien	Endurance Technologies	Italien	Fondalmec	-	-	-	-	Kraftfahrzeugbau	-22,51%	-15,12%	-	-	-	-	ja	4,2750	-0,9436	0,0758	0,0094	60,52	27	35	28	14	27
92	16.05.2007	Indien	United Spirits	Vereinigtes Königreich	Whyte and Mackay	-	-	-	-	Getränke	-1,71%	-0,34%	-	-	-	-	ja	5,4439	-0,9554	0,0758	0,0094	69,76	42	5	41	10	36
93	03.05.2007	Indien	Wockhardt	Frankreich	Negma	-1,71%	0,16%	7,98	4,07	Pharma	6,13%	3,28%	-7,84%	-3,12%	8,03	4,07	ja	4,5728	-0,9505	0,0758	0,0094	58,13	9	46	23	13	22
94	13.04.2007	Indien	Sanmar	Deutschland	Eisenwerk Erla	-19,12%	3,46%	-0,32	-2,67	Kraftfahrzeugbau	-22,51%	-15,12%	3,39%	18,58%	-0,99	-3,22	nein	4,4071	-0,9518	0,0758	0,0094	61,24	42	25	19	10	30
95	09.04.2007	Indien	Shree Ganesh Forgings	Belgien	Hertecant	-	-	-	-	Metallerzeugung	-37,10%	-0,62%	-	-	-	-	nein	2,5133	-0,9541	0,0758	0,0094	65,74	12	54	27	2	23
96	13.03.2007	Indien	Havell's	Deutschland	SLI Sylvania	-30,89%	-11,12%	-	-0,26	Elektrotechnik	-18,15%	1,65%	-12,74%	-12,77%	-	-0,34	ja	-	-0,9518	0,0758	0,0094	61,24	42	25	19	10	30
97	28.02.2007	Indien	Spark Minda	Deutschland	Kunststofftechnik Sachsen	-21,55%	0,00%	2,15	3,04	Gummi & Kunststoffe	-15,94%	-1,59%	-5,61%	1,59%	2,10	3,09	nein	3,6316	-0,9518	0,0758	0,0094	61,24	42	25	19	10	30
98	09.02.2007	Indien	Suzlon Energy	Deutschland	Repower	95,32%	79,98%	1,99	1,93	Maschinenbau	-20,24%	-0,47%	115,55%	80,45%	0,20	1,37	ja	6,1346	-0,9518	0,0758	0,0094	61,24	42	25	19	10	30
99	29.01.2007	Indien	Himatsingka Seide	Italien	Giuseppe Bellora	-	-	-	-	Einzelhandel	-0,72%	3,35%	-	-	-	-	nein	3,0416	-0,9436	0,0758	0,0094	60,52	27	35	28	14	27
100	22.12.2006	Indien	Alok Industries	Tschechische Republik	Mileta	-21,07%	-	-21,30	-	Textilien	-13,19%	0,30%	-7,87%	-	-17,66	-	ja	-	-0,8792	0,0758	0,0094	62,94	20	34	10	1	48
101	22.12.2006	Indien	Mahindra & Mahindra	Deutschland	Schoeneweiss	-8,77%	-0,70%	-7,61	-1,06	Metallprodukte	7,89%	13,31%	-16,67%	-14,00%	-8,64	-0,84	ja	4,5374	-0,9518	0,0758	0,0094	61,24	42	25	19	10	30
102	18.12.2006	Indien	Endurance Technologies	Deutschland	Amann	20,91%	17,20%	-13,21	-4,40	Metallerzeugung	-3,00%	8,93%	23,90%	8,27%	-13,28	-5,38	ja	-	-0,9518	0,0758	0,0094	61,24	42	25	19	10	30
103	08.12.2006	Indien	UTV Software Communications	Vereinigtes Königreich	Ignition Entertainment	23,58%	12,22%	7,26	48,66	IT-Dienstleistungen	11,23%	8,81%	12,35%	3,41%	7,91	51,62	ja	2,7491	-0,9554	0,0758	0,0094	69,76	42	5	41	10	36
104	14.11.2006	Indien	United Phosphorus	Frankreich	Cerexagri	38,26%	21,74%	8,70	3,87	Chemie	3,32%	9,77%	34,94%	11,97%	8,97	4,06	ja	4,2438	-0,9505	0,0758	0,0094	58,13	9	46	23	13	22
105	03.10.2006	Indien	Wockhardt	Irland	Pinewood Laboratories	-	-	-	-	Pharma	8,32%	4,88%	-	-	-	-	ja	3,9882	-0,9645	0,0758	0,0094	58,12	49	5	22	12	18
106	28.09.2006	Indien	Mahindra & Mahindra	Deutschland	Jeco	3,10%	27,08%	-6,07	-2,51	Metallprodukte	7,89%	13,31%	-4,79%	13,77%	-6,51	-2,65	nein	5,1729	-0,9518	0,0758	0,0094	61,24	42	25	19	10	30
107	28.09.2006	Indien	Wipro Infrastructure Engineering	Schweden	Hydrauto	-	-	-	-	Maschinenbau	11,59%	14,43%	-	-	-	-	ja	4,5652	-0,9595	0,0758	0,0094	78,43	46	11	23	51	28
108	27.09.2006	Indien	Sonata Software	Deutschland	TUI InfoTec	-9,09%	-7,43%	3,16	5,23	IT-Dienstleistungen	11,10%	7,44%	-20,19%	-14,87%	3,25	5,72	ja	4,9844	-0,9518	0,0758	0,0094	61,24	42	25	19	10	30
109	29.08.2006	Indien	Global Green	Belgien	Intergarden	4,85%	11,26%	0,13	3,31	Nahrung	12,96%	9,86%	-8,10%	1,40%	0,16	3,43	nein	3,8639	-0,9541	0,0758	0,0094	65,74	12	54	27	2	23
110	05.07.2006	Indien	United Breweries	Frankreich	Bouvet Ladubay	-	-	-	-	Getränke	2,87%	3,22%	-	-	-	-	ja	2,6230	-0,9505	0,0758	0,0094	58,13	9	46	23	13	22
111	10.05.2006	Indien	Zom Developers	Deutschland	Polytrade	-12,78%	24,44%	-0,74	-0,14	Großhandel	6,59%	15,96%	-19,37%	8,48%	-0,68	0,07	nein	4,2294	-0,9518	0,0758	0,0094	61,24	42	25	19	10	30
112	31.03.2006	Indien	Prime Focus	Vereinigtes Königreich	VTR	-10,15%	1,54%	14,04	15,31	Film & Musik	11,04%	9,27%	-21,19%	-7,74%	13,46	14,95	ja	3,4424	-0,9554	0,0758	0,0094	69,76	42	5	41	10	36
113	29.03.2006	Indien	Ranbaxy Laboratories	Rumänien	Terapia	16,82%	13,93%	-10,17	-7,09	Pharma	8,32%	4,88%	8,50%	9,06%	-10,71	-7,27	ja	3,9240	-0,7041	0,0758	0,0094	-	13	50	18	14	-
114	04.01.2006	Indien	Mahindra & Mahindra	Vereinigtes Königreich	Stokes	-	-	-	-	Metallprodukte	22,00%	11,78%	-	-	-	-	nein	3,6356	-0,9554	0,0758	0,0094	69,76	42	5	41	10	36
115	26.12.2005	Indien	Sundaram Fasteners	Deutschland	Peiner Umformtechnik	12,70%	3,38%	0,93	-0,62	Metallprodukte	22,50%	9,61%	-9,80%	-6,24%	1,11	-0,64	ja	3,9063	-0,9518	0,0758	0,0094	61,24	42	25	19	10	30

Anhang: Transaktionen in der Stichprobe (2/6)

Transaktionsdaten						Abhängige Variablen											Unabhängige Variablen										
						Unadjustiert				Sektorentwicklung			Sektoradjustiert				Transaktionsspezifisch		Ökonomisch			Kulturell					
Fall-Nr.	Transaktions-Datum	Käuferland	Käufer	Target-Land	Target	Umsatz-Entw. seit t(0) (in %)		EBT-Margen-Entw. seit t(0) (in PP)		Sektor	Jährliche Wachstumsrate seit t(0)		Umsatz-Entw. seit t(0) (in %)		EBT-Margen-Entw. seit t(0) (in PP)		REL	SIZE_log	PCI_diff	BIP	OFDI	CD_S	CD_PDI	CD_UAI	CD_IDV	CD_MAS	CD_LTO
						t(2)	t(1)	t(2)	t(1)		t(2)	t(1)	t(2)	t(1)	t(2)	t(1)											
116	23.12.2005	Indien	Tata Chemicals	Vereinigtes Königreich	Brunner Mond	22,82%	-	-1,17	-	Chemie	17,28%	9,15%	5,55%	-	-1,21	-	nein	5,4621	-0,9554	0,0758	0,0094	69,76	42	5	41	10	36
117	07.12.2005	Indien	GHCL	Deutschland	Upsom	24,78%	22,02%	5,30	24,98	Chemie	14,84%	6,84%	9,94%	15,18%	4,89	26,13	ja	3,2336	-0,9518	0,0758	0,0094	61,24	42	25	19	10	30
118	31.10.2005	Indien	Godrej Consumer Products	Vereinigtes Königreich	Keyline Brands	-	-	-	-	Großhandel	9,17%	-4,53%	-	-	-	-	ja	3,2087	-0,9554	0,0758	0,0094	69,76	42	5	41	10	36
119	21.09.2005	Indien	Bharat Forge	Schweden	Imatra Kilsta	6,16%	-3,09%	6,20	4,61	Metallprodukte	22,50%	9,61%	-16,34%	-12,70%	6,95	5,07	ja	4,4007	-0,9595	0,0758	0,0094	78,43	46	11	23	51	28
120	10.09.2005	Indien	IFGL Refractories	Vereinigtes Königreich	Monocon	-8,64%	-21,03%	0,16	-3,08	Glas & Keramik	16,68%	8,94%	-25,32%	-29,97%	0,40	-3,01	ja	2,9697	-0,9554	0,0758	0,0094	69,76	42	5	41	10	36
121	30.07.2005	Indien	Strides Arcolab	Italien	Beltapharm	8,34%	10,65%	-4,63	-0,48	Pharma	9,26%	4,18%	-0,91%	6,47%	-4,87	-0,49	ja	1,9652	-0,9436	0,0758	0,0094	60,52	27	35	28	14	27
122	05.07.2005	Indien	Amtek	Deutschland	Zeller	33,55%	6,02%	4,56	1,78	Kraftfahrzeugbau	14,35%	6,55%	19,20%	-0,53%	4,88	1,89	ja	4,6695	-0,9518	0,0758	0,0094	61,24	42	25	19	10	30
123	19.06.2005	Indien	Matrix Laboratories	Belgien	Docpharma	15,28%	-	-8,71	-	Pharma	9,35%	5,59%	5,93%	-	-8,97	-	ja	2,7401	-0,9541	0,0758	0,0094	65,74	12	54	27	2	23
124	17.06.2005	Indien	Motherson Sumi Systems	Deutschland	G+S Kunststofftechnik	68,88%	63,59%	-7,99	-6,03	Gummi & Kunststoffe	14,40%	7,41%	54,48%	56,18%	-8,47	-6,41	nein	2,2866	-0,9518	0,0758	0,0094	61,24	42	25	19	10	30
125	25.02.2005	Indien	Crompton Greaves	Belgien	Pauwels	-	45,72%	-	0,70	Elektrotechnik	21,15%	11,76%	-	33,96%	-	1,18	nein	5,5039	-0,9541	0,0758	0,0094	65,74	12	54	27	2	23
126	14.02.2005	Indien	MphasiS BFL	Vereinigtes Königreich	Princeton Consulting	0,06%	-28,30%	-9,79	-0,94	IT-Dienstleistungen	11,73%	4,00%	-11,68%	-32,31%	-10,33	-1,09	ja	-	-0,9554	0,0758	0,0094	69,76	42	5	41	10	36
127	26.01.2005	Indien	Videocon Industries	Italien	VDC Technologies	56,90%	30,21%	46,34	50,82	DV & Elektronik	8,20%	7,69%	48,70%	22,53%	47,69	48,61	nein	5,5716	-0,9436	0,0758	0,0094	60,52	27	35	28	14	27
128	10.12.2004	Indien	Bharat Forge	Deutschland	CDP Aluminiumtechnik	8,79%	15,23%	-1,02	-0,11	Metallprodukte	16,60%	6,38%	-7,82%	8,86%	-0,91	-0,17	ja	-	-0,9518	0,0758	0,0094	61,24	42	25	19	10	30
129	24.06.2004	Indien	Reliance Industries	Deutschland	Trevira	-	-	-	-	Textilien	-3,36%	-5,14%	-	-	-	-	ja	5,7984	-0,9518	0,0758	0,0094	61,24	42	25	19	10	30
130	16.03.2004	Indien	Amtek Auto	Vereinigtes Königreich	GWK	3,48%	-1,14%	-2,67	-2,90	Kraftfahrzeugbau	9,03%	2,33%	-5,55%	-3,47%	-2,83	-3,18	ja	5,0867	-0,9554	0,0758	0,0094	69,76	42	5	41	10	36
131	11.03.2004	Indien	Emanuele Aseglio (Private investor)	Deutschland	Flanschenwerk Bebitz	24,80%	14,48%	1,34	0,81	Metallerzeugung	29,86%	6,95%	-5,06%	7,53%	1,69	0,54	ja	-	-0,9518	0,0758	0,0094	61,24	42	25	19	10	30
132	23.11.2010	Russland	Mechel	Bulgarien	Toplofikatsia (2)	-	24,68%	-	-2,20	Energie	12,53%	6,99%	-	17,68%	-	-2,17	nein	3,8839	0,1815	0,0395	0,0318	-	23	10	9	4	-
133	15.10.2010	Russland	Cheboksarskii Agregantnyi Zavod	Dänemark	Silvatec	-	15,71%	-	-10,09	Maschinenbau	15,71%	14,23%	-	1,48%	-	-13,01	ja	2,4394	-0,7759	0,0395	0,0318	117,18	75	72	35	20	36
134	29.06.2010	Russland	Ladoga Industrial	Tschechische Republik	Fruko-Schulz	-	14,75%	-	0,27	Getränke	5,37%	5,56%	-	9,19%	-	0,39	ja	2,1695	-0,3887	0,0395	0,0318	50,48	36	21	19	21	3
135	27.05.2010	Russland	Gazprombank	Österreich	Centrex Europe	-	-25,60%	-	-15,49	Energie	12,53%	6,99%	-	-32,59%	-	-13,24	ja	4,2054	-0,7317	0,0395	0,0318	99,47	82	25	16	43	21
136	22.03.2010	Russland	Tyazhmash	Tschechische Republik	CKD Blansko	-	151,16%	-	-1,12	Maschinenbau	15,71%	14,23%	-	136,93%	-	-1,13	nein	1,5186	-0,3887	0,0395	0,0318	50,48	36	21	19	21	3
137	10.02.2010	Russland	Mechel	Rumänien	Donau Commodities	-	67,72%	-	-8,21	Großhandel	-12,24%	-7,85%	-	75,58%	-	-7,58	nein	-	0,0861	0,0395	0,0318	-	3	5	9	6	-
138	14.08.2009	Russland	Atomstroiexport	Deutschland	NUKEM	32,77%	44,48%	-8,63	7,19	Technische Dienstl.	2,49%	-1,35%	30,28%	45,84%	-10,57	6,37	nein	4,0448	-0,7108	0,0395	0,0318	79,93	58	30	28	30	21
139	28.05.2009	Russland	ECS	Dänemark	HUMAC	84,04%	31,92%	8,27	6,85	Einzelhandel	-6,98%	-3,84%	91,02%	35,76%	7,98	6,60	ja	3,6169	-0,7759	0,0395	0,0318	117,18	75	72	35	20	36
140	22.04.2009	Russland	Gazprom Neft	Italien	Chevron Italia	110,57%	64,59%	4,06	0,29	Mineralölverarbeitung	56,36%	25,99%	54,21%	38,60%	3,85	-0,86	nein	3,3035	-0,6684	0,0395	0,0318	73,14	43	20	37	34	24
141	19.03.2009	Russland	Agromash	Österreich	Vogel & Noot	-	-26,73%	-	-25,44	Maschinenbau	23,87%	8,44%	-	-35,17%	-	-28,48	ja	4,1494	-0,7317	0,0395	0,0318	99,47	82	25	16	43	21
142	03.09.2008	Russland	Mechel	Deutschland	HBL	16,06%	-27,69%	-9,19	-8,63	Großhandel	-12,90%	-5,27%	28,96%	-22,42%	-8,45	-7,98	ja	4,8690	-0,7108	0,0395	0,0318	79,93	58	30	28	30	21
143	22.07.2008	Russland	Luxoft	Rumänien	ITC Networks	-	-	-	-	IT-Dienstleistungen	0,23%	-3,10%	-	-	-	-	ja	2,8028	0,0861	0,0395	0,0318	-	3	5	9	6	-
144	10.07.2008	Russland	Borodino	Italien	Pu.ma	-31,03%	12,04%	-2,04	-3,07	Maschinenbau	-16,24%	-22,75%	-14,79%	34,80%	-2,08	-3,30	ja	-	-0,6684	0,0395	0,0318	73,14	43	20	37	34	24
145	09.06.2008	Russland	RTI Systems	Österreich	Watt Drive	-7,88%	-33,61%	0,68	-4,96	Maschinenbau	-16,24%	-22,75%	8,36%	-10,86%	0,79	-4,16	nein	3,1699	-0,7317	0,0395	0,0318	99,47	82	25	16	43	21
146	06.06.2008	Russland	Traktornye Zavody	Deutschland	Luitpoldhuette	-8,37%	-43,10%	3,13	-0,19	Metallerzeugung	-18,14%	-36,70%	9,77%	-6,39%	3,05	1,09	nein	4,3077	-0,7108	0,0395	0,0318	79,93	58	30	28	30	21
147	23.05.2008	Russland	Ural Mining and Metallurgical	Tschechische Republik	Aircraft Industries	118,71%	35,27%	8,05	10,52	Sonstiger Fahrzeugbau	5,44%	1,09%	113,27%	34,18%	8,27	10,30	nein	6,6338	-0,3887	0,0395	0,0318	50,48	36	21	19	21	3
148	08.05.2008	Russland	Severstal-Metiz	Italien	Redaelli Tecna	-22,79%	-42,57%	4,50	2,62	Metallerzeugung	-18,14%	-36,70%	-4,65%	-5,87%	6,72	0,56	nein	4,8655	-0,6684	0,0395	0,0318	73,14	43	20	37	34	24
149	16.04.2008	Russland	Siberian Agrarian	Italien	Bassanina	-7,36%	-28,19%	-3,36	-12,91	Maschinenbau	-16,24%	-22,75%	8,88%	-5,43%	-3,52	-10,78	nein	1,8560	-0,6684	0,0395	0,0318	73,14	43	20	37	34	24
150	17.01.2008	Russland	Magnezit	Slowakei	Slovmag	-37,09%	-53,42%	9,66	-0,36	Glas & Keramik	-17,71%	-17,26%	-19,38%	-36,16%	9,67	-0,72	ja	3,7521	-0,2579	0,0395	0,0318	92,12	11	44	13	74	28
151	11.01.2008	Russland	Trading House Aroma	Frankreich	A. de Fussigny	-	-42,96%	-	-16,81	Getränke	-1,62%	-2,41%	-	-40,55%	-	-16,60	ja	-	-0,7040	0,0395	0,0318	51,19	25	9	32	7	29
152	26.10.2007	Russland	Inkelenergomas	Tschechische Republik	Arako	27,83%	25,71%	7,19	4,73	Maschinenbau	-19,34%	4,41%	47,18%	21,29%	5,57	4,94	nein	2,0420	-0,3887	0,0395	0,0318	50,48	36	21	19	21	3
153	29.06.2007	Russland	Igor Gluskin (Private investor)	Litauen	Balticovo	31,62%	14,91%	13,44	-13,08	Nahrung	1,16%	6,61%	30,46%	8,30%	12,49	-13,96	nein	2,8620	-0,1621	0,0395	0,0318	68,05	51	30	21	17	20
154	22.04.2007	Russland	Estar Special Steel	Tschechische Republik	Femax	-51,21%	-14,25%	-13,21	-3,62	Großhandel	-12,93%	-8,08%	-38,28%	-6,17%	-12,69	-3,54	nein	4,4682	-0,3887	0,0395	0,0318	50,48	36	21	19	21	3
155	29.03.2007	Russland	NB-Retail	Frankreich	Sodripack	38,63%	36,35%	9,85	3,31	Gummi & Kunststoffe	-15,94%	-1,59%	54,57%	37,94%	9,02	3,49	ja	2,6454	-0,7040	0,0395	0,0318	51,19	25	9	32	7	29
156	01.03.2007	Russland	KOKS Group	Slowenien	SIJ	-44,57%	3,95%	-20,46	-4,69	Metallerzeugung	-37,10%	-0,62%	-7,47%	4,58%	-18,18	-5,75	ja	6,3331	-0,5185	0,0395	0,0318	-	22	7	12	17	-
157	24.12.2006	Russland	Vostok Service	Tschechische Republik	Cerva	-14,01%	22,10%	-8,38	-3,10	Großhandel	-0,84%	14,35%	-13,17%	7,75%	-7,99	-1,99	ja	3,7275	-0,3887	0,0395	0,0318	50,48	36	21	19	21	3
158	17.08.2006	Russland	RUSAL	Italien	Eurallumina	5,93%	-1,90%	-3,00	-0,28	Metallerzeugung	8,25%	8,93%	-2,32%	-10,83%	-3,61	-0,66	nein	5,2140	-0,6684	0,0395	0,0318	73,14	43	20	37	34	24
159	02.08.2006	Russland	Sovcomflot / Novorossiysk Shipping	Spanien	Marpetrol	-4,56%	1,84%	-7,19	27,62	Schifffahrt	20,82%	12,45%	-25,38%	-10,61%	-7,73	30,66	ja	3,7526	-0,6277	0,0395	0,0318	40,47	36	9	12	6	9
160	25.07.2006	Russland	International Marketing & Sales Group	Ungarn	HPS Marketing	-	-4,85%	-	-11,20	Beratung	16,52%	10,06%	-	-14,91%	-	-12,42	ja	4,0329	-0,2970	0,0395	0,0318	91,45	47	13	41	52	40
161	22.06.2006	Russland	Sitronics	Griechenland	Intracom Telecom	14,97%	-3,43%	12,55	12,56	DV & Elektronik	-1,65%	1,40%	16,62%	-4,83%	13,44	13,48	ja	-	-0,5647	0,0395	0,0318	-	33	17	4	21	-
162	11.04.2006	Russland	Severstal-Metiz	Vereinigtes Königreich	Carrington Wire	-30,03%	-18,40%	6,42	0,81	Metallerzeugung	8,25%	8,93%	-38,28%	-27,32%	10,23	3,07	ja	4,7764	-0,7299	0,0395	0,0318	102,90	58	60	50	30	15
163	30.01.2006	Russland	Trubnaya Metallurgicheskaya	Deutschland	Sinara Handel	14,30%	3,89%	0,47	0,17	Großhandel	6,59%	15,96%	7,71%	-12,07%	0,43	0,50	ja	1,7347	-0,7108	0,0395	0,0318	79,93	58	30	28	30	21
164	21.12.2005	Russland	Stanko Impex	Tschechische Republik	Skoda Machine Tool	56,56%	23,26%	3,58	0,31	Maschinenbau	24,27%	10,83%	32,29%	12,43%	4,33	0,59	ja	3,1805	-0,3887	0,0395	0,0318	50,48	36	21	19	21	3
165	15.12.2005	Russland	Segezha Pulp and Paper Mill	Frankreich	Korsnäs Packaging	12,26%	0,00%	-2,49	-1,09	Papier	11,52%	5,17%	0,74%	-5,17%	-2,64	-1,14	ja	4,9216	-0,7040	0,0395	0,0318	51,19	25	9	32	7	29
166	30.11.2005	Russland	SPI	Litauen	UAB Bennet	78,79%	56,57%	-6,24	-5,86	Großhandel	6,27%	-8,36%	72,52%	64,93%	-5,55	-5,50	ja	3,9786	-0,1621	0,0395	0,0318	68,05	51	30	21	17	20
167	08.08.2005	Russland	Evraz	Tschechische Republik	Vitkovice Steel	-	6,51%	-	-	Metallerzeugung	32,27%	21,43%	-	-14,92%	-	-	ja	-	-0,3887	0,0395	0,0318	50,48	36	21	19	21	3
168	05.08.2005	Russland	Evraz	Italien	Palini e Bertoli	-	41,75%	-	-	Metallerzeugung	32,27%	21,43%	-	20,32%	-	-	nein	-	-0,6684	0,0395	0,0318	73,14	43	20	37	34	24
169	16.05.2005	Russland	1C	Tschechische Republik	Cenega	-7,44%	-18,99%	-1,79	-6,64	Verlagswesen	7,00%	3,18%	-14,43%	-22,16%	-1,94	-6,89	ja	1,2243	-0,3887	0,0395	0,0318	50,48	36	21	19	21	3
170	09.05.2005	Russland	Unified Energy Systems of Russia	Bulgarien	Toplofikatsia (1)	24,46%	13,40%	20,68	16,68	Energie	15,65%	15,49%	8,81%	-2,08%	22,50	18,67	ja	3,1728	0,1815	0,0395	0,0318	-	23	10	9	4	-
171	23.03.2005	Russland	Lukoil	Finnland	Teboil	-	11,04%	-	-0,54	Einzelhandel	1,17%	-2,26%	-	13,30%	-	-0,53	ja	7,0746	-0,7304	0,0395	0,0318	80,83	60	36	24	10	31
172	10.02.2005	Russland	Severstal	Italien	Bi-Mec	15,06%	2,65%	0,93	-0,39	Maschinenbau	24,27%	10,83%	-9,20%	-8,19%	1,14	-0,36	nein	2,7857	-0,6684	0,0395	0,0318	73,14	43	20	37	34	24
173	10.02.2005	Russland	Severstal	Italien	Lucchini	13,26%	7,56%	0,22	0,93	Metallerzeugung	32,27%	21,43%	-19,01%	-13,87%	0,34	1,87	ja	7,7822	-0,6684	0,0395	0,0318	73,14	43	20	37	34	24
174	23.04.2004	Russland	OMZ-Silovye Maschiny	Tschechische Republik	Skoda JS	-24,42%	19,96%	-0,56	4,65	Metallprodukte	16,60%	6,38%	-41,03%	13,58%	-0,51	4,92	nein	-	-0,3887	0,0395	0,0318	50,48	36	21	19	21	3
175	23.04.2004	Russland	OMZ-Silovye Maschiny	Tschechische Republik	Skoda Kovarny	69,19%	36,51%	8,28	4,53	Metallprodukte	16,60%	6,38%	52,59%	30,14%	9,16	4,79	nein	3,9111	-0,3887	0,0395	0,0318	50,48	36	21	19	21	3

Anhang: Transaktionen in der Stichprobe (3/6)

Transaktionsdaten						Abhängige Variablen: Unadjustiert				Sektorentwicklung			Sektoradjustiert				Unabhängige Variablen: Transaktionsspezifisch		Ökonomisch			Kulturell					
Fall-Nr.	Transaktions-Datum	Käuferland	Käufer	Target-Land	Target	Umsatz-Entw. seit t(0) (in %)		EBT-Margen-Entw. seit t(0) (in PP)		Sektor	Jährliche Wachstumsrate seit t(0)		Umsatz-Entw. seit t(0) (in %)		EBT-Margen-Entw. seit t(0) (in PP)		REL	SIZE_log	PCI_diff	BIP	OFDI	CD_5	CD_PDI	CD_UAI	CD_IDV	CD_MAS	CD_LTO
						t(2)	t(1)	t(2)	t(1)		t(2)	t(1)	t(2)	t(1)	t(2)	t(1)											
176	23.04.2004	Russland	OMZ-Silovye Maschiny	Tschechische Republik	Skoda Hute	32,81%	-8,80%	-16,08	-44,86	Metallprodukte	16,60%	6,38%	16,21%	-15,18%	-16,86	-47,92	nein	3,0967	-0,3887	0,0395	0,0318	50,48	36	21	19	21	3
177	03.02.2004	Russland	Mechel	Litauen	Nemunas	98,68%	93,85%	2,06	-0,74	Metallerzeugung	29,86%	6,95%	68,82%	86,90%	2,47	-0,63	nein	-	-0,1621	0,0395	0,0318	68,05	51	30	21	17	20
178	21.12.2010	Japan	Sumitomo Heavy Industries	Belgien	Hansen Industrial	-	-32,33%	-	-5,39	Maschinenbau	9,66%	10,63%	-	-42,95%	-	-5,63	ja	-	-0,0080	0,0050	0,0153	66,42	11	2	29	41	42
179	30.09.2010	Japan	Fujikura Kasei	Vereinigtes Königreich	Sonneborn & Rieck	-	-	-	-	Chemie	10,52%	10,48%	-	-	-	-	ja	2,9994	-0,0230	0,0050	0,0153	96,57	19	57	43	29	55
180	31.08.2010	Japan	Glory	Italien	Sitrade	-	-5,21%	-	2,15	Großhandel	-12,24%	-7,85%	-	2,65%	-	2,04	nein	3,8638	0,0973	0,0050	0,0153	62,82	4	17	30	25	46
181	20.07.2010	Japan	Fujirebio	Belgien	Innogenetics	-	-	-	-	Pharma	-1,87%	-0,07%	-	-	-	-	ja	3,9100	-0,0080	0,0050	0,0153	66,42	11	2	29	41	42
182	29.06.2010	Japan	Cybernet Systems	Belgien	Noesis	-	13,45%	-	-15,18	IT-Dienstleistungen	11,77%	6,34%	-	7,11%	-	-15,60	ja	0,2027	-0,0080	0,0050	0,0153	66,42	11	2	29	41	42
183	03.12.2009	Japan	Kitz Corporation	Deutschland	Perrin	-3,83%	-50,39%	-4,98	-11,26	Maschinenbau	23,87%	8,44%	-27,70%	-58,83%	-1,38	-8,57	ja	-	0,0167	0,0050	0,0153	69,09	19	27	21	29	49
184	16.11.2009	Japan	Canon	Niederlande	Oce	-1,92%	-0,28%	0,38	-3,21	DV & Elektronik	5,46%	7,53%	-7,38%	-7,81%	-0,01	-4,01	ja	7,9795	-0,0528	0,0050	0,0153	103,87	16	39	34	81	36
185	13.11.2009	Japan	Suntory	Frankreich	Orangina Schweppes France	7,01%	-3,52%	-5,78	-5,31	Getränke	6,41%	0,81%	0,60%	-4,33%	-5,00	-4,91	ja	6,6763	0,0302	0,0050	0,0153	72,40	14	6	25	52	41
186	28.09.2009	Japan	NTT DoCoMo	Deutschland	Net mobile	19,47%	1,72%	-12,30	-2,14	IT-Dienstleistungen	7,38%	0,23%	12,10%	1,49%	-13,21	-2,16	nein	4,0848	0,0167	0,0050	0,0153	69,09	19	27	21	29	49
187	03.09.2009	Japan	Mitsubishi Kagaku Media	Niederlande	Freecom	-	14,77%	-	-0,19	DV & Elektronik	6,48%	8,56%	-	6,21%	-	-0,52	nein	3,9447	-0,0528	0,0050	0,0153	103,87	16	39	34	81	36
188	28.08.2009	Japan	Shogakukan / Shueisha	Frankreich	Kaze	-	10,61%	-	-13,61	Film & Musik	5,58%	0,52%	-	10,09%	-	-14,14	ja	2,6717	0,0302	0,0050	0,0153	72,40	14	6	25	52	41
189	06.07.2009	Japan	Nikkiso	Deutschland	LEWA	-	17,11%	-	11,16	Maschinenbau	23,87%	8,44%	-	8,68%	-	13,30	ja	4,5691	0,0167	0,0050	0,0153	69,09	19	27	21	29	49
190	30.06.2009	Japan	NTT Communications	Deutschland	Integralis	4,63%	10,72%	-6,66	3,03	IT-Dienstleistungen	10,00%	3,44%	-5,37%	7,28%	-7,43	2,90	nein	5,1345	0,0167	0,0050	0,0153	69,09	19	27	21	29	49
191	10.02.2009	Japan	Kyocera Mita	Deutschland	TA Triumph-Adler	-	-0,60%	-	-11,88	DV & Elektronik	4,86%	10,42%	-	-11,02%	-	-14,65	ja	5,9287	0,0167	0,0050	0,0153	69,09	19	27	21	29	49
192	05.02.2009	Japan	Minebea	Deutschland	Myonic	-	19,10%	-	6,14	Maschinenbau	25,22%	13,19%	-	5,91%	-	10,89	ja	3,4973	0,0167	0,0050	0,0153	69,09	19	27	21	29	49
193	25.12.2008	Japan	Suzuki Metal Industry	Schweden	Garphyttan	11,59%	-41,65%	7,65	-25,60	Metallerzeugung	-18,14%	-36,70%	29,72%	-4,94%	11,02	-17,55	nein	4,4917	-0,0725	0,0050	0,0153	124,23	23	63	25	90	47
194	24.12.2008	Japan	Otsuka Pharmaceutical	Frankreich	Nutrition & Sante	-15,43%	-21,36%	4,76	5,23	Nahrung	-0,84%	-5,12%	-14,59%	-16,24%	4,86	4,31	ja	5,4239	0,0302	0,0050	0,0153	72,40	14	6	25	52	41
195	11.11.2008	Japan	Mitsubishi Rayon	Vereinigtes Königreich	Lucite	24,63%	-4,78%	17,30	15,60	Chemie	-5,10%	-19,03%	29,73%	14,26%	19,61	13,66	ja	5,9145	-0,0230	0,0050	0,0153	96,57	19	57	43	29	55
196	25.09.2008	Japan	Showa Denko	Vereinigtes Königreich	F2 Chemicals	31,10%	-0,39%	7,75	20,69	Chemie	-5,10%	-19,03%	36,20%	18,64%	6,26	21,16	ja	1,7008	-0,0230	0,0050	0,0153	96,57	19	57	43	29	55
197	01.09.2008	Japan	Hoshizaki Electric	Dänemark	Gram Commercial	-2,50%	-10,07%	4,85	2,14	Maschinenbau	-16,24%	-22,75%	13,73%	12,68%	5,50	0,04	nein	3,7267	-0,1288	0,0050	0,0153	119,32	36	69	28	79	34
198	26.08.2008	Japan	Otsuka Pharmaceutical	Tschechische Republik	Interpharma Praha	20,56%	14,49%	18,44	13,31	Pharma	8,56%	2,76%	12,00%	11,73%	18,73	13,85	ja	1,8977	0,4583	0,0050	0,0153	80,06	3	18	12	38	67
199	01.08.2008	Japan	Yamaha	Frankreich	Nexo	16,69%	-3,96%	-2,54	-7,02	DV & Elektronik	-13,33%	-21,34%	30,02%	17,38%	-1,32	-7,57	ja	3,1395	0,0302	0,0050	0,0153	72,40	14	6	25	52	41
200	31.07.2008	Japan	TDK	Deutschland	EPCOS	30,79%	-21,79%	3,55	-14,17	DV & Elektronik	-15,16%	-18,56%	45,94%	-3,23%	3,95	-12,49	ja	7,2825	0,0167	0,0050	0,0153	69,09	19	27	21	29	49
201	09.06.2008	Japan	Sumitomo Mitsui Banking	Spanien	Alvecon	-57,15%	-40,61%	-50,82	-9,45	Großhandel	-12,90%	-5,27%	-44,25%	-35,33%	-46,72	-8,82	nein	3,6430	0,1663	0,0050	0,0153	81,24	3	6	5	53	61
202	21.05.2008	Japan	Daiichi Sankyo	Deutschland	U3 Pharma	-	-	-	-	Pharma	8,18%	3,49%	-	-	-	-	ja	-	0,0167	0,0050	0,0153	69,09	19	27	21	29	49
203	20.05.2008	Japan	Sekisui Chemical	Deutschland	CPT Chevalier	-	-	-	-	Maschinenbau	-16,24%	-22,75%	-	-	-	-	ja	4,3313	0,0167	0,0050	0,0153	69,09	19	27	21	29	49
204	21.04.2008	Japan	Hitachi Cable	Österreich	Astral Meditech	-	-	-	-	DV & Elektronik	-12,37%	-19,90%	-	-	-	-	ja	2,9498	-0,0270	0,0050	0,0153	71,21	43	22	9	16	49
205	02.04.2008	Japan	D&M	Vereinigtes Königreich	Allen & Heath	60,13%	23,94%	7,90	8,81	DV & Elektronik	-8,05%	-16,54%	68,18%	40,48%	11,07	6,38	ja	-	-0,0230	0,0050	0,0153	96,57	19	57	43	29	55
206	08.02.2008	Japan	Sumitomo Heavy Industries	Deutschland	Demag Plastic	-22,57%	-49,89%	38,00	0,27	Maschinenbau	-16,24%	-22,75%	-6,33%	-27,14%	39,61	10,98	ja	-	0,0167	0,0050	0,0153	69,09	19	27	21	29	49
207	31.01.2008	Japan	JTB	Dänemark	Tumlare	4,71%	-18,67%	1,40	3,69	Reiseveranstaltung	-6,97%	-5,17%	11,67%	-13,50%	1,52	3,72	ja	3,5541	-0,1288	0,0050	0,0153	119,32	36	69	28	79	34
208	29.01.2008	Japan	ABeam Consulting	Vereinigtes Königreich	Catalyst Development	15,10%	-1,90%	-15,68	-11,47	IT-Dienstleistungen	2,01%	-3,39%	13,09%	1,49%	-16,39	-12,69	ja	1,9580	-0,0230	0,0050	0,0153	96,57	19	57	43	29	55
209	21.12.2007	Japan	Amano	Frankreich	Horo Quartz	14,94%	12,92%	-2,17	1,47	IT-Dienstleistungen	0,20%	3,41%	14,74%	9,51%	-2,96	1,20	ja	-	0,0302	0,0050	0,0153	72,40	14	6	25	52	41
210	28.11.2007	Japan	Yamaha	Österreich	Boesendorfer	-31,46%	-22,82%	-26,48	-16,19	Sonstige Waren	-7,36%	-0,17%	-24,10%	-22,66%	-22,52	-15,18	ja	2,7044	-0,0270	0,0050	0,0153	71,21	43	22	9	16	49
211	22.11.2007	Japan	Mori Seiki	Frankreich	Sandvik Tobler	-35,57%	-	-37,34	-	Maschinenbau	-19,34%	4,41%	-16,23%	-	-27,52	-	nein	2,0749	0,0302	0,0050	0,0153	72,40	14	6	25	52	41
212	13.11.2007	Japan	Hitachi Transport System	Tschechische Republik	ESA	1,17%	3,52%	0,20	1,44	Lagerei	-8,18%	3,60%	9,35%	-0,08%	0,21	1,51	ja	3,9073	0,4583	0,0050	0,0153	80,06	3	18	12	38	67
213	20.09.2007	Japan	Sony Computer Entertainment	Vereinigtes Königreich	Evolution Studios	-	-	-	-	IT-Dienstleistungen	0,20%	3,41%	-	-	-	-	ja	2,6007	-0,0230	0,0050	0,0153	96,57	19	57	43	29	55
214	10.09.2007	Japan	Sumitomo Electric Industries	Deutschland	Cloyes	-36,46%	-0,15%	-10,15	-9,26	Metallprodukte	-20,46%	2,26%	-16,00%	-2,41%	-3,69	-8,30	ja	1,6679	0,0167	0,0050	0,0153	69,09	19	27	21	29	49
215	21.08.2007	Japan	D&M	Vereinigtes Königreich	Calrec Audio	-	-	-	-	DV & Elektronik	-23,87%	-8,78%	-	-	-	-	ja	2,8495	-0,0230	0,0050	0,0153	96,57	19	57	43	29	55
216	10.07.2007	Japan	Maruyasu Industries	Frankreich	WTX Wecosta	-	-17,03%	-	0,87	Kraftfahrzeugbau	-25,44%	-4,20%	-	-12,83%	-	1,20	ja	3,8807	0,0302	0,0050	0,0153	72,40	14	6	25	52	41
217	10.07.2007	Japan	Maruyasu Industries	Frankreich	WTX Wevista	-37,81%	-11,00%	-8,14	-16,10	Kraftfahrzeugbau	-25,44%	-4,20%	-12,37%	-6,80%	-5,13	-14,95	ja	3,8401	0,0302	0,0050	0,0153	72,40	14	6	25	52	41
218	02.05.2007	Japan	Fujitsu	Frankreich	GFI Informatique	0,93%	13,31%	-7,28	-0,63	IT-Dienstleistungen	0,20%	3,41%	0,73%	9,90%	-7,63	-0,87	ja	6,4542	0,0302	0,0050	0,0153	72,40	14	6	25	52	41
219	24.01.2007	Japan	Paramount Bed	Frankreich	Corona Medical	-38,09%	-23,11%	-12,68	-9,41	Möbelherstellung	-17,67%	-3,44%	-20,42%	-19,67%	-9,54	-8,48	ja	3,3022	0,0302	0,0050	0,0153	72,40	14	6	25	52	41
220	26.09.2006	Japan	Canon	Frankreich	Cabasse	-	-	-	-	DV & Elektronik	-1,65%	1,40%	-	-	-	-	ja	2,0159	0,0302	0,0050	0,0153	72,40	14	6	25	52	41
221	25.09.2006	Japan	Fujikura	Spanien	ACE Automotive	-9,79%	4,91%	-31,78	-19,56	Kraftfahrzeugbau	2,82%	7,32%	-12,61%	-2,41%	-29,95	-21,03	nein	4,8129	0,1663	0,0050	0,0153	81,24	3	6	5	53	61
222	21.09.2006	Japan	Mitsui	Deutschland	Siemens Dispolok	9,15%	-3,97%	-27,36	-13,78	Vermietung	8,38%	8,81%	0,78%	-12,78%	-29,99	-15,10	nein	-	0,0167	0,0050	0,0153	69,09	19	27	21	29	49
223	08.06.2006	Japan	CBC	Italien	Procos	26,19%	9,25%	14,24	8,22	Chemie	10,76%	7,48%	15,42%	1,76%	15,15	8,76	nein	4,0002	0,0973	0,0050	0,0153	62,82	4	17	30	25	46
224	04.04.2006	Japan	Sega Sammy	Vereinigtes Königreich	Sports Interactive	3,86%	-23,59%	21,63	-0,59	IT-Dienstleistungen	11,10%	7,44%	-7,24%	-31,02%	22,48	-1,27	ja	1,5865	-0,0230	0,0050	0,0153	96,57	19	57	43	29	55
225	27.03.2006	Japan	Sumitomo Electric Industries	Deutschland	Volkswagen Bordnetze	2,30%	4,13%	-12,64	-2,01	Elektrotechnik	10,19%	8,40%	-7,89%	-4,27%	-13,02	-2,23	nein	6,1118	0,0167	0,0050	0,0153	69,09	19	27	21	29	49
226	10.02.2006	Japan	Nagase	Deutschland	Pac Tech	4,60%	8,85%	-6,17	1,25	Elektrotechnik	10,19%	8,40%	-5,59%	0,45%	-8,03	0,77	nein	2,6737	0,0167	0,0050	0,0153	69,09	19	27	21	29	49
227	16.01.2006	Japan	Fujifilm	Frankreich	Fuji Medical	-	-	-	-	Großhandel	9,17%	-4,53%	-	-	-	-	ja	4,5585	0,0302	0,0050	0,0153	72,40	14	6	25	52	41
228	15.11.2005	Japan	Fast Retailing	Frankreich	Petit Vehicule	-	16,21%	-	3,80	Bekleidung	4,38%	1,51%	-	14,70%	-	4,47	ja	3,7908	0,0302	0,0050	0,0153	72,40	14	6	25	52	41
229	29.09.2005	Japan	Furukawa Electric	Deutschland	Trocellen	2,92%	7,00%	-	-	Gummi & Kunststoffe	14,40%	7,41%	-11,49%	-0,41%	-	-	nein	-	0,0167	0,0050	0,0153	69,09	19	27	21	29	49
230	27.09.2005	Japan	Sony Computer Entertainment	Vereinigtes Königreich	SN Systems	-8,45%	44,60%	38,83	61,38	IT-Dienstleistungen	12,10%	4,53%	-20,55%	40,07%	41,48	64,20	ja	1,6521	-0,0230	0,0050	0,0153	96,57	19	57	43	29	55
231	15.07.2005	Japan	Kao	Vereinigtes Königreich	Molton Brown	-	-	-	-	Chemie	14,84%	6,84%	-	-	-	-	ja	4,1279	-0,0230	0,0050	0,0153	96,57	19	57	43	29	55
232	02.06.2005	Japan	Dainippon Screen MFG	Vereinigtes Königreich	Inca Digital	-	-	-	-	DV & Elektronik	9,53%	7,42%	-	-	-	-	ja	3,2594	-0,0230	0,0050	0,0153	96,57	19	57	43	29	55
233	16.05.2005	Japan	Onward	Vereinigtes Königreich	Joseph	-	-	-	-	Einzelhandel	0,69%	-2,49%	-	-	-	-	ja	4,4808	-0,0230	0,0050	0,0153	96,57	19	57	43	29	55
234	29.04.2005	Japan	Sumitomo Bakelite	Belgien	Vyncolit	10,76%	1,97%	1,69	1,11	Chemie	14,84%	6,84%	-4,07%	-4,87%	1,92	1,26	nein	3,6989	-0,0080	0,0050	0,0153	66,42	11	2	29	41	42
235	18.04.2005	Japan	Tokai Carbon	Deutschland	Erftcarbon	25,69%	7,22%	20,65	12,05	Elektrotechnik	21,15%	11,76%	4,54%	-4,55%	22,34	13,39	nein	-	0,0167	0,0050	0,0153	69,09	19	27	21	29	49

Anhang: Transaktionen in der Stichprobe (4/6)

Transaktionsdaten						Abhängige Variablen											Unabhängige Variablen										
						Unadjustiert				*Sektorentwicklung*			*Sektoradjustiert*				*Transaktionsspezifisch*		*Ökonomisch*			*Kulturell*					
Fall-Nr.	Transaktions-Datum	Käuferland	Käufer	Target-Land	Target	Umsatz-Entw. seit t(0) (in %)		EBT-Margen-Entw. seit t(0) (in PP)		Sektor	Jährliche Wachstumsrate seit t(0)		Umsatz-Entw. seit t(0) (in %)		EBT-Margen-Entw. seit t(0) (in PP)		REL	SIZE_log	PCI_diff	BIP	OFDI	CD_5	CD_PDI	CD_UAI	CD_IDV	CD_MAS	CD_LTO
						t(2)	t(1)	t(2)	t(1)		t(2)	t(1)	t(2)	t(1)	t(2)	t(1)											
236	30.07.2004	Japan	Fuji Kiko	Frankreich	Faurecia Systemes de Direction	-1,68%	-4,59%	-5,44	-2,01	Technische Dienstl.	17,38%	7,40%	-19,06%	-12,00%	-5,58	-1,88	ja	4,2652	0,0302	0,0050	0,0153	72,40	14	6	25	52	41
237	02.06.2004	Japan	Sumitomo	Deutschland	Werbas	10,80%	2,54%	-1,07	-9,89	IT-Dienstleistungen	9,52%	5,30%	1,29%	-2,77%	-0,99	-10,45	nein	2,1241	0,0167	0,0050	0,0153	69,09	19	27	21	29	49
238	22.03.2004	Japan	Sony	Frankreich	Starling	-7,06%	-3,25%	-3,52	-2,76	Film & Musik	-8,92%	-6,53%	1,86%	3,28%	-5,01	-5,03	ja	3,3284	0,0302	0,0050	0,0153	72,40	14	6	25	52	41
239	27.07.2010	Kanada	Onex Partners / Canadian Pension Plan	Vereinigtes Königreich	Tomkins	-9,16%	2,48%	4,74	4,70	Gummi & Kunststoffe	8,53%	9,76%	-17,69%	-7,29%	4,57	5,16	nein	8,0516	-0,0373	0,0166	0,0344	21,59	4	13	9	14	2
240	02.07.2010	Kanada	Westport Innovations	Italien	OMVL	-	-9,23%	-	-6,46	Kraftfahrzeugbau	8,92%	10,90%	-	-20,13%	-	-6,75	ja	2,8064	0,0831	0,0166	0,0344	36,21	11	27	4	18	11
241	22.06.2010	Kanada	Vancouver Airport Services	Vereinigtes Königreich	Peel Airports	-	-14,85%	-	-40,03	Lagerei	6,40%	4,45%	-	-19,31%	-	-39,54	ja	-	-0,0373	0,0166	0,0344	21,59	4	13	9	14	2
242	29.04.2010	Kanada	AG Growth International	Finnland	Mepu	-	22,73%	-	-12,52	Maschinenbau	15,71%	14,23%	-	8,50%	-	-14,12	ja	2,5175	-0,0385	0,0166	0,0344	38,03	6	11	17	26	18
243	12.04.2010	Kanada	Etrion	Italien	Helios	-	24,93%	-	47,66	Energie	12,53%	6,99%	-	17,94%	-	47,71	ja	-	0,0831	0,0166	0,0344	36,21	11	27	4	18	11
244	25.03.2010	Kanada	Ontario Teachers' Pension Plan	Vereinigtes Königreich	Camelot Group	16,86%	5,74%	-1,04	-1,26	Sonstige Dienstl.	12,53%	5,27%	4,33%	0,48%	-0,14	-0,49	nein	6,5901	-0,0373	0,0166	0,0344	21,59	4	13	9	14	2
245	03.07.2009	Kanada	CSA International	Vereinigtes Königreich	Sira Test	-	16,84%	-	5,59	Technische Dienstl.	2,49%	-1,35%	-	18,19%	-	6,02	ja	1,4487	-0,0373	0,0166	0,0344	21,59	4	13	9	14	2
246	03.04.2009	Kanada	Enghouse Systems	Schweden	Trio Enterprise	60,32%	44,63%	45,38	31,81	IT-Dienstleistungen	8,24%	1,29%	52,08%	43,34%	46,65	31,51	ja	-	-0,0868	0,0166	0,0344	53,06	8	19	9	47	10
247	17.12.2008	Kanada	Atrium Innovations	Deutschland	Enzym Arzneimittel Berlin (EAB)	-16,97%	-19,37%	10,74	10,47	Pharma	8,56%	2,76%	-25,54%	-22,13%	11,27	10,78	ja	-	0,0024	0,0166	0,0344	27,09	4	17	13	14	8
248	07.11.2008	Kanada	Westmont Hospitality	Frankreich	Hotel Ambassador	-	-	-	-	Beherbergung	-5,20%	-7,38%	-	-	-	-	ja	-	0,0159	0,0166	0,0344	51,99	29	38	9	9	16
249	31.10.2008	Kanada	Constellation Software	Vereinigtes Königreich	Gladstone	-10,56%	-	-8,39	-	IT-Dienstleistungen	8,25%	1,80%	-18,81%	-	-7,63	-	ja	2,3569	-0,0373	0,0166	0,0344	21,59	4	13	9	14	2
250	02.09.2008	Kanada	Optimal Group	Belgien	Sablon	16,99%	9,90%	8,26	-31,09	Großhandel	-12,90%	-5,27%	29,89%	15,17%	7,60	-29,61	nein	2,5764	-0,0223	0,0166	0,0344	55,19	26	46	5	2	15
251	26.08.2008	Kanada	Algorithme Pharma	Vereinigtes Königreich	Simbec Research	-	-	-	-	Pharma	8,24%	3,30%	-	-	-	-	ja	2,4609	-0,0373	0,0166	0,0344	21,59	4	13	9	14	2
252	18.06.2008	Kanada	Great Western Minerals	Vereinigtes Königreich	Less Common Metals	-	-	-	-	Metallerzeugung	-18,14%	-36,70%	-	-	-	-	nein	2,0809	-0,0373	0,0166	0,0344	21,59	4	13	9	14	2
253	07.06.2008	Kanada	CAE	Belgien	CAE Training	-	10,00%	-	6,95	Luftfahrt	-6,99%	-11,47%	-	21,47%	-	6,41	ja	2,4814	-0,0223	0,0166	0,0344	55,19	26	46	5	2	15
254	10.04.2008	Kanada	Agrium	Belgien	Agrium Europe	-	-2,26%	-	-6,37	Großhandel	-12,90%	-5,27%	-	3,01%	-	-5,92	ja	6,3597	-0,0223	0,0166	0,0344	55,19	26	46	5	2	15
255	07.04.2008	Kanada	Thermal Energy International	Vereinigtes Königreich	Gardner Energy	-	-	-	-	Maschinenbau	-22,15%	-8,29%	-	-	-	-	ja	0,8245	-0,0373	0,0166	0,0344	21,59	4	13	9	14	2
256	25.03.2008	Kanada	EnGlobe	Vereinigtes Königreich	Celtic Technologies	-25,46%	-25,89%	-14,52	-20,96	Baugewerbe	-11,73%	-7,16%	-13,72%	-18,74%	-14,15	-20,10	ja	2,7292	-0,0373	0,0166	0,0344	21,59	4	13	9	14	2
257	19.02.2008	Kanada	Atrium Innovations	Niederlande	Multicare	53,29%	-	16,85	-	Pharma	8,56%	2,76%	44,73%	-	17,59	-	ja	2,7169	-0,0671	0,0166	0,0344	43,71	1	5	0	38	21
258	15.02.2008	Kanada	Jim Pattison Entertainment	Vereinigtes Königreich	Guinness World Records	-	-	-	-	Verlagswesen	-9,21%	-8,66%	-	-	-	-	nein	3,0825	-0,0373	0,0166	0,0344	21,59	4	13	9	14	2
259	01.02.2008	Kanada	Connecticut Chemicals	Deutschland	CCL Design	40,30%	15,56%	0,17	-5,48	Gummi & Kunststoffe	-6,58%	-14,59%	46,87%	30,15%	0,92	-5,56	ja	2,8642	0,0024	0,0166	0,0344	27,09	4	17	13	14	8
260	30.01.2008	Kanada	March Networks	Italien	Cieffe	36,32%	-3,03%	6,56	-9,61	IT-Dienstleistungen	2,42%	-3,43%	33,90%	0,40%	6,79	-8,86	ja	2,3934	0,0831	0,0166	0,0344	36,21	11	27	4	18	11
261	29.11.2007	Kanada	SunOpta	Niederlande	Tradin Organic	-1,92%	3,40%	-1,98	-0,51	Großhandel	-12,93%	-8,08%	11,01%	11,48%	-2,73	-1,44	nein	3,8414	-0,0671	0,0166	0,0344	43,71	1	5	0	38	21
262	15.11.2007	Kanada	Kaboose	Vereinigtes Königreich	Bounty	27,95%	22,36%	13,26	1,31	Werbung & Marktforsch.	-10,37%	1,89%	38,32%	20,47%	7,45	0,35	ja	3,3500	-0,0373	0,0166	0,0344	21,59	4	13	9	14	2
263	30.10.2007	Kanada	Lallemand	Finnland	Verdera	4,58%	7,81%	-0,48	1,20	Chemie	-15,55%	0,77%	20,13%	7,04%	-3,73	0,27	ja	-1,3693	-0,0385	0,0166	0,0344	38,03	6	11	17	26	18
264	29.10.2007	Kanada	Lallemand	Dänemark	De Danske Gærfabrikker	-2,16%	10,12%	1,51	1,34	Nahrung	0,16%	5,22%	-2,32%	4,90%	0,45	1,22	ja	-	-0,1429	0,0166	0,0344	54,10	21	25	6	36	23
265	04.09.2007	Kanada	Opta Minerals	Slowakei	Newco Opta	-28,77%	-17,55%	9,12	7,00	Glas & Keramik	-19,57%	-2,79%	-9,20%	-14,76%	-6,61	1,06	ja	1,9065	0,5561	0,0166	0,0344	92,77	65	3	28	58	15
266	04.07.2007	Kanada	Cossette	Vereinigtes Königreich	Dare Digital	-	-	-	-	Werbung & Marktforsch.	-8,33%	5,15%	-	-	-	-	ja	2,3450	-0,0373	0,0166	0,0344	21,59	4	13	9	14	2
267	14.03.2007	Kanada	SNC-Lavalin	Spanien	Intecsa-Inarsa	1,95%	9,38%	-1,51	0,66	Technische Dienstl.	1,12%	7,22%	0,83%	2,16%	-2,52	0,67	ja	3,6635	0,1523	0,0166	0,0344	52,20	18	38	29	10	4
268	30.01.2007	Kanada	Explorer Software	Vereinigtes Königreich	RadSky	-	-	-	-	IT-Dienstleistungen	5,64%	6,08%	-	-	-	-	ja	2,2820	-0,0373	0,0166	0,0344	21,59	4	13	9	14	2
269	06.12.2006	Kanada	Alcan	Frankreich	Carbone Savoie	62,99%	33,63%	-8,18	-11,46	Elektrotechnik	10,19%	8,40%	52,80%	25,23%	-10,84	-13,26	nein	4,3974	0,0159	0,0166	0,0344	51,99	29	38	9	9	16
270	02.06.2006	Kanada	Cogeco Cable	Portugal	Cabovisao	2,43%	12,83%	3,83	23,04	Telekommunikation	3,04%	1,90%	-0,61%	10,93%	3,97	23,44	ja	-	0,3197	0,0166	0,0344	83,73	24	56	53	21	7
271	22.05.2006	Kanada	MacDonald, Dettwiler and Associates	Vereinigtes Königreich	xit2	-	-	-	-	IT-Dienstleistungen	11,10%	7,44%	-	-	-	-	ja	0,8870	-0,0373	0,0166	0,0344	21,59	4	13	9	14	2
272	29.03.2006	Kanada	Saputo	Deutschland	Spezialitäten-Käserei	13,20%	44,98%	-8,44	-13,79	Nahrung	14,21%	7,13%	-1,01%	37,86%	-9,07	-14,86	ja	-	0,0024	0,0166	0,0344	27,09	4	17	13	14	8
273	22.02.2006	Kanada	Valiant	Österreich	TMS	55,45%	39,81%	-0,86	0,75	Maschinenbau	17,07%	12,12%	38,38%	27,69%	-1,14	0,88	nein	-	-0,0413	0,0166	0,0344	51,83	28	22	25	27	8
274	22.11.2005	Kanada	Navtech	Schweden	European Aeronautical	-	-	-	-	Verlagswesen	4,22%	2,42%	-	-	-	-	ja	2,5210	-0,0868	0,0166	0,0344	53,06	8	19	9	47	10
275	14.07.2005	Kanada	Aastra Technologies	Deutschland	DeTeWe Communications	-8,34%	-5,03%	2,19	3,03	IT-Dienstleistungen	11,73%	4,00%	-20,08%	-9,03%	2,34	3,16	ja	-	0,0024	0,0166	0,0344	27,09	4	17	13	14	8
276	13.01.2005	Kanada	Stratos Global	Deutschland	Plenexis	-26,78%	-22,21%	0,00	0,00	Telekommunikation	3,62%	1,69%	-30,40%	-23,90%	3,45	3,45	ja	-	0,0024	0,0166	0,0344	27,09	4	17	13	14	8
277	24.09.2004	Kanada	Protech Chemical	Belgien	Oxyplast Belgium	75,00%	21,65%	6,21	5,42	Chemie	12,62%	5,40%	62,39%	16,24%	6,61	5,74	ja	2,4668	-0,0223	0,0166	0,0344	55,19	26	46	5	2	15
278	06.07.2004	Kanada	Vanguard Response Systems	Vereinigtes Königreich	PW Allen	82,97%	-	-1,52	-	Maschinenbau	14,11%	4,58%	68,86%	-	-1,21	-	nein	2,3065	-0,0373	0,0166	0,0344	21,59	4	13	9	14	2
279	04.05.2004	Kanada	Alliance Films	Spanien	Aurum	-42,58%	-36,78%	-15,28	-3,53	Film & Musik	-8,92%	-6,53%	-33,67%	-30,25%	-14,01	-1,93	ja	3,9801	0,1523	0,0166	0,0344	52,20	18	38	29	10	4
280	10.11.2010	Schweiz	Ares Life Sciences	Frankreich	Stallergenes	-	8,55%	-	2,58	Pharma	-1,41%	0,90%	-	7,65%	-	1,62	nein	5,2633	0,2275	0,0205	0,0985	51,76	34	28	3	27	1
281	21.10.2010	Schweiz	Advanced Digital Broadcast	Italien	ADB Broadband	-	-13,43%	-	-2,80	DV & Elektronik	-7,14%	-1,92%	-	-11,51%	-	-3,26	nein	4,9307	0,2904	0,0205	0,0985	25,40	16	17	8	0	6
282	05.07.2010	Schweiz	Argos Soditic	Frankreich	Solving Efeso	-	8,99%	-	12,60	Beratung	9,80%	6,75%	-	2,25%	-	13,17	nein	3,9148	0,2275	0,0205	0,0985	51,76	34	28	3	27	1
283	02.07.2010	Schweiz	Rhiag	Tschechische Republik	Auto Kelly	-	12,40%	-	0,13	Kfz-Handel	-8,38%	-3,85%	-	16,26%	-	0,18	ja	4,5100	0,6022	0,0205	0,0985	42,23	23	16	10	13	27
284	16.06.2010	Schweiz	Quantum Kapital	Italien	Idea Institute	-	37,31%	-	75,15	Technische Dienstl.	5,98%	3,90%	-	33,42%	-	73,66	nein	1,4201	0,2904	0,0205	0,0985	25,40	16	17	8	0	6
285	01.06.2010	Schweiz	BC-TECH	Deutschland	Electrovac	-	8,47%	-	-0,21	DV & Elektronik	-10,05%	-5,04%	-	13,51%	-	-0,83	ja	3,3999	0,2147	0,0205	0,0985	12,17	1	7	1	4	9
286	23.04.2010	Schweiz	Kardex	Deutschland	MLOG Logistics	-	61,91%	-	9,03	Maschinenbau	15,71%	14,23%	-	47,68%	-	9,39	ja	3,9782	0,2147	0,0205	0,0985	12,17	1	7	1	4	9
287	23.02.2010	Schweiz	Aravis Energy	Portugal	Parque Eolico	-	16,09%	-	12,42	Energie	12,53%	6,99%	-	9,09%	-	13,07	ja	2,2064	0,4983	0,0205	0,0985	79,11	29	46	41	39	10
288	24.12.2009	Schweiz	Temenos	Frankreich	Viveo	-43,90%	-25,35%	-5,30	-19,43	IT-Dienstleistungen	10,00%	3,44%	-53,90%	-28,79%	-4,72	-19,47	ja	3,4815	0,2275	0,0205	0,0985	51,76	34	28	3	27	1
289	11.12.2009	Schweiz	Daetwyler	Deutschland	Reichelt Elektronik	8,82%	6,29%	-1,32	1,48	Einzelhandel	-6,93%	-3,90%	15,75%	10,19%	-1,27	1,32	nein	4,6100	0,2147	0,0205	0,0985	12,17	1	7	1	4	9
290	10.12.2009	Schweiz	Ameropa	Deutschland	Interbrau	-	22,33%	-	-1,07	Großhandel	-15,28%	-8,05%	-	30,39%	-	-1,05	ja	6,0055	0,2147	0,0205	0,0985	12,17	1	7	1	4	9
291	09.11.2009	Schweiz	Bellen	Spanien	Agencia Servicios Mensajeria	23,66%	4,30%	15,49	-2,80	Postdienste	5,98%	1,74%	17,68%	2,57%	14,97	-3,67	nein	3,6968	0,3533	0,0205	0,0985	53,17	23	28	17	28	21
292	28.07.2009	Schweiz	LEM	Dänemark	LEM Danfysik	-	-	-	-	DV & Elektronik	6,48%	8,56%	-	-	-	-	ja	-	0,0717	0,0205	0,0985	66,85	16	35	6	54	6
293	28.05.2009	Schweiz	FibreCem	Österreich	Eternit-Werke	-12,14%	-12,06%	-2,76	0,92	Glas & Keramik	-0,08%	-3,59%	-12,06%	-8,47%	-1,92	1,50	ja	4,0981	0,1726	0,0205	0,0985	31,69	23	12	13	9	9
294	15.04.2009	Schweiz	Finsiecle	Spanien	Farmaprojects	-	-8,86%	-	-5,50	Pharma	6,60%	5,65%	-	-14,51%	-	-5,40	nein	3,6329	0,3533	0,0205	0,0985	53,17	23	28	17	28	21
295	16.03.2009	Schweiz	Roche Diagnostics	Deutschland	Innovatis	-	-	-	-	DV & Elektronik	-2,91%	-9,52%	-	-	-	-	nein	2,2974	0,2147	0,0205	0,0985	12,17	1	7	1	4	9

Anhang: Transaktionen in der Stichprobe (5/6)

Fall-Nr.	Trans-aktions-Datum	Käuferland	Käufer	Target-Land	Target	Unadjustiert: Umsatz-Entw. seit t(0) (in %) t(2)	Umsatz t(1)	EBT-Margen-Entw. seit t(0) (in PP) t(2)	EBT t(1)	Sektorentwicklung: Sektor	Jährliche Wachstumsrate seit t(0) t(2)	Wachstumsrate t(1)	Sektoradjustiert: Umsatz-Entw. seit t(0) (in %) t(2)	Umsatz t(1)	EBT-Margen-Entw. seit t(0) (in PP) t(2)	EBT t(1)	Transaktionsspezifisch: REL	SIZE_log	Ökonomisch: PCI_diff	BIP	OFDI	Kulturell: CD_5	CD_PDI	CD_UAI	CD_IDV	CD_MAS	CD_LTO
296	09.02.2009	Schweiz	Swisspor	Rumänien	Isopor	-	-11,43%	-	-6,71	Chemie	29,50%	17,21%	-	-28,64%	-	-3,75	nein	2,4106	0,8315	0,0205	0,0985	-	56	32	38	28	-
297	26.11.2008	Schweiz	Bell	Deutschland	Abraham Schinken	-	-7,16%	-	-0,44	Nahrung	-0,84%	-5,12%	-	-2,04%	-	-0,63	ja	5,1998	0,2147	0,0205	0,0985	12,17	1	7	1	4	9
298	21.11.2008	Schweiz	SFS Intec	Deutschland	Gesipa	-4,81%	-29,04%	4,50	-5,69	Metallprodukte	-16,74%	-22,22%	11,93%	-6,82%	5,96	-10,26	ja	4,1356	0,2147	0,0205	0,0985	12,17	1	7	1	4	9
299	04.11.2008	Schweiz	Adecco	Frankreich	Datavance	-6,32%	-	-	-	IT-Dienstleistungen	0,16%	-3,18%	-6,48%	-	-	-	nein	4,0728	0,2275	0,0205	0,0985	51,76	34	28	3	27	1
300	20.10.2008	Schweiz	Kuehne & Nagel	Frankreich	Alloin	0,03%	-7,50%	-5,61	-7,76	Landverkehr	-7,86%	-9,04%	7,89%	1,54%	-5,69	-7,08	ja	5,5890	0,2275	0,0205	0,0985	51,76	34	28	3	27	1
301	01.10.2008	Schweiz	Kuoni Travel	Vereinigtes Königreich	Carrier	-	-	-	-	Reiseveranstaltung	-2,26%	-0,37%	-	-	-	-	ja	3,8242	0,1765	0,0205	0,0985	34,81	1	23	21	4	15
302	01.10.2008	Schweiz	Swiss Global	Deutschland	BO-Systems	47,63%	-9,75%	21,66	2,65	Metallprodukte	-16,74%	-22,22%	64,37%	12,47%	22,17	7,28	nein	3,1346	0,2147	0,0205	0,0985	12,17	1	7	1	4	9
303	25.09.2008	Schweiz	Bell	Deutschland	Zimbo	-10,84%	-9,38%	1,95	3,80	Nahrung	-0,84%	-5,12%	-10,00%	-4,26%	2,15	4,19	ja	5,1834	0,2147	0,0205	0,0985	12,17	1	7	1	4	9
304	23.09.2008	Schweiz	SIX Telekurs	Schweden	Six	-21,60%	-7,45%	-11,55	-11,64	Informationsdienstl.	-7,09%	-6,39%	-14,52%	-1,06%	-11,48	-10,92	ja	2,8407	0,1280	0,0205	0,0985	71,64	3	29	3	65	7
305	15.09.2008	Schweiz	Cementia Trading	Spanien	Bulk Mines	8,76%	2,48%	-2,79	1,36	Großhandel	-12,90%	-5,27%	21,66%	7,75%	-2,57	1,31	nein	5,1056	0,3533	0,0205	0,0985	53,17	23	28	17	28	21
306	05.08.2008	Schweiz	Capvis Equity Partners	Deutschland	BARTEC	-	-	-	-	Elektrotechnik	1,13%	-11,36%	-	-	-	-	nein	4,4360	0,2147	0,0205	0,0985	12,17	1	7	1	4	9
307	15.07.2008	Schweiz	Ruag	Schweden	Saab Space	29,33%	15,80%	4,85	1,52	Sonstiger Fahrzeugbau	5,44%	1,09%	23,89%	14,72%	4,97	1,31	ja	4,0760	0,1280	0,0205	0,0985	71,64	3	29	3	65	7
308	08.07.2008	Schweiz	Swiss Post	Frankreich	Global Business Services Plus	15,38%	6,24%	1,32	-40,96	Informationsdienstl.	-7,09%	-6,39%	22,47%	12,63%	1,78	-37,54	nein	3,2725	0,2275	0,0205	0,0985	51,76	34	28	3	27	1
309	09.06.2008	Schweiz	Cornu	Frankreich	Cansimag	5,50%	1,87%	-3,23	2,81	Nahrung	-0,84%	-5,12%	6,33%	6,99%	-3,48	2,06	ja	3,0149	0,2275	0,0205	0,0985	51,76	34	28	3	27	1
310	29.05.2008	Schweiz	Bell	Frankreich	Polette	-11,26%	-8,96%	-0,98	-0,17	Nahrung	-0,84%	-5,12%	-10,42%	-3,84%	-1,06	-0,36	ja	3,5818	0,2275	0,0205	0,0985	51,76	34	28	3	27	1
311	01.04.2008	Schweiz	Petroplus	Frankreich	Petit-Couronne	12,20%	8,44%	-2,23	-0,76	Mineralölverarbeitung	-13,16%	-31,08%	25,36%	39,51%	-2,34	-3,26	ja	-	0,2275	0,0205	0,0985	51,76	34	28	3	27	1
312	19.03.2008	Schweiz	Daetwyler	Schweden	Elfa	-3,54%	-16,52%	-11,08	-6,11	Großhandel	-12,90%	-5,27%	9,36%	-11,24%	-10,19	-5,28	nein	4,4933	0,1280	0,0205	0,0985	71,64	3	29	3	65	7
313	29.02.2008	Schweiz	Hero	Vereinigtes Königreich	Organix Brands	-	-	-	-	Nahrung	-0,84%	-5,12%	-	-	-	-	ja	3,2466	0,1765	0,0205	0,0985	34,81	1	23	21	4	15
314	22.02.2008	Schweiz	Uniwheels Management	Polen	ATS Stahlschmidt	22,39%	-	4,49	-	Kraftfahrzeugbau	-13,55%	-27,18%	35,94%	-	5,18	-	ja	4,9976	0,7145	0,0205	0,0985	50,45	34	35	8	6	8
315	14.02.2008	Schweiz	Art & Fragrance	Frankreich	Lalique	-15,27%	-26,81%	19,28	-13,26	Glas & Keramik	-17,71%	-17,26%	2,44%	-9,55%	18,81	-8,62	nein	3,8185	0,2275	0,0205	0,0985	51,76	34	28	3	27	1
316	15.01.2008	Schweiz	AFG Arbonia-Forster	Slowakei	Slovaktual	-17,56%	-20,50%	-9,36	-8,01	Gummi & Kunststoffe	-6,58%	-14,59%	-10,98%	-5,91%	-8,58	-8,81	ja	3,4631	0,6874	0,0205	0,0985	82,52	70	7	16	40	2
317	01.01.2008	Schweiz	Swisslab	Portugal	Laboratorio de Patologia Lima	7,65%	5,12%	17,45	16,09	Pharma	8,56%	2,76%	-0,91%	2,37%	18,66	16,49	ja	1,4992	0,4983	0,0205	0,0985	79,11	29	46	41	39	10
318	17.12.2007	Schweiz	Kuoni Travel Holding	Deutschland	Conference & Touring	-25,31%	11,41%	-4,22	1,13	Reiseveranstaltung	-1,42%	3,95%	-23,88%	7,46%	-4,26	1,09	ja	-	0,2147	0,0205	0,0985	12,17	1	7	1	4	9
319	11.12.2007	Schweiz	Maus Freres	Schweden	Gant	18,30%	16,82%	-1,14	-4,09	Einzelhandel	-5,96%	-2,87%	24,25%	19,69%	-2,69	-5,49	nein	4,3578	0,1280	0,0205	0,0985	71,64	3	29	3	65	7
320	19.11.2007	Schweiz	Gondrand	Sweden	Stella Transport	-37,82%	-1,88%	-5,50	-2,20	Landverkehr	-3,49%	6,10%	-34,32%	-7,97%	-5,23	-2,38	nein	2,6127	0,1280	0,0205	0,0985	71,64	3	29	3	65	7
321	09.11.2007	Schweiz	Kuehne & Nagel	Deutschland	G.L. Kayser	-	22,83%	-	-2,09	Landverkehr	-3,49%	6,10%	-	16,74%	-	-2,22	ja	4,3359	0,2147	0,0205	0,0985	12,17	1	7	1	4	9
322	28.09.2007	Schweiz	AFG Arbonia-Forster	Vereinigtes Königreich	Aqualux	-9,29%	-10,41%	-13,54	-12,03	Glas & Keramik	-19,57%	-2,79%	10,28%	-7,62%	-10,83	-11,54	ja	3,7255	0,1765	0,0205	0,0985	34,81	1	23	21	4	15
323	22.08.2007	Schweiz	Kuoni Travel	Dänemark	Falk Lauritsen	-	-	-	-	Reiseveranstaltung	-1,42%	3,95%	-	-	-	-	ja	-	0,0717	0,0205	0,0985	66,85	16	35	6	54	6
324	26.07.2007	Schweiz	Kuoni Travel	Frankreich	Ateliers du Voyage	-	-7,48%	-	-1,14	Reiseveranstaltung	-1,42%	3,95%	-	-11,43%	-	-1,50	ja	2,5643	0,2275	0,0205	0,0985	51,76	34	28	3	27	1
325	16.07.2007	Schweiz	Alcon	Deutschland	WaveLight	-2,70%	32,42%	6,11	7,54	DV & Elektronik	-23,63%	-0,09%	20,93%	32,51%	5,92	7,73	ja	4,1922	0,2147	0,0205	0,0985	12,17	1	7	1	4	9
326	27.06.2007	Schweiz	Winterthur Technologie	Deutschland	Wendt	-41,14%	7,83%	-15,35	-2,20	Maschinenbau	-19,34%	4,41%	-21,80%	3,41%	-19,19	-3,92	ja	4,3944	0,2147	0,0205	0,0985	12,17	1	7	1	4	9
327	26.06.2007	Schweiz	Huegli	Italien	ALI-BIG	22,24%	21,90%	-4,46	-1,38	Nahrung	1,16%	6,61%	21,09%	15,29%	-4,07	-1,46	ja	2,3932	0,2904	0,0205	0,0985	25,40	16	17	8	0	6
328	11.05.2007	Schweiz	Looser	Deutschland	Pruem-Garant	6,44%	2,74%	2,95	1,40	Holzerzeugnisse	-25,07%	-9,39%	31,51%	12,13%	1,18	0,37	nein	4,7546	0,2147	0,0205	0,0985	12,17	1	7	1	4	9
329	08.05.2007	Schweiz	Swisslog	Schweden	Accalon	-4,53%	-7,47%	-2,93	-5,54	Maschinenbau	-19,34%	4,41%	14,81%	-11,89%	-2,41	-5,82	nein	3,5424	0,1280	0,0205	0,0985	71,64	3	29	3	65	7
330	30.04.2007	Schweiz	Adval Tech	Ungarn	QSCH Termelo	-19,60%	0,82%	5,49	4,39	Metallprodukte	-20,46%	2,26%	0,86%	-1,44%	7,69	5,45	ja	2,4825	0,6644	0,0205	0,0985	35,89	12	24	12	18	10
331	16.04.2007	Schweiz	Hansa Chemie International	Deutschland	Wibarco	-0,38%	29,98%	1,23	-0,13	Chemie	-16,56%	3,05%	16,18%	26,93%	0,80	-0,17	nein	4,2151	0,2147	0,0205	0,0985	12,17	1	7	1	4	9
332	29.03.2007	Schweiz	G&S Rail	Deutschland	ELH	-43,19%	-4,83%	8,57	10,24	Sonstiger Fahrzeugbau	7,36%	6,20%	-50,54%	-11,03%	8,91	10,75	nein	3,3908	0,2147	0,0205	0,0985	12,17	1	7	1	4	9
333	27.03.2007	Schweiz	Metraux Services	Belgien	Remco	-4,80%	1,91%	-2,35	0,20	Kfz-Handel	3,82%	6,52%	-8,62%	-4,61%	-3,02	0,02	ja	2,8139	0,1910	0,0205	0,0985	50,66	31	36	7	16	2
334	12.03.2007	Schweiz	Swisscom	Italien	Fastweb	22,15%	15,14%	0,54	0,69	Telekommunikation	-0,36%	1,12%	22,51%	14,02%	0,46	0,68	nein	7,1810	0,2904	0,0205	0,0985	25,40	16	17	8	0	6
335	31.01.2007	Schweiz	CPH Chemie + Papier / Perlen Converting	Deutschland	ac-Folien	-	-	-	-	Gummi & Kunststoffe	-15,94%	-1,59%	-	-	-	-	ja	3,7689	0,2147	0,0205	0,0985	12,17	1	7	1	4	9
336	13.12.2006	Schweiz	Duferco	Italien	TPP	18,84%	24,14%	6,81	10,74	Metallerzeugung	12,19%	8,93%	6,65%	15,22%	5,65	10,77	ja	4,7258	0,2904	0,0205	0,0985	25,40	16	17	8	0	6
337	10.10.2006	Schweiz	Hiestand	Deutschland	Fricopan Back Klötze	27,81%	13,39%	-3,73	0,90	Nahrung	14,21%	7,13%	13,60%	6,26%	-3,93	1,02	ja	4,2638	0,2147	0,0205	0,0985	12,17	1	7	1	4	9
338	30.06.2006	Schweiz	Emmi	Italien	Trentinalatte	15,25%	0,30%	16,52	-6,23	Nahrung	14,21%	7,13%	1,04%	-6,82%	17,17	-7,20	ja	3,5950	0,2904	0,0205	0,0985	25,40	16	17	8	0	6
339	11.04.2006	Schweiz	Hoffmann Neopac	Ungarn	TU-Plast Tube	50,68%	-4,44%	-21,73	-21,87	Gummi & Kunststoffe	4,82%	6,51%	45,86%	-10,94%	-21,38	-23,29	ja	1,4987	0,6644	0,0205	0,0985	35,89	12	24	12	18	10
340	05.04.2006	Schweiz	Comet	Spanien	Relaco	4,92%	17,89%	1,65	-6,34	DV & Elektronik	-1,65%	1,40%	6,56%	16,49%	1,57	-6,44	nein	2,4306	0,3533	0,0205	0,0985	53,17	23	28	17	28	21
341	22.03.2006	Schweiz	Cilag	Frankreich	Future Medical	-	42,92%	-	2,61	Sonstige Waren	6,24%	6,41%	-	36,51%	-	2,74	nein	1,6718	0,2275	0,0205	0,0985	51,76	34	28	3	27	1
342	06.02.2006	Schweiz	Swiss Timing	Deutschland	Wige Data	10,72%	1,04%	1,43	-1,56	IT-Dienstleistungen	11,10%	7,44%	-0,38%	-6,40%	1,41	-1,28	ja	2,7340	0,2147	0,0205	0,0985	12,17	1	7	1	4	9
343	01.02.2006	Schweiz	Hero	Schweden	Semper	-2,10%	-8,68%	4,09	7,64	Nahrung	14,21%	7,13%	-16,31%	-15,81%	4,50	8,36	ja	4,6453	0,1280	0,0205	0,0985	71,64	3	29	3	65	7
344	17.01.2006	Schweiz	Lonza	Belgien	UCB Bioproducts	98,33%	24,32%	37,91	-7,57	Pharma	8,32%	4,88%	90,01%	19,44%	39,58	-8,28	nein	-	0,1910	0,0205	0,0985	50,66	31	36	7	16	2
345	09.01.2006	Schweiz	Adecco	Deutschland	DIS	24,80%	16,31%	5,86	0,98	Personalvermittlung	15,62%	12,82%	9,18%	3,49%	3,40	0,23	ja	5,3848	0,2147	0,0205	0,0985	12,17	1	7	1	4	9
346	01.12.2005	Schweiz	Dolma	Deutschland	Linde Ladenbau	19,12%	41,27%	-0,31	-0,13	Möbelherstellung	11,68%	4,66%	7,44%	36,61%	0,06	0,07	nein	-	0,2147	0,0205	0,0985	12,17	1	7	1	4	9
347	29.11.2005	Schweiz	Schulthess	Deutschland	KKT	70,01%	26,79%	3,41	5,39	Maschinenbau	24,27%	10,83%	45,75%	15,96%	4,18	6,25	ja	3,4056	0,2147	0,0205	0,0985	12,17	1	7	1	4	9
348	17.10.2005	Schweiz	Bertschi	Schweden	Nordic Bulkers	5,97%	11,50%	-0,26	-1,23	Landverkehr	17,91%	7,99%	-11,94%	3,59%	-0,18	-1,26	ja	3,7917	0,1280	0,0205	0,0985	71,64	3	29	3	65	7
349	07.09.2005	Schweiz	Franke Artemis Management	Deutschland	Aquarotter	0,40%	1,61%	-4,40	-2,13	Maschinenbau	24,27%	10,83%	-23,87%	-9,22%	-4,56	-2,08	ja	3,8390	0,2147	0,0205	0,0985	12,17	1	7	1	4	9
350	02.08.2005	Schweiz	SGS	Frankreich	Auto Securite	-0,65%	-0,78%	0,30	-4,93	Technische Dienstl.	17,58%	9,29%	-18,23%	-10,07%	0,40	-4,62	ja	2,1794	0,2275	0,0205	0,0985	51,76	34	28	3	27	1
351	10.05.2005	Schweiz	Calida	Frankreich	Aubade Paris	5,28%	-7,30%	-2,93	-2,30	Bekleidung	4,38%	1,51%	0,89%	-8,81%	-2,78	-2,16	ja	3,8592	0,2275	0,0205	0,0985	51,76	34	28	3	27	1
352	25.01.2005	Schweiz	Adecco	Frankreich	Altedia	16,14%	-0,47%	4,54	1,20	Beratung	21,86%	10,72%	-5,72%	-11,19%	5,07	1,44	nein	3,8732	0,2275	0,0205	0,0985	51,76	34	28	3	27	1
353	20.01.2005	Schweiz	Holcim	Vereinigtes Königreich	Aggregate Industries	-23,23%	13,50%	7,56	6,33	Glas & Keramik	16,68%	8,94%	-39,91%	4,56%	8,06	6,84	nein	7,8024	0,1765	0,0205	0,0985	34,81	1	23	21	4	15
354	08.07.2004	Schweiz	Valora	Österreich	PGV	2,08%	-5,57%	-1,13	-2,15	Großhandel	-14,51%	-6,71%	16,59%	1,13%	-1,43	-2,32	nein	-	0,1726	0,0205	0,0985	31,69	23	12	13	9	9
355	23.03.2004	Schweiz	SGS	Deutschland	SGS Institut Fresenius	26,18%	13,70%	8,86	9,97	Technische Dienstl.	17,38%	7,40%	8,80%	6,30%	9,86	10,83	ja	3,7929	0,2147	0,0205	0,0985	12,17	1	7	1	4	9

Anhang: Transaktionen in der Stichprobe (6/6)

LITERATURVERZEICHNIS

Agrawal, A., Jaffe, J. F., Mandelker, G. N. (1992): The post-merger performance of acquiring firms: A re-examination of an anomaly. In: Journal of Finance, Vol. 47, No. 4, pp. 1605-1621.

Aguinis, H., Roth, H. A. (2005): Teaching in China: Culture-based challenges. In: Alon, I., McIntyre, J. R. (Eds.): Business and management education in China: Transition, pedagogy and training (pp. 141-164). Singapore (SG): World Scientific Publishing.

Allison, P. D. (2001): Missing data. Quantitative Applications in the Social Sciences, Series No. 07-136. Thousand Oaks (US): Sage Publications.

Allison, P. D. (2008): Missing data. Lecture notes, Social Sciences Computing (December 2008), Department of Sociology, Philadelphia (US), Univ. of Pennsylvania. Online unter: http://people.oregonstate.edu/~acock/growth/NCFRgrowth/Allison,%20Missing%20Data%201.pdf (Stand: 01.09.2015).

Amadeus (2013): Europäische Firmendatenbank des Bureau van Dijk (BvD), Electronic Publishing.

Ambos, T. C., Ambos, B., Schlegelmilch, B. B. (2006): Learning from foreign subsidiaries: An empirical investigation of headquarters' benefits from reverse knowledge transfer. In: International Business Review, Vol. 15, No. 3, pp. 294-312.

Amighini, A., Rabellotti, R., Sanfilippo, M. (2011): China's outward FDI: An industry-level analysis of host country determinants. Working Paper, No. 3688 (December 2011). Center for Economic Studies (CESifo), Ifo Institute, Munich.

Anand, J., Delios, A. (2002): Absolute and relative resources as determinants of international acquisitions. In: Strategic Management Journal, Vol. 23, No. 2, pp. 119-134.

Andersen, R. (2008): Modern methods for robust regression. Quantitative Applications in the Social Sciences, Series No. 07-152. Thousand Oaks (US): Sage Publications.

Anderson, P., Ahmad, S. Z., Chan, W. M. (2014): Revisiting the theories of internationalization and foreign market entry mode: A critical review. In: International Journal of Business and Commerce, Vol. 4, No. 1, pp. 37-86.

Angwin, D. (2012): Merger and acquisition typologies: A review. In: Faulkner, D., Teerikangas, S., Joseph, R. J. (Eds.): The Handbook of Mergers and Acquisitions (pp. 40-71). Oxford (UK): Oxford University Press.

Anscombe, F. J., Guttman, I. (1960): Rejection of outliers. In: Technometrics, Vol. 21, No. 2, pp. 123-147.

Appleby (2015): China offshore (October 2015): Expert insights into the world of offshore transactions. Online unter: http://www.applebyglobal.com/publication-pdf-versions/thought-leadership-reports/china-offshore-(october-2015).pdf. (Stand: 06.01.2016).

Arnold, D. J., Quelch, J. A. (1998): New strategies in emerging markets. In: Sloan Management Review, Vol. 40, No. 1, pp. 7-20.

Arslan, A. (2011): Institutional distance – Market conforming values in the host country and foreign direct investment choices of multinational enterprises. Diss., Acta Wasaensia No. 245, Vaasa (FI), Univ., 2011.

Assenmacher, W. (2002): Einführung in die Ökonometrie (6. Aufl.). München: Oldenbourg Verlag.

Assenmacher, W. (2003): Deskriptive Statistik (3. Aufl.). Berlin / Heidelberg: Springer Verlag.

Athreye, S., Kapur, S. (2009): The internationalization of Chinese and Indian firms – Trends, motivations and strategy. In: Industrial and Corporate Change, Vol. 18, No. 2, pp. 209-221.

Aybar, B., Ficici, A. (2009): Cross-border acquisitions and firm value: An analysis of emerging market multinationals. In: Journal of International Business Studies, Vol. 40, No. 8, pp. 1317-1338.

Backhaus, K., Erichson, B., Plinke, W., Weiber, R. (2011): Multivariate Analysemethoden: Eine anwendungsorientierte Einführung (13. Aufl.). Berlin / Heidelberg: Springer Verlag.

Balz, U. (2014): M&A: Marktteilnehmer und Motive. In: Balz, U., Arlinghaus, O. (Hrsg.): Praxisbuch Mergers & Acquisitions: Von der strategischen Überlegung zur erfolgreichen

Integration (4. Aufl., S. 11-40). München / Wien (AT): Verlag Moderne Industrie / Verlag Ueberreuter Wirtschaft.

Bamberger, B. (1994): Der Erfolg von Unternehmensakquisitionen in Deutschland: Eine theoretische und empirische Untersuchung. Bergisch-Gladbach / Köln: Eul Verlag. Zugl. Diss., Bamberg, Univ., 1993.

Barbopoulos, L., Marshall, A., MacInnes, C., McColgan, P. (2014): Foreign direct investment in emerging markets and acquirers' value gains. In: International Business Review, Vol. 23, No. 3, pp. 604-619.

Barkema, H. G., Bell, J. H. J., Pennings, J. M. (1996): Foreign entry, cultural barriers, and learning. In: Strategic Management Journal, Vol. 17, No. 2, pp. 151-166.

Barkema, H. G., Drogendijk, R. (2007): Internationalising in small, incremental or larger steps? In: Journal of International Business Studies, Vol. 38, No. 7, pp. 1132-1148.

Barkema, H. G., Shenkar, O., Vermeulen, F., Bell, J. H. J. (1997): Working abroad, working with others: How firms learn to operate international joint ventures. In: Academy of Management Journal, Vol. 40, No. 2, pp. 426-442.

Barkema, H. G., Vermeulen, F. (1998): International expansion through start-up or acquisition: A learning perspective. In: Academy of Management Journal, Vol. 41, No. 1, pp. 7-26.

Barney, J. B. (1986): Strategic factor markets: Expectations, luck, and business strategy. In: Management Science, Vol. 32, No. 10, pp. 1231-1241.

Barney, J. B. (1991): Firm resources and sustained competitive advantage. In: Journal of Management, Vol. 17, No. 1, pp. 99-120.

Barney, J. B. (2002): Gaining and sustain competitive advantage. Upper Saddle River (US): Prentice Hall.

Barrot, C. (2006): Prognosegütemaße. In: Albers, S., Klapper, D., Konradt, U., Walter, A., Wolf, J. (Hrsg.): Methodik der empirischen Forschung (1. Aufl., S. 431-446). Wiesbaden: Deutscher Universitäts-Verlag.

Bauer, F. A. (2012): Integratives M&A-Management: Entwicklung eines ganzheitlichen Erfolgsfaktorenmodells. Wiesbaden: Gabler Verlag. Zugl. Diss., Innsbruck (AT), Univ., 2011.

Beaton, A. E., Tukey, J. W. (1974): The fitting of power series, meaning polynomials, illustrated on band-spectoscopic data. In: Technometrics, Vol. 16, No. 2, pp. 147-185.

Becker, D. R. (2005): Ressourcen-Fit bei M&A-Transaktionen: Konzeptionalisierung, Operationalisierung und Erfolgswirkung auf Basis des Resource-based View. Wiesbaden: Deutscher Universitäts-Verlag. Zugl. Diss., Witten/Herdecke, Univ., 2005.

Beiten Burkhardt (2009): Investieren in Deutschland: Rechtliche und steuerliche Rahmenbedingungen. Online unter: http://www.businesslocationcenter.de/imperia/md/blc/wirtschaftsstandort/standort/content/bb_sr_investieren_in_deutschland_2009_de.pdf (Stand: 07.11.2015).

Bellak, C., Pfaffermayr, M., Wild, M. (2006): Firm performance after ownership change: A matching estimator approach. In: Applied Economics Quarterly, Vol. 52, No. 1, pp. 29-54.

Bellgardt, E. (2004): Statistik mit SPSS (2. Aufl.). München: Verlag Franz Vahlen.

Belsley, D. A., Kuh, E., Welsch, R. E. (1980): Regression diagnostics: Identifying influential data and sources of collinearity. New York (US): John Wiley & Sons.

Berry, W. D., Feldman, S. (1985): Regression in practice. Quantitative Applications in the Social Sciences, Series No. 07-050. Newbury Park (US): Sage Publications.

Bhagat, S., Malhotra, S., Zhu, P. (2011): Emerging country cross-border acquisitions: Characteristics, acquirer returns and cross-sectional determinants. In: Emerging Markets Review, Vol. 12, No. 3, pp. 250-271.

Black, B. S. (1989): Bidder overpayment in takeovers. In: Stanford Law Review, Vol. 4, No. 3, pp. 597-660.

Blomkvist, K., Drogendijk, R. (2013): The impact of psychic distance on Chinese outward foreign direct investments. In: Management International Review, Vol. 53, No. 5, pp. 659-686.

Boateng, A., Qian, W., Tianle, Y. (2008): Cross-border M&As by Chinese firms: An analysis of strategic motives and performance. In: Thunderbird International Business Review, Vol. 50, No. 4, pp. 259-270.

Bolger, A. (2014): Cross-border M&A deals at post-crisis high. In: Financial Times, 04.08.2014. Online unter: http://www.ft.com/cms/s/0/facfbda8-1be6-11e4-9db1-00144feabdc0.html#axzz432pqG4dL (Stand: 04.01.2016).

Bontis, N. (1998): Intellectual capital: An exploratory study that develops measures and models. In: Management Decision, Vol. 36, No. 2, pp. 63-76.

Bontis, N. (2004): National intellectual capital index: A United Nations initiative for the Arab region. In: Journal of Intellectual Capital, Vol. 5, No. 1, pp. 13-39.

Bontis, N., Crossan, M. M., Hulland, J. (2002): Managing an organizational learning system by aligning stocks and flows. In: Journal of Management Studies, Vol. 39, No. 4, pp. 437-469.

Brachinger, H. W. (1982): Robuste Entscheidungen: Optimale Auswahl im Rahmen weicher Modelle. Heidelberg: Verlag Statistische Hefte.

Bradley, J. V. (1982): The insidious L-shaped distribution. In: Bulletin of the Psychonomic Society, Vol. 20, No. 2, pp. 85-88.

Bradley, J. V. (1984): The complexity of nonrobustness effects. In: Bulletin of the Psychonomic Society, Vol. 22, No. 3, pp. 250-253.

Brewer, P., Sherriff, G. (2007): Is there a cultural divide in Australian international trade? In: Australian Journal of Management, Vol. 32, No. 1, pp. 113-134.

Brosius, F. (2008): SPSS 16. Heidelberg: MITP-Verlag.

Brush, T. H., Bromiley, P., Hendrickx, M. (2000): The free cash flow hypothesis for sales growth and firm performance. In: Strategic Management Journal, Vol. 21, No. 4, pp. 455-472.

Bruton, G. D., Ahlstrom, D., Li, H. L. (2010): Institutional theory and entrepreneurship: Where are we now and where do we need to move in the future? In: Entrepreneurship: Theory and Practice, Vol. 34, No. 3, p. 421-440.

Buchenau, M. W. (2012): Ein Schwabe zu Gast bei Chinesen. In: Handelsblatt, 01.12.2012. Online unter: http://www.handelsblatt.com/unternehmen/mittelstand/putzmeister-ein-schwabe-zu-gast-bei-chinesen/7439628.html (Stand: 05.12.2012).

Buckley, P. J., Casson, M. (1976): The future of the multinational enterprise. London (UK): Macmillan.

Buckley, P. J., Clegg, L. J., Cross, A. R., Zheng, P., Voss, H., Liu, X. (2007): The determinants of Chinese outward foreign direct investment. In: Journal of International Business Studies, Vol. 38, No. 4, pp. 499-518.

Buckley, P. J., Cross, A. R., Tan, H., Xin, L., Voss, H. (2008): Historic and emergent trends in Chinese outward direct investment. In: Management International Review, Vol. 48, No. 6, pp. 715-748.

Buono, A. F., Bowditch, J. L., Lewis, J. W. (1985): When cultures collide: The anatomy of a merger. In: Human Relations, Vol. 38, No. 5, pp. 477-500.

Calderon, C., Loayza, N., Serven, L. (2004): Greenfield foreign direct investments and mergers and acquisitions: Feedback and macroeconomic effects. In: World Bank Policy Research Working Paper, Series No. 3192, January 2004.

Camisón, C., Villar, A. (2009): Capabilities and propensity for cooperative internationalization. In: International Marketing Review, Vol. 26, No. 2, pp. 124-150.

Capron, L. (1999): The long-term performance of horizontal acquisitions. In: Strategic Management Journal, Vol. 20, No. 11, pp. 987-1018.

Carkovic, M., Levine, R. (2005): Does FDI accelerate economic growth? In: Moran, T. H., Graham, E. D., Blomström, M. (Eds.): Does foreign direct investment promote development? (pp. 195-220). Washington DC (US): Institute for International Economics.

Cartwright, S., Cooper, C. L. (1995): Organizational marriage: "Hard" versus "soft" issues? In: Personal Review, Vol. 24, No. 3, pp. 33-42.

Casson, M. C. (1987): Multinational firms. In: Clarke, R., McGuiness, A. (Eds.): Economics of the Firm (pp. 133-164). Oxford (UK): Blackwell.

Castro, F. B. (2000): Foreign direct investment in the European periphery: The competitiveness of Portugal. Diss., Leeds (UK), Univ., 2000.

Caves, R. E. (1971): International corporations: The industrial economics of foreign investment. In: Economica, Vol. 38, No. 149, pp. 1-27.

Cefis, E., Marsili, O., Rigamonti, D. (2015): Industry relatedness and post-acquisition innovative performance: The moderating effects of acquirer's capabilities and target size. Conference Paper, Druid Conference 2015, Luiss Business School, Rome (IT),

15.-17.06.2015. Online unter: http://druid8.sit.aau.dk/acc_papers/bqrt7svbl8o2t88q86t52yv3qxmt.pdf (Stand: 26.11.2015).

Chakrabarti, R., Gupta-Mukherjee, S., Jayaraman, N. (2009): Mars-Venus marriages: Culture and cross-border M&A. In: Journal of International Business Studies, Vol. 40, No. 2, pp. 216-236.

Chancellor, E. (2012): China's cash pile provides no shield. In: Financial Times, 05.08.2012. Online unter: http://www.ft.com/intl/cms/s/0/de41c970-dd44-11e1-aa7b-00144feab49a.html#axzz43flgdguC (Stand: 10.02.2015).

Chatterjee, S. (1986): Types of synergy and economic value: The impact of acquisitions on merging and rival firms. In: Strategic Management Journal, Vol. 7, No. 2, pp. 119-139.

Chatterjee, S., Hadi, A. S. (1988): Sensitivity analysis in linear regression. New York (US): John Wiley & Sons.

Chatterjee, S., Lubatkin, M. H., Schweiger, D. M., Weber, Y. (1992): Cultural differences and shareholder value in related mergers: Linking equity and human capital. In: Strategic Management Journal, Vol. 13, No. 5, pp. 319-334.

Chatterjee, S., Price, B. (1977): Regression analysis by example. New York (US): John Wiley & Sons.

Chen, H., Chen, T. Y. (1998): Network linkages and location choice in foreign direct investment. In: Journal of International Business Studies, Vol. 29, No. 3, pp. 445-467.

Chen, M. C., Cheng, S. J., Hwang, Y. (2005): An empirical investigation of the relationship between intellectual capital and firms' market value and financial performance. In: Journal of Intellectual Capital, Vol. 6, No. 2, pp. 159-176.

Chen, V. Z. (2012): Institution, internationalization and innovation: Three papers on penetration of emerging-market multinational enterprises into developed markets. Diss., Burnaby (CA), Simon Fraser Univ., 2012.

Chen, X., Ender, P. B., Mitchell, M., Wells, C. (2003): Regression with Stata. Stata Web Books. Online unter: http://www.ats.ucla.edu/stat/stata/webbooks/reg/default.htm (Stand: 09.10.2013).

Chen, Y., Werle, H. (2014): Chinese inward mergers & acquisitions by European companies and Chinese outward mergers & acquisitions in Europe: A comparative study of critical success factors. Diss., St. Gallen (CH), Univ., 2014.

Chen, Y. Y., Young, M. N. (2010): Cross-border mergers and acquisitions by Chinese listed companies: A principal-principal perspective. In: Asia Pacific Journal of Management, Vol. 27, No. 3, pp. 523-539.

Cheung, Y. W., Suny, Q. X. (2009): Empirics about China's outward direct investment. In: Pacific Economic Review, Vol. 14, No. 3, pp. 312-341.

Child, J., Rodrigues, S. B. (2005): The internationalization of Chinese firms: A case for theoretical extension? In: Management and Organization Review, Vol. 1, No. 3, pp. 381-410.

Chittoor, R. (2009): Internationalization of emerging economy firms: Need for new theorizing. In: Indian Journal of Industrial Relations, Vol. 45, No. 1, pp. 27-40.

Clegg, L. J., Voss, H. (2012): Chinese overseas direct investment in the European Union. Europe China Research and Advice Network (ECRAN) Paper. Online unter: https://www.chathamhouse.org/sites/files/chathamhouse/public/Research/Asia/0912ecran_cleggvoss.pdf (Stand: 09.04.2013).

Coase, R. H. (1937): The nature of the firm. In: Economica, Vol. 4, No. 16, pp. 386-405.

Coenenberg, A. G., Jakoby, S. (2000): Akquisition und Unternehmensbewertung. In: Busse von Colbe, W., Coenenberg, A. G., Kajüter, P., Linnhoff, U. (Hrsg.): USW-Schriften für Führungskräfte, Bd. 30. Betriebswirtschaft für Führungskräfte (S. 177-205). Stuttgart: Schäffer-Poeschel Verlag.

Coenenberg, A. G., Sautter, M. T. (1988): Strategische und finanzielle Bewertung von Unternehmensakquisitionen. In: Die Betriebswirtschaft (DBW), Bd. 48, Nr. 6, S. 691-710.

Cogman, D., Jaslowitzer, P., Rapp, M. S. (2015): Why emerging-market companies acquire abroad. McKinsey on Finance, No. 55, Summer 2015, pp. 7-9. Online unter: http://www.mckinsey.com/business-functions/strategy-and-corporate-finance/our-insights/mckinsey-on-finance/mckinsey-on-finance-number-55 (Stand: 09.11.2015).

Cogman, D., Tan, J. (2010): A lighter touch for postmerger integration. In: McKinsey Quarterly, Vol. 34, No. 1, pp. 8-12.

Cohen, J., Cohen, P., West, S. G., Aiken, L. S. (2003): Applied multiple regression/correlation analysis for the behavioral sciences (3rd ed.). Mahwah (US): Erlbaum.

Cohen, W. M., Levinthal, D. A. (1990): Absorptive capacity: A new perspective on learning and innovation. In: Administrative Science Quarterly, Vol. 35, No. 1, pp. 128-152.

Colombo, M. G., Rabbiosi, L. (2010): Technological relatedness, post-acquisition reorganization and innovation performance. Conference Paper, Druid Summer Conference, Imperial College Business School, London (UK), 16.-18.06.2010. Online unter: http://www2.druid.dk/conferences/viewpaper.php?id=502047&cf=43 (Stand: 26.11.2015).

Connell, R. (2010): M&A performance improvement: A non-traditional view. In: Journal of Management and Marketing Research, Vol. 5, w/o. No., pp. 1-33. Online unter: http://www.aabri.com/manuscripts/10463.pdf (Stand: 12.09.2015).

Cook, D. R., Weisberg, S. (1999): Applied regression including computing and graphics. New York (US): John Wiley & Sons.

Cooke, F. L. (2006): Acquisition of Chinese state-owned enterprises by multinational corporations: Driving forces, barriers and implications for HRM. In: British Journal of Management, Vol. 17, No. 1, pp. 105-121.

Crone, A., Werner, H. (2014): Modernes Sanierungsmanagement: Sanierungskonzepte, Finanzierungsinstrumente, Insolvenzverfahren, Haftungsrisiken, Arbeitsrecht und Verhandlungsführung (4. Aufl.). München: Verlag Franz Vahlen.

Cuervo-Cazurra, A. (2007): Sequence of value-added activities in the internationalization of developing country MNEs. In: Journal of International Management, Vol. 13, No. 3, pp. 258-277.

D'Agostino, R. B., Belanger, A. J., D'Agostino, R. B. Jr. (1990): A suggestion for using powerful and informative tests of normality. In: American Statistician, Vol. 44, No. 4, pp. 316-321.

Danhong, Z. (2010): Eine fränkisch-chinesische Erfolgsgeschichte. In: Deutsche Welle, 05.03.2010. Online unter: http://www.dw.com/de/eine-fr%C3%A4nkisch-chinesische-erfolgsgeschichte/a-5255667 (Stand: 04.01.2016).

Danis, T., Schmahl, K. (2012): Cross-border M&As of European targets by Chinese and Indian firms. Master Thesis, Stockholm School of Economics (SE). Online unter: http://arc.hhs.se/download.aspx?MediumId=1746 (Stand: 06.01.2016).

Das, T. K., Teng, B. (2000): A resource-based theory of strategic alliances. In: Journal of Management, Vol. 26, No. 1, pp. 31-61.

Datta, D. K. (1991): Organizational fit and acquisition performance: Effects of post-acquisition integration. In: Strategic Management Journal, Vol. 12, No. 4, pp. 281-297.

Datta, D. K., Grant, J. H. (1990): Relationships between type of acquisition, the autonomy given to the acquired firm, and acquisition success: An empirical analysis. In: Journal of Management, Vol. 16, No. 1, pp. 29-44.

Datta, D. K., Grant, J. H., Rajagopalan, N. (1991): Incompatibility and post acquisition autonomy: Effects on acquisition performance. In: Advances in Strategic Management, Vol. 7, w/o. No., pp. 157-182.

Datta, D. K., Puia, G. (1995): Cross-border acquisitions: An examination of the influence of relatedness and cultural fit on shareholder value creation in U.S. acquiring firms. In: Management International Review, Vol. 35, No. 4, pp. 337-359.

De Beule, F. (2010): Locational determinants of acquisitions from China and India: The role of human capital. Conference Paper, Joint Annual International Conference of IASSI & Knowledge Forum, Indian Institute of Technology (IIT) Bombay, Mumbai (IN), 11.-12.11.2010. Online unter: https://www.researchgate.net/profile/Filip_Beule/publications (Stand: 22.03.2012).

De Mooij, M., Hofstede, G. (2010): The Hofstede model: Applications to global branding and advertising strategy and research. In: International Journal of Advertising, Vol. 29, No. 1, pp. 85-110.

Delios, A., Beamish, P. W. (2001): Survival and profitability: The roles of experience and intangible assets in foreign subsidiary performance. In: Academy of Management Journal, Vol. 44, No. 5, pp. 1028-1038.

DeLong, G. (2001): Stockholder gains from focusing versus diversifying bank mergers. In: Journal of Financial Economics, Vol. 59, No. 2, pp. 221-252.

Deng, P. (2004): Outward investment by Chinese MNCs: Motivations and implications. In: Business Horizons, Vol. 47, No. 3, pp. 8-16.

Deng, P. (2007): Investing for strategic resources and its rationale: The case of outward FDI from Chinese companies. In: Business Horizons, Vol. 50, No. 1, pp. 71-81.

Deng, P. (2009): Why do Chinese firms tend to acquire strategic assets in international expansion. In: Journal of World Business, Vol. 44, No. 1, pp. 74-84.

Deng, P. (2010): Absorptive capacity and a failed cross-border M&A. In: Management Research Review, Vol. 33, No. 7, pp. 673-682.

Deng, P. (2012): The internationalization of Chinese firms: A critical review and future research. In: International Journal of Management Reviews, Vol. 14, No. 4, pp. 408-427.

Deng, P., Yang, M. (2015): Cross-border mergers and acquisitions by emerging market firms: A comparative investigation. In: International Business Review, Vol. 24, No. 1, pp. 157-172.

DiMaggio, P. J., Powell, W. W. (1983): The iron cage revisited: Institutional isomorphism and collective rationality on organizations fields. In: American Sociological Review, Vol. 48, No. 2, pp. 147-160.

DiMaggio, P. J., Powell, W. W. (1991): Introduction. In Powell, W. W., DiMaggio, P. J. (Eds.): The new institutionalism in organizational analysis (pp. 1-40). Chicago (US): University of Chicago Press.

Dodd, P., Ruback, R. (1977): Tender offers and stockholder returns: An empirical analysis. In: Journal of Financial Economics, Vol. 5, No. 3, pp. 351-373.

Doll, N., Hartmann, J. (2012): Chinesen übernehmen reihenweise deutsche Firmen. In: Die Welt, 01.12.2012. Online unter: http://www.welt.de/111752743 (Stand: 13.03.2013).

Donges, J. B., Eekhoff, J., Franz, W., Fuest, C., Möschel, W., Neumann, M. J. M. (2008): Staatsfonds: Muss Deutschland sich schützen? Schriftenreihe der Stiftung Marktwirtschaft, Kronberger Kreis-Studien, Bd. 48.

Dost, J. R. (2014): Produktionsverlagerungen deutscher Unternehmen nach China. Eine neo-institutionalistische Perspektive. Lohmar / Köln: Eul Verlag. Zugl. Diss., Berlin, ESCP Europe Wirtschaftshochschule, 2014.

Du, M., Boateng, A. (2012): Cross-border M&A by emerging market firms: A review and future direction. In: ACRN Journal of Entrepreneurship Perspectives, Vol. 1, No. 2, pp. 24-54.

Dunning, J. H. (1977): Trade, location of economic activity and the MNE: A search for an eclectic approach. In: Ohlin, B., Hesselborn, P., Wijkman, P. M. (Eds.): The international allocation of economic activity (pp. 395-431). London (UK): Macmillan.

Dunning, J. H. (1979): Explaining changing patterns of international production: In defence of the eclectic theory. In: Oxford Bulletin of Economics and Statistics, Vol. 41, No. 4, pp. 269-295.

Dunning, J. H. (1980): Toward an eclectic theory of international production: Some empirical tests. In: Journal of International Business Studies, Vol. 11, No. 1, pp. 9-31.

Dunning, J. H. (1988): The eclectic paradigm of international production: A restatement and some possible extensions. In: Journal of International Business Studies, Vol. 19, No. 1, pp. 1-31.

Dunning, J. H. (1993): Multinational enterprises and the global economy (1st ed.). Wockingham (UK) / Reading (US): Addison Wesley.

Dunning, J. H. (1995): Commentary/point: Think again Professor Krugman: Competitiveness does matter. In: International Executive, Vol. 37, No. 4, pp. 315-324.

Dunning, J. H. (2000): The eclectic paradigm as an envelope for economic and business theories of MNE activity. In: International Business Review, Vol. 9, No. 2, pp. 163-190

Dunning, J. H. (2001): The eclectic (OLI) paradigm of international production: Past, present and future. In: International Journal of the Economics of Business, Vol. 8, No. 2, pp. 173-190.

Dunning, J. H. (2004): An evolving paradigm of the economic determinants of international business activity. In: Cheng, J., Hitt, M. A. (Eds.): Managing multinationals in a knowledge economy: Economics, culture and human resources (pp. 3-27). Oxford (UK): Elsevier.

Dunning, J. H. (2006): Towards a new paradigm of development: Implications for the determinants of international business. In: Transnational Corporations, Vol. 15, No. 1, pp. 173-228.

Dunning, J. H., Lundan, S. (2008): Multinational enterprises and the global economy (2nd ed.). Cheltenham (UK): Edward Elgar.

Dupuis, D. J., Victoria-Feser, M. P. (2013): Robust VIF regression with application to variable selection in large data sets. In: Annals of Applied Statistics, Vol. 7, No. 1, pp. 319-341.

Dussauge, P., Garrette, B., Mitchell, W. (2000): Learning from competing partners: Outcomes and durations of scale and link alliances in Europe, North America and Asia. In: Strategic Management Journal, Vol. 21, No. 2, pp. 99-126.

Ebertshäuser, G. (2001): Perspektiven nationaler und staatlicher Neugestaltung Chinas: Gu Yanwu und Sun Yat-sen. Hamburg: LIT Verlag. Zugl. Diss, Trier, Univ., 2000.

Economist (2011): Chinese outbound M&A: An Economist Corporate Network management brief.

Edmondson, A. C., McManus, S. E. (2007): Methodological fit in management field research. In: Academy of Management Review, Vol. 32, No. 4, pp. 1155-1179.

Edvinsson, L., Malone, M. S. (1997): Intellectual capital: Realizing your company's true value by finding its hidden brainpower. New York (US): Harper Business.

Eidems, J. (2010): Globale Standardisierung und lokale Anpassung im internationalen Personalmanagement – Eine theoretische und empirische Analyse auf Basis der Dynamic Capabilities Perspektive. München / Mering: Rainer Hampp Verlag.

Eisele, F. (2006): Going Private in Deutschland: Eine institutionelle und empirische Analyse des Rückzugs vom Kapitalmarkt. Wiesbaden: Deutscher Universitätsverlag. Zugl. Diss., Tübingen, Univ., 2006.

Eisenbarth, I. (2013): Zeitliche Optimierung von M&A-Entscheidungen: Eine Analyse pro- und antizyklischen M&A-Verhaltens in Deutschland. Lohmar / Köln: Eul Verlag. Zugl. Diss., Bayreuth, Univ., 2013.

Eisert, B. (2014): Continental: Vom Sorgenkind zum Börsenstar. In: Wirtschaftswoche, 05.03.2014. Online unter: http://www.wiwo.de/unternehmen/auto/zulieferer-gibt-gas-continental-vom-sorgenkind-zum-boersenstar/9571902.html (Stand: 11.03.2014).

Elgers, P. T., Clark J. J. (1980): Merger types and shareholder returns: Additional evidence. In: Financial Management, Vol. 9, No. 2, pp. 66-72.

Emmerich, R., Staiger, B., Weigelin-Schwiedrzik, S. (2000): Religion und Ideologie. In: Staiger, B. (Hrsg.): Länderbericht China: Geschichte, Politik, Wirtschaft, Gesellschaft, Kultur (S. 252-286). Darmstadt: Primus Verlag.

Emons, O. (2013): Ausverkauf der Hidden Champions? Wie und warum chinesische Investoren deutsche Weltmarktführer übernehmen. Hans-Böckler-Stiftung, Referat Wirtschaft (Abt. Mitbestimmungsförderung), Mai 2013. Online unter: http://www.boeckler.de/pdf/mbf_emons_china1.pdf (Stand: 04.01.2016).

Emrich, C. G., Denmark, F. L., Den Hartog, D. N. (2004): Cross-cultural differences in gender egalitarianism: Implications for societies, organizations, and leaders. In: House, R. J., Hanges, P. J., Javidan, M., Dorfman, P. W., Gupta, V. (Eds.): Leadership, culture, and organizations: The GLOBE study of 62 societies (pp. 178-218). Thousand Oaks (US): Sage Publications.

Engelen A., Brettel, M. (2011): Assessing cross-cultural marketing theory and research. In: Journal of Business Research, Vol. 64, No. 5, pp. 516-523.

Engelen, A., Tholen, E. (2014): Interkulturelles Management. Stuttgart: Schäffer-Poeschel Verlag.

Ereth, A., Rieger, M. (2014): „Ein Vertrag wird noch häufig als Protokoll verstanden“. In: Unternehmeredition M&A China/Deutschland, Interview mit Klaus Rainer Kirchhoff, o. Bd., Nr. 1, S. 40-41. Online unter: http://www.gvw.com/uploads/tx_news/UE_MA_China-Deutschland_1-2014_D.pdf.

Ernst & Young (2015): Riding the Silk Road: China sees outbound investment boom: Outlook for China's outward foreign direct investment, March 2015. Online unter: http://www.ey.com/CN/en/Services/Specialty-Services/China-Overseas-Investment-Network/Ey-riding-the-silk-road-china-sees-outbound-investment-boom (Stand: 04.01.2016).

Eschen, E. (2002): Der Erfolg von Mergers & Acquisitions: Unternehmenszusammenschlüsse aus der Sicht des ressourcenbasierten Ansatzes. Wiesbaden: Gabler Verlag. Zugl. Diss., Berlin, Freie Univ., 2002.

Estrin, S., Baghdasaryan, D., Meyer, K. E. (2009): The impact of institutional and human resource distance on international entry strategies. In: Journal of Management Studies, Vol. 46, No. 7, pp. 1171-1196.

European Commission (2012): FDI flows and EU industrial competitiveness. In: European Commission (Ed.): Reaping the benefits of globalization: European competitiveness report 2012 (pp. 119-172). Luxembourg: Publications Office of the European Union.

Eurostat (2008): NACE Rev. 2: Statistische Systematik der Wirtschaftszweige in der Europäischen Gemeinschaft. Allgemeine und Regionalstatistiken, Methodologies and Working Papers. Luxemburg (LU): Amt für amtliche Veröffentlichungen der Europäischen Gemeinschaften.

Ezekiel, M. (1924): A method of handling curvilinear correlation for any number of variables. In: Journal of the American Statistical Association, Vol. 19, No. 148, pp. 431-453.

Fama, E. F., Fisher, L., Jensen, M. C., Roll, R. (1969): The adjustment of stock prices to new information. In: International Economic Review, Vol. 10, No. 1, pp. 1-21.

Fan, X., Felsövályi, A., Sivo, S. A., Keenan, S. C. (2001): SAS for Monte Carlo studies: A guide for quantitative researchers. Cary (US): SAS Institute.

Fang, Y., Hall, C. (2003): Chinese managers and motivation for change: The challenges and a framework. Conference Paper, Proceedings of the 15th Annual Conference of the Association for Chinese Economics Studies Australia (ACESA), Royal Melbourne Institute of Technology (RMIT), Melbourne (AU), 02.-03.10.2003.

Faraway, J. F. (2002): Practical regression and Anova using R. Online unter: https://cran.r-project.org/doc/contrib/Faraway-PRA.pdf (Stand: 09.01.2014).

Faure, G. O., Fang, T. (2008): Changing Chinese values: Keeping up with paradoxes. In: International Business Review, Vol. 17, No. 2, pp. 194-207.

Fehr, M. (2013): Wie Chinesen Arbeitsplätze in Deutschland sichern. In: Handelsblatt, 06.05.2013. Online unter: http://www.handelsblatt.com/unternehmen/mittelstand/mittelstand-wie-chinesen-arbeitsplaetze-in-deutschland-sichern/8166132.html (Stand: 08.03.2014).

Ferguson, M. J., Lam, K. C. K., Li, G. M. (2002): Voluntary disclosure by state-owned enterprises listed on the stock exchange of Hong Kong. In: Journal of International Financial Management and Accounting, Vol. 13, No. 2, pp. 125-152.

Ferreira, M. P., Serra, F. (2008): Foreign entry modes under institutional pressures: The impact of strategic resource seeking and market seeking strategies. In: Revista de Ciências da Administração, Vol. 10, No. 22, pp. 11-29.

Field, A. (2005): Discovering statistics using SPSS (2nd ed.). London (UK): Sage Publications.

Fiol, M. C., Lyles, M. A. (1985): Organizational learning. In: Academy of Management Review, Vol. 10, No. 4, pp. 803-813.

Fisch, J. H. (2006): Internationale Realoptionen: Aufbau von Auslandsgesellschaften bei Unsicherheit und Irreversibilität. Wiesbaden: Gabler Verlag. Zugl. Kurzfassung Habil.-Schr., Hohenheim, Univ., 2006.

Fischer, L. J. (2008): Wertorientiertes Kundenmanagement bei M&A-Transaktionen. Lohmar / Köln: Eul Verlag. Zugl. Diss., Bayreuth, Univ., 2008.

Fischer, P. (2015): Aufbruch in die neue Triade China – Indien – Russland: Erfolgsstrategien zur Zukunftssicherung europäischer Unternehmen. Berlin / Heidelberg: Springer Verlag.

Focus (2011): China kauft ein. Focus Magazin, 24.10.2011. Online unter: http://www.focus.de/finanzen/boerse/aktien/tid-23970/titel-china-kauft-ein_aid_670351.html (Stand: 11.03.2013)

Forsans, N., Balasubramanyam, V. N. (2010): Acquisitions versus licensing agreements as vehicles for technology transfer. In: European Journal of International Management, Vol. 4, No. 1-2, pp. 48-55.

Forsgren, M. (2002): The concept of learning in the Uppsala internationalization process model: A critical review. In: International Business Review, Vol. 11, No. 3, pp. 257-277.

Fox, J. (1991): Regression diagnostics. Quantitative Applications in the Social Sciences, Series No. 07-079. Newbury Park (US): Sage Publications.

Fox, J. (1997): Applied regression analysis, linear models, and related methods (1st ed.). Thousand Oaks (US): Sage Publications.

Fox, J. (2008): Applied regression analysis and generalized linear models (2nd ed.). Thousand Oaks (US): Sage Publications.

Fox, J., Weisberg, S. (2012): Robust regression. Online unter: http://www.bauer.uh.edu/rsusmel/phd/fw-robustreg.pdf (Stand: 14.06.2014).

Francis, B., Hasan, I., Sun, X., Waisman, M. (2014): Can firms learn by observing? Evidence from cross-border M&As. In: Journal of Corporate Finance, Vol. 25, No. C, pp. 202-215.

Franz, M., Henn, S., Weingarten, J. (2015): Schluss mit Vorurteilen über ausländische Investoren. In: Unternehmeredition Private Equity / M&A, o. Bd., Nr. 4, S. 16-18. Online unter: http://www.geographie.uni-jena.de/geogrmedia/Lehrstuehle/Wigeo/Presse_Medien/Vorurteile_bzgl_ausl_Investoren.pdf (Stand: 12.12.2015).

Fuchs, H. J. (2007): Die China AG: Zielmärkte und Strategien chinesischer Markenunternehmen in Deutschland und Europa. München: FinanzBuch Verlag.

Fuller, K., Netter, J., Stegemoller, M. (2002): What do returns to acquiring firms tell us? Evidence from firms that make many acquisitions. In: Journal of Finance, Vol. 57, No. 4, pp. 1763-1793.

Furtner, S. (2011): Management von Unternehmensakquisitionen im Mittelstand: Erfolgsfaktor Post-Merger-Integration. Wien (AT): Linde Verlag.

Gadiesh, O., Leung, P., Vestring, T. (2007): The battle for China's good-enough market. In: Harvard Business Review, Vol. 85, No. 9, pp. 80-89.

Gaetzner, S. (2015): „Wir haben bereits ansehnliche Synergieeffekte erzielt". In: Unternehmeredition M&A China/Deutschland, Interview mit Jiang Xiangyang, o. Bd., Nr. 1, S. 20-21.

Gaffney, N., Kedia, B., Clampit, J. (2013): A resource dependence perspective of EMNE FDI strategy. In: International Business Review, Vol. 22, No. 6, pp. 1092-1100.

Garbotz, C. J. (2011): Der Deal Flow von Business Angels: Eine empirische Analyse. Diss. Aachen, Techn. Hochsch., 2011.

Gaur, A., Kumar, V., Singh, D. A. (2014): Institutions, resources, and internationalization of emerging economy firms. In: Journal of World Business, Vol. 49, No. 1, pp. 12-20.

Gautschi, T. (2010): Maximum-Likelihood Schätztheorie. In: Wolf, C., Best, H. (Hrsg.): Handbuch der sozialwissenschaftlichen Datenanalyse (S. 205-235). Wiesbaden: VS Verlag für Sozialwissenschaften.

Ge, G., Ding, D. Z. (2008): A strategic analysis of surging Chinese manufacturers: The case of Galanz. In: Asia Pacific Journal of Management, Vol. 25, No. 4, pp. 667-683.

Gedo, T. (2011): A behavioral economics approach to internationalization of born global firms: An exploratory investigation. Diss., Manchester (UK), Univ., 2011. Online unter: http://www.manchester.ac.uk/escholar/uk-ac-man-scw:153412 (Stand: 21.08.2015).

Gelbrich, K., Müller, S. (2015): Interkulturelles Marketing. München: Verlag Franz Vahlen.

Gelbrich, K., Müller, S., Schunk, H. A. (2004): Guanxi: Beziehungsmanagement auf Chinesisch. In: Wiedmann, K.-P., Silberer, G., Fritz, W., Abel, B. (Hrsg.): Management mit Vision und Verantwortung: Eine Herausforderung an Wissenschaft und Praxis (S. 623-641). Wiesbaden: Gabler Verlag.

Gerpott, T. J. (1993): Integrationsgestaltung und Erfolg von Unternehmensakquisitionen. Stuttgart: Schäffer-Poeschel Verlag. Zugl. Habil.-Schr., Hamburg, Univ. der Bundeswehr, 1992.

Gerpott, T. J., Schreiber, K. (1994): Integrationsgestaltungsgeschwindigkeit nach Unternehmensakquisitionen: Revolutionäre Veränderung oder evolutionäre Anpassung? In: Die Unternehmung, Bd. 48, Nr. 2, S. 99-116.

Ghemawat, P. (2001): Distance still matters: The hard reality of global expansion. In: Harvard Business Review, Vol. 79, No. 8, pp. 137-147.

Gitschier, L. (2010): Geld aus der Ferne: Asiatische Unternehmer investieren häufiger in Deutschland. In: Tagesspiegel, 12.09.2010. Online unter: http://www.tagesspiegel.de/wirtschaft/geld-aus-der-ferne-asiatische-unternehmer-investieren-haeufiger-in-deutschland/1932244.html (Stand: 21.12.2015).

Glaum, M., Lindemann, J., Friedrich, N. (2006): Erfolg von Mergers & Acquisitions: Ergebnisse einer empirischen Forschung. In: Wirtz, B. (Hrsg.): Handbuch Mergers & Acquisitions Management (S. 287-314). Wiesbaden: Gabler Verlag.

Globerman, S., Shapiro, D. (2003): Governance infrastructure and US foreign direct investment. In: Journal of International Business Studies, Vol. 34, No. 1, pp. 19-39.

Goldfeld, S. M., Quandt, R. E. (1965): Some tests for homoscedasticity. In: Journal of the American Statistical Association, Vol. 60, No. 310, pp. 539-547.

Gort, M. (1969): An economic disturbance theory of mergers. In: Quarterly Journal of Economics, Vol. 83, No. 4, pp. 624-642.

Goulet, P. K., Schweiger, D. M. (2006): Managing culture and human resources in mergers and acquisitions. In: Stahl, G. K., Björkman, I. (Eds.): Handbook of research in international human resource management (pp. 405-429). Cheltenham (UK): Edward Elgar.

Grace-Martin, K. (2013): Why ANOVA and linear regression are the same analysis. Online unter: http://www.theanalysisfactor.com/why-anova-and-linear-regression-are-the-same-analysis (Stand: 13.07.2014).

Graen, G. B. (2006): In the eye of the beholder: Cross-cultural lessons in leadership from project GLOBE. In: Academy of Management Perspectives, Vol. 20, No. 4, pp. 95-101.

Gretzinger, S. (2008): Strategisches Ressourcen-Management: Die Perspektive des Resource-Dependence-Ansatzes. Discussion Paper, Nr. 18, Internationales Institut für Management, Flensburg, Univ.

Grohmann, O. (2007): Integration der Informationstechnologie im Rahmen des Post-Merger-Managements mittelständischer Industrieunternehmen. Diss., Kassel, Univ., 2007.

Groschke, G. (2013): Kuka will China-Umsatz mehr als verdoppeln. In: Automobil Produktion, 09.12.2013. Online unter: http://www.automobil-produktion.de/2013/12/kuka-will-china-umsatz-mehr-als-verdoppeln/ (Stand: 09.03.2014).

Grün, M. C. (2010): Kundenbeziehungen nach Fusionen und Akquisitionen. Die Auswirkung der Beziehungsgestaltung und Synergierealisierung auf den M&A-Erfolg. Wiesbaden: Gabler Verlag. Zugl. Diss., St.-Gallen (CH), Univ., 2010.

Gubbi, S. R., Aulakh, P. S., Ray, S., Sarkar, M. B., Chittoor, R. (2010): Do international acquisitions by emerging-economy firms create shareholder value? The case of Indian firms. In: Journal of International Business Studies, Vol. 41, No. 3, pp. 397-418.

Guillén, M. F., García-Canal, E. (2009): The American model of the multinational firm and the “new” multinationals from emerging economies. In: Academy of Management Perspectives, Vol. 23, No. 2, pp. 23-35.

Gulati, R. (1998): Alliances and networks. In: Strategic Management Journal, Vol. 19, No. 4, pp. 293-317.

Gunkel, M. (2011): Cultural diversity. In: Stock-Homburg, R., Wolff, B. (Hrsg.): Handbuch Strategisches Personalmanagement (S. 377-399). Wiesbaden: Gabler Verlag.

Gupta, V., Hanges, P. J. (2004): Regional and climate clustering of social cultures. In: House, R. J., Hanges, P. J., Javidan, M., Dorfman, P. W., Gupta, V. (Eds.): Leadership, culture, and organizations: The GLOBE study of 62 societies (pp. 178-218). Thousand Oaks (US): Sage Publications.

Haberstock, O., Zhang, W. (2014): Chinesische Investoren in Deutschland – eine Bestandsaufnahme. In: Unternehmeredition M&A China/Deutschland, Interview mit Klaus Rainer Kirchhoff, o. Bd., Nr. 1, S. 40-41. Online unter: http://www.gvw.com/uploads/tx_news/UE_MA_China-Deutschland_1-2014_D.pdf.

Haleblian, J., Devers, C. E., McNamara, G., Carpenter, M. A., Davison, R. B. (2009): Taking stock of what we know about mergers and acquisitions: A review and research agenda. In: Journal of Management, Vol. 35, No. 3, pp. 469-502.

Hampel, F. R. (1968): Contributions to the theory of robust estimation. Diss, Berkeley (US), Univ. of California (UCLA), 1968.

Handelsblatt (2013): China-Geschäft floriert: VW rechnet mit Absatzrekord. In: Handelsblatt, 11.10.2013. Online unter: http://www.handelsblatt.com/unternehmen/industrie/china-geschaeft-floriert-vw-rechnet-mit-absatzrekord/8920502.html (Stand: 09.03.2014).

Hanemann, T., Rosen, D. H. (2012): China invests in Europe: Patterns, impacts and policy implications. Rhodium Group, New York (US). Online unter: http://rhg.com/wp-content/uploads/2012/06/RHG_ChinaInvestsInEurope_June2012.pdf (Stand: 11.03.2013).

Hanges, P. J., Dickson, M. W. (2004): The development and validation of the GLOBE culture and leadership scales. In: House, R. J., Hanges, P. J., Javidan, M., Dorfman, P. W., Gupta, V. (2004): Leadership, culture, and organizations: The GLOBE study of 62 societies (pp. 122-151). Thousand Oaks (US): Sage Publications.

Hanisch, D. A. (2003): Managementtraining in China. Europäische Hochschulschriften, Reihe 5, Volks- und Betriebswirtschaft. Bd. 2963, Frankfurt am Main: Peter Lang Verlag.

Hansen, J. A. (2008): A comparison of parametric and nonparametric techniques used to estimate school district production functions: Analysis of model response to change in sample size and multicollinearity. Diss., Bloomington (US), Indiana Univ., 2008.

Harms, P., Méon, P. G. (2011): An FDI is an FDI is an FDI? The growth effects of greenfield investment and M&A in developing countries. Working Paper, No. 11.10, Study Center Gerzensee, Swiss National Bank, Gerzensee (CH).

Harring, J. (2012): Regression diagnostics. Lecture notes, course „Applied Multiple Regression Analysis“, Lecture No. 5 „Regression Diagnostics“, Department of Human Development and Quantitative Methodology, Univ. of Maryland, College Park (US).

Harring, J. (o. J.): Applied multiple regression. Lecture notes, course „Applied Multiple Regression“ (EDMS 651), Department of Human Development and Quantitative Methodology, Univ. of Maryland. Online unter: http://www.education.umd.edu/EDMS/fac/Harring/EDMS651.html (Stand: 12.07.2014).

Harrison, J. S., Hitt, M. A., Hoskisson, R. E., Ireland, R. D. (1991): Synergies and post-acquisition performance: Differences versus similarities in resource allocations. In: Journal of Management, Vol. 17, No. 1, pp. 173-190.

Harrison, J. S., Hitt, M. A., Hoskisson, R. E., Ireland, R. D. (2001): Resource complementarity in business combinations: Extending the logic to organizational alliances. In: Journal of Management, Vol. 27, No. 6, pp. 679-690.

Haspeslagh, P., Jemison, D. (1991): Managing acquisitions: Creating value through corporate renewal. New York (US): Free Press.

Haspeslagh, P., Jemison, D. (1992): Akquisitionsmanagement: Wertschöpfung durch strategische Neuausrichtung des Unternehmens. Frankfurt am Main: Campus Verlag.

Häussler, C. (2003): Resource-based view and interorganizational resources in the strategies of entrepreneurial firms. Working Paper, December 2003. Online unter: http://www.wiwi.uni-passau.de/organisation/forschung/publications/publications-of-prof-dr-carolin-haeussler/ (Stand: 13.06.2015).

Haveman, H. A. (1993): Follow the leader: Mimetic isomorphism and entry into new markets. In: Administrative Science Quarterly, Vol. 38, No. 4, pp. 593-627.

Hawranek, F. (2004): Schnittstellenmanagement bei M&A-Transaktionen. Wiesbaden: Deutscher Universitäts-Verlag. Zugl., Diss., Jena, Univ., 2003.

Hayn, C. (1989): Tax attributes as determinants of shareholder gains in corporate acquisitions. In: Journal of Financial Economics, Vol. 23, No. 1, pp. 121-153.

He, W., Lyles, M. A. (2008): China's outward foreign direct investment. In: Business Horizons, Vol. 51, No. 6, pp. 485-491.

Healy, P. M., Palepu, K. G., Ruback, R. S. (1992): Does corporate performance improve after mergers? In: Journal of Financial Economics, Vol. 31, No. 2, pp. 135-175.

Hecking, C. (2013): Einkaufstour: Chinas Staatsfirmen investieren massiv in Europa. In: Spiegel Online, 16.04.2013. Online unter: http://www.spiegel.de/wirtschaft/

unternehmen/chinas-staatkonzerne-investieren-2012-gut-12-6-milliarden-dollar-in-europa-a-894512.html (Stand: 12.12.2015).

Hefele, P., Bade, J. (2011): Die Stadt neu erfinden? Binnenmigration und Urbanisierung in der Volksrepublik China. In: Konrad-Adenauer-Stiftung (KAS) Auslandsinformationen, o. Bd., Nr. 9/10, S. 6-25.

Hefele, P., Dittrich, A. (2011): Die Mittelschicht in China: Triebkraft eines demokratischen Wandels oder Garant des Status quo? In: Konrad-Adenauer-Stiftung (KAS) Auslandsinformationen, o. Bd., Nr. 12, S. 60-77.

Hennart, J. F., Kim, D. J., Zeng, M. (1998): The impact of joint venture status on the longevity of Japanese stakes in U.S. manufacturing affiliates. In: Organization Science, Vol. 9, No. 3, pp. 382-395.

Henrich, A. (2013): Wie viel Angst vor China ist berechtigt? In: Wirtschaftswoche, 25.01.2013. Online unter: http://www.wiwo.de/unternehmen/industrie/uebernahmen-wie-viel-angst-vor-china-ist-berechtigt/7688664.html (Stand: 04.01.2016).

Hetzel, C. (2012): Arbeitsbedingungen und Gesundheit bei älteren Personen in Familienunternehmen: Eine clusteranalytische Betrachtung. Diss., Bamberg, Univ., 2012.

Hill, R. C., Griffiths, W. E., Lim, M. A. (2008): Principles of econometrics (3rd ed.). Hoboken (US): John Wiley & Sons.

Hinne, C. (2008): Mergers & Acquisitions Management: Bedeutung und Erfolgsbeitrag unternehmensinterner M&A-Dienstleister. Wiesbaden: Gabler Verlag. Zugl. Diss., Erlangen-Nürnberg, Univ., 2007.

Hinsen, H. (2012): Motive und Ziele von M&A-Transaktionen – Einzelwirtschaftliche Kalküle. In: Theurl, T., Tschöpel, M. (Hrsg.): Mergers & Akquisitionen: Konzeptionelle Grundlagen und empirische Fakten (S. 1-45). Münstersche Schriften zur Kooperation, Bd. 98. Aachen: Shaker Verlag.

Hitt, M. A., Ahlstrom, D., Dacin, M. T., Levitas, E., Svobodina, L. (2004): The institutional effects on strategic alliance partner selection in transition economies: China vs. Russia. In: Organization Science, Vol. 15, No. 2, pp. 173-185.

Hitt, M. A., Dacin, M. T., Levitas, E., Arregle, J. L., Borza, A. (2000): Partner selection in emerging and developed market contexts: Resource-based and organizational learning perspectives. In: Academy of Management Journal, Vol. 43, No. 3, pp. 449-467.

Hitt, M. A., Harrison, J. S., Ireland, R. D., Best, A. (1998): Attributes of successful and unsuccessful acquisitions of US firms. In: British Journal of Management, Vol. 9, No. 2, pp. 91-114.

Hitt, M. A., Hoskisson, R. E., Nixon, R. D. (1994): A mid-range theory of interfunctional integration. In: Journal of Management, Vol. 20, No. 2, pp. 297-326.

Hoffmann, J. P. (2005): Linear regression analysis: Assumptions and applications. Department of Sociology, Brigham Young Univ., Provo (US). Online unter: https://sociology.byu.edu/Hoffmann/SiteAssets/Hoffmann%20_%20Linear%20Regression%20Analysis.pdf (Stand: 03.03.2014).

Hofmann, N. (2015): Transaktion mit Präzision. In: Unternehmeredition M&A China/Deutschland, o. Bd., Nr. 1, S. 22-23.

Hofstede, G. (1980): Culture's consequences. International differences in work-related values. Beverly Hills (US): Sage Publications.

Hofstede, G. (1984): Cultural dimensions in management and planning. In: Asia Pacific Journal of Management, Vol. 1, No. 2, pp. 81-99.

Hofstede, G. (1989): Organising for cultural diversity. In: European Management Journal, Vol. 7, No. 4, pp. 390-397.

Hofstede, G. (1993): Interkulturelle Zusammenarbeit: Kulturen, Organisationen, Management. Wiesbaden: Gabler Verlag.

Hofstede, G. (2001): Culture's consequences: Comparing values, behaviors, institutions and organizations across nations (2nd ed.). Thousand Oaks (US): Sage Publications.

Hofstede, G. (2006): What did GLOBE really measure? Researchers' minds versus respondents' minds. In: Journal of International Business Studies, Vol. 37, No. 6, pp. 882-896.

Hofstede, G. (2012): National culture. The Hofstede Centre. Online unter: https://www.geert-hofstede.com/countries.html (Stand: 18.07.2012).

Hofstede, G., Bond, M. H. (1988): The Confucius connection: From cultural roots to economic growth. In: Organizational Dynamics, Vol. 16, No. 4. pp. 4-21.

Hofstede, G., Hofstede, G. J., Minkov, M. (2010): Cultures and organizations: Software of the mind (3rd ed.). New York (US): McGraw-Hill.

Hofstede G., Usunier J. C. (2003): Hofstede's dimensions of culture and their influence on international business negotiations. In: Pervez, G., Usunier, J. C. (Eds.): International business negotiations (2nd ed., pp. 137-154). Oxford (UK): Pergamon.

Holcomb, T. R., Holmes, R. M., Connelly, B. L. (2009): Making the most of what you have: Managerial ability as a source of resource value creation. In: Strategic Management Journal, Vol. 30, No. 5, pp. 457-485.

Holderness, C. G., Sheehan, D. P. (1985): Raiders or saviors? The evidence on six controversial investors. In: Journal of Financial Economics; Vol. 14, No. 4, pp. 555-579.

Holtbrügge, D., Puck, J. F. (2008): Geschäftserfolg in China: Strategien für den größten Markt der Welt (2. Aufl.). Berlin / Heidelberg: Springer Verlag.

Holtbrügge, D., Welge, M. K. (2010): Internationales Management: Theorien, Funktionen, Fallstudien (5. Aufl.). Stuttgart: Schäffer-Poeschel Verlag.

Hölters, W. (2010): Mergers & Acquisitions. In: Hölters, W. (Hrsg.): Handbuch Unternehmenskauf (7. Aufl., S. 2-76). Köln: Verlag Dr. Otto Schmidt.

Homburg, C. (2000): Kundenbeziehungen im Umfeld von Fusionen und Akquisitionen. In: Picot, A., Nordmeyer, A., Pribilla, P. (Hrsg.): Management von Akquisitionen (S. 169-180). Stuttgart: Schäffer-Poeschel Verlag.

Homburg, C., Jensen, O. (2007): The thought worlds of marketing and sales: Which differences make a difference? In: Journal of Marketing, Vol. 71, No. 3, pp. 124-142.

Hope, O. K., Thomas, W., Vyas, D. (2011): The cost of pride: Why do firms from developing countries bid higher? In: Journal of International Business Studies, Vol. 42, No. 1, pp. 128-151.

Horzella, A. (2010): Wertsteigerung im M&A-Prozess: Erfolgsfaktoren, Instrumente, Kennzahlen. Wiesbaden: Gabler Verlag. Zugl. Diss., Bayreuth, Univ., 2009.

Hoskisson, R. E., Eden, L., Lau, C. M., Wright, M. (2000): Strategy in emerging economies. In: Academy of Management Journal, Vol. 43, No. 3, pp. 249-267.

Hoskisson, R. E., Hitt, M. A., Johnson, R. A., Moesel, D. D. (1993): Construct validity of an objective (entropy) categorical measure of diversification strategy. In: Strategic Management Journal, Vol. 14, No. 3, pp. 215-235.

House, R. J., Hanges, P. J., Javidan, M., Dorfman, P. W., Gupta, V. (2004): Leadership, culture, and organizations: The GLOBE study of 62 societies. Thousand Oaks (US): Sage Publications.

Huang, N. (2008): Wie Chinesen denken: Denkphilosophie, Welt- und Menschenbilder in China. München: Oldenbourg Verlag.

Hubbard, R. G., Palia, D. (1999): A reexamination of the conglomerate merger wave in the 1960s: An internal capital markets view. In: Journal of Finance, Vol. 54, No. 3, pp. 1131-1152.

Huber, P. J. (1964): Robust estimation of a location parameter. In: The Annals of Mathematical Statistics, Vol. 35, No. 1, pp. 73-101.

Huber, P. J. (1981): Robust statistics. New York (US): John Wiley & Sons.

Huettinger, M. (2008): Cultural dimensions in business life: Hofstede's indices for Latvia and Lithuania. In: Baltic Journal of Management, Vol. 3, No. 3, pp. 359-376.

Hünerwadel, P., Tranchet, M. (2010): Akquisitionsfinanzierungen: Finanzierung als Erfolgsfaktor bei Akquisitionen. In: Oertle, M., Breitenstein, S., Wolf, M., Diem, H. J. (Hrsg.): M&A: Recht und Wirtschaft in der Praxis. Liber amicorum für Rudolf Tschäni (S. 361-379). Zürich (CH) / St. Gallen (CH): Dike Verlag.

Huo, Y. P., Randall, D. M. (1991): Exploring subcultural differences in Hofstede's value survey: The case of the Chinese. In: Asia Pacific Journal of Management, Vol. 8, No. 2, pp. 159-173.

Hutzschenreuter, T., Kleindienst, I., Schmitt, M. (2012): Path-related empirical research on M&A-outcome: Review and research agenda. In: Review of Managerial Science, Vol. 6, No. 4, pp. 375-405.

Hymer, S. (1976): The international operations of national firms: A study of direct foreign investment. Cambridge (US): MIT Press.

Igl, W., Reusch, A. (2008): Datenmanagement – Teil II: Datenscreening und -transformation. Vortrag, 8. Verbundtagung des Rehabilitationswissenschaftlichen Forschungsverbundes Bayern, München, 22.05.2003 (Version 2008). Online unter: http://www.rehawissenschaft.uni-wuerzburg.de/methodenberatung/Igl_030522_Muenchen_Datenmanagement.pdf (Stand: 19.04.2013).

Ivarsson, I., Jonsson, T. (2003): Local technological competence and asset-seeking FDI: An empirical study of manufacturing and wholesale affiliates in Sweden. In: International Business Review, Vol. 12, No. 3, pp. 369-386.

Jacobsen, K., Hofman-Bang, P., Nordby R. Jr., (2005): The IC rating™ model by intellectual capital Sweden. In: Journal of Intellectual Capital, Vol. 6, No. 4, pp. 570-587.

Jacoby, W. G. (2003a): Outliers and influential data. Lecture notes, course „Regression III: Advanced methods", lecture No. 11, Department of Political Science, Michigan State Univ., East Lansing (US). Online unter: http://polisci.msu.edu/jacoby/icpsr/regress3/lectures/week3/11.Outliers.pdf (Stand: 02.03.2014).

Jacoby, W. G. (2003b): Non-normal error distribution and nonlinear functional forms. Lecture note, course „Regression III: Advanced methods", lecture No. 14, Department of Political Science, Michigan State Univ., East Lansing (US). Online unter: http://polisci.msu.edu/jacoby/icpsr/regress3/lectures/week4/14.Nonlinearity.pdf (Stand: 02.03.2014).

Jann, B. (2010): Robuste Regression. In: Wolf, C., Best, H. (Hrsg.): Handbuch der sozialwissenschaftlichen Datenanalyse (S. 707-740). Wiesbaden: VS Verlag für Sozialwissenschaften.

Jansen, S. A. (2008): Mergers & Acquisitions: Unternehmensakquisitionen und -kooperationen: Eine strategische, organisatorische und kapitalmarkttheoretische Einführung (5. Aufl.). Wiesbaden: Gabler Verlag.

Jasso, G. (1985): Marital coital frequency and the passage of time: Estimating the separate effects of spouses' ages and marital duration, birth and marriage cohorts, and period influences. In: American Sociological Review, Vol. 50, No. 2, pp. 224-241.

Javidan, M., House, R. J., Dorfman, P. W., Hanges, P. J., De Luque, M. S. (2006): Conceptualizing and measuring cultures and their consequences: A comparative review of GLOBE'S and Hofstede's approaches. In: Journal of International Business Studies, Vol. 37, No. 6, pp. 897-914.

Jemison, D. B., Sitkin, S. B. (1986): Corporate acquisitions: A process perspective. In: Academy of Management Review, Vol. 11, No. 1, pp. 145-163.

Jensen, M. (1986): Agency costs of free cash flow, corporate finance, and takeovers. In: American Economic Review, Vol. 76, No. 2, pp. 323-29.

Jensen, T., Landwehr, J. R., Herrmann, A. (2011): Robuste Regression: Ein Marktforschungsansatz zur Analyse von Datensätzen mit Ausreißern. In: Marketing ZFP, Bd. 31, Nr. 2, S. 101-115.

Johanning, M. (2012): Führung multikultureller Arbeitsgruppen in der VR China. Bayreuth: NMP-Verlag. Zugl. Diss., Bayreuth, Univ., 2012.

Johanson, J., Mattsson, L. G. (1988): Internationalization in industrial systems – A network approach. In: Hood, N., Vahlne, J. E. (Eds.): Strategies in global competition (pp. 287-314). New York (US) / London (UK): Croom Helm.

Johanson, J., Mattsson, L. G. (1993): Internationalization in industrial systems – A network approach. In: Buckley, P. J., Ghauri, P. N. (Eds.): The internationalization of the firm: A reader (pp. 303-321). London (UK): Academic Press.

Johanson, J., Vahlne, J. E. (1977): The internationalization process of the firm – A model of knowledge development and increasing foreign market commitments. In: Journal of International Business Studies, Vol. 8, No. 1, pp. 23-32.

Johanson, J., Wiedersheim-Paul, F. (1975): The internationalization of the firm: Four Swedish cases. In: Journal of Management Studies, Vol. 12, No. 3, pp. 305-322.

Julian, C. C., Ahmed, Z. U., Xu, J. (2014): Research handbook on the globalization of Chinese firms. Cheltenham (UK): Edward Elgar Publishing.

Jungbluth, C. (2013): Aufbruch nach Westen – Chinesische Direktinvestitionen in Deutschland. Gütersloh: Bertelsmann Stiftung. Online unter: https://www.bertelsmann-stiftung.de/de/publikationen/publikation/did/aufbruch-nach-westen/ (Stand: 12.12.2015).

Kahn, J. R., Udry, J. R. (1986): Marital coital frequency: Unnoticed outliers and unspecified interactions lead to erroneous conclusions. In: American Sociological Review, Vol. 51, No. 5, pp. 734-737.

Kalajdzisalihovic, N., Dikova, D. (2012): The rise of Brazilian EMNEs revealed through cross-border acquisitions: The impact of past experience on future M&A activity. Conference paper, 3rd Copenhagen Conference on Emerging Multinationals, Copenhagen Business School (CBS), Frederiksberg (DK), 25.-26.10.2012.

Kale, P., Singh, H. (2012): Characteristics of emerging market mergers and acquisitions. In: Faulkner, D., Teerikangas, S., Joseph, R. J. (Eds.): The handbook of mergers & acquisitions (pp. 545-565). Oxford (UK): Oxford University Press.

Kalotay, K. (2008): Russian transnational and international investments paradigms. In: International Business and Finance, Vol. 22, No. 2, pp. 85-107.

Kang, Y., Jiang, F. (2012): FDI location choice of Chinese multinationals in East and Southeast Asia: Traditional economic factors and institutional perspective. In: Journal of World Business, Vol. 47, No. 1, pp. 45-53.

Keller, M. (2006): Das Reich der Mitte nimmt Expansionskurs auf den deutschen Mittelstand. In: M&A-Review, o. Bd., Nr. 4, S. 161-163.

Kennedy, D., Lakonishok, J., Shaw, W. H. (1992): Accommodating outliers and nonlinearity in decision models. In: Journal of Accounting, Auditing and Finance, Vol. 7, No. 2, pp. 161-190.

King, D. R., Dalton, D. R., Daily, C. M., Covin, J. G. (2004): Meta-analyses of post-acquisition performance: Indications of unidentified moderators. In: Strategic Management Journal, Vol. 25, No. 2, pp. 187-200.

Kinkel, P., Jung Erceg, P., Lay, G. (2002): Auslandsproduktion – Chance oder Risiko für den Produktionsstandort Deutschland? Stand, Entwicklung und Effekte von Produktionsverlagerungen im Verarbeitenden Gewerbe. In: Mitteilungen aus der Produktionsinnovationserhebung (PI), o. Bd., Nr. 26. Fraunhofer-Institut für Systemtechnik und Innovationsforschung (ISI), Karlsruhe.

Kitching, J. (1967): Why do mergers miscarry? In: Harvard Business Review, Vol. 45, No. 6, pp. 84-101.

Klein, I. (2001): Robuste Statistische Verfahren: Lokalisationsschätzung. Skript (Sommersemester 2001), Lehrstuhl für Statistik und Ökonometrie, Erlangen-Nürnberg, Univ.

Klein, R. (2003): Multikriterielle Unternehmensbewertung mit dem Analytic Hierarchy Process. In: Wurl, H.-J. (Hrsg.): Industrielles Beteiligungscontrolling (S. 127-150). Stuttgart: Schäffer-Poeschel Verlag.

Kling, G., Ghobadian, A., Hitt, M. A., Weitzel, U, O'Regan, N. (2014): The effects of cross-border and cross-industry M&As on home-region and global multinational enterprises. In: British Journal of Management, Vol. 25, No. 1, pp. 116-132.

Klossek, A., Linke, B. M., Nippa, M. (2012): Chinese enterprises in Germany: Establishment modes and strategies to mitigate the liability of foreignness. In: Journal of World Business, Vol. 47, No. 1, pp. 35-44.

Kluckhohn, F., Strodtbeck, F. (1961): Variations in value orientations. Evanston (US): Row, Peterson.

Kmenta, J. (1986): Elements of econometrics (2. ed.). New York (US): Macmillan.

Knickerbocker, F. T. (1973): Oligopolistic reaction and multinational enterprise. Cambridge (US): Harvard University Press.

Knoerich, J. (2010): Gaining from the global ambitions of emerging economy enterprises: An analysis of the decision to sell a German firm to a Chinese acquirer. In: Journal of International Management, Vol. 16, No. 2, pp. 177-191.

Knoop, T. (2006): Auslandsbanken in Deutschland – Theoretische und empirische Analysen über Markteintritt, Geschäftsentwicklung sowie strategische Positionierungsalternativen. Diss., Würzburg, Univ., 2006.

Kogut, B., Singh, H. (1988): The effect of national culture on the choice of entry mode. In: Journal of International Business Studies, Vol. 19, No. 3, pp. 411-432.

Kohler, U., Kreuter, F. (2012): Datenanalyse mit Stata: Allgemeine Konzepte der Datenanalyse und ihre praktische Anwendung (4. Aufl.). München: Oldenbourg Verlag.

Kostova, T., Zaheer, S. (1999): Organizational legitimacy under conditions of complexity: The case of the multinational enterprise. In: Academy of Management Review, Vol. 24, No. 1, pp. 64-81.

Kralisch, A. (2005): The impact of culture and language on the use of the internet: Empirical analyses of behavior and attitudes. Diss., Berlin, Humboldt-Univ., 2005.

Kronenwett, D. (2010): Strategische Konsistenz von M&A-Serien in Europa. München / Mering: Rainer Hampp Verlag. Zugl. Diss., Karlsruhe, Inst. für Technologie / Univ., 2010.

Kröner, A., Schütze, A., Körkemeier, T. (2012): Auf der Suche nach Übernahmezielen: Chinesen kaufen deutsche Firmen. In: Reuters, 30.03.2012. Online unter: http://download.djp.de/downloadarticle.php?p1=2787&p2=1339681090&p3=save (Stand: 02.12.2015).

Kühl, C. (2012): China-Übernahmen: Das Wissen der anderen. In: Wirtschaftswoche, 23.04.2012. Online unter: http://www.wiwo.de/unternehmen/mittelstand/hannovermesse/china-uebernahmen-das-wissen-der-anderen/6543196.html (Stand: 09.03.2014).

Kuhnert, I. (2009): Die Zahlen stimmen. Und was ist mit dem Rest? In: Japanmarkt, o. Bd., Nr. 3, S. 32-34.

Kumar, N. (2009): How emerging giants are rewriting the rules of M&A. In: Harvard Business Review, Vol. 87, No. 5, pp. 115-121.

Kung, P., Hu, D., Zhang, Q., Hu, L. (2010): Similarity or dissimilarity is better: Does culture dissimilarity impact M&A performances? In: Journal of International Management Studies, Vol. 5, No. 2, pp. 263-269.

Kusewitt, J. B. (1985): An exploratory study of strategic acquisition factors relating to performance. In: Strategic Management Journal, Vol. 6, No. 2, pp. 151-169.

Kusluvan, S. (1998): A review of theories of multinational enterprises. In. D.E.Ü.İ.İ.B.F. (Dokuz Eylül Üniversitesi İktisadi ve İdari Bilimler Fakültesi) Dergisi, Vol. 13, No. 1, pp. 163-180.

Kutschker, M., Schmid, S. (2011): Internationales Management (7. Aufl.). München: Oldenbourg Verlag.

Larsen, W. A., McCleary, S. J. (1972): The use of partial residual plots in regression analysis. In: Technometrics, Vol. 14, No. 3, pp. 781-790.

Larsson, R., Finkelstein, S. (1999): Integrating strategic, organizational, and human resource perspectives on mergers and acquisitions: A case survey of synergy realization. In: Organization Science, Vol. 10, No. 1, pp. 1-26.

Lehner, U., Schmidt, M. (2000): Risikomanagement im Industrieunternehmen. In: Betriebswirtschaftliche Forschung und Praxis, Bd. 52, Nr. 3, S. 261-272.

Leung, K., Bhagat, R. S., Buchan, N. R., Erez, M., Gibson, C. B. (2005): Culture and international business: Recent advances and their implications for future research. In: Journal of International Business Studies, Vol. 36, No. 4, pp. 357-378.

Lev, B., Radhakrishnan, S. (2003): The measurement of firm-spcific organization capital. National Bureau of Economic Research (NBER), Working Paper, No. 9581. Online unter: http://citeseerx.ist.psu.edu/viewdoc/download?doi=10.1.1.198.806&rep=rep1&type=pdf (Stand: 09.11.2015).

Li, P. P. (2007): Toward an integrated theory of multinational evolution: The evidence of Chinese multinational enterprises as latecomers. In: Journal of International Management, Vol. 13, No. 3, pp. 296-318.

Lichtenthaler, U. (2009): Absorptive capacity, environmental turbulence, and the complementarity of organizational learning processes. In: Academy of Management Journal, Vol. 52, No. 4, pp. 822-846.

Lien, D., Balakrishnan, N. (2005): On regression analysis with data cleaning via trimming, winsorization, and dichotomization. In: Communications in Statistics - Simulation and Computation, Vol. 34, No. 4, pp. 839-849.

Liu, C. (2012): The compatibility of national culture in international mergers and acquisitions. Senior Honors Theses Paper, Univ. of New Orleans, New Orleans (US). Online unter: http://scholarworks.uno.edu/honors_theses/27/ (Stand: 08.12.2015).

Liu, Y., Woywode, M. (2012): Chinese M&A in Germany. In: Alon, I., Fletscherin, M., Gugler, P. (Eds.): Chinese International Investments (pp. 212-233). London (UK): Palgrave Macmillan.

Liu, Y., Woywode, M. (2013): Light-touch integration of Chinese cross-border M&A: The influences of culture and absorptive capacity. In: Thunderbird International Business Review, Vol. 55, No. 4, pp. 469-483.

Lu, J., Liu, X., Wang, H. (2011): Motives for outward FDI of Chinese private firms firm resources, industry dynamics, and government policies. In: Management and Organization Review, Vol. 7, No. 2, pp. 223-248.

Lubatkin, M. H. (1983): Mergers and the performance of the acquiring firm. In: Academy of Management Review, Vol. 8, No. 2, pp. 218-225.

Lubatkin, M. H. (1987): Merger strategies and stockholder value. In: Strategic Management Journal, Vol. 8, No. 1, pp. 39-53.

Lucks, K., Meckl, R., (2002): Internationale Mergers & Acquisitions: Der prozessorientierte Ansatz. Berlin / Heidelberg: Springer Verlag.

Ludwig-Mayerhofer, W. (o. J.): Methoden der empirischen Sozialforschung I: Vom Begriff zur Messung. Skript, Seminar für Sozialwissenschaften, Siegen, Univ. Online unter: http://www.fb1.uni-siegen.de/soziologie/mitarbeiter/ludwig-mayerhofer/methoden/methoden_downloads/meth1_5.pdf (Stand: 04.09.2015).

Luo, Y., Peng, M. W. (1999): Learning to compete in a transition economy: Experience, environment, and performance. In: Journal of International Business Studies, Vol. 30, No. 2, pp. 269-296.

Luo, Y., Tung, R. L. (2007): International expansion of emerging market enterprises: A springboard perspective. In: Journal of International Business Studies, Vol. 38, No. 4, pp. 481-498.

Madhok, A. (1997): Cost, value, and foreign market entry mode: The transaction and the firm. In: Strategic Management Journal, Vol. 18, No.1, pp. 39-61.

Madhok, A., Keyhani, M. (2012): Acquisitions as entrepreneurship: Asymmetries, opportunities, and the internationalization of multinationals from emerging economies. In: Global Strategy Journal, Vol. 2, No. 1, pp. 26-40.

Madhok, A., Tallman, S. B. (1998): Resources, transactions and rents: Managing value through interfirm collaborative relationships. In: Organization Science, Vol. 9, No. 3, pp. 326-339.

Mahajan, V., Sharma, S., Wind, Y. (1984): Parameter estimation in marketing models in the presence of influential response data: Robust regression and applications. In: Journal of Marketing Research, Vol. 21, No. 3, pp. 268-277.

Makino, S., Delios, A. (1996): Local knowledge transfer and performance: Implications for alliance formation in Asia. In: Journal of International Business Studies, Vol. 27, No. 5, pp. 905-927.

Makino, S., Inkpen, A. C. (2003): Knowledge seeking FDI and learning across borders. In: Easterby-Smith, M., Lyles, M. A. (Eds.): The Blackwell handbook of organizational learning and knowledge management (pp. 233-252). Malden (US): Blackwell.

Makino, S., Lau, C. M., Yeh, R. S. (2002): Asset-exploitation versus asset-seeking: Implications for location choice of foreign direct investment from newly industrialized economies. In: Journal of International Business Studies, Vol. 33, No. 3, pp. 403-421.

Mallows, C. L. (1986): Augmented partial residuals. In: Technometrics, Vol. 28, No. 4, pp. 313-319.

Manager Magazin (2013): Werkseröffnung: Kuka baut China-Geschäft aus. In: Manager Magazin, 10.12.2013. Online unter: http://www.manager-magazin.de/unternehmen/artikel/kuka-eroeffnet-werk-in-china-a-938158.html (Stand: 19.04.2016).

Manne, H. G. (1965): Mergers and the market for corporate control. In: Journal of Political Economy, Vol. 73, No. 2, pp. 110-120.

March, J. G. (2013): Handbook of organizations. Abingdon (UK): Routledge.

Markides, C., Ittner, C. (1994): Shareholder benefits from corporate international diversification: Evidence from US international acquisitions. In: Journal of International Business Studies, Vol. 25, No. 2, pp. 343-366.

Markides, C., Oyon, D. (1998): International acquisitions: Do they create value for shareholders. In: European Management Journal, Vol. 16, No. 2, pp. 125-135.

Maronna, R. A., Martin, R. D., Yohai, V. J. (2006): Robust statistics: Theory and methods. Chichester (UK): John Wiley & Sons.

Martin, K. J., McConnell, J. J. (1991): Corporate performance, corporate takeovers, and management turnover. In: Journal of Finance, Vol. 46, No. 2, pp. 671-687.

Martinez-Jerez, A. (2002): Interaction between accounting and corporate governance: Evidence from business combinations. Working Paper, Harvard Business School, Boston (US).

Mathews, J. A. (2002): Competitive advantages of the latecomer firm: A resource-based account of industrial catch-up strategies. In: Asia Pacific Journal of Management, Vol. 19, No. 4, pp. 467-488.

Mathews, J. A. (2006): Dragon multinationals: New players in the 21st century globalization. In: Asia Pacific Journal of Management, Vol. 23, No. 1, pp. 5-27.

Mathews, J. A., Zander, I. (2007): The international entrepreneurial dynamics of accelerated internationalisation. In: Journal of International Business Studies, Vol. 38, No. 3, pp. 387-403.

Matschke, M. J., Brösel, G. (2013): Unternehmensbewertung: Funktionen, Methoden, Grundsätze (4. Aufl.). Wiesbaden: Springer Verlag.

Mayer-Kuckuk, F., Sieren, F. (2013): Das China-Risiko. In: Handelsblatt, 31.01.2013.

McClelland, D. C. (1985): Human motivation. Glenview (US): Scott, Foresman & Co.

McGee, J., Thomas, H., Wilson, D. (2005): Strategy: Text and cases: Analysis and practice. Berkshire (US): McGraw-Hill.

McKinley, W., Sanchez, C., Schick, A. G. (1995): Organizational downsizing: Constraining, cloning, learning. In: Academy of Management Executive, Vol. 9, No. 3, pp. 32-42.

Meckl, R. (2004a): M&A und Ethik. In: Lucks, K. (Hrsg.): Jahrbuch Mergers & Acquisitions (S. 24-27). Wiesbaden: FAZ-Institut.

Meckl, R. (2004b): Organising and leading M&A projects. In: International Journal of Project Management, Vol. 22, No. 6, pp. 455-462.

Meckl, R. (2010): Internationales Management (2. Aufl.), München: Verlag Franz Vahlen.

Meckl, R. (2014): Internationales Management (3. Aufl.), München: Verlag Franz Vahlen.

Meckl, R., Sodeik, N., Fischer, L. J. (2006): Erfolgsfaktoren für Mergers & Acquisitions – Ergebnisse einer empirischen Studie. In: Seidenschwarz, W. (Hrsg.): Prozessorientiertes M&A-Management (S. 163-181). München: Verlag Franz Vahlen.

Meeks, G. (1977): Disappointing marriage: A study of the gains from merger. Cambridge (UK): Cambridge University Press.

Mergermarket (2012): M&A-Transaktionsdatenbank von Mergermarket Group.

Meschi, P., Métais, E. (2013): Do firms forget about their past acquisitions? Evidence from French acquisitions in the United States (1988-2006). In: Journal of Management, Vol. 39, No. 2, pp. 469-495.

Meyer, J. W., Rowan, B. (1977): Institutionalized organizations: Formal structure as myth and ceremony. In: American Journal of Sociology, Vol. 83, No. 2, pp. 340-363.

Meyer, K. E. (2001): Institutions, transaction costs and entry mode choice in Eastern Europe. In: Journal of International Business Studies, Vol. 31, No. 2, pp. 357-367.

Meyer, K. E. (2004): Perspectives on multinational enterprises in emerging economies. In: Journal of International Business Studies, Vol. 35, No. 4, pp. 259-276.

Meyer, K. E., Estrin, S., Bhaumik, S., Peng, M. W. (2009): Institutions, resources, and entry strategies in emerging economies. In: Strategic Management Journal, Vol. 30, No. 1, pp. 61-80.

Meyer, K. E., Peng, M. W. (2005): Probing theoretically into Central and Eastern Europe: Transactions, resources, and institutions. In: Journal of International Business Studies, Vol. 36, No. 6, pp. 600-621.

Meyer, M. L. (2011): Erfolgsfaktoren bei Mergers & Acquisitions: Eine empirische Untersuchung externer Einflussfaktoren auf den Transaktionserfolg aus Käufersicht. Diss., Wuppertal, Bergische Univ., 2012.

Miller, R. G. Jr. (1997): Beyond ANOVA: Basics of applied statistics. London (UK): Chapman & Hall.

Minkov, M., Hofstede, G. (2011): The evolution of Hofstede's doctrine. In: Cross Cultural Management, Vol. 18, No. 1, pp. 10-20.

Mofcom (2004): Catalogue for the guidance of foreign investment industries. Online unter: http://english.mofcom.gov.cn/aarticle/policyrelease/gazette/200505/20050500093692.html (Stand: 22.08.2015).

De Mooji, M., Hofstede, G. (2010): The Hofstede model: Applications to global branding and advertising strategy and research. In: International Journal of Advertising, Vol. 29, No.1, pp. 85-110.

Morck, R., Yeung, B., Zhao, M. (2008): Perspectives on China's outward foreign direct investments. In: Journal of International Business Studies, Vol. 39, No. 3, pp. 337-350.

Morosini, P., Shane, S., Singh, H. (1998): National cultural distance and cross-border acquisition performance. In: Journal of International Business Studies, Vol. 29, No. 1, pp. 137-158.

Morosini, P., Singh, H. (1994): Post-cross-border acquisitions: Implementing 'national culture-compatible' strategies to improve performance. In: European Management Journal, Vol. 12, No. 4, pp. 390-400.

Müller, S., Gelbrich, K. (2015): Interkulturelles Marketing. München: Verlag Franz Vahlen.

Müller-Stewens, G. (1988): Entwicklung von Strategien für den Eintritt in neue Geschäfte. In: Henzler, H. A. (Hrsg.): Handbuch Strategische Führung (S. 219-242). Wiesbaden: Gabler Verlag.

Müller-Stewens, G. (2010): Mergers & Acquisitions: Eine Einführung. In: Müller-Stewens, G., Kunisch, G., Binder, A. (Hrsg.): Mergers & Acquisitions: Analysen, Trends und Best Practices (S. 3-13). Stuttgart: Schäffer-Poeschel Verlag.

Narula, R., Dunning, J. H. (2000): Industrial development, globalization and multinational enterprises: New realities for developing countries. In: Oxford Development Studies, Vol. 28, No. 2, pp. 141-167.

Narula, R., Nguyen, Q. T. K. (2011): Emerging country MNEs and the role of home countries: Separating fact from irrational expectations. Working Paper. Reading (UK), Univ.

Nemati, A. R., Bhatti, A. M., Maqsal, M., Mansoor, I., Naveed, F. (2010): Impact of resource based view and resource dependence theory. In: International Journal of Business and Management, Vol. 5, No. 12, pp. 110-115.

Newman, V. (2002): Intellectual capital: Trick or treat? In: Knowledge Management, w/o. Vol., No. Dec 2001 / Jan 2002, pp. 24-25.

Nicolas, F. (2008): China and foreign investors: The end of a beautiful friendship? Asie Visions, No. 4, Institut Francais des Relations Internationales (IFRI), Centre Asie, Paris.

Nicolas, F. (2012): Chinese ODI in France – Motives, strategies, and implications. In: China Economic Policy Review, Vol. 1, No. 1, pp. 103-133.

Nie, W., Lu, A. (2009): The integration challenge behind China's growing overseas M&A activity: Domestic success stories and overseas challenges. Online unter: http://www.imd.org/research/challenges/tc057-09.cfm (Stand: 21.05.2012).

Niggemann, K. A., Simmert, D. B. (2009): Das veränderte Umfeld von Akquisitionsfinanzierung. In: Zeitschrift für Corporate Governance (ZCG), o. Bd., Nr. 4, S. 163-164. Online unter: www.ifwniggemann.de/download/ifwpress_116.pdf (Stand: 21.06.2016).

Nisbett, R. (2003): The geography of thought: How Asians and Westerners think differently and why. London (UK): Nicholas Brealey.

Nöcker, R. (2001): Internationalisierung als Wettbewerbsstrategie. Hamburg: Verlag Dr. Kovac. Zugl. Diss., Gießen, Univ., 2000.

North, D. C. (1981): Structure and change in economic history. New York (US): Norton.

North, D. C. (1990): Institutions, institutional change and economic performance. Cambridge (US): Cambridge University Press.

North, D. C. (1991): Institutions. In: Journal of Economic Perspectives, Vol. 5, No. 1, pp. 97-112.

North, D. C. (1994): Economic performance through time. In: American Economic Review, Vol. 84, No. 3, pp. 359-368.

North, D. C. (2005): Understanding the process of economic change. Princeton (US): Princeton University Press.

O'Neill, J. (2001): Building better global economic BRICs. Goldman Sachs Global Economics Paper, No. 66. Online unter: http://www.goldmansachs.com/our-thinking/archive/archive-pdfs/build-better-brics.pdf (Stand: 26.01.2016).

Oliver, C. (1991): Strategic responses to institutional processes. In: Academy of Management Review, Vol. 16, No. 1, pp. 145-179.

Opitz, M. (2010): Wanderarbeiter und Hochqualifizierte: Chinas Migrationspolitik unter Druck. In: Reifeld H. (Hrsg.): Auf der Suche nach dem "Land der Chancen": Die Integration von Migranten in Schwellenländern (S. 21-48). Sankt Augustin / Berlin: Konrad-Adenauer-Stiftung.

Ott, J. (1990): Akquisition und Integration mittelständischer Unternehmen. Diss., Bamberg, Univ..

Otto, J.-P. (2013): Erfahrungen deutscher Unternehmen mit chinesischen Investoren – Die Prozesse der Übernahme. PriceWaterhouseCoopers (PwC), August 2013. Online unter: www.pwc.de/de_DE/de/internationale-maerkte/assets/erfahrungen-deutscher-unternehmen-mit-chinesischen-investoren-2013.pdf (Stand: 12.11.2015).

Padmanabhan, P., Cho, K. R. (1999): Decision specific experience in foreign ownership and establishment strategies: Evidence from Japanese firms. In: Journal of International Business Studies, Vol. 30, No. 1, pp. 25-43.

Pan, H., Li, D., Xia, X., Yu, M. (2010): Private versus state ownership and spillover of investor protection standards in interprovince mergers: Evidence from China's emerging market. In: Emerging Markets Finance & Trade, Vol. 46, No. 6, pp. 86-105.

Papadakis, V. M., Thanos, I. C. (2010): Measuring the performance of acquisitions: An empirical investigation using multiple criteria. In: British Journal of Management, Vol. 21, No. 4, pp. 859-873.

Pausenberger, E. (1989): Zur Systematik von Unternehmenszusammenschlüssen. In: WISU, Bd. 18, S. 621-626.

Pauser, S. H. (2007): M&A in der Bauindustrie – Werteffekte und Erfolgsdeterminanten. Wiesbaden: Deutscher Universitäts-Verlag. Zugl. Diss., Oestrich-Winkel, European Business School, 2007.

Peng, M. W. (2001): The resource-based view and international business. In: Journal of Management, Vol. 27, No. 6, pp. 803-829.

Peng, M. W. (2002): Towards an institution-based view of business strategy. In: Asia Pacific Journal of Management, Vol. 19, No. 2, pp. 251-267.

Peng, M. W. (2003): Institutional transitions and strategic choices. In: Academy of Management Review, Vol. 28, No. 2, pp. 275-296.

Penrose, E. T. (1959): The theory of the growth of the firm. Oxford (UK): Blackwell.

Perelli, R. (2007): Autocorrelation, ARCH, and heteroscedasticity. Lecture notes, course „Applied Econometrics“ (Econ 508, Fall 2007), Faculty in Econometrics, Univ. of Illinois, Champaign (US). Online unter: http://www.econ.uiuc.edu/~econ472/tutorial7.html (Stand: 12.07.2014).

Petersen, B., Pedersen, T. (2002): Research note: Coping with liability of foreignness: Different learning engagements of entrant firms. In: Journal of International Management, Vol. 8, No. 3, pp. 339-350.

Petersen, B., Pedersen, T., Lyles, M. A. (2008): Closing knowledge gaps in foreign markets. In: Journal of International Business Studies, Vol. 39, No. 7, pp. 1097-1113.

Petrou, A. (2007): Multinational banks from developing versus developed countries: Competing in the same arena? In: Journal of International Management, Vol. 13, No. 3, pp. 376-397.

Pevalin, D., Robson, K. (2009): The Stata survival manual. Maidenhead (UK): McGraw-Hill.

Pfeffer, J., Salancik, G. R. (1978): The external control of organizations: A resource dependence perspective. New York (US): Harper & Row.

Pflieger, V. (2014): Bestimmtheitsmaß R^2 - Teil 5: Wie hoch muss mein R^2 sein? Artikelserie zum Bestimmtheitsmaß R^2, INWT Statistics, Berlin, 18.07.2014. Online unter: https://www.inwt-statistics.de/blog-artikel-lesen/Bestimmtheitsmass_R2-Teil5.html (Stand: 31.12.2015).

Phene, A., Tallman, S., Almeida, P. (2012): When do acquisitions facilitate technological exploration and exploitation? In: Journal of Management, Vol. 38, No. 3, pp. 753-783.

Picot, A. (2008): Controlling von Humankapital: Messen, Bewerten und Steuern von "weichen" Faktoren. Vortrag, Vorlesung „Mitarbeiterorientierte Unternehmensführung“, 03.11.2008. Online unter: http://www.psy.lmu.de/soz/studium/downloads_folien/wintersemester0809/muf0809/picot.pdf (Stand: 16.02.2016).

Picot, G. (2000): Handbuch Mergers & Acquisitions: Planung, Durchführung, Integration. Stuttgart: Schäffer-Poeschel Verlag.

Pietrobelli, C., Rabellotti, R., Sanfilippo, M. (2010): The 'Marco Polo' effect: Chinese FDI in Italy. Chatman House, International Economics Programme Paper, No. IE PP 2010/04, February 2010.

Pomp, T. (2015): Praxishandbuch Financial Due Diligence: Finanzielle Kernanalysen bei Unternehmenskäufen. Wiesbaden: Gabler Verlag.

Porrini, P. (2004): Can a previous alliance between an acquirer and a target affect acquisition performance? In: Journal of Management, Vol. 30, No. 4, pp. 545-562.

Porter, M. E. (1987): From competitive advantage to corporate strategy. In: Harvard Business Review, Vol. 65, No. 3, pp. 43-59.

Pradhan, J. P. (2010): Strategic asset-seeking activities of emerging multinationals: Perspectives on foreign acquisitions by Indian pharmaceutical MNEs. In: Organizations and Markets in Emerging Economies, Vol. 1, No. 2, pp. 9-31.

Prahalad, C. K., Hamel, G. (1990): The core competence of the corporation. In: Harvard Business Review, Vol. 68, No. 3, pp. 79-91.

Pursche, W. (1990): Post merger management – The project stage: Focusing the best approach. In: McKinsey Quarterly, Vol. 26, No. 4, pp. 103-111.

Putnam, R. D. (1993): Making democracy work. Princeton (US): Princeton University Press.

Qiang, Q. (2003): Corporate governance and state-owned shares in China listed companies. In: Journal of Asian Economics, Vol. 14, No. 5, pp. 771-783.

Rabbiosi, L., Elia S., Bertoni, F. (2012): Acquisitions by EMNCs in developed markets: An organisational learning perspective. In: Management International Review, Vol. 52, No. 2, pp. 193-212.

Ramsey, J. B. (1969): Tests for specification errors in classical linear least-squares regression analysis. In: Journal of the Royal Statistical Society, Vol. 31, No. 2, pp. 350-371.

Reddy, K. S. (2014): Extant reviews on entry-mode-internationalization, mergers & acquisitions, and diversification: Understanding theories and establishing interdisciplinary research. In: Pacific Science Review, Vol. 16, No. 4, pp. 250-274.

Reimann, M. C., Schilke, O. S. (2005): International mergers and acquisitions: Diagnosis and management of cultural differences in post-merger integration. Conference Paper, Proceedings of the 4th International Business and Economy Conference, Honolulu (US), 06.-09.01.2005.

Renaud, O., Victoria-Feser, M. P. (2010): A robust coefficient of determination for regression. In: Journal of Statistical Planning and Inference, Vol. 140, No. 7, pp. 1852-1862.

Reus, T. H., Lamont, B. T. (2009): The double-edged sword of cultural distance in international acquisitions. In: Journal of International Business Studies, Vol. 40, No. 8, pp. 1298-1316.

Riedel, F. (2010): Value-based Mergers & Acquisitions-Management: Die Steigerung des Shareholder Value durch M&A. Hamburg: Verlag Dr. Kovac. Zugl. Diss., Bayreuth, Univ., 2010.

Ringov, D., Zollo, M. (2007): The impact of national culture on corporate social performance. In: Corporate Governance, Vol. 7, No. 4, pp. 476-485.

Rödl & Partner (2014): M&A-Aktivitäten deutscher Familienunternehmen: Internationale Expansion durch strategische Unternehmenskäufe. Mai 2014.

Roland Berger (2011): Chinesische Automobilzulieferer expandieren durch Übernahmen auf dem europäischen Markt und nehmen an Wettbewerbsfähigkeit zu. Pressemitteilung, 12.07.2011. Online unter: http://www.rolandberger.de/pressemitteilungen/511-press_archive2011_sc_content/Chinesische_Automobilzulieferer_expandieren.html (Stand: 12.12.2015).

Roll, R. (1986): The hubris hypothesis of corporate takeovers. In: Journal of Business, Vol. 59, No. 2, pp. 197-216.

Rothlauf, J. (2009): Interkulturelles Management (3. Aufl.). München: Oldenbourg Verlag.

Royston, P. (1991): Comment on tests of normality (sg3.6: A response to sg3.3). In: Stata Technical Bulletin, w/o. Vol., No. 4, pp. 8-9.

Rugman, A. M., Li, J. (2007): Will China's multinationals succeed globally or regionally. In: European Management Journal, Vol. 25, No. 5, pp. 333-343.

Rui, H., Yip, G. S. (2008): Foreign acquisitions by Chinese firms: A strategic intent perspective. In: Journal of World Business, Vol. 43, No. 2, pp. 213-226.

Rust, H. (1999): Grenzüberschreitungen: Pädagogik und Wirtschaft, Wirtschaft und Pädagogik: Neue Arbeitsmarkt- und Berufsorientierungen. Schriftenreihe Theorie und Praxis, Bd. 69, Hannover, Univ.

Ryan, T. P. (1997): Modern regression methods. New York (US): John Wiley & Sons.

Sánchez, P., Canibano, L. (2001): MEasuRing Intangibles To Understand and improve innovation Management (MERITUM). Working Paper. Brüssel / Madrid. Online unter: http://www.pnbukh.com/files/pdf_filer/FINAL_REPORT_MERITUM.pdf (Stand: 12.11.2015).

Sandner, P., Schäfer, V., Ebinger, A., Taing, S., Böing, P. (2012): Chinese champions – Patente made in China. Munich Innovation Group, München, Technische Univ. Online unter: http://www.chinese-champions.de/wordpress/wp-content/uploads/Studie_Chinese_Champions.pdf (Stand: 10.12.2015).

Saphonova, V., Grom, E., Sokolova, N. (2000): Russian Federation module: Developing learner's awareness of European and national identities in the language classroom. In: Byram, M., Tost Planet, M. (Eds.): Social identity and the European dimension: Intercultural competence through foreign language learning (pp. 127-150). Graz (AT) / Strasbourg, (FR): Council of Europe Publishing.

Sauter-Sachs, S. (1992): Die unternehmerische Umwelt: Konzept aus der Sicht des Zürcher Ansatzes zur Führungslehre. In: Die Unternehmung, Bd. 46, Nr. 3, S. 183-204.

Schaich, E., Brachinger, H. W. (1985): Über den Zusammenhang von verteilungsfreien und robusten statistischen Verfahren. In: Buttler, G., Dickmann, H., Helten, E., Vogel, F.,

Schäffer, K. A. (Hrsg.): Statistik zwischen Theorie und Praxis (S. 185-200). Göttingen: Vandenhoeck & Ruprecht.

Scharff, A. (2005): Kundenabwanderung bei Übernahmen und Fusionen – Eine interaktions- und netzwerktheoretische Perspektive am Beispiel des Business-to-Business-Bereichs. Wiesbaden: Deutscher Universitäts-Verlag. Zugl. Diss., Leipzig, Handelshochschule, 2005.

Schein, E. H. (1984): Coming to a new awareness of organizational culture. In: Sloan Management Review, Vol. 25, No. 2, pp. 3-16.

Schenck, M., Wang, W. (2011): Länderreport China: Lohnende Investitionen im Land der Tugenden. In: Börsenzeitung, 13.08.2011. Online unter: https://www.kpmg.de/Themen/26814.htm (Stand: 02.12.2015).

Scherer, F. M., Ross, D. (1990): Industrial market structure and economic performance. Boston (US): Houghton Mifflin.

Schillinger, M. P. (2002): Flächenhafte Schätzung mit Classification and Regression Trees und robuste Gütebestimmung ökologischer Parameter in einem kleinen Einzugsgebiet. Diss., Bayreuth, Univ.

Schmidt, A. (2009): Normalverteilungsannahme und Transformationen bei Regressionen. In: Albers, S., Klapper, D., Konradt, U., Walter, A., Wolf, J. (Hrsg.): Methodik der empirischen Forschung (3. Aufl., S. 1-17). Wiesbaden: Gabler Verlag. Zusätzlicher Online-Beitrag unter: http://www.bwl.uni-kiel.de/bwlinstitute/grad-kolleg/new/index.php?id=267 (Stand: 18.04.2013).

Schneck, O., Zimmer, A. (2006): Cultural Due Diligence: Bedeutung und Anwendung bei M&A-Transaktionen. In: Wirtz, B. W. (Hrsg.): Handbuch Mergers & Acquisitions Management (S. 585-610). Wiesbaden: Gabler Verlag.

Schneider, H. (2006): Nachweis und Behandlung von Multikollinearität. In: Albers, S., Klapper, D., Konradt, U., Walter, A., Wolf, J. (Hrsg.): Methodik der empirischen Forschung (1. Aufl., S. 183-198). Wiesbaden: Deutscher Universitätsverlag.

Schnell, R. (1994): Graphisch gestützte Datenanalyse. München: Oldenbourg Verlag.

Schnell, R., Hill, P. B., Esser, E. (2011): Methoden der empirischen Sozialforschung (9. Aufl.). München: Oldenbourg Verlag.

Schnitzler, L. (2011): Ausverkauf der deutschen Industrie. In: Wirtschaftswoche, 07.07.2011. Online unter: http://www.wiwo.de/unternehmen/maschinenbau-ausverkauf-der-deutschen-industrie/5298586.html (Stand: 04.01.2016).

Schoenberg, R. (2006): Measuring the performance of corporate acquisitions: An empirical comparison of alternative metrics. In: British Journal of Management, Vol. 17, No. 4, pp. 361-370.

Schüler-Zhou, Y., Schüller, M., Brod, M. (2010): Chinas Go Global: Finanzmarktkrise bietet Chancen für chinesische Investoren im Ausland. Institut für Asien-Studien, German Institute of Global and Area Studies (GIGA), GIGA Focus Asien, o. Bd., Nr. 8. Online unter: https://www.giga-hamburg.de/de/system/files/publications/gf_asien_1008.pdf (Stand: 09.03.2014).

Schulze, H. (1997): Neo-Institutionalismus: Ein analytisches Instrument zur Erklärung gesellschaftlicher Transformationsprozesse. Osteuropa-Institut, Berlin, Freie Univ., Arbeitspapiere des Bereichs Politik und Gesellschaft, o. Bd., Nr. 4. Online unter: http://www.oei.fu-berlin.de/politik/publikationen/AP04.pdf (Stand: 22.08.2015).

Schumacher, H., Schaudwet, C. (2004): Spur des Scheiterns: Chinas Konzerne und ihre Flops und Fehlinvestitionen in der deutschen Industrie. In: Wirtschaftswoche, Nr. 41, 30.09.2004, S. 54-58.

Schürmann, H. (2011): Deutsche Werkzeugmaschinenbauer wollen eigenständig bleiben. In: Ingenieur, 16.09.2011. Online unter: http://www.ingenieur.de/Themen/Messen/Deutsche-Werkzeugmaschinenbauer-eigenstaendig-bleiben (Stand: 21.12.2015).

Scott, W. R. (1995): Institutions and organizations (1st ed.). Thousand Oaks (US): Sage Publications.

Scott, W. R. (2008): Institutions and organizations (3rd ed.). Thousand Oaks (US): Sage Publications.

Semler, F. (2010): Der Unternehmens- und Beteiligungskaufvertrag. In: Hölters, W. (Hrsg.): Handbuch des Unternehmens- und Beteiligungskaufs (7. Aufl., S. 708-814). Köln: Verlag Dr. Otto Schmidt.

Seufert, J. (2009): Stellenwert von Bildung in einer konfuzianisch geprägten Kultur – Das Beispiel der Volksrepublik China. In: Held, M., Kubon-Gilke, G., Sturn, R. (Hrsg.): Bildungsökonomie in der Wissensgesellschaft (S. 125-146). Marburg: Metropolis Verlag.

Shan, W., Song, Y. (1997): Foreign direct investment and the sourcing of technological advantage: Evidence from the biotechnology industry. In: Journal of International Business Studies, Vol. 28, No. 2, pp. 267-284.

Shane, S. (1993): Cultural influences on national rates of innovation. In: Journal of Business Venturing, Vol. 8, No. 1, pp. 59-73.

Shanley, M. T., Correa, M. E. (1992): Agreement between top management teams and expectations for post acquisition performance. In: Strategic Management Journal, Vol. 13, No. 4, pp. 245-266.

Shapiro, D., Gedajlovic, E., Erdener, C. (2003): The Chinese family firm as a multinational enterprise. In: International Journal of Organizational Analysis, Vol. 11, No. 2, pp. 105-122.

Sharma, S. (2015): Internationalization of firms from emerging economies: An organizational learning framework. Working Paper, No. WP2015-03-17, Indian Institute of Management Ahmedabad (IIMA).

Sharma, V. M., Erramilli, M. K. (2004): Resource-based explanation of entry mode choice. In: Journal of Marketing Theory and Practice Vol. 12, No. 1, pp. 1-18.

Shenkar, O. (2001): Cultural distance revisited: Towards a more rigorous conceptualization and measurement of cultural differences. In: Journal of International Business Studies, Vol. 32, No. 3, pp. 519-535.

Shenkar, O., Li, J. (1999): Knowledge search in international cooperative ventures. In: Organization Science, Vol. 10, No. 2, pp. 134-143.

Shimizu, K., Hitt, M. A., Vaidyanath, D., Pisano, V. (2004): Theoretical foundations of cross-border mergers and acquisitions: A review of current research and recommendations for the future. In: Journal of International Management, Vol. 10, No. 3, pp. 307-353.

Shrieves, R. E., Pashley, M. M. (1984): Evidence on the association between mergers and capital structure. In: Financial Management, Vol. 13, No. 3, pp. 39-48.

Si, Y. (2013): Outward FDI from China: Historical development, geographical distribution and the obstacles to subsidiary business success. Diss., Gießen, Univ., 2013.

Singh, H., Montgomery, C. A. (1987): Corporate acquisition strategies and economic performance. In: Strategic Management Journal, Vol. 8, No. 4, pp. 377-386.

Slangen, A. H. L. (2006): National cultural distance and initial foreign acquisition performance: The moderating effect of integration. In: Journal of World Business, Vol. 41, No. 2, pp. 161-170.

Smirnov, N. V. (1933): Estimate of deviation between empirical distribution functions in two independent samples. In: Bulletin Moscow University, Vol. 2, No. 2, pp. 3-16.

Smolka, K. M., Kühl, C., Fend, R., Bialdiga, K. (2011): China sammelt deutsche Firmen. In: Financial Times Deutschland, 15.06.2011. Online unter: http://www.ftd.de/unternehmen/industrie/:uebernahmen-china-sammelt-deutsche-firmen/60065252.html (Stand: 14.05.2012).

Sohm, S., Linke, B. M., Klossek, A. (2009): Chinesische Unternehmen in Deutschland – Chancen und Herausforderungen. Gütersloh: Bertelsmann Stiftung.

Söhn, S. (2010): Der Appetit ist ungestillt – Chinesische Outbound-Akquisitionen in der Automobilindustrie. In: M&A Review, o. Bd., Nr. 11, S. 524-531.

Solitander, M. (2006): Balancing the Flows: Managing the intellectual capital flows in interorganisational projects. In: Electronic Journal of Knowledge Management, Vol. 4, No. 2, pp. 197-206.

Spiegel Online (2010): Schwacher Ausblick für 2010. Maschinenbau fürchtet monatelange Flaute. In: Spiegel Online, 10.02.2010. Online unter: http://www.spiegel.de/wirtschaft/unternehmen/schwacher-ausblick-fuer-2010-maschinenbau-fuerchtet-monatelange-flaute-a-676967.html (Stand: 22.12.2015).

Srivastava, R. K., Shervani, T. A., Fahey, L. (1998): Market-based assets and shareholder value: A framework for analysis. In: Journal of Marketing, Vol. 62, No. 1, pp. 2-18.

Staeheli, B. (2003): Cross-cultural management within Switzerland: An in-depth case study of a Swiss financial services company. Zürich (CH): BS-Verlag. Zugl. Diss. St. Gallen (CH), Univ., 2003.

Stahl, G. K., Chua, C. H., Pablo, A. L. (2012): Does national context affect target firm employees' trust in acquisitions? A policy-capturing study. In: Management International Review, Vol. 52, No. 3, pp. 395-423.

Stahl, G. K., Voigt, A. (2003): Meta-analyses of the performance implications of cultural differences in mergers and acquisitions: Integrating strategic, financial, and organizational perspectives. INSEAD Working Paper, Series No. 2003/99/ABA.

Stahl, G. K., Voigt, A. (2005): Impact of cultural differences on M&A performance. A critical research review and an integrative model. In: Advances in Mergers and Acquisitions, Vol. 4, w/o. No., pp. 51-82.

Stahl, G. K., Voigt, A. (2008): Do cultural differences matter in mergers and acquisitions? A tentative model and examination. In: Organization Science, Vol. 19, No. 1, pp. 160-176.

Stahlke, N. H. (2006): Erfolgsfaktoren bei M&A in der deutschen Energiewirtschaft. Diss., Berlin, Technische Univ., 2006.

Stata (2013): Stata release 13: Base reference manual. College Station (US): Stata Press.

Steininger, R. (2013): „Für den Einstieg in China bieten sich vor allem konsumorientierte Unternehmen an". In: Unternehmeredition M&A China/Deutschland, Interview mit Klaus Rainer Kirchhoff, S. 26-27.

Stillman, R. (1983): Examining antitrust policy towards horizontal mergers. In: Journal of Financial Economics, Vol. 11, w/o. No., pp. 225-240.

Stobbe, A. (2013): Deutsche Industrie: Absatzmarkt China mit moderater Dynamik. Research Briefing, 26.03.2013, DB Research, Deutsche Bank.

Stocker, H. (2012): Einführung in die angewandte Ökonometrie. Skript zur Lehrveranstaltung „Methoden der Empirischen Wirtschaftsforschung" (Wintersemester 2012/2013), Institut für Wirtschaftstheorie, Wirtschaftspolitik und Wirtschaftsgeschichte, Innsbruck, Univ.

Stölzl, C. (2015): Russland und Europa – Gleicher Raum, gleiche Kultur. In: Cicero Online, 20.09.2015. Online unter: http://www.cicero.de/weltbuehne/russland-und-europa-gleicher-raum-gleiche-kultur/59836 (Stand: 13.01.2016).

Strack, V., Schwarzer, M. (2014): Chinesische Investoren – Die neuen Weißen Ritter. In: M&A-Review, Bd. 25, Nr. 1, S. 2-7.

Stucchi, T. (2012): Emerging market firms' acquisitions in advanced markets: Matching strategy with resource-, institution- and industry-based antecedents. In: European Management Journal, Vol. 30, No. 3, pp. 278-289.

Stulz, R. M., Williamson, R. (2003): Culture, openness, and finance. In: Journal of Financial Economics, Vol. 70, No. 3, pp. 313-349.

Sydler, R., Haefliger, S., Pruksa, R. (2014): Measuring intellectual capital with financial figures: Can we predict firm profitability? In: European Management Journal, Vol. 32, No. 2, pp. 244-259.

Szepan, M. (2014): China's new overseas investment approval rules: China's big deals are likely to become an even bigger deal. In: MERICS China Comment, 15.04.2014. Online unter: http://merics.org/fileadmin/templates/download/aktuelles/140416_Comment_Marc_Szepan.pdf (Stand: 04.01.2016).

Tabachnick, B. G., Fidell, L. S. (2007): Using multivariate statistics (5th ed.). Boston (US): Pearson.

Teece, D. (1980): Economies of scope and the scope of the enterprise. In: Journal of Economic Behavior & Organization, Vol. 1, No. 3, pp. 223-247.

Teece, D., Pisano, G. (1994): The dynamic capabilities of firms: An introduction. In: Industrial and Corporate Change, Vol. 3, No. 3, pp. 537-556.

Teerikangas, S., Very, P. (2006): The culture-performance relationship in M&A: From yes/no to how. In: British Journal of Management, Vol. 17, No. 1, pp. 31-48.

Theuerkorn, K. (2013): Corporate Social Responsibility als Erfolgsfaktor bei M&A-Transaktionen. Lohmar / Köln: Eul Verlag. Zugl. Diss., Bayreuth, Univ., 2013.

Thomas, I. (2008): Grenzüberschreitende Mergers & Acquisitions: Erfolg und Erfolgsfaktoren internationaler Unternehmenszusammenschlüsse in Japan. Marburg: Metropolis-Verlag. Zugl. Diss, Duisburg-Essen, Univ., 2008.

Tian, Z., Hafsi, T., Wu, W. (2009): Institutional determinism and political strategies: An empirical investigation. In: Business & Society, Vol. 48, No. 3, pp. 284-325.

Toporowski, W. (o. J.): Hypothesenentwicklung und Fragebogengestaltung. Skript, Institut für Marketing und Handel, Göttingen, Univ. Online unter: http://www.uni-goettingen.de/de/83077.html (Stand: 05.03.2014).

Torres-Reyna, O. (o. J.): Linear regression. Lecture note, Data & Statistical Services, Univ. of Princeton, Princeton (US). Online unter: http://people.umass.edu/biep691f/pdf/Regression%20and%20Stata%20Princeton%20Lecture.pdf (Stand: 19.12.2013).

Trautwein, F. (1990): Merger motives and merger prescriptions. In: Strategic Management Journal, Vol. 11, No. 4, pp. 283-295.

Tröger, N. H. (2003): Mergers & Acquisitions im deutschen Bankenwesen: Eine Analyse der Bestimmungsfaktoren. Wiesbaden: Deutscher Universitäts-Verlag. Zugl. Diss, Oestrich-Winkel, European Business School, 2002.

Trompenaars, F. (1993): Riding the waves of culture: Understanding cultural diversity in business. London (UK): Nicholas Brealey.

Tsang, E. W. K., Yip, P. S. L. (2007): Economic distance and the survival of foreign direct investments. In: Academy of Management Journal, Vol. 50, No. 5, pp. 1156-1168.

Tukey, J. W., McLaughlin, D. H. (1963): Less vulnerable confidence and significance procedures for location based on a single sample: Trimming/winsorization 1. In: Indian Journal of Statistics, Vol. 25, No. 3, pp. 331-352.

UCLA (2007): What is effect coding? Institute for Digital Research and Education (IDRE), University of California (UCLA), Berkeley (US). Online unter: http://www.ats.ucla.edu/stat/mult_pkg/faq/general/effect.htm (Stand: 15.03.2014).

UNCTAD (2006): World investment report 2006: FDI from developing and transition economies: Implications for development. United Nations Conference on Trade and Development (UNCTAD). New York (US) / Genf (CH): United Nations Publications.

UNCTAD (2009): World investment report 2009: Transnational corporations, agricultural production and development. United Nations Conference on Trade and Development (UNCTAD). New York (US) / Genf (CH): United Nations Publications.

UNCTAD (2013): UNCTAD Statistics (UNCTADstat). Datenbank, United Nations Conference on Trade and Development (UNCTAD). Online unter: http://unctad.org/en/Pages/Statistics.aspx (Stand: 05.08.2013).

Universität Zürich (2010): Methodenberatung: Multiple Regressionsanalyse. Online unter: http://www.methodenberatung.uzh.ch/datenanalyse/zusammenhaenge/mreg.html (Stand: 11.12.2013).

Unternehmensregister (2009): Jahresabschluss 2007 von Werkzeugmaschinenfabrik Adolf Waldrich Coburg GmbH & Co. KG. Online unter: https://www.unternehmensregister.de/ureg/result.html;jsessionid=0E2FE012010D38A9428610E8ADEFE0C1.web04-1?submitaction=showDocument&id=3320788 (Stand: 04.03.2013).

Urban, D., Mayerl, J. (2011): Regressionsanalyse: Theorie, Technik und Anwendung (4. Aufl.). Wiesbaden: Springer Verlag.

Valentini, G., Zollo, M., Meier, D. (2010): What explains performance? Working Paper, No. 10/009, Center for Research in Organization and Management (CROMA), Bocconi Univ., Milan (IT).

Venkatraman, N., Ramanujam, V. (1987): Measurement of business economic performance: An examination of method convergence. In: Journal of Management, Vol. 13, No. 1, pp. 109-122.

Venaik, S., Brewer, P. (2010): Avoiding uncertainty in Hofstede and GLOBE. In: Journal of International Business Studies, Vol. 41, No. 8, pp. 1294-1315.

Vermeulen, F., Barkema, H. (2001): Learning through acquisitions. In: Academy of Management Journal, Vol. 44, No. 3, pp. 457-476.

Vernon, R., (1966): International investment and international trade in the product cycle. In: Quarterly Journal of Economics, Vol. 80, No. 2, pp. 190-207.

Vernon, R., (1974): The location of economic activity. In: Dunning, J. H. (Ed.): Economic analysis and the multinational enterprise (pp. 89-114). London (UK): George Allen and Unwin.

Very, P., Lubatkin, M. H., Calori, R., Veiga, J. (1997): Relative standing and the performance of recently acquired European firms. In: Strategic Management Journal, Vol. 18, No. 8, pp. 593-614.

Vietor, R. H. K., Seminerio, J. (2008): The Suzlon edge. In: Harvard Business School Case No. 708-051, June 2008 (revised August 2008).

Vogel, D. H. (2002): M&A – Ideal und Wirklichkeit. Wiesbaden: Gabler Verlag.

Waas, M. (2005): „Wagnis Mensch“ im M&A-Prozess: Eine verhaltenstheoretische Risikoanalyse. Wiesbaden: Deutscher Universitäts-Verlag. Zugl. Diss., Univ. der Bundeswehr, 2005.

Waldermann, A. (2007): Glücksbringer aus China. In: Spiegel Online, 26.03.2007. Online unter: http://www.spiegel.de/wirtschaft/investoren-gluecksbringer-aus-china-a-472425.html (Stand: 21.12.2015).

Walgenbach, P., Meyer, R. (2008): Neoinstitutionalistische Organisationstheorie. Stuttgart: W. Kohlhammer Verlag.

Wall, S., Rees, B. (2004): International Business (2nd ed.). Harlow (UK): Pearson Education.

Wang, C., Hong, J., Kafouros, M., Boateng, A. (2012): What drives outward FDI of Chinese firms? Testing the explanatory power of three theoretical frameworks. In: International Business Review, Vol. 21, No. 3, pp. 425-438.

Wang, Q., Boateng, A. (2007): Cross-border M&As by Chinese firms: An analysis of strategic motivation and performance. In: International Management Review, Vol. 3, No. 4, pp. 19-29.

Wang, Y. (2008): Interkulturelle Kompetenz als Erfolgsfaktor für Management in China. Hamburg: Verlag Dr. Kovac. Zugl. Diss., Hamburg, Univ., 2008.

Waring, M. (2007): HRM in HE: people reform or re-forming people? In: Epstein, D., Boden, R., Deem, R., Rizvi, F., Wright, S. (Eds.): World yearbook of 2008: Geographies of knowledge, geometries of power: Framing the future of higher education (pp. 142-160). New York (US) / Abingdon (US): Taylor & Francis.

Weber, Y., Shenkar, O., Raveh, A. (1996): National and corporate cultural fit in mergers/acquisitions: An exploratory study. In: Management Science, Vol. 42, No. 8, pp. 1215-1227.

Wei, Z. (2010): The literature on Chinese outward FDI. In: Multinational Business Review, Vol. 18, No. 3, pp. 73-112.

Weinmann, M. (2004): Wertorientiertes Management von Unternehmenszusammenschlüssen, Frankfurt am Main: Peter Lang Verlag. Zugl. Diss., Tübingen, Univ., 2004.

Werner, M. (1999): Post-Merger-Integration – Problemfelder und Lösungsansätze. In: Zeitschrift Führung und Organisation (zfo), Bd. 68, Nr. 6, S. 332-337.

Wernerfelt, B. (1984): A resource-based view of the firm. In: Strategic Management Journal, Vol. 5, No. 2, pp. 171-180.

Wetzler, C. F. (2010): Besonderheiten beim grenzüberschreitenden Unternehmenskauf. In: Hölters, W. (Hrsg.): Handbuch Unternehmenskauf (7. Aufl., S. 1315-1385). Köln: Verlag Dr. Otto Schmidt.

Weusthoff, S. (2014): Motive und Erfolg von M&A durch Emerging Multinational Corporations in entwickelten Staaten. Bayreuth: NMP-Verlag. Zugl. Diss., Bayreuth, Univ., 2014.

Weusthoff, S., Grieser, J.-M., Meckl, R. (2014): The cultural diversity of German companies' executive boards and the success of their internationalisation. In: British Journal of Economics, Management & Trade, Vol. 4, No. 7, pp. 1083-1101.

Wilcox, R. R. (2005): Introduction to robust estimation and hypothesis testing (2. ed.). Burlington (US): Elsevier.

Williams, B. (1997): Positive theories of multinational banking: Eclectic theory versus internalisation theory. In: Journal of Economic Surveys, Vol. 11, No. 1, pp. 71-100.

Williams, R. (2015): Missing data part 1: Overview, traditional methods. Lecture notes, Department of Sociology, Notre Dame (US), Univ. Online unter: https://www3.nd.edu/~rwilliam/stats2/l12.pdf (Stand: 01.09.2015).

Williamson, O. E. (1975): Markets and hierarchies: Analysis and antitrust implications. New York (US): Free Press.

Williamson, O. E. (1985): The economic institutions of capitalism. New York (US): Free Press.

Williamson, O. E. (2000): The new institutional economics: Taking stock, looking ahead. In: Journal of Economic Literature, Vol. 38, No. 3, pp. 595-613.

Wirtz, B. W. (2003): Mergers & Acquisitions Management – Strategie und Organisation von Unternehmenszusammenschlüssen. Wiesbaden: Gabler Verlag.

Witt, M. A., Lewin, A. Y. (2007): Outward foreign direct investment as escape response to home country institutional constraints. In: Journal of International Business Studies, Vol. 38, No. 4, pp. 579-594

Wolf, A. (2003a): Multivariate Statistik für Psychologen. Skript zur 8. gleichnamigen Vorlesung am 08.05.2003, Institut für Psychologie, Jena, Univ. Online unter: www.db-thueringen.de/servlets/DerivateServlet/Derivate-2493 (Stand: 21.03.2014).

Wolf, A. (2003b): Multivariate Statistik für Psychologen. Skript zur 9. gleichnamigen Vorlesung am 12.05.2003, Institut für Psychologie, Jena, Univ. Online unter: www.db-thueringen.de/servlets/DerivateServlet/Derivate-2494 (Stand: 21.03.2014).

Wood, F. S. (1973): The use of individual effects and residuals in fitting equations to data. In: Technometrics, Vol. 15, No. 4, pp. 677-695.

World Business (2007): The world's successful diasporas. In: World Business, 03.04.2007. Online unter: http://www.managementtoday.co.uk/news/648273/the-worlds-successful-diasporas/ (Stand: 24.11.2015).

Wright, M., Filatotchev, I., Hoskisson, R. E., Peng, M. W. (2005): Strategy research in emerging economies: Challenging the conventional wisdom. In: Journal of Management Studies, Vol. 42, No. 1, pp. 1-33.

Wu, C., Xie, N. (2010): Determinants of cross-border merger & acquisition performance of Chinese enterprises. In: Procedia Social and Behavioral Sciences, Vol. 2, No. 5, pp. 6896-6905.

Yamakawa, Y., Peng, M. W., Deeds, D. L. (2008): What drives new ventures to internationallize from emerging to developed economies? In: Entrepreneurship Theory and Practice, Vol. 32, No. 1, pp. 59-82.

Yang, M. (2009: Isomorphic or not? Examining cross-border mergers and acquisitions by Chinese firms. In: Chinese Management Studies, Vol. 3, No. 1, pp. 43-57.

Yao, S., Sutherland, D., Chen, J. (2010): China's outward FDI and resource-seeking strategy: A case study on Chinalco and Rio Tinto. In: Asia-Pacific Journal of Accounting & Economics, Vol. 17, No. 3, pp. 313-326.

Yeung, H. W. C., Olds, K. (2000): Globalising Chinese business firms: Where are they coming from, where are they headed. In: Yeung, H. W. C., Olds, K. (Eds.): The globalisation of Chinese business firms (pp. 1-28). London (UK): Macmillan.

Yi, J. J., Ye, S. X. (2003): The Haier way: The making of a Chinese business leader and a global brand. Dumont (US): Homa & Sekey Books.

Yin, P., Fan, X. (2001): Estimating R^2 shrinkage in multiple regression: A comparison of different analytical methods. In: Journal of Experimental Education, Vol. 69, No. 2, pp. 203-224.

Yiu, D., Bruton, G. D., Lu, Y. (2005): Understanding business group performance in an emerging economy: Acquiring resources and capabilities in order to prosper. In: Journal of Management Studies, Vol. 42, No. 1, pp. 183-205.

Yohai, V. J. (1987): High breakdown point and high efficiency robust estimates for regression. In: Annals of Statistics, Vol. 15, No. 2, pp. 642-656.

Zaheer, S. (1995): Overcoming the liability of foreignness. In: Academy of Management Journal, Vol. 38, No. 2, pp. 341-363.

Zahra, S. A., Ireland, D., Gutierrez, I., Hitt, M. A., (2000): Privatization and entrepreneurial transformation: Emerging issues and a future research agenda. In: Academy of Management Review, Vol. 25, No. 3, pp. 509-524.

Zeit Online (2010): Deutscher Maschinenbau setzt Aufholjagd fort. In: Zeit Online News, 01.12.2010. Online unter: http://www.zeit.de/news-122010/1/iptc-bdt-20101201-199-27521198xml (Stand: 22.12.2015).

Zeng, M., Williamson, P. J. (2007): Dragons at your door: How Chinese cost innovation is disrupting global competition. Boston (US): Harvard Business School Press.

Zhang, J., Zhou, C., Ebbers, H. (2011): Completion of Chinese overseas acquisitions: Institutional perspectives and evidence. In: International Business Review, Vol. 20, No. 2, pp. 226-238.

Zhen, Y. (2013): China's capital markets. Oxford (UK): Chandos Publishing.

Zhou, N. (2010): Resources, institutional environment and firm scope: Evidence from an emerging economy. Diss., Philadelphia (US), Univ. of Pennsylvania, 2010.

Zhou, X. (2010): Der chinesische M&A-Vorstoß in Deutschland – Illusion und Wirklichkeit. In: M&A Review, Bd. 21, Nr. 11, S. 509-515.

Zinzius, B. (2007): China-Handbuch für Manager: Kultur, Verhalten und Arbeiten im Reich der Mitte. Berlin / Heidelberg: Springer Verlag.

Zollo, M., Meier, D. (2008): What Is M&A performance? In: Academy of Management Perspectives, Vol. 22, No. 3, pp. 55-77.

Zollo, M., Winter, S. G. (2002): Deliberate learning and the evolution of dynamic capabilities. In: Organization Science, Vol. 13, No. 3, pp. 339-351.

Zwahlen, B. (1994): Motive und Gefahrenpotentiale bei einer Unternehmensakquisition. Eine erfolgreiche Akquisitions- und Integrationsstrategie einer multinationalen Unternehmung am Fallbeispiel "Nestlé-Rowntree". Diss., Zürich (CH), Univ., 1994.